化验员必读

化学分析

入门 提高 拓展

黄一石 主 编

胡伟光 张文英 副主编

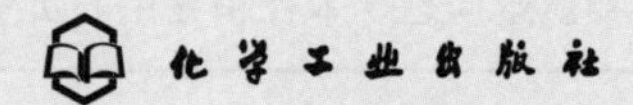

·北 京·

全书共十章，介绍了定量化学分析实验室基础知识、定量分析概论、滴定分析、酸碱滴定法、配位滴定法、氧化还原滴定法、沉淀滴定法、重量分析法、定量化学分析中常用的分离和富集方法，以及这些方法的基本操作技能等化验员的必备知识与技能。

本书在内容编排和选材上注重科学性和实用性，结合生产和生活实际选择了有关当前化工产品、食品、药物、环境监测、冶金等方面的实例，并通过实例介绍了各类方法原理、试剂配制和保存、方法步骤、操作要点、数据处理和结果计算等知识；为强化规范化操作，本书介绍了化验室常用设备、玻璃仪器和器皿、滴定分析仪器等的使用和维护方法；为便于化验员了解自学效果，针对每种分析法编写了题型多样的测试题并附有参考答案；为拓宽化验员知识视野，加强创新能力和实验室管理能力的培养，编写了一定数量的具有先进性和可读性的阅读材料；全书贯彻了我国法定计量单位的规定，书中名词、术语采用最新标准。

本书既可满足化学、化工、冶金、食品、医药、生物、环境监测等行业化验员的学习和提高需求，也可用作职业院校教学用书，以及化验员操作指南和指导手册。

图书在版编目（CIP）数据

化验员必读. 化学分析入门　提高　拓展/黄一石主编. —北京：化学工业出版社，2020.2（2022.4 重印）

ISBN 978-7-122-35844-8

Ⅰ.①化…　Ⅱ.①黄…　Ⅲ.①化验员-基本知识②化学分析-基本知识　Ⅳ.①TQ016②O65

中国版本图书馆 CIP 数据核字（2019）第 278220 号

责任编辑：王文峡　　　　装帧设计：尹琳琳
责任校对：宋　夏

出版发行：化学工业出版社（北京市东城区青年湖南街 13 号　邮政编码 100011）
印　　装：北京新华印刷有限公司

880mm×1230mm　1/32　印张 18　字数 561 千字
2022 年 4 月北京第 1 版第 2 次印刷

购书咨询：010-64518888　　　　售后服务：010-64518899
网　　址：http://www.cip.com.cn
凡购买本书，如有缺损质量问题，本社销售中心负责调换。

定　　价：68.00 元

前言

在经济快速发展、生活水平不断提高的今天，人们对产品和环境质量愈加关注，由此给检验检测人员带来巨大的挑战，社会亟需大量的一线高素质技术技能型质量检验人员。为了适应国家的发展战略，培育具有“执着专注、作风严谨、精益求精、敬业守信、推陈出新”工匠精神的化验员，我们编写了《化验员必读 化学分析入门 提高 拓展》一书。

本书主要内容有定量化学分析实验室基本知识、分析误差、滴定分析、重量分析、分离富集等化学分析方法的基础理论和方法以及基本操作技能等化验员的必备知识与技能。本书在内容编排和选材上本着“注重科学性，立足实用性，强化操作技能”的理念，结合生产和生活实际选择了当前化工产品、食品、药物、环境监测、冶金等行业的实例，由浅入深、通俗易懂地介绍了各类方法原理、试剂配制、方法步骤、操作要点、实验数据处理和结果计算；为强化规范化操作，本书介绍了化验室常用设备、玻璃仪器和器皿、滴定分析仪器的使用和校准方法；为帮助引导化验员自学，便于化验员了解自学效果，针对每种分析法编写了具有启发性且题型多样的测试题，并附有参考答案；为拓宽化验员知识视野，加强创新能力和实验室管理能力的培养，编写了一定数量的具有应用性、先进性和可读性的阅读材料；全书贯彻了我国法定计量单位的规定，书中名词、术语采用最新标准。

本书既可满足化学、化工、冶金、食品、医药、生物、环境监测等行业化验员的学习和提高需求，也可用作职业院校教学用书，以及化验员操作指南和指导手册。

期待《化验员必读　化学分析入门　提高　拓展》带给您新的体验和收获，并能得到您的厚爱和关注！

本书由黄一石任主编，胡伟光、张文英任副主编。王新、吴筱楠、乔子荣、王桂芝、王英健编写了部分内容。顾明华、贺琼、杨小林、吴朝华对本书提供了帮助，在此表示衷心感谢！

本书力求严谨，但限于编者水平，内容取舍难免存在疏漏，恳请专家和读者指出批评、指正意见，不胜感谢。

编　者

2020年1月

目录
Contents

第一章 定量化学分析实验室基础知识

第三章 滴定分析

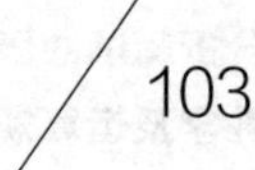

第四章 酸碱滴定法 04 / 155

第八章　重量分析法　08　393

第十章 复杂物质的分析 10 / 503

附　录 / 516

自我测试题答案 / 532

参考文献 / 548

本书所用符号的意义及单位①

符号	意义	单位
m_B	待测组分 B 的质量	g,mg
m_s	试样质量	g,mg
w_B	物质 B 的质量分数	数值以%表示
n_B	B 物质的物质的量	mol
V_s	试液的体积	L,mL
c_B	B 物质的物质的量浓度	mol/L
φ_B	体积分数	数值以%表示
ρ_B	组分 B 的质量浓度	g/L,mg/L,μg/L
x_T	真值(组分的真实数值)	
x	组分的测定值	
E	误差	
E_a	绝对误差	
E_r	相对误差	
D	偏差	
$\overline{x}$	测定结果平均值	
x_i	组分的某次测量值	
d_i	第 i 次测定的绝对偏差	
$\overline{d}$	一组平行测定值的平均偏差	
n	样本容量	
μ	总体平均值	
x_M	中位数	
σ	总体标准偏差	
s	样本的标准偏差	
f	自由度(指独立偏差的个数)	
y	概率密度	
P	置信度	
α	显著性水平,其值为 $1-P$	
$t_{\alpha,f}$	显著性水平为 α、自由度为 f 时的 t 值	
R	极差	
sp	化学计量点	
ep	滴定终点	
$n\left(\frac{1}{Z_B}B\right)$	基本单元为$\frac{1}{Z_B}$B 的物质的量	mol
$T_{B/A}$	每毫升 A 标准滴定溶液相当于被测物质 B 的质量	g/mL
$c\left(\frac{1}{Z_A}A\right)$	基本单元为$\frac{1}{Z_A}$A 的标准滴定溶液的物质的量浓度	mol/L

续表

符　号	意　义	单　位
K_w	水的质子自递常数	
K_t	反应的平衡常数	
K_a	酸的离解常数	
K_b	碱的离解常数	
a	离子的活度	
γ	离子的活度系数	
I	离子强度	
δ	溶质在水溶液中某一存在形式的分布系数	
β	缓冲溶液的缓冲容量	
E_t	终点误差,或称滴定误差	
K_{MY}	金属-EDTA配位化合物的绝对稳定常数	
β_n	累积稳定常数	
$K_{稳n}$	配合物的各级稳定常数	
K'_{MY}	金属-EDTA配合物的条件稳定常数	
α_Y	滴定剂EDTA的副反应系数	
$\alpha_{Y(H)}$	EDTA的酸效应系数	
$\alpha_{Y(N)}$	干扰离子效应系数	
α_M	金属离子M的总副反应系数	
$\alpha_{M(L)}$	金属离子M的配位效应系数	
$\alpha_{M(OH)}$	金属离子M的羟基化效应系数	
α_{MY}	配合物MY的副反应系数	
$[Y']$	EDTA各种形式的总浓度	
$[Y]$	EDTA游离Y^{4-}的浓度	
c_Y	EDTA的分析浓度	
$[M']$	未与配位剂配位的各种型体金属离子的总浓度	
$[M]$	金属离子M的平衡浓度	
K'_{MY}	配合物MY的条件稳定常数	
$[In']$	未与金属离子配位的指示剂的各种形式的总浓度	
pM_t	金属指示剂颜色转变点的pM值	
ΔpM	配位滴定终点与化学计量点pM之差	
Ox	氧化态	
Red	还原态	
$\varphi^{\ominus}(Ox/Red)$	电对Ox/Red的标准电极电位	V
a_{Ox}	电对氧化态的活度	
a_{Red}	电对还原态的活度	
n	电极反应中转移的电子数	
$\varphi^{\ominus\prime}(Ox/Red)$	条件电极电位	V
$\Delta\varphi$	两电对的电位差	V

续表

符　号	意　义	单　位
φ_{sp}	化学计量点的电位	V
$\varphi^{\ominus\prime}_{In}$	氧化还原指示剂的变色点电位	V
s	化合物的溶解度	
s^0	化合物的固有溶解度	
$K^{\ominus}_{sp}$	离子的活度积常数(简称活度积)	
F	重量分析换算因数,或称化学因数	
K_D	分配系数	
D	分配比	
E	萃取率	数值以%表示
β	分离系数	
R_f	比移值	

① 表中所列的是各章节的主要符号，按章节次序列出，相同的不重复列出。

第一章 定量化学分析实验室基础知识

01

学习指南

通过本章的学习，化验分析人员首先应理解并掌握定量化学分析实验室安全知识，掌握分析实验室用水的分级、制备和试验方法；了解化学试剂的分类和贮存方法，学会在不同的分析工作中正确选用不同级别的化学试剂；掌握分析实验室中各类常用玻璃和其他不同材质仪器、器皿的基本知识，能正确选择、洗涤、使用和保管它们；掌握分析天平的使用和保养方法，熟练掌握规范的称量操作方法。

第一节　实验室安全知识

学习要点　深入学习理解实验室安全守则，掌握实验室灭火知识和方法，能对实验过程中的突发意外事故进行正确处理；在了解化学物质毒性的基础上，能切实处理好化验室排放的“三废”。

一、实验室安全守则

人们走进工厂时，可以看到“安全为了生产，生产必须安全”这一醒目的标牌，它时刻提醒着人们，起到了警钟长鸣的作用。在实验中，要经常使用具有腐蚀性、有毒、易燃、易爆的各类试剂，使用易破损的玻璃仪器、各种电器设备及煤气等。为保证分析人员的人身安全和实验操作的正常进行，必须了解和遵守下列实验室安全守则。

① 实验室内严禁饮食、吸烟。严禁任何药品入口或接触伤口，不

能用玻璃仪器代替餐具。所有试剂、试样均应有标签，绝不可在容器内装有与标签不相符的物质。

② 实验室应保持洁净、整齐。废纸、废屑和碎玻璃片、火柴杆等废物应投入垃圾箱内，废酸和废碱应小心倒入废液缸内，中和后再倒入水槽中，以免腐蚀下水道。洒落在实验台上的试剂要随时清理干净。

③ 稀释浓硫酸，必须在烧杯等耐热容器中进行，且只能将硫酸在不断搅拌下缓缓注入水中，温度过高时应冷却降温后再继续加入。配制氢氧化钠、氢氧化钾等浓溶液时，也必须在耐热容器中溶解。如需将酸碱中和，则必须各自先行稀释后再中和。

④ 使用浓硝酸、浓硫酸、浓盐酸、浓高氯酸、浓氨水，或氰化氢、二氧化氮、硫化氢、三氧化硫、溴、氨等有毒、有腐蚀性气体的操作，必须在通风橱中进行。如不注意可能引起中毒。

⑤ 决不允许任意混合各种化学药品，以免发生事故。使用氰化物、砷化物、汞盐等剧毒物质时要采取防护措施。实验残余的毒物应采取适当的方法处理，切勿随意丢弃或倒入水槽中。装过有毒、具有强腐蚀性、易燃、易爆物质的器皿，应由操作者亲自洗净。

⑥ 极易蒸发和引燃的有机溶剂如乙醚、乙醇、丙酮、苯等，使用时必须远离明火，用后要立即塞紧瓶塞，放于阴凉处。用过的试剂倒入回收瓶中，不要倒入水槽中。

⑦ 将玻璃棒、玻璃管、温度计插入或拔出胶塞、胶管时应垫有布，且不可强行插入或拔出。

⑧ 易燃溶剂加热应采用水浴或砂浴，并避免使用明火。灼热的物品不能直接放置在实验台上，各种电加热器及其他温度较高的加热器都应放在石棉板上。

⑨ 实验室内不得有裸露的电线头，不要用电线直接插入电源接通电灯、仪器等。以免引起电火花而导致爆炸和火灾等事故。

⑩ 实验进行中，不得擅自离开岗位。水、电、煤气、酒精灯等一经使用完毕，应立即关闭。实验结束后要洗手，离开实验室时应认真检查水、电、煤气及门、窗是否已关好。

二、实验室灭火常识

灭火原则：移去或隔绝燃料的来源，隔绝空气（氧）、降低温度。对不同物质引起的火灾，采取不同的扑救方法。

1. 实验室灭火的紧急措施

① 防止火势蔓延，首先切断电源、熄灭所有加热设备；而后快速移去附近的可燃物，关闭通风装置、减少空气流通。

② 立即扑灭火焰，设法隔断空气，使温度下降到可燃物的着火点以下。

③ 火势较大时，可用灭火器扑救。常用的灭火器有以下 4 种：

二氧化碳灭火器，用于扑救电器、油类和酸类物质的火灾，不能扑救有钾、钠、镁、铝等物质存在的火灾，因为这些物质会与二氧化碳发生作用；

泡沫灭火器，适用于有机溶剂、油类着火，不宜扑救电器火灾；

干粉灭火器，适用于扑灭油类、有机物、遇水燃烧物质的火灾；

1211 灭火器，适用于扑灭油类、有机溶剂、精密仪器、文物档案等火灾。

2. 实验室灭火注意事项

① 用水灭火注意事项　能与水发生猛烈作用的物质失火时，不能用水灭火，如金属钠、电石、浓硫酸、五氧化二磷、过氧化物等，对于这些小面积范围燃烧可用防火砂覆盖；比水轻、不溶于水的易燃与可燃液体，如石油烃类化合物和苯类等芳香族化合物失火燃烧时，禁止用水扑灭；溶于水或稍溶于水的易燃物与可燃液体，如醇类、醚类、酯类、酮类等失火时，如数量不多可用雾状水、化学泡沫、皂化泡沫等；不溶于水，密度大于水的易燃与可燃液体如二硫化碳等引起的火燃，可用水扑灭，因为水能浮在液面上将空气隔绝，禁止使用四氯化碳灭火器。

② 电气设备及电线着火时，首先用四氯化碳灭火剂灭火，电源切断后才能用水扑救。严禁在未切断电源前用水或泡沫灭火器扑救。

③ 回流加热时，如因冷凝管效果不好，易燃蒸气在冷凝管顶端着火，应先切断加热源，再行扑救。绝对不可用塞子或其他物品堵住冷凝管。

④ 若敞口的器皿中发生燃烧，应尽快先切断加热源，设法盖住器皿口，隔绝空气使火熄灭。

⑤ 扑灭产生有毒蒸气的火情时，要特别注意防毒。

3. 灭火器的维护

① 灭火器要定期检查，并按规定更换药液。使用后应彻底清洗，并更换损坏的零件。

② 使用前需检查喷嘴是否畅通，如有阻塞，应用铁丝疏通后再使

用，以免造成爆炸。

③ 灭火器一定要固定放在明显的地方，不得任意移动。

三、实验室意外事故的一般处理

1. 化学烧伤

化学烧伤是由于操作者的皮肤触及腐蚀性化学试剂所致。这些试剂包括：强酸类，特别是氢氟酸及其盐；强碱类，如碱金属的氢化物、浓氨水、氢氧化物等；氧化剂，如浓的过氧化氢、过硫酸盐等；某些单质，如溴、钾、钠等。

（1）酸蚀伤　应立即用大量水冲洗，然后用2%的 $NaHCO_3$ 溶液或稀 $NH_3 \cdot H_2O$ 冲洗，最后再用水冲洗。

（2）碱蚀伤　先用大量水冲洗，再用约0.3mol/L HAc溶液洗，最后用水冲洗。如果碱溅入眼中，则先用2%的硼酸溶液洗，再用水洗。

2. 烫伤

烫伤是操作者身体直接触及高温、过冷物品（低温引起的冻伤，其性质与烫伤类似）所造成的。如皮肤被烫伤，可先用稀 $KMnO_4$ 或苦味酸溶液冲洗灼伤处，再在伤口处抹上黄色的苦味酸溶液、烫伤膏或万花油，切勿用水冲洗。

3. 割伤

发生割伤后，应先取出伤口内的异物，然后在伤口处涂上红药水或撒上消炎粉后用纱布包扎。

4. 吸入刺激性、有毒气体

当不慎吸入 Cl_2、HCl、溴蒸气时，可吸入少量酒精和乙醚的混合蒸气使之溶解。由于吸入 H_2S 气体而感到不适时，应立即到室外呼吸新鲜空气。

5. 触电

不慎触电时，首先切断电源，必要时进行人工呼吸。

四、实验性污染与“三废”的简单无害化处理

人们在科研、生产和生活过程中，将废物随意排入大气、水体或土壤中，便可对自然环境产生一定的污染。当污染达到一定程度时，就会降低自然环境原有的功能和作用，进而直接或间接地对人类和其他生物产生影响或危害。通常人们将导致环境污染或造成生态环境破坏的物质

称为环境的污染物。

由于科学研究的领域无限广阔，因此涉及的实验性污染物也就非常多。20 世纪以来，全世界有 1000 万种合成的化合物问世。目前，每年有 1000～2000 种新的化学品产生。另外，企业、学校的实验室也会产生化学污染物。所有化学品都有一定的毒性，有些具有潜在毒性的化学品，十亿分之几的浓度即可对人的健康造成危害。

由于实验室排放的化学污染物总量不是很大，一般没有专门的处理设施，而被直接排到生活废物中，往往出现局部浓度过大，导致危害严重的后果。因此，对实验室排放的化学污染物的处理，必须引起高度重视。作为分析人员，除了要了解化学物质的毒性，正确使用和贮存化学试剂外，还要了解对实验室“三废”进行简单无害化处理的方法。

1.“三废”的处理

实验分析过程中产生的废气、废液、废渣大多数是有毒物质，有些是剧毒物质或致癌物质，必须经过处理才能排放。

少量有毒气体可以通过排风设备排出室外，被空气稀释。毒气量大时经过吸收处理后排出；氧化氮、二氧化硫等酸性气体用碱液吸收；可燃性有机毒物于燃烧炉中借氧气完全燃烧。

较纯的有机溶剂废液可回收再用。含酚、氰、汞、铬、砷的废液要经过处理达到“三废”排放标准才能排放。低浓度含酚废液加次氯酸钠或漂白粉使酚氧化为二氧化碳和水；高浓度含酚废水用乙酸丁酯萃取，重蒸馏回收酚；含氰化物的废液用氢氧化钠调至 pH 为 10 以上，再加入 3%的高锰酸钾使 CN^- 氧化分解；CN^- 含量高的废液由碱性氧化法处理，即在 pH 为 10 以上加入次氯酸钠使 CN^- 氧化分解。

含汞盐的废液先调至 pH 8～10，加入过量硫化钠，使其生成硫化汞沉淀，再加入共沉淀剂硫酸亚铁，生成的硫化铁将水中悬浮物硫化汞微粒吸附而共沉淀。排出清液，残渣用焙烧法回收汞，或再制成汞盐。

铬酸洗液失效，浓缩冷却后加高锰酸钾粉末氧化，用砂芯漏斗滤去二氧化锰后即可重新使用。废洗液用废铁屑还原残留的 Cr(Ⅵ) 到 Cr(Ⅲ)，再用废碱或石灰中和成低毒的 $Cr(OH)_3$ 沉淀。

含砷废液加入氧化钙，调节 pH 为 8，生成砷酸钙和亚砷酸钙沉淀。或调节 pH 为 10 以上，加入硫化钠与砷反应，生成难溶、低毒的硫化物沉淀。

含铅镉废液，用消石灰将 pH 调至 8～10，使 Pb^{2+}、Cd^{2+} 生成

$Pb(OH)_2$ 和 $Cd(OH)_2$ 沉淀，加入硫酸亚铁作为共沉淀剂。

混合废液用铁粉法处理，调节 pH 为 3～4，加入铁粉，搅拌 0.5h，加碱调 pH 至 9 左右，继续搅拌 10min，加入高分子混凝剂，混凝后沉淀，清液排放，沉淀物以废渣处理。

2. 有机溶剂的回收

分析中用过的有机溶剂可以回收利用。

（1）废乙醚溶液　置于分液漏斗中，用水洗一次，然后中和，用 0.5%高锰酸钾洗至紫色不褪，再用水洗，用 0.1%～0.5%硫酸亚铁铵溶液洗涤，除去过氧化物再用水洗，用氯化钙干燥，过滤，分馏，收集 33.5～34.5℃馏分。

（2）乙酸乙酯废液　先用水洗几次，再用硫代硫酸钠稀溶液洗几次，使其褪色，之后用水洗几次，蒸馏，用无水碳酸钾脱水，放置几天，过滤后蒸馏，收集 76～77℃馏分。

氯仿废溶剂、乙醇废溶液、四氯化碳废溶液等都可以通过水洗废液再用试剂处理，最后通过蒸馏收集沸点左右馏分，最终得到被回收的溶剂。经过回收的溶剂可以再使用，这样既经济又减少了污染。

3. 废料销毁

在分析过程中，出现的固体废物不能随便乱放，以免发生事故。如能放出有毒气体或能自燃的危险废料，不能丢进废品箱内或排进废水管道中。不溶于水的废弃化学药品禁止丢进废水管道中，必须将其在适当的地方烧掉或用化学方法处理成无害物。碎玻璃和其他有棱角的锐利废料，不能丢进废纸篓内，要收集于特殊废品箱内处理。

第二节　实验室用水

学习要点　掌握不同级别分析实验用水的用途、制备、贮存和检验方法，能根据分析实验需要正确选择合适级别的分析用水。

在分析工作中，洗涤仪器、溶解样品、配制溶液均需用水。一般天然水和自来水（生活饮用水）中常含有氯化物、碳酸盐、硫酸盐、泥沙等少量无机物和有机物，影响分析结果的准确度。作为分析用水，必须先经一定的方法净化达到国家标准的规定。实验室用水规格，根据分析任务和要求的不同，采用不同纯度的水。

我国已建立了实验室用水规格的国家标准（GB/T 6682），《分析实验室用水规格和试验方法》（简称《标准》）中规定了实验室用水的技术指标、制备方法及检验方法。这一基础标准的制订，对规范我国分析实验室的分析用水，提高分析方法的准确度起了重要的作用。

一、分析用水的级别和用途

国家标准规定的实验室用水分为三级。

（1）一级水　基本上不含有溶解或胶态离子杂质及有机物。用于有严格要求的分析实验，包括对颗粒有要求的试验，如高效液相色谱分析用水。一级水可用二级水经过石英设备蒸馏或离子交换混合床处理后，再用 0.2nm 微孔滤膜过滤制得。

（2）二级水　可含有微量的无机、有机或胶态杂质。用于无机痕量分析等试验，如原子吸收光谱分析用水。二级水可用多次蒸馏或离子交换等制得。

（3）三级水　最普遍使用的纯水，适用于一般实验室试验工作，过去多采用蒸馏方法制备，故通常称为蒸馏水。三级水可用蒸馏或离子交换的方法制得。

二、分析用水的制备

制备实验室用水的原料水，应当是饮用水或比较纯净的水。如有污染，则必须进行预处理。纯水常用以下 3 种方法制备。

1. 蒸馏法制备纯水

蒸馏法制备纯水是根据水与杂质的沸点不同，将自来水（或其他天然水）用蒸馏器蒸馏而得到的。用这种方法制备纯水操作简单，成本低廉，能除去水中非蒸发性杂质，但不能除去易溶于水的气体。由于蒸馏一次所得蒸馏水仍含有微量杂质，只能用于定性分析或一般工业分析。

目前使用的蒸馏器一般是由玻璃、镀锡铜皮、铝皮或石英等材料制成的。由于蒸馏器的材质不同，带入蒸馏水中的杂质也不同。用玻璃蒸馏器制得的蒸馏水会有 Na^{+}、SiO_3^{2-} 等离子。用铜蒸馏器制得的蒸馏水通常含有 Cu^{2+}，蒸馏水中通常还含有一些其他杂质。原因是二氧化碳及某些低沸物易挥发物质，随水蒸气带入蒸馏水中；少量液态水成雾状飞出，直接进入蒸馏水中；微量的冷凝管材料成分也能带入蒸馏水中。

必须指出，以生产中的废蒸汽冷凝制得的“蒸馏水”，因含杂质较多，是不能直接用于分析化学的。

2. 离子交换法制纯水

蒸馏法制备纯水产量低，一般纯度也不够高。化学实验室广泛采用离子交换树脂来分离出水中的杂质离子，这种方法叫离子交换法。因此，用此法制得的水通常称“去离子水”。这种方法具有出水纯度高、操作技术易掌握、产量大、成本低等优点，很适合于各种规模的化验室采用。该方法的缺点是设备较复杂，制备的水含有微生物和某些有机物。

3. 电渗析法制纯水

这是在离子交换技术基础上发展起来的一种方法。它是在外电场的作用下，利用阴阳离子交换膜对溶液中离子的选择性透过而使杂质离子自水中分离出来，从而制得纯水的方法。

三、分析用水的规格

GB/T 6682《分析实验室用水规格和试验方法》中只规定了一般技术指标，在实际工作中，有些实验对水有特殊要求，还要检查有关项目，例如Cl^-、Fe^{3+}、Cu^{2+}、Zn^{2+}、Pb^{2+}、Ca^{2+}、Mg^{2+}等离子。实验室用水规格见表1-1。

表1-1 实验室用水的级别及主要指标

指标名称		一级	二级	三级
pH范围		—	—	5.0～7.5
电导率(25℃)/(mS/m)	≤	0.01	0.10	0.50
吸光度(254nm,1cm光程)	≤	0.001	0.01	—
可氧化物质[以(O)计]/(mg/L)	≤	—	0.08	0.4
蒸发残渣(105℃±2℃)/(mg/L)	≤	—	1.0	2.0
可溶性硅(以SiO_2计)/(mg/L)	≤	0.01	0.02	—

注：1.由于在一级水、二级水的纯度下，难于测定其真实的pH，因此，对一级水、二级水的pH范围不作规定。

2.一级水、二级水的电导率需用新制备的水“在线”测定。

3.由于在一级水的纯度下，难于测定可氧化物质和蒸发残渣，对其限量不作规定，可用其他条件和制备方法来保证一级水的质量。

四、分析用水的检验

为保证纯水的质量符合分析工作的要求，对于所制备的每一批纯水，都必须进行质量检查。

1. pH的测定

普通纯水pH应在5.0～7.5（25℃），可用精密pH试纸或酸碱指示剂检验。对甲基红不显红色，对溴百里酚蓝不呈蓝色。用酸度计测定纯水的pH时，先用pH为5.0～8.0的标准缓冲溶液校正pH计，再将100mL三级水注入烧杯中，插入玻璃电极和甘汞电极，测定pH。

2. 电导率的测定

纯水是微弱导体，水中溶解了电解质，其电导率将相应增加。测定电导率应选用适于测定高纯水的电导率仪。一级水、二级水电导率极低，通常只测定三级水。测量三级水电导率时，将300mL三级水注入烧杯中，插入光亮铂电极，用电导率仪测定其电导率。测得的电导率小于或等于5.0μS/cm时，即为合格。

3. 吸光度的测定

将水样分别注入1cm和2cm的比色皿中，用紫外-可见分光光度计于波长254nm处，以1cm比色皿中水为参比，测定2cm比色皿中水的吸光度。一级水的吸光度应≤0.001；二级水的吸光度应≤0.01；三级水可不测水样的吸光度。

4. SiO_2 的测定

SiO_2 的测定方法比较烦琐，一级水、二级水中的 SiO_2 可按GB/T 6682中的规定测定。通常使用的三级水可测定水中的硅酸盐。其测定方法如下：取30mL水于一小烧杯中，加入5mL 4mol/L HNO_3，5mL 5% $(NH_4)_2MoO_4$ 溶液，室温下放置5min后，加入5mL 10% Na_2SO_4 溶液，观察是否出现蓝色。如呈现蓝色，则不合格。

5. 可氧化物的限度试验

将100mL二级水或100mL三级水注入烧杯中，然后加入10.0mL 1mol/L H_2SO_4 溶液和新配制的1.0mL 0.002mol/L $KMnO_4$ 溶液，盖上表面皿，将其煮沸并保持5min，与置于另一相同容器中不加试剂的等体积的水样做比较。此时溶液呈淡粉色，如未完全褪尽，则符合可氧化物限度实验，如完全褪尽则不符合可氧化物限度实验。

另外，在某些情况下，还应对水中的 Cl^-、Ca^{2+}、Mg^{2+} 进行检验。

Ca^{2+}、Mg^{2+} 的检验：取10mL待检查的水，加 $NH_3 \cdot H_2O$-NH_4Cl 缓冲溶液（pH≈10），调节溶液pH至10左右，加入1滴铬黑T指示剂，不显红色为合格。

Cl^- 的检验：取10mL待检查的水，用4mol/L的 HNO_3 酸化，加2滴1% $AgNO_3$ 溶液，摇匀后未见浑浊现象，为合格。

五、分析用水的贮存

分析用水的贮存影响到分析用水的质量。各级分析用水均应使用密闭的专用聚乙烯容器。三级水也可使用密闭的专用玻璃容器。新容器在使用前需要用盐酸溶液（20%）浸泡 2～3d，再用待测水反复冲洗，并注满待测水浸泡 6h 以上。

各级分析用水在贮存期间，其污染主要来源是聚乙烯容器可溶成分的溶解及空气中 CO_2 和其他杂质。所以，一级水不可贮存，需在使用前制备。二级水、三级水可适量制备，分别贮存于预先经同级水清洗过的相应容器中。各级水在运输过程中应避免污染。

第三节　化学试剂及有关知识

学习要点　了解化学试剂分类，掌握各类试剂的标志和主要用途，能根据分析要求正确选用合适级别的试剂并对其进行妥善保管。

化学试剂广义指为实现某一化学反应而使用的化学药品，狭义指化学分析中为测定物质的组成而使用的纯粹化学药品，它是现代科学研究和产品检验的重要物质。因此，对于从事分析工作的人员，了解化学试剂的性质、用途、保管及有关选用等方面的知识，是非常必要的。

化学试剂的门类很多，世界各地对化学试剂的分类和分级的标准不尽一致，各国都有自己的国家标准及其他标准（行业标准、学会标准等）。我国的化学试剂产品有国家标准（GB）、原化学工业部标准（HG）及企业标准（Q）三级。

一、化学试剂的分类

将化学试剂进行科学的分类，以适应化学试剂的生产、科研、进出口等需要，是化学试剂标准化所要研究的内容之一。

化学试剂产品已有数千种，有分析试剂、仪器分析专用试剂、指示剂、有机合成试剂、生化试剂、电子工业专用试剂、医用试剂等。随着科学技术和生产的发展，新的试剂种类还将不断产生。常用的化学试剂的分类方法有：按试剂用途和化学组成分类；按试剂用途和学科分类；按试剂包装和标志分类；按化学试剂的标准分类。现将化学试剂分为标准试剂、一般试剂、高纯试剂、专用试剂 4 大类，逐一作简单介绍。

1. 标准试剂

标准试剂是用于衡量其他（欲测）物质化学量的标准物质。标准试剂的特点是主体含量高而且准确可靠，其产品一般由大型试剂厂生产，并严格按国家标准检验。主要国产标准试剂的分类及用途列于表 1-2 中。

表 1-2　主要国产标准试剂的分类与用途

类　别	主　要　用　途
滴定分析第一基准试剂(C 级) 滴定分析工作基准试剂(D 级)	工作基准试剂的定值 滴定分析标准溶液的定值
杂质分析标准溶液	仪器及化学分析中作为微量杂质分析的标准
滴定分析标准溶液 一级 pH 基准试剂	滴定分析法测定物质的含量 pH 基准试剂的定值和高精密度 pH 计的校准
pH 基准试剂	pH 计的校准(定位)
热值分析试剂 色谱分析标准	热值分析仪的标定 气相色谱法进行定性和定量分析的标准
临床分析标准溶液 农药分析标准 有机元素分析标准	临床化验 农药分析 有机元素分析

2. 一般试剂

一般试剂是实验室最普遍使用的试剂，一般可分为 4 个等级及生化试剂等（见表 1-3）。

表 1-3　一般试剂的分级标准和适用范围

级　别	纯度分类	英文符号	适用范围	标签颜色
一级	优级纯(保证试剂)	G. R.	适用于精密分析实验和科学研究工作	绿色
二级	分析试剂	A. R.	适用于一般分析实验和科学研究工作	红色
三级	化学纯	C. P.	适用于一般分析工作	蓝色
四级	实际试剂	L. R.	适用于一般化学实验辅助试剂	棕色或其他颜色
生化试剂	生物染色级(生化试剂)	B. R.	生物化学及医用化学实验	咖啡色染色剂(玫瑰色)

3. 高纯试剂

高纯试剂的特点是杂质含量低（比优级纯基准试剂低），主体含量与优级纯试剂相当，而且规定检验的杂质项目比同种优级纯或基准试剂多 1～2 倍。通常杂质量控制在 10^{-9}～10^{-6} 级的范围内。高纯试剂主要用于微量分析中试样的分解及试液的制备。

高纯试剂多属于通用试剂（如 HCl，$HClO_4$，$NH_3 \cdot H_2O$，Na_2CO_3，H_3BO_3）。目前只有 8 种高纯试剂颁布了国家标准，其他产品一般执行企业标准，在产品的标签上标有“特优”或“超优”试剂字样。

4. 专用试剂

专用试剂是指有特殊用途的试剂。其特点是不仅主体含量较高，而且杂质含量很低。它与高纯试剂的区别是：在特定的用途中（如发射光谱分析）有干扰的杂质成分只需控制在不致产生明显干扰的限度以下。

专用试剂种类颇多，如紫外及红外光谱法试剂、色谱分析、标准试剂、气相色谱载体及固定液、液相色谱填料、薄层色谱试剂、核磁共振分析用试剂等。

二、化学试剂的选用

化学试剂的纯度越高，则其生产或提纯过程越复杂且价格越高，如基准试剂和高纯试剂的价格要比普通试剂高数倍乃至数十倍。应根据分析任务、分析方法、分析对象的含量及对分析结果准确度的要求，合理地选用相应级别的试剂。

化学试剂选用的原则是在满足实验要求的前提下，选择试剂的级别应就低而不就高。既不超级别造成浪费，也不随意降低试剂级别而影响分析结果。试剂的选择要考虑以下几点。

① 滴定分析中常用间接法配制的标准溶液，应选择分析纯试剂配制，再用工作基准试剂标定。在某些情况下，如对分析结果要求不是很高的实验，也可用优级纯或分析纯代替工作基准试剂标定。滴定分析中所用的其他试剂一般为分析纯试剂。

② 在仲裁分析中，一般选择优级纯和分析纯试剂。在进行痕量分析时，应选用优级纯试剂以降低空白值和避免杂质干扰。

③ 仪器分析实验中一般选用优级纯或专用试剂，测定微量成分时应选用高纯试剂。

④ 试剂的级别高，分析用水的纯度及容器的洁净程度要求也高，两者必须配合方能满足实验的要求。

⑤ 在分析方法标准中一般规定，不应选用低于分析纯的试剂。此外，由于进口化学试剂的规格、标志与我国化学试剂现行等级标准不甚相同，使用时应参照有关化学手册加以区分。

三、化学试剂的保管

化学试剂如保管不善则会发生变质。变质试剂不仅是导致分析误差的主要原因，而且还会使分析工作失败，甚至会引起事故。因此，了解影响化学试剂变质的原因，妥善保管化学试剂在实验室中是一项十分重要的工作。

1. 影响化学试剂变质的因素

（1）空气的影响　空气中的氧易使还原性试剂氧化而破坏。强碱性试剂易吸收二氧化碳而变成碳酸盐；水分可以使某些试剂潮解、结块；纤维、灰尘能使某些试剂还原、变色等。

（2）温度的影响　试剂变质的速度与温度有关。夏季高温会加快不稳定试剂的分解；冬季严寒会促使甲醛聚合而沉淀变质。

（3）光的影响　日光中的紫外线能加速某些试剂的化学反应而使其变质（例如银盐、汞盐，溴和碘的钾、钠、铵盐和某些酚类试剂）。

（4）杂质的影响　不稳定试剂的纯净与否对其变质情况的影响不容忽视。例如纯净的溴化汞实际上不受光的影响，而含有微量的溴化亚汞或有机物杂质的溴化汞遇光易变黑。

（5）贮存期的影响　不稳定试剂在长期贮存后可能发生歧化聚合，分解或沉淀等变化。

2. 化学试剂的贮存

一般化学试剂应贮存在通风良好、干净和干燥的房间，要远离火源，并注意防止水分、灰尘和其他物质污染。

① 固体试剂应保存在广口瓶中，液体试剂盛在细口瓶或滴瓶中，见光易分解的试剂（如 $AgNO_3$、$KMnO_4$、双氧水、草酸等）应盛在棕色瓶中并置于暗处；容易侵蚀玻璃而影响试剂纯度的如氢氟酸、氟化钠、氟化钾、氟化铵、氢氧化钾等，应保存在塑料瓶中或涂有石蜡的玻璃瓶中。盛碱的瓶子要用橡皮塞，不能用磨口塞，以防瓶口被碱溶解。

② 吸水性强的试剂，如无水碳酸钠、苛性碱、过氧化钠等应严格用蜡密封。

③ 剧毒试剂如氰化物、砒霜、氢氟酸、氯化汞等，应设专人保管，要经一定手续取用，以免发生事故。

④ 相互易作用的试剂，如蒸发性的酸与氨，氧化剂与还原剂，应

分开存放。易燃的试剂如乙醇、乙醚、苯、丙酮与易爆炸的试剂如高氯酸、过氧化氢、硝基化合物，应分开存在阴凉通风，不受阳光直接照射的地方。灭火方法相抵触的化学试剂不准同室存放。

⑤ 特种试剂如金属钠应浸在煤油中；白磷要浸在水中保存。

第四节　常用制冷剂和干燥剂

学习要点　了解实验室常用的制冷剂、干燥剂的性能指标，在分析工作中能正确选择和使用制冷剂、干燥剂。

一、制冷剂

实验室进行低温操作，要使溶液的温度低于室温时，最简单的方法是使用冷冻冷却。如冷冻冰盐溶液，100g 碎冰和 30g NaCl 混合，温度可降至－20℃，干冰（固体 CO_2）加乙醇和丙醇，冷却温度可达－77℃；液态氮能使温度降至－190℃。实验室常用制冷剂及其制冷最低温度见表 1-4。

表 1-4　实验室常用制冷剂及其制冷最低温度

制　冷　剂	最低温度/℃
NH_4Cl＋水(30＋100)	－3
$CaCl_2$＋水(250＋100)	－8
NH_4NO_3＋水(100＋100)	－12
KSCN＋水(100＋100)	－24
NH_4Cl＋KNO_3＋水(100＋100＋100)	－25
$CaCl_2 \cdot 6H_2O$＋冰雪(41＋100)	－9
NH_4Cl＋冰雪(25＋100)	－15
浓 H_2SO_4＋冰雪(25＋100)	－20
NaCl＋冰雪(33＋100)	－21
KNO_3＋NH_4NO_3＋冰雪(9＋74＋100)	－25
KCl＋冰雪(100＋100)	－30
$CaCl_2 \cdot 6H_2O$＋冰雪(125＋100)	－40
$CaCl_2 \cdot 6H_2O$＋冰雪(150＋100)	－49
$CaCl_2 \cdot 6H_2O$＋冰雪(500＋100)	－54
干冰＋丙酮	－78
液氧	－183
液氮	－195.8
液氢	－252.8
液氦	－268.9

二、干燥剂

凡是吸收水分的物质，一般都可以称为干燥剂，它主要用于脱除气态或液态物质中的游离水分。干燥剂既要有易与游离水分结合的活性，又要有不破坏被干燥物质的惰性。实验室常用干燥剂主要有无机干燥剂与分子筛干燥剂两类（见表1-5和表1-6）。

表 1-5　用于气体的无机干燥剂

干燥剂	适用干燥的气体
CaO	NH_3、胺类
$CaCl_2$	H_2、O_2、HCl、CO_2、N_2、SO_2、CH_4、乙醚、烯烃、氯代烃、烷烃
P_2O_5	H_2、O_2、CO_2、CO、SO_2、N_2、CH_4、C_2H_4、烷烃
H_2SO_4	H_2、CO_2、CO、N_2、Cl_2、烷烃
KOH	NH_3、胺类
Al_2O_3	多数气体
硅胶	NH_3、胺类、O_2、N_2
碱石灰	NH_3、胺类、O_2、N_2

表 1-6　用于液体的无机干燥剂

干 燥 剂	适用干燥的液体	不适用干燥的液体
P_2O_5	烃、卤代烃、CS_2	碱、酮、易聚合物
H_2SO_4	饱和烃、卤代烃	碱、酮、醇、酚
$CaCl_2$	醚、酯、卤代烷	醇、酮、胺、酚、脂肪酸
KOH	碱	酮、醛、脂肪酸、酸
K_2CO_3	碱、卤代物、酮	脂肪酸、酯
$CuSO_4$	醚、醇	甲醇
Na	醚、饱和烃	醇、胺、酯
Na_2SO_4	普通物质	

第五节　定量分析中的常用器皿

学习要点　熟悉实验室常用的玻璃仪器、金属和非金属器皿的规格、性能和主要用途，掌握其使用方法和使用注意事项。

进行分析化验工作时要用到各种器皿。熟悉常用器皿的规格、性能、正确使用方法和保管方法，对于规范操作、准确地报出分析结果，延长器皿的使用寿命和防止意外事故的发生，都是十分必要的。

一、玻璃仪器

玻璃是多种硅酸盐、铝硅酸盐、硼酸盐和二氧化硅等物质的复杂混熔体，具有良好的透明度、相当好的化学稳定性（对氢氟酸除外）、较强的耐热性，且具有价格低廉、加工方便、适用面广等一系列优点。因此，分析化学实验室中大量使用的仪器是玻璃仪器。定量分析用一般玻璃仪器和量器类玻璃仪器化学成分见表 1-7。

表 1-7　一般玻璃仪器和量器类玻璃仪器化学成分

项　目	化学成分(质量分数)/%						
	SiO_2	Al_2O_3	B_2O_3	Na_2O	CaO	ZnO	K_2O
一般玻璃仪器	74	4.5	4.5	12	3.3	1.7	
量器类玻璃仪器	73	5	4.5	13.2	3.8	0.5	

这类仪器均为软质玻璃，具有很好的透明度、一定的机械强度和良好的绝缘性能。与硬质玻璃（SiO_2 79.1%，B_2O_3 12.5%）比较，其热稳定性、耐腐蚀性能差。常用玻璃仪器的规格、用途及使用注意事项见表 1-8。

表 1-8　常用玻璃仪器的规格、用途及使用注意事项

名　称	主要规格	主要用途	使用注意事项
烧杯	容量(mL):10,15,25,50,100,200,250,400,500,600,800,1000,2000	配制溶液;溶解样品;进行反应;加热;蒸发;滴定等	不可干烧;加热时应受热均匀;液量一般勿超过容积的 2/3
锥形瓶	容量(mL):5,10,25,50,100,150,200,250,300,500,1000,2000	加热;处理试样;滴定	磨口瓶加热时要打开瓶塞,其余同烧杯使用注意事项
碘量瓶	容量(mL):50,100,250,500,1000	碘量法及其他生成挥发物的定量分析	磨口瓶加热时要打开瓶塞,其余同烧杯使用注意事项
圆底烧瓶、平底烧瓶	容量(mL):50,100,250,500,1000	加热、蒸馏	避免直火加热
蒸馏烧瓶	容量(mL):50,100,250,500,1000,2000	蒸馏	避免直火加热
凯氏烧瓶	容量(mL):50,100,250,300,500,800,1000	消化分解有机物	使用时瓶口勿对人,其余同蒸馏烧瓶使用注意事项
量筒、量杯	容量(mL):5,10,25,50,100,250,500,1000,2000 量出式	粗略量取一定体积的溶液	不可加热,不可盛热溶液;不可在其中配制溶液;加入或倾出溶液应沿其内壁

续表

名　称	主 要 规 格	主 要 用 途	使用注意事项
容量瓶	容量(mL):5,10,25,50,100,200,250,500,1000,2000 量入式 A级、B级 无色、棕色	准确配制一定体积的溶液	瓶塞密合;不可烘烤、加热,不可贮存溶液;长期不用时应在瓶塞与瓶口间夹上纸条
滴定管	容量(mL):25,50,100 量出式,座式 A级、A2级、B级 无色,棕色,酸式,碱式	滴定	不能漏水,不能加热,不能长期存放碱液;碱式管不能盛氧化性物质溶液
微量滴定管	容量(mL):1,2,5,10 量出式,座式 A级、A2级、B级(无碱式)	微量或半微量滴定	不能漏水,不能加热,不能长期存放碱液;碱式管不能盛氧化性物质溶液
自动滴定管	容量(mL):10,25,50 量出式 A级、A2级、B级 三路阀,侧边阀,侧边三路阀	自动滴定	不能漏水,不能加热,不能长期存放碱液;碱式管不能盛氧化性物质溶液
移液管(无分度吸管)	容量(mL):1,2,5,10,15,20,25,50,100 量出式 A级、B级	准确移取一定体积溶液	不可加热,不可磕破管尖及上口
吸量管(直接吸管)	容量(mL):0.1,0.2,0.5,1,2,5,10,25,50 A级、A2级、B级 完全流出式,吹出式,不完全流出式	准确移取各种不同体积溶液	不可加热,不可磕破管尖及上口
称量瓶	高形容量(mL):10,20,25,40,60 外径(mm):25,30,30,35,40 瓶高(mm):40,50,60,70,70 低形容量(mL):5,10,15,30,45,80 外径(mm):25,35,40,50,60,70 瓶高(mm):25,25,25,30,30,35	高形用于称量试样,基准物 低形用于在烘箱中干燥试样,基准物	磨口应配套;不可盖紧塞烘烤
细口瓶 广口瓶 下口瓶	容量(mL):125,250,500,1000,2000,3000,10000,20000 无色、棕色	细口瓶、下口瓶用于存放液体试剂;广口瓶用于存放固体试剂	不可加热;不可在瓶内配制热效应大的溶液;磨口塞应配套;存放碱液的瓶应用胶塞
滴瓶	容量(mL):30,60,125 无色、棕色	存放需滴加的试剂	同细口瓶使用注意事项

续表

名　称	主要规格	主要用途	使用注意事项
漏斗	上口直径(mm):45,55,60,70,80,100,120 短径、长径、直渠、弯渠	过滤沉淀;加液器	不可直火烘烤
分液漏斗	容量(mL):50,100,250,500,1000,2000 球形、锥形、筒形无刻度、具刻度	两相液体分离;萃取富集;作制备反应中加液器	不可加热;不能漏水;磨口塞应配套
试管	容量(mL):10,15,20,25,50,100 无刻度、具刻度、具支管	少量试剂的反应容器;具支管试管可用于少量液体的蒸馏	所盛溶液一般不超过试管容积 1/3;硬质试管可直火加热,加热时管口勿对人
离心试管	容量(mL):5,10,15,20,25,50 无刻度、具刻度	定性鉴定;离心分离	不可直火加热
比色管	容量(mL):10,25,50,100 具塞、不具塞 带刻度、不带刻度	比色分析	不可直火加热;管塞应密合; 不能用去污粉刷洗
干燥管	球形 有效长度(mm):100,150,200 U形 高度(mm):100,150,200 U形带阀及支管	气体干燥;除去混合气体中的某些气体	干燥剂或吸收剂必须有效
干燥塔	干燥剂容量(mL):250,500	动态气体的干燥与吸收	干燥剂或吸收剂必须有效
冷凝器	外套管有效冷凝长度(mm):200,300,400,500,600,800 直形、球形、蛇形、蛇形逆流、直形回流、空气冷凝器	将蒸气冷凝为液体	不可骤冷、骤热;直形、球形、蛇形冷凝器要在下口进水,上口出水
抽气管	伽氏、艾氏、孟氏、改良式	装在水龙头上,抽滤时作真空泵	用厚胶管接在水龙头上并拴牢;除改良式外,使用时应接安全瓶,停止抽气时,先开启安全瓶阀
抽滤瓶	容量(mL):50,100,250,500,1000	抽滤时承接滤液	不可加热;选配合适的抽滤垫;抽滤时漏斗管尖远离抽气嘴
表面皿	直径(mm):45,65,70,90,100,125,150	可作烧杯和漏斗盖;称量、鉴定器皿	不可直火加热
研钵	直径(mm):70,90,105	研磨固体物质	不能撞击、烘烤;选配合适的抽滤垫;抽滤时漏斗管尖远离抽气嘴

续表

名称	主要规格	主要用途	使用注意事项
干燥器	上口直径(mm):160,210,240,300 无色、棕色	保持物质的干燥状态	磨口部分涂适量凡士林;干燥剂应有效;不可放入红热物体,放入热物体后要时刻开盖,以放走热空气
砂芯滤器	容量(mL):10,20,30,60,100,250,500,1000 微孔平均直径(μm):P_{40}(16～40);P_{16}(10～16);P_{10}(4～10);P_4(1.6～4)	过滤	必须抽滤;不能骤冷骤热;不可过滤氢氟酸、碱液等;用毕及时洗净

二、其他非金属器皿

1. 瓷器皿

陶瓷材料在性能上有其独特的优越性，在热和机械性能方面，有耐高温、隔热、高硬度、耐磨耗等特点。对酸、碱的稳定性均优于玻璃，而且价廉易购，故应用也很广。涂有釉的瓷器皿吸水性极低，易于恒重，常用作称量分析中的称量器皿。瓷器皿和玻璃相似，主要成分仍然是硅酸盐，所以不能用氢氟酸在瓷皿中分解处理样品，不适于熔融分解碱金属的碳酸盐、氢氧化物、过氧化物及焦硫酸盐等。表 1-9 和图 1-1 列出常用瓷质器皿。

表 1-9 常用瓷质器皿

名称	规格	主要用途
瓷坩埚	容量(mL):20,25,30,50	灼烧沉淀,灼烧失重测定,高温处理样品
蒸发皿	带柄及不带柄容量(mL):30,60,100,250	灼烧分子筛、γ-Al_2O_3、色谱用载体、蒸发溶液
瓷管	内径(mm):22,25 长(mm):610,760	高温管式炉中,燃烧法测定C、H、S等元素
瓷舟	长(mm):30,50	燃烧法测定C、H、S时盛样品
布氏漏斗	直径(mm):51,67,85,106	用于减压过滤,与抽滤瓶配套使用
瓷研钵	直径(mm):60,100,150,200	研磨固体试剂和试样

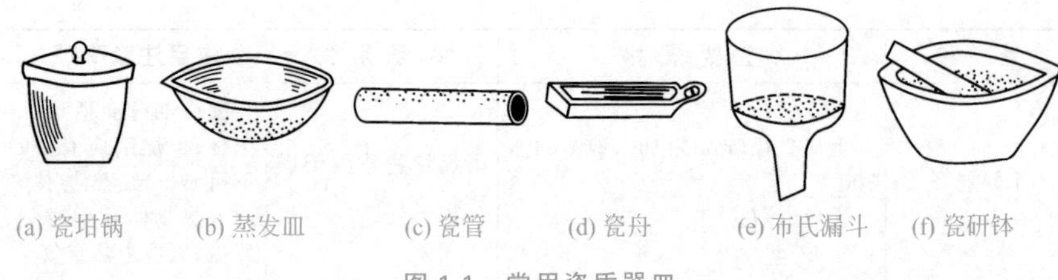

图 1-1 常用瓷质器皿

2. 玛瑙器皿

玛瑙是天然石英的一种，属贵重矿物。其主要成分是二氧化硅，另外还含有少量铝、铁、钙、镁、锰的氧化物。玛瑙的特点是硬度大，性质稳定，与大多数试剂不发生作用，一般很少带入杂质，用玛瑙制作的研钵是研磨各种高纯物质的极好器皿。在一些精度要求高的分析中，常用它研磨样品。

玛瑙研钵不能受热，不能在烘箱中烘烤，不能用力敲击，也不能与氢氟酸接触。玛瑙研钵价格昂贵，使用时要特别小心。

玛瑙研钵用毕应用水洗净。必要时可用稀盐酸洗涤或放入少许氯化钠研磨，然后用水冲净后自然干燥。

3. 石墨器皿

常用的石墨器皿有石墨坩埚与石墨电极，石墨坩埚可代替一些贵金属坩埚进行熔融操作，使用时最好外罩上一个瓷坩埚。石墨坩埚在使用前，应先在王水中浸泡 10h 后用纯水冲净，再于 105℃ 的烘箱中干燥 10h。使用后在 10% 的盐酸溶液中煮沸浸泡 10min，然后洗净烘干。

石墨器皿的优点是质地致密，透气性小，极耐高温，即使在 2500℃时也不熔化，而且在高温下其强度不减。同时，它具有耐腐蚀性好的特点，在常温下不与各种酸（高氯酸除外）、碱起作用。有良好的导电性和耐急冷、急热性。

4. 塑料器皿

塑料是高分子材料的一类。实验室常见的塑料器皿是聚乙烯材料。聚乙烯是热塑性塑料，短时间内可使用到 100℃。耐一般酸、碱腐蚀，但能被氧化性酸（浓 HNO_3，H_2SO_4）慢慢侵蚀；室温下不溶于一般有机溶剂，但与脂肪烃、芳香烃、卤代烃等长时间接触溶胀。低相对密度（$\rho=0.92$）聚乙烯熔点为 108℃，其加热温度不能超过 70℃；高相对密度（$\rho=0.95$）聚乙烯熔点为 135℃，加热不能超过 100℃。

塑料具有绝缘、耐化学腐蚀、不易传热、强度较好、耐撞击等特点。在实验室中可作为金属、木材、玻璃等的代用品。如取样袋，代替橡胶球胆取气体试样；聚乙烯桶可用于装蒸馏水，小桶用于取水样；聚乙烯烧杯漏斗用于含氢氟酸的实验中。聚乙烯细口瓶代替玻璃瓶，装碱标准溶液、强碱、碱金属盐的溶液及氢氟酸而不受腐蚀。聚乙烯细口瓶还可制成洗瓶，使用方便。

三、金属器皿

1. 铂器皿

铂又称白金，是一种比黄金还要贵重的软质金属。铂的熔点高达1774℃，可耐1200℃的高温。化学性质稳定，在空气中灼烧不发生化学变化。能耐包括氢氟酸在内的大多数化学试剂的侵蚀。实验室中常见的铂器皿有铂坩埚、铂蒸发皿、铂舟、铂丝、铂电极及铂铑热电偶等。铂坩埚适于灼烧及称量沉淀，用于碱（Na_2CO_3）熔法分解样品及用氢氟酸从样品中除去SiO_2的实验。

由于铂器皿质地柔软，不能用玻璃棒或其他硬物刮剥铂器皿内的附着物，以防刮伤；铂在高温下易与碳素形成脆性碳化铂，所以铂器皿只能在高温炉或煤气灯的氧化焰中加热或灼烧，不能在含有炭粒和碳氢化合物的还原焰中灼烧；防止铂器皿在高温下与易还原的金属、非金属及其化合物，与碱金属及钡的氧化物、氢氧化物，碱金属的硝酸盐、亚硝酸盐、氰化物，与含碳的硅酸盐、磷、砷、硫及其化合物，与卤素等物接触。

铂器皿应保持清洁光亮，以防止有害物质继续与铂作用。铂器皿如沾上污迹，可先用盐酸或硝酸单独处理。无效时，可将焦硫酸钾置于铂器皿中，在较低的温度下熔融5～10min，将熔融物弃去后，再用盐酸洗涤，若仍无效，可用碳酸钠熔融处理。

由于铂价格昂贵，代用品例如用难熔氧化物制成的刚玉（Al_2O_3）坩埚、二氧化锆坩埚，可以在较高温度（800～900℃）使用，二氧化锆坩埚可以耐过氧化钠的腐蚀，因此，在许多地方可以代替铂坩埚。

2. 银坩埚

银坩埚可用来熔融NaOH、KOH及Na_2O_2等物质，用于碱熔法分解样品。银的熔点为960℃，银坩埚使用温度通常不超过700℃，因此不可将其置于煤气灯上直接灼烧，只能在电炉或高温炉中使用。在空气中加热时，银表面极易形成一层黑色氧化银薄膜，使其质量发生变化，所以银坩埚不适于在称量分析中灼烧和称量沉淀；银易与硫生成硫化银，因而不能熔融、分解或灼烧含硫物质；银能被酸侵蚀或溶解，特别要注意不允许接触浓硫酸、浓硝酸。此外，铅、锌、锡、铅、汞等金属盐及硼砂均不可在银坩埚中灼烧和熔融，防止银坩埚变脆。

银的价格比铂低得多，实验室中常用。用过的银坩埚要及时清洗。先用 NaOH 熔融清洗，或用 HCl（1＋3）溶液短时间浸泡，再用滑石粉擦拭，最后用纯水洗涤并干燥。

3. 镍坩埚

镍坩埚常用于熔融 NaOH、KOH、Na_2O_2、Na_2CO_3、$NaHCO_3$ 熔融法分解样品，如氟硅酸钾容量法测定 SiO_2。镍的熔点为 1455℃，镍坩埚一般使用温度为 700℃，不能超过 900℃。由于镍在空气中易被氧化，生成氧化膜会增重，所以镍坩埚不能用于称量分析中灼烧和称量沉淀。根据镍的性质，硫酸氢钠、硫酸氢钾、焦硫酸钠、焦硫酸钾、硼砂、碱性硫化物及铝、锌、锡、铅、钒、银、汞等金属盐，不能用镍坩埚来熔融或灼烧。

新购入的镍坩埚在使用前，应先于 700℃下灼烧 2～3min，以除去油污，并使其表面形成氧化膜（处理后应呈暗绿色或灰墨色）而延长使用寿命。

处理后的镍坩埚，每次使用前均应先在水中煮沸洗涤，必要时可滴加少量盐酸稍煮片刻，最后用纯水洗净并干燥。

第六节　玻璃仪器的洗涤技术

学习要点　了解实验室常用洗涤剂的种类及使用范围，掌握洗液的配制方法和使用注意事项；掌握定量分析玻璃仪器的洗净标准，熟练掌握其洗涤和干燥方法。

玻璃仪器是否洗净，对实验结果的准确性和精密度有直接影响。因此，洗涤玻璃仪器，是实验室工作中的一个重要环节。仪器洗涤，要求掌握洗涤的一般步骤，洗净标准，洗涤剂种类、配制及选用。

一、洗涤剂种类、选用及配制

1. 常用洗涤剂及使用范围

实验室常用去污粉、洗衣粉、洗涤剂、洗液、稀盐酸-乙醇、有机溶剂等洗涤玻璃仪器。对于水溶性污物，一般可以直接用自来水冲洗干净后，再用蒸馏水洗 3 次即可。对于沾有污物用水洗不掉时，要根据污物的性质，选用不同的洗涤剂。

（1）肥皂、皂液、去污粉、洗衣粉等　用于毛刷直接刷洗的仪器。洗涤剂直接刷洗如烧杯、锥形瓶、试剂瓶等形状简单的仪器，毛刷可以刷到的仪器，大部分是分析测定中用的非计量仪器。

（2）洗液（酸性或碱性）　多用于不便用毛刷或不能用毛刷洗刷的仪器，如滴定管、移液管、容量瓶、比色管、比色皿等和计量有关的仪器。如油污可用无铬洗液、铬酸洗液、碱性高锰酸钾洗液及丙酮、乙醇等有机溶剂。碱性物质及大多数无机盐类可用稀 HCl（1＋1）洗液。$KMnO_4$ 沾污留下的 MnO_2 污物可用草酸洗液洗净，而 $AgNO_3$ 留下的黑褐色 Ag_2O，可用碘化钾洗液洗净。

（3）有机溶剂　针对污物的类型不同，可选用不同的有机溶剂洗涤，如甲苯、二甲苯、氯仿、乙酸乙酯、汽油等。如果要除去洗净仪器上带的水分可以用乙醇、丙酮，最后再用乙醚。

2. 常用洗液的配制及使用注意事项

（1）铬酸洗液　20g $K_2Cr_2O_7$（工业纯）溶于 40mL 热水中，冷却后在搅拌下缓慢加入 360mL 浓的工业硫酸，冷后移入试剂瓶中，盖塞保存。

新配制的铬酸洗液呈暗红色油状液，具有极强氧化力、腐蚀性，去除油污效果极佳。使用过程应避免稀释，防止对衣物、皮肤腐蚀。$K_2Cr_2O_7$ 是致癌物，对铬酸洗液的毒性应当重视，尽量少用、少排放。当洗液呈黄绿色时，表明已经失效，应回收后统一处理，不得任意排放。

（2）碱性高锰酸钾洗液　4g $KMnO_4$ 溶于 80mL 水，加入 40％ NaOH 溶液至 100mL。高锰酸钾洗液有很强的氧化性，此洗液可清洗油污及有机物。析出的 MnO_2 可用草酸、浓盐酸、盐酸羟胺等还原剂除去。

（3）碱性乙醇洗液　配制方法：2.5g KOH 溶于少量水中，再用乙醇稀至 100mL 或 120g NaOH 溶液于 150mL 水中用 95％乙醇稀至 1L。主要用于去油污及某些有机物沾污。

（4）盐酸-乙醇洗液　盐酸和乙醇按 1＋1 体积比混合，是还原性强酸洗液，适用于洗去多种金属离子的沾污。比色皿常用此洗液洗涤。

（5）乙醇-硝酸洗液　对难于洗净的少量残留有机物，可先于容器中加入 2mL 乙醇，再加 10mL 浓 HNO_3，在通风柜中静置片刻，待激烈反应放出大量 NO_2 后，用水冲洗。注意用时混合，并注意安全操作。

(6) 纯酸洗液　用盐酸（1＋1）、硫酸（1＋1）、硝酸（1＋1）或等体积浓硝酸＋浓硫酸均可配制，用于清洗碱性物质沾污或无机物沾污。

(7) 草酸洗液　5～10g 草酸溶于 100mL 水中，再加入少量浓盐酸。草酸洗液对除去 MnO_2 沾污有效。

(8) 碘-碘化钾洗液　1g 碘和 2g KI 溶于水中，加水稀至 100mL，用于洗涤 $AgNO_3$ 沾污的器皿和白瓷水槽。

(9) 有机溶剂　有机溶剂如丙酮、苯、乙醚、二氯乙烷等，可洗去油污及可溶于溶剂的有机物。使用这类溶剂时，注意其毒性及可燃性。有机溶剂价格较高，毒性较大。较大的器皿沾有大量有机物时，可先用废纸擦净，尽量采用碱性洗液或合成洗涤剂洗涤。只有无法使用毛刷洗刷的小型或特殊的器皿才用有机溶剂洗涤，如活塞内孔和滴定管夹头等。

(10) 合成洗涤剂　高效、低毒，既能溶解油污，又能溶于水，对玻璃器皿的腐蚀性小，不会损坏玻璃，是洗涤玻璃器皿的最佳选择。

二、玻璃仪器的洗净标准

洗干净的玻璃仪器，当倒置时，应该以仪器内壁均匀地被水润湿而不挂水珠为准。在定量分析实验中，要求精密度小于1%时，用蒸馏水冲洗后，残留水分用 pH 试纸检查，应为中性。

三、洗涤方法及几种定量分析仪器的洗涤

1. 常规玻璃仪器洗涤方法

首先用自来水冲洗 1～2 遍除去可溶性物质的污垢，根据沾污的程度、性质分别采用洗衣粉、去污粉、洗涤剂、洗液洗涤或浸泡，用自来水冲洗 3～5 次冲去洗液，再用蒸馏水淋洗 3 次，洗去自来水。称量瓶、容量瓶、碘量瓶、干燥器等具有磨口塞盖的器皿，在洗涤时应注意各自的配套，切勿“张冠李戴”，以免破坏磨口处的严密性。

蒸馏水冲洗时应按少量多次的原则，即每次用少量水，分多次冲洗，每次冲洗应充分振荡后，倾倒干净，再进行下一次冲洗。

2. 成套组合专用玻璃仪器洗涤方法

如微量凯氏定氮仪，除洗净每个部件外，用前应将整个装置用热蒸汽处理 5min，以除去仪器中的空气。索氏脂肪提取器用乙烷、乙醚分

别回流提取3～4h。

3. 特殊玻璃仪器的洗涤方法

（1）比色皿 通常用盐酸-乙醇洗涤除去有机显色剂的沾污，洗涤效果好。必要时可用硝酸浸洗，但要避免用铬酸洗液等氧化性洗液浸泡。

（2）砂芯玻璃滤器 此类滤器使用前需用热的盐酸（1＋1）浸煮除去砂芯孔隙间颗粒物，再用自来水、蒸馏水抽洗干净，保存在有盖的容器中。用后，再根据抽滤沉淀性质的不同，选用不同洗液浸泡干净。例如，AgCl用氨水（1＋1），$BaSO_4$ 用EDTA-氨水，有机物用铬酸洗液浸泡，细菌用浓 H_2SO_4 与 $NaNO_3$ 洗液浸泡等。

（3）痕量分析用玻璃仪器 痕量元素分析对洗涤要求极高。一般的玻璃仪器要用HCl（1＋1）或 HNO_3（1＋1）浸泡24h，而新的玻璃仪器或塑料瓶、桶浸泡时间需长达一周之久，还要在稀NaOH中浸泡一周，然后再依次用自来水、蒸馏水洗净。

（4）痕量有机物分析用玻璃仪器 痕量有机物分析所用玻璃仪器，通常用铬酸洗液浸泡，再用自来水、蒸馏水依次冲洗干净，最后用重蒸的丙酮、氯仿洗涤数次即可。

另外，不同实验对仪器是否干燥则有不同的要求。一般定量分析中用的锥形瓶、烧杯等，洗净后即可使用；而用于有机分析的仪器一般都要求干燥。所以应根据实验要求采用不同的方法来干燥仪器。玻璃仪器常用的干燥方法见表1-10。

表1-10 玻璃仪器常用的干燥方法

干燥方式	操作要领	注意事项
晾干	对不急需使用的要求一般干燥的仪器，洗净后倒置，控去水分，自然晾干	
烘干	要求无水的仪器在烘箱中于100～200℃烘1h左右	① 干燥厚壁仪器的实心玻璃塞，要缓慢升温，以免炸裂 ② 烘干后的仪器一般应在干燥器中保存 ③ 量器类仪器不可在烘箱中烘干
吹干	对急需使用或不适合烘干的仪器如量器，要求干燥的，控净水后依次用乙醇、乙醚荡洗几次，然后用吹风机按热、冷风顺序吹干	① 溶剂要回收 ② 要求在通风橱中进行，防止中毒
烤干	对急需用的试管，管口向下倾斜，用火焰从管底处依次向管口烘烤	只适于试管

第七节　气体钢瓶的常用标记及使用注意事项

学习要点　掌握实验室用高压气体钢瓶的种类、标记和使用注意事项，熟练掌握高压气体钢瓶操作顺序和操作方法。

实验室常用的气体如氢气、氧气、氮气、空气、甲烷、乙炔等，为了便于使用贮存和运输，通常将这些气体压缩成为压缩气体或液化气体，灌入耐压钢瓶内。钢瓶按贮存的气体通常最高压力可分为 15MPa、20MPa、30MPa 三种。最常用 15MPa 的气体钢瓶，钢瓶的容量以 40L 最多。使用钢瓶的主要危险是当钢瓶受到撞击或受热时可能发生爆炸。另外，一些气体有剧毒，一旦泄漏会造成严重后果。为此，了解钢瓶的基础知识，正确安全地使用各种钢瓶是十分重要的。

一、气体钢瓶的种类和标记

1. 气体钢瓶的种类

（1）按气体的物理性质划分　压缩气体（氧、氢及氮、氩、氦等惰性气体）、溶解气体［乙炔（溶解于丙酮中，加有活性炭等）］、液化气体（二氧化碳、一氧化二氮、丙烷、石油气等）、低温液化气体（液态氧、液态氮、液态氩等）。

（2）按气体的化学性质划分　可燃气体（氢、乙炔、丙烷、石油气等）、助燃气体（氧、一氧化二氮等）、不燃气体（二氧化碳、氮等）、惰性气体（氦、氖、氩、氪、氙等）。

2. 气体钢瓶的标记

为了安全，便于识别和使用，各种气体钢瓶的瓶身都涂有规定颜色的涂料，并用规定颜色的色漆写上气瓶内容物的中文名称，画出横条标志。表 1-11 为常用的几种气体气瓶标记。

二、使用气体钢瓶的注意事项

高压气瓶是专用的压力容器，必须定期进行技术检验。一般气体钢瓶 3 年检验一次，腐蚀性气体钢瓶 2 年检验一次，惰性气体钢瓶每 5 年检验一次。气体钢瓶的安全使用，必须注意以下几点。

① 高压气瓶通常应存放在实验室外专用房间里，不可露天放置。要求通风良好。远离明火、热源，距离不小于 10m，环境温度不超过 40℃。必须与爆炸物品、氧化剂、易燃物、自燃物及腐蚀性物品隔离。

表 1-11　常用的几种气体气瓶的标记

钢瓶名称	外表面颜色	字　样	字样颜色	横条颜色
氧气瓶	天蓝色	氧	黑色	—
医用氧气瓶	天蓝色	医用氧	黑色	—
氢气瓶	深绿色	氢	红色	红色
氮气瓶	黑色	氮	黄色	棕色
纯氩气瓶	灰色	纯氧	绿色	—
灯泡氩气瓶	黑色	灯泡氩气	天蓝色	天蓝色
二氧化碳气瓶	黑色	二氧化碳	黄色	黄色
氨气瓶	黄色	氨	黑色	—
氯气瓶	草绿色	氯	白色	白色
乙烯气瓶	紫色	乙烯	红色	—

② 搬运钢瓶要为钢瓶戴上瓶帽和橡皮腰圈。为了保护开关阀，避免偶尔转动发生，要旋紧钢瓶上的安全帽，移动钢瓶时不能用手执开关阀，也不能在地上滚动，避免撞击。

③ 钢瓶使用的减压阀要专用。氧气钢瓶使用的减压阀可用在氮气钢瓶上；但用于氮气钢瓶的减压阀如要用在氧气钢瓶上，必须将油脂充分洗净，严禁污染油脂。钢瓶（如氢气、乙炔）减压阀的螺纹一般是反扣的，其余则是正扣的。为安全起见，开启气阀时应站在减压阀的另一侧，以免高压气流或阀件射伤人体。

④ 乙炔钢瓶内填充有颗粒状的活性炭、石棉或硅藻土等多孔性物质，再掺入丙酮，使乙炔溶解于丙酮中，15℃时压力达 1.5×10^6Pa。所以乙炔钢瓶不得卧放，用气速度也不能过快，以防带出丙酮。乙炔易燃、易爆，应禁止接触火源。乙炔管及接头不能用紫铜材料制作，否则将形成一种极易爆炸的乙炔铜。开瓶时，阀门不要充分打开，一般不超过 1.5 转，以防止丙酮溢出。钢瓶内乙炔压力低于 0.2MPa 时，不能再用，否则瓶内丙酮沿管通入火焰，导致火焰不稳，噪声加大，影响测定准确度。如果遇乙炔调节器冻结时，可用热气等方法加温，使其逐渐解冻，但不可用火焰直接加热。一旦燃烧发生火灾，严禁用水或泡沫灭火器，要使用干粉、二氧化碳灭火器或干砂扑灭。

⑤ 钢瓶内气体不能全部用尽，以防其他气体倒灌，新灌气时发生危险。其剩余残压不应小于 9.8×10^5Pa。

⑥ 有下列情况之一时必须降压使用或报废。

a. 瓶壁有裂纹、渗漏或明显变形的，应报废。

b. 经测量最小壁厚，进行强度校核，不能按原设计压力使用的，必须降压使用。

c. 高压气瓶的容积残余变形率大于10%的，必须报废。

⑦ 氧气是强烈的助燃气体，纯氧在高温下很活泼。温度不变而压力增加时，氧气可与油类发生强烈反应而引起爆炸。因此氧气钢瓶严禁同油脂接触。氧气钢瓶中绝对不能混入其他可燃气体。钢瓶中压力在1.0MPa以下时，不能再用，应该灌气。

三、气体钢瓶的操作方法

气体钢瓶必须连接压力调节器，经降压后再流出使用，不要直接连接气瓶阀门使用气体。各种气体的调节器及配管不要混乱使用，使用氧气时要尤其注意此问题，否则可能发生爆炸。最好配件和气瓶均漆上同一颜色的标志。

气体钢瓶操作方法如下：

① 在钢瓶上装上配套的减压阀，检查减压阀是否关紧；

② 打开钢瓶总阀门，此时高压表显示出瓶内贮气总压力；

③ 慢慢地顺时针转动调压手柄，至低压表显示出实验所需压力为止；

④ 停止使用时，先关闭总阀门，待减压阀中余气逸尽后，再关闭减压阀，不要过度用力；

⑤ 易燃气体或腐蚀气体，每次实验完毕，都应将与仪器连接管拆除，不要连接过夜。

第八节　分析天平

学习要点　了解电子天平的基本结构和称量原理，掌握电子天平的使用方法，能针对不同称量对象采用合适的称量方法熟练规范地准确称取一定质量的被称物质；对操作过程中出现的简单故障能寻查产生原因并及时排除。

准确称量物质的质量是获得准确分析结果的第一步。分析天平是定量分析中最主要、最常用的衡量质量的仪器之一。正确熟练地使用分析天平进行称量是做好分析工作的基本保证。因此，分析工作者必须了解分析天平的构造、计量性能和使用方法。

分析天平从其构造原理来分类，可分为机械天平（又称杠杆天平）

和电子天平两类。随着科学技术的发展，目前机械天平已逐渐被电子天平取代并得到广泛应用。本节着重讨论电子天平的性能特点和使用维护方法（有关机械天平的知识请参阅相关专业书籍）。

一、电子天平的称量原理

随着科学技术的进步，电子天平已广泛用于科学技术、工业生产、医药卫生、计量等领域。电子天平是利用电子装置完成电磁力补偿的调节，使物体在重力场中实现力的平衡，或通过电磁力矩的调节，使物体在重力场中实现力矩的平衡。

自动调零、自动校准、自动扣皮和自动显示称量结果是电子天平最基本的功能。这里的“自动”，严格地说应该是“半自动”，因为需要经人工触动指令键后方可自动完成指定的动作。

1. 基本结构及称量原理

随着现代科学技术的不断发展，电子天平产品的结构设计一直在不断改进和提高，向着功能多、平衡快、体积小、重量轻和操作简便的趋势发展。但就其基本结构和称量原理而言，各种型号的电子天平都是大同小异的。

常见电子天平的结构是机电结合式的，核心部分是由载荷接受与传递装置、测量及补偿控制装置两部分组成。常见电子天平的基本结构及称量原理示意图如图1-2所示。

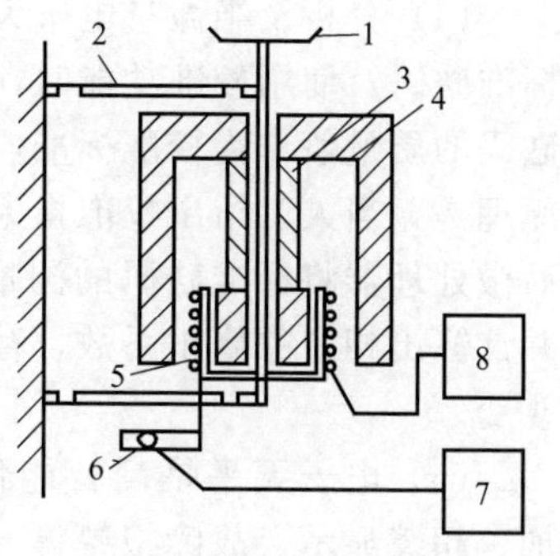

图1-2　电子天平的基本结构及称量原理示意图（上皿式）

1—称量盘；2—簧片；3—磁钢；4—磁回路体；5—线圈及线圈架；6—位移传感器；7—放大器；8—电流控制电路

把通电导线放在磁场中时，导线将产生电磁力，力的方向可以用左手定则来判定。

当磁场强度不变时，力的大小与流过线圈的电流强度成正比。如果使重物的重力方向向下，电磁力的方向向上，并与之相平衡，则通过导线的电流与被称物体的质量成正比。

称量盘通过支架与线圈相连，线圈置于磁场中，称量盘与被称物体的重力通过连杆支架作用于线圈上，方向向下。线圈内有电流通过，产生一个向上作用的电磁力，与称量盘重力方向相反，大小相等。位移传感器处于预定的中心位置，当称量盘上的物体质量发生变化时，位移传感器检出位移信号，经调节器和放大器改变线圈的电流直至线圈回到中心位置为止。通过数字显示出物体质量。

2. 电子天平的性能特点

（1）电子天平支撑点采用弹性簧片，没有机械天平的宝石或玛瑙刀，取消了升降框装置，采用数字显示方式代替指针刻度式显示。使用寿命长，性能稳定，灵敏度高，操作方便。

（2）电子天平采用电磁力平衡原理，称量时全量程不用砝码，放上物体后，在几秒钟内即达到平衡，显示读数，称量速度快，精度高。

（3）有的电子天平具有称量范围和读数精度可变的功能，如瑞士梅特勒 AE240 天平，在 0～205g 称量范围，读数精度为 0.1mg。在 0～41g 称量范围内，读数精度 0.01mg。可以一机多用。

（4）分析及半微量电子天平一般具有内部校准功能。天平内部装有标准砝码，使用校准功能时，标准砝码被启用，天平的微处理器将标准砝码的质量值作为校准标准，以获得正确的称量数据。自动校准的基本原理是，当人工给出校准指令后，天平便自动对标准砝码进行测量，而后微处理器将标准砝码的测量值与存储的理论值（标准值）进行比较，并计算出相应的修正系数，存于计算器中，直至再次进行校准时方可能改变。

（5）电子天平是高智能化的，可在全量程范围内实现去皮重、累加、超载显示、故障报警等。

（6）电子天平具有质量电信号输出，这是机械天平无法做到的。它可以连接打印机、计算机，实现称量、记录和计算的自动化，同时也可以在生产、科研中作为称量、检测的手段，或组成各种新仪器。

二、电子天平的使用方法

电子天平的外形及相关部件如图 1-3 所示。

1. 使用方法

一般情况下，只使用开/关键、除皮/调零键和校准/调整键。使用时的操作步骤如下。

（1）接通电源（电插头），预热 30min 以上。

（2）检查水平仪（在天平后面），如不水平，应通过调节天平前边左、右两个水平支脚而使其达到水平状态。

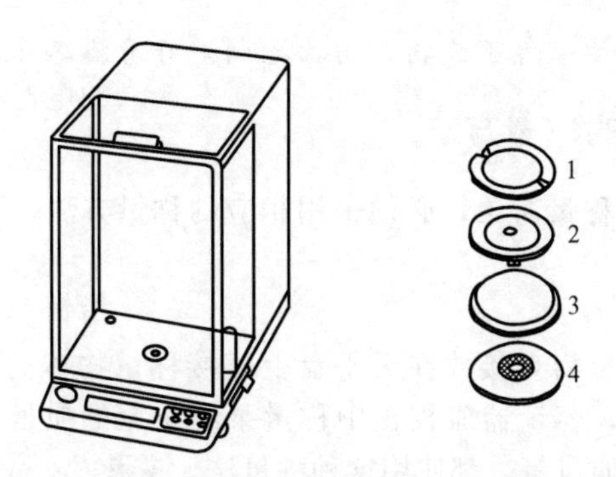

图 1-3 电子天平的外形及相关部件

1—称量盘； 2—盘托； 3—防风环； 4—防尘隔板

(3) 按一下“开/关键”，显示屏很快出现“0.0000g”。

(4) 如果显示不正好是“0.0000g”，则要按一下“调零”键。

(5) 将被称物轻轻放在称量盘上，这时可见显示屏上的数字在不断变化，待数字稳定并出现质量单位“g”后，即可读数（最好再等几秒）并记录称量结果。

(6) 称量完毕，取下被称物。如果不久还要继续使用天平，可暂不按“开/关键”，天平将自动保持零位，或者按一下“开/关键”（但不可拔下电源插头），让天平处于待命状态，即显示屏上数字消失，左下角出现一个“0”，再来称样时按一下“开/关键”就可使用。

2. 使用注意事项

(1) 烘干的称量瓶、灼烧过的坩埚等一般放在干燥器内冷却到室温后进行称量。它们暴露在空气中会因吸湿而使质量增加，空气湿度不同，吸附的水分不同，故称量样品时要求速度要快。否则，会因为被称容器表面的湿度变化而带来误差。

(2) 在称量过程中应关好天平门，称好的试样必须定量地转入接受容量瓶中。样品能吸附或放出水分，或具有挥发性，使称量质量改变，灼烧产物都有吸湿性，应盖上坩埚盖称量。

(3) 容器包括加药品的塑料勺表面由于摩擦带电可能引起较大的误差，这点常被操作者忽略。故天平室相对湿度应保持为50%～70%，过于干燥使摩擦而积聚的电不易耗散。称量时要注意，如擦拭被称物后应多放置一段时间再称量。

(4) 试样绝不能洒落在称量盘上和天平内。用去皮键连续称量时，应注意天平过载。

（5）称量完毕，卸下载物，用软毛刷做好清洁工作，关闭天平门。

三、电子天平的称量方法

根据不同的称量对象，必须采用相应的称量方法。下面介绍几种常用的称量方法。

1. 直接称量法

此法是将称量物直接放在天平盘上直接称量物体的质量。例如，称量小烧杯的质量，容量器皿校正中称量某容量瓶的质量，重量分析实验中称量某坩埚的质量等，都使用这种称量法。**注意：**不得用手直接取放被称物，而可采用戴细纱手套、垫纸条、用镊子或钳子等适宜的办法。

2. 递减称量法（差减法）

用于称量一定质量范围的样品或试剂。在称量过程中样品易吸水、易氧化或易与 CO_2 等反应时，可选择此法。由于称取试样的质量是由两次称量之差求得，故也称差减法。

称量步骤如下：从干燥器中用纸带（或纸片）夹住称量瓶后取出称量瓶（**注意：**不要让手指直接触及称量瓶和瓶盖），用纸片夹住称量瓶盖柄（见图 1-4），打开瓶盖，用牛角匙加入适量试样（一般为称一份试样量的整数倍），盖上瓶盖。先将称量瓶放在台秤上称量，得出称量瓶加试样后的质量。再用分析天平进行准确称量其质量。将称量瓶从天平上取出，在接收容器的上方倾斜瓶身，用称量瓶盖轻敲瓶口上部使试样慢慢落入容器中（见图 1-5），瓶盖始终不要离开接收器上方。当倾出的试样接近所需量（可从体积上估计或试重得知）时，一边继续用瓶盖轻敲瓶口，一边逐渐将瓶身竖直，使黏附在瓶口上的试样落回称量瓶，然后盖好瓶盖，准确称其质量。两次质量之差，即为试样的质量。按上述方法连续递减，可称量多份试样。有时一次很难得到合乎质量范围要

图 1-4　称量瓶

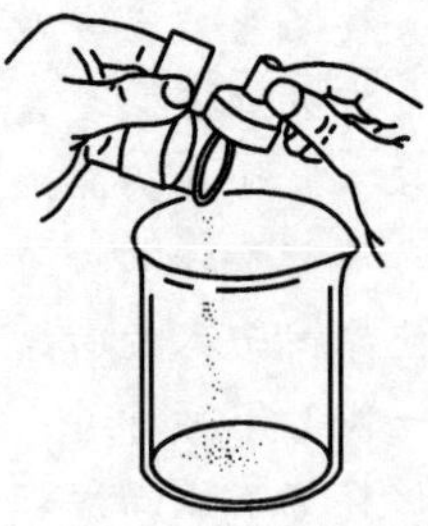

图 1-5　倾出样品的操作

求的试样，可重复上述称量操作 1～2 次，直到移出的样品质量满足要求（在欲称质量的±10%以内为宜）后，再记录天平读数。但添加样品次数不得超过 3 次，否则应重称。在敲出样品的过程中，要保证样品没有损失，边敲边观察样品的转移量，切不可在还没盖上瓶盖时就将瓶身和瓶盖都离开容器上口，因为瓶口边沿处可能粘有样品，容易损失。务必在敲回样品并盖上瓶塞后才能离开容器。

3. 固定质量称量法（增量法）

这种方法用于称取某一固定质量的试剂或试样，又称指定质量称量法。如直接用基准物质配制标准溶液时，有时需要配成一定浓度值的溶液，这就要求所称基准物质的质量必须是一定的，可用此法称取基准物质。

增量法的操作步骤：将干燥的小容器（例如小烧杯）轻轻放在天平称量盘上，待显示平衡后按“去皮”键扣除皮重并显示零点，然后打开天平门往容器中缓缓加入试样并观察屏幕，当达到所需质量时停止加样，关上天平门，显示平衡后即可记录所称取试样的净重。

这种称量适于称量不易吸潮、在空气中能稳定存在的粉末状或小颗粒（最小颗粒应小于 0.1 mg，以便容易调节其质量）样品。

固定质量称量法如图 1-6 所示。**注意：**若不慎加入试剂超过指定质量，应用牛角匙取出多余试剂。

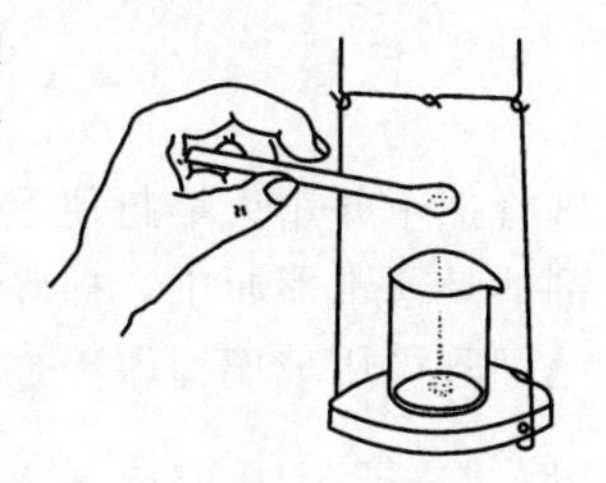

图 1-6　固定质量称量法

重复上述操作，直至试剂质量符合指定要求为止。严格要求时，取出的多余试剂应弃去，不要放回原试剂瓶中。操作时不能将试剂散落于天平盘等容器以外的地方，称好的试剂必须定量地由表面皿等容器直接转入接受容器，即“定量转移”。

例如，配制 250mL $c\left(\frac{1}{6}K_2Cr_2O_7\right)=0.05000mol/L$ $K_2Cr_2O_7$ 的标准溶液，必须准确称取 0.6129g $K_2Cr_2O_7$ 基准试剂。

电子天平的功能较多，除上述在分析化学实验中常用的几种称量方法外，还有几种特殊的称量方法及数据处理显示方式，这里不予介绍，使用时可参阅电子天平使用说明书。

4. 液体样品的称量

液体样品的准确称量比较麻烦。根据不同样品的性质而有多种称量方法，主要的有以下 3 种。

（1）性质较稳定、不易挥发的样品　可装在干燥的小滴瓶中用差减法称量，最好预先粗测每滴样品的大致质量。

（2）较易挥发的样品　可用增量法称取。例如，称取浓盐酸试样时，可先在 100mL 具塞锥形瓶中加入 20mL 水，准确称量后快速加入适量的样品，立即盖上瓶塞，再进行准确称量，随后即可进行测定（例如用 NaOH 标准溶液滴定 HCl 溶液）。

（3）易挥发或与水作用强烈的样品　需要采取特殊的办法进行称量，例如，冰乙酸样品可用小称量瓶准确称量，然后同瓶一起放入已装有适量水的具塞锥形瓶，摇动使称量瓶盖子打开，样品与水混合后进行测定。发烟硫酸及硝酸样品一般采用直径约 10mm、带毛细管的安瓿球（见图 1-7）称取。先准确称量空安瓿球，然后将球形部分经火焰微热后，迅速将其毛细管插入样品中，球泡冷却后可吸入 1～2mL 样品，注意勿将毛细管部分碰断。用吸水纸将毛细管擦干并用火焰封住毛细管尖，准确称量后将安瓿球放入盛有适量试剂的具塞锥形瓶中，摇碎安瓿球，若摇不碎亦可用玻璃棒击碎。断开的毛细管可用玻璃棒碾碎。待样品与试剂混合并冷却后即可进行测定。

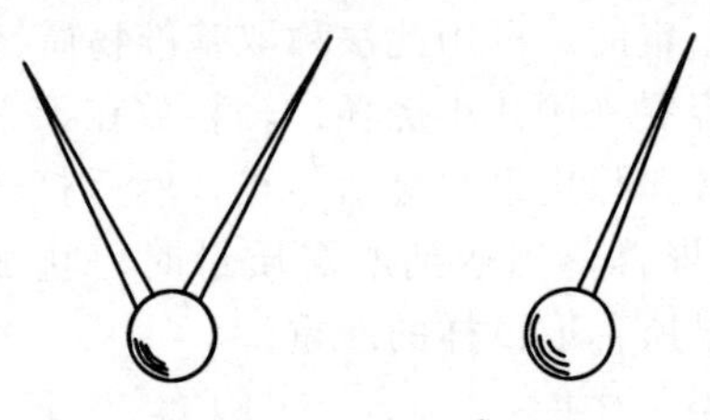

图 1-7　安瓿球

四、电子天平的校准

电子天平从首次使用起，应对其定期校准。如果连续使用，需每星期校准一次。校准时必须用标准砝码，有的天平内藏有标准砝码，可以用其校准天平。校准前，电子天平必须开机预热 1h 以上，并校准水平。校准时应按规定程序进行，否则将起不到校准的作用。在开始使用电子天平之前，要求预先开机，即要预热 0.5～1h。如果一天中要多次使用，最好让天平一直开着。这样，电子天平内部能有一个恒定的操作温度，有利于称量的准确。

电子天平的校准方法分为内校准和外校准两种。德国生产的塞多利斯，瑞士产的梅特勒，上海产的“JA”等系列电子天平均有校准装置。如果使用前不仔细阅读说明书很容易忽略“校准”操作，造成较大称量误差。下面以 JA1203 型电子天平为例说明如何对天平进行校准。JA1203 型电子天平如图 1-8 所示。

外校准方法：轻按 CAL 键，当显示器出现 CAL-时即松手，显示器就出现 CAL-100，其中“100”为闪烁码，表示校准砝码需用 100g 的标准砝码。此时就把准备好 100g 校准砝码放上称量盘，显示器即出现“----”等待状态，经较长时间后显示器出现 100.000g，拿去校准砝码，显示器应出现 0.000g，若出现不是为零，则再清零，再重复以上校准操作，目的是为了得到准确的校准结果。

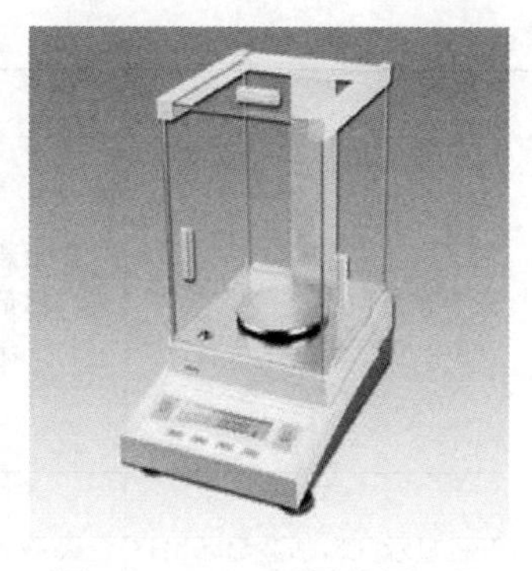

图 1-8　JA1203 型电子天平

注意： 电子天平开机显示零点，不能说明天平称量的数据准确度符合测试标准，只能说明天平零位稳定性合格。因为衡量一台天平合格与否，还需综合考虑其他技术指标的符合性。

五、天平简单故障的排除

分析天平的操作和维护是一项复杂而又细致的工作，需要掌握专门的知识。若在操作过程中出现故障，在未掌握一定的技术之前，不能乱调乱动，如需检修应由专门人员进行修理。但作为经常使用分析天平的分析人员也应会针对天平的一般故障，寻找产生的原因，及时排除，以保证分析工作正常进行。电子天平常见故障及排除方法如表 1-12 所示。

表 1-12　FA 型系列电子天平常见故障及排除方法

故　障	原　因	排除方法
天平开机自检无法通过，出现下列故障代码“EC1”：CPU 损坏 “EC2”：键盘错误 “EC3”：天平存储数据丢失 “EC4”：采样模块没有启动	自检错误造成天平不能正常工作	请将天平及时返厂家修理
显示数据曾经随称重变化而正常变化，突然出现不再变化	曾经使用大于校正砝码值的物体用于天平校准，从而出现大于某一个显示值后显示不再增加	重新校准天平
显示器显示“H”	1. 超载 2. 曾用小于校准砝码值的砝码或其他物体校准过天平，导致放上正常量程内的重量显示超重	1. 只在量程范围内称量 2. 用正确的砝码重新进行校准

续表

故　　障	原　　因	排除方法
天平显示“L”	1. 未装称量盘或底盘 2. 称量盘下面有异物 3. 气流罩与称量盘碰在一起	1. 依据电子天平的结构类型装上称量盘或底盘 2. 轻轻拿起称量盘检查是否有异物在称量盘下，拿走异物 3. 轻轻转动称量盘或气流罩查看是否有碰的现象，调整气流罩的位置
开机显示“L”，加载显示“H”或开机显示“H”，加载显示“L”	天平超出允许工作的环境温度	天平正常工作的环境温度20℃±5℃，每小时环境温度变化不大于1℃，将天平移置该环境温度条件场所
称量结果明显错误	1. 电子天平未经调校 2. 称量之前未清零	1. 对天平进行调校 2. 称量前清零
称量结果不断改变	1. 振动太大，天平暴露在无防风措施的环境中 2. 防风罩未完全关闭 3. 在称量盘与天平壳体之间有杂物 4. 吊钩称量开孔封闭盖板被打开 5. 被测物重量不稳定(吸收潮气或蒸发) 6. 被测物带静电荷	1. 通过“电子天平工作菜单”采取相应措施 2. 完全关闭防风罩 3. 清除杂物 4. 关闭吊钩称量开孔 5. 用器皿盛放易挥发或易吸潮物品进行称量 6. 装入金属容器中称量
按下“i/o”键后未出现任何显示	1. 电源没插上 2. 保险丝熔断 3. 键盘出错，按键卡死	1. 插上电源 2. 更换保险丝 3. 拧松按键固定螺丝、调整按键位置
开机后仅在显示屏的左下角显示“O”，不再有其他显示。说明天平称重环境不稳定，天平始终无法得到一个稳定的称重	1. 天平玻璃门未关好 2. 称量盘下面或四周有异物 3. 气流罩未安放好，导致称量盘与气流罩有碰擦 4. 天平四周有强振动、气流 5. 天平的称重环境选择和称量可变动范围设置不当	1. 关好玻璃门 2. 请轻轻拿起称量盘观察是否有异物，特别注意是否有细小异物 3. 缓缓旋转气流罩或称量盘观察有无碰擦现象 4. 选择坚固的安装台面、无振动、气流较小的使用环境 5. 重新设置天平称重环境设置
天平每次称量之后，显示值不回零位	1. 天平放置不水平 2. 天平预热时间短 3. 线性误差太大，超出了应答范围	1. 调整天平水平器 2. 应预热30min以上。天平需定期进行校正 3. 应根据天平说明书进行线性调整

第九节　应用实例和称量操作练习

学习要点　掌握电子天平水平的调试和操作方法；掌握天平的一般称量程序，能根据实验要求和被称量对象，选择使用直接称量法，或差减称量法，或固定质量法，或液体样品法等称量技术，进行规范、熟练且准确的称量操作；能按规范准确、简明地记录称量原始数据。

一、直接称量法操作

1. 方法原理

（1）电子天平是利用电子装置完成电磁力补偿的调节，使物体在重力场中实现力矩的平衡。

（2）直接称量法是将被称量物直接放在称量盘上，所得读数即被称物的质量。

2. 仪器设备

分析天平、托盘天平、表面皿、小烧杯、称量瓶、瓷坩埚。

3. 实例内容与操作步骤

（1）练习天平水平的调节

查看水平仪，如不水平，通过水平调节脚调至水平。接通电源，预热 30min 后方可开启显示器进行操作。

（2）学习分析天平的直接称量法操作技术

用直接称量法准确称量表面皿、小烧杯、称量瓶、瓷坩埚的质量并记录数据。

（3）学会做称量结束后的整理工作

4. 数据记录与处理（参考表 1-13）

表 1-13　直接称量法记录格式示例

物　品	表面皿	小烧杯	称量瓶	瓷坩埚
质量/g				

5. 注意事项

（1）用天平称量之前一定要检查仪器是否水平。

（2）称量物不得超过天平的量程。

（3）称量时要把天平的门关好，待稳定后再读数。

（4）不能用天平直接称量腐蚀性的物质。

（5）使用称量瓶时，应使用纸隔着拿。

（6）称量时应将被称物置于天平正中央。

（7）实验数据只能记在实验本上，不能随意记在纸片上。

6. 思考题

（1）在实验中记录称量数据应准确至几位？为什么？

（2）称量时，每次均应将砝码和物体放在天平盘的中央。为什么？

二、差减称量法操作

1. 方法原理

（1）电子天平是利用电子装置完成电磁力补偿的调节，使物体在重力场中实现力矩的平衡。

（2）差减法是指称取试样的质量由两次称量之差求得的方法。

2. 仪器试剂

分析天平、托盘天平、称量瓶、瓷坩埚、$CuSO_4 \cdot 5H_2O$ 固体。

3. 实例内容与操作步骤

（1）取两个瓷坩埚，在分析天平上准确称量，记录为 m_0 和 m_0'。

（2）取一个称量瓶，先在台秤上粗称其大致质量，然后加入约 1g $CuSO_4 \cdot 5H_2O$ 固体。在分析天平上精确称量，记录为 m_1；估计一下样品的体积，转移 0.3～0.4g 样品（约 1/3）至第一个坩埚中，称量并记录称量瓶的剩余质量 m_2；以同样方法再转移 0.3～0.4g 样品至第二个坩埚中，称量其剩余质量 m_3。

（3）分别精确称量两个已有样品的瓷坩埚，记录其质量为 m_1' 和 m_2'。

（4）计算称量瓶中敲出的样品质量、坩埚中试样质量及称量偏差。

（5）完成以上操作后，进行计时称量练习。

4. 数据记录与处理（参考表 1-14）

表 1-14　差减称量法称量记录格式示例

记录项目		第一份	第二份
称量瓶	敲样前称量瓶＋样品质量/g	m_1＝18.7589	m_2＝18.4132
	敲样后称量瓶＋样品质量/g	m_2＝18.4132	m_3＝18.1068
	称量瓶中敲出的样品质量/g	m_{s1}＝0.3457	m_{s2}＝0.3064
坩埚	坩埚＋样品质量/g	m_1'＝20.6179	m_2'＝21.4782
	空坩埚质量/g	m_0＝20.2719	m_0'＝21.1720
	坩埚中试样质量/g	m_{s1}'＝0.3460	m_{s2}'＝0.3062
偏差/mg		$\|m_{s1}-m_{s1}'\|$＝0.3	$\|m_{s2}-m_{s2}'\|$＝0.2

5. 注意事项

（1）称量前要做好准备工作（调水平，检查各部件是否正常、清扫、调零点）。

（2）纸条应在称量瓶的中部，不得太靠上。

（3）夹取称量瓶时，纸条不得碰称量瓶口。

（4）敲样过程中，称量瓶口不能碰接受容器。

（5）敲样过程中，称量瓶口不能离开接受容器。

6. 思考题

（1）使用称量瓶时，如何操作才能保证试样不致损失？

（2）本实验中要求称量偏差不大于0.4mg，为什么？

三、固定质量称量法操作

1. 方法原理

（1）电子天平是利用电子装置完成电磁力补偿的调节，使物体在重力场中实现力矩的平衡。

（2）固定质量称量法是用于称取某一固定质量的试剂或试样的方法。

2. 仪器试剂

分析天平、托盘天平、小烧杯、称量瓶、角匙、ZnO 固体、$CaCO_3$ 固体。

3. 实例内容与操作步骤

（1）将小烧杯放在天平盘上，待显示平衡后按“去皮”键扣除皮重并显示零点。

（2）按图 1-6 所示操作，用角匙将 ZnO 固体慢慢加到小烧杯中，并观察屏幕，将达到所需质量时停止加样。此时称取 ZnO 的质量为 0.5000g，以同样方法再称取 2～3 份 ZnO 样品。

（3）按同样方法称取 0.2120g $CaCO_3$ 固体 3～4 份。

（4）计算样品质量。

4. 数据记录与处理（参考表 1-15）

表 1-15　固定质量称量法记录格式示例

记录项目	1	2	3	4
(小烧杯＋样品)质量/g				
空小烧杯质量/g				
样品质量/g				

5. 注意事项

（1）每次加样量不要太多，否则会超出称量范围。

（2）小烧杯必须是干燥的。

6. 思考题

直接称量法、差减法、固定质量称量法各适合何种情况下的称量？如何操作？

四、液体样品的称量操作练习

1. 方法原理

电子天平是利用电子装置完成电磁力补偿的调节，使物体在重力场中实现力矩的平衡。

2. 仪器试剂

分析天平、托盘天平、滴瓶、容量瓶、磷酸。

3. 实例内容与操作步骤

（1）称出装有磷酸样品的滴瓶的质量。

（2）从滴瓶中取出 10 滴磷酸于接收器中，称出取样后滴瓶的质量，计算 1 滴磷酸的质量。

（3）按上面计算的 1 滴磷酸的质量，算出 1.5g 磷酸的滴数。

（4）加入相应量的磷酸，称量其质量，以同样方法再称取磷酸样品 2～3 份。

（5）计算样品质量。

4. 数据记录与处理（参考表 1-16）

表 1-16 液体样品称量记录格式示例

记录项目	1	2	3	4
滴瓶＋磷酸样品质量/g				
取出磷酸后滴瓶＋磷酸样品质量/g				
磷酸样品质量/g				

5. 注意事项

（1）称量前要检查滴管的胶帽是否完好，否则应换胶帽。

（2）滴瓶的外壁必须干净、干燥。

（3）从滴瓶中取出滴管时，必须将下端所挂溶液靠壁除去，否则会造成磷酸样品溶液的洒落。

（4）加磷酸样品到容量瓶中时，注意滴管不要插入到容量瓶中，更不能碰容量瓶的瓶口或瓶内壁。

（5）不能将滴管倒置，否则会弄脏磷酸样品。

6. 思考题

浓氨水、浓硫酸、发烟硫酸的称量可分别用什么容器来进行称量？

天平称量操作技能鉴定表

称量范围__________　称量时间__________　得分合计__________

项目		操作要领	分值	得分
差减法称量（100分）	准备工作（12分）	检查天平水平	4	
		清扫天平	4	
		调零点	4	
	称量操作（48分）	称量瓶在天平盘中央	6	
		敲样动作正确	8	
		试样有无洒落	8	
		±5%＜称样量范围≤±10%	8	
		称样量范围＞±10%	10	
		称量一份试样超过3次	8	
	结束工作（16分）	取出物品及砝码	4	
		复原天平	4	
		放回凳子	4	
		进行登记	4	
	数据记录及处理（24分）	数据记录及时、真实、准确、清晰、整洁	4	
		数字用仿宋体书写	4	
		计算正确	4	
		有效数字正确	4	
		实验过程中台面整洁、仪器排放有序	4	
		按要求在规定时间内完成，超时扣分	4	

自我测试题一

判断题

1. 化验室的安全包括：防火、防爆、防中毒、防腐蚀、防烫伤，保证压力容器和气瓶的安全、电器的安全以及防止环境污染等。（　）

2. 灭火时必须根据火源类型选择合适的灭火器材。（　）

3. 实验室中油类物质引发的火灾可用二氧化碳灭火器进行灭火。（　）

4. 遇水燃烧物起火可用泡沫灭火器灭火。（　）

5. 温度计不小心打碎后，散落了汞的地面应撒细砂石。（　）

6. 应当根据仪器设备的功率、所需电源电压指标来配置合适的插头，插座，开

关和保险丝，并接好地线。（ ）

7.不慎触电时，首先应切断电源，必要时进行人工呼吸。（ ）

8.实验室三级水须经过多次蒸馏或离子交换等方法制取。（ ）

9.实验用的纯水其纯度可通过测定水的电导率大小来判断，电导率越低，说明水的纯度越高。（ ）

10.三级水可贮存在经处理并用同级水洗涤过的密闭聚乙烯容器中。（ ）

11.化学试剂选用的原则是在满足实验要求的前提下，选择试剂的级别应就低而不就高。即不超级造成浪费，且不能随意降低试剂级别而影响分析结果。（ ）

12.分析方法标准或操作规程是选择试剂等级的依据。若以低代高，必须经过试验验证和批准才可使用。（ ）

13.凡是优级纯的物质都可用于直接法配制标准溶液。（ ）

14.标准试剂其标准值是用准确的标准化方法测定的，标准试剂的确定和使用具有国际性。（ ）

15. A. R.是分析纯化学试剂的代号，为二级品，标签颜色为棕色。（ ）

16.使用化学试剂时，如取出的一次未用完，必须封存剩余的取出试剂，不能放回原试剂瓶。（ ）

17.倾倒液体试样时，右手持试剂瓶并将试剂瓶的标签握在手心中，逐渐倾斜试剂瓶，缓缓倒出所需量试剂并将瓶口的一滴碰到承接容器中。（ ）

18.取液体试剂时可用吸管直接从原瓶中吸取。（ ）

19.化验室内可以用干净的器皿处理食物。（ ）

20.用纯水洗涤玻璃仪器时，使其既干净又节约用水的方法原则是少量多次。（ ）

21.不可以用玻璃瓶盛装浓碱液，但可以盛装除氢氟酸以外的酸溶液。（ ）

22.使用有刻度的计量玻璃仪器，手不能握着有刻度的地方是因为手的热量会传导到玻璃及溶液中，使其变热，体积膨胀，计量不准。（ ）

23.使用干燥箱时，试剂和玻璃仪器应该分开烘干。（ ）

24.气体钢瓶按气体的化学性质可分为可燃气体、助燃气体、不燃气体、惰性气体。（ ）

25.不同的气体钢瓶应配专用的减压阀，为防止气瓶充气时装错发生爆炸，可燃气体钢瓶的螺纹是正扣（右旋）的，非可燃气体则为反扣（左旋）。（ ）

26.压缩气体钢瓶应避免日光或远离热源。（ ）

27.气体钢瓶应放置于阴凉、通风、远离热源的地方，开启气体钢瓶时，人应站在出气口的对面。（ ）

28.熔融固体样品时，应根据熔融物质的性质选用合适材质的坩埚。（ ）

29.铂皿因其稳定性好，可在高温下用之灼烧化合物，或熔融物料，如硫化铜、氯化铁类的化合物都可在铂皿中灼烧。（ ）

30.在镍坩埚中做熔融实验，其熔融温度一般不超过700℃。（ ）

31. 天平的零点是指天平空载时的平衡点，每次称量之前都要先测定天平的零点。（　　）

32. 天平的灵敏度越高越好。（　　）

33. 天平室要经常敞开通风，以防室内过于潮湿。（　　）

34. 差减法适于称量多份不易潮解的样品。（　　）

35. 电子天平每次使用前必须校准。（　　）

36. 在利用分析天平称量样品时，应先开启天平，然后再取放物品。（　　）

选择题

1. 实验室安全守则中规定，严禁任何（　　）入口或接触伤口，不能用（　　）代替水杯。

A. 食品、烧杯　B. 药品、玻璃器皿　C. 药品、烧杯　D. 食品、玻璃器皿

2. 进行有危险性的工作，应（　　）。

A. 穿戴工作服　B. 戴手套　C. 有第二者陪伴　D. 自己独立完成

3. 若电器仪器着火不宜选用（　　）灭火。

A. 1211 灭火器　B. 泡沫灭火器

C. 二氧化碳灭火器　D. 干粉灭火器

4. 能用水扑灭的火灾种类是（　　）。

A. 可燃性液体，如石油、食油　B. 可燃性金属如钾、钠、钙、镁等

C. 木材、纸张、棉花　D. 可燃性气体如煤气、石油液化气

5. 金属钠着火，可选用的灭火器是（　　）。

A. 泡沫式灭火器　B. 干粉灭火器　C. 1211 灭火器　D. 7150 灭火器

6. 蒸馏易燃液体可以用（　　）蒸馏。

A. 酒精灯　B. 煤气灯　C. 管式电炉　D. 封闭电炉

7. 急性呼吸系统中毒后的急救方法正确的是（　　）。

A. 要反复进行多次洗胃

B. 立即用大量自来水冲洗

C. 用 3%～5%碳酸氢钠溶液或用（1+5000）高锰酸钾溶液洗胃

D. 应使中毒者迅速离开现场，移到通风良好的地方，呼吸新鲜空气

8. 在实验室中发生化学灼伤时下列正确的方法是（　　）。

A. 被强碱灼伤时用强酸洗涤

B. 被强酸灼伤时用强碱洗涤

C. 先清除皮肤上的化学药品再用大量干净的水冲洗

D. 清除药品立即贴上“创可贴”

9. 有关电器设备防护知识不正确的是（　　）。

A. 电线上落有腐蚀性药品，应及时处理

B. 电器设备电线不宜通过潮湿的地方

C. 能升华的物质都可以放入烘箱内烘干

D. 电器仪器应按说明书规定进行操作

10. 实验室用水可分为（　　）级。

A. 一　　B. 二　　C. 三　　D. 四

11. 国家规定实验室三级水检验的 pH 标准为（　　）。

A. 5.0～6.0　　B. 6.0～7.0　　C. 6.0～7.5　　D. 5.0～7.5

12. 优级纯、分析纯、化学纯试剂的瓶签颜色依次为（　　）。

A. 绿色、红色、蓝色　　B. 红色、绿色、蓝色

C. 蓝色、绿色、红色　　D. 绿色、蓝色、红色

13. 一般分析实验和科学研究中适用（　　）。

A. 优级纯试剂　　B. 分析纯试剂　　C. 化学纯试剂　　D. 实验试剂

14. 盐酸和硝酸以（　　）的比例混合而成的混酸称为“王水”。

A. 1∶1　　B. 1∶3　　C. 3∶1　　D. 3∶2

15. 下列药品需要用专柜由专人负责贮存的是（　　）。

A. KOH　　B. KCN　　C. $KMnO_4$　　D. 浓 H_2SO_4

16. 贮存易燃易爆、强氧化性物质时，最高温度不能高于（　　）。

A. 20℃　　B. 10℃　　C. 30℃　　D. 0℃

17. 与有机物或易氧化的无机物接触时会发生剧烈爆炸的酸是（　　）。

A. 热的浓高氯酸　　B. 硫酸　　C. 硝酸　　D. 盐酸

18. 称量易挥发液体样品用（　　）。

A. 称量瓶　　B. 安瓿球　　C. 锥形瓶　　D. 滴瓶

19. 当滴定管若有油污时可用（　　）洗涤后，依次用自来水冲洗、蒸馏水洗涤三遍备用。

A. 去污粉　　B. 铬酸洗液　　C. 强碱溶液　　D. 都不对

20. 处理失效后的铬酸洗液时，可将其浓缩冷却后加入（　　）氧化，然后再用砂芯漏斗过滤后再用。

A. MnO_2　　B. $KMnO_4$　　C. NaClO　　D. K_2CrO_4

21. 铬酸洗液呈（　　）颜色时表明氧化能力已降低至不能使用。

A. 黄绿色　　B. 暗红色　　C. 无色　　D. 蓝色

22. 盛高锰酸钾溶液的锥形瓶中产生的棕色污垢可以用（　　）洗涤。

A. 稀硝酸　　B. 草酸　　C. 碱性乙醇　　D. 铬酸洗液

23. 将称量瓶置于烘箱中干燥时，应将瓶盖（　　）。

A. 横放在瓶口上　　B. 盖紧　　C. 取下　　D. 任意放置

24. 下列哪种器皿不能放氟化钠溶液（　　）。

A. 玻璃器皿　　B. 聚四氟乙烯器皿　　C. 聚丙烯器皿　　D. 陶瓷器皿

25. 在实验室常用的玻璃仪器中，可以直接加热的仪器是（　　）。

A. 量筒和烧杯　　B. 容量瓶和烧杯　　C. 锥形瓶和烧杯　　D. 容量瓶和锥形瓶

26. 钢瓶使用后，剩余的残压一般为（　　）。

A. 100kPa　B. 不小于 100kPa　C. 1MPa　D. 不小于 1MPa

27. 每个气体钢瓶的肩部都印有钢瓶厂的钢印标记，刻钢印的位置一律用（　）。

A. 白漆　B. 黄漆　C. 红漆　D. 蓝漆

28. 装在高压气瓶的出口，用来将高压气体调节到较小压力的是（　）。

A. 减压阀　B. 稳压阀　C. 针形阀　D. 稳流阀

29. 下列有关高压气瓶的操作正确的选项是（　）。

A. 气阀打不开用铁器敲击　B. 使用已过检定有效期的气瓶

C. 冬天气阀冻结时，用火烘烤　D. 定期检查气瓶、压力表、安全阀

30. 检查气瓶是否漏气，可采用（　）的方法。

A. 用手试　B. 用鼻子闻

C. 用肥皂水涂抹　D. 听是否有漏气声音

31. 下列瓷皿中用于灼烧沉淀和高温处理试样的是（　）。

A. 蒸发皿　B. 坩埚　C. 研钵　D. 布氏漏斗

32. 银器皿在使用时下列说法不正确的是（　）。

A. 不许使用碱性硫化试剂　B. 不能在火上直接加热

C. 不可用于熔融硼砂　D. 受氢氧化钾（钠）的侵蚀

33. 电子天平是采用（　）原理来进行衡量的。

A. 杠杆平衡　B. 磁力平衡　C. 电磁力平衡　D. 电力平衡

34. 与天平灵敏性有关的因素是（　）。

A. 天平梁质量　B. 天平零点的位置

C. 平衡调节螺钉的位置　D. 玛瑙刀口的锋利度与光洁度

35. 为保证天平的干燥，下列物品能放入的是（　）。

A. 蓝色硅胶　B. 石灰　C. 乙醇　D. 木炭

36. 当电子天平显示（　）时，可进行称量。

A. 0.0000　B. CAL　C. TARE　D. OL

37. 使用分析天平时，加减砝码和取放物体必须休止天平，这是为了（　）。

A. 防止天平盘的摆动　B. 减少玛瑙刀口的磨损

C. 增加天平的稳定性　D. 加快称量速度

38. 电子天平的显示器上无任何显示，可能产生的原因是（　）。

A. 无工作电压　B. 被承载物带静电

C. 天平未经调校　D. 室温及天平温度变化太大

第二章 定量分析概论

02

学习指南

定量分析的任务是测定物质中某种组分的含量。通过本章的学习，应了解分析化学的任务与作用，掌握定量分析的过程、分析方法分类及分析结果的表示；理解准确度、精密度的概念及两者间的关系，掌握准确度、精密度的衡量方法，掌握误差的分类和来源及减免方法；理解有效数字的概念，熟练掌握有效数字的修约规则和运算规则，并能在分析测试中熟练应用这些规则正确记录实验数据和计算分析结果；理解测量值的集中趋势和分散性、正态分布和 t 分布、置信区间等统计学基础知识，了解利用 t 检验法、F 检验法检验分析数据可靠性的方法，掌握测定异常值检验与取舍的方法；掌握提高分析结果准确度的基本措施。

第一节　定量分析概述

学习要点　熟悉分析化学的任务与作用，掌握分析化学的分类方法、典型分析方法的特点；了解本课程的任务与要求；了解现代分析化学发展趋势。

一、分析化学的任务和作用

分析化学（analytical chemistry）是人们获取物质的化学组成与结构信息的科学，即表征和测量的科学。分析化学的任务是对物质进行组成分析和结构鉴定，研究获取物质化学信息的理论和方法。

物质组成的分析主要包括定性分析与定量分析两个方面：定性分析（qualitative analysis）的任务是确定物质由哪些组分（元素、离子、基团或化合物）组成；定量分析（quantitative analysis）的任务是确定物质中有关组分的含量。结构分析（structure analysis）的任务是确定物质各组分的结合方式及其对物质化学性质的影响。

分析化学是研究物质及其变化的重要方法之一。在化学学科本身的发展上，以及与化学有关的各科学领域中，分析化学都起着重要的作用。例如，环境科学研究目前在全世界备受瞩目，分析化学对于推动人们弄清环境中的化学问题起着关键的作用；新材料科学的研究中，材料的性能与其化学组成和结构有密切的关系；资源和能源科学中，分析化学是获取地质矿物组分、结构和性能信息以及揭示地质环境变化过程的重要手段；在生命科学、生物工程领域中，分析化学在揭示生命起源、研究疾病和遗传的奥秘等方面起着重要的作用；在医学科学研究领域中，药物分析是不可缺少的环节；在空间科学研究中，星际物质分析是其中重要的组成部分。

分析化学在工农业生产及国防建设中更有着重要的作用。工业生产中作为质量管理手段的产品质量检验和工艺流程控制离不开分析化学，所以分析化学被称为工业生产的“眼睛”；在农业生产中的水土成分调查、农药和化肥残留物的影响、农产品的品质检验等方面都需要分析化学；在国防建设中，分析化学对核武器、航天材料以及化学试剂等的研究和生产起着重要的作用；在实行依法治国的基本国策中，分析化学又是执法取证的重要手段。

随着科学的进步和发展，使得分析化学的内容和任务不断地扩大和复杂，对分析化学的要求和期望也在不断地增加和提高。目前，现代分析化学不仅仅要解决定性分析和定量分析的问题，而且还要提供物质更多、更全面的信息。可以说，在 21 世纪，人类要取得在能源与资源科学、信息科学、生命科学与环境科学四大领域进步的关键问题的解决，主要依赖于现代分析科学。

分析化学是一门以实验为基础的科学，在学习过程中一定要理论联系实际，注重实验技能训练。只有通过学习，掌握分析化学的基本原理和测定方法，建立准确的“量”的概念，培养严谨的科学态度和工作作风，提高分析问题和解决问题的能力。才能成为一位合格的化学分析工作者，才能完成日益复杂的分析课题。

二、定量分析方法

根据测定原理、分析对象、待测组分含量、试样用量的不同，定量分析方法有如表 2-1 所示的不同分类方法。

表 2-1 定量分析方法分类

- 定量分析方法
  - 按测定原理和操作方法分类
    - 化学分析法
      - 滴定分析法
        - 酸碱滴定法
        - 配位滴定法
        - 氧化还原滴定法
        - 沉淀滴定法
      - 重量分析法
        - 沉淀法
        - 气化(挥发)法
        - 电解法
    - 仪器分析法
      - 光学分析法
        - 分子光谱法
          - 比色法
          - 紫外-可见分光光度法
          - 红外光谱法
          - 分子荧光及磷光分析法
        - 原子光谱
          - 原子吸收光谱法
          - 原子发射光谱法
          - 原子荧光光谱法
        - 其他方法
          - 激光拉曼光谱法
          - 光声光谱法
          - 化学发光分析法
      - 电化学分析法
        - 电位分析法
        - 电导分析法
        - 电解分析法
        - 库仑分析(伏安)法
      - 色谱分析法
        - 气相色谱法
        - 液相色谱法
        - 离子色谱法
      - 其他方法
        - 质谱法
        - 核磁共振波谱法
        - 电子显微镜分析法
        - 放射分析法
        - 热分析法
  - 按分析对象分类
    - 无机分析
    - 有机分析
  - 按被测组分的含量分类
    - 常量组分分析(质量分数＞1%)
    - 微量组分分析(质量分数 0.01%～1%)
    - 痕量组分分析(质量分数＜0.01%)
  - 按所取试样的量分类
    - 常量试样分析(固体样质量＞0.1g，液体样体积＞10mL)
    - 半微量试样分析(固体样质量 0.01～0.1g，液体样体积 1～10mL)
    - 微量试样分析(固体样质量 0.0001～0.01g，液体样体积 0.01～1mL)
    - 超微量试样分析(固体样质量＜0.1mg，液体样体积＜0.01mL)

1. 化学分析法（chemical analysis）

化学分析法是以物质的化学反应为基础的分析方法。化学分析法主要有滴定分析法和重量分析法两类。

（1）滴定分析法（titrimetric analysis） 滴定分析法是通过滴定操作，根据所需滴定剂的体积和浓度确定试样中待测组分含量的一种方法。滴定分析法分为酸碱滴定法、沉淀滴定法、配位滴定法和氧化还原滴定法。

（2）重量分析法（gravimetric analysis） 重量分析法是通过称量操作测定试样中待测组分的质量，以确定其含量的一种分析方法。重量分析法分为沉淀重量法、电解重量法和气化（挥发）法。

2. 仪器分析法（instrumental analysis）

仪器分析法是以物质的物理性质和物理化学性质为基础的分析方法。由于这类分析都要使用特殊的仪器设备，所以一般称为仪器分析法。常用的仪器分析方法如下。

（1）光学分析法 光学分析法是根据物质的光学性质建立起来的一种分析方法。主要有：分子光谱法（如比色法、紫外-可见分光光度法、红外光谱法、分子荧光及磷光分析法等），原子光谱法（如原子发射光谱法、原子吸收光谱法等），激光拉曼光谱法，光声光谱法，化学发光分析法等。

（2）电化学分析法 电化学分析法是根据被分析物质溶液的电化学性质建立起来的一种分析方法。主要有电位分析法、电导分析法、电解分析法、极谱法和库仑分析（伏安）法等。

（3）色谱分析法 色谱分析法是一种分离与分析相结合的方法。主要有气相色谱法、液相色谱法（包括柱色谱、纸色谱、薄层色谱及高效液相色谱）、离子色谱法。

随着科学技术的发展，近年来，质谱法、核磁共振波谱法、X射线分析、电子显微镜分析以及毛细管电泳等大型仪器分析法已成为强大的分析手段。仪器分析由于具有快速、灵敏、自动化程度高和分析结果信息量大等特点，备受人们的青睐。

3. 无机分析和有机分析

若按物质的属性来分，分析方法主要分为无机分析和有机分析。无机分析的对象是无机化合物；有机分析的对象是有机化合物。另外还有药物分析和生化分析等。

4. 常量分析、半微量分析和微量分析

按被测组分的含量来分，分析方法可分为常量组分（含量>1%）分析、微量组分（含量为0.01%～1%）分析、痕量组分（含量<0.01%）分析；按所取试样的量来分，分析方法可分为常量试样（固体试样质量>0.1g，液体试样体积>10mL）分析、半微量试样（固体试样质量在0.01～0.1g之间，液体试样体积为1～10mL）分析、微量试样（固体试样质量在0.0001～0.01g之间，液体试样体积为0.01～1mL）分析和超微量试样（固体试样质量<0.1mg，液体试样体积<0.01mL）分析。

常量分析一般采用化学分析法，微量分析一般采用仪器分析法。

为满足当代科学技术发展的需要，分析化学正朝着从常量分析、微量分析到微粒分析，从总体分析到微区、表面分析，从宏观结构分析到微观结构分析，从组织分析到形态分析，从静态追踪到快速反应追踪，从破坏试样分析到无损分析，从离线分析到在线分析，从直接分析到遥控分析，从简单体系分析到复杂体系分析等方面发展和完善。分析化学由于广泛吸取了当代科学技术的最新成就，已成为当今最富活力的学科之一。

三、分析测试全过程

1. 分析测试任务的建立

进行样品的分析测试必须有明确的目的，只有这样分析出的结果才是有用的。分析测试的目的往往是由送检用户提出的，由于送检用户对分析测试方面的技术了解不充分，提出要求时一般不能用比较确切的分析术语来描述分析测试的目的和任务。因此，分析工作者首要的任务是与用户一起进行深入细致的讨论，共同搞清什么是基本的分析问题，必须进行什么分析和能够进行什么分析，进而和用户一起商定建立分析测试的任务。

在进行分析测试之前还必须明确以下具体问题：

① 样品的状态如何？

② 样品的性质如何？想要确定的是样品中的元素成分、分子组成部分，还是官能团？或是混合物的组分？

③ 对样品进行定量分析还是定性分析？定量分析中要求的准确度是多少？

④ 用户如何平衡测试时间、测试成本和测试准确度之间的关系？

⑤ 样品来自何处？提供的样品是如何得到的（包括样品的运输和保存条件）？是否需要去取样？

⑥ 可用来分析的样品量有多少？欲分析测试组分的近似浓度是多少？

⑦ 基体的成分是什么？

⑧ 只进行单一成分分析还是希望进行多组分分析，或是全分析？

⑨ 分析的是主要成分，还是微量（痕量）成分？

⑩ 提供样品后，希望多长时间得到结果？

⑪ 是周期性提供样品还是仅进行一次分析？如果是周期性样品，周期是多长？

⑫ 是否希望寻找一种连续监测系统和（或）全自动化系统？

⑬ 分析系统或方法的可靠性的关键是什么？

⑭ 样品可以破坏还是应该保持原样？

对以上问题的概括并不全面，仅是通过对话获得有用的信息，以利于选择合适的分析方法。

2. 分析测试过程

（1）取样　分析测试工作的样品或试样（sample）是指在分析工作中被采用来进行分析测试的物质体系，它可以是固体、液体或气体。分析化学要求被分析试样在组成和含量上具有一定的代表性，能代表被分析的总体；否则分析工作将毫无意义，甚至可能导致错误结论，给生产或科研带来很大的损失。

采取有代表性的样品必须用特定的方法或顺序。对不同的分析对象取样方式也不相同。有关国家标准或行业标准对不同分析对象的取样步骤和细节都有严格的规定，应按规定进行。采样的通常方法是：从大批物料中的不同部分、不同深度选取多个取样点采样，然后将各点取得的样品粉碎之后混合均匀，再从混合均匀的样品中取少量物质作为分析试样进行分析（详见第十章第一节）。

取样工作必须小心谨慎，以保证取样设备和储存容器不污染样品。储存容器外应贴有标签，样品标签应清楚标明一些信息，如样品来源、取样日期、时间、地点和采样人以及待测组分等。有时取样可能是危险的，必须采取适当的安全措施。

（2）样品的输送和保存　样品的输送和保存是一个很重要的环节，它直接影响到测试结果。在输送样品过程中，由于样品容器剧烈震动而引起的反应，可以改变样品的组成。输送和保存样品时，由于环境温度和湿度发生变化而使样品的组成和性质发生了变化。液体的泄漏、气体的扩散都可能引起样品组分的变化。由于容器壁的吸附，造成痕量组分的损失。来自容器壁的痕量物质也会污染储存的样品。

在取样和分析样品之间，往往需要经过一段时间，这段时间不管是在运输样品还是在保存样品，必须根据样品的性质采用必要的手段，防止样品组分特别是待测组分的损失和污染。

(3) 样品的制备　样品的制备包括以下几方面：

① 样品的状态应与所应用的分析测试方法相适应；

② 样品的浓度应与所选用分析测试方法的最佳浓度范围相适应；

③ 对样品进行适当的处理，消除或减少样品中其他组分对待测组分的干扰。

定量化学分析中，大多数分析方法要在溶液中进行测定。若样品为液体，可直接使用；若样品为气态，则需冷凝转为液体后再使用；对固体样品，则需要加入化学试剂将试样分解后转入溶液中，然后进行测定。分解试样的方法很多，主要有溶解法和熔融法。实际工作中，应根据试样性质和分析要求选用适当的分解方法（详见第十章第二节）。

复杂物质中常含有多种组分，在测定其中某一组分时，若共存的其他组分对待测组分的测定有干扰，则应设法消除。采用加入试剂（称掩蔽剂）来消除干扰在操作上简便易行，但在多数情况下合适的掩蔽方法不易寻找，此时需要将被测组分与干扰组分进行分离。目前常用的分离方法有沉淀分离、萃取分离、膜分离、离子交换和色谱法分离等（详见第九章）。

在痕量分析中，由于待测物的浓度很低，不能直接测定，需要用富集手段提高样品中待测物的浓度，以满足分析方法对待测物最佳浓度范围的要求。

(4) 测定　各种测定方法在灵敏度、选择性和适用范围等方面有较大的差别，因此应根据被测组分的性质、含量、对分析结果准确度的要求和实验室条件等选择合适的分析方法和该方法应用时合适的实验条件进行测定。如常量组分通常采用化学分析方法，而微量组分需要使用分析仪器进行测定。

(5) 处理数据报告结果　根据分析过程中有关反应的计量关系及分析测量所得数据，通过数理统计处理得出可靠的测试结论，并清楚地报告出结果。

分析工作者应对测定结果的误差及其分布情况进行分析评价，对报告的分析结果负全部责任。

思考题 2-1

1.用一个你所熟悉的实例，说明分析化学在现代生活、生产、科研中的重要作用。

2.请用流程图说明分析测试全过程。

3.当你接受送检客户的来样时，你将如何与客户对话？

4.对物质进行定量分析主要有哪些方法？你在学习这门课程之前曾做过哪些有关分析的实验？它们从分析的目的上看，应属于哪类分析方法？

阅读材料

绿色分析化学的特点及方法简介

随着人们环保意识的增强，人们发现化学分析全过程也是化学物质污染排放源。传统的样品处理技术往往伴随着大量污染物产生，如废酸、废气以及有机溶剂的废液，既危害环境又危害分析者的身体健康，这显然违背了保护环境的宗旨。因此，近年来人们在进行分析实验时，致力于少用或不用有机溶剂和其他化学试剂，进行绿色分析化学技术的研究与开发。

绿色分析化学是从源头上阻止污染的分析化学，是把绿色化学的原理使用在新的分析方法和技术的设计方面，其目标是利用环境友好的方法和原理，尽量不用或少用有害试剂，将环境污染减少到最低限度。

绿色分析化学技术中，目前在绿色分析样品前处理技术方面主要有微波消解、微波萃取和超临界液体萃取等技术。在绿色分析分离富集技术方面主要有固相萃取、固相微萃取、膜萃取等技术。在绿色分析测试技术方面主要有近红外光谱分析、X射线荧光分析、顶空气相色谱分析等技术。

环境保护人人有责。无污染或少污染的绿色分析化学技术正在发展，逐渐成为绿色化学的一个重要组成部分。每位分析人员在实验中都应该树立环保意识，并结合实验提出更多更好的创新性方法和技术，为绿色分析化学技术的研究与开发出一份力。绿色分析化学必将为人类可持续发展做出贡献。

第二节　分析测试中的误差

学习要点　了解准确度、精密度的概念及两者间的关系；掌握误差与偏差的表示方法和有关计算；掌握误差的分类、各类误差的特点和来源。

准确测定试样中各有关组分的含量是分析化学的主要任务之一。不准确的分析结果会导致产品报废、资源浪费，甚至在科学上得出错误的结论。但是在分析过程中，即使技术很熟练的分析人员，用同一种方法对同一试样进行多次分析，也不能得到完全一样的分析结果。这说明，在分析过程中，误差是客观存在的。因此，在定量分析中应该了解产生误差的原因和规律，采取有效措施减小误差，并对分析结果进行评价，判断其准确性，以提高分析结果的可靠程度，使之满足生产与科学研究等方面的要求。

一、准确度和精密度

1. 真值（true value）（x_T）

某一物质本身具有的客观存在的真实数值，即为该量的真值。一般说来，真值是未知的，但下列情况的真值可以认为是知道的：

（1）理论真值　如某化合物的理论组成等。

（2）计量学约定真值　如国际计量大会上确定的长度、质量、物质的量单位等。

（3）相对真值　认定精度高一个数量级的测定值作为低一级的测量值的真值。这种真值是相对比较而言的。如厂矿实验室中标准试样及管理试样中组分的含量等可视为真值。

2. 准确度（accuracy）

准确度[1]表示分析结果与被测量真值或约定真值间的一致程度。准确度与真实值之间的差别越小，则分析结果越准确，即准确度越高。

3. 精密度（precision）

在对样品进行分析时，一般需要在同一条件下对同一样品进行多次重复测定（称平行测定），此时可得到一组数值不等的测量结果，这些测量结果之间接近的程度称为精密度。几次测量结果的数值越接近，分析结果的精密度就越高。在分析化学中，有时用重复性（repeatability）和再现性（reproducibility）表示不同情况下分析结果的精密度，前者表示同一分析人员在同一条件下所得分析结果的精密度，后者表示不同分析人员或不同实验室之间在各自条件下所得分析结果的精密度。

---

[1] 当应用于一组测试结果时，“准确度”这个术语则包括随机成分的集合和一个共有系统误差或偏倚成分。

4. 准确度和精密度的关系

定量分析工作中要求测量值或分析结果应达到一定的准确度与精密度。值得注意的是，并非精密度高者准确度就高。例如，甲、乙、丙 3 人同时测定一铁矿石中 Fe_2O_3 的含量（真实含量以质量分数表示为 50.36%），各分析 4 次，测定结果如下：

分析人员	1	2	3	4	平均值
甲	50.30%	50.30%	50.28%	50.29%	50.29%
乙	50.40%	50.30%	50.25%	50.23%	50.30%
丙	50.36%	50.35%	50.34%	50.33%	50.35%

所得分析结果绘于图 2-1 中。

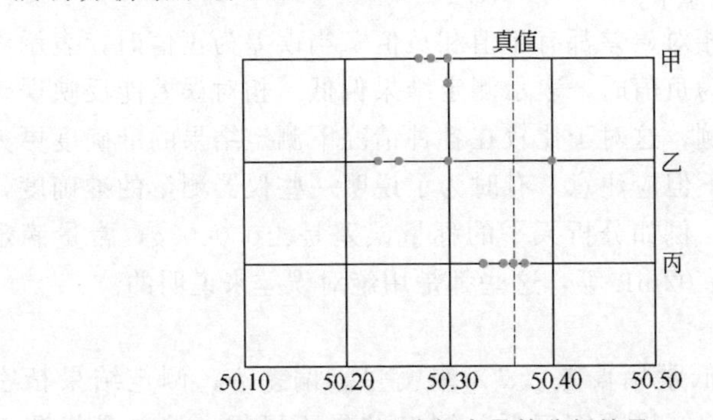

图 2-1　不同分析人员的分析结果

由图 2-1 可见，甲的分析结果的精密度很好，但平均值与真实值相差较大，说明准确度低；乙的分析结果精密度不高，准确度也不高；只有丙的分析结果的精密度和准确度都比较高。所以，精密度高的不一定准确度就高，但准确度高一定要求精密度高，即一组数据精密度很差，自然失去了衡量准确度的前提。

二、误差和偏差

1. 误差（error）

准确度的高低用误差来衡量。误差（E）是指测定值（x）与被测量的真值（x_T）之间的差。误差越小，表示测定结果与真值越接近，准确度越高；反之，误差越大，准确度越低。误差可用绝对误差（absolute error，符号 E_a）与相对误差（relative error，符号 E_r）两种方法表示。

绝对误差（E_a）表示测定值[1]（x）与真值之间的代数差值，即

$$E_a = x - x_T \tag{2-1a}$$

相对误差是指绝对误差（E_a）在被测量真值中所占的百分率，即

$$E_r = \frac{E_a}{x_T} \times 100\% \tag{2-1b}$$

例如，测定某铝合金中铝的质量分数为81.18%，已知真值为81.13%，则其绝对误差为：

$$E_a = 81.18\% - 81.13\% = +0.05\%$$

其相对误差为：

$$E_r = \frac{E_a}{x_T} \times 100\% = \frac{0.05\%}{81.13\%} \times 100\% = 0.062\%$$

绝对误差和相对误差都有正值和负值。当误差为正值时，表示测定结果偏高；误差为负值时，表示测定结果偏低。相对误差能反映误差在真值中所占的比例，这对于比较在各种情况下测定结果的准确度更为方便，因此最常用。但应注意，有时为了说明一些仪器测量的准确度，用绝对误差更清楚。例如分析天平的称量误差是±0.0002g，常量滴定管的读数误差是±0.02mL等，这些都是用绝对误差来说明的。

2. 偏差（deviation）

精密度的高低常用偏差（d）来衡量。偏差小，测定结果精密度高；偏差大，测定结果精密度低，测定结果不可靠。偏差是指测定值（x）与几次测定结果平均值（$\overline{x}$）的差值。与误差相似，偏差也有绝对偏差和相对偏差。设一组测量值为x_1、x_1、…、x_n，其算术平均值为$\overline{x}$，对单次测量值x_i，其单次测量偏差可表示为：

$$\text{绝对偏差}\ d_i = x_i - \overline{x} \tag{2-2a}$$

$$\text{相对偏差}\ Rd_i = \frac{d_i}{\overline{x}} \times 100\% \tag{2-2b}$$

由于在几次平行测定中各次测定的偏差有负有正，有些还可能是零，为了说明分析结果的精密度，通常以单次测量偏差绝对值的平均值即平均偏差（deviation average）$\overline{d}$表示其精密度：

---

[1] 实际工作中，通常在相同条件下对一个样品进行多次重复测定（称为平行测定），获得一组数据。而该样品的测定结果通常用各次测定结果的平均值$\overline{x}$来表示。此时，应当用$\overline{x} - x_T$表示测定结果的绝对误差。同理，相对误差则为$(\overline{x} - x_T)/\overline{x}$。

$$\bar{d}=\frac{|d_1|+|d_2|+\cdots+|d_n|}{n}=\frac{|x_1-\bar{x}|+|x_2-\bar{x}|+\cdots+|x_n-\bar{x}|}{n} \tag{2-3}$$

测量结果的相对平均偏差为：

$$相对平均偏差\ R\bar{d}=\frac{\bar{d}}{\bar{x}}\times 100\% \tag{2-4}$$

三、误差的分类和来源

在分析测试过程中，由于存在着一些影响测定的因素，因此误差是客观存在的。根据误差的性质和产生的原因，一般可将其分为系统误差（systematic error）和随机误差（random error）两大类。

1. 系统误差

系统误差是指在重复性条件下，对同一被测量进行无限多次测量所得结果的平均值与被测量的真值之差。

系统误差具有重复性和单向性，其大小是可以测定的，所以又称它为可测误差（determinable error）。系统误差产生的原因主要有以下几方面。

（1）仪器误差（instrumental error）　由于仪器、量器不准引起的误差称为仪器误差。例如移液管的刻度不准确、分析天平所用的砝码未经校准等。

（2）试剂误差（reagent error）　由于分析时所使用的试剂纯度不够而引起的误差称为试剂误差。例如试剂变质或被污染、蒸馏水中含微量待测组分等引起的误差。

（3）方法误差（methodic error）　由于分析方法本身的缺陷所引起的误差称为方法误差。方法误差的大小与分析方法的特性有直接关系。例如在重量分析中沉淀的溶解或共沉淀所引起的误差；滴定分析法中由于滴定终点与化学计量点的差异、副反应的发生等所引起的误差，均属方法误差。

（4）操作误差（operational error）　由于操作者操作不当造成的误差称为操作误差。例如滴定终点颜色的辨别偏深或过浅；读取滴定液体积时总是偏高或偏低等。

按系统误差的变化规律来分类，系统误差可分为恒定系统误差和可变系统误差。恒定系统误差的大小与试样的多少无关，在测量过程中绝对误差保持不变，而相对误差会随试样质量增大而减小，如滴定分析中的指示剂误差便属于这种误差；可变系统误差中常见的是线性系统误差，也称比例误差，其分析结果的绝对误差随样品量的增大而成比例增大，而相对误差却与试样的多少无关。

2. 随机误差

随机误差是指测量结果与在重复性条件下，对同一被测量进行无限多次测量所得结果的平均值之差。它是由于测量过程中各种因素的随机波动而引起的具有抵偿性的误差，因而又被称为偶然误差（accidental error）或不定误差（indeterminable error）。这些因素主要有实验室环境温度、气压、湿度的变化，测量仪器示值的波动，分析人员对各份试样处理时的微小差别等。随机误差的特点是大小和正负都变化不定，且无法加以校正，似乎没有规律性。但如果进行多次重复测定，就会发现测定数据的分布符合一定的统计规律（详见本章第四节）。

在定量分析中，除系统误差和随机误差外，还有一类“过失误差”(gross error)，它是由分析人员因粗枝大叶或违反操作规程所引起的。例如仪器失灵、试剂被污染、溶液溅失、沉淀穿滤、器皿不洁净、加错试剂、读错读数、记录和计算错误等。这种“过失误差”没有一定的规律，只要分析人员加强责任心、认真细致、严格遵守操作规程，这种误差是可以避免的。含有过失误差的测量值为异常值，在进行数据处理时，应将其剔除。

随机误差和系统误差直接影响到分析测试的准确度或精密度，而准确度和精密度又是分析质量的最重要的标准。采用哪些可能的措施可以减少误差，这要依赖于误差本身的性质。因此，有必要对这两种误差最相关的特性进行总结和比较（见表 2-2）。

表 2-2 随机误差和系统误差的最显著的特征

序号	随机(或不可测)误差	系统(或可测)误差
1	由操作者、仪器和方法的不确定性造成	由操作者、仪器和方法偏差造成
2	不可消除，但可通过仔细的操作而减小	原则上可认识且可减小(部分甚至全部)
3	可通过在平均值附近的分散度辨认	由平均值与真值之间的不一致程度辨认
4	影响精密度	影响准确度
5	通过精密度的大小(例如标准差)定量	以平均值与真值之间的差值定量

思考题 2-2

1. 测量结果与被测量真值之间的一致程度，称为（　　）。

A. 重复性　　B. 再现性　　C. 准确度　　D. 精密度

2. 下列论述中错误的是（　　）。

A. 方法误差属于系统误差　　B. 系统误差包括操作误差

C. 系统误差呈现正态分布　　D. 系统误差具有单向性

3. 在下列所述情况中，不属于操作错误的是（　　）。

A. 称量时，分析天平零点稍有变动　　B. 仪器未洗涤干净

C. 称量易挥发样品时没有采取密封措施　　D. 操作时有溶液溅出

4. 下列关于平行测定结果准确度与精密度的描述正确的有（　　）。

A. 精密度高则没有随机误差　　B. 精密度高则准确度一定高

C. 精密度高表明方法的重现性好　　D. 存在系统误差则精密度一定不高

5. 在测量操作过程中出现下列情况，属于系统误差的是（　　）。

A. 称量某物时未冷却至室温就进行称量

B. 滴定前用待测定的溶液淋洗锥形瓶

C. 称量用砝码没有校正

D. 用移液管移取溶液前未用该溶液洗涤移液管

6. 某一分析天平称量绝对误差为±0.1mg，用递减法称取试样质量为0.05g，问称量的相对误差是多少？如果称取试样1g，其称量相对误差又是多少？这说明了什么问题？

阅读材料

分析测试的质量控制与保证

分析实验室的建立标志着分析系统的建立，但分析质量并未确定,还要控制分析系统的数据质量、分析方法质量、分析体系质量、分析方法、实验室供应、实验室环境条件、标准物质等参数的误差，以将系统各类误差降到最低，这种为获取可靠分析结果的全部活动就是分析质量控制与保证。

1. 分析实验室质量控制

一个给定系统对分析测试所得数据质量的要求限度还和其他一些因素有关，如成本费用、安全性、对环境的污染、分析速度等。这个限度就是在一定置信概率下所得到的数据能达到一定的准确度与精密度，而为达到所要求的限度所采取的减少误差的措施的全部活动就是分析实验室质量控制。

2. 分析实验室质量保证

质量保证的任务就是把所有的误差（其中包括系统误差、随机误差，甚至因疏

忽造成的误差）减少到预期水平。

质量保证的核心内容包括两方面：一方面，对从取样到分析结果计算的分析全过程采取各种减少误差的措施，进行质量控制；另一方面，采用行之有效的方法对分析结果进行质量评价，及时发现分析过程中的问题，确保分析结果的准确可靠。

质量保证代表了一种新的工作方式，通过编制的大量文件使实验室管理工作者增加了阅读、评价、归档及做出相应对策等大量日常文书工作，达到实验室管理工作科学化目标，提高了实验室管理工作水平。

摘自于世林、苗凤琴编《分析化学》

第三节　有效数字及运算规则

学习要点　了解有效数字的概念；掌握有效数字的修约规则和运算规则，并能在实践中灵活应用，正确运算实验结果。

在定量分析中，为了得到准确的分析结果，不仅要准确地进行各种测量，而且还要正确地记录和计算。分析结果所表达的不仅仅是试样中待测组分的含量，而且还反映了测量的准确程度。因此，在实验数据的记录和结果的计算中，保留几位数字不是任意的，要根据测量仪器、分析方法的准确度来决定，这就涉及有效数字的概念。

一、有效数字

有效数字是指在分析工作中实际能够测量得到的数字。在保留的有效数字中，只有最后一位数字是可疑的（有±1 的误差），其余数字都是准确的。例如滴定管读数 25.31mL 中，25.3 是确定的，0.01 是可疑的，可能为（25.31±0.01）mL。有效数字的位数由所使用的仪器决定，在记录测量数据时，不能任意增加或减少位数，如前例中滴定管的读数不能写成 25.310mL，因为仪器无法达到这种精度；也不能写成 25.3mL 而降低了仪器的精度。

下列是一组数据的有效数字位数：

2.1	1.0	2 位有效数字
1.98	0.0382	3 位有效数字
18.79%	0.7200	4 位有效数字
43219	1.0008	5 位有效数字
3600	100	有效数字位数不确定

在以上数据中，数字“0”有不同的意义。在第一个非0数字前的所有的“0”都不是有效数字，因为它只起定位作用，与精度无关，例如0.0382；而第一个非0数字后的所有的0都是有效数字，例如1.0008、1.0、0.7200。另外，像3600这样的数字，一般看成4位有效数字，但它可能是2位或3位有效数字，对于这样的情况，应该根据实际情况而定，分别写成3.600×10^3（4位有效数字）或3.6×10^3（2位有效数字）、3.60×10^3（3位有效数字）较好。

在分析化学中，常遇到倍数、分数关系，如2、3、1/3、1/5等，这些数据是非测量所得，可视为无限多位有效数字，而对于含有对数的有效数字，如pH、pK_a、$\lg K$等，其位数取决于小数部分，整数部分只说明这个数的方次，如pH＝9.32有效数字为2位，而不是3位。

二、有效数字修约规则

在数据处理过程中，涉及的各测量值的有效数字位数可能不同，因此需要按下面所述的计算规则确定各测量值的有效数字位数。各测量值的有效数字位数确定后，就要将它后面多余的数字舍弃。舍弃多余的数字的过程称为“数字修约”，它所遵循的规则称为“数字修约规则”。数字修约时，应按《数值修约规则与极限数值的表示和判定》（GB/T 8170）进行，可归纳为如下口诀：“四舍六入五成双；五后非零就进一，五后皆零视奇偶，五前为偶应舍去，五前为奇则进一。”

例2-1 将下列数据修约到保留两位有效数字：

1.43426，1.4631，1.4507，1.4500，1.3500

解 按数字修约规则：

（1）1.43426修约为1.4

保留两位有效数字，第三位小于等于4，应舍去。

（2）1.4631修约为1.5

第三位大于等于6，应进1。

（3）1.4507修约为1.5

第三位为5，但其后面并非全部为0，应进1。

（4）1.4500修约为1.4

第三位为5，其后均为0，但5邻左的数字为偶数4，应舍去。

（5）1.3500修约为1.4

第三位为5，并且后面数字皆为零，而5邻左的数字为奇数3，应进1。

注意： 若拟舍弃的数字为两位以上，应按规则一次修约，不能分次修约。例如将 7.5491 修约为 2 位有效数字，不能先修约为 7.55，再修约为 7.6，而应一次修约到位即 7.5。在用计算器（或计算机）处理数据时，对于运算结果，亦应按照有效数字的计算规则进行修约。

三、有效数字运算规则

在分析测定过程中，往往要经过几个不同的测量环节，例如先用减量法称取试样，试样经过处理后进行滴定。在此过程中有多个测量数据，如试样质量，滴定管初、终读数等，在分析结果的计算中每个测量值的误差都要传递到结果里。因此，在进行结果运算时，应遵循下列规则。

① 加减法。几个数据相加减时，它们的最后结果的有效数字位数的保留应以小数点后位数最少的数据为根据。例如：

$$0.12+0.0354+42.716=42.8714\approx42.87$$

② 乘除法。几个数据相乘或相除时，它们的积或商的有效数字位数的保留必须以各数据中有效数字位数最少的数据为准。例如：

$$1.54\times31.76=48.9104=48.9$$

③ 乘方和开方。对数据进行乘方或开方时，所得结果的有效数字位数的保留应与原数据相同。例如：

$$6.72^2=45.1584\approx45.2\text{（保留 3 位有效数字）}$$

$$\sqrt{9.65}=3.10644\cdots\approx3.11\text{（保留 3 位有效数字）}$$

④ 对数计算。所取对数的小数点后的位数（不包括整数部分）应与原数据的有效数字的位数相等。例如：

$$\lg102=2.00860017\approx2.009\text{（保留 3 位有效数字）}$$

⑤ 在计算中常遇到分数、倍数等，可视为多位有效数字。

⑥ 在乘除运算过程中，首位数为“8”或“9”的数据，有效数字位数可以多取 1 位。

⑦ 在混合计算中，有效数字的保留以最后一步计算的规则执行。

⑧ 表示分析方法的精密度和准确度时，大多数取 1～2 位有效数字。

四、有效数字运算规则在分析测试中的应用

在分析化学中，常涉及大量数据的处理及计算工作。下面是分析化学中记录数据及计算分析结果的基本规则。

① 记录测定结果时，只应保留 1 位可疑数字。在定量分析测试过程中，常用的几个重要物理量的测量误差一般为：质量，$\pm 0.000x$g；容积，$\pm 0.0x$mL；pH，$\pm 0.0x$ 单位；电位，$\pm 0.000x$V；吸光度，$\pm 0.00x$ 等。由于测量仪器不同，测量误差可能不同，因此，应根据具体情况正确记录测量数据。

② 有效数字位数确定以后，按“四舍六入五成双”规则进行修约。

③ 几个数相加减时，以绝对误差最大的数为标准，使所得数只有 1 位可疑数字。几个数相乘时，一般以有效数字位数最少的数为标准，弃去过多的数字，然后进行乘除。在计算过程中，为了提高计算结果的可靠性，可以暂时多保留 1 位数字，再多保留就完全没有必要了，而且会增加运算时间。但是，在得到最后结果时，一定要注意弃去多余的数字。在用计算器（或计算机）处理数据时，对于运算结果，应注意正确保留最后计算结果的有效数字位数。

④ 对于高含量组分（例如＞10%）的测定，一般要求分析结果有 4 位有效数字；对于中含量组分（例如 1%～10%），一般要求 3 位有效数字；对于微量组分（＜1%），一般只要求 2 位有效数字。通常以此为标准，报出分析结果。

⑤ 在分析化学的许多计算中，当涉及各种常数时，一般视为准确的，不考虑其有效数字的位数。对于各种误差的计算，一般只要求 2 位有效数字。对于各种化学平衡的计算（如计算平衡时某离子的浓度），根据具体情况保留 2 位或 3 位有效数字。

此外，在分析化学的有些计算过程中，常遇到 pH＝4、pM＝8 等这样的数值，有效数字位数未明确指出。这种表示方法不恰当，应当避免。

思考题 2-3

1. 分析工作中实际能够测量到的数字称为（ ）。

A. 精密数字　　B. 准确数字　　C. 可靠数字　　D. 有效数字

2. 有效数字是指实际上能测量得到的数字，只保留末一位（ ）数字，其余数字均为准确数字。

A. 可疑　　B. 准确　　C. 不可读　　D. 可读

3. 请确定下列测量数据的有效数字位数

（1）$c(NaOH)=0.2010$mol/L（ ）　（2）$m_B=1.2708$g（ ）

（3）$V(HCl)=28.45$mL（ ）　（4）$\rho(CaO)=0.0236$g/L（ ）

（5）pH＝10.05（　　）　　　　（6）w_B＝0.031%（　　）

4. 由计算器算得$\frac{2.236\times1.1124}{1.036\times0.2000}$的结果为12.004471，按有效数字运算规则应将结果修约为（　　）。

A. 12　　B. 12.0　　C. 12.00　　D. 12.004

阅读材料

化学计量学简介

化学计量学（chemometrics）是当代化学与分析化学的重要发展前沿。能容易地获得大量化学测量数据的现代分析仪器的涌现以及对这些化学测量数据进行适当处理，并从中最大限度地提取有用化学信息的需要，是促进化学计量学进一步发展的推动力。化学计量学的主要特征是：运用最新数学、统计学、计算机科学的成果或发展新的数学、计算机方法以解决化学研究的难题。化学计量学为化学测量提供基础理论和方法优化化学测量过程，并从化学测量数据中最大限度地提取有用的化学信息。它的出现显示了现代分析化学的发展潮流。

作为化学测量的基础理论和方法学，化学计量学的基本内容包括化学采样、化学试验设计、化学信号预处理、定性定量分析的多元校正和多元分辨、化学模式识别、化学构效关系以及人工智能和化学专家系统等。

化学计量学应用领域十分广阔，涉及环境化学、食品化学、农业化学、医学化学、石油化学、材料化学、化学工程等。如环境化学中的污染源识别、环境质量预测，食品、农业化学中的试验设计和复杂样品分析，医药化学中的分子设计、新药发现及结构性能关系研究，石油化学中的化学模式识别、波谱与物质特性的关系，化学工程科学中的过程分析、工艺过程诊断、控制和优化等。

化学计量学是现代分析化学的前沿领域之一。化学计量学与分析化学的信息化有着密切关联，它的发展将为现代智能化分析仪器的构建提供各种依据，也可为复杂多组分体系的定性定量分析及其结构解析提供重要的方法和手段。

第四节　分析数据的统计处理与评价

学习要点　学会用算术平均值、中位值表示测量数据的集中趋势；掌握测量数据分散程度的表示——平均偏差和标准偏差的定义和计算方法；了解随机误差的正态分布、t分布曲线及置信水平与平均值的置信区间等知识；了解用t检验法和F检验法检验分析数据可靠性的方法；了解重复性精密度和再现性精密度的含义和相关计算；了解测量不确定度的含义、分类和评价方法；掌握 Q 检验法，能对测量数据中的异常值进行合理的取舍；了解利用格鲁布斯法进行异常值检验与取舍的优点及计算。

一、测量值的集中趋势和分散程度

近年来，分析化学中越来越广泛地采用统计学方法来处理各种分析数据，使其更科学地反映所研究对象的客观存在。在统计学中，所考察的对象的全体称为总体（或母体），自总体中随机抽出的一组测量值称为样本（或子样），样本中所含测量值的数目称为样本大小（或容量）。例如对某批矿石中锑含量进行分析，经取样、细碎、缩分后，得到一定数量（如 200g）的试样供分析用，这就是供分析用的总体。如果从中称取 4 份试样进行平行分析，得到 4 个分析结果，则这一组分析结果就是该矿石分析试样总体的一个随机样本，样本容量为 4。

1. 数据集中趋势的表示

（1）算术平均值和总体平均值　设样本容量为 n，则样本的算术平均值（简称平均值）用 $\bar{x}$ 表示：

$$\bar{x}=\frac{1}{n}\sum_{i=1}^{n}x_i \quad (n\text{ 为有限次}) \tag{2-5}$$

总体平均值（mean of population，简称总体均值）是表示总体分布集中趋势的特征值，用符号 μ 表示：

$$\mu=\frac{1}{n}\sum_{i=1}^{n}x_i \quad (n\rightarrow\infty) \tag{2-6}$$

在无限次测量中用 μ 描述测量值的集中趋势，而在有限次测量中则用算术平均值 $\bar{x}$ 描述测量值的集中趋势。

（2）中位数（x_M）　将一组测量数据按大小顺序排列，位置处于中间的一个数据即为中位数 x_M。当测量的次数为偶数时，中位数为中间相邻两个测量值的平均值。它的优点是能简便直观地说明一组测量数据的结果，且不受两端具有过大误差的数据的影响；缺点是不能充分利用数据。显然用中位数表示数据的集中趋势不如平均值好。

2. 数据分散程度的表示

数据分散程度（或称离散性）可用平均偏差 $\bar{d}$（见本章第二节）、标准偏差（standard deviation）来衡量。在用统计方法处理数据时，广泛采用标准偏差来衡量数据的分散程度。

（1）总体标准偏差和样本标准偏差　当测量次数为无限多次时，各测量值对总体平均值 μ 的偏离用总体标准偏差 σ 表示：

$$\sigma=\sqrt{\frac{\sum_{i=1}^{n}(x_i-\mu)^2}{n}} \quad (n\to\infty) \tag{2-7}$$

计算标准偏差时，对单次测量偏差加以平方，这样做不仅能避免单次测量偏差相加时正负抵消，更重要的是大偏差能更显著地反映出来，因而可以更好地说明数据的分散程度。

当测量次数不多、总体平均值又不知道时，用样本的标准偏差 s 来衡量该组数据的分散程度：

$$s=\sqrt{\frac{\sum_{i=1}^{n}(x_i-\bar{x})^2}{n-1}} \quad (n\text{ 为有限次}) \tag{2-8}$$

式中，$n-1$ 称为自由度，以 f 表示。自由度是指独立偏差的个数。对于一组 n 个测量数据的样本，可以计算出 n 个偏差值，但仅有 $n-1$ 个偏差是独立的，因而自由度 f 比测量值 n 少 1。引入 $n-1$ 的目的，主要是为了校正以 $\bar{x}$ 代替 μ 所引起的误差。很明显，当测量次数非常多时，测量次数 n 与自由度 f 的区别就很小了，此时 $\bar{x}\to\mu$，$s\to\sigma$。

例 2-2 用酸碱滴定法测定某混合物中乙酸的含量，得到下列结果。计算分析结果的平均偏差、相对平均偏差、标准偏差。

x	$\lvert d_i\rvert$	d_i^2
10.48%	0.05%	2.5×10^{-7}
10.37%	0.06%	3.6×10^{-7}
10.47%	0.04%	1.6×10^{-7}
10.43%	0.00%	0
10.40%	0.03%	0.9×10^{-7}
$\bar{x}=10.43\%$	$\sum\lvert d_i\rvert=0.18\%$	$\sum d_i^2=8.6\times10^{-7}$

解

$$\text{平均偏差 } \bar{d}=\frac{\sum\lvert d_i\rvert}{n}=\frac{0.18\%}{5}=0.036\%$$

$$\text{相对平均偏差 } \frac{\bar{d}}{\bar{x}}=\frac{0.036\%}{10.43\%}\times100\%=0.35\%$$

$$标准偏差\ s=\sqrt{\frac{\sum d_i^2}{n-1}}=\sqrt{\frac{8.6\times10^{-7}}{5-1}}=4.6\times10^{-4}=0.046\%$$

答　这组数据的平均偏差为0.036%；相对平均偏差为0.35%；标准偏差为0.046%。

用标准偏差衡量数据的分散程度比平均偏差更为恰当。例如，下列是两组测量数据的各单次测量偏差，其平均偏差值均为0.24。

1#	d_i	+0.3，−0.2，−0.4，+0.2，+0.1，+0.4，0.0，−0.3，+0.2，−0.3
2#	d_i	0.0，+0.1，−0.7，+0.2，−0.1，−0.2，+0.5，−0.2，+0.3，+0.1

但是第二组数据包含有两个较大的偏差（−0.7和+0.5），分散程度明显大于第一组数据。若用标准偏差来表示，则可将它们的分散程度区分开来：

$$s_1=\sqrt{\frac{\sum d_i^2}{n-1}}=\sqrt{\frac{0.3^2+0.2^2+\cdots+(-0.3)^2}{10-1}}=0.28$$

$$s_2=\sqrt{\frac{\sum d_i^2}{n-1}}=\sqrt{\frac{0.0^2+0.1^2+\cdots+0.1^2}{10-1}}=0.33$$

（2）标准偏差的计算

① 小样本测定时标准偏差的计算。假定一组测定值 x_1、x_2、…、x_n，其平均值为 $\bar{x}$，按照式(2-8) 计算标准偏差 s 比较麻烦，而且计算平均值时会带来数字取舍误差，此时可用下面的等效式进行计算：

$$s=\sqrt{\frac{\sum x^2-(\sum x)^2/n}{n-1}} \tag{2-9}$$

目前，一般的计算器都有此计算功能，只要将数据输入计算器就可以得到结果。

例 2-3 例2-2中原测定结果为10.48%、10.37%、10.47%、10.43%、10.40%。计算其标准偏差。

解　为避免数字过多，减少计算麻烦，分析结果同时乘以100并减去10.00。这种处理方法不会影响标准偏差的计算。处理后数据见下表：

x	$x'=x-10.00$	x'^2
10.48	0.48	0.230
10.37	0.37	0.137

续表

x	$x'=x-10.00$	x'^2
10.47	0.47	0.221
10.43	0.43	0.185
10.40	0.40	0.160
	$\sum x'=2.15$	$\sum x'^2=0.933$

根据式(2-9)得

$$s=\sqrt{\frac{\sum x'^2-(\sum x')^2/n}{n-1}}=\sqrt{\frac{0.933-(2.15^2/5)}{5-1}}=0.046$$

将0.046根据先前的处理除以100，得到5次测定结果的标准偏差为0.046%。

答 5次测定结果的标准偏差为0.046%。

② 平均值的标准偏差 $s_{\bar{x}}$ 的计算。样本平均值 $\bar{x}$ 是一个非常重要的统计量，通常以此来估计总体平均值 μ。现假定对同一总体中的一系列样本进行分析，每一个样本有 n 个测量结果，则由此可以求得一系列的样本平均值 $\bar{x}_1$、$\bar{x}_2$、…、$\bar{x}_n$。当然这些样本平均值并不完全相等，而是有一定的波动。它们分布的分散程度可用样本平均值的标准偏差 $\sigma_{\bar{x}}$ 表示。与 σ 表示单次测量结果的精密度一样，$\sigma_{\bar{x}}$ 表示样本平均值的标准偏差。计算公式如下：

$$\sigma_{\bar{x}}=\frac{\sigma}{\sqrt{n}}\quad(n\rightarrow\infty)\tag{2-10}$$

对于有限次测量，则为：

$$s_{\bar{x}}=\frac{s}{\sqrt{n}}\quad(n\text{ 为有限次})\tag{2-11}$$

由此可见，平均值的标准偏差与测量次数的平方根成反比。4次测量的平均值的标准偏差是单次测量标准偏差的1/2；9次测量值的平均值的标准偏差是单次测量标准偏差的1/3。可见，增加测定次数，可使平均值的标准偏差减小。但过多增加次数是很不合算的。由图2-2可见，$n>5$ 变化就较慢，而 $n>10$ 时变化已很小了。所以，在分析化学实际工作中，一般测定3～4次就够了；对较高要求的分析，可测定5～9次。

分析结果只要计算出 $\bar{x}$、s、n，即可表示出数据的集中趋势与分散程度，就可进一步对总体平均值可能存在的区间做出估计。

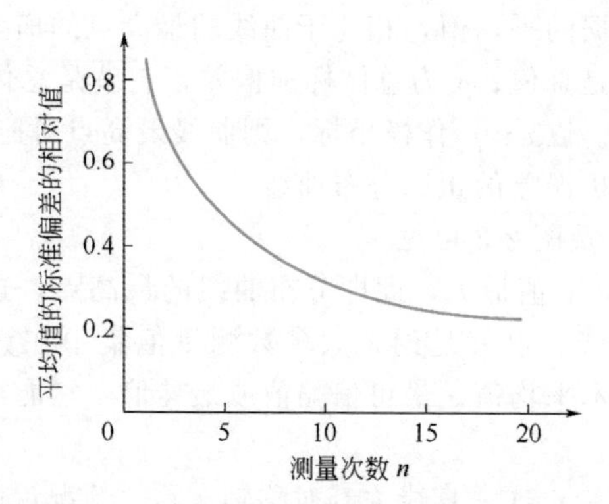

图 2-2　平均值的标准偏差与测量次数的关系

例 2-4 某铝合金试样中铝含量的一组测定结果为：1.62%、1.60%、1.30%、1.22%。计算此组测定结果平均值的标准偏差 $s_{\bar{x}}$。

解　$\bar{x}=1.44\%$，$s=0.20\%$，则

$$s_{\bar{x}}=\frac{s}{\sqrt{n}}=\frac{0.20\%}{\sqrt{4}}=0.10\%$$

答　该组测定结果平均值的标准偏差 $s_{\bar{x}}$ 为 0.10%。

二、正态分布和 t 分布

1. 随机误差的正态分布

在分析测试中，即使是在严格控制的试验条件下对一个样品进行多次重复测定，由于随机误差的存在，各次测定值总是在一定范围内波动，这些测量数据一般符合正态分布规律，故通常可按这种规律进行数据处理。正态分布就是数学上的高斯分布。它在概率统计中占有特别重要的地位，因为许多随机变量都服从（或近似服从）正态分布。图 2-3 即为正态分布曲线，它的数学表达式为：

$$y=f(x)=\frac{1}{\sigma\sqrt{2\pi}}\mathrm{e}^{-(x-\mu)^2/2\sigma^2} \quad (2\text{-}12)$$

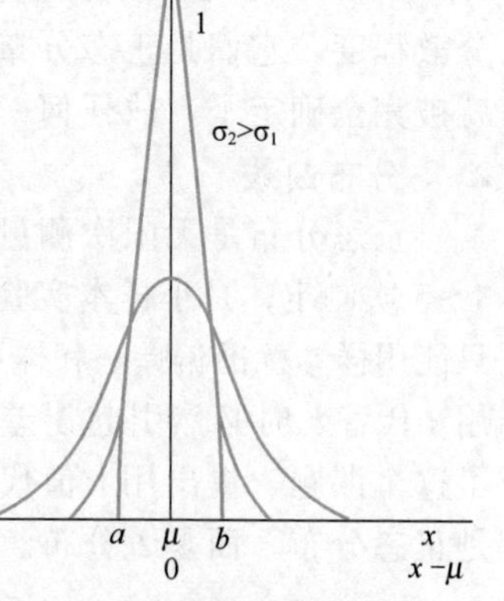

图 2-3　两组精密度不同的测量值的正态分布曲线

式中，y 为概率密度，表示 x 出现的概率；x 为测量值；μ 为总体平均值，

即无限次测定数据的平均值，相应于曲线的最高点的横坐标值，在没有系统误差时它就是真值；σ 为总体标准偏差，它就是总体平均值 μ 到曲线拐点间的距离。以 $x-\mu$ 作横坐标，则曲线最高点对应的横坐标为零，这时曲线成为随机误差的正态分布曲线。

由式(2-12) 及图 2-3 可见：

① $x=\mu$ 时，y 值最大，此即分布曲线的最高点。这一现象体现了测量值的集中趋势。也就是说，大多数测量值集中在算术平均值的附近；或者说，算术平均值是最可信赖值或最佳值，它能很好地反映测量值的集中趋势。

② 曲线以 $x=\mu$ 这一直线为其对称轴。这一情况说明正误差和负误差出现的概率相等。

③ 当 x 趋向于 $-\infty$ 或 $+\infty$ 时，曲线以 x 轴为渐近线。这一情况说明小误差出现的概率大，大误差出现的概率小；出现很大误差的概率极小，趋近于零。

④ 根据式(2-12)，得到 $x=\mu$ 时的概率密度为：

$$y_{x=\mu}=\frac{1}{\sigma\sqrt{2\pi}} \tag{2-13}$$

概率密度乘以 dx，就是测量值落在该 dx 范围内的概率。由式(2-13)可见，σ 越大，测量值落在 μ 附近的概率越小，这意味着测量时的精密度越差时，测量值的分布就越分散，正态分布曲线也就越平坦；反之，σ 越小，测量值的分散程度就越小，正态分布曲线也就越尖锐。

μ 和 σ，前者反映测量值分布的集中趋势，后者反映测量值分布的分散程度，它们是正态分布的两个基本参数，一旦确定之后，正态分布就被完全确定了。故任何一种正态分布曲线均可以表示为 $N(\mu,\sigma)$。

2. *t* 分布曲线

正态分布是无限次测量数据的分布规律，而通常的分析测试只进行 3～5 次测定，是小样本实验，因而无法求得总体平均值 μ 和总体偏差 σ，只能用样本标准偏差 s 和样本的平均值 $\bar{x}$ 来估计测量数据的分散情况，而用 s 代替 σ 时必然引起误差。英国统计学家兼化学家 W. S. Gosset 研究了这个课题，提出用 t 值代替 μ 值，以补偿这一误差，这时随机误差不是正态分布，而是 t 分布。统计量 t 定义为：

$$t=\frac{|\bar{x}-\mu|}{s_{\bar{x}}}=\frac{|\bar{x}-\mu|}{s}\sqrt{n} \tag{2-14}$$

t 分布曲线的纵坐标是概率密度，横坐标则表示 t。t 分布曲线随自由度 f 变化，图 2-4 给出了一组不同 f 值的 t 分布曲线。由图 2-4 可以看出，曲线的形状在 $f<10$ 时与正态分布曲线差别较大，当 $f>10$ 时已与正态分布曲线很近似了，当 $f\to\infty$ 时 t 分布曲线即为正态分布曲线，t 分布曲线下面一定区间内的积分面积就是该区间内随机误差出现的概率。t 分布曲线形状不仅随 t 值改变，还与 f 值有关。表 2-3 列出了常用的部分 t 值，表中 P 为置信度，它表示在某一 t 值时测定值落在 $\mu \pm ts$ 范围内的概率。显然落在此范围之外的概率为 $1-P$，称为显著性

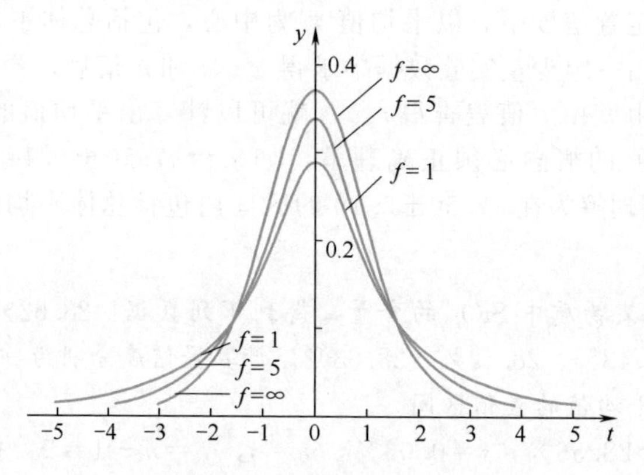

图 2-4　t 分布曲线

表 2-3　$t_{\alpha,f}$ 值（双边）

f	置信度与显著性水平			
	$P=50\%$ $\alpha=0.50$	$P=90\%$ $\alpha=0.10$	$P=95\%$ $\alpha=0.05$	$P=99\%$ $\alpha=0.01$
1	1.00	6.31	12.71	63.66
2	0.82	2.92	4.30	9.93
3	0.76	2.35	3.18	5.84
4	0.74	2.13	2.78	4.60
5	0.73	2.02	2.57	4.03
6	0.72	1.94	2.45	3.71
7	0.71	1.90	2.37	3.50
8	0.71	1.86	2.31	3.36
9	0.70	1.83	2.26	3.25
10	0.70	1.81	2.23	3.17
20	0.69	1.73	2.09	2.85
∞	0.67	1.65	1.96	2.58

水平（level of significance），用 α 表示。由于 t 值与自由度及置信度有关，故引用时常加注脚说明，一般表示为 $t_{\alpha,f}$。例如，$t_{0.05,8}$ 表示置信度为 95%（显著性水平为 5%）、自由度为 8 时的 t 值，$t_{0.01,10}$ 表示置信度为 99%（显著性水平为 1%）、自由度为 10 时的 t 值。

3. 置信水平与平均值的置信区间

将定义 t 的公式改写成为：

$$\mu=\overline{x}\pm ts_{\overline{x}}=\overline{x}\pm\frac{ts}{\sqrt{n}} \tag{2-15}$$

这表示在一定置信度下，以平均值 $\overline{x}$ 为中心，包括总体平均值 μ 的置信区间。当由一组少量实验数据中求得 $\overline{x}$、s 和 n 值后，再根据选定的置信度及自由度由 t 值表查得 $t_{\alpha,f}$，就可以计算出平均值的置信区间。对于置信区间的概念必须正确理解，如 $\mu=47.50\pm0.10$（置信度为 95%），应当理解为在 47.50 ± 0.10 的区间内包括总体平均值 μ 的概率为 95%。

例 2-5 测定某物质中 SiO_2 的含量，得到下列数据：28.62%、28.59%、28.51%、28.48%、28.52%、28.63%。计算置信度分别为 90%、95%和 99%时总体平均值的置信区间。

解 $\overline{x}=28.56\%$，$s=0.06\%$，$n=6$，$f=n-1=5$。查表 2-3 得，置信度为 90%时，$t_{0.10,5}=2.02$。

$$\mu=28.56\%\pm\frac{2.02\times0.06\%}{\sqrt{6}}=(28.56\pm0.05)\%$$

置信度为 95%时，$t_{0.05,5}=2.57$。

$$\mu=28.56\%\pm\frac{2.57\times0.06\%}{\sqrt{6}}=(28.56\pm0.06)\%$$

置信度为 99%时，$t_{0.01,5}=4.03$。

$$\mu=28.56\%\pm\frac{4.03\times0.06\%}{\sqrt{6}}=(28.56\pm0.10)\%$$

从上例可以看出，置信度越高，置信区间越大，即所估计的区间包括真值的可能性也就越大。分析化学中，通常把置信度选在 95%或 90%。

三、重复性精密度和再现性精密度

1. 重复性精密度和重复性标准偏差（s_r）

重复性精密度是指在重复条件下的精密度，即在相同的实验条件

（同一操作者、同一仪器、同一实验室）下，在短时间间隔内，按同一方法对同一试样进行正确的正常操作所得独立结果之间的接近程度。

重复性精密度用重复性标准偏差 s_r 表示。设在重复条件下，对某一试样进行 m 回 n 次重复测定，测定结果如下：

组号	测定结果	各组测定均值 $\bar{x}_i$	单次测定标准偏差 s_i
1	$x_{1.1}$、$x_{1.2}$、$x_{1.3}$、…、$x_{1.n}$	$\bar{x}_1$	s_1
2	$x_{2.1}$、$x_{2.2}$、$x_{2.3}$、…、$x_{2.n}$	$\bar{x}_2$	s_2
3	$x_{3.1}$、$x_{3.2}$、$x_{3.3}$、…、$x_{3.n}$	$\bar{x}_3$	s_3
⋮	⋮	⋮	⋮
m	$x_{m.1}$、$x_{m.2}$、$x_{m.3}$、…、$x_{m.n}$	$\bar{x}_m$	s_m

则这一系列测定的重复性标准偏差 s_r 为：

$$s_r = \sqrt{\frac{1}{m}\sum_{i=1}^{m} s_i^2} \tag{2-16}$$

2. 再现性精密度和再现性标准偏差（s_R）

再现性精密度是指在不同的试验条件下（不同操作者、不同仪器、不同实验室），按同一方法对同一试样进行正确和正常操作所得单独的实验结果之间的接近程度。再现性精密度用再现性标准差 s_R 表示。再现性标准偏差 s_R 是由 m 个实验室每个实验室做一组 n 次测定，按式(2-17）求得：

$$\left.\begin{aligned} s_R &= \sqrt{s_r^2 + s_L^2} \\ s_L &= \sqrt{s_{\bar{x}}^2 - \left(\frac{s_r}{\sqrt{n}}\right)^2} \\ s_{\bar{x}} &= \sqrt{\frac{\sum_{i=1}^{m}(\bar{x}_i - \bar{x})^2}{m-1}} \\ \bar{x} &= \frac{1}{m}(\bar{x}_1 + \bar{x}_2 + \bar{x}_3 + \cdots + \bar{x}_m) \end{aligned}\right\} \tag{2-17}$$

式中　s_R——再现性标准偏差；

s_r——重复性标准偏差；

$s_{\bar{x}}$——平均值的标准偏差；

s_L——室间标准偏差。

3. 重复性限和再现性限

（1）重复性限（r） 重复性限（repeatability limit）用 r 表示，定义为：一个数值 r，在重复性的条件下，两次测定结果之差的绝对值不超过此数的概率为 95%。换句话说，用相同的方法在相同条件（同一操作者、同一台仪器、同一实验室并时间间隔不大）下测定同一样品，任何两个测定结果间的绝对差值超过 r 的可能性只有 5%。

当测定次数 $n=2$，置信度为 95%时，重复性限 r 用下式计算：

$$r=2\sqrt{2}s_r=2.83s_r \tag{2-18}$$

通常称重复性限 r 为室内允许差。一般标准方法规定平行双样[1]测定两结果之差绝对值不得大于重复性限 r，如果两个测定结果的差值超过了这个允许差，则必须重新取样再做 2 次测定。

（2）再现性限（R） 再现性限用 R 表示，定义为：一个数值 R，在再现性的条件下，两次测定结果之差的绝对值不超过此数的概率为 95%。换句话说，用同一方法在不同的条件（不同操作者，在不同实验室或间隔较长时间，使用不同型号的仪器）下测定同一试样，任何两个测定结果间的绝对差值超过 R 的可能性只有 5%。

当测定次数 $n=2$，置信度为 95%时，再现性限 R 用下式计算：

$$R=2\sqrt{2}s_R=2.83s_R \tag{2-19}$$

通常称再现性限 R 为室间允许差。

4. 极差和临界极差

（1）极差 一组测量数据中，最大值（x_{max}）与最小值（x_{min}）之差称为极差，用字母 R 表示。

$$R=x_{max}-x_{min} \tag{2-20}$$

$$相对极差=\frac{R}{\bar{x}}\times 100\% \tag{2-21}$$

（2）临界极差 临界极差的含义是：一个数值在某条件下几次测试结果的极差以一定的置信概率不超过此数。临界极差根据测量时的情况，分为重复性临界极差和再现性临界极差。

重复性临界极差用 $C_rR_{95}(n)$ 表示（其中 n 为测试次数）。重复性临界极差的含义是：一个数值，在重复性条件下，几个测试结果的极差

---

[1] 平行双样是指检验人员对同一样品分取两份（称量取样时，称样量尽可能相近），在重复性的条件下进行样品的测定。

以95%的置信度不超过此数。例如，GB/T 601《化学试剂　标准滴定溶液的制备》规定了标定标准滴定溶液浓度时，要实行“四平行两对照”。即两个人同时各做四次标定，每人四平行测定结果的相对极差不得大于重复性临界极差 $C_rR_{95}(4)$ 的相对值0.15%；两人共8个平行测定结果极差的相对值不得大于重复性临界极差 $C_rR_{95}(8)$ 的相对值0.18%。测定结果取两人8次平行测定结果的平均值。四平行即 $n=4$，两对照即 $m=2$，这是室内与室间允许差的简化应用。由于数据比较少，用极差计算更方便、快捷。

再现性临界极差用 C_rD_{95} 表示。再现性临界极差的含义是：一个数值，在再现性条件下，两个测试结果或由两组测试结果计算所得的最后结果（如平均值）之差的绝对值以95%置信度不超过此数。

临界极差的表达式为：

$$C_rR_{95}(n)=f(n)s_r \tag{2-22}$$

式中　$C_rR_{95}(n)$——n 次测定的临界极差；

$f(n)$——临界极差系数，见表2-4；

s_r——重复性标准偏差。

表2-4　临界极差系数 $f(n)$

n	$f(n)$	n	$f(n)$	n	$f(n)$
2	2.8	9	4.4	16	4.8
3	3.3	10	4.5	17	4.9
4	3.6	11	4.6	18	4.9
5	3.9	12	4.6	19	5.0
6	4.0	13	4.7	20	5.0
7	4.2	14	4.7		
8	4.3	15	4.8		

《测试方法的精密度》（GB/T 11792）规定，若2个以上测定结果的极差等于或小于临界极差 $C_rR_{95}(n)$（$n>2$），则取 n 个结果的平均值作为最终测试结果。如果极差大于 $C_rR_{95}(n)$，则要看测试费用。若测试费用较低，可再做 n 次测试。当 $2n$ 个结果的极差小于 $C_rR_{95}(2n)$ 时，取 $2n$ 个结果的算术平均值为最终测试结果；当 $2n$ 个结果的极差大于 $C_rR_{95}(2n)$ 时，则取 $2n$ 个测定结果的中位数作为最终测试结果。

例2-6 某一检验室采用分光光度法测定试样中的铁含量，已知该方法铁含量为0.0174时，重复性限 $r=0.0018$，已测得同一样品的3个数据为 0.0170、0.0174、0.0152，求最终测试结果。

解 3 个数据的极差为 0.0174−0.0152=0.0022

根据式(2-18) 和式(2-22)，3 次测定的临界极差为：

$$C_rR_{95}(3)=f(3)\times\frac{r}{2.83}=3.3\times\frac{0.0018}{2.83}=0.0021$$

由于极差大于临界极差，且测试费用较高，故再测一个结果为 0.0170。则

$$C_rR_{95}(4)=f(4)\times\frac{0.0018}{2.83}=3.6\times\frac{0.0018}{2.83}=0.0023$$

由于极差仍为 0.0022，小于临界极差，故取 4 个结果的平均值作为最终测试结果。

$$\bar{x}=\frac{0.0170+0.0174+0.0152+0.0170}{4}=0.0166$$

四、测量不确定度

检测实验室用测量结果来判定被测对象的质量，但测量数据的质量用什么来判定呢？最初是用测量误差。由于真值往往是不知道的，或者是很难知道的，所以测量误差也很难知道。测量误差的定义尽管是严格的正确的，能反映测量的质量和水平，但可操作性不强。为了对测定结果的质量有一个定量的描述，以确定其可靠程度，需要引入测量不确定度（uncertainty in measurement）的概念。

1. 测量不确定度的定义

表征合理赋予被测量之值的分散性、与测量结果相联系的参数，称为测量不确定度。“合理”意指应考虑到各种因素对测量的影响所做的修正，特别是测量应处于统计控制状态下。所谓统计控制状态就是一种随机控制状态，即处于重复性条件下或再现性条件下的测量状态。“赋予被测量之值”意指被测量的测量结果，它不是固有的，而是人们赋予的最佳估计值。“分散性”意指该估计值的分散区间或分散程度，而被测量之值分布的大部分可望含于此区间内。“相联系”意指测量不确定度是一个与测量结果“在一起”的参数，在测量结果完整的表示中应包含测量不确定度。此参数可以是诸如标准差或其倍数，或说明了置信概率的置信区间的半宽度。也就是说，不确定度是和测量结果一起用来表明在给定条件下对被测量进行测量时，测量结果所可能出现的区间。例

如，在25℃时，测得某溶液的pH为5.34±0.02，置信概率为95%。这就是说，有95%的把握认定：在25℃时，被测溶液的pH出现在5.32～5.36范围内。

因此，测量结果的不确定度是测量值可靠性的定量描述。不确定度愈小，测量结果可信赖程度愈高；反之，不确定度愈大，测量结果可信赖程度愈低。

2. 测量不确定度的来源

产生于测量过程中的随机效应及系统效应均会导致测量不确定度，数据处理中的数字修约也会导致不确定度。分析测试过程中导致不确定度的典型来源有：

（1）取样和样品的保存　取样的代表性不够和测试样品在分析前贮存时间以及贮存条件不当均会导致测量不确定度。

（2）仪器的影响　如测量仪器的计量性能（如灵敏度、稳定性、分辨力等）的局限性会导致测量不确定度。

（3）试剂纯度　测试过程中所用的试剂及实验用水纯度不符合要求也会引进一个不确定度分量。

（4）假设的化学反应定量关系　分析过程中偏离所预期的化学反应定量关系，或反应的不完全或副反应。

（5）测量条件的变化　测量过程中测量条件（如时间、温度、压力、湿度等）发生变化。如测量时使用仪器的温度与校准仪器的温度不一致等。

（6）测量方法不理想。

（7）计算影响　引用的常数或参数不准确；选择校准模型，例如对曲线的响应用直线校准，导致较差的拟合；计算时数字的修约等，均会引入较大的不确定度。

（8）空白修正和测量标准赋值的不准确　空白修正的值和适宜性都会有不确定度，这点在痕量分析中尤为重要。

（9）操作人员的影响　操作人员可能总是将仪表或刻度的读数读高或读低；还可能对方法做出稍微不同的解释。这些都会引进一个不确定度分量。

（10）随机影响　在所有测量中都有随机影响产生的不确定度。

综上所述，测量不确定度的大小与使用的基准标准、测试水平、测试仪器的质量和运行状态等均有关系。

3. 测量不确定度的分类和评定

随着社会的进步、国际贸易的不断扩大和科学技术的发展，测量范围不断扩大，在国民经济的各个领域中进行着大量的测量工作。测量不确定度是对测量结果质量和水平的科学表达。通过测量不确定度可以分析影响测量结果的主要因素，从而提高测量结果的质量。通过评定测量不确定度还可以评价校准方法的合理性；评价各实验室间比对试验的结果；可以知道或给出结果判定的风险。

国际计量局等七个国际组织[1]于 1993 年制定了其有密切关系国际指导性的“测量不确定度表示指南 ISO 1993(E)”（简称 GUM），在全世界推行统一评定和表示测量不确定度的方法。为了与国际接轨，2002 年，中国实验室国家认可委员会制定了 CNAL/AG07：2002《化学分析中不确定度的评估指南》。该指南是等同采用 EURACHEM（欧洲分析化学中心）和 CITAC 联合发布的指南文件《测量中不确定度的量化》第二版。在我国实施 GUM，不仅是不同学科之间交往的需要，也是全球市场经济发展的需要。为此，近年来国际与国内的科技文献已广泛采用不确定度概念。

不确定度分为标准不确定度和扩展不确定度。根据不确定度评定方法的不同，标准不确定度（standard uncertainty）分为：用统计方法评定的不确定度（A 类）和非统计方法评定的不确定度（B 类）以及合成标准不确定度。

(1) A 类标准不确定度（u_A） A 类标准不确定度（type A standard uncertainty）即统计不确定度，具有随机误差性质，是指可以采用统计方法计算的不确定度，如测量读数具有分散性、测量时温度波动影响等。通常认为这类统计不确定度服从正态分布规律，因此可以像计算标准偏差那样，通过一系列重复测量值，采用式(2-8) 或式(2-9) 来计算 A 类标准不确定度，即

$$u_A = s = \sqrt{\frac{\sum_{i=1}^{n}(x_i - \overline{x})^2}{n-1}}$$

---

[1] 这七个国际组织是：国际计量局（BIPM）、国际电工委员会（IEC）、国际临床化学会（IFCC）、国际标准化组织（ISO）、国际纯粹与应用化学联合会（IUPAC）、国际纯粹与应用物理联合会（IUPAP）、国际法制计量组织（OIML）。

（2）B类标准不确定度（u_B） B类标准不确定度（type B standard uncertainty）即非统计不确定度，是指用非统计方法评定的不确定度，包括采样及样品预处理过程的不确定度、标准对照物浓度的不确定度、标准校准过程的不确定度、仪器示值的误差等。评定B类标准不确定度常用估计方法。要估计适当，需要通过相关信息，如掌握不确定度的分布规律，同时要参照标准，更需要评定者的实践经验和学识水平。

（3）合成标准不确定度（u_c） 当测量结果的标准不确定度由若干标准不确定度分量构成时，按方和根得到的标准不确定度即为合成标准不确定度（combined standard uncertainty）。为使问题简化，这里只讨论简单情况下（即A类、B类分量保持各自独立变化，互不相关）的合成标准不确定度。

假设A类标准不确定度用 u_A 表示，B类标准不确定度用 u_B 表示，合成标准不确定度用 u_c 表示，则

$$u_c=\sqrt{u_A^2+u_B^2} \tag{2-23}$$

（4）扩展不确定度（expanded uncertainty） 为了表示测量结果的置信区间，用一个包含因子 k[1]（一般在2～3范围内）乘以合成不确定度，称为扩展不确定度[2]（以 U 表示）。

$$U=ku_c \tag{2-24}$$

式中，k 为包含因子。当取 $k=2$ 时，置信度一般为95%；当取 $k=3$ 时，置信度一般为99%。

一个分析结果允许有多大的不确定度，一般由测试的要求、试样中所含组分的情况、测试方法的准确度以及试样中欲测组分的含量等因素决定。不确定度的大小决定了测量结果的使用价值，成为表征测量的一个重要的质量指标。

（5）测量结果的表示 任何一个测量结果的表达均包括测量值的算术均值 $\bar{x}$ 和一定概率下的不确定度 U，因此分析结果用 $\bar{x}\pm U$ 表示。

例2-7 采用原子吸收分光光度法测定浓度为1.00μg/mL的铅标准溶液，5次平行测定的结果分别为1.02μg/mL、1.07μg/mL、0.98μg/mL、1.05μg/mL、0.95μg/mL。经估算B类不确定度为0.032μg/mL。试对该方法进行不确定度评定并给出测定结果。

---

[1] 包含因子 k 有时也称覆盖因子。

[2] 扩展不确定度有时也称展伸不确定度或范围不确定度。

解 5次测定结果的均值及标准偏差分别为：

$$\bar{x}=1.01\mu g/mL; s=0.049\mu g/mL$$

由于 $u_A=s$，$u_B=0.032\mu g/mL$，因此合成不确定度为：

$$u_c=\sqrt{u_A^2+u_B^2}=\sqrt{0.049^2+0.032^2}=0.059\ (\mu g/mL)$$

在置信概率为95%时，选 $k=2$，则扩展不确定度为：

$$U=ku_c=2\times0.059=0.12\ (\mu g/mL)$$

则铅标准溶液测定结果为 $(1.01\pm0.12)\mu g/mL$。

4. 测量误差与测量不确定度

区分误差和不确定度很重要，因为误差定义为：被测量的测定结果和真值之差。由于真值往往不知道，故误差是一个理想的概念，不可能被确切地知道。但不确定度可以一个区间的形式表示，如果是为一个分析过程和所规定样品类型做评估，则可适用于其所描述的所有测量值。因此，测量误差与测量不确定度在定义、评定方法、合成方法、表达形式、分量的分类等方面均有区别。测量误差与测量不确定度之间存在的主要区别见表2-5。

表2-5 测量误差和测量不确定度的区别

内容	测量误差	测量不确定度
量的定义	测量结果减真值	测量结果的分散性、分布区间的半宽
与测量结果的关系	针对给定测量结果，不同结果误差不同	合理赋予被测量之值均有相同不确定度。不同测量结果，不确定度可以相同
与测量条件的关系	与测量条件、方法、程序无关，只要测量结果不变，误差也不变	条件、方法、程序改变时，测量不确定度必定改变而不论测量结果如何
表达形式	差值，有一个符号：正或负	标准偏差、标准偏差的几倍、置信区间的半宽，恒为正值
分量的分类	按出现于测量结果中的规律分为随机误差与系统误差	按评定的方法划分为A类和B类。都是标准不确定度
分量的合成方法	为各误差分量的代数和	各分量彼此独立时为方和根，必要时引入协方差
结果的修正	已知系统误差的估计值时，可以对测量结果进行修正，得到已修正的测量结果	不能用不确定度对结果进行修正，在已修正结果的不确定度中应考虑修正不完善引入的分量
置信概率	不存在	当了解分布时可按置信概率给出置信区间
自由度	不存在	可作为不确定度评定是否可靠的指标

五、分析数据的可靠性检验

在实际分析工作中，常使用标准方法与自己所用的分析方法进行对照试验，然后用统计学方法检验两种分析结果是否存在显著性差异(significant difference)。若存在显著性差异而又肯定测定过程没有错误，可以认定自己所用方法有不完善之处，即存在较大的系统误差，在统计学上这种情况称为两批数据来自不同总体；若不存在显著性差异，即差异只是来源于随机误差，或者说两批数据来自同一总体，可以认为分析者所用的分析方法与标准方法一样准确。同样，如果用同一方法分析试样和标准试样，两个分析人员或两个实验室对同一试样进行测定，结果差异也需要进行显著性检验。

显著性检验的一般步骤是：首先做一个否定的假设，即假设不存在显著性差异或所有样本来源于同一总体；其次是确定一个显著性水平，通常用 $\alpha=0.1$、0.05、0.01 等值，分析工作中则多采用 0.05 的显著性水平，其含义是差异出现的机会有 95%以上时，则前面的假设就取消，承认有显著性差异存在；最后是统计量计算和做出判断。

分析化学中最常用的显著性检验方法是 t 检验法和 F 检验法。

1. t 检验法

(1) 平均值与标准值的比较　这种检验通常是要确定一种分析方法是否存在较大的系统误差。因此要先用该分析方法对标准试样进行分析，然后将得到的分析结果与标准值比较，进行 t 检验。检验时，由式(2-14) 求得 $t_{计}$ 值 (式中，$\bar{x}$ 为标样测定平均值；μ 为标样标准值；s 为标样测定的偏差)，根据自由度 f 与置信度 P 查表 2-3 得 $t_{\alpha,f}$ 值，与 $t_{计}$ 比较，若 $t_{计}>t_{\alpha,f}$ 则存在显著性差异，否则不存在显著性差异。在分析化学中，通常以 95%的置信度为检验标准，即显著性水平为 5%。

例 2-8 用一新分析方法对某含铁标准物质进行分析，已知该铁标准试样的标准值为 1.06%，对其 10 次测定的平均值为 1.054%，标准偏差为 0.009%，取置信度 95%时，判断此新分析方法是否存在较大的系统误差。

解　已知 $\mu=1.06\%$，$\bar{x}=1.054\%$，$s=0.009\%$。则

$$t_{计}=\frac{|\bar{x}-\mu|}{s}\sqrt{n}$$

$$=\frac{|1.054\%-1.06\%|}{0.009\%}\sqrt{10}=2.11$$

由 $\alpha=0.05$，$f=n-1=10-1=9$，查表 2-3 得 $t_{0.05,9}=2.26$。

因为 $t_{计}<t_{0.05,9}$，故 $\bar{x}$ 与 μ 之间不存在显著性差异，因此该新方法无较大的系统误差。

(2) 两组数据平均值的比较　实际分析工作中常需要对两种分析方法、两个不同实验室或两个不同操作者的分析结果进行比较。做法是：双方对同一试样进行若干次测定，比较两组数据各自的平均值，以判断二者是否存在显著性差异。以 x_{Ai}、x_{Bi} 分别表示两组各次测定值，以 $\bar{x}_A$、$\bar{x}_B$ 分别表示 A、B 两组数据的平均值，以 n_A、n_B 分别表示两组各自测定次数，以 s_A、s_B 分别表示两组数据的标准偏差。进行检验时，先用 F 检验法（见本节）检验两组数据的精密度是否存在显著性差异，在无显著性差异情况下再进行 t 检验。在进行 t 检验时，先用下式求出合并标准偏差 s_P：

$$t=\frac{|\bar{x}_1-\bar{x}_2|}{s_P}\sqrt{\frac{n_1n_2}{n_1+n_2}} \tag{2-25}$$

$$s_P=\sqrt{\frac{(n_1-1)s_1^2+(n_2-1)s_2^2}{n_1+n_2-2}} \tag{2-26}$$

式中，s_P 称为合并标准偏差。总自由度 $f=n_1+n_2-2$。取 $P=95\%$，查表 2-3 得 $t_{\alpha,f}$ 值，若 $t>t_{\alpha,f}$ 则存在显著性差异，否则不存在显著性差异。

这种比较和（1）所述方法的不同之处是两个平均值不是真值，因此，即使二者存在显著性差异，也不能说明其中一组数据或两组数据是否存在较大的系统误差。

例 2-9 甲、乙两个分析人员用同一分析方法测定合金中的 Al 含量，他们测定的次数、所得结果的平均值及各自的标准偏差分别为：

甲	$n=4$	$\bar{x}_1=15.1$	$s_1=0.41$
乙	$n=3$	$\bar{x}_2=14.9$	$s_2=0.31$

试问两人测得结果是否有显著性差异？

解　根据式(2-25)、式(2-26) 得

$$s_P=\sqrt{\frac{(4-1)\times0.41^2+(3-1)\times0.31^2}{3+4-2}}=0.37$$

$$t_{计}=\frac{|15.1-14.9|}{0.37}\times\sqrt{\frac{3\times4}{3+4}}=0.71$$

由于 $\alpha=0.05$，$f=3+4-2=5$，查表 2-3 得 $t_{0.05,5}=2.57$。

$t_{计}<t_{0.05,5}$，所以两人测定结果无显著性差异。

2. F 检验法

F 检验法用于检验两组数据的精密度，即标准偏差 s 是否存在显著性差异（见表 2-6）。

表 2-6　F 分布表（$\alpha=0.05$）

f_2	f_1												
	1	2	3	4	5	6	7	8	9	10	12	15	20
1	161.4	199.5	215.7	224.6	230.2	234.0	236.8	238.9	240.5	241.9	243.9	245.9	248.0
2	18.51	19.00	19.16	19.25	19.30	19.33	19.36	19.37	19.38	19.39	19.41	19.43	19.45
3	10.13	9.55	9.28	9.12	9.01	8.94	8.89	8.85	8.81	8.79	8.74	8.70	8.66
4	7.71	6.94	6.59	6.39	6.26	6.16	6.09	6.04	6.00	5.96	5.91	5.86	5.80
5	6.61	5.79	5.14	5.19	5.05	4.95	4.88	4.82	4.77	4.74	4.68	4.62	4.56
6	5.99	5.14	4.76	4.53	4.39	4.28	4.21	4.15	4.10	4.06	4.00	3.94	3.87
7	5.59	4.74	4.35	4.12	3.97	3.87	3.79	3.73	3.68	3.64	3.57	3.51	3.44
8	5.32	4.46	4.07	3.84	3.69	3.58	3.50	3.44	3.39	3.35	3.28	3.22	3.15
9	5.12	4.26	3.86	3.63	3.48	3.37	3.29	3.23	3.18	3.14	3.07	3.01	2.94
10	4.96	4.10	3.71	3.48	3.33	3.22	3.14	3.07	3.02	2.98	2.91	2.85	2.77
11	4.84	3.98	3.59	3.36	3.20	3.09	3.01	2.95	2.90	2.85	2.79	2.72	2.65
12	4.75	3.89	3.49	3.26	3.11	3.00	2.91	2.85	2.80	2.75	2.69	2.62	2.54
13	4.67	3.81	3.41	3.18	3.03	2.92	2.83	2.77	2.71	2.67	2.60	2.53	2.46
14	4.60	3.74	3.34	3.11	2.96	2.85	2.76	2.70	2.65	2.60	2.53	2.46	2.39
15	4.54	3.68	3.29	3.06	2.90	2.79	2.71	2.64	2.59	2.54	2.48	2.40	2.33
20	4.35	3.49	3.10	2.87	2.71	2.60	2.51	2.45	2.39	2.35	2.28	2.20	2.12
30	4.17	3.32	2.92	2.69	2.53	2.42	2.33	2.27	2.21	2.16	2.09	2.01	1.93
60	4.00	3.15	2.76	2.53	2.37	2.25	2.17	2.10	2.04	1.99	1.92	1.84	1.75
∞	3.84	3.00	2.60	2.37	2.21	2.10	2.01	1.94	1.88	1.83	1.75	1.67	1.57

F 检验的步骤很简单。首先求出两组数据的标准方差[1]，分别为 $s_{大}^2$ 和 $s_{小}^2$，它们相应地代表方差较大和较小的那组数据的方差。然后计算统计量 F 值：

$$F_{计}=\frac{s_{大}^2}{s_{小}^2} \tag{2-27}$$

最后，在一定置信度及自由度的情况下，查 F 值表，将 $F_{计}$ 值与从 F 值表查得的 $F_{表}$ 值进行比较，若 $F_{计}>F_{表}$ 则存在显著性差异，否则不存在显著性差异。检验时要区别是单边检验还是双边检验，单边检验是指一组

[1] 标准方差是表征一组测定值离散性的一个特征参数，以 s^2 表示，其方根值 s 即为标准偏差。

数据方差只能大于、等于但不能小于另一组数据的方差，双边检验则是指一组数据的方差可以大于、等于或小于另一组数据的方差。表2-6中f_1为两组数据中方差大的自由度，f_2为方差小的自由度。该表中的F值适用于单边检验，同时也适用于双边检验。但是，用于双边检验时显著性水平不再是0.05，而是0.1。

例2-10 同一含铜的样品，在两个实验室分别测定5次的结果见下表：

项目	1	2	3	4	5	$\overline{x}$	s
实验室1	0.098	0.099	0.098	0.100	0.099	0.0988	0.00084
实验室2	0.099	0.101	0.099	0.098	0.097	0.0988	0.00148

用F检验法判断这两个实验室所测数据的精密度是否存在显著性差异。

解 这个问题属于双边检验，选择显著性水平为0.1。

$$s_{大}=0.00148 \qquad s_{小}=0.00084$$

$$F_{计}=s_{大}^2/s_{小}^2=3.10$$

$$f_1=f_2=5-1=4$$

查表2-6得$F_{表}=6.39$。

$F_{计}<F_{表}$，所以两组测定结果的精密度不存在显著性差异。

六、异常值的检验与取舍

在定量分析中，得到一组数据后，往往有个别数据与其他数据相差较远，这一数据称为异常值，又称为可疑值或极端值。如果在重复测定中发现某次测定有失常情况，如在溶解样品时有溶液溅出、滴定时不慎加入过量滴定剂等，这次测定值必须舍去。若是测定并无失误而结果又与其他值差异较大，则对于该异常值是保留还是舍去，应按一定的统计学方法进行处理。统计学处理异常值的方法有好几种，下面重点介绍Q检验法及效果较好的格鲁布斯（Grubbs）法。

1. Q检验法

Q检验法常用于检验一组测定值的一致性，剔除可疑值。其具体步骤如下。

（1）将测定结果按从小到大的顺序排列：x_1、x_2、…、x_n。

（2）根据测定次数n，按表2-7中的计算公式计算$Q_{计}$。

（3）再在表2-7中查得临界值Q_c[1]。

---

[1] 临界值指在特定的条件下允许达到的最大值或最小值。

(4) 将计算值 $Q_{计}$ 与临界值 Q_c 比较。若 $Q_{计} \leqslant Q_{0.05}$，则可疑值为正常值，应保留；若 $Q_{0.05} < Q_{计} \leqslant Q_{0.01}$，则可疑值为偏离值，可以保留；若 $Q_{计} > Q_{0.01}$，则可疑值应予剔除。

例 2-11 某一试验的 5 次测量值分别为 2.63、2.50、2.65、2.60、2.65，试用 Q 检验法检验测定值 2.50 是否为离群值？

解 从表 2-7 中可知，当 $n=5$ 时，用下式计算：

$$Q_{计}=\frac{x_2-x_1}{x_n-x_1}=\frac{2.60-2.50}{2.65-2.50}=0.667$$

查表 2-7，$n=5$、$\alpha=0.05$ 时，$Q_{5,0.05}=0.642$，$Q_{5,0.01}=0.780$。$Q_{5,0.05} < Q_{计} < Q_{5,0.01}$，故 2.50 可以保留。

表 2-7　Q 检验法的统计量与临界值

统计值	n	Q 值	
		显著性水平 $\alpha=0.01$	显著性水平 $\alpha=0.05$
	3	0.988	0.941
$Q=\frac{x_n-x_{n-1}}{x_n-x_1}$（检验 x_n）	4	0.889	0.765
	5	0.780	0.642
$Q=\frac{x_2-x_1}{x_n-x_1}$（检验 x_1）	6	0.698	0.560
	7	0.637	0.507
$Q=\frac{x_n-x_{n-1}}{x_n-x_2}$（检验 x_n）	8	0.683	0.554
	9	0.635	0.512
$Q=\frac{x_2-x_1}{x_{n-1}-x_1}$（检验 x_1）	10	0.597	0.477
$Q=\frac{x_n-x_{n-2}}{x_n-x_2}$（检验 x_n）	11	0.679	0.576
	12	0.642	0.546
$Q=\frac{x_3-x_1}{x_{n-1}-x_1}$（检验 x_1）	13	0.615	0.521
	14	0.641	0.546
	15	0.616	0.525
	16	0.595	0.507
$Q=\frac{x_n-x_{n-2}}{x_n-x_2}$（检验 x_n）	17	0.577	0.490
	18	0.561	0.475
	19	0.547	0.462
	20	0.535	0.450
$Q=\frac{x_3-x_1}{x_{n-2}-x_1}$（检验 x_1）	21	0.524	0.440
	22	0.514	0.430
	23	0.505	0.421
	24	0.497	0.413
	25	0.489	0.406

Q 检验的缺点是：没有充分利用测定数据，仅将可疑值与相邻数据比较，可靠性差；在测定次数少时（如3～5次测定），误将可疑值判为正常值的可能性较大；Q 检验可以重复检验至无其他可疑值为止，但 Q 检验法检验公式随 n 不同略有差异，在使用时应予注意。

2. 格鲁布斯（Grubbs）法（G 检验法）

格鲁布斯检验法常用于检验多组测定值的平均值的一致性，也可以用来检验同一组测定中各测定值的一致性。下面以同一组测定值中数据一致性的检验为例，来看它的检验步骤。

（1）将各数据按从小到大顺序排列：x_1、x_2、…、x_n。求出算术平均值 $\bar{x}$ 和标准偏差 s。

（2）确定检验 x_1 或 x_n 或两个都做检验。

（3）若设 x_1 为可疑值，根据式(2-28a）计算 G 值；若设 x_n 为可疑值，根据式(2-28b）计算 G 值。

$$G=(\bar{x}-x_1)/s \tag{2-28a}$$

$$G=(x_n-\bar{x})/s \tag{2-28b}$$

（4）查表2-8（不做特别说明时 α 取0.05）得 G 的临界值 $G_{\alpha,n}$。

表2-8 格鲁布斯检验临界值表

次数 n 组数 l	自由度 f	G 值	
		显著性水平 $\alpha=0.05$	显著性水平 $\alpha=0.01$
3	2	1.153	1.155
4	3	1.463	1.492
5	4	1.672	1.749
6	5	1.822	1.944
7	6	1.938	2.097
8	7	2.032	2.221
9	8	2.110	2.323
10	9	2.176	2.410
11	10	2.234	2.485
12	11	2.285	2.550
13	12	2.331	2.607
14	13	2.371	2.659
15	14	2.409	2.705
16	15	2.443	2.747
17	16	2.475	2.785
18	17	2.504	2.821
19	18	2.532	2.854

续表

次数 n 组数 l	自由度 f	G 值	
		显著性水平 $\alpha=0.05$	显著性水平 $\alpha=0.01$
20	19	2.557	2.884
21	20	2.580	2.912
31	30	2.759	3.119
51	50	2.963	3.344
101	100	3.211	3.604

（5）将 $G_{计}$ 与 $G_{\alpha,n}$ 表值比较。如果 $G_{计} \geqslant G_{\alpha,n}$，则所怀疑的数据 x_1 或 x_n 是异常的，应予剔除；反之应予保留。

（6）在第一个异常数据剔除舍弃后，如果仍有可疑数据需要判别时，则应重新计算 $\bar{x}$ 和 s，求出新的 G 值，再次检验。依次类推，直到无异常的数据为止。

对于多组测定值的检验，只需把平均值作为一个数据，用以上相同步骤进行计算与检验。

例 2-12 各实验室分析同一样品，各实验室测定的平均值按由小到大顺序为 4.41、4.49、4.50、4.51、4.64、4.75、4.81、4.95、5.01、5.39，用格鲁布斯检验法检验最大均值 5.39 是否应该被删除。

解

$$\bar{\bar{x}}=\frac{1}{10}\sum_{i=1}^{10}\bar{x}_i=4.746$$

$$s=\sqrt{\frac{1}{10-1}\sum_{i=1}^{10}(\bar{x}_i-\bar{\bar{x}})^2}=0.305$$

$\bar{x}_{max}=5.39$，根据式(2-28b) $G=(\bar{x}_{max}-\bar{\bar{x}})/s_{\bar{x}}$ 有

$$G_{计}=\frac{5.39-4.746}{0.305}=2.11$$

当 $n=10$、显著性水平 $\alpha=0.05$ 时，临界值 $G_{0.05,10}=2.176$。因 $G_{计}<G_{0.05,10}$，故 5.39 为正常均值，即平均值为 5.39 的一组测定值为正常数据。

思考题 2-4

1. 置信区间的大小受（　　）的影响。

A. 测定次数　　B. 平均值　　C. 置信度　　D. 真值

2. 当置信度为 0.95 时，测得 Al_2O_3 的 μ 置信区间为（35.21±0.10)%，其意义是（　　）。

A. 在所测定的数据中有 95% 在此区间内

B. 若再进行测定，将有 95% 的数据落入此区间内

C. 总体平均值 μ 落入此区间的概率为 0.95

D. 在此区间内包含 μ 值的概率为 0.95

3. 表示一组测量数据中，最大值与最小值之差的叫（　　）。

A. 绝对误差　　B. 绝对偏差　　C. 极差　　D. 平均偏差

4. 5 次测定试样中 CaO 的质量分数分别为：46.00%、45.95%、46.08%、46.04%和 46.28%，请用 Q 检验法判断 46.28%这一数值是否为可疑值。（已知：$Q_{0.90}=0.64$，$Q_{0.95}=0.73$）

5. 两位分析人员对同一含铁的样品用分光光度法进行分析，得到两组分析数据，要判断两组分析的精密度有无显著性差异，应该用下列方法中的哪一种？（　　）

A. Q 检验法　　B. F 检验法

C. 格鲁布斯(Grubbs)法　　D. t 检验法

6. 第 5 题中，若要判断两位分析人员的分析结果之间是否存在系统误差，则应该用下列方法中的哪一种？（　　）

A. Q 检验法　　B. F 检验法

C. F 检验法加 t 检验法　　D. t 检验法

阅读材料

化验室质量控制图

质量控制图（简称控制图）是一种过程控制方法，是利用数理统计技术来评价和控制重复测定结果，使其处于可接受的水平。 换句话说：是用于监测分析过程中可能出现的误差，控制分析数据在一定的精密度范围内，保证分析数据质量的一种简便而有效的方法。

控制图是由中心控制线，以及上、下警告线（UWL、LWL）和上下控制线（UCL、LCL）组成。横坐标为以时间或顺序抽取的样本号，纵坐标为欲控制产品特征量值。 控制中心线（CL）代表所控制产品特征量值的平均值，用实线表示。警告线和控制线用平行于控制中心线的虚线表示。警告线与中心线相距 2 倍标准偏差；控制线与中心线相距 3 倍标准偏差（见图 2-5）。

按数据类型控制图分计数型和计量型两大类。 化学检测实验室测量的数据是连续的，属计量型，因此这里仅介绍计量型控制图。计量型控制图可分：平均值-极差控制图（$\bar{x}$-R 控制图）、平均值-标准差控制图（$\bar{x}$-s 控制图）、中位数-极差控制图（x_M-R 控制图）、单值-移动极差控制图（x-R_s 控制图）等四类。 其中均值-极差控制图在 $1<n\leqslant10$(n 为测量次数，下同)时使用；均值-标准差控制图在 $n>10$ 时使用；中位数-极差控制图在 n 为奇数时使用；单值-移动极差控制图在 $n=1$ 时使用。

质量控制图可以直观显示分析工作的质量水平。根据 GB/T 4091《常规控制图》

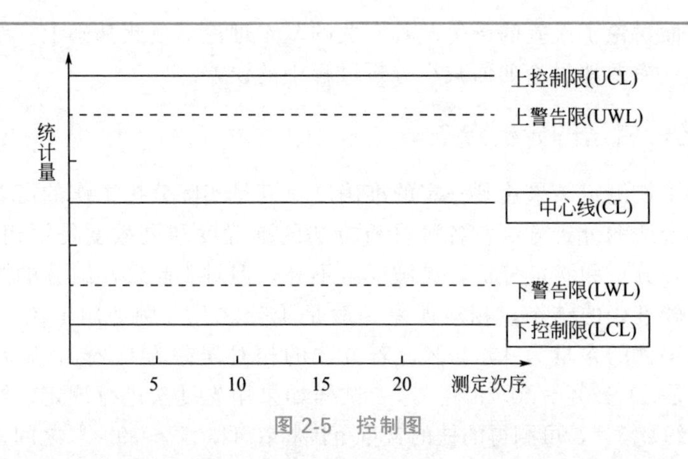

图 2-5　控制图

规定，当出现下面 8 种现象时，表明测定过程即将出现异常或已出现异常。这 8 种现象分别是：连续 9 点落在中心线同一侧（偏差现象）；连续 6 点出现递增或递减；连续 14 点中相邻 2 点交替上下（漂移现象）；连续 3 点中有 2 点落在中心线同一侧的警告线外；连续 5 点中有 4 点落在中心线同一侧的 1 倍标准偏差外；连续 16 点落在中心线同一侧的 1 倍标准偏差内；连续 8 点落在中心线两侧但无一点落在中心线 1 倍标准偏差内（精密度变差）等。若出现异常，应立即检查原因。纠正后，重新对质控样品进行检测，当统计结果过程受控时才可继续正常的分析。图 2-6 为正常分布图。

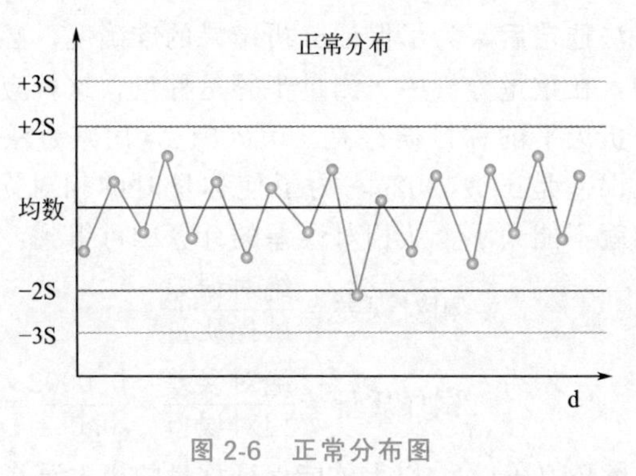

图 2-6　正常分布图

第五节　提高分析结果准确度的方法

学习要点　掌握提高分析结果准确度的一般方法；掌握减小测量误差、随机误差的方法，掌握消除系统误差的方法。

前面讨论了误差的产生及其有关的基本理论。在此基础上，结合实际情况，简要地讨论如何减小分析过程中的误差。

一、选择合适的分析方法

为了使测定结果达到一定的准确度，满足实际分析工作的需要，先要选择合适的分析方法。各种分析方法的准确度和灵敏度是不相同的。例如重量分析和滴定分析，灵敏度虽不高，但对于高含量组分的测定能获得比较准确的结果，相对误差一般是千分之几。例如用 $K_2Cr_2O_7$ 滴定法测得铁的含量为 40.20%，若方法的相对误差为 0.2%，则铁的含量范围是 40.12%～40.28%。这一试样如果用光度法进行测定，按其相对误差约 2%计，可测得的铁的含量范围将在 41.0%～39.4%之间，显然这样的测定准确度太差。如果是含铁为 0.50%的试样，尽管 2%的相对误差大了，但由于含量低，其绝对误差小，仅为 0.02×0.50%＝0.01%，这样的结果是满足要求的。相反，含量这么低的样品，若用重量法或滴定法，则又是无法测量的。此外，在选择分析方法时还要考虑分析试样的组成。

二、减小测量误差

在测定方法选定后，为了保证分析结果的准确度，必须尽量减小测量误差。例如，在重量分析中，测量步骤是称量，这就应设法减小称量误差。一般分析天平的称量误差是±0.0001g，用减量法称量两次，可能引起的最大误差是±0.0002g，为了使称量时的相对误差在 0.1%以下，试样质量就不能太小。从相对误差的计算中可得到：

$$相对误差=\frac{绝对误差}{试样质量} \tag{2-29}$$

因此

$$试样质量=\frac{绝对误差}{相对误差}=\frac{0.0002}{0.001}=0.2(\text{g})$$

可见，试样质量必须在 0.2g 以上才能保证称量的相对误差在 0.1%以内。

在滴定分析中，滴定管读数常有±0.01mL 的误差。在一次滴定中，需要读数两次，这样可能造成±0.02mL 的误差。所以，为了使测量时的相对误差小于 0.1%，消耗滴定剂体积必须在 20mL 以上。一般常控制在 30～40mL，以保证误差小于 0.1%。

应该指出，对不同测定方法，测量的准确度只要与该方法的准确度相适就可以了。例如用分光光度法测定微量组分，要求相对误差为 2%，若称取试样 0.5g，则试样的称量误差小于 0.5×2%=0.01(g)就行了，没有必要像重量法和滴定分析法那样，强调称量准确至±0.0002g。不过实际工作中，为了使称量误差可以忽略不计，一般将称量的准确度提高约 1 个数量级。如在上例中，宜称准至±0.001g 左右。

三、增加平行测定次数，减小随机误差

如前所述，在消除系统误差的前提下，平行测定次数越多，其测定结果的平均值越接近真实值。因此，增加测定次数可以减小随机误差。但测定次数过多意义不大。一般分析测定中平行测定 4～6 次即可。

四、消除测量过程中的系统误差

由于造成系统误差有多方面的原因，因此应根据具体情况，采用不同的方法来检验和消除系统误差。

1. 对照试验

对照试验是检验系统误差的有效方法。进行对照试验时，常用已知准确结果的标准试样与被测试样一起进行对照试验，或用其他可靠的分析方法进行对照试验，也可由不同人员、不同单位进行对照试验。

用标准试样进行对照试验时，应尽量选择与试样组成及含量相近的标准试样进行对照分析。根据标准试样的分析结果，采用统计检验方法确定其是否存在系统误差。

由于标准试样的数量和品种有限，所以有些单位又自制一些所谓“管理样”，以此代替标准试样进行对照分析。管理样事先经过反复多次分析测定，其中各组分的含量也比较可靠。

如果没有适当的标准试样和管理样，有时可以自己制备“人工合成试样”来进行对照分析。人工合成试样是根据试样的大致成分由纯化合物配制而成，配制时要注意称量准确，混合均匀，以保证被测组分的含量是准确的。

进行对照试验时，如果对试样的组成不完全清楚，则可以采用“加入回收法”进行试验。这种方法是向试样中加入已知量的被测组分，然后进行对照试验，以加入的被测组分是否能定量回收来判断分析过程是否存在系统误差。

用国家颁布的标准分析方法和所选的方法同时测定某一试样进行对

照试验也是经常采用的一种办法。

在许多生产单位中，为了检查分析人员之间是否存在系统误差和其他问题，常在安排试样分析任务时将一部分试样重复安排在不同分析人员之间，相互进行对照试验，这种方法称为“内检”。有时又将部分试样送交其他单位进行对照分析，这种方法称为“外检”。

2. 空白试验

由试剂和器皿带进杂质所造成的系统误差，一般可通过做空白试验来扣除。所谓空白试验就是在不加试样的情况下，按照试样分析同样的操作步骤和条件进行试验。试验所得结果称为空白值。从试样分析结果中扣除空白值后，就得到比较可靠的分析结果。

空白值一般不应很大，否则扣除空白时会引起较大的误差。当空白值较大时，就只好从提纯试剂和改用其他适当的器皿来解决问题了。

3. 校准仪器

仪器不准确引起的系统误差，可以通过校准仪器来减小。例如砝码、移液管和滴定管等，在精确的分析中必须进行校准，并在计算结果时采用校正值。

4. 分析结果的校正

分析过程中的系统误差有时可采用适当的方法进行校正。例如用硫氰酸盐分光光度法测定钢铁中的钨时，钒的存在引起正的系统误差。为了扣除钒的影响，可采用校正系数法。根据实验结果，1%钒相当于0.2%钨，即钒的校正系数为0.2（校正系数随实验条件略有变化）。因此，在测得试样中钒的含量后，利用校正系数即可由钨的测定结果中扣除钒的结果，从而得到钨的正确结果。

思考题 2-5

1. 在不加样品的情况下，用测定样品同样的方法和步骤，对空白样进行定量分析，称之为（　　）。

A. 对照试验　B. 空白试验　C. 平行测定　D. 预试验

2. 滴定分析中，若试剂含少量待测组分，可用于消除误差的方法是（　　）。

A. 仪器校正　B. 空白试验　C. 对照分析　D. 增加平行测定次数

3. 下列方法中可以用于减少测定过程中的偶然误差的是（　　）。

A. 仪器校正　B. 进行空白试验　C. 进行对照试验　D. 增加平行测定次数

4. 同一操作者，在同一实验室里，用同一台仪器，按同一试验方法规定的步骤，同时完成同一试样的两个或多个测定过程称为（　　）。

A. 重复试验　B. 平行试验　C. 再现试验　D. 对照试验

阅读材料

分析检验质量申诉与质量事故处理

目前，虽然绝大多数化验室已建立检验质量保证体系，分析检验的质量有了保证，但极个别的检验质量问题有时也难以避免。正确处理检验质量申诉和检验质量事故，是保证和提高检验工作和检验结果质量必不可少的重要环节。因此，为了处理好极个别的检验质量问题，要求在建立检验质量保证体系的同时还应制订出检验质量申诉和检验质量事故的处理办法，并认真地加以执行。

（1）分析检验质量申诉的处理　检验质量申诉是指检验结果的需方对检验结果或得出检验结果的过程提出疑问或表示怀疑，并要求提供检验结果的一方作出合理的解释或处理。遵照检验质量申诉和检验质量事故处理办法规定的程序，首先应由检验质量负责人检查该项检验的原始记录和所使用仪器设备的状态，了解检验操作方法及检验过程。在此基础上召集相关的人员，通报了解的情况，分析原因，最后确定处理方案。处理的方案一般有两种情况：一种情况是，如果检验结果正确无误或检验过程合理，则通知申诉方，做好解释工作和其他善后事宜；另一种情况是，如果对检验结果的正确性有怀疑或检验过程确有差错，则重新校正仪器设备，对保留副样或新取样进行重新检验，并由检验质量负责人监督检验的整个过程，按规定程序得出和送出检验报告。

对检验质量申诉材料、处理检验质量申诉所采取的措施及处理结果，应详细记录并归档保存。

（2）检验质量事故的处理　检验质量事故一般分两类情况；一是由于人为的差错导致检验结果失实的检验质量事故；二是在检验工作过程中，由于人为的差错或一些客观的、不可预见的因素（如电压突然急升或突然停电、停气、停水或仪器设备温度失控等）导致仪器设备损坏或人身伤亡的事故。前一种情况应按检验质量事故处理办法规定的程序，由检验质量负责人组织相关人员，进行调查了解，分析造成这种人为差错的原因，分清人为责任的比重，对责任人给予批评教育，促使其增强工作责任心，提高自身的检验工作技能和检验工作质量。同时，尽快对保留副样或新取样进行重新检验，按规定程序得出和送出检验报告，填写事故报告，上报存档。后一种情况应由检验质量负责人和安全工作负责人组织相关人员，认真勘察事故现场，调查相关人员，查明并分析造成事故的原因。如果是人为因素造成的此类事故，应分清人为责任比重，采取相应的行政手段和经济手段，追究责任人应承担的责任。同时，应及时对损坏的仪器设备进行修理、调试和鉴定，尽快恢复使用（不能修好的例外）。有人身伤亡的，做好相应的善后处理工作。对事故的处理过程和处理结果，应进行详细的登记、存档，并填写事故报告，上报存档。

摘自姜洪文　陈淑刚主编《化验室组织与管理》

第六节 实验数据记录和分析结果表达

学习要点 学会规范地记录实验数据，掌握分析结果的表述方法，正确书写分析结果报告单。

一、实验数据的记录

定量分析的任务是准确测定试样中有关组分的含量。为了得到准确的分析结果，不仅要精确地进行各种测量，还要正确地记录实验数据和报告分析结果。分析结果的数据不但能表达试样中待测组分的含量，还能反映测量的准确度。因此，学会正确地记录实验数据、书写实验报告、报告分析结果，是分析人员不可缺少的基本业务素质。

① 化验室应有专门的实验记录本，并标上页码数，不得撕去其中任何一页。也不允许将数据记在单页纸片上，或随意记在其他地方。

② 实验记录上要写明日期、实验名称、测定次数、实验数据及检验人。

③ 记录应及时、准确、清楚。记录数据时，要实事求是。要有严谨的科学态度，切忌夹杂主观因素，决不能随意拼凑和伪造数据。实验过程中涉及特殊仪器的型号和标准溶液的浓度、室温等，也应及时准确地记录下来。

④ 实验过程中记录测量数据时，其数字的准确度应与分析仪器的准确度相一致。如用万分之一分析天平称量时，要求记录至0.0001g；常量滴定管和吸量管的读数应记录至0.01mL。

⑤ 实验记录上的每一个数据都是测量结果。平行测定时，即使得到完全相同的数据也应如实记录下来。

⑥ 在实验过程中，如发现数据中有记错、测错或读错而需要改动之处，可将要改动的数据用一横线画去，并在其上方写出正确的数字。

⑦ 实验结束后，应该对记录是否正确、合理、齐全，平行测定结果是否超差，是否需要重新测定等进行核对。

二、分析结果的表达

根据分析实验数据所得的定量分析结果一般用下面几种方法来表示。

1. 待测组分的化学表示形式

分析结果通常以待测组分实际存在形式的含量表示。例如，测得试样中的含磷量后，根据实际情况以 P、P_2O_5、PO_4^{3-}、HPO_4^{2-}、$H_2PO_4^-$ 等的含量来表示分析结果。

如果待测组分的实际存在形式不清楚，则分析结果最好以氧化物或元素形式的含量表示。例如，各种元素的含量在矿石分析中常以其氧化物形式（如 K_2O、CaO、MgO、Fe_2O_3、Al_2O_3、P_2O_5 和 SiO_2 等）的含量表示，在金属材料和有机分析中常以元素形式（Fe、Al、Cu、Zn、Sn、Cr、W 和 C、H、O、N、S 等）的含量表示。

电解质溶液的分析结果常以溶液中所存在的离子的含量表示。

2. 待测组分含量的表示方法

不同状态的试样，其待测组分含量的表示方法有所不同。

（1）固体试样　固体试样中待测组分的含量通常以质量分数表示。若试样中含待测组分的质量以 m_B 表示，试样质量以 m_s 表示，则它们的比称为物质 B 的质量分数，以符号 w_B 表示，即

$$w_B = m_B / m_s$$

计算结果数值以%表示。例如，测得某水泥试样中 CaO 的质量分数表示为：$w(CaO) = 59.82\%$。

若待测组分含量很低，可采用 μg/g、ng/g 和 pg/g 来表示。

（2）液体试样　液体试样中待测组分的含量通常有如下表示方式。

① 物质的量浓度　表示待测组分的物质的量 n_B 除以试液的体积 V_s，以符号 c_B 表示。常用单位为 mol/L。

② 质量分数　表示待测组分的质量 m_B 除以试液的质量 m_s，以符号 w_B 表示。

③ 体积分数　表示待测组分的体积 V_B 除以试液的体积 V_s，以符号 φ_B 表示。

④ 质量浓度　表示单位体积试液中被测组分 B 的质量，以符号 ρ_B 表示，单位为 g/L、mg/L、μg/L 或 μg/mL、ng/mL、pg/mL 等。

（3）气体试样　气体试样中的常量或微量组分的含量常以体积分数 φ_B 表示。

在实际分析工作中，当判断检测数据是否符合标准要求时，应将检验所得的测定值与标准规定的极限值做比较。比较的方法有两种。

（1）修约值比较法　将测定值进行修约，修约位数与标准规定的极限数值位数一致，再进行比较，以判定该测定值是否符合标准要求。示例如下：

项目	极限数值	测定值	修约值	是否符合标准要求
NaOH 含量/%	≥97.0	97.0	97.0	符合
		96.96	97.0	符合
		96.93	96.9	不符
		97.0	97.0	符合

（2）全数值比较法　将检验所得的数值不经修约处理（或经过修约处理，但应表明它是经舍、进或不进不舍而得），用数值的全部数字与标准规定的极限数值做比较，以判定该测定值是否符合标准要求。示例如下：

项目	极限数值	测定值	修约值	是否符合标准要求
NaOH 含量/%	≥97.0	97.01	97.0(＋)	符合
		96.96	97.0(－)	不符
		96.93	96.9(＋)	不符
		97.00	97.0	符合

以上所述，若标准中极限数值未加说明时，均采用全数值比较法。

在标定所配制的标准溶液浓度时，要求计算测定值按测定的准确度多保留一位数字。报出结果时按舍、进或不舍不进的修约值表示。例如，测定的准确度为 0.1%，标定盐酸溶液浓度 4 次所得的测定值为 0.10048%，0.10043%，0.10049%，0.10044%；其平均值为 0.10046%，报出结果应写为 0.1005%（－）。

三、企业分析检验记录单样例

标准溶液配制记录　　　　№______

配制溶液名称			配制溶液浓度			日期		月	日
基准物名称			基准溶液浓度						
项目 ＼ 类别	测定次数	配制				校对			
		1	2	3	4	1	2	3	4
基准物质量或体积	称取量/g								
	基准液/mL								
滴定消耗溶液体积	末读数/mL								
	初读数/mL								
	消耗/mL								
空白试验值/mL									
计算公式									
计算结果/(mol/L)									

续表

配制溶液名称		配制溶液浓度			日期		月　日	
基准物名称		基准溶液浓度						
项目　　　类别 测定次数	配　制				校　对			
	1	2	3	4	1	2	3	4
平均值/(mol/L)								
配制与校对平均值				mol/L				
配制人		校对人			班　长			

B/JZSH ZJ 04.060-2005

碱浓度测定记录　　　　№______

样品名称		
采样时间	月　日　时	月　日　时
采样地点		
标准液浓度/(mol/L)		
取样量/g		
始读数/mL		
终读数/mL		
消耗数/mL		
计算	______×100	______×100
结果(质量分数)/%		
分析人		
核对人		

B/JZSH ZJ 01.013-2007

水中化学需氧量测定原始记录

(COD 铬法)

年　月　日　　　　B/JZSH 09.22.06

采样地点	取样体积 V_0/mL	加重铬酸钾体积 V/mL	$c[(NH_4)_2Fe(SO_4)_2]$/(mol/L)	空白滴定体积 a/mL	样品滴定体积 b/mL	滴定体积差 $(a-b)$/mL	COD含量/(mg/L)

分析者　　　　审核者　　　　环保监测站

四、化学分析报告单样例（镍盐含量测定）

1. EDTA（0.05mol/L）标准溶液的制备

（1）配制 EDTA 溶液（0.05mol/L） 称取分析纯试剂 $Na_2H_2Y \cdot 2H_2O$ 20g，加 400mL 水，加热溶解。冷却后转移至试剂瓶中，稀释至 1000mL，充分摇匀，待标定。

（2）标定 EDTA 溶液（0.05mol/L） 称取 1.5g 于 850℃±50℃灼烧至恒重的工作基准试剂氧化锌于 100mL 小烧杯中，用少量水润湿，加入 20mL（20%）盐酸溶解后定容于 250mL 容量瓶中。移取 25.00mL 上述溶液于 250mL 的锥形瓶中，加 75mL 水，用 10%氨水调至溶液 pH 为 7～8，加 10mL NH_3-NH_4Cl 缓冲溶液（pH≈10）及 5 滴铬黑 T（5g/L），用待标定的 EDTA 溶液滴定至溶液由紫色变为纯蓝色。平行测定 3 次，同时做空白试验。

计算 EDTA 标准滴定溶液的浓度 c(EDTA)，单位 mol/L。

$$M(\mathrm{ZnO})=81.39\mathrm{g/mol}$$

计算式
$$c(\mathrm{EDTA})=\frac{m\times\dfrac{25.00}{250.0}\times 1000}{(V-V_0)M(\mathrm{ZnO})}$$

2. 硫酸镍测定

称取硫酸镍液体样品 mg，精确至 0.0001g，溶于 70mL 水中，加 10mL NH_3-NH_4Cl 缓冲溶液（pH=10）及 0.2g 紫脲酸铵混合指示剂，摇匀，用乙二胺四乙酸二钠标准滴定溶液［c(EDTA)=0.05mol/L］滴定至溶液呈蓝紫色。平行测定 3 次。

计算镍的质量分数 w(Ni)，以 g/kg 表示。

$$M(\mathrm{Ni})=58.69\mathrm{g/mol}$$

计算式
$$w(\mathrm{Ni})=\frac{cVM(\mathrm{Ni})}{m\times 1000}\times 1000$$

EDTA（0.05mol/L）标准溶液的标定

项目 ＼ 测定次数		1	2	3	4	备用
基准物称量	m(倾样前)/g					
	m(倾样后)/g					
	m(氧化锌)/g					
移取试液体积/mL						

续表

项目 \ 测定次数	1	2	3	4	备用
滴定管初读数/mL					
滴定管终读数/mL					
滴定消耗 EDTA 体积/mL					
体积校正值/mL					
溶液温度/℃					
温度补正值/mL					
溶液温度校正值/mL					
实际消耗 EDTA 体积/mL					
空白消耗 EDTA 体积/mL					
c/(mol/L)					
$\bar{c}$/(mol/L)					
相对极差/%					

硫酸镍的测定

项目 \ 测定次数		1	2	3	4	备用
样品称量	m(倾样前)/g					
	m(倾样后)/g					
	m(硫酸镍)/g					
滴定管初读数/mL						
滴定管终读数/mL						
滴定消耗 EDTA 体积/mL						
体积校正值/mL						
溶液温度/℃						
温度补正值/mL						
溶液温度校正值/mL						
实际消耗 EDTA 体积/mL						
c(EDTA)/(mol/L)						
w(硫酸镍)/(g/kg)						
$\overline{w}$(硫酸镍)/(g/kg)						
相对极差/%						

结果报告

样品名称		样品性状	
平行测定次数			
$\overline{w}$(硫酸镍)/(g/kg)			

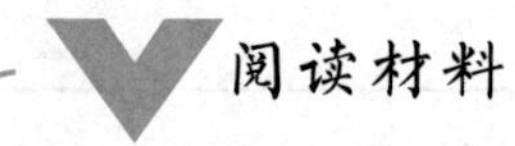

阅读材料

化验室文件资料的建档

化验室文件资料一般分为管理性文件资料、工作过程性文件资料和技术性文件资料 3 大类。

管理性文件资料是指导化验室开展各方面工作的法律法规、上级组织和相关管理机构的文件、化验室自身的管理性文件等。常见的管理性文件资料有：国家和地方各级人民政府的质量管理法律、法规文件及附属资料；行业管理机构的质量管理文件及附属资料；上级质量监督仲裁机构的监督检验、仲裁通告文件；用户质量投诉资料；企业的生产调度指令和质量管理制度；化验室质量管理手册，其中包括日常工作制度、各类人员岗位职责、仪器设备和分析检验工作质量控制等；化验室其他规章制度等。

工作过程性文件资料是指化验室及其管理部门在开展各项工作中的报告、记录、总结以及各种工作处理材料等文件。常见的工作过程性文件资料有：化验室年度工作计划和总结；化验室年度仪器设备、相关材料购置计划；化验室人员培训和考核记录；化验室各类人员的年度工作考核结论；计量仪器、设备的性能检定证书；企业内部常规送检通知文本；企业有关管理部门的临时性工艺抽样检验指令；生产车间或班组及有关业务部门临时性抽检申请；各种分析检验的原始记录；日常检验和监督检验的分析检验报告书；上级技术监督检验机构对企业产品的抽样监督检验项目检验结果的通知文本；质量管理台账和其他与分析检验工作相关的报表等。

技术性文件资料是指分析检验技术工作应遵循的技术指导文件或与分析检验工作技术上相关的文件资料。常见的技术性文件资料如下：原辅材料、产品执行的国家技术标准或行业技术标准或地方技术标准；企业化验室分析检验规程，包括原辅材料、中控分析、产品检验等分析方法；大型精密仪器设备操作规程、使用或对外服务记录；仪器设备技术档案、账卡和定期检查核对记录；仪器设备的维护保养和修理记录；科技信息、论文、书籍、书刊；其他技术资料或文件，包括国内外用户或单位、部门的产品质量以及其他与质量有关的咨询函件或文本；国内外同行或相关行业质量管理、产品质量标准或质量改进等方面的交流资料。这些在化验室建设、管理、分析检验、技术改造、新产品试验以及对外服务等活动中形成的具有保存价值的管理性文件、工作过程性文件和技术性文件，都应按要求建档保存。

建档工作要求：第一，做好材料的收集、整理和筛选，然后按科学方法进行分类归档，并根据需要合理地确定建档材料的保存期限。对于保密文件应单独建档，同时写明保密级别。第二，建档材料还要符合标准化、规范化的要求，建档的文件材料一般情况下应为原件，并要做到质地优良、格式统一、书写工整、装订整洁，不能用铅笔、圆珠笔书写。第三，建档手续要完备，建立必要的档案材料审查手续和档案管理移交手续。第四，建档材料要适合计算机管理，便于录入、统计、检索、打印和传输等。

摘自姜洪文　陈淑刚主编《化验室组织与管理》

自我测试题二

1.将下列数据修约为两位有效数字。

3.667；3.651；3.650；3.550；3.649；$pK_a=3.664$。

2.根据有效数字运算规则计算下列结果：

(1) $2.776+36.5789-0.2397+6.34$

(2) $(3.675\times0.0045)-(6.7\times10^{-2})+(0.036\times0.27)$

(3) $\dfrac{50.00\times(27.80-24.39)\times0.1167}{1.3245}$

3.测定镍合金的含量，6 次平行测定的结果是 34.25%、34.35%、34.22%、34.18%、34.29%、34.40%，计算：

(1) 平均值；中位值；平均偏差；相对平均偏差；标准偏差；平均值的标准偏差。

(2) 若已知镍的标准含量为 34.33%，计算以上结果的绝对误差和相对误差。

4.分析某试样中某一主要成分的含量，重复测定 6 次，其结果为 49.69%、50.90%、48.49%、51.75%、51.47%、48.80%，求平均值在 90%、95%和 99%置信度的置信区间。

5.某一检验室采用原子吸收分光光度法测定铅含量，已知该方法铅含量为 1.0174μg/mL 时，重复性限 $r=0.0018$，已测得同一样品的 5 个数据为 1.0170μg/mL、1.0174μg/mL、1.0152μg/mL、1.0164μg/mL、1.0169μg/mL，求最终测试结果。

6.采用可见分光光度法测得铁离子含量为 25.00μg/mL 的铁标准溶液，6 次平行测定的结果分别为 25.02μg/mL、25.07μg/mL、24.98μg/mL、25.05μg/mL、24.95μg/mL、24.90μg/mL。经估算 B 类不确定度为 0.032μg/mL。试对该方法进行不确定度评定并给出测定结果。

7.某工厂生产一种化工产品，在生产工艺改进前，产品中杂质含量为 0.20%。经过生产工艺改进后，测定产品中杂质含量为 0.17%、0.18%、0.19%、0.18%、0.17%。问经过工艺改进后，产品中杂质含量是否降低了（显著性水平 $\alpha=0.05$）？

8.某实验室自装的热电偶测温装置，测得高温炉的温度为 1250℃、1265℃、1245℃、1260℃、1275℃。用标准方法测得的温度为 1277℃。问自装仪器与标准比较有无系统误差（显著性水平 $\alpha=0.05$）？

9.已知标准铁样的含碳量为 4.55%。为检查分析系统是否正常，对该标准铁样进行 6 次测定，碳含量为 4.37%、4.35%、4.28%、4.30%、4.42%、4.40%。问该分析系统是否正常（显著性水平 $\alpha=0.05$）？

10.采用某新方法测定基准物明矾中铝的含量，得到下列 9 个数据：

10.74%，10.77%，10.77%，10.81%，10.81%，10.73%，10.86%，10.81%，10.77%

已知明矾中铝含量的标准值为10.77%，试问采用新方法是否引起系统误差（显著性水平 $\alpha=0.05$）？

11.鉴定一个有机化合物可测定它在色谱柱上的保留时间，如与标准物质的保留时间相等，则可以假定两个物质相同，再以其他方法确证，否则可否定两物质相同。设某未知物通过柱3次，测定保留时间分别为10.20s、10.35s、10.25s；标准物正辛烷通过柱8次，测定保留时间分别为10.24s、10.28s、10.31s、10.32s、10.34s、10.35s、10.36s、10.37s。问这一未知物是否可能是正辛烷（显著性水平 $\alpha=0.05$）？

12.甲、乙两人分析同一试样。甲经11次测定，$s=0.21$；乙经9次测定，$s=0.60$。试比较甲、乙的精密度之间是否有显著性差异？

13.用某法分析汽车尾气中 SO_2 含量，得到下列结果：4.88%，4.92%，4.90%，4.87%，4.86%，4.84%，4.71%，4.86%，4.89%，4.99%。

（1）用 Q 检验法判断有无异常值需舍弃？

（2）用格鲁布斯法判断有无异常值需舍弃？

第三章 滴定分析

学习指南

滴定分析是定量化学分析中重要的分析方法，它具有简单、快速、准确的特点，广泛应用于常量分析中。通过本章的学习，应了解滴定分析方法的特点和分类；理解滴定分析的基本术语；理解滴定分析对化学反应的要求和滴定的方式；掌握标准溶液的制备方法和配制标准溶液时对基准物的要求及有关规定；掌握分析化学中常用的法定计量单位；熟练掌握有关滴定分析的各类计算。在学习过程中，若能复习无机化学中物质的量和基本单元的概念及其有关计算，对掌握本章重点内容会有很大的帮助。在了解并掌握上述基础知识外，还应通过练习掌握滴定分析常用仪器的使用和校准方法，并能规范熟练地进行操作。

第一节 概 述

学习要点 理解滴定分析的基本术语；了解滴定分析法的分类；掌握滴定分析法对滴定反应的要求；理解滴定分析中常用的4种滴定方式的特点；掌握各类滴定方式的适用范围。

一、滴定分析的基本术语

滴定分析（titrimetry）是将已知准确浓度的标准溶液滴加到被测物质的溶液中，直至所加溶液物质的量按化学计量关系恰好反应完全，然后根据所加标准溶液的浓度和所消耗的体积计算出被测物质含量的分析方法。由于这种测定方法是以测量溶液体积为基础，故又称为容量分析。

在进行滴定分析过程中，用标准物质标定或直接配制的已知准确浓度的试剂溶液称为标准滴定溶液。滴定时，将标准滴定溶液装在滴定管中［因而又常称为滴定剂（titrant）］，通过滴定管逐滴加入盛有一定量被测物溶液［称为被滴定剂（titrand）］的锥形瓶（或烧杯）中进行测定，这一操作过程称为滴定（titration）。当加入的标准滴定溶液的量与被测物的量恰好符合化学反应式所表示的化学计量关系量时，称滴定反应到达化学计量点（stoichiometric point，简称计量点，以 sp 表示）。在化学计量点时，反应往往没有易被人察觉的外部特征，因此通常是加入某种试剂，利用该试剂的颜色突变来判断。这种在化学计量点附近能改变颜色的试剂称为指示剂（indicator）。滴定时，指示剂改变颜色的那一点称为滴定终点（end point，以 ep 表示）。滴定终点往往与理论上的化学计量点不一致，它们之间存在有很小的差别，由此造成的误差称为终点误差（end point error）。终点误差是滴定分析误差的主要来源之一，其大小决定于滴定化学反应的完全程度和指示剂的选择。另外滴定终点也可以采用仪器分析法来确定。

为了准确测量溶液的体积和便于滴定，在实际操作中，滴定分析需要使用滴定管、移液管和容量瓶等容量仪器。

二、滴定分析法的分类

滴定分析法以化学反应为基础，根据所利用的化学反应的不同，滴定分析一般可分为 4 大类。

1. 酸碱滴定法（acid-base titration）

酸碱滴定法是以酸、碱之间质子传递反应为基础的一种滴定分析法。可用于测定酸、碱和两性物质。其基本反应为：

$$H^{+} + OH^{-} \longrightarrow H_2O$$

例如用 NaOH 标准溶液滴定 HCl 溶液。

2. 配位滴定法（complexometric titration）

配位滴定法是以配位反应为基础的一种滴定分析法。可用于对金属离子进行测定。若采用 EDTA 作配位剂，其反应为：

$$M^{n+} + Y^{4-} \longrightarrow MY^{(4-n)-}$$

式中，M^{n+} 表示金属离子；Y^{4-} 表示 EDTA 的阴离子。

3. 氧化还原滴定法（oxidation reduction titration）

氧化还原滴定法是以氧化还原反应为基础的一种滴定分析法。可用于对具有氧化还原性质的物质或某些不具有氧化还原性质的物质进行测定。如重铬酸钾法测定铁，其反应如下：

$$Cr_2O_7^{2-}+6Fe^{2+}+14H^+ \longrightarrow 2Cr^{3+}+6Fe^{3+}+7H_2O$$

4. 沉淀滴定法（precipitation titration）

沉淀滴定法是以沉淀生成反应为基础的一种滴定分析法。可用于对 Ag^+、CN^-、SCN^- 及类卤素等离子进行测定。如银量法，其常见反应如下：

$$Ag^+ + Cl^- \longrightarrow AgCl\downarrow$$

三、滴定分析法对滴定反应的要求和滴定方式

1. 滴定分析法对滴定反应的要求

滴定分析虽然能利用各种类型的反应，但不是所有反应都可以用于滴定分析。适用于滴定分析的化学反应必须具备下列条件：

（1）反应要按一定的化学反应式进行，即反应应具有确定的化学计量关系，不发生副反应；

（2）反应必须定量进行，通常要求反应完全程度≥99.9%；

（3）反应速率要快，速率较慢的反应可以通过加热、增加反应物浓度、加入催化剂等措施来加快；

（4）有适当的方法确定滴定的终点。

凡能满足上述要求的反应都可采用直接滴定法。

2. 滴定方式

在进行滴定分析时，滴定的方式主要有如下几种：

（1）直接滴定法（direct titration）　凡能满足滴定分析要求的反应都可用标准滴定溶液直接滴定被测试样溶液。例如用 NaOH 标准滴定溶液可直接滴定 HAc、HCl、H_2SO_4 等试样溶液；用 $KMnO_4$ 标准滴定溶液可直接滴定 $C_2O_4^{2-}$ 等；用 EDTA 标准滴定溶液可直接滴定 Ca^{2+}、Mg^{2+}、Zn^{2+} 等；用 $AgNO_3$ 标准滴定溶液可直接滴定 Cl^- 等。直接滴定法是最常用和最基本的滴定方式，简便、快速，引入的误差较小。

如果反应不能完全符合上述要求，则可选择采用下述方式进行滴定。

（2）返滴定法（back titration）　返滴定法的操作是：在待测试液中准确加入适当过量的标准溶液，待反应完全后，再用另一种标准溶液返滴定剩余的第一种标准溶液，从而测定待测组分的含量。这种滴定方式主要用于滴定反应速率较慢或反应物是固体，加入符合计量关系的标

准滴定溶液后反应常常不能立即完成的情况。例如，Al^{3+} 与 EDTA（一种配位剂）溶液反应速率慢，不能直接滴定，可采用返滴定法。即在一定的 pH 条件下，于待测的 Al^{3+} 试液中加入一定量且过量已知浓度的 EDTA 标准溶液，加热促使反应完全，然后再用另外的标准锌溶液返滴定剩余的 EDTA 溶液，从而计算出试样中 Al^{3+} 的含量。

有时返滴定法也可用于没有合适指示剂的情况。如用 $AgNO_3$ 标准溶液滴定 Cl^-，缺乏合适的指示剂。此时，可加入一定量过量的 $AgNO_3$ 标准溶液使 Cl^- 沉淀完全，再用 NH_4SCN 标准滴定溶液返滴定过量的 Ag^+，以 Fe^{3+} 为指示剂，出现 $[Fe(SCN)]^{2+}$ 淡红色为终点。

(3) 置换滴定法（replacement titration） 置换滴定法的操作是：先加入适当的试剂与待测组分定量反应，生成另一种可滴定的物质，再利用标准溶液滴定反应产物，然后由滴定剂的消耗量、反应生成的物质与待测组分等物质的量的关系计算出待测组分的含量。这种滴定方式主要用于因滴定反应没有定量关系或伴有副反应而无法直接滴定的测定。例如，用 $K_2Cr_2O_7$ 标定 $Na_2S_2O_3$ 溶液的浓度时，就是以一定量的 $K_2Cr_2O_7$ 在酸性溶液中与过量的 KI 作用，析出相当量的 I_2，再以淀粉为指示剂，用 $Na_2S_2O_3$ 溶液滴定析出的 I_2，进而求得 $Na_2S_2O_3$ 溶液的浓度。

(4) 间接滴定法（indirect titration） 某些待测组分不能直接与滴定剂反应，但可通过其他的化学反应间接测定其含量。例如，溶液中 Ca^{2+} 几乎不发生氧化还原反应，但可将它与 $C_2O_4^{2-}$ 作用生成 CaC_2O_4 沉淀，过滤洗净后，在沉淀中加入 H_2SO_4 使其溶解，再用 $KMnO_4$ 标准滴定溶液滴定溶解生成的 $C_2O_4^{2-}$，从而间接测定 Ca^{2+} 的含量。

返滴定法、置换滴定法和间接滴定法的应用大大扩展了滴定分析的应用范围。

滴定分析适用于常量组分的测定，测定准确度较高，一般情况下测定误差不大于 0.1%，并具有操作简便快速、所用仪器简单的优点。

思考题 3-1

1. 在滴定分析中，一般利用指示剂颜色的突变来判断化学计量点的到达。在指示剂颜色突变时停止滴定，这一点称为（　　）。

A. 化学计量点　　B. 滴定终点　　C. 以上说法都可以

2. 测定 $CaCO_3$ 的含量时，加入一定量过量的 HCl 标准滴定溶液与其完全反应，过量部分 HCl 用 NaOH 溶液滴定，此滴定方式属（　　）。

A. 直接滴定　　B. 返滴定　　C. 置换滴定期　　D. 间接滴定

3. 滴定分析所用指示剂是（　　）。

A. 本身具有颜色的辅助试剂

B. 利用本身颜色变化确定化学计量点的外加试剂

C. 本身无色的辅助试剂

D. 能与标准溶液起作用的外加试剂

4. 下列说法中不正确的是（　　）。

A. 凡是能进行氧化还原反应的物质，都能用直接法测定其含量

B. 酸碱滴定法是以质子传递反应为基础的一种滴定分析法

C. 适用于直接滴定法的化学反应，必须是能定量完成的化学反应

D. 反应速率快是滴定分析法必须具备的重要条件之一

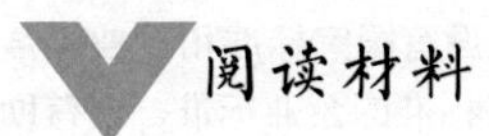

工业产品的质量标准

标准是在一定的范围内获得最佳秩序，对活动或其结果规定共同的和重复使用的规则、导则或特征性的文件。该文件经协商一致制定并经一个公认机构批准。标准的本质是统一，是以科学、技术和经验的综合成果为基础，以促进最佳社会效益为目的的。对分析化学工作者来说，标准是一种不可缺少的文件资料。

按使用范围不同分为不同级别的标准。国际上有国际标准（如国际标准化组织ISO标准等，这类标准适用于参加国际组织的各成员国）和区域性标准（如欧洲计算机制造商协会ECMA标准，这类标准适用于世界某一地区的某行业）。我国的标准分四级，即国家标准、行业标准、地方标准和企业标准。

国家标准是需要在全国范围内统一的技术要求制定的标准。 国家标准分为强制性标准（代号GB）和推荐性标准（代号GB/T）。它们的编号分别为

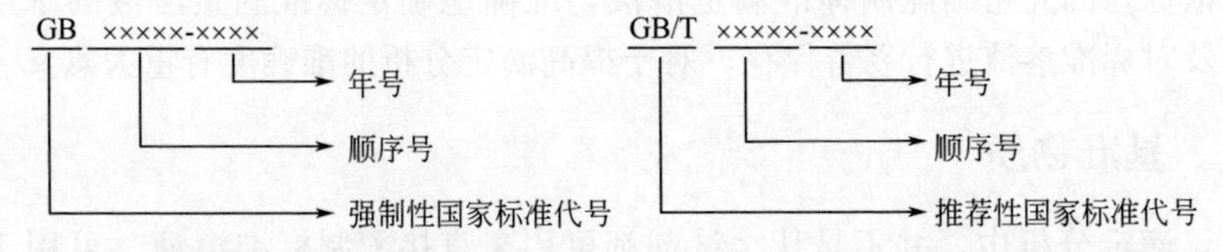

行业标准是对没有国家标准而又需要在全国某个行业范围内统一的技术要求所制定的标准。行业标准也分为强制性标准和推荐性标准。各行业标准的代号由国务院标准化行政管理规定了28个，其中化工行业为HG。行业标准编的号由行业标准代号，标准顺序号及标准年号组成。如HG ×××××—××××或HG/T ×××××—××××。

地方标准是对没有国家标准和行业标准而又需要在省、自治区、直辖市范围内统一的技术要求所制定的标准。地方标准也有强制性标准和推荐性标准。 地方标准

的代号是“DB”，强制性地方标准在 DB 的后面加上地方顺序号，再加斜线组成。若是推荐性标准再加“T”。地方标准的编号由地方标准代号、标准顺序号和年号组成。 如江苏省强制性地方标准编号为“DB32/ ×××—××××”。推荐性标准为“DB32/T×××—××××”。

企业标准是对企业范围内需要协调、统一的技术要求、管理要求和工作要求所制定的标准。 企业标准代号为“Q”。某企业的企业标准代号由企业标准代号 Q 加斜线，再加企业代号（可用汉语拼音字母或阿拉伯数字或两者兼用）组成，即“Q/ ×××”。企业标准的编号由该企业的企业标准代号、顺序号和年号组成。如 Q/ ××× ×××—××××。

为保证产品质量，国家标准、行业标准和地方标准中的强制性标准，企业必须严格执行。国家鼓励企业自愿采用推荐性标准，但推荐性标准企业一经采用，应严格执行。我们要积极采用国际标准和国外先进标准，对没有国家标准和行业标准的产品在产品质量比较高的情况下，企业要制定高于国家标准的企业标准，这有助于打入国际市场，为国家和企业获得更大的经济效益。出口产品的技术要求应依照全国的约定执行。企业应严格按合同约定的要求组织生产。

第二节 基准物质和标准滴定溶液

学习要点 了解基准物质应具备的条件，掌握滴定分析中常用基准物质的名称和使用方法；掌握标准溶液的配制方法及其适用条件；理解并掌握配制标准溶液的有关规定；掌握标准滴定溶液浓度的表示方法。

滴定分析中，标准滴定溶液的浓度和用量是计算待测组分含量的主要依据，因此正确配制标准滴定溶液，准确地确定标准滴定溶液的浓度以及对标准溶液进行妥善保存，对于提高滴定分析的准确度有重大意义。

一、基准物质

滴定分析中，并不是什么试剂都可用来直接配制标准溶液。可用于直接配制标准滴定溶液或标定溶液浓度的物质称为基准物质（primary reference material)。作为基准物质必须具备以下条件：

① 组成恒定并与化学式相符。若含结晶水，例如 $H_2C_2O_4 \cdot 2H_2O$、$Na_2B_4O_7 \cdot 10H_2O$ 等，其结晶水的实际含量也应与化学式严格相符。

② 纯度足够高（达 99.9%以上），杂质含量应低于分析方法允许的误差限。

③ 性质稳定，不易吸收空气中的水分和 CO_2，不分解，不易被空气氧化。

④ 有较大的摩尔质量，以减少称量时的相对误差。

⑤ 试剂参加滴定反应时，应严格按反应式定量进行，没有副反应。

表 3-1 列出了几种常用基准物质的干燥条件和应用范围。

表 3-1 常用基准物质的干燥条件和应用范围

基准物质名称	基准物质化学式	干燥后组成	干燥条件	标定对象
无水碳酸氢钠	$NaHCO_3$	Na_2CO_3	270～300℃	酸
十水合碳酸钠	$Na_2CO_3\cdot 10H_2O$	Na_2CO_3	270～300℃	酸
硼砂	$Na_2B_4O_7\cdot 10H_2O$	$Na_2B_4O_7\cdot 10H_2O$	放在装有 NaCl 和蔗糖饱和溶液的干燥器中	酸
二水合草酸	$H_2C_2O_4\cdot 2H_2O$	$H_2C_2O\cdot 2H_2O$	室温空气干燥	碱或高锰酸钾
邻苯二甲酸氢钾	$KHC_8H_4O_4$	$KHC_8H_4O_4$	110～120℃	碱
重铬酸钾	$K_2Cr_2O_7$	$K_2Cr_2O_7$	140～150℃	还原剂
溴酸钾	$KBrO_3$	$KBrO_3$	130℃	还原剂
碘酸钾	KIO_3	KIO_3	130℃	还原剂
铜	Cu	Cu	室温干燥器中保存	还原剂
三氧化二砷	As_2O_3	As_2O_3	室温干燥器中保存	氧化剂
草酸钠	$Na_2C_2O_4$	$Na_2C_2O_4$	130℃	氧化剂
锌	Zn	Zn	室温干燥器中保存	EDTA
氧化锌	ZnO	ZnO	900～1000℃	EDTA
氯化钠	NaCl	NaCl	500～600℃	$AgNO_3$
氯化钾	KCl	KCl	500～600℃	$AgNO_3$
硝酸银	$AgNO_3$	$AgNO_3$	220～250℃	氯化物

二、标准滴定溶液的配制方法

配制标准溶液的方法有直接法和标定法两种。

1. 直接法

准确称取一定量的基准物质，经溶解后，定量转移至一定体积容量瓶中，用去离子水[1]（或蒸馏水）稀释至刻度。根据溶质的质量和容量瓶的体积，即可计算出该标准溶液的准确浓度。

例如称取 4.9030g 基准 $K_2Cr_2O_7$，用蒸馏水溶解后，定量转移至 1L 容量瓶中，用蒸馏水稀释至标线，即得 $c\left(\frac{1}{6}K_2Cr_2O_7\right)=0.1000mol/L$ 的

[1] 制备标准溶液在方法、使用仪器、量具和试剂及实验用水等方面都有严格的要求。GB/T 601、GB/T 603 对此作了相应规定，操作者应按规定进行。

$K_2Cr_2O_7$ 标准溶液。

直接法最大的优点是操作简便，配制好的溶液可直接用于滴定。

2. 标定法

用来配制标准滴定溶液的物质大多数是不能满足基准物质条件的，如盐酸中 HCl 易挥发，固体 NaOH 易吸收空气中的水分和 CO_2，$KMnO_4$ 不易提纯等，它们不适合用直接法配制标准溶液。一般是先将这些物质配成近似所需浓度的溶液（GB/T 601 规定所配溶液的浓度应在所需浓度±5%范围以内）[1]，然后再用基准物确定其准确浓度。这种确定所配溶液准确浓度的过程称为"标定"。标定的方法有直接标定和间接标定两种。

（1）直接标定　准确称取一定量的基准物，溶于水后用待标定的溶液滴定至反应完全。根据所消耗待标定的溶液的体积和基准物的质量，计算出待标定的溶液的准确浓度。

例如标定 0.1mol/L 的 HCl 标准滴定溶液可用基准物无水碳酸钠，在 270～300℃烘干至质量恒重，用不含 CO_2 的蒸馏水溶解，选用溴甲酚绿-甲基红混合指示剂指示终点。

（2）间接标定　有一部分标准溶液，没有合适的用以标定的基准试剂，只能用另一种已知浓度的标准溶液来标定。

例如 NaOH 标准滴定溶液可用已知准确浓度的 HCl 标准溶液标定。方法是移取一定体积的已知准确浓度的 HCl 标准溶液，用待标定的 NaOH 标准溶液滴定至终点，根据 HCl 标准溶液的浓度和体积以及待标定的 NaOH 标准溶液消耗体积计算 NaOH 溶液的浓度。这种方法准确度不及直接用基准物质标定的好。

在实际生产中，为消除共存元素对滴定的影响，有时也选用与被分析试样组成相似的"标准试样"来标定标准溶液的浓度。另外，有的基准试剂价格高，在满足准确度要求的前提下，为降低分析成本，也可采用纯度稍低的试剂，用标定法制备标准溶液。

三、标准滴定溶液浓度的表示方法

1. 物质的量浓度

标准滴定溶液的浓度常用物质的量浓度（简称浓度）表示。物质 B 的物质的量浓度是指单位体积溶液中所含溶质 B 的物质的量，用 c_B 表

---

[1] 参阅 GB/T 601 中"一般规定"。

示，即

$$c_B = n_B / V$$

式中，n_B 表示溶液中溶质 B 的物质的量，计量单位为 mol 或 mmol；V 为溶液的体积，计量单位为 L 或 mL；浓度 c_B 的常用计量单位为 mol/L，如 $c(HCl)=0.1012mol/L$。

由于物质的量 n_B 的数值取决于基本单元的选择，因此，表示物质的量浓度时，必须指明基本单元，如 $c\left(\frac{1}{5}KMnO_4\right)=0.1000mol/L$。

基本单元的选择一般可根据标准溶液在滴定反应中的质子转移数（酸碱反应）、电子得失数（氧化还原反应）或反应的计量关系来确定。如在酸碱反应中常以 NaOH、HCl、$\frac{1}{2}H_2SO_4$ 为基本单元；在氧化还原反应中常以 $\frac{1}{2}I_2$、$Na_2S_2O_3$、$\frac{1}{5}KMnO_4$、$\frac{1}{6}KBrO_3$ 等为基本单元。即物质 B 在反应中的转移质子数或得失电子数为 Z_B 时，基本单元选 $\frac{1}{Z_B}$B。显然

$$n\left(\frac{1}{Z_B}B\right)=Z_B n(B) \tag{3-1}$$

因此有

$$c\left(\frac{1}{Z_B}B\right)=Z_B c(B) \tag{3-2}$$

例如，某 H_2SO_4 溶液的浓度，当选择 H_2SO_4 为基本单元时，其浓度 $c(H_2SO_4)=0.1mol/L$；当选择 $\frac{1}{2}H_2SO_4$ 为基本单元时，则其浓度应为 $c\left(\frac{1}{2}H_2SO_4\right)=0.2mol/L$。

2. 滴定度

在工矿企业的例行分析中，有时也用“滴定度”表示标准滴定溶液的浓度。滴定度是指每毫升标准滴定溶液相当于被测物质的质量（g 或 mg）。例如，若每毫升 $KMnO_4$ 标准滴定溶液恰好能与 0.005585g Fe^{2+} 反应，则该 $KMnO_4$ 标准滴定溶液的滴定度可表示为 $T_{Fe^{2+}/KMnO_4}=0.005585g/mL$。

如果分析的对象固定，用滴定度计算其含量时，只需将滴定度乘以所消耗标准滴定溶液的体积即可求得被测物的质量，计算十分简便。

思考题 3-2

1. 直接法配制标准溶液必须使用（　　）。

A. 基准试剂　　B. 化学纯试剂　　C. 分析纯试剂　　D. 优级纯试剂

2. 以下基准试剂使用前干燥条件不正确的是（　　）。

A. 无水 Na_2CO_3　270～300℃　　B. ZnO　800℃

C. $CaCO_3$　800℃　　D. 邻苯二甲酸氢钾　105～110℃

3. 用于配制标准溶液的试剂的水最低要求为（　　）。

A. 一级水　　B. 二级水　　C. 三级水　　D. 四级水

4. 下列说法中正确的是（　　）。

A. 在使用摩尔为单位表示某物质的物质的量时，基本单元应予以指明

B. 基本单元必须是分子、原子或离子

C. 同样质量的物质，用的基本单元不同，物质的量总是相同的

D. 为了简便，可以一律采用分子、原子或离子作为基本单元

5. 下列说法中，（　　）说法是错误的。

A. 摩尔质量的单位是 g/mol

B. 物质 B 的质量 m_B 就是通常说的用天平称取的质量

C. 物质的量 n_B 与质量 m_B 的关系为 $n_B=\frac{m_B}{M_B}$，式中 M 为 B 物质的物质的量浓度

D. 物质的量 n_B 与质量 m_B 的关系为 $n_B=\frac{m_B}{M_B}$，式中 M 为物质的摩尔质量

6. 滴定度 $T_{s/x}$ 是指与用每毫升标准溶液相当的（　　）表示的浓度。

A. 被测物的体积　　B. 被测物的质量（g）

C. 标准液的质量（g）　　D. 溶质的质量(g)

7. 下列物质中哪些可以用直接法配制标准滴定溶液？哪些只能用标定法配制？

H_2SO_4；KOH；$KMnO_4$；$K_2Cr_2O_7$；KIO_4；$Na_2S_2O_3\cdot5H_2O$

8. 为什么用间接标定法标定溶液浓度不及直接用基准物质标定的结果准确？

阅读材料

GB/T 601 对标准滴定溶液制备的一般规定

GB/T 601 对标准滴定溶液的制备作了如下规定：

（1）除有另外规定外，所用试剂的级别应在分析纯（含分析纯）以上，所用制剂及制品应按 GB/T 603 的规定制备，实验用水应符合应符合 GB/T 6682 中三级水的规格。

（2）标准中制备的标准滴定溶液的浓度，除高氯酸标准滴定溶液、盐酸-乙醇标

准滴定溶液、亚硝酸钠标准滴定溶液［$c(NaNO_2)$ = 0.5mol/L］外，均指20℃时的浓度。在标准滴定溶液标定、直接制备和使用时若温度不为20℃时，应按该GB/T 601附录A对标准滴定溶液体积进行补正。规定临用前的标准滴定溶液，若标定和使用时的温度差异可以不进行补正。标准滴定溶液标定、直接制备和使用时所用分析天平、滴定管、单标线容量瓶和单标线吸管等按相关检定规程定期进行检定或校准，其中滴定管容量测定方法按GB/T 601附录B进行。单标线容量瓶和单标线吸管应有容量校正因子。

（3）在标定和使用标准滴定溶液时，滴定速度一般保持在6～8mL/min。

（4）称量工作基准试剂的质量的数值小于0.5g时，按精确至0.01mg称量；数值大于0.5g时，按精确至0.1mg称量。

（5）制备标准滴定溶液的浓度应在规定浓度值的5%范围以内。

（6）除另有规定外，标定标准滴定溶液的浓度时，需两人进行实验，分别做四平行，每人四平行标定结果相对极差不得大于相对重复性临界极差［$CR_{0.95}(4)$ = 0.15%］，两人共八平行标定结果相对极差不得大于相对重复性临界极差［$CR_{0.95}(8)$ = 0.18%］。在运算过程中保留5位有效数字，取两人共八平行标定结果的平均值为标定结果，报出结果取四位有效数字。需要时，可采用比较法对部分标准滴定溶液的浓度进行验证(参见GB/T 601附录C)。

（7）标准中标准滴定溶液浓度的相对扩展不确定度不大于0.2%(k = 2)，其评定方法参见GB/T 601附录D。

（8）GB/T 601标准使用工作基准试剂标定标准滴定溶液的浓度。当标准滴定溶液浓度的准确度有更高要求时，可使用标准物质(扩展不确定度应小于0.05%)代替工作基准试剂进行标定或直接制备，并在计算标准滴定溶液浓度时，将其质量分数代入计算式中。

（9）标准滴定溶液的浓度小于或等于0.02mol/L时（除0.02mol/L乙二胺四乙酸二钠、氯化锌标准滴定溶液外），应于临用前将浓度高的标准溶液用煮沸并冷却的水稀释（不含非水溶剂的标准滴定溶液），必要时重新标定。当需用GB/T 601规定浓度以外的标准滴定溶液时，可参考标准中相应标准滴定溶液的制备方法进行配制和标定。

（10）除另有规定外，标准滴定溶液在10～30℃下密封保存时间一般不超过6个月；碘标准滴定溶液、亚硝酸钠标准滴定溶液［$c(NaNO_2)$ = 0.1mol/L］密封保存时间为4个月；高氯酸标准滴定溶液、氢氧化钾-乙醇标准滴定溶液、硫酸铁（Ⅲ）铵标准滴定溶液密封保存时间为2个月。超过保存时间的标准滴定溶液进行复标定后可以继续使用。

在10～30℃下开封使用过的标准滴定溶液保存时间一般不超过2个月（倾出溶液后立即盖紧）；碘标准滴定溶液、氢氧化钾-乙醇标准滴定溶液一般不超过1个月；亚硝酸钠标准滴定溶液［$c(NaNO_2)$ = 0.1mol/L］一般不超过15d；高氯酸标准滴定溶液开封后当天使用。

当标准滴定溶液出现浑浊、沉淀、颜色变化等现象时，应重新配制。

（11）贮存标准滴定溶液的容器，其材料不应与溶液起理化作用，壁厚最薄处不小于0.5mm。

（12）该标准中所用溶液以“%”表示的除“乙醇（95%）”外其他均为质量分数。

摘自GB/T 601—2016《化学试剂　标准滴定溶液的制备》

第三节　滴定分析的计算

学习要点　掌握分析化学中常用的法定计量单位；熟练掌握物质的量（n_B）、物质的摩尔质量（M_B）、物质的质量（m_B）、物质的量浓度（c_B）和溶液体积（V_B）间的关系；理解滴定剂与被滴定剂间的化学计量关系；熟练掌握确定物质基本单元的方法；掌握标准滴定溶液浓度的计算方法和待测组分含量的计算方法。

一、滴定剂与被滴定剂的化学计量关系

设滴定剂A与被测组分B发生下列反应：

$$aA + bB \longrightarrow cC + dD$$

则被测组分B的物质的量n_B与滴定剂A的物质的量n_A之间的关系可用两种方式求得。

1. 根据滴定剂A与被测组分B的化学计量数比计算

由上述反应式可得

$$n_A : n_B = a : b$$

因此有

$$n_A = \frac{a}{b} n_B \quad 或 \quad n_B = \frac{b}{a} n_A \tag{3-3}$$

$\frac{b}{a}$或$\frac{a}{b}$称为化学计量数比（也称摩尔比），它是该反应的化学计量关系，是滴定分析定量测定的依据。

例如，用HCl标准滴定溶液滴定Na_2CO_3时，滴定反应为：

$$2HCl + Na_2CO_3 \longrightarrow 2NaCl + CO_2\uparrow + H_2O$$

可得

$$n(Na_2CO_3) = \frac{1}{2} n(HCl)$$

又如，在酸性溶液中用 $K_2Cr_2O_7$ 标准滴定溶液滴定 Fe^{2+} 时，滴定反应为：

$$Cr_2O_7^{2-} + 6Fe^{2+} + 14H^+ \longrightarrow 2Cr^{3+} + 6Fe^{3+} + 7H_2O$$

可得

$$n(Fe) = 6n(K_2Cr_2O_7)$$

2. 根据等物质的量规则计算

等物质的量规则是指对于一定的化学反应，如选定适当的基本单元，那么在任何时刻所消耗的反应物的物质的量均相等。在滴定分析中，若根据滴定反应选取适当的基本单元，则滴定到达化学计量点时被测组分的物质的量就等于所消耗的标准滴定溶液的物质的量。即

$$n\left(\frac{1}{Z_B}B\right) = n\left(\frac{1}{Z_A}A\right) \tag{3-4}$$

如上例中 $K_2Cr_2O_7$ 的电子转移数为 6，以 $\frac{1}{6}K_2Cr_2O_7$ 为基本单元；Fe^{2+} 的电子转移数为 1，以 Fe^{2+} 为基本单元。则

$$n\left(\frac{1}{6}K_2Cr_2O_7\right) = n(Fe^{2+})$$

式(3-4) 是滴定分析计算的基本关系式，利用它可以导出其他计算关系式。本书主要采用此规则进行滴定分析有关计算。

二、滴定分析结果计算

1. 标准滴定溶液浓度的计算

标准滴定溶液浓度的计算方法如下。

(1) 直接配制法　准确称取质量为 m_B(g)的基准物质 B，将其配制成体积为 V_B(L)的标准滴定溶液。已知基准物质 B 的摩尔质量为 M_B (g/mol)，由于

$$n\left(\frac{1}{Z_B}B\right) = \frac{m_B}{M_B\left(\frac{1}{Z_B}B\right)} \tag{3-5}$$

$$n\left(\frac{1}{Z_B}B\right) = c\left(\frac{1}{Z_B}B\right)V_B \tag{3-6}$$

则该标准滴定溶液的浓度为：

$$c\left(\frac{1}{Z_B}B\right) = \frac{n\left(\frac{1}{Z_B}B\right)}{V_B} = \frac{m_B}{V_B M_B\left(\frac{1}{Z_B}B\right)} \tag{3-7}$$

例 3-1 准确称取基准物质 $K_2Cr_2O_7$ 1.471g，溶解后定量转移至 500.0mL 容量瓶中并用蒸馏水稀释至标线，摇匀。已知 $M(K_2Cr_2O_7)=294.2g/mol$，计算所配制的 $K_2Cr_2O_7$ 溶液的浓度 $c(K_2Cr_2O_7)$ 及 $c\left(\frac{1}{6}K_2Cr_2O_7\right)$。

解 按式(3-7)

$$c(K_2Cr_2O_7)=\frac{1.471}{0.5000\times294.2}mol/L=0.01000mol/L$$

$$c\left(\frac{1}{6}K_2Cr_2O_7\right)=\frac{1.471}{0.5000\times\frac{1}{6}\times294.2}mol/L=0.06000mol/L$$

例 3-2 欲配制 $c\left(\frac{1}{2}Na_2CO_3\right)=0.1000mol/L$ 的 Na_2CO_3 标准滴定溶液 250.0mL，问应称取基准试剂 Na_2CO_3 多少克？已知 $M(Na_2CO_3)=106.0g/mol$。

解 设应称取基准试剂的质量为 $m(Na_2CO_3)$，则

$$m(Na_2CO_3)=c\left(\frac{1}{2}Na_2CO_3\right)V(Na_2CO_3)M\left(\frac{1}{2}Na_2CO_3\right)$$

所以 $$m(Na_2CO_3)=0.1000\times0.2500\times\frac{1}{2}\times106.0g=1.325g$$

答 称取基准试剂 Na_2CO_3 1.325g。

例 3-3 欲将 $c(Na_2S_2O_3)=0.2100mol/L$ 的 $Na_2S_2O_3$ 溶液 250.0mL 稀释成 $c(Na_2S_2O_3)=0.1000mol/L$，需加水多少毫升？

解 设需加水体积为 V(mL)，根据溶液稀释前后其溶质的物质的量相等的原则得

$$0.2100\times250.0=0.1000\times(250.0+V)$$

$$V=275.0(mL)$$

答 需加水 275.0mL。

(2) 标定法　若以基准物质 B 标定浓度为 c_A 的标准滴定溶液，设所称取的基准物质的质量为 m_B(g)，其摩尔质量为 M(B)，滴定时消耗待标定标准滴定溶液 A 的体积为 V_A(mL)，根据等物质的量关系

$$n\left(\frac{1}{Z_B}B\right)=n\left(\frac{1}{Z_A}A\right)$$

则
$$\frac{m_B}{M_B\left(\frac{1}{Z_B}B\right)}=c\left(\frac{1}{Z_A}A\right)\times\frac{V_A}{1000} \tag{3-8}$$

因此
$$c\left(\frac{1}{Z_A}A\right)=\frac{1000m_B}{M_B\left(\frac{1}{Z_B}B\right)V_A} \tag{3-9}$$

例 3-4 称取基准物质草酸($H_2C_2O_4 \cdot 2H_2O$)0.2002g 溶于水中，用 NaOH 溶液滴定，消耗了 NaOH 溶液 28.52mL，计算 NaOH 溶液的浓度。已知 $M(H_2C_2O_4 \cdot 2H_2O)$为 126.1g/mol。

解 按题意滴定反应为：

$$2NaOH + H_2C_2O_4 \longrightarrow Na_2C_2O_4 + 2H_2O$$

根据质子转移数选 NaOH 为基本单元，则 $H_2C_2O_4$ 的基本单元为$\frac{1}{2}H_2C_2O_4$，按式(3-9) 得

$$c(NaOH)=\frac{1000m(H_2C_2O_4 \cdot 2H_2O)}{M\left[\frac{1}{2}(H_2C_2O_4 \cdot 2H_2O)\right]V(NaOH)}$$

代入数据得

$$c(NaOH)=\frac{1000\times0.2002}{\frac{1}{2}\times126.1\times28.52}mol/L=0.1113mol/L$$

答 该 NaOH 溶液的物质的量浓度为 0.1113mol/L。

例 3-5 配制 0.1mol/L HCl 溶液，用基准试剂 Na_2CO_3 标定其浓度，试计算 Na_2CO_3 的称量范围。已知 $M(Na_2CO_3)=106.0g/mol$。

解 用 Na_2CO_3 标定 HCl 溶液浓度的反应为：

$$2HCl + Na_2CO_3 \longrightarrow 2NaCl + CO_2\uparrow + H_2O$$

根据反应式得

$$n\left(\frac{1}{2}Na_2CO_3\right)=n(HCl)$$

则
$$\frac{m(Na_2CO_3)}{M\left(\frac{1}{2}Na_2CO_3\right)}=\frac{c(HCl)V(HCl)}{1000}$$

$$m(Na_2CO_3)=\frac{c(HCl)V(HCl)M\left(\frac{1}{2}Na_2CO_3\right)}{1000}$$

为保证标定的准确度，HCl 溶液的消耗体积一般在 30～40mL 之间。则

$$m_1=0.1\times(30/1000)\times\frac{1}{2}\times106.0g=0.16g$$

$$m_2=0.1\times(40/1000)\times\frac{1}{2}\times106.0g=0.21g$$

可见，为保证标定的准确度，基准试剂 Na_2CO_3 的称量范围[1]应在 0.16～0.21g 之间。

(3) 滴定度与物质的量浓度之间的换算　设标准溶液浓度为 c_A，滴定度为 $T_{B/A}$，根据等物质的量规则（或化学计量数比）和滴定度定义，它们之间的关系应为：

$$T_{B/A}=\frac{c\left(\frac{1}{Z_A}A\right)M\left(\frac{1}{Z_B}B\right)}{1000} \tag{3-10}$$

或

$$c\left(\frac{1}{Z_A}A\right)=\frac{T_{B/A}\times1000}{M\left(\frac{1}{Z_B}B\right)} \tag{3-11}$$

例 3-6 计算 $c(HCl)=0.1015mol/L$ 的 HCl 溶液对 Na_2CO_3 的滴定度。已知 $M(Na_2CO_3)=106.0g/mol$。

解 滴定反应式为：

$$2HCl+Na_2CO_3\longrightarrow2NaCl+CO_2\uparrow+H_2O$$

根据质子转移数，选 HCl、$\frac{1}{2}Na_2CO_3$ 为基本单元，按式(3-10) 得

$$T_{Na_2CO_3/HCl}=\frac{c(HCl)M\left(\frac{1}{2}Na_2CO_3\right)}{1000}$$

代入数据得

$$T_{Na_2CO_3/HCl}=\frac{0.1015\times\frac{1}{2}\times106.0}{1000}g/mL=0.005380g/mL$$

---

[1] GB/T 601“盐酸标准滴定溶液”中规定，标定时 Na_2CO_3 的称量量为 0.2g。

2. 待测组分含量的计算

完成一个滴定分析的全过程，一般可以得到 3 个测量数据，即称取试样的质量 m_s(g)、标准滴定溶液的浓度 $c\left(\frac{1}{Z_A}A\right)$(mol/L)、滴定至终点时标准滴定溶液消耗的体积 V_A(mL)。若测得试样中待测组分 B 的质量为 m_B(g)，则待测组分 B 的质量分数 w_B（数值以%表示）为：

$$w_B=\frac{m_B}{m_s}\times 100\% \tag{3-12}$$

根据等物质的量规则，将式(3-8)代入式(3-12) 得

$$w_B=\frac{c\left(\frac{1}{Z_A}A\right)V_A M\left(\frac{1}{Z_B}B\right)}{m_s\times 1000}\times 100\% \tag{3-13}$$

再利用所获得的 3 个测量数据代入式(3-13) 即可求出待测组分的含量。

例 3-7 用 $c\left(\frac{1}{2}H_2SO_4\right)=0.2020$mol/L 的硫酸标准滴定溶液测定 Na_2CO_3 试样的含量时，称取 0.2009g Na_2CO_3 试样，消耗 18.32mL 硫酸标准滴定溶液，求试样中 Na_2CO_3 的质量分数。已知 $M(Na_2CO_3)=106.0$g/mol。

解　滴定反应式为：

$$H_2SO_4+Na_2CO_3\longrightarrow Na_2SO_4+CO_2\uparrow+H_2O$$

根据反应式，Na_2CO_3 和 H_2SO_4 得失质子数分别为 2，因此基本单元分别取 $\frac{1}{2}H_2SO_4$ 和 $\frac{1}{2}Na_2CO_3$。则

$$w(H_2SO_4)=\frac{c\left(\frac{1}{2}H_2SO_4\right)V(H_2SO_4)M\left(\frac{1}{2}Na_2CO_3\right)}{m_s\times 1000}\times 100\%$$

代入数据，得

$$w(H_2SO_4)=\frac{0.2020\times 18.32\times \frac{1}{2}\times 106.0}{0.2009\times 1000}\times 100\%=97.63\%$$

答　试样中 Na_2CO_3 的质量分数为 97.63% 。

例 3-8 称取铁矿石试样 0.3143g，溶于酸，并将 Fe^{3+} 还原为 Fe^{2+} 。用 $c\left(\frac{1}{6}K_2Cr_2O_7\right)=0.1200$mol/L 的 $K_2Cr_2O_7$ 标准滴定溶液滴定，消耗 $K_2Cr_2O_7$ 溶液 21.30mL。计算试样中 Fe_2O_3 的质量分数。已知 $M(Fe_2O_3)=159.7$g/mol。

解 滴定反应式为：

$$Cr_2O_7^{2-} + 6Fe^{2+} + 14H^+ \longrightarrow 2Cr^{3+} + 6Fe^{3+} + 7H_2O$$

$$Cr_2O_7^{2-} \xrightarrow{+6e} 2Cr^{3+} \qquad Fe_2O_3 \xrightarrow{-2e} 2Fe^{2+} \xrightarrow{-2e} 2Fe^{3+}$$

按等物质的量规则 $n\left(\frac{1}{2}Fe_2O_3\right) = n\left(\frac{1}{6}K_2Cr_2O_7\right)$

则 $$w(Fe_2O_3) = \frac{c\left(\frac{1}{6}K_2Cr_2O_7\right)V(K_2Cr_2O_7)M\left(\frac{1}{2}Fe_2O_3\right)}{m_s \times 1000} \times 100\%$$

代入数据得

$$w(Fe_2O_3) = \frac{0.1200 \times 21.30 \times \frac{1}{2} \times 159.7}{0.3143 \times 1000} \times 100\% = 64.94\%$$

答 试样中 Fe_2O_3 的质量分数为 64.94%。

例 3-9 将 0.2497g CaO 试样溶于 25.00mL $c(HCl) = 0.2803mol/L$ 的 HCl 溶液中，剩余酸用 $c(NaOH) = 0.2786mol/L$ 的 NaOH 标准滴定溶液返滴定，消耗 11.64mL。求试样中 CaO 的质量分数。已知 $M(CaO) = 54.08g/mol$。

解 测定中涉及的反应式为：

$$CaO + 2HCl \longrightarrow CaCl_2 + H_2O$$

$$HCl + NaOH \longrightarrow NaCl + H_2O$$

按题意，CaO 的量是所用 HCl 的总量与返滴定所消耗的 NaOH 的量之差。

$$w(CaO) = \frac{[c(HCl)V(HCl) - c(NaOH)V(NaOH)] \times M\left(\frac{1}{2}CaO\right)}{m_s \times 1000} \times 100\%$$

代入数据得

$$w(CaO) = \frac{(0.2803 \times 25.00 - 0.2786 \times 11.64) \times \frac{1}{2} \times 56.08}{0.2497 \times 1000} \times 100\% = 42.27\%$$

答 试样中 CaO 的质量分数为 42.27%。

例 3-10 检验某病人血液中的钙含量，取 2.00mL 血液稀释后，用 $(NH_4)_2C_2O_4$ 溶液处理，使 Ca^{2+} 生成 CaC_2O_4 沉淀。沉淀经过滤、洗涤后，溶解于强酸中，然后用 $c\left(\frac{1}{5}KMnO_4\right)=0.0500mol/L$ 的 $KMnO_4$ 溶液滴定，用去 1.20mL，试计算此血液中钙的含量。已知 $M(Ca)=40.08g/mol$。

解　此题采用间接法对被测组分进行滴定，因此应从几个反应中寻找被测物的量与滴定剂之间的关系。按题意，测定经如下几步：

$$Ca^{2+} \xrightarrow{C_2O_4^{2-}} CaC_2O_4\downarrow \xrightarrow{H^+} H_2C_2O_4 \xrightarrow{KMnO_4+H^+} Mn^{2+}+2CO_2\uparrow$$

反应中 Ca^{2+} 与 $C_2O_4^{2-}$ 的计量比为 1∶1，而 $KMnO_4$ 滴定 $H_2C_2O_4$ 反应中

$$C_2O_4^{2-} \xrightarrow{-2e} 2CO_2\uparrow \qquad MnO_4^- \xrightarrow{+5e} Mn^{2+}$$

因此 $KMnO_4$ 的基本单元为 $\frac{1}{5}KMnO_4$，钙的基本单元为 $\frac{1}{2}Ca^{2+}$。根据等物质的量规则，有

$$n\left(\frac{1}{2}Ca^{2+}\right)=n\left(\frac{1}{2}H_2C_2O_4\right)=n\left(\frac{1}{5}KMnO_4\right)$$

$$\rho_{Ca}=\frac{c\left(\frac{1}{5}KMnO_4\right)V(KMnO_4)M\left(\frac{1}{2}Ca^{2+}\right)}{V_s}$$

代入数据得

$$\rho_{Ca}=\frac{0.0500\times 1.20\times\frac{1}{2}\times 40.08}{2.00}g/L=0.601g/L$$

答　该血液试样中钙的含量为 0.601g/L。

思考题 3-3

1. 当反应 $aA+bB \longrightarrow cC+dD$ 达化学计量点时，$n_A=\frac{a}{b}n_B$、$n\left(\frac{1}{Z_B}B\right)=n\left(\frac{1}{Z_A}A\right)$，$Z_A$、$Z_B$ 与 a、b 有什么关系？

2. 用氟硅酸钾法测定硅酸盐中 SiO_2 含量时，经过如下几步反应，先将硅酸盐试样用 KHP 熔融，转换为 K_2SiO_3，进行如下反应：

$$2K^+ + SiO_3^{2-} + 6F^- + 6H^+ \longrightarrow K_2SiF_6\downarrow + 3H_2O$$
$$K_2SiF_6 + 3H_2O \longrightarrow 2KF + H_2SiO_3 + 4HF$$
$$HF + NaOH \longrightarrow NaF + H_2O$$

则 SiO_2 与 NaOH 物质的量之间的关系应为（　　）。

A. $n(SiO_2)=4n(NaOH)$　　B. $4n(SiO_2)=n(NaOH)$

C. $n(SiO_2)=n(NaOH)$　　D. $6n(SiO_2)=n(NaOH)$

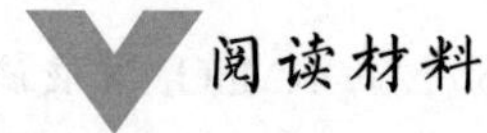

标准物质

标准物质（reference material）是已确定其一种或几种特性，用于校准测量器具、评价测量方法或确定材料特性量值的物质。标准物质是国家计量部门颁布的一种计量标准，具有以下的基本属性：均匀性、稳定性和准确的定值。标准物质可以是纯的或混合的气体、液体或固体，也可以是一件制品或图像。标准物质按被定值的特性，分为：物理或物理化学性质标准物质，如酸度、燃烧热、聚合物分子量等标准物质，具有良好的物理化学特性，用于物理化学计量器具的刻度、校准和计量方法的评价；化学成分标准物质，经准确测定，具有确定的化学成分，主要用于成分分析仪器的校准和分析方法的评价；工程特性标准物质，如粒度、橡胶的类别等，用于技术参数和特性计量器具、计量方法的评价及材料与产品的技术参数的比较。我国根据标准物质的类别与应用领域分为 13 类。标准物质可以用来校准仪器仪表，评价测量方法，用作直接比对的标准、工作标准质量保证系统中的质控样品，商业贸易中的计量仲裁依据，用于环境分析监测及生物医学临床化验等。

摘自邓勃主编《分析化学辞典》

第四节　滴定分析仪器与基本操作

学习要点　滴定管、移液管、吸量管、容量瓶等是定量化学分析实验中准确测量溶液体积的常用量器。通过本节的学习，应了解滴定管、容量瓶、移液管和吸量管等各类滴定分析仪器的种类、规格和相应的用途；掌握这些常用滴定分析仪器洗涤要求、洗涤方法和注意事项；能根据不同实验的要求，正确选择合适种类和规格的滴定分析仪器；熟练掌握使用滴定管、容量瓶、移液管和吸量管的操作步骤和操作方法；掌握滴定分析仪器的容量校准方法和操作步骤，正确计算出被校仪器的容量校正值。

一、滴定管

滴定管是滴定时可准确放出滴定剂体积的玻璃量器。它的主要部分管身是用细长且内径均匀的玻璃管制成，上面刻有均匀的分度线，线宽不超过 0.3mm。下端的流液口为一尖嘴，中间通过玻璃活塞或乳胶管（配以玻璃珠）连接以控制滴定速度。滴定管分为酸式滴定管［见图 3-1(a)］和碱式滴定管［见图 3-1(b)］；按被测组分的含量，还可分为常量滴定管、半微量滴定管和微量滴定管［见图 3-1(c)］另有一种自动定零位滴定管［见图 3-1(d)］是将贮液瓶与具塞滴定管通过磨口塞连接在一起的滴定装置，加液方便，自动调零点，主要适用于常规分析中的经常性滴定操作。

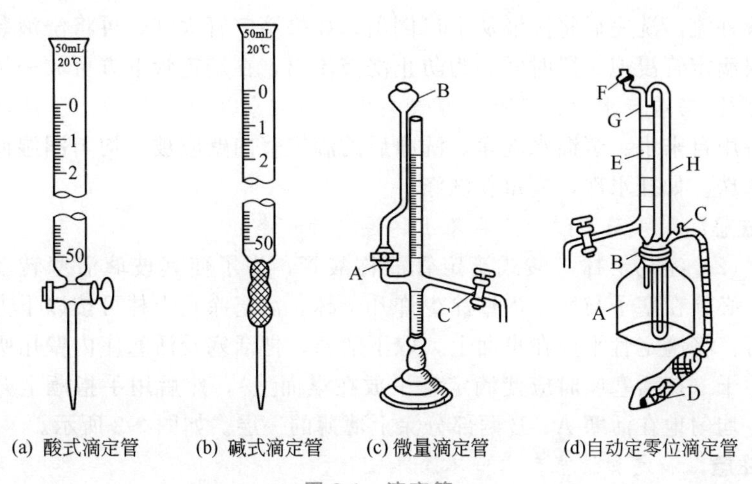

(a) 酸式滴定管 (b) 碱式滴定管 (c) 微量滴定管 (d)自动定零位滴定管

图 3-1 滴定管

注：图中字母含义参见本书第 129 页至 130 页有关内容

滴定管的总容量最小的为 1mL，最大的为 100mL，常用的是 50mL、25mL 和 10mL 的滴定管。滴定管的容量精度分为 A 级和 B 级。通常以喷、印的方法在滴定管上制出耐久性标志如制造厂商标、标准温度（20℃）、量出式符号（E_X）、精度级别（A 或 B）和标称总容量（mL）等。

酸式滴定管用来装酸性、中性及氧化性溶液，但不适宜装碱性溶液，因为碱性溶液能腐蚀玻璃的磨口和活塞。碱式滴定管用来装碱性及无氧化性溶液，能与橡胶起反应的溶液如高锰酸钾、碘和硝酸银等溶液，都不能加入碱式滴定管中。现有活塞为聚四氟乙烯的滴定管，酸、碱及氧化性溶液均可采用。

新拿到一根滴定管，用前应先做一些初步检查，如酸式滴定管活塞是否匹配、滴定管尖嘴和上口是否完好，碱式滴定管的乳胶管孔径与玻璃珠大小是否合适，乳胶管是否有孔洞、裂纹和硬化等。初步检查合格后，进行下列准备工作。

1. 滴定管的准备

（1）洗涤　一般用自来水冲洗，零刻度线以上部位可用毛刷蘸洗涤剂刷洗，零刻度线以下部位如不干净，则采用洗液洗（碱式滴定管应除去乳胶管，用橡胶乳头将滴定管下口套住）。少量的污垢可装入约10mL洗液，先从下端放出少许，然后用双手平托滴定管的两端，不断转动滴定管，使洗液润洗滴定管内壁，操作时管口对准洗液瓶口，以防洗液外流。洗完后将洗液从上口倒出。如果滴定管太脏，可将洗液装满整根滴定管浸泡一段时间。为防止洗液流出，在滴定管下方可放一烧杯（**注意！** 若进行水中化学耗氧量测定时，滴定管不可用铬酸洗液洗涤）。最后用自来水、蒸馏水洗净。洗净后的滴定管内壁应被水均匀润湿而不挂水珠。如挂水珠，应重新洗涤。

注意！ 酸式滴定管应先涂凡士林再进行洗涤。

（2）涂凡士林　酸式滴定管简称酸管，为了使其玻璃活塞转动灵活，必须在塞子与塞座内壁涂少许凡士林。活塞涂凡士林可按以下方法进行：将滴定管平放在桌面上，取下活塞，把活塞及活塞座内壁用吸水纸擦干（擦活塞座时应使滴定管平放在桌面上），然后用手指蘸上凡士林，均匀地在活塞A、B两部分涂上薄薄的一层。如图3-2所示。

注意： 滴定管活塞套内壁不涂凡士林。

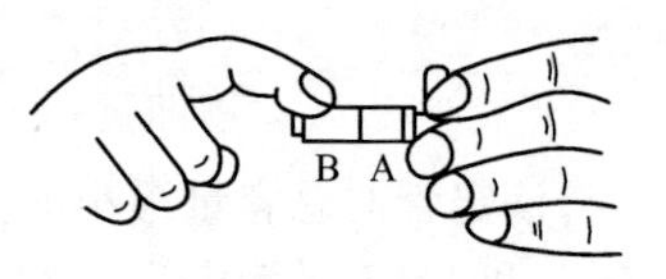

图3-2　活塞涂凡士林操作

涂凡士林时，不要涂得太多，以免活塞孔被堵住，也不要涂得太少，达不到转动灵活和防止漏水之目的。涂凡士林后，将活塞直接插入活塞套中（**注意！** 滴定管不能竖起，应仍平放在桌面上，否则管中的水会流入活塞座内）。插时活塞孔应与滴定管平行，此时活塞不要转动，这样可以避免将凡士林挤到活塞孔中去，然后，向同一方向不断旋转活塞，直至活塞全部呈透明状为止。旋转时，应有一定的向活塞小头部分方向挤的力，以免来回移动活塞，使塞孔受堵。最后将滴定管活塞的小头朝上，用橡皮圈套在活塞的小头部分沟槽上（**注意！** 不允许用橡皮筋绕！），以防活塞脱落。在涂凡士林过程中要特别小心，切莫让活塞跌落在地上，造成整根滴定管的报废。涂凡士林后的滴定管，活塞应转动灵活，凡士林层中没有纹络，活塞呈均匀的透明状态。

若活塞孔或出口尖嘴被凡士林堵塞时，可将滴定管充满水后，将活塞打开，用洗耳球在滴定管上部挤压、鼓气，可以将凡士林排除。

注意： 若使用活塞为聚四氟乙烯的滴定管不需涂凡士林。

（3）检漏　检漏的方法是将滴定管用水充满至“0”刻线附近，然后夹在滴定管夹上，用吸水纸将滴定管外壁擦干，静置 1min，检查管尖及活塞周围有无水渗出，然后将活塞转动 180°，重新检查，如有漏水，必须重新涂凡士林或更换乳胶管（玻璃珠）。

2. 滴定操作

（1）滴定管的润洗　为了不使标准溶液的浓度发生变化，装入标准溶液前应先用待装溶液润洗 3 次。润洗的方法是先将试剂瓶中的溶液摇匀，使凝结在瓶内壁上的水珠混入溶液，在天气比较热或室温变化较大时，此项操作更为必要。向滴定管中加入 10～15mL 待装溶液，先从滴定管下端放出少许，然后双手平托滴定管的两端，边转动滴定管，边使溶液润洗滴定管整个内壁，最后将溶液全部从上口放出。重复 3 次。

（2）标准溶液的装入　溶液应直接倒入滴定管中，不得用其他容器（如烧杯、漏斗等）来转移。装入前应先用标准溶液润洗滴定管内壁 3 次。最后将标准溶液直接倒入滴定管，直至充满至零刻度以上。

（3）滴定管嘴气泡的检查及排除　滴定管充满标准溶液后，应检查滴定管的出口下部尖嘴部分是否充满溶液，是否留有气泡。为了排除碱管中的气泡，可将碱管垂直地夹在滴定管架上，左手拇指和食指捏住玻璃珠部位，使橡胶管向上弯曲翘起，并捏挤胶管，使溶液从管口喷出即可排除气泡，如图 3-3 所示。酸管的气泡一般较易看出，当有气泡时，右手拿滴定管上部无刻度处，并使滴定管倾斜 30°，左手迅速打开活塞，使溶液冲出管口，反复数次，一般即可达到排除酸管出口处气泡的目的，由于目前酸管制作有时不符合规格要求，因此，有时按上法仍无法排除酸管出口处的气泡，这时可在活塞打开的情况下，上下晃动滴定管以达到排除气泡的目的；也可在出口尖嘴上接上一根约 10cm 的医用胶管，然后，按碱管排气的方法进行。

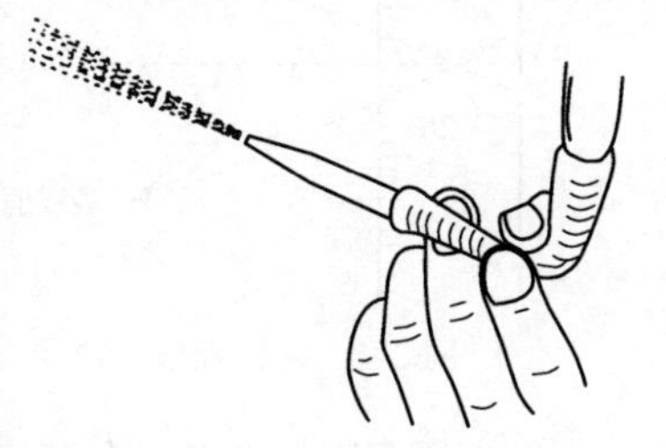

图 3-3　碱式滴定管排气泡的方法

（4）零点调定和读数方法　先将溶液装至零刻度线以上 5mm 左右，不可过高，慢慢打开活塞使溶液液面慢慢下降，直至弯月面下缘恰好与零刻度线相切。将滴定管夹在滴定管架上，滴定之前再复核一下零点。

滴定管读数前，应注意管出口嘴尖上有无气泡或挂着水珠。若在滴定后管出口嘴尖上有气泡或挂有水珠读数，这时是无法读准确的。一般读数应遵守下列原则。

① 读数时应将滴定管从滴定管架上取下，用右手大拇指和食指捏住滴定管上部无刻度处，其他手指从旁辅助，使滴定管保持垂直，然后再读数。滴定管夹在滴定管架上读数的方法，一般不宜采用，因为它很难确保滴定管的垂直和准确读数。

② 由于水的附着力和内聚力的作用，滴定管内的液面呈弯月形，无色和浅色溶液的弯月面比较清晰，读数时，应读弯月面下缘实线的最低点，为此，读数时，视线应与弯月面下缘实线的最低点相切，即视线应与弯月面下缘实线的最低点在同一水平面上，如图 3-4 所示。视线高于液面，读数将偏低；反之，读数偏高。对于深色溶液（如 $KMnO_4$、I_2 等），其弯月面是不够清晰的，读数时，视线应与液面两侧的最高点相切，这样才易读准，如图 3-5 所示。

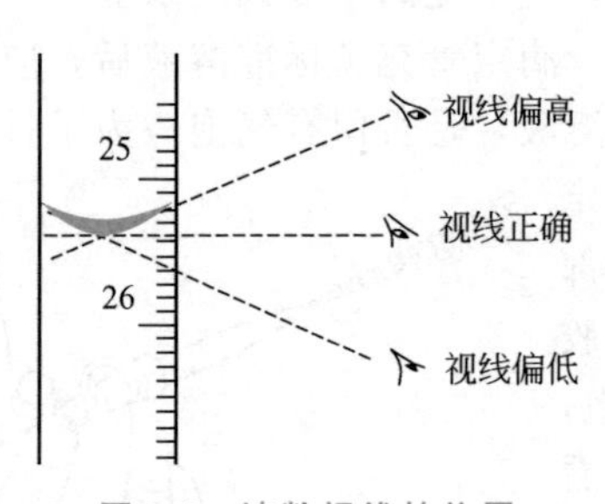

图 3-4　读数视线的位置

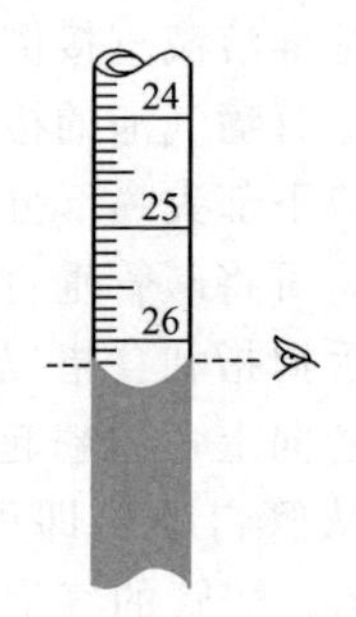

图 3-5　深色溶液的读数

③ 为便于读数准确，在滴定管装满或放出溶液后，必须等 1～2min，使附着在内壁的溶液流下来后，再读数。如果放出溶液的速度较慢（如接近化学计量点时就是如此），那么等 0.5～1min 后，即可读数。

注意： 每次读数前，都要看一下滴定管内壁有没有挂水珠，滴定管的出口尖嘴处有无悬液滴，滴定管尖嘴内有无气泡。

④ 读取的值必须读至毫升小数点后第二位，即要求估计到 0.01mL。正确掌握估计 0.01mL 读数的方法很重要。滴定管上两个小刻度之间为 0.1mL，要估计其 1/10 的值，对一个分析工作者来说是要进行严格训练的。为此，可以这样来估计——当液面在此两小刻度之间时，即为 0.05mL；若液面在两小刻度的 1/3 处，即为 0.03mL 或 0.07mL；当液面在两小刻度的 1/5 时，即为 0.02mL 或 0.08mL 等。

⑤ 对于蓝带滴定管，读数方法与上述相同。当蓝带滴定管盛溶液

后将有似两个弯月面的上下两个尖端相交，此上下两尖端相交点的位置，即为蓝带滴定管的读数的正确位置，如图 3-6 所示。

⑥ 为便于读数，可采用读数卡，它有利于初学者练习读数。读数卡是用贴有黑纸或涂有黑色的长方形（约 3cm×1.5cm）的白纸板制成。读数时，将读数卡放在滴定管背后，使黑色部分在弯月面下约 1mm 处，此时即可看到弯月面的反射层全部成为黑色，如图 3-7 所示。然后，读此黑色弯月面下缘的最低点。然而，对深色溶液需读其两侧最高点时，需用白色卡片作为背景。

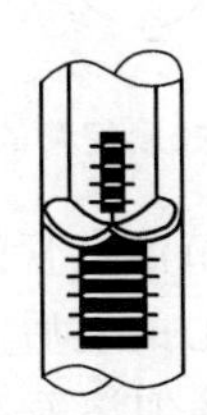

图 3-6　蓝带滴定管

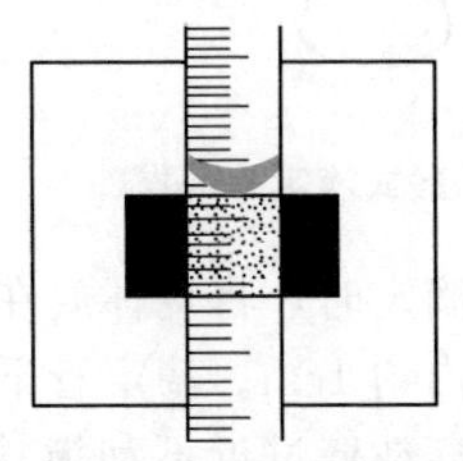

图 3-7　读数卡

（5）滴定姿势　站着滴定时要求站立好。有时为操作方便也可坐着滴定。

（6）酸管的操作　使用酸管时，左手握滴定管，其无名指和小指向手心弯曲，轻轻地贴在活塞座小头的下边，用其余三指控制活塞的转动，如图 3-8 所示。但应注意，不要向外用力，以免推出活塞造成漏水，应使活塞稍有一点向手心的回力。当然，也不要过分往里用太大的回力，以免造成活塞转动困难。

注意： 手心不能顶到活塞，以免造成活塞漏水。

（7）碱管的操作　使用碱管时，仍以左手握管，其拇指在前，食指在后，其他三指辅助夹住出口管。用拇指和食指捏住玻璃珠右侧中部，如图 3-9 所示。向右边挤胶管，使玻璃珠移至手心一侧，这样，溶液即可从玻璃珠旁边的缝隙流出，如图 3-10 所示。必须指出，不要用力捏玻璃珠，也不要使玻璃珠上下移动，不要捏玻璃珠下部胶管，以免空气进入形成气泡，影响读数。

（8）边滴边摇瓶要配合好　滴定操作可在锥形瓶或烧杯中进行。在锥形瓶中进行滴定时，用右手的拇指、食指和中指拿住锥形瓶，其余两指辅助在下侧，使瓶底离滴定台高 2～3cm，滴定管下端伸入瓶口内约 1cm。左手握住滴定管，按前述方法，边滴加溶液，边用右手摇动锥形瓶，边滴边摇动。其两手操作姿势如图 3-8 和图 3-9 所示。

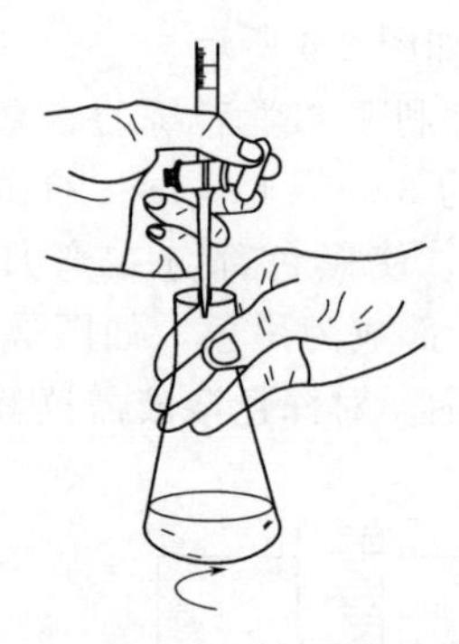

图 3-8　酸式滴定管的操作

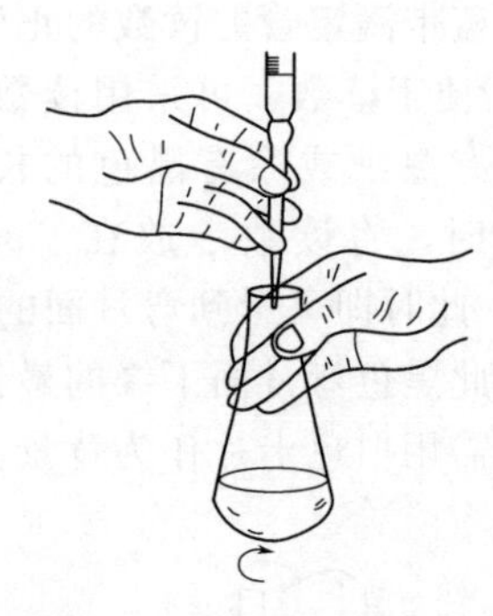

图 3-9　碱式滴定管的操作

在烧杯中滴定时，将烧杯放在滴定台上，调节滴定管的高度，使其下端伸入烧杯内约 1cm。滴定管下端应在烧杯中心的左后方处（放在中央影响搅拌，离杯壁过近不利搅拌均匀）。左手滴加溶液，右手持玻璃棒搅拌溶液，如图 3-11 所示。玻璃棒应做圆周搅动，不要碰到烧杯壁和底部。当滴定至接近终点，只需滴加半滴溶液或更少量时，用玻璃棒下端承接此悬挂的半滴溶液于烧杯中，但要注意，玻璃棒只能接触液滴，不能接触管尖，其余操作同前所述。

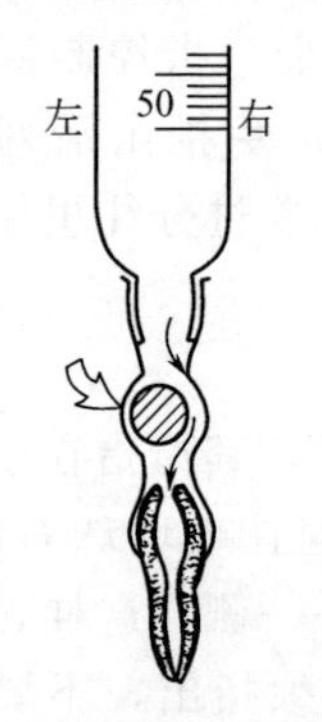

图 3-10　碱式滴定管溶液从缝隙中流出示意

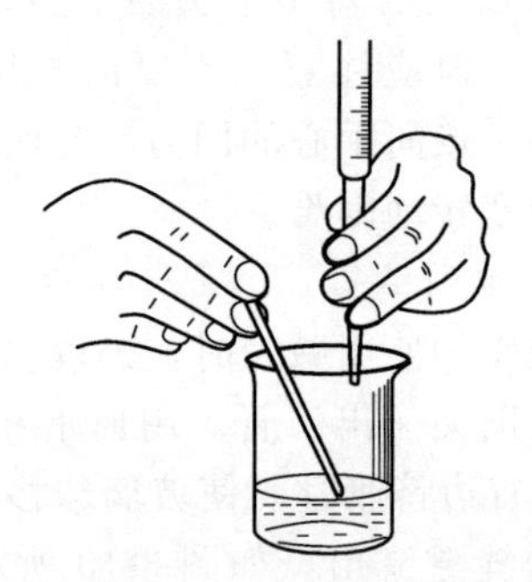

图 3-11　在烧杯中的滴定操作

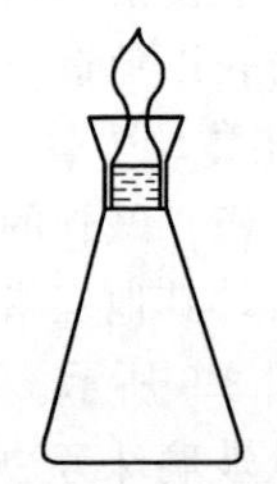

图 3-12　碘量瓶

溴酸钾法、碘量法等需要在碘量瓶中进行反应和滴定。碘量瓶是带有磨口玻璃塞和水槽的锥形瓶（见图 3-12），喇叭形瓶口与瓶塞柄之间形成一圈水槽，槽中加纯水可形成水封，防止瓶中溶液反应生成的气体（Br_2、I_2 等）逸失。反应一定时间后，打开瓶塞，水即流下并可冲洗瓶塞和瓶壁，接着进行滴定。

进行滴定操作时，应注意如下几点。

① 最好每次滴定都从 0.00mL 开始，这样可以减少滴定误差。

② 滴定时，左手不能离开活塞而任溶液自流。

③ 摇瓶时，应微动腕关节，使溶液向一方向（向右）旋转，不能前后振动，以免溶液溅出。不要因摇动瓶口碰在管口上，以免造成事故。摇瓶时，一定要使溶液旋转出现一漩涡，因此，要求有一定速度，不能摇得太慢，影响化学反应的进行。

④ 滴定时，要观察滴落点周围颜色的变化。不要去看滴定管上的刻度变化，而不顾滴定反应的进行。

⑤ 滴定速度的控制方面，一般开始时，滴定速度可稍快，呈“见滴成线”，这时为 10mL/min，即每秒 3～4 滴，而不要滴成“水线”。接近终点时，应改为一滴一滴加入，即加一滴摇几下，再加，再摇。最后是每加半滴，摇几下锥形瓶，直至溶液出现明显的颜色变化为止。

(9) 半滴的控制和吹洗　快到滴定终点时，要一边摇动，一边逐滴地滴入，甚至是半滴半滴地滴入。初学者应该扎扎实实地练好加入半滴溶液的方法。用酸管时，可轻轻转动活塞，使溶液悬挂在出口管嘴上，形成半滴，用锥形瓶内壁将其沾落（尽量往下沾），再用洗瓶吹洗。对碱管，加半滴溶液时，应先松开拇指与食指，将悬挂的半滴溶液沾在锥形瓶内壁上，再放开无名指和小指，这样可避免出口管尖出现气泡。

滴入半滴溶液时，也可采用倾斜锥形瓶的方法，将附于壁上的溶液涮至瓶中。这样可避免吹洗次数太多，造成被滴物过度稀释。

微量滴定管简介：

微量滴定管［见图 3-1(c)］是测量小量体积液体时用的滴定管，它的分刻度值为 0.005mL 或 0.01mL，容积有 1～10mL 各种规格。先打开活塞 A，微微倾斜滴定管，从漏斗 B 注入溶液，当溶液接近量管的上端时，关闭活塞 A，继续向漏斗加入溶液直至占满容积的 2/3 左右。滴定前先检查管内，特别是两活塞是否有气泡，如有应设法排除，打开活塞 C，调节液面至零刻度线。滴定完毕，读数后，打开活塞 A 让溶液流向刻度管，经调节后又可进行第二份滴定。

自动滴定管简介：

自动滴定管是上述滴定管的改进，它的不同点是灌满溶液半自动化，其结构如图 3-1(d) 所示，储液瓶 A 用于储存标准溶液，常用储液瓶的容积为1～2L。量管E是以磨口接头（或胶塞）B与储液瓶A连接起来。F是防御管，为了防止标准溶液吸收空气中CO_2的和水分，可在防御管中装填碱石灰。

用打气球D打气通过玻璃管H将液体压入量管并将其充满。玻璃管G末端是一毛细管，它准确位于量管零的标线上。因此，当溶液压入量管略高出零的标线时，用手按下通气口C，让压力降低，此时溶液即自动向右虹吸到储液瓶中，使量管中液面恰好位于零线上。滴定操作及读数方法与其他滴定管相同。

自动滴定管的结构比较复杂，但使用比较方便，适用于同一标准溶液的日常例行分析工作。

二、容量瓶

容量瓶是一种细颈梨形的平底玻璃瓶，带有玻璃磨口、玻璃塞或塑料塞，可用橡皮筋将塞子系在容量瓶的颈上。颈上有标度刻线，一般表示在20℃时液体充满标度刻线时的准确容积。容量瓶的精度级别分为A级和B级。

容量瓶主要用于配制准确浓度的溶液或定量地稀释溶液，故常和分析天平、移液管配合使用，把配成溶液的某种物质分成若干等分或不同的质量。为了正确地使用容量瓶，应注意以下几点。

1. 容量瓶的检查

① 瓶塞是否漏水。

② 标度刻线位置距离瓶口是否太近。如果漏水或标线离瓶口太近，不便混匀溶液，则不宜使用。

检查瓶塞是否漏水的方法如下：加水至标度刻线附近，盖好瓶塞后用滤纸擦干瓶口。然后，用左手食指按住塞子，其余手指拿住瓶颈标线以上部分，右手用3个指尖托住瓶底边缘，如图3-13(b)所示。将瓶倒立2min以后不应有水渗出（可用滤纸片检查），如不漏水，将瓶直立，转动瓶塞180°后，再倒立2min检查，如不漏水，方可使用。

使用容量瓶时，不要将其玻璃磨口塞随便取下放在桌面上，以免玷污或搞错，可用橡皮筋或细绳将瓶塞系在瓶颈上，如图3-13(a)所示。当使用平顶的塑料塞子时，操作时也可将塞子倒置在桌面上放置。

2. 容量瓶的洗涤

洗净的容量瓶也要求倒出水后，内壁不挂水珠，否则必须用洗涤液

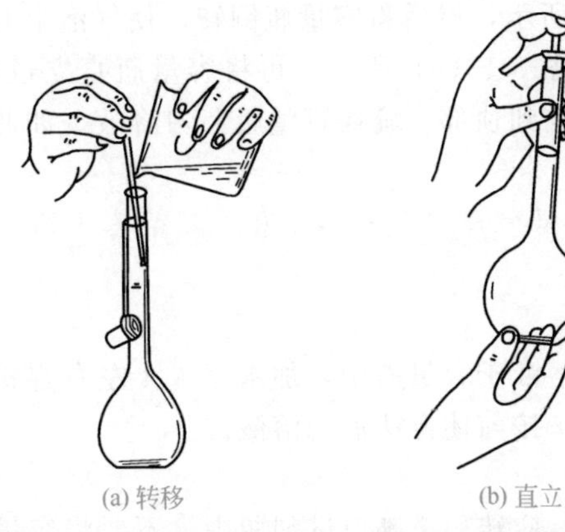

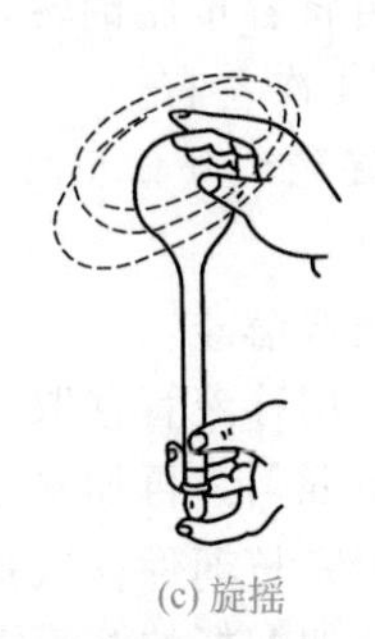

(a) 转移 (b) 直立 (c) 旋摇

图 3-13 容量瓶的使用

洗。可用合成洗涤剂浸泡或用洗液浸洗。用铬酸洗液洗时，先尽量倒出容量瓶中的水，倒入 10～20mL 洗液，转动容量瓶使洗液布满全部内壁，然后放置数分钟，将洗液倒回原瓶。再依次用自来水、纯水洗净。

3. 溶液的配制

用容量瓶配制标准溶液或分析试液时，最常用的方法是将待溶固体称出置于小烧杯中，加水或其他溶剂将固体溶解，然后将溶液定量转入容量瓶中。定量转移溶液时，右手将玻璃棒悬空伸入容量瓶口中 1～2cm，棒的下端应靠在瓶颈内壁上，但不能碰容量瓶的瓶口。左手拿烧杯，使烧杯嘴紧靠玻璃棒（烧杯离容量瓶口 1cm 左右），使溶液沿玻璃棒和内壁流入容量瓶中，如图 3-13(a) 所示。烧杯中溶液流完后，将烧杯沿玻璃棒稍微向上提起，同时使烧杯直立，待竖直后移开。将玻璃棒放回烧杯中，不可放于烧杯尖嘴处，也不能让玻璃棒在烧杯中滚动，可用左手食指将其按住。然后，用洗瓶吹洗玻璃棒和烧杯内壁，再将溶液定量转入容量瓶中。如此吹洗、转移的定量转移溶液的操作，一般应重复 5 次以上，以保证定量转移。然后加入水至容量瓶的 3/4 左右容积时，用右手食指和中指夹住瓶塞的扁头，将容量瓶拿起，按同一方向摇动几周，使溶液初步混匀。继续加水至距离标度刻线约 1cm 处后，等 1～2min 使附在瓶颈内壁的溶液流下后，再用洗瓶加水至弯月面下缘与标度刻线相切。无论溶液有无颜色，其加水位置均为使水至弯月面下缘与标度刻线相切为标准。当加水至容量瓶的标度刻线时，盖上干的瓶塞，用左手食指按住塞子，其余手指拿住瓶颈标线以上部分，而用右手的 3 个指尖托住瓶底边缘，如图 3-13(b) 所示，然后将容量瓶倒转，使气泡上升到顶，旋摇容量瓶混匀溶液，如图 3-13(c) 所示。再将容量瓶直立过来，又再将容量瓶倒转，使气泡上升到顶部，旋摇容量瓶混匀溶液。如此反复 14 次左右。

注意： *每摇几次后应将瓶塞微微提起并旋转 180°，然后塞上瓶塞再旋摇。*

4. 稀释溶液

用移液管移取一定体积的溶液于容量瓶中，加水至 3/4 左右容积时初步混匀，再加水至标度刻线。按前述方法混匀溶液。

5. 不宜长期保存试剂溶液

如配好的溶液需作保存时，应转移至磨口试剂瓶中，不要将容量瓶当作试剂瓶使用。

6. 使用完毕应立即用水冲洗干净

如长期不用，磨口处应洗净擦干，并用纸片将磨口隔开。

容量瓶不得在烘箱中烘烤，也不能在电炉等加热器上直接加热。如需使用干燥的容量瓶时，可将容量瓶洗净后，用乙醇等有机溶剂荡洗后晾干或用电吹风的冷风吹干。

三、移液管和吸量管

移液管是用于准确量取一定体积溶液的量出式玻璃量器，它的中间有一膨大部分，如图 3-14(a) 所示。管颈上部刻一圈标线，在标明的温度下，使溶液的弯月面与移液管标线相切，让溶液按一定的方法自由流出，则流出的体积与管上标明的体积相同。移液管按其容量精度分为 A 级和 B 级。

吸量管是具有分刻度的玻璃管，如图 3-14(b)、(c)、(d) 所示。它一般只用于量取小体积的溶液。常用的吸量管有 1mL，2mL，5mL，10mL 等规格，

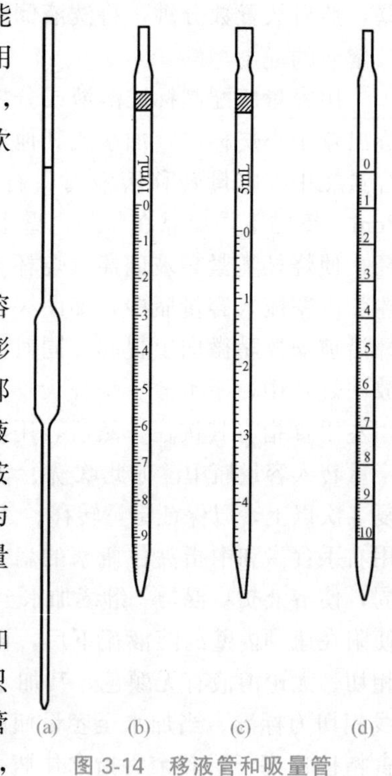

图 3-14　移液管和吸量管

吸量管吸取溶液的准确度不如移液管。应该注意：有些吸量管其分刻度不是刻到管尖，而是离管尖尚差 1～2cm，如图 3-14(d) 所示。

为了能正确使用移液管和吸量管，现分述下面几点。

1. 移液管的洗涤

吸取洗液至球部的 1/4～1/3 处，立即用右手食指按住管口，将移液管横过来，用两手的拇指及食指分别拿住移液管的两端，转动移液管并使洗液布满全管内壁，将洗液从上口倒出。依次用自来水和纯水洗净。

2. 移液管和吸量管的润洗

移取溶液前，可用吸水纸将洗干净的移液管的尖端内外的水除去，然后用待吸溶液润洗 3 次。方法是：先从试剂瓶中倒出少许溶液至一干燥的小烧杯中，然后用左手持洗耳球，将食指或拇指放在洗耳球的上方，其余手指自然地握住洗耳球，用右手的拇指和中指拿住移液管或吸量管标线以上的部分，无名指和小指辅助拿住移液管，如图 3-15 所示，将管尖伸入小烧杯的溶液或洗液中吸取，待吸液吸至球部的 1/4～1/3 处（**注意!** 勿使溶液流回，即溶液只能上升不能下降，以免稀释溶液）时，立即用右手食指按住管口并移出。将移液管横过来，用两手的拇指及食指分别拿住移液管的两端，边转动边使移液管中的溶液浸润内壁，当溶液流至标度刻线以上且距上口 2～3cm 时，将移液管直立，使溶液由尖嘴放出、弃去。如此反复润洗 3 次。润洗这一步骤很重要，它是保证使移液管的内壁及有关部位与待吸溶液处于同一浓度。吸量管的润洗操作与此相同。

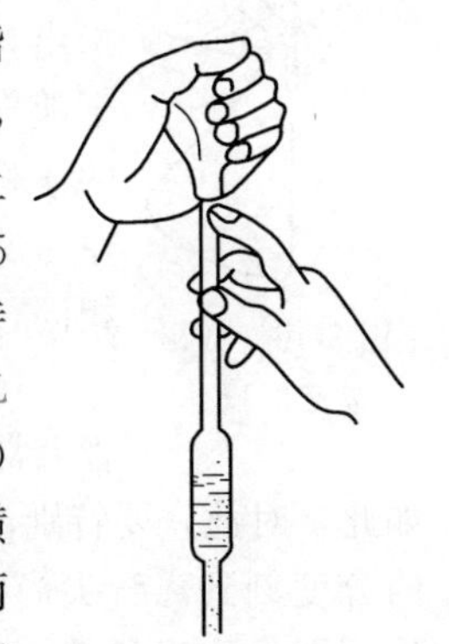

图 3-15　吸取溶液的操作

3. 移取溶液

移液管经润洗后，移取溶液时，将移液管直接插入待吸液面下 1～2cm 处。管尖不应伸入太浅，以免液面下降后造成吸空；也不应伸入太深，以免移液管外部沾附过多的溶液。吸液时，应注意容器中液面和管尖的位置，应使管尖随液面下降而下降。当洗耳球慢慢放松时，管中的液面徐徐上升，当液面上升至标线以上 5mm（不可过高、过低）时，迅速移去洗耳球。与此同时，用右手食指堵住管口，并将移液管往上提起，使之离开小烧杯，用吸水纸擦拭管的下端原伸入溶液的部分，以除去管壁上的溶液。左手改拿一干净的小烧杯，然后使烧杯倾斜成 30°，

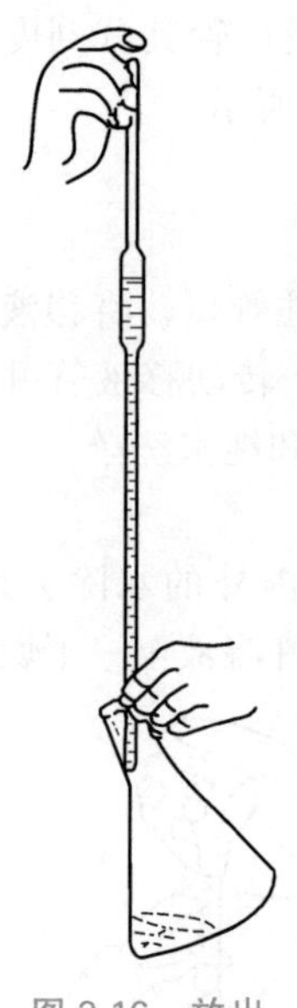

图 3-16 放出溶液的操作

其内壁与移液管尖紧贴，停留 30s 后右手食指微微松动，使液面缓慢下降，直到视线平视时弯月面与标线相切，这时立即将食指按紧管口。移开小烧杯，左手改拿接收溶液的容器，并将接收容器倾斜，使内壁紧贴移液管尖，成 30°左右。然后放松右手食指，使溶液自然地顺壁流下，如图 3-16 所示。待液面下降到管尖后，等 15s 左右，移出移液管。这时，尚可见管尖部位仍留有少量溶液，对此，除特别注明“吹”字的以外，一般此管尖部位留存的溶液是不能吹入接收容器中的，因为在工厂生产检定移液管时是没有把这部分体积算进去的。但必须指出，由于一些管口尖部做得不很圆滑，因此可能会由于随靠接收容器内壁的管尖部位不同而留存在管尖部位的体积有大小的变化，为此，可在等 15s 后，将管身往左右旋动一下，这样管尖部分每次留存的体积将会基本相同，不会导致平行测定时的过大误差。

用吸量管吸取溶液时，大体与上述操作相同。但吸量管上常标有“吹”字，特别是 1mL 以下的吸量管尤其是如此，对此，要特别注意。同时，吸量管中，如图 3-14(d) 的形式，它的分度刻到离管尖尚差 1～2cm，放出溶液时也应注意。实验中要尽量使用同一支吸量管，以免带来误差。

四、滴定分析仪器的校准

由于制造工艺的限制、试剂的侵蚀等原因，容量仪器的实际容积与它所标示的容积（标称容积）存在或多或少的差值，此值必须符合一定标准（容量允差）。下面是一些容量仪器的国家规定的容量允差。

1. 容量仪器的允差

（1）滴定管　国家规定的滴定管容量允差列于表 3-2（摘自 GB 12805）。

表 3-2　常用滴定管的容量允差

标称总容量/mL		2	5	10	25	50	100
分度值/mL		0.02	0.02	0.05	0.1	0.1	0.2
容量允差(±)/mL	A	0.010	0.010	0.025	0.05	0.05	0.10
	B	0.020	0.020	0.050	0.10	0.10	0.20

（2）容量瓶　国家规定的容量瓶容量允差列于表 3-3（摘自 GB 12806）。

表 3-3　常用容量瓶的容量允差

标称容量/mL		5	10	25	50	100	200	250	500	1000	2000
容量允差(±)/mL	A	0.02	0.02	0.03	0.05	0.10	0.15	0.15	0.25	0.40	0.60
	B	0.04	0.04	0.06	0.10	0.20	0.30	0.30	0.50	0.80	1.20

（3）移液管　国家规定的移液管容量允差见表 3-4（摘自 GB 12808）。

表 3-4　常用移液管的容量允差

标称容量/mL		2	5	10	20	25	50	100
容量允差(±)/mL	A	0.010	0.015	0.020	0.030	0.030	0.050	0.080
	B	0.020	0.030	0.040	0.060	0.060	0.100	0.160

玻璃量器分为量入式玻璃量器和量出式玻璃量器。

量入式玻璃量器——量器上标示的体积表示容量仪器容纳的体积，包括器壁上所挂液体的体积，用符号“E”表示。

量出式玻璃量器——量器上标示的体积表示从容量仪器中放出的液体的体积，不包括器壁上所挂液体的体积。用符号“A”表示，或用“E_X”表示。

量器的准确度对于一般分析已经满足要求，但在要求较高的分析工作中则必须进行校准。一些标准分析方法规定对所用量器必须校准，因此需要掌握量器的校准方法。

2. 容量仪器的校准

由于玻璃具有热胀冷缩的特性，在不同的温度下容量器皿的体积也有所不同。因此，校准玻璃容量器皿时，必须规定一个共同的温度值，这一规定温度值为标准温度。国际上规定玻璃容量器皿的标准温度为20℃。即在校准时都将玻璃容量器皿的容积校准到20℃时的实际容积。校准工作是一项技术性较强的工作，操作一定要正确，故对实验室有下列要求：

① 天平的称量误差应小于量器允差的 1/10；

② 使用分度值为 0.1℃的温度计；

③ 室内温度变化不超过 1℃/h，室温最好控制在 20℃±5℃。

容量仪器的校准在实际工作中通常采用绝对校准法和相对校准法两种方法。

(1) 绝对校准法(称量法) 绝对校准法是测定容量器皿的实际容积。是指称取滴定分析仪器某一刻度内放出或容纳纯水的质量,根据该温度下纯水的密度,将水的质量换算成体积的方法。其换算公式为:

$$V_t=\frac{m_t}{\rho_{水}}$$

式中 V_t——温度 t(℃) 时水的体积,mL;

m_t——温度 t(℃) 时在空气中称得水的质量,g;

$\rho_{水}$——温度 t(℃) 时在空气中水的密度,g/mL。

测量体积基本单位是"升"(L),1L是指在真空中质量为1kg的纯水,在3.98℃时所占的体积。滴定分析中常以"升"的千分之一"毫升"作为基本单位,即在3.98℃时,1mL纯水在真空中的质量为1.000g。如果校准工作也是在3.98℃和真空中进行,则称出纯水的质量(g)就等于纯水体积(mL)。但实际工作中不可能在真空中称量,也不可能在3.98℃时进行分析测定,而是在空气中称量,在室温下进行分析测定。国产的滴定分析仪器,其体积都是以20℃为标准温度进行标定的,例如,一个标有20℃,体积为1L的容量瓶,表示在20℃时,它的体积1L,即真空中1kg纯水在3.98℃时所占的体积。

将称出的纯水质量换算成体积时,必须考虑下列三方面的因素。

a.水的密度随温度的变化而改变。水在3.98℃的真空中相对密度为1,高于或低于此温度,其相对密度均小于1。

b.温度对玻璃仪器热胀冷缩的影响。温度改变时,因玻璃的膨胀和收缩,量器的容积也随之而改变。因此,在不同的温度校准时,必须以标准温度为基础加以校准。

c.在空气中称量时,空气浮力对纯水质量的影响。校准时,在空气中称量,由于空气浮力的影响,水在空气中称得的质量必小于在真空中称得的质量,这个减轻的质量应该加以校准。

在一定的温度下,上述三个因素的校准值是一定的,所以可将其合并为一个总校准值。此值表示玻璃仪器中容积(20℃)为1mL的纯水在不同温度下,于空气中用黄铜砝码称得的质量,列于表3-5中。

利用此值可将不同温度下水的质量换算成20℃时的体积,其换算公式为:

$$V_{20}=\frac{m_t}{\rho_t}$$

式中　m_t——温度 t(℃) 时在空气中用砝码称得玻璃仪器中放出或装入的纯水的质量，g；

ρ_t——1mL 的纯水在 t(℃) 用黄铜砝码称得的质量，g；

V_{20}——将 m_t(g) 纯水换算成 20℃时的体积，mL。

表 3-5　玻璃容器中 1mL 水在空气中用黄铜砝码称得的质量

温度/℃	质量/g	温度/℃	质量/g	温度/℃	质量/g	温度/℃	质量/g
1	0.99824	11	0.99832	21	0.99700	31	0.99464
2	0.99832	12	0.99823	22	0.99680	32	0.99434
3	0.99839	13	0.99814	23	0.99660	33	0.99406
4	0.99844	14	0.99804	24	0.99638	34	0.99375
5	0.99848	15	0.99793	25	0.99617	35	0.99345
6	0.99851	16	0.99780	26	0.99593	36	0.99312
7	0.99850	17	0.99765	27	0.99569	37	0.99280
8	0.99848	18	0.99751	28	0.99544	38	0.99246
9	0.99844	19	0.99734	29	0.99518	39	0.99212
10	0.99839	20	0.99718	30	0.99491	40	0.99177

① 滴定管的校准　将滴定管洗净至内壁不挂水珠，加入纯水，驱除活塞下的气泡，取一磨口塞锥形瓶，擦干外壁、瓶口及瓶塞，在分析天平上称取其质量。将滴定管的水面调节到正好在 0.00mL 刻度处。按滴定时常用的速度（每秒 3 滴）将一定体积的水放入已称过质量的具塞锥形瓶中，注意勿将水沾在瓶口上。在分析天平上称量盛水的锥形瓶的质量，计算水的质量及真实体积，倒掉锥形瓶中的水，擦干瓶外壁、瓶口和瓶塞，再次称量瓶的质量。滴定管重新充水至 0.00mL 刻度，再放至另一体积的水至锥形瓶中，称量盛水的瓶的质量，测定当时水的温度，查出该温度下 1mL 的纯水用黄铜砝码称得的质量，计算出此段水的实际体积。如上继续检定至 0 到最大刻度的体积，计算真实体积。

重复检定 1 次，两次检定所得同一刻度的体积相差不应大于 0.01mL（**注意!** 至少检定两次），算出各个体积处的校准值（二次平均），以读数为横坐标，校准值为纵坐标，画校准值曲线，以备使用滴定管时查取。

一般 50mL 滴定管每隔 10mL 测一个校准值，25mL 滴定管每隔 5mL 测一个校准值，3mL 微量滴定管每隔 0.5mL 测一个校准值。

例 3-11 校准滴定管时，在 21℃时由滴定管中放出 0.00～10.03mL 水，称得其质量为 9.981g，计算该段滴定管在 20℃时的实际体积及校准值。

解 查表 3-5 得，21℃时 $\rho_{21}=0.99700g/mL$

$$V_{20}=\frac{9.981}{0.99700}=10.01\ (mL)$$

该段滴定管在 20℃时的实际体积为 10.01mL。

体积校准值 $\Delta V=10.01-10.03=-0.02\ (mL)$

该段滴定管在 20℃时的校准值为 −0.02mL。

② 容量瓶的校准　将洗涤合格，并倒置沥干的容量瓶放在天平上称量。取蒸馏水充入已称重的容量瓶中至刻度，称量并测水温（准确至 0.5℃）。根据该温度下的密度，计算真实体积。

例 3-12 15℃时，称得 250mL 容量瓶中至刻度线时容纳纯水的质量为 249.520g，计算该容量瓶在 20℃时的校准值。

解 查表 3-5 得，15℃时 $\rho_{15}=0.99793g/mL$

$$V_{20}=\frac{249.520}{0.99793}=250.04\ (mL)$$

体积校准值 $\Delta V=250.04-250.00=+0.04\ (mL)$

该容量瓶在 20℃时的校准值为 +0.04mL。

③ 移液管的校准　将移液管洗净至内壁不挂水珠，取具塞锥形瓶，擦干外壁、瓶口及瓶塞，称量。按移液管使用方法量取已测温的纯水，放入已称重的锥形瓶中，在分析天平上称量盛水的锥形瓶，计算在该温度下的真实体积。

例 3-13 24℃时，称得 25mL 移液管中至刻度线时放出水的质量为 24.902g，计算该移液管在 20℃时的真实体积及校准值。

解 查表 3-5 得，24℃时 $\rho_{24}=0.99638g/mL$

$$V_{20}=\frac{24.902}{0.99638}=24.99\ (mL)$$

该移液管在 20℃时的真实体积为 24.99mL。

体积校准值 $\Delta V=24.99-25.00=-0.01\ (mL)$

该移液管在 20℃时的校准值为 −0.01mL。

(2) 相对校准法　相对校准法是相对比较两容器所盛液体体积的比例关系。在实际的分析工作中，容量瓶与移液管常常配套使用，如将一定量的物质溶解后在容量瓶中定容，用移液管取出一部分进行定量分析。因此，重要的不是要知道所用容量瓶和移液管的绝对体积，而是容量瓶与移液管的容积比是否正确，如用25mL移液管从250mL容量瓶中移出溶液的体积是否是容量瓶体积的1/10，一般只需要进行容量瓶和移液管的相对校准。校准的方法如下：

用洗净的25mL移液管吸取蒸馏水，放入洗净沥干的250mL容量瓶中，平行移取10次，观察容量瓶中水的弯月面下缘是否与标线相切，若正好相切，说明移液管与容量瓶体积的比例为1∶10；若不相切，表示有误差，记下弯月面下缘的位置，待容量瓶沥干后再校准一次；连续两次实验相符后，用一平直的窄纸条贴在与弯月面相切之处，并在纸条上刷蜡或贴一块透明胶布以此保护此标记。以后使用的容量瓶与移液管即可按所贴标记配套使用。

在分析工作中，滴定管一般采用绝对校准法，对于配套使用的移液管和容量瓶，可采用相对校准法，用作取样的移液管，则必须采用绝对校准法。绝对校准法准确，但操作比较麻烦。相对校准法操作简单，但必须配套使用。

使用中的滴定管、分度吸管、单标线吸管、容量瓶等玻璃仪器的检定周期为三年。其中用于碱溶液的量器和无塞滴定管为一年。

3. 溶液体积的校准

滴定分析仪器都是以20℃为标准温度来标定和校准的，但是使用时则往往不是在20℃，温度变化会引起仪器容积和溶液体积的改变，如果在某一温度下配制溶液，并在同一温度下使用，就不必校准，因为这时所引起的误差在计算时可以抵消。如果在不同的温度下使用，则需要校准。当温度变化不大时，玻璃仪器容积变化的数值很小，可忽略不计，但溶液体积的变化则不能忽略。溶液体积的改变是由于溶液密度的改变所致，稀溶液密度的变化和水相近。表3-6列出了在不同温度下1000mL水或稀溶液换算到20℃时，其体积应增减的毫升数。

例3-14 在10℃时，滴定用去26.00mL 0.1mol/L标准滴定溶液，计算在20℃时该溶液的体积。

解 查表3-6得，10℃时1L 0.1mol/L溶液的补正值为+1.5mL，则在20℃时该溶液的体积为：

$$26.00+\frac{1.5}{1000}\times 26.00=26.04\ (\text{mL})$$

表 3-6 不同温度下标准滴定溶液的体积的补正值(GB/T 601)

[1000mL 溶液由 t(℃)换算为 20℃时的补正值/(mL/L)]

温度/℃	水及0.05mol/L以下的各种水溶液	0.1mol/L及0.2mol/L各种水溶液	盐酸溶液[$c(HCl)$=0.5mol/L]	盐酸溶液[$c(HCl)$=1mol/L]	硫酸溶液[$c(\frac{1}{2}H_2SO_4)$=0.5mol/L],氢氧化钠溶液[$c(NaOH)$=0.5mol/L]	硫酸溶液[$c(\frac{1}{2}H_2SO_4)$=1mol/L],氢氧化钠溶液[$c(NaOH)$=1mol/L]	碳酸钠溶液[$c(\frac{1}{2}Na_2CO_3)$=1mol/L]	氢氧化钾-乙醇溶液[$c(KOH)$=0.1mol/L]
5	+1.38	+1.7	+1.9	+2.3	+2.4	+3.6	+3.3	
6	+1.38	+1.7	+1.9	+2.2	+2.3	+3.4	+3.2	
7	+1.36	+1.6	+1.8	+2.2	+2.2	+3.2	+3.0	
8	+1.33	+1.6	+1.8	+2.1	+2.2	+3.0	+2.8	
9	+1.29	+1.5	+1.7	+2.0	+2.1	+2.7	+2.6	
10	+1.23	+1.5	+1.6	+1.9	+2.0	+2.5	+2.4	+10.8
11	+1.17	+1.4	+1.5	+1.8	+1.8	+2.3	+2.2	+9.6
12	+1.10	+1.3	+1.4	+1.6	+1.7	+2.0	+2.0	+8.5
13	+0.99	+1.1	+1.2	+1.4	+1.5	+1.8	+1.8	+7.4
14	+0.88	+1.0	+1.1	+1.2	+1.3	+1.6	+1.5	+6.5
15	+0.77	+0.9	+0.9	+1.0	+1.1	+1.3	+1.3	+5.2
16	+0.64	+0.7	+0.8	+0.8	+0.9	+1.1	+1.1	+4.2
17	+0.50	+0.6	+0.6	+0.6	+0.7	+0.8	+0.8	+3.1
18	+0.34	+0.4	+0.4	+0.4	+0.5	+0.6	+0.6	+2.1
19	+0.18	+0.2	+0.2	+0.2	+0.2	+0.3	+0.3	+1.0
20	0.00	0.00	0.00	0.0	0.0	0.0	0.0	0.0
21	−0.18	−0.2	−0.2	−0.2	−0.2	−0.3	−0.3	−1.1
22	−0.38	−0.4	−0.4	−0.5	−0.5	−0.6	−0.6	−2.2
23	−0.58	−0.6	−0.7	−0.7	−0.8	−0.9	−0.9	−3.3

续表

温度/℃	水及0.05mol/L以下的各种水溶液	0.1mol/L及0.2mol/L各种水溶液	盐酸溶液[c(HCl)=0.5mol/L]	盐酸溶液[c(HCl)=1mol/L]	硫酸溶液[$c\left(\frac{1}{2}H_2SO_4\right)$=0.5mol/L]，氢氧化钠溶液[$c$(NaOH)=0.5mol/L]	硫酸溶液[$c\left(\frac{1}{2}H_2SO_4\right)$=1mol/L]，氢氧化钠溶液[$c$(NaOH)=1mol/L]	碳酸钠溶液[$c\left(\frac{1}{2}Na_2CO_3\right)$=1mol/L]	氢氧化钾-乙醇溶液[c(KOH)=0.1mol/L]
24	−0.80	−0.9	——0.9	−1.0	−1.0	−1.2	−1.2	−4.2
25	−1.03	−1.1	−1.1	−1.2	−1.3	−1.5	−1.5	−5.3
26	−1.26	−1.4	−1.4	−1.4	−1.5	−1.8	−1.8	−6.4
27	−1.51	−1.7	−1.7	−1.7	−1.8	−2.1	−2.1	−7.5
28	−1.76	−2.0	−2.0	−2.0	−2.1	−2.4	−2.4	−8.5
29	−2.01	−2.3	−2.3	−2.3	−2.4	−2.8	−2.8	−9.6
30	−2.30	−2.5	−2.5	−2.6	−2.8	−3.2	−3.1	−10.6
31	−2.58	−2.7	−2.7	−2.9	−3.1	−3.5		−11.6
32	−2.86	−3.0	−3.0	−3.2	−3.4	−3.9		−12.6
33	−3.04	−3.2	−3.3	−3.5	−3.7	−4.2		−13.7
34	−3.47	−3.7	−3.6	−3.8	−4.1	−4.6		−14.8
35	−3.78	−4.0	−4.0	−4.1	−4.4	−5.0		−16.0
36	−4.10	−4.3	−4.3	−4.4	−4.7	−5.3		−17.0

注：1. 本表数值是以20℃为标准温度以实测法测出。

2. 表中带有“+”“−”号的数值是以20℃为分界。室温低于20℃的补正值为“+”，高于20℃的补正值为“−”。

3. 本表的用法，如下：

如1L硫酸溶液$\left[c\left(\frac{1}{2}H_2SO_4\right)=1mol/L\right]$由25℃换算为20℃时，其体积补正值为−1.5mL，故40.00mL换算为20℃时的体积为：

$$40.00-\frac{1.5}{1000}\times 40.00=39.94\ (mL)$$

第五节　应用实例和滴定分析基本操作练习

学习要点　通过练习熟练移液管的使用步骤和操作方法，能准确规范地移取一定量的溶液；熟练容量瓶的使用步骤和操作方法，能准确规范地使用容量瓶配制一定浓度的溶液；熟练滴定管的使用步骤和规范的操作方法，能自如地控制滴定速度，学会能根据不同实验正确判断滴定终点，准确读取滴定管中溶液体积读数；掌握滴定管、移液管的校准及移液管和容量瓶间相对校准的操作程序和规范的操作方法，能根据滴定管各容量段相应的校准值作出被校准滴定管的校准曲线。

一、滴定分析仪器基本操作

1. 仪器试剂

常用滴定分析仪器；无水 Na_2CO_3 固体。

2. 实例内容与操作步骤

（1）移液管的使用

① 检查移液管的质量及有关标志　移液管的上管口应平整，流液口没有破损；主要的标志是应有商标、标准温度、标称容量数字及单位、移液管的级别、有无规定等待时间。

② 移液管的洗涤　依次用自来水、洗涤剂或铬酸洗液洗涤，洗至不挂水珠并用蒸馏水淋洗 3 次以上。

③ 移液操作　用 25mL 移液管移取蒸馏水，练习移液操作。

a. 用待吸液润洗 3 次。

b. 吸取溶液。用洗耳球将待吸液吸至刻度线稍上方（**注意!** 握持移液管及洗耳球的手形），堵住管口，用滤纸擦干外壁。

c. 调定液面。将弯月面最低点调至与刻度线上缘相切。**注意!** 观察视线应水平，移液管要保持垂直，用一小烧杯在流液口下接取并注意处理管尖外的液滴。

d. 放出溶液。将移液管移至另一接收器中，保持移液管垂直，接收器倾斜，移液管的流液口紧触接收器内壁。放松手指，让液体自然流出，流完后停留 15s，保持触点，将管尖在靠点处靠壁左右转动。

e. 洗净移液管，放置在移液管架上。

以上操作反复练习，直至熟练为止。

（2）容量瓶的使用

① 检查容量瓶的质量和有关标志。容量瓶应无破损，磨口瓶塞合适不漏水。

② 洗净容量瓶至不挂水珠。

③ 容量瓶的操作

a. 在小烧杯中用约 50mL 水溶解所称量的无水 Na_2CO_3 样品。

b. 将 Na_2CO_3 溶液沿玻璃棒注入容量瓶中（**注意!** 杯嘴和玻璃棒的靠点及玻璃棒和容量瓶颈的靠点），洗涤烧杯并将洗涤液也注入容量瓶中。

c. 初步摇匀。加水至总体积的 3/4 左右时，摇动容量瓶（不要盖瓶塞，不能颠倒，水平转动摇匀）数圈。

d. 定容。注水至刻度线稍下方，放置 1～2min，调定弯月面最低点和刻度线上缘相切（**注意!** 容量瓶垂直，视线水平）。

e. 混匀。塞紧瓶塞，颠倒摇动容量瓶 14 次以上（**注意!** 要数次提起瓶塞），混匀溶液。

f. 用毕后洗净，在瓶口和瓶塞间夹一纸片，放在指定位置。

（3）滴定管的使用

① 检查滴定管的质量和有关标志。

② 涂油，试漏。

③ 洗净滴定管至不挂水珠。

④ 滴定管的使用

a. 用待装溶液润洗。

b. 装溶液，赶气泡。

c. 调零。

d. 滴定操作练习，3 种滴定速度。

e. 读数。

⑤ 用毕后洗净，倒夹在滴定台上，或充满蒸馏水夹在滴定台上。

3. 注意事项

（1）用待吸溶液润洗移液管时，插入溶液之前要将移液管内外的水尽量沥干。

（2）要将移液管外壁擦干再调节液面至刻度线。

（3）放溶液时注意移液管在接收容器中的位置，溶液流完后应停留 15s，最后再左右旋转。

（4）酸式滴定管涂油量要适当。

（5）定量转移时注意玻璃棒下端和烧杯的位置。

（6）3/4 处应水平摇动，水平摇动不要塞瓶塞。

（7）稀释至近刻线时应放置 1～2min。

4. 思考题

（1）移液管、滴定管和容量瓶这 3 种仪器中，哪些要用溶液润洗 3 次？

（2）润洗前为什么要尽量沥干？

（3）使用铬酸洗液时应注意些什么？

（4）玻璃仪器洗净的标志是什么？

二、滴定终点练习

1. 方法原理

滴定终点的判断正确与否是影响滴定分析准确度的重要因素，必须学会正确判断终点以及检验终点的方法。酸碱滴定所用的指示剂大多数是可逆的，这有利于练习判断滴定终点和验证终点。

甲基橙（简写为 MO）的 pH 变色范围是 3.1（红色）～4.4（黄色），pH4.0 附近为橙色。以 MO 为指示剂，用 NaOH 溶液滴定酸性溶液时，终点颜色变化是由橙变黄；而用 HCl 溶液滴定碱性溶液时，则应以由黄色变橙色时为终点。判断橙色对初学者有一定的难度，所以在做滴定练习之前，应先练习判断和验证终点。具体做法是：在锥形瓶中加入约 30mL 水和 1 滴 MO 指示液，从碱式滴定管中放出 2～3 滴 NaOH 溶液，观察其黄色；然后用酸式滴定管滴加 HCl 溶液至由黄色变橙色，如果已滴到红色，再滴加 NaOH 溶液至黄色。如此反复滴加 HCl 和 NaOH 溶液，直至能做到加半滴 NaOH 溶液由橙色变黄色（验证：再加半滴 NaOH 溶液颜色不变，或加半滴 HCl 溶液则变橙色），而加半滴 HCl 溶液由黄色变橙色（验证：再加半滴 HCl 溶液变红色，或加半滴 NaOH 溶液能变黄色）为止，达到能通过加入半滴溶液而确定终点。熟悉了判断终点的方法后，再按实验步骤中“4”和“5”进行滴定练习。

在以后的各次实验中，每遇到一种新的指示剂，均应先练习至能正确地判断终点颜色变化后再开始实验

2. 仪器试剂

（1）常用滴定分析仪器。

（2）浓 HCl。

（3）NaOH 固体。

（4）1g/L 甲基橙（MO）溶液。

（5）10g/L 酚酞（PP）乙醇溶液。

3. 实例内容与操作步骤

（1）配制 500mL 0.1mol/L HCl 溶液　量取一定量的蒸馏水于 500mL 烧杯中，迅速加入 4.3mL 浓 HCl，搅拌后再加蒸馏水稀释至 500mL。转移到试剂瓶中，盖上瓶塞，摇匀。

（2）配制 500mL 0.1mol/L NaOH 溶液　称取 2g NaOH 固体于 500mL 烧杯中，加入 100mL 蒸馏水溶解后，再稀释至 500mL。转移到试剂瓶中，盖上瓶塞，摇匀。

（3）将酸式滴定管和碱式滴定管洗净，并用待装的溶液润洗 3 次。

（4）用 HCl 溶液滴定 NaOH 溶液　在碱式滴定管中装入 NaOH 溶液，排除玻璃珠下部管中的气泡，并将液面调节至 0.00mL 标线。在酸式滴定管中装入 HCl 溶液，赶除气泡后调定零点。以 10mL/min 的流速放出 20.00mL NaOH 溶液至锥形瓶中（或者先快速放出 19.5mL，等待 30s，再继续放到 20.00mL），加 1 滴 MO 指示液，用 HCl 溶液滴定到由黄变橙，记录所耗 HCl 溶液的体积（读准至 0.01mL）。再放出 2.00mL NaOH 溶液（此时碱式滴定管读数为 22.00mL），继续用 HCl 溶液滴定至橙色，记录滴定终点读数。如此连续滴定 5 次，得到 5 组数据，均为累计体积。计算每次滴定的体积比 $V(HCl)/V(NaOH)$ 及体积比的相对平均偏差，其相对偏差应不超过 0.2%，否则要重新连续滴定 5 次。

（5）用 NaOH 溶液滴定 HCl 溶液　在酸式滴定管中装入 HCl 溶液，赶除气泡后调定零点。在碱式滴定管中装入 NaOH 溶液，排除玻璃珠下部管中的气泡，并将液面调节至 0.00mL 标线。以 10mL/min 的流速放出 20.00mL HCl 溶液至锥形瓶中（或者先快速放出 19.5mL，等待 30s，再继续放到 20.00mL），加 2 滴 PP 指示液，用 NaOH 溶液滴定到溶液由无色变为粉红色且 30s 之内不褪色即到终点，记录消耗 NaOH 溶液的体积（读准至 0.01mL）。再放出 2.00mL HCl 溶液（此时酸式滴定管读数为 22.00mL），继续用 HCl 溶液滴定至粉红色，记录滴定终点读数。如此连续滴定 5 次，得到 5 组数据，均为累计体积。计算每次滴定的体积比 $V(HCl)/V(NaOH)$ 及体积比的相对平均偏差，其相对偏差应不超过 0.2%，否则要重新连续滴定 5 次。

（6）实验结束后将实验仪器洗净，并将滴定管倒夹在滴定台上（酸式滴定管的活塞要打开）。将仪器收回仪器柜子里。最后将实验台擦净，以后的每次实验都应该这样。

4. 数据记录与处理（参考表 3-7、表 3-8）

表 3-7　用 HCl 溶液滴定 NaOH 溶液　　指示剂：甲基橙

项　目	1	2	3	4	5
V(NaOH)/mL	20.00	22.00	24.00	26.00	28.00
V(HCl)/mL					
V(HCl)/V(NaOH)					
V(HCl)/V(NaOH)平均值					
相对偏差/%					

表 3-8　用 NaOH 溶液滴定 HCl 溶液　　指示剂：酚酞

项　目	1	2	3	4	5
V(HCl)/mL	20.00	22.00	24.00	26.00	28.00
V(NaOH)/mL					
V(HCl)/V(NaOH)					
V(HCl)/V(NaOH)平均值					
相对偏差/%					

5. 注意事项

（1）滴定管装溶液前要用待装溶液润洗。

（2）指示剂不得多加，否则终点难以观察。

（3）碱式滴定管在滴定过程中不得产生气泡。

（4）滴定过程中要注意观察溶液颜色变化的规律。

（5）读数要准确。

（6）V(HCl)/V(NaOH) 亦可用 V(NaOH)/V(HCl) 表示。

6. 思考题

（1）锥形瓶使用前是否要干燥？为什么？

（2）若滴定结束时发现滴定管下端挂溶液或有气泡应如何处理？

（3）酸式滴定管和碱式滴定管是否要用待装溶液润洗？如何润洗？

三、滴定分析仪器的校准

1. 实验原理

滴定管、移液管、容量瓶等分析实验室常用的玻璃量器，都具有刻度和标称容量，国家标准规定的容量允差见表 3-2～表 3-4。合格的产品其容量误差往往小于允差，但也常有不合格产品流入市场，如果不预先进行容量校准就可能给实验结果带来系统误差。在进行分析化学实验之前，应该对所用仪器的计量性能心中有数，使其测量的精度能满足对实验结果准确度的要求。进行高精度的定量分析实验时，应使用经过校准的仪器，尤其是当对所用仪器的质量有怀疑或需要使用A级产品而只能买到B级产品时，或不知道现有仪器的精密级别时，都有必要对仪器进行容量校准。在实际工作中，用于产品质量检验的量器都必须经过校准。因此，容量的校准是一项不可忽视的工作。

校准的方法是，称量被校准的量器中量入或量出纯水的表观质量，再根据当时水温下的表观密度计算出该量器在20℃时的实际容量。这里应该考虑空气浮力作用和空气成分在水中的溶解、纯水在真空中和在空气中的密度值稍有差别等因素。

校准是技术性强的工作，操作要正确、规范，实验室要具备以下条件。

① 具有足够承载范围和称量空间的分析天平，其分度值应小于被校量器容量允差的1/10。

② 有新制备的蒸馏水或去离子水。

③ 有分度值为0.1℃的温度计。

④ 室温最好控制在20℃±5℃，而且温度变化不超过1℃/h。校准前，量器和纯水应在该室温下达到平衡。

⑤ 光线要均匀、明亮，近处的台架或墙壁最好是单一的浅色调。

⑥ 量入式量器校准前要进行干燥，可用热气流（最好用气流烘干机）烘干或用乙醇涮洗后晾干。干燥后再放到天平室平衡。

特别值得一提的是，校准不当和使用不当一样，都是产生容量误差的主要原因，其误差可能超过允差或量器本身固有的误差。所以，校准时必须仔细、正确地进行操作，使校准误差减至最小。凡是要使用校正值的，其校准次数不可少于2次，两次校准数据的偏差应不超过该量器容量允差的1/4，并以其平均值为校准结果。

如果对校准的精确度要求很高，并且温度超出20℃±5℃、大气压力及湿度变化较大，则应根据实测的空气压力、温度求出空气密度，利用下式计算实际容量：

$$V_{20}=(I_L-I_E)\times\frac{1}{\rho_W-\rho_A}\times(1-\frac{\rho_A}{\rho_B})\times[1-\gamma(t-20)]$$

式中 I_L——盛水容器的天平读数，g；

I_E——空容器的天平读数，g；

ρ_W——温度t时纯水的密度，g/mL；

ρ_A——空气密度，g/mL；

ρ_B——砝码密度，g/mL；

γ——量器材料的体热膨胀系数，K^{-1}；

t——校准时所用纯水的温度，℃。

产品标准中规定玻璃量器采用钠钙玻璃（体热膨胀系数为 $25\times10^{-6}K^{-1}$）或硼硅玻璃（体热膨胀系数为 $10\times10^{-6}K^{-1}$）制造。温度变化对玻璃体积的影响很小，例如用钠钙玻璃制造的量器，如果在 20℃时校准而在 27℃时使用，由玻璃材料本身膨胀所引起的容量误差只有 0.02%（相对），一般都可忽略。为了统一基准，国际标准和我国标准都规定以 20℃为标准温度，即量器的标称容量都是在 20℃时标定的。

但是，液体的体积受温度的影响往往是不可忽略的。水及稀溶液的热膨胀系数比玻璃大 10 倍左右，所以，在校准和使用量器时必须注意温度对液体体积的影响。

2. 仪器试剂

（1）常用滴定分析仪器。

（2）乙醇（无水或 95%），供干燥容量瓶用。

（3）具塞锥形瓶（125mL），洗净晾干。

（4）温度计，分度值 0.1℃。

3. 实例内容与操作步骤

（1）移液管（单标线吸量管）的校准　取一个 125mL 具塞锥形瓶，在分析天平上称量至毫克位。用已洗净的 25mL 移液管吸取纯水（盛在 100mL 烧杯中）至标线以上几毫米，用滤纸片擦干管下端的外壁，将流液口接触烧杯内壁，移液管垂直，烧杯倾斜约 30°。调节液面使其最低点与标线上边缘相切，然后将移液管插入锥形瓶内，使流液口接触磨口以下的内壁，让水沿壁流下，待液面静止后再等待 15s。在放水及等待过程中，移液管要始终保持垂直，流液口一直接触瓶壁，但不可接触瓶内的水，锥形瓶要保持倾斜。放完水要随即盖上瓶塞，称量到毫克位。两次称得质量之差即释出纯水的质量 m_t。重复操作一次，两次释出纯水的质量之差应小于 0.01g。

将温度计插入水中 5～10min，测量水温读数时不可将温度计的下端提出水面（为什么?）。从表 3-5 中查出该温度下的 ρ_t，并利用下式计算移液管的实际容量：

$$V_{20}=\frac{m_t}{\rho_t}$$

（2）移液管、容量瓶的相对校准　将250mL容量瓶洗净、晾干（可用几毫升乙醇润洗内壁后倒挂在漏斗板上数小时），用洗净的25mL移液管准确吸取蒸馏水10次至容量瓶中，观察容量瓶中水的弯月面下缘是否与标线相切，若正好相切，说明移液管与容量瓶体积的比例为1∶10。若不相切（相差超过1mm），表示有误差，记下弯月面下缘的位置。待容量瓶晾干后再校准一次。连续两次实验相符后，用一平直的窄纸条贴在与弯月面相切之处（**注意！** 纸条上沿与弯月面相切），并在纸条上刷蜡或贴一块透明胶布以保护此标记。以后使用的容量瓶与移液管即可按所贴标记配套使用。

（3）滴定管的校准　洗净一支50mL酸式滴定管，用洁布擦干外壁，倒挂于滴定台上5min以上。打开旋塞，用洗耳球使水从管尖吸入，仔细观察液面上升过程中是否变形（液面边缘是否起皱），如果变形，应重新洗涤。

将滴定管注水至标线以上约5mm处，垂直挂在滴定台上，等待30s后调节液面至0.00mL。

取一个洗净晾干的125mL具塞锥形瓶，在天平上称准至0.001g。从滴定管中向锥形瓶排水，当液面降至被校分度线以上约0.5mL时，等待15s。然后在10s内将液面调整至被校分度线，随即用锥形瓶内壁靠下挂在尖嘴下的液滴，立即盖上瓶塞进行称量。测量水温后，查出该温度下的ρ_t，利用$V=\frac{m_t}{\rho_t}$计算被校分度线的实际体积，再计算出相应的校准值ΔV=实际体积－标称容量。

按照表3-9所列的容量间隔进行分段校准，每次都从滴定管的0.00mL标线开始，每支滴定管重复校准一次。表中V_{20}为标称容量。

以滴定管被校分度线的标称容量为横坐标，相应的校准值为纵坐标，用直线连接各点绘出校准曲线。

4. 数据记录与处理（参考表3-9）

表3-9　滴定管校准记录

校准分段/mL	称量记录/g				纯水的质量/g			实际体积 V/mL	校准值 ΔV/mL（$\Delta V=V_{20}-V$）	
	瓶质量	（瓶＋水）质量	瓶质量	（瓶＋水）质量	1	2	平均质量			
0.00～10.00										
0.00～15.00										

续表

校准分段/mL	称量记录/g				纯水的质量/g			实际体积 V/mL	校准值 ΔV/mL (ΔV = $V_{20}-V$)
	瓶质量	(瓶+水)质量	瓶质量	(瓶+水)质量	1	2	平均质量		
0.00～20.00									
0.00～25.00									
0.00～30.00									
0.00～35.00									
0.00～40.00									
0.00～45.00									
0.00～50.00									

5. 注意事项

（1）仪器的洗涤效果和操作技术是校准成败的关键。如果操作不够正确、规范，其校准结果不宜在以后的实验中使用。

（2）一件仪器的校准应连续、迅速地完成，以避免温度波动和水的蒸发所引起的误差。

6. 思考题

（1）容量仪器为什么要进行校准?

（2）称量纯水所用的具塞锥形瓶，为什么要避免将磨口和瓶塞沾湿?

（3）分段校准滴定管时，为何每次都要从 0.00mL 开始?

滴定基本操作技能鉴定表

项目		操作要领	分值	扣分	得分
移液管的使用（23分）	移液管的准备（6分）	移液管的洗涤	0.5		
		润洗前内外溶液的处理	1		
		润洗时吸溶液未回流	1		
		润洗时待吸液用量	0.5		
		用待吸液润洗方法	1		
		用待吸液润洗次数	1		
		润洗后废液的排放(从下口排出)	0.5		
		洗涤液放入废液杯(没有放入原瓶)	0.5		
	溶液的移取（12分）	左手握洗耳球的姿势	0.5		
		右手持移液管的姿势	0.5		
		吸液时管尖插入液面的深度(1～2cm)	2		
		吸液高度(刻度线以上少许)	0.5		
		调节液面之前擦干外壁	2		
		调节液面时手指动作规范	1		

续表

项目		操作要领	分值	扣分	得分
移液管的使用（23分）	溶液的移取（12分）	调节液面时视线水平	1		
		调节液面时废液排放(放入废液杯)	0.5		
		调节好液面后管尖无气泡	2		
		调节好液面后管尖处液滴的处理	2		
	放溶液(5分)	放溶液时移液管垂直	0.5		
		放溶液时接收器倾斜30°～45°	0.5		
		放溶液时移液管管尖靠壁	1		
		放溶液姿势	0.5		
		溶液自然流出	0.5		
		溶液流完后停靠15s	1		
		最后管尖靠壁左右旋转	1		
滴定管的使用（38分）	滴定管的准备（10分）	滴定管的洗涤	0.5		
		试漏	1		
		试漏方法正确	0.5		
		摇匀待装液	1		
		润洗时待装液用量	0.5		
		用待装液润洗方法	1		
		用待装液润洗次数	1		
		润洗后废液的排放(从上口排出,并打开活塞)	0.5		
		洗涤液放入废液杯(没有放入原瓶)	0.5		
		赶气泡	2		
		赶气泡方法	1		
		调节液面前放置1～2min	0.5		
	滴定操作（26分）	从0.00mL开始	1		
		滴定前管尖悬挂液的处理	1		
		滴定管的握持姿势	0.5		
		滴定时管尖插入锥形瓶口的距离	0.5		
		滴定时摇动锥形瓶的动作	1		
		滴定速度	1		
		滴定时左右手的配合	1		
		近终点时的半滴操作	2		
		没有挤松活塞漏液的现象	5		
		没有滴出锥形瓶外的现象	5		
		终点判断和终点控制	5		
		终点后滴定管尖没有悬挂液亦没有气泡	3		
	读数（2分）	停30s读数	0.5		
		读数时取下滴定管	0.5		
		读数姿态(滴定管垂直,视线水平,读数准确)	1		

续表

项　　目	操作要领	分值	扣分	得分
数据记录及处理(33分)	数据记录及时、真实、准确、清晰、整洁	3		
	数字用仿宋体书写	2		
	计算正确	3		
	有效数字正确	3		
	精密度符合要求	10		
	准确度符合要求	12		
结束工作(2分)	滴定完毕滴定管内残液的处理	0.5		
	滴定管和移液管及时洗涤	0.5		
	洗净后滴定管、移液管的放置	0.5		
	其他仪器的洗涤及摆放	0.5		
其他(4分)	实验过程中台面整洁、仪器排放有序	0.5		
	统筹安排	1.5		
	实验时间	2		
备　　注				

自我测试题三

判断题

1. 滴定分析中常用的标准溶液，一般选用分析纯试剂配制，再用基准试剂标定。(　　)

2. 用浓溶液配制稀溶液的计算依据是稀释前后溶质的物质的量不变。(　　)

3. 滴定管属于量出式容量仪器。(　　)

4. 在滴定时，$KMnO_4$ 溶液要放在碱式滴定管中。(　　)

5. 滴定管内壁不能用去污粉清洗，以免划伤内壁，影响体积准确测量。(　　)

6. 滴定管中装入溶液或放出溶液后即可读数，并应使滴定管保持垂直状态。(　　)

7. 计算标准溶液实际消耗体积时应加上滴定管校正值。(　　)

8. 滴定管体积校正采用的是绝对校正法。(　　)

9. 一般用移液管移取液体试剂或溶液。(　　)

10. 溶解基准物质时用移液管移取20～30mL水加入。(　　)

选择题

1. 酸式滴定管尖部出口被润滑油脂堵塞，快速有效的处理方法是（　　）。

A. 热水中浸泡并用力下抖　　B. 用细铁丝通并用水洗

C. 装满水利用水柱的压力压出　　D. 用洗耳球吸

2. 下列溶液中需装在棕色酸式滴定管的是（　　）。

A. H_2SO_4　　B. NaOH　　C. $KMnO_4$　　D. $K_2Cr_2O_7$

3. 指出下列滴定分析操作中，规范的操作是（　　）。

A. 滴定之前，用待装标准溶液润洗滴定管三次

B. 滴定时摇动锥形瓶有少量溶液溅出

C. 在滴定前，锥形瓶应用待测液淋洗三次

D. 滴定管加溶液不到零刻度 1cm 时，用滴管加溶液到溶液弯月面最下端与“0”刻度相切

4. 在进行容量仪器的校正时所用的标准温度是（　　）℃。

A. 25　　B. 20　　C. 18　　D. 15

5. 滴定管读数时，视线比液面低，会使读数（　　）。

A. 偏低　　B. 偏高

C. 可能偏高也可能偏低　　D. 无影响

6. 如果在 10℃时滴定用去 25.00mL 0.1mol/L 标准溶液，在 20℃时应相当于（　　）mL。已知 10℃下 1000mL 换算到 20℃时的校正值为 1.45mL。

A. 25.04　　B. 24.96　　C. 25.08　　D. 24.92

7. 在 21℃时由滴定管中放出 10.03mL 纯水，其质量为 10.04g。查表知 21℃时 1mL 纯水的质量为 0.99700g。该体积段的校正值为（　　）。

A. +0.04mL　　B. −0.04mL　　C. 0.00mL　　D. 0.03mL

8. 现需要配制 0.1000mol/L $K_2Cr_2O_7$ 溶液，下列量器中最合适的量器是（　　）。

A. 容量瓶　　B. 量筒　　C. 刻度烧杯　　D. 酸式滴定管

9. 下列关于容量瓶说法中错误的是（　　）。

A. 不宜在容量瓶中长期存放溶液

B. 把小烧杯中的洗液转移至容量瓶时，每次用水 50mL

C. 定容时的溶液温度应当与室温相同

D. 不能在容量瓶中直接溶解基准物

10. 放出移液管中的溶液时，当液面降至管尖后，应等待（　　）以上。

A. 5s　　B. 10s　　C. 15s　　D. 20s

11. 校准移液管时，两次校正差不得超过（　　）。

A. 0.01mL　　B. 0.02mL　　C. 0.05mL　　D. 0.1mL

12. 用 15mL 的移液管移出的溶液体积应记为（　　）。

A. 15mL　　B. 15.0mL　　C. 15.00mL　　D. 15.000mL

13. 进行移液管和容量瓶的相对校正时（　　）。

A. 移液管和容量瓶的内壁都必须绝对干燥

B. 移液管和容量瓶的内壁都不必干燥

C. 容量瓶的内壁必须绝对干燥，移液管内壁可以不干燥

D. 容量瓶的内壁可以不干燥，移液管内壁必须绝对干燥

综合题

1. 市售盐酸的密度为 1.19g/mL，HCl 含量为 37%，欲用此盐酸配制 500mL 0.1mol/L 的 HCl 溶液，应量取市售盐酸多少毫升？

2.已知海水的平均密度为1.02g/mL，若其中Mg^{2+}的含量为0.115%，求每升海水中所含Mg^{2+}的物质的量$n(Mg^{2+})$及其浓度$c(Mg^{2+})$。取海水2.50mL，用蒸馏水稀释至250.0mL，计算该溶液中Mg^{2+}的质量浓度。

3.有一氢氧化钠溶液，其浓度为0.5450mol/L，取该溶液100.0mL，计算需加水多少毫升方能配成0.5000mol/L的溶液。

4. $T_{NaOH/HCl}=0.003462$g/mL的HCl溶液，相当于物质的量浓度$c(HCl)$为多少？

5.计算下列溶液的滴定度，以g/mL表示。

(1) $c(HCl)=0.2615$mol/L的HCl溶液，用来测定$Ba(OH)_2$和$Ca(OH)_2$；

(2) $c(NaOH)=0.1032$mol/L的NaOH溶液，用来测定H_2SO_4和CH_3COOH。

6. 4.18g Na_2CO_3溶于500.0mL水中，$c\left(\frac{1}{2}Na_2CO_3\right)$为多少？

7.称取基准物质Na_2CO_3 0.1580g，标定HCl溶液的浓度，消耗该HCl溶液24.80mL，计算此HCl溶液的浓度。

8.称取0.3280g $H_2C_2O_4 \cdot 2H_2O$标定NaOH溶液，消耗NaOH溶液25.78mL，求$c(NaOH)$。

9.用硼砂（$Na_2B_4O_7 \cdot 10H_2O$）0.4709g标定HCl溶液，滴定至化学计量点时消耗25.20mL，求$c(HCl)$。（提示：$Na_2B_4O_7+2HCl+5H_2O \longrightarrow 4H_3BO_3+2NaCl$）

10.分析不纯$CaCO_3$（其中不含干扰物质）时，称取试样0.3000g，加入$c(HCl)=0.2500$mol/L的HCl标准溶液25.00mL。煮沸除去CO_2，用$c(NaOH)=0.2012$mol/L的NaOH溶液返滴定过量酸，消耗了5.84mL。计算试样中$CaCO_3$的质量分数。

11.称取含铝试样0.2000g，溶解后加入$c(EDTA)=0.02082$mol/L的EDTA标准溶液30.00mL，控制条件使Al^{3+}与EDTA配位完全，然后以$c(Zn^{2+})=0.01005$mol/L的Zn^{2+}标准溶液返滴定，消耗Zn^{2+}标准溶液7.20mL。计算Al_2O_3的质量分数。

12.含S有机试样0.471g，在氧气中燃烧，使S氧化为SO_2，用预先中和过的H_2O_2将SO_2吸收，全部转化为H_2SO_4，以$c(KOH)=0.108$mol/L的KOH标准滴定溶液滴定至化学计量点，消耗28.2mL。求试样中S的含量。

第四章 酸碱滴定法

04

学习指南

酸碱滴定法（acid-base titration）是基于酸和碱之间进行质子传递的滴定分析方法，是重要的滴定方法之一。通过本章学习，应进一步理解酸碱质子理论、酸碱平衡和分布系数等基本知识，掌握缓冲溶液的缓冲容量和缓冲范围的物理意义及选择缓冲溶液的基本原则；掌握酸碱水溶液中［H^+］的计算方法；理解酸碱指示剂的变色原理，掌握常用酸碱指示剂的变色范围和变色点，掌握酸碱指示剂的使用方法；了解各类酸碱滴定的滴定曲线的特征，掌握影响各类酸碱滴定突跃范围的因素；掌握一元弱酸（碱）、多元酸（碱）和混合酸（碱）滴定可行性的判断方法及指示剂的选择方法；熟练掌握酸、碱标准滴定溶液的配制和标定方法；了解酸碱滴定法在生产实际中的应用；了解非水滴定的原理；掌握非水滴定中滴定剂、溶剂的选择和终点的确定方法；了解非水滴定的应用。在学习过程中，应复习无机化学中酸碱平衡及其有关计算，这些相关的知识对掌握酸碱滴定基本原理会有很大的帮助。通过对应用实例的操作练习，熟练滴定操作，熟悉酸碱指示剂在酸碱滴定终点时的颜色变化，准确判断滴定终点，并能熟练计算分析结果。

第一节 概　述

学习要点　理解酸碱质子理论对酸和碱的定义；理解水的自递作用、离解常数等基本概念；掌握活度、浓度、活度系数、酸度和酸浓度的关系；理解分布系数的概念及应用，掌握酸碱水溶液中［H^+］的计算；理解酸碱缓冲溶液缓冲容量的物理意义，掌握影响缓冲容量大小的因素；会确定缓冲溶液的缓冲范围，掌握选择缓冲溶液的基本原则。

一、酸碱平衡和酸碱浓度

1. 酸碱质子理论

酸碱质子理论定义：凡是能给出质子（proton，H^+）的物质就是酸；凡是能接受质子的物质就是碱。这种理论不仅适用于以水为溶剂的体系，而且也适用于非水溶剂体系。

按照酸碱质子理论，酸失去一个质子形成的碱称为该酸的共轭碱，碱获得一个质子后就生成了该碱的共轭酸。由得失一个质子而发生共轭关系的一对酸碱称为共轭酸碱对（conjugate acid-base pair），也可直接称为酸碱对，即

$$酸 \rightleftharpoons 质子+碱$$

例如：

$$HAc \rightleftharpoons H^+ + Ac^-$$

HAc 是 Ac^- 的共轭酸，Ac^- 是 HAc 的共轭碱。类似的例子还有：

$$H_2CO_3 \rightleftharpoons H^+ + HCO_3^-$$

$$HCO_3^- \rightleftharpoons H^+ + CO_3^{2-}$$

$$NH_4^+ \rightleftharpoons H^+ + NH_3$$

$$H_6Y^{2+} \rightleftharpoons H^+ + H_5Y^+$$

由此可见，酸碱可以是阳离子、阴离子，也可以是中性分子。

上述各个共轭酸碱对的质子得失反应称为酸碱半反应，而酸碱半反应是不可能单独进行的，酸在给出质子的同时必定有另一种碱来接受质子。酸（如 HAc）在水中存在如下平衡：

$$HAc(酸_1) + H_2O(碱_2) \rightleftharpoons Ac^-(碱_1) + H_3O^+(酸_2) \quad (4\text{-}1)$$

碱（如 NH_3）在水中存在如下平衡：

$$NH_3(碱_1) + H_2O(酸_2) \rightleftharpoons NH_4^+(酸_1) + OH^-(碱_2) \quad (4\text{-}2)$$

所以，HAc 的水溶液之所以能表现出酸性，是由于 HAc 和水溶剂之间发生了质子转移反应；NH_3 的水溶液之所以能表现出碱性，也是由于它与水溶剂之间发生了质子转移反应。前者水是碱，后者水是酸。

对上述两个反应通常可以用最简便的反应式来表示，即

$$HAc \rightleftharpoons H^+ + Ac^- \quad (4\text{-}3)$$

$$NH_3 \cdot H_2O \rightleftharpoons NH_4^+ + OH^- \quad (4\text{-}4)$$

2. 酸碱离解常数

（1）水的质子自递作用　由式(4-1)与式(4-2)可知，水分子具有两性作用。也就是说，一个水分子可以从另一个水分子中夺取质子而形成 H_3O^+ 和 OH^-，即

$$H_2O(碱_1)+H_2O(酸_2) \rightleftharpoons H_3O^+(酸_1)+OH^-(碱_2)$$

水分子之间存在质子的传递作用，称为水的质子自递作用。这个作用的平衡常数称为水的质子自递常数（autoprotolysis constant），用 K_w 表示，即

$$K_w=[H_3O^+][OH^-] \tag{4-5}$$

水合质子 H_3O^+ 也常常简写作 H^+，因此水的质子自递常数常简写为：

$$K_w=[H^+][OH^-] \tag{4-6}$$

这个常数就是水的离子积，它与浓度、压力无关，而与温度有关，温度一定时 K_w 为常数。在25℃时它约等于 10^{-14}。

（2）酸碱离解常数　在水溶液中，酸的离解是指酸与溶剂水之间的质子转移反应；碱的离解是指碱与溶剂水之间的质子转移反应；反应进行的程度可以用反应的平衡常数（K_t）来衡量。对于酸 HA 而言，其在水溶液中的离解反应与平衡常数是：

$$HA+H_2O \rightleftharpoons H_3O^+ + A^-$$

$$K_a=\frac{[H^+][A^-]}{[HA]} \tag{4-7}$$

在稀溶液中，溶剂 H_2O 的活度取为1。平衡常数 K_a 称为酸的离解常数（acidity constant），它是衡量酸强弱的参数。K_a 越大，则表明该酸的酸性越强。在一定温度下 K_a 是一个常数，它仅随温度的变化而变化。

与此类似，对于碱 A^- 而言，它在水溶液中的离解反应与平衡常数是

$$A^- + H_2O \rightleftharpoons HA+OH^-$$

$$K_b=\frac{[HA][OH^-]}{[A^-]} \tag{4-8}$$

K_b 是衡量碱强弱的尺度，称为碱的离解常数。

因此，对于共轭酸碱对来说，如果酸的酸性越强，则其对应共轭碱的碱性则愈弱；反之，酸的酸性越弱，则其对应共轭碱的碱性则越强。例如，HCl、$HClO_4$ 等在水溶液中能把质子强烈地转移给水分子，其 K_a 值远远大于1（如 HCl 的 $K_a \approx 10^8$），所以它是强酸；而它们的共轭碱 Cl^-、ClO_4^- 则几乎无法从 H_2O 中夺取质子，其 K_b 值小到几乎难以

用普通实验方法测定。

根据式(4-7)和式(4-8)，共轭酸碱对的K_a、K_b值之间满足

$$K_aK_b=\frac{[H_3O^+][A^-]}{[HA]}\times\frac{[HA][OH^-]}{[A^-]}=[H_3O^+][OH^-]=K_w \quad (4-9)$$

或

$$pK_a+pK_b=pK_w \quad (4-10)$$

因此，已知酸或碱的离解常数即可根据式(4-9)或式(4-10)计算出它们的共轭酸或共轭碱的离解常数。

对于多元酸或多元碱溶液，其离解是分级进行的每一级都有其相应的离解常数，分别用K_{a1}、K_{a2}、…、K_{an}以及K_{b1}、K_{b2}、…、K_{bn}表示，通常其值的大小关系为：$K_{a1}>K_{a2}>\cdots>K_{an}$以及$K_{b1}>K_{b2}>\cdots>K_{bn}$。

（3）酸碱反应　酸碱反应实际上是两个共轭酸碱对相互作用达到平衡的结果。酸碱反应的实质是发生质子的转移，其反应的结果是各反应物分别转化为各自的共轭碱和共轭酸，其反应的平衡常数称为酸碱反应常数，用K_t表示。

对于强酸与强碱的反应（NaOH），其反应实质为：

$$H^++OH^- = H_2O$$

则

$$K_t=\frac{1}{[H^+][OH^-]}=\frac{1}{K_w}=10^{14}$$

对于强碱与弱酸的反应（例如 NaOH 与 HAc），其反应实质为：

$$HA+OH^- = A^-+H_2O$$

则

$$K_t=\frac{[A^-]}{[HA][OH^-]}=\frac{1}{K_{b(A^-)}}=\frac{K_{a(HA)}}{K_w}$$

同样，强酸与弱碱的反应实质为：

$$A^-+H^+ = HA$$

则

$$K_t=\frac{[HA]}{[H^+][A^-]}=\frac{1}{K_{a(HA)}}=\frac{K_{b(A^-)}}{K_w}$$

因此，在水溶液中，强酸强碱之间反应的平衡常数K_t最大，反应最完全；而其他类型的酸碱反应，其平衡常数K_t值则取决于相应的K_a与K_b值。

注意： 并不是酸碱反应只能在水溶液中发生，酸碱反应还可以在非水介质中进行（详见本章第六节）。

3. 浓度（concentration）、**活度**（activity）**与离子强度**（ionic strength）

实验证明，许多化学反应，如果以有关物质的浓度代入各种平衡常

数公式进行计算，所得的结果与实验结果往往有一定的偏差，浓度较高的强电解质溶液这种偏差更为明显。

这是由于在进行平衡公式的推导过程中总是假定溶液处于理想状态，即假定溶液中各种离子都是孤立的，离子与离子之间、离子与溶剂之间均不存在相互的作用力。而实际上这种理想的状态是不存在的，在溶液中不同电荷的离子之间存在着相互吸引的作用力，相同电荷的离子间则存在相互排斥的作用力，甚至离子与溶剂分子之间也可能存在相互吸引或相互排斥的作用力。因此，在电解质溶液中，由于离子之间以及离子与溶剂之间存在相互作用，使得离子在化学反应中表现出的有效浓度与其真实的浓度之间存在一定差别。离子在化学反应中起作用的有效浓度称为离子的活度，以 a 表示，它与离子浓度 c 的关系是：

$$a=c\gamma \tag{4-11}$$

式中，γ 称为离子的活度系数（activity coefficient），其大小代表了离子间力对离子化作用能力影响的大小，也是衡量实际溶液与理想溶液之间差别的尺度。对于浓度极低的电解质溶液，由于离子的总浓度很低，离子间相距甚远，因此可忽略离子间的相互作用，将其视为理想溶液，即 $\gamma\approx1$，$a\approx c$；而对于浓度较高的电解质溶液，由于离子的总浓度较高，离子间的距离减小，离子作用变大，因此 $\gamma<1$，$a<c$。所以，严格意义上讲，各种离子平衡常数的计算不能用离子浓度，而应当使用离子活度。

显然，要想利用离子活度代替离子浓度进行各类平衡常数的计算，就必须了解离子活度系数 γ 的影响因素。由于活度系数代表的是离子间力的影响因素，因此活度系数的大小不仅与溶液中各种离子的总浓度有关，也与离子所带的电荷数有关。离子强度是综合考虑溶液中各种离子的浓度及其电荷数的物理量，用 I 表示。其计算式为：

$$I=\frac{1}{2}(c_1z_1^2+c_2z_2^2+\cdots+c_nz_n^2) \tag{4-12}$$

式中　c_1，c_2，…，c_n——溶液中各种离子的浓度；

z_1，z_2，…，z_n——溶液中各种离子所带的电荷数。

电解质溶液的离子强度 I 越大，离子的活度系数就越小，所以离子的活度越小，与离子浓度的差别就越大，因此用浓度代替活度所产生的偏差也就越大。

4. 酸度与酸的浓度

酸（碱）度与酸（碱）的浓度在概念上是完全不同的。酸（碱）度

是指溶液中 H^+（OH^-）的浓度或活度。当溶液中 H^+（OH^-）的浓度或活度比较大（大于 1 mol/L）时，常用 $[H^+]$ 或 $[OH^-]$ 表示，单位用物质的量浓度（mol/L）。当溶液中 H^+（OH^-）的浓度或活度小于 1mol/L 时，常用 pH 表示，有时也用 pOH 表示。酸（碱）的浓度是指溶液中某种酸（碱）的各种存在型体（包括未离解和已离解的酸）的总的物质的量浓度（mol/L）。例如，0.1mol/L 的醋酸溶液中，醋酸的浓度为溶液中已经解离的醋酸的浓度 $c(Ac^-)$ 与未解离的醋酸的浓度 $c(HAc)_{未}$ 的和，即

$$c_{总}=c(HAc)+c(Ac^-)=0.1\text{mol/L}$$

而该溶液的酸度 pH＝2.88。

酸（碱）的浓度又称酸（碱）的分析浓度。

二、酸碱水溶液中 H^+ 浓度的计算

1. 分布系数与分布曲线

当共轭酸碱对处于离解平衡时，溶液中存在多种酸碱成分，此时它们的浓度称为平衡浓度。各种存在型体平衡浓度的总和称为总浓度或分析浓度（analytical concentration）；某一存在型体的平衡浓度占总浓度的分数则称为该存在型体的分布系数，用 δ 表示。当溶液的 pH 发生变化时，平衡随之移动，因此溶液中各种酸碱存在型体的分布情况也发生变化，所以分布系数也随之发生相应的变化。分布系数随溶液 pH 变化的曲线称为分布曲线。

（1）一元酸（monoacid）　一元酸 HA 在水溶液中只能以 HA 与 A^- 两种型体存在。设 HA 在水溶液中的总浓度为 c，则 $c=[HA]+[A^-]$。若 HA 在溶液中所占的分数为 δ_1，A^- 所占的分数为 δ_0，则有

$$\delta_1=\frac{[HA]}{c}=\frac{[HA]}{[HA]+[A^-]}=\frac{1}{1+\frac{[A^-]}{[HA]}}=\frac{1}{1+\frac{K_a}{[H^+]}}=\frac{[H^+]}{[H^+]+K_a} \tag{4-13a}$$

同理

$$\delta_0=\frac{[A^-]}{c}=\frac{K_a}{[H^+]+K_a} \tag{4-13b}$$

显然

$$\delta_1+\delta_0=1$$

如果以溶液 pH 为横坐标，溶液中各存在型体的分布系数为纵坐

标，则可得到 HA 的分布曲线。图 4-1 显示了 HAc 的分布曲线。

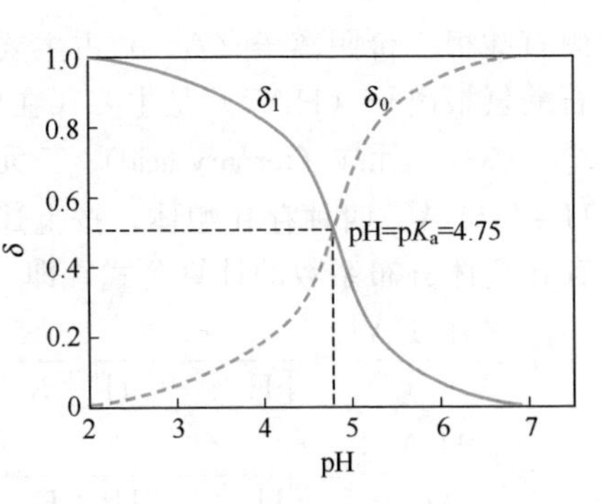

图 4-1　HAc 和 Ac^- 的分布系数与溶液 pH 的关系曲线

由图 4-1 可知，当 pH≪pK_a 时，$\delta_1 \gg \delta_0$，此时溶液中的 HAc 为主要存在型体；当 pH≫pK_a 时，$\delta_1 \ll \delta_0$，此时溶液中的 Ac^- 为主要存在型体；当 $pH = pK_a = 4.75$ 时，$\delta_1 = \delta_0 = 0.5$，此时溶液中 HAc 和 Ac^- 两种型体各占一半。

（2）二元酸（binary acid）　二元酸 H_2A 有两个 pK_a 值（pK_{a1} 与 pK_{a2}），在水溶液中有 H_2A、HA^-、A^{2-} 三种存在型体。平衡时，如果用 δ_2、δ_1 与 δ_0 分别代表溶液中 H_2A、HA^- 与 A^{2-} 的分布系数，则按与一元酸类似的方法处理，可以推导出二元酸分布系数的计算公式，即

$$\delta_2 = \frac{[H_2A]}{c} = \frac{[H^+]^2}{[H^+]^2 + K_{a1}[H^+] + K_{a1}K_{a2}} \tag{4-14a}$$

$$\delta_1 = \frac{[HA^-]}{c} = \frac{K_{a1}[H^+]}{[H^+]^2 + K_{a1}[H^+] + K_{a1}K_{a2}} \tag{4-14b}$$

$$\delta_0 = \frac{[A^{2-}]}{c} = \frac{K_{a1}K_{a2}}{[H^+]^2 + K_{a1}[H^+] + K_{a1}K_{a2}} \tag{4-14c}$$

$$\delta_2 + \delta_1 + \delta_0 = 1$$

图 4-2 显示了酒石酸的分布曲线图，从中可以看出：当 pH＜$pK_{a1} = 3.04$ 时，酒石酸分子（H_2A）占主要优势；当 pH＞$pK_{a2} = 4.37$ 时，

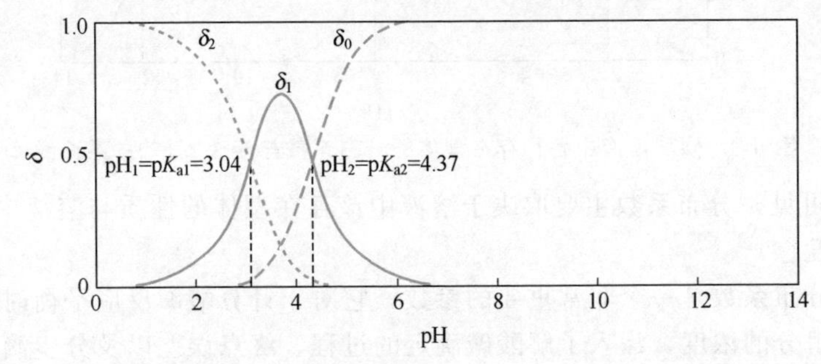

图 4-2　酒石酸中各种存在型体的分布系数与溶液 pH 的关系曲线

酒石酸根2价阴离子（A^{2-}）占主要优势；当pH处于两者之间时，酒石酸氢根离子（HA^-）是主要存在形式。

（3）三元酸（ternary acid） 三元酸H_3A在水溶液中有H_3A、H_2A^-、HA^{2-}与A^{3-}四种存在型体，按上述方法可以推导出平衡时溶液中各种存在型体分布系数的计算公式，即

$$\delta_3=\frac{[H_3A]}{c}=\frac{[H^+]^3}{[H^+]^3+[H^+]^2K_{a1}+[H^+]K_{a1}K_{a2}+K_{a1}K_{a2}K_{a3}} \quad (4\text{-}15a)$$

$$\delta_2=\frac{[H_2A^-]}{c}=\frac{[H^+]^2K_{a1}}{[H^+]^3+[H^+]^2K_{a1}+[H^+]K_{a1}K_{a2}+K_{a1}K_{a2}K_{a3}} \quad (4\text{-}15b)$$

$$\delta_1=\frac{[HA^{2-}]}{c}=\frac{[H^+]K_{a1}K_{a2}}{[H^+]^3+[H^+]^2K_{a1}+[H^+]K_{a1}K_{a2}+K_{a1}K_{a2}K_{a3}} \quad (4\text{-}15c)$$

$$\delta_0=\frac{[A^{3-}]}{c}=\frac{K_{a1}K_{a2}K_{a3}}{[H^+]^3+[H^+]^2K_{a1}+[H^+]K_{a1}K_{a2}+K_{a1}K_{a2}K_{a3}} \quad (4\text{-}15d)$$

$$\delta_3+\delta_2+\delta_1+\delta_0=1$$

以上各式中，c表示酸在溶液中各种存在型体的总浓度（即分析浓度），δ_3、δ_2、δ_1与δ_0分别表示平衡时溶液中H_3A、H_2A^-、HA^{2-}与A^{3-}的分布系数。图4-3显示了H_3PO_4的分布曲线。由于H_3PO_4的三级离解常数均相差较大，因此各种存在型体共存的情况不如酒石酸明显，有利于分步滴定（详见本章第三节的讨论）。

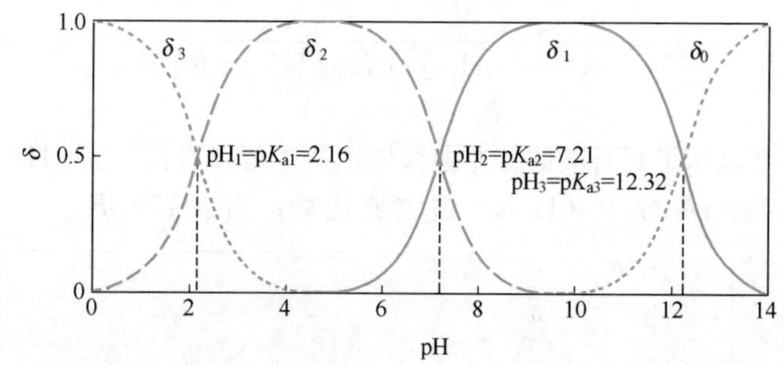

图4-3 磷酸溶液中各种存在型体的分布系数与溶液pH的关系曲线

可见，分布系数主要取决于溶液中该存在型体的性质与溶液中H^+的浓度。

分布系数是一个非常重要的参数，它对于计算酸碱反应平衡时溶液中各组分的浓度，深入了解酸碱滴定的过程、终点误差以及分步滴定的可行性等都是非常有用的。

2. 酸碱水溶液中 H^+ 浓度的计算公式及使用条件

酸度是水溶液最基本和最主要的因素，溶液中氢离子浓度（$[H^+]$）的计算有很大的实际意义。由于酸碱反应的实质是质子的转移，因此可根据共轭酸碱对之间质子转移的平衡关系（质子条件式）来推导出计算溶液中 $[H^+]$ 的公式，在运算过程中再根据具体情况进行合理的近似处理，即可得到计算 $[H^+]$ 的近似式与最简式。有关 $[H^+]$ 计算公式的推导本书不再赘述。为方便起见，表 4-1 列出了各类酸碱水溶液 $[H^+]$ 的计算式及其在允许有 5%误差范围内的使用条件，供读者选择与参考。

表 4-1 中未列出精确计算公式，因为进行精确计算需要解高次方程，数学处理复杂，在实际工作中也无此必要。若需要计算强碱、一元弱碱以及二元弱碱等碱性物质的 pH，只需将计算式及使用条件中的 $[H^+]$ 和 K_a 相应地换成 $[OH^-]$ 和 K_b 即可。

表 4-1　常见酸碱水溶液计算 $[H^+]$ 的公式及使用条件

类别	计算公式	使用条件(允许误差 5%)
强酸	最简式：$[H^+]=c_a$ $[H^+]=\sqrt{K_w}$ 精确式：$[H^+]=\frac{1}{2}(c+\sqrt{c^2+4K_w})$	$c_a \geqslant 10^{-6}$ mol/L $c_a < 10^{-8}$ mol/L 10^{-6} mol/L $\geqslant c_a \geqslant 10^{-8}$ mol/L
一元弱酸	近似式：$[H^+]=\frac{1}{2}(-K_a+\sqrt{K_a^2+4c_aK_a})$ 最简式：$[H^+]=\sqrt{cK_a}$	$c_aK_a \geqslant 20K_w$ $c_aK_a \geqslant 20K_w$，且 $c_a/K_a \geqslant 500$
二元弱酸	近似式：$[H^+]=\frac{1}{2}(-K_{a1}+\sqrt{K_{a1}^2+4c_aK_{a1}})$ 最简式：$[H^+]=\sqrt{c_aK_{a1}}$	$c_aK_{a1} \geqslant 20K_w$，且 $2K_{a2}/\sqrt{c_aK_{a1}} < 0.05$ $c_aK_{a1} \geqslant 20K_w$，$c/K_{a1} \geqslant 500$，且 $2K_{a2}/\sqrt{c_aK_{a1}} < 0.05$
两性物质	酸式盐 近似式：$[H^+]=\sqrt{cK_{a1}K_{a2}/(K_{a1}+c)}$ 最简式：$[H^+]=\sqrt{K_{a1}K_{a2}}$ 弱酸弱碱盐 近似式：$[H^+]=\sqrt{K_aK'_ac/(K_a+c)}$ 最简式：$[H^+]=\sqrt{K_aK'_a}$ （K'_a 为弱碱的共轭酸的离解常数，K_a 为弱酸的离解常数）	 $cK_{a2} \geqslant 20K_w$ $cK_{a2} \geqslant 20K_w$，且 $c \geqslant 20K_{a1}$ $cK'_a \geqslant 20K_w$ $cK'_a \geqslant 20K_w$，且 $c \geqslant 20K_a$
缓冲溶液	最简式：$[H^+]=\frac{c_a}{c_b}K_a$ （c_a、c_b 分别为 HA 及其共轭碱 A^- 的浓度）	c_a、c_b 较大（即 $c_a \gg [OH^-]-[H^+]$，$c_b \gg [H^+]-[OH^-]$）

3. 酸碱水溶液中 H^+ 浓度计算示例

例 4-1 分别计算 $c(HCl)=0.039mol/L$，$c(HCl)=2.6\times10^{-7}mol/L$ 的 HCl 溶液的 pH。

解 (1) 因为 $c(HCl)=0.039mol/L\gg1.0\times10^{-6}mol/L$，所以可采用最简式计算。即

$$[H^+]=c(HCl)=0.039mol/L$$

$$pH=-\lg0.039=1.41$$

答 $c(HCl)=0.039mol/L$ 的 HCl 溶液 pH 为 1.41。

(2) $c(HCl)=2.6\times10^{-7}mol/L$，浓度太稀，$10^{-6}mol/L\geqslant c(HCl)\geqslant 10^{-8}mol/L$，所以需考虑水的离解，应采用精确式计算。即

$$[H^+]=\frac{1}{2}(c+\sqrt{c^2+4K_w})$$

所以

$$[H^+]=\frac{1}{2}\left[2.6\times10^{-7}+\sqrt{(2.6\times10^{-7})^2+4\times10^{-14}}\right]mol/L$$

$$=2.9\times10^{-7}mol/L$$

$$pH=-\lg[H^+]=-\lg(2.9\times10^{-7})=6.53$$

答 $c(HCl)=2.6\times10^{-7}mol/L$ 的 HCl 溶液 pH 为 6.53。

例 4-2 分别计算 $c(HAc)=0.083mol/L$、$c(HAc)=3.4\times10^{-4}mol/L$ 的 HAc 溶液的 pH。已知 $pK_{a(HAc)}=4.76$。

解 (1) $c(HAc)=0.083mol/L$ 时，因为

$$\frac{c}{K_a}=\frac{0.083}{10^{-4.76}}=4.8\times10^3>500$$

且 $$cK_a=0.083\times10^{-4.76}=1.4\times10^{-6}>20K_w$$

因此可以使用最简式计算。即

$$[H^+]=\sqrt{cK_a}$$

所以

$$[H^+]=\sqrt{0.083\times10^{-4.76}}\ mol/L=1.2\times10^{-3}mol/L$$

$$pH=-\lg(1.2\times10^{-3})=2.92$$

答 $c(HAc)=0.083mol/L$ 的 HAc 溶液的 pH 为 2.92。

(2) $c(HAc)=3.4\times10^{-4}mol/L$ 时，因为

$$\frac{c}{K_a}=\frac{3.4\times10^{-4}}{10^{-4.76}}=20<500$$

且 $$cK_a=(3.4\times10^{-4})\times10^{-4.76}=5.9\times10^{-9}>20K_w$$

因此应该使用近似计算式。即

$$[H^+]=\frac{1}{2}(-K_a+\sqrt{K_a^2+4cK_a})$$

所以

$$[H^+]=\frac{1}{2}[-10^{-4.76}+\sqrt{(10^{-4.76})^2+4\times(3.4\times10^{-4})\times10^{-4.76}}]mol/L$$

$$=6.9\times10^{-5}mol/L$$

$$pH=-\lg(6.9\times10^{-5})=4.16$$

答 $c(HAc)=3.4\times10^{-4}mol/L$ 的 HAc 溶液的 pH 为 4.16。

例 4-3 试计算 $c(Na_2CO_3)=0.31mol/L$ 的 Na_2CO_3 水溶液的 pH。

解 CO_3^{2-} 在水溶液中是一种二元弱碱，其对应的共轭酸 H_2CO_3 的离解常数为：

$$pK_{a1}=6.38，pK_{a2}=10.25$$

则由式(4-10) 得弱碱 CO_3^{2-} 的离解常数

$$pK_{b1}=14-pK_{a2}=14-10.25=3.75$$

$$pK_{b2}=14-pK_{a1}=14-6.38=7.62$$

因为 $$cK_{b1}=0.31\times10^{-3.75}\gg20K_w$$

且 $$\frac{c}{K_{b1}}=\frac{0.31}{10^{-3.75}}=1.7\times10^3\gg500$$

因此可以使用最简式 $[OH^-]=\sqrt{K_{b1}c(CO_3^{2-})}$

所以

$$[OH^-]=\sqrt{0.31\times10^{-3.75}}\,mol/L=7.4\times10^{-3}mol/L$$

$$pOH=-\lg(7.4\times10^{-3})=2.13$$

$$pH=14-2.13=11.87$$

答 $c(Na_2CO_3)=0.31mol/L$ 的 Na_2CO_3 水溶液的 pH 为 11.87。

三、酸碱缓冲溶液

1900 年两位生物化学家弗鲁巴哈（Fernbach）和休伯特（Hübert）

发现：在1L纯水中加入1mL 0.01mol/L HCl溶液后，其pH由7.0变为5.0；而在pH为7.0的肉汁培养液中加入1mL 0.01mol/L HCl溶液后，肉汁的pH几乎没发生变化。这说明某些溶液对酸碱具有缓冲作用，因此便把“凡能抵御因加入酸或碱及因受到稀释而造成pH显著改变的溶液”称为缓冲溶液（buffer solution）。

酸碱缓冲溶液大都是具有一定浓度共轭酸碱对的溶液[1]，如HAc-NaAc、$NH_3 \cdot H_2O$-NH_4Cl等；一些较浓的强酸或强碱也可作为缓冲溶液，如0.1mol/L的HCl溶液、0.1mol/L的NaOH溶液等。在实际工作中，前者最常用。

1. 缓冲容量与缓冲范围

（1）冲容量　当往缓冲溶液中加入少量强酸或强碱，或者将其稍加稀释时，溶液的pH几乎不发生变化。而当加入的强酸浓度接近于缓冲体系共轭碱的浓度，或加入的强碱浓度接近于缓冲体系中共轭酸的浓度时，缓冲溶液的缓冲能力即消失。这说明，缓冲溶液的缓冲能力是有一定限度的，其大小可用缓冲容量来衡量。

缓冲溶液的缓冲能力以缓冲容量β表示，它的物理意义为：使1L溶液的pH增加d(pH)单位时所需强碱（OH^-）的物质的量db；或使pH降低d(pH)单位时所需加入强酸（H^+）的物质的量db。

缓冲溶液的缓冲容量β值取决于溶液的性质、浓度和pH。

对于弱酸及其共轭碱体系而言，其缓冲容量β与弱酸或弱碱的离解常数及浓度关系的近似式如下：

$$\beta = 2.3cK_a \frac{[H^+]}{([H^+]+K_a)^2} \tag{4-16a}$$

或

$$\beta = 2.3cK_b \frac{[OH^-]}{([OH^-]+K_b)^2} \tag{4-16b}$$

式中，c为缓冲体系的总浓度。

根据上式可知，当$[H^+]=K_a$或$[OH^-]=K_b$时，β有最大值。

$$\beta_{max} = 2.3c \frac{K_a^2}{(2K_a)^2} = 0.575c \tag{4-17}$$

---

[1] 除此之外，还有标准缓冲溶液。标准缓冲溶液是用来校正酸度计的，大多由逐级离解常数相差较小的两性物质（如酒石酸氢钾、邻苯二甲酸氢钾等）组成，其pH是在一定温度下准确地经过实验确定的。

由式(4-17) 可知，缓冲物质的总浓度越大，其缓冲容量也越大，过分稀释将导致缓冲能力显著下降。在缓冲物质总浓度不变的前提下，当弱酸与其共轭碱或弱碱与其共轭酸的浓度比为 1∶1 时，由表 4-1 中缓冲溶液 pH 的计算公式可推出 $[H^+]=K_a$ 或 $[OH^-]=K_b$，此时缓冲体系的缓冲容量最大。

强酸强碱的缓冲容量为 $\beta=2.3c$（式中，c 为对应强酸或强碱的浓度）。因此，在总浓度相同的前提下，强酸或强碱溶液的缓冲容量是共轭酸碱对缓冲溶液的 4 倍。

（2）缓冲范围　对弱酸及其共轭碱缓冲体系，根据式(4-16) 可推出：

当 $c_a:c_b=1:10$ 或 $10:1$，即 $pH=pK_a\pm1$ 时，其缓冲容量为最大值的 1/3；

当 $c_a:c_b=1:100$ 或 $100:1$，即 $pH=pK_a\pm2$ 时，其缓冲容量仅为最大值的 1/25。

由此可见，弱酸及其共轭碱缓冲体系的有效缓冲范围约在 pH 为 $pK_a\pm1$ 的范围，即约有两个 pH 单位。例如 HAc-NaAc 缓冲体系，$pK_a=4.76$，其缓冲范围是 $pH=4.76\pm1$。

同样，对于弱碱及其共轭酸缓冲体系而言，其有效缓冲范围也约在 pH 为 $pK_w-(pK_b\pm1)$ 的范围，也是约有两个 pH 单位。例如 $NH_3\cdot H_2O-NH_4Cl$ 缓冲体系，$pK_b=4.74$，其缓冲范围为 $pH=9.26\pm1$。

但强酸或强碱溶液的缓冲范围只在低 pH 区或高 pH 区，而在 pH 为 3～11 之间却几乎没有什么缓冲能力。如图 4-4 所示，其中实线表示 0.1mol/L HAc 在不同 pH 下的缓冲容量，虚线分别表示 0.1mol/L HCl 与 0.1mol/L NaOH 在不同 pH 下的缓冲容量。

2. 缓冲溶液的选择

分析化学中用于控制溶液酸度的缓冲溶液很多，通常根据实际情况选用不同的缓冲溶液。缓冲溶液的选择原则如下：

① 缓冲溶液对测量过程应没有干扰。

② 所需控制的 pH 应在缓冲溶液的缓冲范围之内。如果缓冲溶液是由弱酸及其共轭碱组成的，则所选的弱酸的 pK_a 值应尽量与所需控

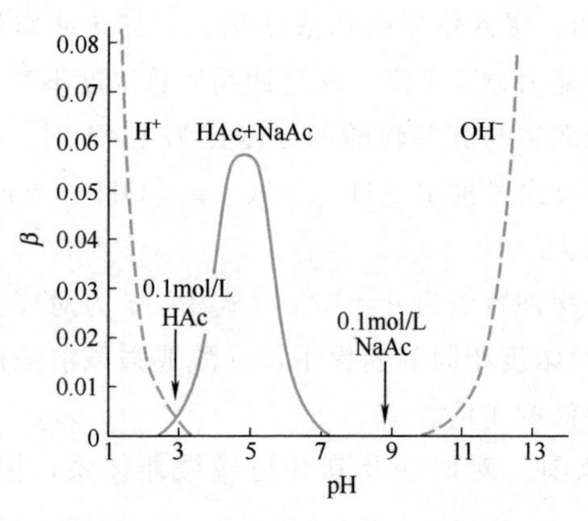

图 4-4　0.1mol/L HAc 的 β-pH 曲线

制的 pH 一致。

③ 缓冲溶液应有足够的缓冲容量，以满足实际工作需要。为此，在配制缓冲溶液时，应尽量控制弱酸与其共轭碱的浓度比接近于 1∶1，所用缓冲溶液的总浓度尽量大一些（一般可控制在 0.01～1mol/L 之间）。

④ 组成缓冲溶液的物质应价廉易得，避免污染环境。

表 4-2 列出了常用的酸碱缓冲溶液，供实际选择时参考。

表 4-2　常用的酸碱缓冲溶液

缓冲溶液的组成		共轭酸碱对	pK_a	pH 范围
酸的组分	碱的组分			
盐酸	氨基乙酸	$^+NH_3CH_2COOH/^+NH_3CH_2COO^-$	2.35	1.0～3.7
一氯乙酸	氢氧化钠	$ClCH_2COOH/ClCH_2COO^-$	2.86	
甲酸	氢氧化钠	$HCOOH/HCOO^-$	3.77	2.8～4.6
乙酸	乙酸钠	HAc/Ac^-	4.76	3.7～5.6
盐酸	六亚甲基四胺	$(CH_2)_6N_4H^+/(CH_2)_6N_4$	5.13	4.2～6.2
磷酸二氢钠	磷酸氢二钠	$H_2PO_4^-/HPO_4^{2-}$	7.21	5.9～8.0
盐酸	三乙醇胺	$^+NH(CH_2CH_2OH)_3/N(CH_2CH_2OH)_3$	7.76	6.7～8.7
氯化铵	氨水	NH_4^+/NH_3	9.25	8.3～9.2
氨基乙酸	氢氧化钠	$^+NH_3CH_2COOH/NH_2CH_2COO^-$	9.78	8.2～10.1
碳酸氢钠	碳酸钠	HCO_3^-/CO_3^{2-}	10.32	9.2～11.0
磷酸氢二钠	氢氧化钠	HPO_4^{2-}/PO_4^{3-}	12.32	11.0～12.0

思考题 4-1

1. 在下列各组酸碱物质中，哪些属于共轭酸碱对？

(1) NaH_2PO_4-Na_3PO_4

(2) H_2SO_4- SO_4^{2-}

(3) H_2CO_3- CO_3^{2-}

(4) NH_4Cl -$NH_3 \cdot H_2O$

(5) H_2Ac^+- Ac^-

(6) $(CH_2)_6N_4H^+$-$(CH_2)_6N_4$

2. 在 $(CH_2)_6N_4$ 溶液中加入一定量的 HCl 后，是不是缓冲溶液？如果是，它的有效 pH 缓冲范围为多少？

3. 如何配制 1L pH 为 4.5 的缓冲溶液？

阅读材料

酸碱理论的演变

化学家对酸、碱的认识正如人们对物质的认识一样，是从直接的感觉开始的。英文中的酸（acid）从拉丁文（acere）而来，原意就是有酸味的。草木灰有滑腻感，就被认为是碱。英文中的碱（alkal）来自阿拉伯文 alqaliy，就是指草木灰。

18 世纪后半叶，法国化学家拉瓦锡把氧称为“产生酸的”，认为一切酸中皆含有氧。1811 年英国化学家戴维从实验中明确盐酸组成中不含氧，于是认为氢是组成酸的基本元素。1887 年瑞典化学家阿仑尼乌斯提出电离理论，从电离理论出发，提出酸是在水溶液中电离产生氢离子（H^+）的物质，碱是在水溶液中电离产生氢氧根离子（OH^-）的物质。这种理论简单而易理解，但只是把酸和碱限制在水溶液中。

1905 年美国化学家富兰克林把酸碱的定义推广到其他溶剂，提出酸碱的溶剂理论，认为能离解产生溶剂正离子的物质是酸，能离解产生溶剂负离子的物质是碱。这种理论由于不完善，没有得到推广应用。

1923 年丹麦化学家布朗特和英国化学家劳莱分别独立提出了酸碱的质子理论。质子理论认为凡是能够释放质子的分子和离子是酸，凡是能与质子结合的分子和离子是碱。质子理论不仅适用于水溶液，也适用于非水溶液。但质子理论把许多早为人们熟知的酸性物质如 SO_3 等排除出酸的行列。

1923 年美国创立共价键理论的化学家路易斯提出酸碱的电子论，认为酸是电子对接受体，碱是电子对给予体。由于电子论所定义的酸碱包罗的物质种类很广泛，因而又称为广义的酸和广义的碱。为了划清不同理论的酸碱，又称为路易斯酸或路易斯碱。

摘自凌永乐编《化学概念和理论的发现》

第二节　酸碱指示剂

学习要点　理解酸碱指示剂的作用原理；掌握酸碱指示剂的理论变色范围及理论变色点的确定方法，熟悉酚酞、溴甲酚绿、甲基橙等常用酸碱指示剂的实际变色范围、颜色变化；了解影响指示剂变色范围的因素；理解混合指示剂的类型、特点和应用，熟悉混合指示剂的颜色变化情况及配制方法。

酸碱滴定分析中，确定滴定终点的方法有仪器法和指示剂法两类。

仪器法确定滴定终点主要是利用滴定体系或滴定产物的电化学性质的改变，用仪器（例如 pH 计）检测终点的到来。常见的方法有电位滴定法、电导滴定法等。

指示剂法是借助加入的酸碱指示剂在化学计量点附近颜色的变化来确定滴定终点。这种方法简单、方便，是确定滴定终点的基本方法。本节仅介绍酸碱指示剂法。

一、酸碱指示剂的作用原理

酸碱指示剂（acid-base indicator）是在某一特定 pH 区间，随介质酸度条件的改变颜色明显变化的物质。常用的酸碱指示剂一般是一些有机弱酸或弱碱，其酸式体及其碱式体由于结构不同而具有不同的颜色。当溶液 pH 改变时，指示剂的酸式体失去质子转化为碱式体，或指示剂的碱式体得到质子变为酸式体，从而引起颜色变化。

甲基橙（methyl orange，缩写为 MO）是一种有机弱碱，也是一种双色指示剂，它在溶液中的离解平衡可用下式表示：

$$(CH_3)_2N-C_6H_4-N=N-C_6H_4-SO_3^- \underset{OH^-}{\overset{H^+}{\rightleftharpoons}} (CH_3)_2\overset{+}{N}=C_6H_4=N-NH-C_6H_4-SO_3^-$$

黄色（偶氮式）　　　　红色（醌式）

由平衡关系式可以看出：当溶液中［H^+］增大时，反应向右进行，此时甲基橙主要以醌式体存在，溶液呈红色；当溶液中［H^+］降低而［OH^-］增大时，反应向左进行，甲基橙主要以偶氮式体存在，溶液呈黄色。

酚酞是一种有机弱酸，它在溶液中的离解平衡如下所示：

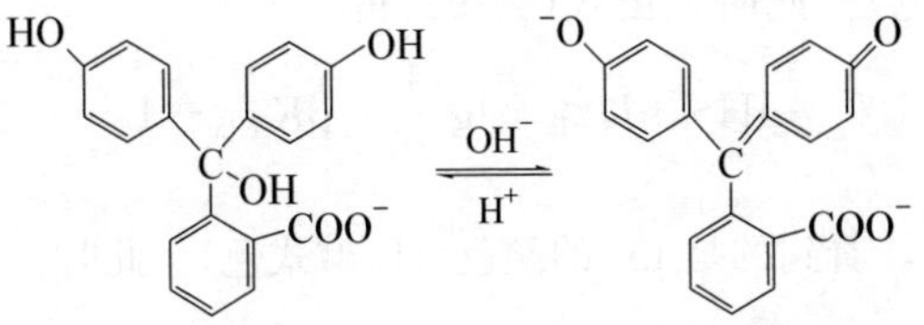

$\underset{OH^-}{\overset{H^+}{\rightleftharpoons}}$

无色（羟式）　　　　红色（醌式）

在酸性溶液中，平衡向左移动，酚酞主要以羟式体存在，溶液呈无色；在碱性溶液中，平衡向右移动，酚酞主要以醌式体存在，因此溶液呈红色。

由此可见，当溶液的pH发生变化时，由于指示剂结构的变化，颜色也随之发生变化，因而可通过酸碱指示剂颜色的变化确定酸碱滴定的终点。

二、变色范围和变色点

若以HIn代表酸碱指示剂的酸式体（其颜色称为指示剂的酸式色），其离解产物In^-就代表酸碱指示剂的碱式体（其颜色称为指示剂的碱式色），则离解平衡可表示为：

$$HIn \rightleftharpoons H^+ + In^-$$

当离解达到平衡时：

$$K_{HIn}=\frac{[H^+][In^-]}{[HIn]}$$

则

$$\frac{[In^-]}{[HIn]}=\frac{K_{HIn}}{[H^+]} \tag{4-18}$$

或

$$pH=pK_{HIn}+\lg\frac{[In^-]}{[HIn]} \tag{4-19}$$

溶液的颜色决定于指示剂碱式体与酸式体的浓度比值，即$\frac{[In^-]}{[HIn]}$值。对给定的指示剂而言，在指定条件下K_{HIn}是常数。因此，由式(4-18)可以看出，$\frac{[In^-]}{[HIn]}$值只决定于$[H^+]$，$[H^+]$变化时，$\frac{[In^-]}{[HIn]}$值也随之变化，因而溶液将呈现不同的颜色。

一般说来，当一种形式体的浓度大于另一种形式体的浓度10倍时，人眼通常只看到较浓形式体的颜色。若$\frac{[In^-]}{[HIn]}\leqslant\frac{1}{10}$，看到的是HIn的

颜色（即酸式色）。此时，由式(4-19) 得

$$pH \leqslant pK_{HIn} + \lg \frac{1}{10} = pK_{HIn} - 1$$

如果$\frac{[In^-]}{[HIn]} \geqslant \frac{10}{1}$，看到的是 In^- 的颜色（即碱式色）。此时，由式(4-19) 得

$$pH \geqslant pK_{HIn} + \lg \frac{10}{1} = pK_{HIn} + 1$$

若$\frac{[In^-]}{[HIn]}$在$\frac{1}{10} \sim \frac{10}{1}$时，看到的是酸式色与碱式色复合后的颜色。

因此，当溶液的 pH 由 $pK_{HIn}-1$ 向 $pK_{HIn}+1$ 逐渐改变时，理论上人眼可以看到指示剂由酸式色逐渐过渡到碱式色。这种理论上可以看到的引起指示剂颜色变化的 pH 间隔称为指示剂的理论变色范围（transition interval）。

当指示剂中酸式体的浓度与碱式体的浓度相同时（即 $[HIn]=[In^-]$），溶液便显示指示剂酸式体与碱式体的混合色。由式(4-19) 可知，此时溶液的 $pH=pK_{HIn}$，这一点称为指示剂的理论变色点（color transition point)。例如，甲基红 $pK_{HIn}=5.0$，所以甲基红的理论变色范围为 pH 4.0～6.0，理论变色点的 pH 为 5.0。

理论上说，指示剂的变色范围都是 2 个 pH 单位，但指示剂的变色范围（指从一种色调改变至另一种色调）不是根据 pK_{HIn} 计算出来的，而是依据人眼观察出来的。由于人眼对各种颜色的敏感程度不同，加上两种颜色之间的相互影响，因此实际观察到的各种指示剂的变色范围(见表 4-3) 并不都是 2 个 pH 单位，而是略有上下。例如甲基红指示剂，它的理论变色点 pH=5.0，其酸式色为红色，碱式色为黄色。由于人眼对红色更为敏感，当指示剂酸式的浓度比碱式大 5 倍时，即可看到指示剂的酸式色（红色）。而黄色则没有红色那么明显，只有当指示剂碱式的浓度比酸式至少大 12.5 倍时，才能看到指示剂的碱式色（黄色)。所以甲基红指示剂的变色范围不是理论上的 pH 4.0～6.0，而是 pH 4.4～6.2，这就称为指示剂的实际变色范围。表 4-3 列出了几种常用酸碱指示剂在室温下水溶液中的变色范围，供使用时参考。

三、影响指示剂变色范围的因素

显然，指示剂的实际变色范围越窄，则在化学计量点时，只要溶液

表 4-3 几种常用酸碱指示剂在室温下水溶液中的变色范围

指示剂	变色范围(pH)	颜色变化	pK_{HIn}	质量浓度/(g/L)	用量/(滴/10mL 试液)
百里酚蓝	1.2～2.8	红～黄	1.7	1g/L 的 20%乙醇溶液	1～2
甲基黄	2.9～4.0	红～黄	3.3	1g/L 的 90%乙醇溶液	1
甲基橙	3.1～4.4	红～黄	3.4	0.5g/L 的水溶液	1
溴酚蓝	3.0～4.6	黄～紫	4.1	1g/L 的 20%乙醇溶液或其钠盐水溶液	1
溴甲酚绿	4.0～5.6	黄～蓝	4.9	1g/L 的 20%乙醇溶液或其钠盐水溶液	1～3
甲基红	4.4～6.2	红～黄	5.0	1g/L 的 60%乙醇溶液或其钠盐水溶液	1
溴百里酚蓝	6.2～7.6	黄～蓝	7.3	1g/L 的 20%乙醇溶液或其钠盐水溶液	1
中性红	6.8～8.0	红～黄橙	7.4	1g/L 的 60%乙醇溶液	1
酚红	6.8～8.4	黄～红	8.0	1g/L 的 60%乙醇溶液或其钠盐水溶液	1
酚酞	8.0～10.0	无色～红	9.1	5g/L 的 90%乙醇溶液	1～3
百里酚蓝	8.0～9.6	黄～蓝	8.9	1g/L 的 20%乙醇溶液	1～4
百里酚酞	9.4～10.6	无色～蓝	10.0	1g/L 的 90%乙醇溶液	1～2

的 pH 稍有变化，指示剂的颜色便立即从一种颜色变到另一种颜色，这样就可减小滴定误差。那么，有哪些因素可以影响指示剂的实际变色范围呢？一般说来，影响指示剂实际变色范围的主要因素是溶液温度、指示剂的用量、溶液离子强度以及滴定程序等。

1. 温度

指示剂的变色范围和指示剂的离解常数 K_{HIn} 有关，而 K_{HIn} 与温度有关，因此当温度改变时，指示剂的变色范围也随之改变。表 4-4 列出了几种常用指示剂在 18℃与 100℃时的变色范围。

表 4-4 温度对指示剂变色范围的影响

指示剂	变色范围(pH)		指示剂	变色范围(pH)	
	18℃	100℃		18℃	100℃
百里酚蓝	1.2～2.8	1.2～2.6	甲基红	4.4～6.2	4.0～6.0
甲基橙	3.1～4.4	2.5～3.7	酚红	6.4～8.0	6.6～8.2
溴酚蓝	3.0～4.6	3.0～4.5	酚酞	8.0～10.0	8.0～9.2

由表 4-4 可以看出，温度上升对不同指示剂的影响是不一样的。因此，为了确保滴定结果的准确性，滴定分析宜在室温下进行。如果必须

在加热时进行，也应当将标准溶液在同样条件下进行标定。

2. 指示剂的用量

指示剂的用量（或浓度）是一个非常重要的因素。对于双色指示剂[1]（如甲基红），在溶液中有如下离解平衡：

$$HIn \rightleftharpoons H^+ + In^-$$

如果溶液中指示剂的浓度较小，则在单位体积溶液中 HIn 的量也少，加入少量标准溶液即可使之完全变为 In^-，因此指示剂颜色变化灵敏；反之，若指示剂浓度较大，则发生同样的颜色变化所需标准溶液的量也较多，从而导致滴定终点时颜色变化不敏锐。所以，双色指示剂的用量以小为宜。

同理，对于单色指示剂（如酚酞），也是指示剂的用量偏少时滴定终点变色敏锐。但如用单色指示剂滴定至一定 pH，则必须严格控制指示剂的浓度。因为单色指示剂的颜色深度仅取决于有色离子的浓度（对酚酞来说就是碱式 $[In^-]$），即

$$[In^-]=\frac{K_{HIn}}{[H^+]}[HIn]$$

如果 $[H^+]$ 维持不变，在指示剂变色范围内，溶液颜色的深浅便随指示剂 HIn 浓度的增加而加深。因此，使用单色指示剂时必须严格控制指示剂的用量，使其在终点时的浓度等于对照溶液中的浓度。

此外，指示剂本身是弱酸或弱碱，也要消耗一定量的标准溶液。因此，指示剂用量以少为宜，但却不能太少，否则，由于人眼辨色能力的限制，无法观察到溶液颜色的变化。实际滴定过程中，通常都是使用指示剂浓度为 1g/L 的溶液，用量比例为每 10mL 试液滴加 1 滴左右的指示剂溶液（见表 4-3）。

3. 离子强度

指示剂的 pK_{HIn} 值随溶液离子强度的不同而有少许变化，因而指示剂的变色范围也随之有稍许偏移。实验证明，溶液离子强度增加，对酸型指示剂而言其 pK_{HIn} 值减小，对碱型指示剂而言其 pK_{HIn} 值增大。表 4-5 列出了一些常用指示剂的 pK_{HIn} 值随溶液离子强度变化而变化的关系。

由于在离子强度较低（<0.5）时酸碱指示剂的 pK_{HIn} 值随溶液离子强度的不同变化不大，因而实际滴定过程中一般可以忽略不计。

---

[1] 双色指示剂指酸式体和碱式体均有色的指示剂。

表 4-5 常用指示剂在不同离子强度时的 pK_{HIn} 值

指示剂	指示剂酸碱性	pK_{HIn}（20℃，水溶液）		
		离子强度为 0	离子强度为 0.1	离子强度为 0.5
甲基黄	碱性	3.25(18℃)	3.24	3.40
甲基橙	碱性	3.46	3.46	3.46
甲基红	酸性	5.00	5.00	5.00
溴甲酚绿	酸性	4.90	4.66	4.50
溴甲酚紫	酸性	6.40	6.12	5.90
溴酚蓝	酸性	4.10(15℃)	3.85	3.75
溴百里酚蓝	酸性	7.30(15～30℃)	7.10	6.90
氯酚红	酸性	6.25	6.00	5.90
甲酚红	酸性	8.46(30℃)	8.25	—
酚红	酸性	8.00	7.81	7.60

4. 滴定程序

由于深色较浅色明显，所以当溶液由浅色变为深色时，人眼容易辨别。例如，以甲基橙作指示剂，用碱标准滴定溶液滴定酸时，终点颜色的变化是由橙红变黄，就不及用酸标准滴定溶液滴定碱时终点颜色由黄变橙红明显。所以用酸标准滴定溶液滴定碱时可用甲基橙作指示剂；而用碱标准滴定溶液滴定酸时，一般采用酚酞作指示剂，因为终点从无色变为红色比较敏锐。

四、混合指示剂

由于指示剂具有一定的变色范围，只有当溶液 pH 的改变超过一定数值，也就是说只有在酸碱滴定的化学计量点附近 pH 发生突跃时，指示剂才能从一种颜色突然变为另一种颜色。但在某些酸碱滴定中，由于化学计量点附近 pH 突跃小，使用单一指示剂确定终点无法达到所需要的准确度，这时可考虑采用混合指示剂。

混合指示剂是利用颜色之间的互补作用，使变色范围变窄，从而使终点时颜色变化敏锐。它的配制方法一般有两种。一种是由两种或多种指示剂混合而成。例如溴甲酚绿（$pK_{HIn}=4.9$）与甲基红（$pK_{HIn}=5.0$）指示剂，前者当 pH<4.0 时呈黄色（酸式色）、pH>5.6 时呈蓝色（碱式色），后者当 pH<4.4 时呈红色（酸式色）、pH>6.2 时呈浅黄色（碱式色），当它们按一定比例混合后，两种颜色混合在一起，酸式色便成为酒红色（即红中稍带黄），碱式色便成为绿色。当 pH=5.1 时，也就是溶液中酸式体与碱式体的浓度大致相同时，溴甲酚绿呈绿色，而甲基红呈橙色，两种颜色互为互补色（见《化验员必读 仪器分析入门 提高 拓展》中的“紫外-可见分光光度法”），从而使得溶液呈现浅灰色，变色十分敏锐。

另一种混合指示剂是在某种指示剂中加入一种惰性染料（其颜色不随溶液 pH 的变化而变化），由于颜色互补使变色敏锐，但变色范围不变。常用的混合指示剂见表 4-6。

表 4-6 几种常用的混合指示剂

指示剂溶液的组成	变色时 pH	颜色		备注
		酸式色	碱式色	
1 份 0.1%甲基黄乙醇溶液 1 份 0.1%亚甲基蓝乙醇溶液	3.25	蓝紫	绿	pH=3.2,蓝紫 pH=3.4,绿色
1 份 0.1%甲基橙水溶液 1 份 0.25%靛蓝二磺酸水溶液	4.1	紫	黄绿	
1 份 0.1%溴甲酚绿钠盐水溶液 1 份 0.2%甲基橙水溶液	4.3	橙	蓝绿	pH=3.5,黄色 pH=4.05,绿色 pH=4.3,浅绿
3 份 0.1%溴甲酚绿乙醇溶液 1 份 0.2%甲基红乙醇溶液	5.1	酒红	绿	
1 份 0.1%溴甲酚绿钠盐水溶液 1 份 0.1%氯酚红钠盐水溶液	6.1	黄绿	蓝绿	pH=5.4,蓝绿 pH=5.8,蓝色 pH=6.0,蓝带紫 pH=6.2,蓝紫
1 份 0.1%中性红乙醇溶液 1 份 0.1%亚甲基蓝乙醇溶液	7.0	紫蓝	绿	pH=7.0,紫蓝
1 份 0.1%甲酚红钠盐水溶液 3 份 0.1%百里酚蓝钠盐水溶液	8.3	黄	紫	pH=8.2,玫瑰红 pH=8.4,清晰的紫色
1 份 0.1%百里酚蓝 50%乙醇溶液 3 份 0.1%酚酞 50%乙醇溶液	9.0	黄	紫	从黄到绿,再到紫
1 份 0.1%酚酞乙醇溶液 1 份 0.1%百里酚酞乙醇溶液	9.9	无色	紫	pH=9.6,玫瑰红 pH=10,紫色
2 份 0.1%百里酚酞乙醇溶液 1 份 0.1%茜素黄 R 乙醇溶液	10.2	黄	紫	

思考题 4-2

1. 增加电解质的浓度会使酸碱指示剂 HIn^-（$HIn^- \rightleftharpoons H^+ + In^{2-}$）的理论变色点的 pH 变大还是变小？

2. 判断在下列 pH 溶液中，指示剂显什么颜色？

(1) pH=3.5 溶液中滴入甲基红指示液。

(2) pH＝7.0 溶液中滴入溴甲酚绿指示液。

(3) pH＝4.0 溶液中滴入甲基橙指示液。

(4) pH＝10.0 溶液中滴入甲基橙指示液。

(5) pH＝6.0 溶液中滴入甲基红和溴甲酚绿指示液。

3. 某溶液滴入酚酞为无色，滴入甲基橙为黄色，指出该溶液的 pH 范围。

阅读材料

早期的酸碱指示剂——植物指示剂

早在 200 多年前，酸碱指示剂就被化学家们使用了。1663 年英国化学家玻意耳发表了一篇题为《关于颜色的实验》的文章，其中讲到："用上好的紫罗兰，捣出有色的汁液，滴在白纸上（这是为了用较少的量使颜色更明显），再在汁液上加两三滴酒精，将醋或其他几乎所有的酸液滴到这个混合液上时，你立刻就会发现浆液变成了红色。"

玻意耳除用紫罗兰花的汁液外，还用了矢车菊、蔷薇花、雪莲花、报春花、胭脂花和石蕊等。石蕊是一种菌类和藻类共生的植物，通常把它制成蓝色粉末，溶于水和酒精。常用的石蕊试纸可用滤纸浸泡在石蕊的酒精溶液中，然后再晾干而制成。

随着植物指示剂的使用逐渐广泛，一些科学家指出各种植物指示剂的变色灵敏度和变色范围不一样，必须对所有植物汁液的灵敏度进行鉴定，才能找到合适的指示剂来测量各种酸的相对强度。

1782 年，法国化学家居东德莫沃将纸浸泡在姜黄、巴西木的汁液中制成试纸，首先用于利用硝酸制取硝酸钾的工业生产中。接着化学家在酸碱滴定中利用了植物指示剂，以确定滴定终点。

1877 年，德国化学家卢克首先用化学制剂酚酞作为酸碱指示剂。第二年，德国化学家隆格使用了甲基橙。自此，科学家开始使用化学制剂作指示剂。

摘自凌永乐编《化学概念和理论的发现》

第三节　滴定条件的选择

学习要点　了解强酸（碱）、一元弱酸（碱）、多元酸（碱）滴定过程 pH 的变化规律，掌握其滴定曲线特征和化学计量点位置及影响滴定突跃范围的因素；掌握准确滴定一元弱酸和分步滴定多元酸的条件；掌握指示剂的选择方法；了解酸碱滴定反应强化措施和滴定终点误差的计算方法。

酸碱滴定法的滴定终点可借助指示剂颜色的变化显现出来，而指示剂颜色的变化完全取决于溶液 pH 的大小。因此，为了给某一特定酸碱滴定反应选择一合适的指示剂，就必须了解在其滴定过程中溶液 pH 的变化，特别是化学计量点附近 pH 的变化。在滴定过程中用来描述加入不同量标准滴定溶液（或不同中和百分数）时溶液 pH 变化的曲线称为酸碱滴定曲线（titration curve）。各种不同类型的酸碱滴定过程中 H^+ 浓度的变化规律是各不相同的。

一、一元酸碱的滴定

1. 强酸（碱）滴定强碱（酸）

（1）滴定过程中溶液 pH 的变化　强酸（碱）滴定强碱（酸）的过程相当于

$$H^+ + OH^- \longrightarrow H_2O \qquad K_t = \frac{1}{K_w} = 10^{14.00}$$

这种类型的酸碱滴定，其反应程度是最高的，也最容易得到准确的滴定结果。下面以 0.1000mol/L NaOH 标准滴定溶液滴定 20.00mL 0.1000mol/L HCl 为例来说明强碱滴定强酸过程中 pH 的变化与滴定曲线的形状。

该滴定过程可分为 4 个阶段。

① 滴定开始前。溶液的 pH 由此时 HCl 溶液的酸度决定。即

$$[H^+] = 0.1000\text{mol/L}$$

$$pH = 1.00$$

② 滴定开始至化学计量点前。溶液的 pH 由溶液中未被中和的 HCl 溶液的酸度决定。

例如，当滴入 NaOH 溶液 18.00mL 时，溶液中剩余 HCl 溶液 2.00mL 未被 NaOH 中和，则

$$[H^+] = \frac{0.1000 \times 2.00}{20.00 + 18.00}\text{mol/L} = 5.26 \times 10^{-3}\text{mol/L}$$

$$pH = 2.28$$

当滴入 NaOH 溶液 19.80mL 时，溶液中剩余 HCl 溶液 0.20mL 未被 NaOH 中和，则

$$[H^+] = \frac{0.1000 \times 0.20}{20.00 + 19.80}\text{mol/L} = 5.03 \times 10^{-4}\text{mol/L}$$

$$pH = 3.30$$

当滴入 NaOH 溶液 19.98mL 时，溶液中剩余 HCl 溶液 0.02mL 未

被 NaOH 中和，则

$$[H^+]=\frac{0.1000\times0.02}{20.00+19.98}mol/L=5.00\times10^{-5}mol/L$$

$$pH=4.30$$

③ 化学计量点时。溶液的 pH 由体系产物的离解情况决定。此时溶液中的 HCl 全部被 NaOH 中和，其产物为 NaCl 与 H_2O，因此溶液呈中性，即

$$[H^+]=[OH^-]=1.00\times10^{-7}mol/L$$

$$pH=7.00$$

④ 化学计量点后。溶液的 pH 由滴入的过量的 NaOH 浓度和过量的体积决定。

例如，加入 NaOH 20.02mL 时，NaOH 过量 0.02mL，此时溶液中［OH^-］为：

$$[OH^-]=\frac{0.1000\times0.02}{20.00+20.02}mol/L=5.00\times10^{-5}mol/L$$

$$pOH=4.30;\quad pH=9.70$$

用完全类似的方法可以计算出整个滴定过程中加入任意体积 NaOH 溶液时溶液的 pH，其结果如表 4-7 所示。

表 4-7 用 0.1000mol/L NaOH 溶液滴定 20.00mL 0.1000mol/L HCl 时 pH 的变化

加入 NaOH 溶液的体积 /mL	HCl 被滴定分数/%	剩余 HCl 溶液的体积 /mL	过量 NaOH 溶液的体积 /mL	$[H^+]$	pH
0	0	20.00		1.00×10^{-1}	1.00
18.00	90.00	2.00		5.26×10^{-3}	2.28
19.80	99.00	0.20		5.03×10^{-4}	3.30
19.98	99.90	0.02		5.00×10^{-5}	4.30（突跃范围）
20.00	100.00	0		1.00×10^{-7}	7.00（突跃范围）
20.02	100.1		0.02	2.00×10^{-10}	9.70（突跃范围）
20.20	101.0		0.20	2.01×10^{-11}	10.70
22.00	110.0		2.00	2.10×10^{-12}	11.68
40.00	200.0		20.00	3.00×10^{-13}	12.52

（2）滴定曲线的形状和滴定突跃 以溶液的 pH 为纵坐标，以 NaOH 溶液的加入量（或滴定分数）为横坐标，可绘制出强碱滴定强酸的滴定曲线，如图 4-5 中的实线所示。

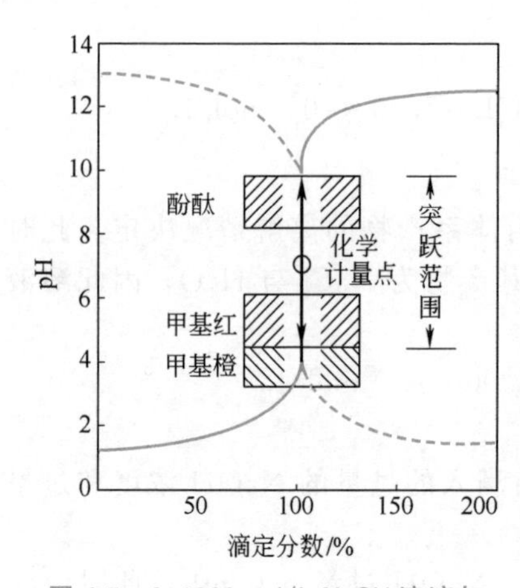

图 4-5　0.1000mol/L NaOH 溶液与 0.1000mol/L HCl 溶液的滴定曲线

由表 4-7 和图 4-5 可以看出，从滴定开始到加入 19.98mL NaOH 标准滴定溶液，溶液的 pH 仅改变了 3.30 个 pH 单位，曲线比较平坦。而在化学计量点附近，加入 1 滴 NaOH 溶液（相当于 0.04mL，即从溶液中剩余 0.02mL HCl 溶液到过量 0.02mL NaOH 溶液）就使溶液的酸度发生了巨大的变化，其 pH 由 4.30 急增至 9.70，增幅达 5.40 个 pH 单位，相当于 $[H^+]$ 降低到 1/250000，溶液也由酸性突变到碱性，溶液的性质由量变引起了质变。从图 4-5 也可看到，在化学计量点前后 0.1%，曲线呈现近似垂直的一段，表明溶液的 pH 有一个突然的改变，这种 pH 的突然改变称为滴定突跃，而突跃所在的 pH 范围称为滴定突跃范围。此后，再继续滴加 NaOH 溶液，溶液的 pH 变化越来越小，曲线又趋平坦。

如果用 0.1000mol/L HCl 标准滴定溶液滴定 20.00mL 0.1000mol/L NaOH 溶液，其滴定曲线如图 4-5 中的虚线所示。显然，滴定曲线形状与 NaOH 标准滴定溶液滴定 HCl 溶液相似，只是 pH 不是随着标准滴定溶液的加入逐渐增大，而是逐渐减小。

值得注意的是，从滴定过程 pH 的计算可以知道，滴定的突跃大小还必然与被滴定物质及标准滴定溶液的浓度有关。一般说来，酸碱浓度增大到 10 倍，则滴定突跃范围就增加 2 个 pH 单位；反之，若酸碱浓度减小到原来的 1/10，则滴定突跃范围就减少 2 个 pH 单位。如用 1.000mol/L NaOH 标准滴定溶液滴定 1.000mol/L HCl 溶液时，其滴定突跃范围就增大为 3.30～10.70；若用 0.01000mol/L NaOH 标准滴定溶液滴定 0.01000mol/L HCl 溶液时，其滴定突跃范围就减小到 5.30～8.70。不同浓度的强碱滴定强酸的滴定曲线如图 4-6 所示。滴定突跃具有非常重要的意义，它是选择指示剂的依据。

（3）指示剂的选择　选择指示剂的原则：一是指示剂的变色范围全部或部分地落入滴定突跃范围内；二是指示剂的变色点尽量靠近化学计量点。

例如，用0.1000mol/L NaOH标准滴定溶液滴定0.1000mol/L HCl溶液，其突跃范围为4.30～9.70，可选择甲基红、甲基橙与酚酞作指示剂。如果选择甲基橙作指示剂，当溶液颜色由橙色恰好变为黄色时，溶液的pH为4.4，滴定误差小于0.1%。实际分析时，为了更好地判断终点，通常选用酚酞作指示剂，因其终点颜色由无色变成浅红色，非常容易辨别。

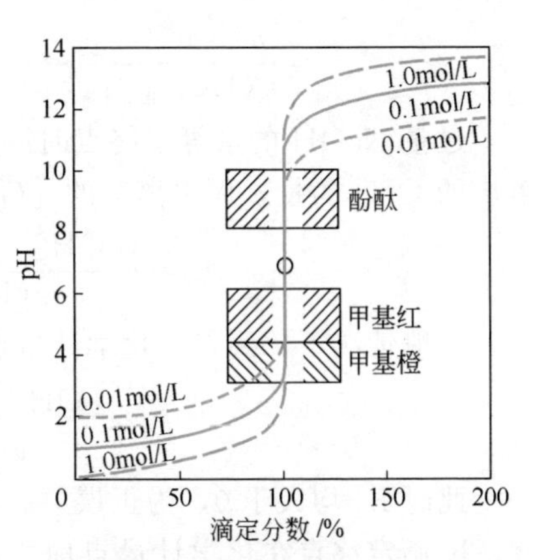

图4-6 不同浓度的强碱滴定强酸的滴定曲线

如果用0.1000mol/L HCl标准滴定溶液滴定0.1000mol/L NaOH溶液，可选择酚酞或甲基红作为指示剂。倘若仍然选择甲基橙作指示剂，则当溶液颜色由黄色转变成橙色时，其pH为4.0，滴定误差将有+0.2%。实际分析时，为了进一步提高滴定终点的准确性以及更好地判断终点(如用甲基红，终点颜色由黄变橙，人眼不易把握；若用酚酞，则由红色褪至无色，人眼也不易判断)，通常选用混合指示剂溴甲酚绿-甲基红，终点时颜色由绿经浅灰变为暗红，容易观察。

(4) 终点误差　从以上分析来看，利用指示剂颜色的变化确定滴定终点时，滴定终点pH与滴定反应的化学计量点不完全一致，这就给滴定结果带来一定的误差，这种误差就是终点误差，也称为滴定误差，用E_t表示。

酸碱滴定时，如果终点与化学计量点不一致，则说明溶液中或者多加了酸或碱，或者还有剩余的酸或碱未完全反应，因此，将过量的或者剩余的酸或碱的物质的量除以理论上应该加入的酸或碱的物质的量，即可得出酸碱滴定反应的终点误差。

强酸（碱）滴定中，由于强酸强碱完全离解，其终点误差的计算较为简单。下面以实例说明强酸（碱）滴定终点误差的计算方法。

① NaOH标准滴定溶液滴定HCl溶液

a. 滴定终点在化学计量点后。此时，NaOH过量，则

$$E_t=\frac{\text{过量 NaOH 的物质的量}}{\text{在化学计量点时应加入 NaOH 的物质的量}}$$

$$=\frac{n(\text{NaOH})_{\text{过量}}}{n(\text{HCl})_{\text{化学计量点}}}$$

过量 NaOH 的量等于终点时溶液中 OH^- 的总量减去终点时水所离解出的 OH^- 的量，而水离解的 $[OH^-]$ 和 $[H^+]$ 是相等的，因此

$$E_t=\frac{([OH^-]_{ep}-[H^+]_{ep})V_{ep}}{c(\text{HCl})_{sp}V_{sp}}$$

一般情况下，终点与化学计量点相差不大，即 $V_{ep}\approx V_{sp}$，所以

$$E_t=\frac{[OH^-]_{ep}-[H^+]_{ep}}{c(\text{HCl})_{sp}} \tag{4-20}$$

此时 E_t 均大于 0，为正误差。

b. 滴定终点在化学计量点前。此时尚有部分 HCl 未被中和，按上述相同的方法可以推导出终点误差计算式，与式(4-20) 相同，但结果均小于 0，为负误差。

② HCl 标准滴定溶液滴定 NaOH 溶液。此类滴定的终点误差计算方法与 NaOH 滴定 HCl 相类似，按上述相同的方法可推导出其终点误差的计算公式为：

$$E_t=\frac{[H^+]_{ep}-[OH^-]_{ep}}{c(\text{NaOH})_{sp}} \tag{4-21}$$

例 4-4 计算 0.1000mol/L NaOH 标准滴定溶液滴定 0.1000mol/L HCl 溶液至甲基橙变黄色（pH＝4.4）与 0.1000mol/L HCl 标准滴定溶液滴定 0.1000mol/L NaOH 溶液至甲基橙转变为橙色（pH＝4.0）的终点误差。

解 根据式(4-20)，当 pH＝4.4 时

$$E_t=\frac{[OH^-]_{ep}-[H^+]_{ep}}{c(\text{HCl})_{sp}}=\frac{10^{-9.6}-10^{-4.4}}{0.05000}=-0.08\%$$

根据式(4-21)，当 pH＝4.0 时

$$E_t=\frac{[H^+]_{ep}-[OH^-]_{ep}}{c(\text{NaOH})_{sp}}=\frac{10^{-4.0}-10^{-10.0}}{0.05000}=+0.2\%$$

答 0.1000mol/L NaOH 标准滴定溶液滴定 0.1000mol/L HCl 溶液至甲基橙变黄色时的终点误差为－0.08%；而 0.1000mol/L HCl 标准滴定溶液滴定 0.1000mol/L NaOH 溶液至甲基橙变橙色时的终点误差为＋0.2%。

计算结果中的正值表明滴定过程中标准滴定溶液加多了，变色滞

后，误差为正误差；其中的负值表明滴定过程中标准滴定溶液加入量不足，变色提前，误差为负误差。

2. 强碱（酸）滴定弱酸（碱）

（1）滴定过程中溶液 pH 的变化　强碱（酸）滴定一元弱酸（碱）的滴定反应相当于

$$HA+OH^- \longrightarrow H_2O+A^- \qquad K_t=\frac{[A^-]}{[HA][OH^-]}=\frac{K_a}{K_w}$$

或

$$BOH+H^+ \longrightarrow H_2O+B^+ \qquad K_t=\frac{[B^+]}{[BOH][H^+]}=\frac{K_b}{K_w}$$

可见，这类滴定反应的完全程度较强酸强碱类差。下面以 0.1000mol/L NaOH 标准滴定溶液滴定 20.00mL 0.1000mol/L HAc 溶液为例，说明这一类滴定过程中 pH 变化规律与滴定曲线。

与讨论强酸强碱滴定曲线方法相似，讨论这一类滴定的滴定曲线也分为 4 个阶段。

① 滴定开始前溶液的 pH。此时溶液的 pH 由 0.1000mol/L HAc 溶液的酸度决定。根据弱酸 pH 计算的最简式(见表 4-1）有

$$[H^+]=\sqrt{cK_a}=\sqrt{0.1000\times(1.76\times10^{-5})}\ \text{mol/L}=1.33\times10^{-3}\ \text{mol/L}$$

$$pH=2.88$$

② 滴定开始至化学计量点前溶液的 pH。这一阶段的溶液是由未反应的 HAc 与反应产物 NaAc 组成的，其 pH 由 HAc-NaAc 缓冲体系决定，即

$$[H^+]=K_{a(HAc)}\frac{[HAc]}{[Ac^-]}$$

例如，当滴入 NaOH 标准滴定溶液 19.98mL（剩余 HAc 溶液 0.02mL 未被 NaOH 中和）时

$$[HAc]=\frac{0.1000\times0.02}{20.00+19.98}\text{mol/L}=5.0\times10^{-5}\ \text{mol/L}$$

$$[Ac^-]=\frac{0.1000\times19.98}{20.00+19.98}\text{mol/L}=5.0\times10^{-2}\text{mol/L}$$

因此

$$[H^+]=1.76\times10^{-5}\times\frac{5.0\times10^{-5}}{5.0\times10^{-2}}\text{mol/L}=1.76\times10^{-8}\text{mol/L}$$

$$pH=7.75$$

③ 化学计量点时溶液的 pH。此时溶液的 pH 由体系中滴定产物的

离解情况决定。化学计量点时滴定反应的产物是 NaAc 与 H_2O，Ac^- 是一种弱碱。因此

$$[OH^-]=\sqrt{cK_{b(Ac^-)}}$$

由于 $$K_{b(Ac^-)}=\frac{K_w}{K_{a(HAc)}}=\frac{1.0\times10^{-14}}{1.76\times10^{-5}}=5.68\times10^{-10}$$

$$[Ac^-]=\frac{20.00}{20.00+20.00}\times0.1000mol/L=5.0\times10^{-2}mol/L$$

所以 $$[OH^-]=\sqrt{5.0\times10^{-2}\times5.68\times10^{-10}}mol/L=5.33\times10^{-6}mol/L$$

$$pOH=5.27;\qquad pH=8.73$$

④ 化学计量点后溶液的 pH。此时溶液的组成是过量 NaOH 和滴定产物 NaAc。由于过量 NaOH 的存在抑制了 Ac^- 的水解，溶液的 pH 仅由过量 NaOH 的浓度决定。例如，滴入 20.02mL NaOH 标准滴定溶液（过量的 NaOH 溶液为 0.02mL），则

$$[OH^-]=\frac{0.02\times0.1000}{20.00+20.02}mol/L=5.0\times10^{-5}mol/L$$

$$pOH=4.30;\qquad pH=9.70$$

按上述方法，依次计算出滴定过程中溶液的 pH，其计算结果如表 4-8 所示。

表 4-8 用 0.1000mol/L NaOH 标准滴定溶液滴定 20.00mL 0.1000mol/L HAc 溶液的 pH 变化

加入 NaOH 的体积/mL	HAc 被滴定分数/%	计算式	pH
0	0	$[H^+]=\sqrt{[HAc]K_{a(HAc)}}$	2.88
10.00	50.0		4.76
18.00	90.0	$[H^+]=K_a\frac{[HAc]}{[Ac^-]}$	5.71
19.80	99.0		6.76
19.96	99.8		7.46
19.98	99.9		7.76 滴定突跃
20.00	100.0		8.73 滴定突跃
20.02	100.1	$[OH^-]=\sqrt{\frac{K_w}{K_{a(HAc)}}[Ac^-]}$	9.70 滴定突跃
20.04	100.2		10.00
20.20	101.0	$[OH^-]=[NaOH]_{过量}$	10.70
22.00	110.0		11.70

用同样的方法可以计算出强酸滴定弱碱时溶液 pH 的变化情况。表 4-9 列出了用 0.1000mol/L HCl 标准滴定溶液滴定 20.00mL 0.1000mol/L $NH_3 \cdot H_2O$ 溶液时溶液 pH 的变化情况，同时也列出了在不同滴定阶段溶液 pH 的计算式。

表 4-9　用 0.1000mol/L HCl 标准滴定溶液滴定 20.00mL 0.1000mol/L $NH_3 \cdot H_2O$ 溶液的 pH 变化

加入 HCl 的体积/mL	NH_3 被滴定分数/%	计算式	pH
0	0	$[OH^-]=\sqrt{[NH_3]K_{b(NH_3)}}$	11.12
10.00	50.0	$[OH^-]=K_b\dfrac{[NH_3]}{[NH_4^+]}$	9.25
18.00	90.0		8.30
19.80	99.0		7.25
19.98	99.9		6.25（滴定突跃）
20.00	100.0	$[H^+]=\sqrt{\dfrac{K_w}{K_{b(NH_3)}}[NH_4^+]}$	5.28（滴定突跃）
20.02	100.1		4.30（滴定突跃）
20.20	101.0	$[H^+]=[HCl]_{过量}$	3.30
22.00	110.0		2.32

（2）滴定曲线的形状和滴定突跃　根据滴定过程中各点的 pH 同样可以绘出强碱（酸）滴定一元弱酸（碱）的滴定曲线（见图 4-7 与图 4-8）。

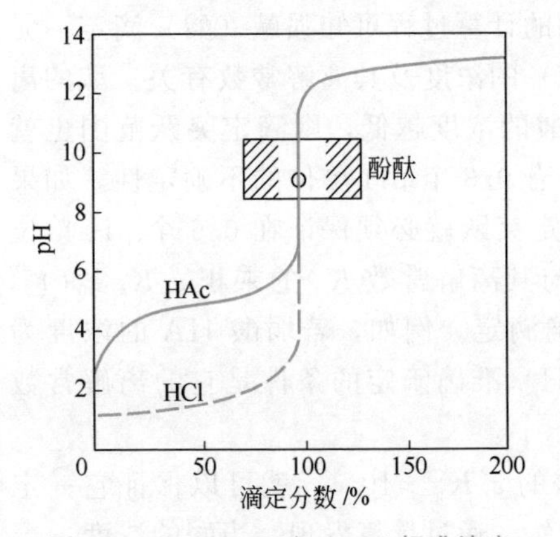

图 4-7　0.1000mol/L NaOH 标准滴定溶液滴定 0.1000mol/L HAc 溶液的滴定曲线

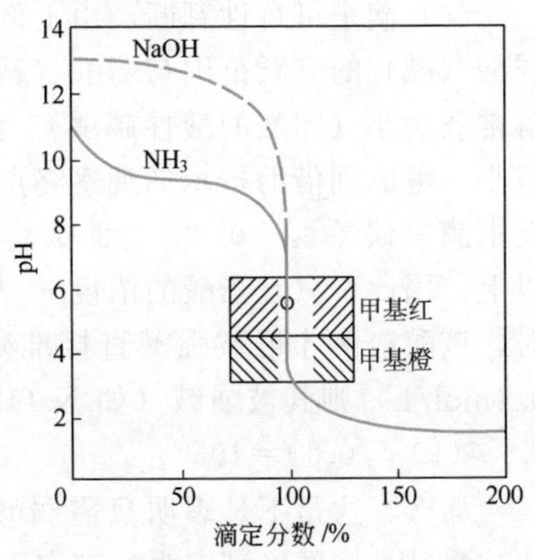

图 4-8　0.1000mol/L HCl 标准滴定溶液滴定 0.1000mol/L $NH_3 \cdot H_2O$ 溶液的滴定曲线

比较图 4-7 和图 4-8 可以看出，在浓度相同的前提下，强碱滴定弱酸的突跃范围比强碱滴定强酸的突跃范围要小得多，且主要集中在弱碱性区域，在化学计量点溶液也不是呈中性，而呈弱碱性（pH>7）。

由图 4-8 与表 4-9 也可以看出，在浓度相同的前提下，强酸滴定弱碱的突跃范围比强酸滴定强碱的突跃范围也要小得多，且主要集中在弱酸性区域，在化学计量点溶液呈弱酸性。

（3）指示剂的选择　在强碱（酸）滴定一元弱酸（碱）中，由于滴定突跃范围变小，指示剂的选择便受到一定的限制，但其选择原则还是与强碱（酸）滴定强酸（碱）时一样。对于用 0.1000mol/L NaOH 标准滴定溶液滴定 0.1000mol/L HAc 溶液而言，其突跃范围为 7.76～9.70（化学计量点时 pH=8.73），因此，在酸性区域变色的指示剂如甲基红、甲基橙等均不能使用，而只能选择酚酞、百里酚蓝等在碱性区域变色的指示剂。在这一滴定分析中，由于酚酞指示剂的理论变色点（pH=9.0）正好落在滴定突跃范围之内，滴定误差为+0.01%，所以选择酚酞作为指示剂可以获得比较准确的结果。

若用 0.1000mol/L HCl 标准滴定溶液滴定 0.1000mol/L $NH_3 \cdot H_2O$ 溶液，由于其突跃范围在 6.25～4.30（化学计量点时 pH=5.28），必须选择在酸性区域变色的指示剂，如甲基红或溴甲酚绿等。若选择甲基橙作指示剂，当滴定到溶液由黄色变至橙色（pH=4.0）时，滴定误差达+0.20%。

（4）滴定可行性判断　由上例的计算过程可知强碱（酸）滴定一元弱酸（碱）的突跃范围与弱酸（碱）的浓度及其离解常数有关。酸的离解常数越小（即酸的酸性越弱）、酸的浓度越低，则滴定突跃范围也就越小。考虑到借助指示剂观察终点有 0.3 个 pH 单位的不确定性，如果要求滴定误差≤±0.2%，那么滴定突跃就必须保证在 0.6 个 pH 单位以上。因此，只有当酸的浓度 c_0 与其离解常数 K_a 的乘积 $c_0K_a \geqslant 10^{-8}$ 时，该酸溶液才可被强碱直接准确滴定。例如，若弱酸 HA 的浓度为 0.1mol/L，则其被强碱（如 NaOH）准确滴定的条件是它的离解常数 $K_a \geqslant (10^{-8}/0.1)=10^{-7}$。

那么，这是不是表明只需弱酸的 $c_0K_a \geqslant 10^{-8}$，就可以保证它一定能被强碱直接准确滴定呢？其实不然。通过计算发现，当酸的浓度 $c_0=10^{-4}$ mol/L，就算其离解常数 $K_a=10^{-3}$（$c_0K_a=10^{-4}\times10^{-3}\geqslant10^{-8}$，满足条件），但其滴定突跃范围却为 6.81～7.21，仅有 0.40 个 pH 单位，因此这种情况下也无法直接准确滴定。

综上所述，用指示剂法直接准确滴定一元弱酸的条件是：

$$c_0K_a \geqslant 10^{-8} \text{ 且 } c_0 \geqslant 10^{-3}\text{mol/L}$$

在这种条件下，可保证滴定误差≤±0.2%，滴定突跃约大于0.6个pH单位。

同理，能够用指示剂法直接准确滴定一元弱碱的条件是：

$$c_0K_b \geq 10^{-8} \text{ 且 } c_0 \geq 10^{-3}\text{mol/L}$$

式中，c_0 表示一元弱碱的浓度。在这样的条件下，同样可保证滴定误差≤±0.2%，滴定突跃约大于0.6个pH单位。

显然，如果允许的误差较大，或检测终点的方法改进了（如使用仪器法），那么上述滴定条件还可适当放宽。

（5）酸碱滴定反应的强化措施　对于一些极弱的酸（碱），有时可利用化学反应使其转变为较强的酸（碱），再进行滴定，一般称为强化法。常用的强化措施有如下几种。

① 利用生成配合物。利用生成稳定的配合物的方法可以使弱酸强化，从而可以较准确地进行滴定。例如在硼酸中加入甘油或甘露醇，由于它们能与硼酸形成稳定的配合物，大大增强了硼酸在水溶液中的酸式离解，从而可以用酚酞作指示剂，用NaOH标准滴定溶液进行滴定。

② 利用生成沉淀。利用沉淀反应有时也可以使弱酸强化。例如H_3PO_4，由于K_{a3}很小（$K_{a3}=4.4\times10^{-13}$），通常只能按二元酸被滴定。但如果加入钙盐，由于生成$Ca_3(PO_4)_2$沉淀，则可继续滴定HPO_4^{2-}。

③ 利用氧化还原反应。利用氧化还原反应使弱酸转变为强酸，再进行滴定。例如，用碘、过氧化氢或溴水可将H_2SO_3氧化为H_2SO_4，然后再用碱标准滴定溶液滴定，这样可提高滴定的准确度。

④ 使用离子交换剂。利用离子交换剂与溶液中离子的交换作用可以强化一些极弱的酸或碱，然后用酸碱滴定法进行测定。例如测定NH_4Cl、KNO_3、柠檬酸盐时，在溶液中加入离子交换剂，则发生如下反应：

$$NH_4Cl + RSO_3H \longrightarrow RSO_3NH_4 + HCl$$

置换出的HCl用标准碱溶液滴定。

⑤ 在非水介质中滴定。对某些酸性比水更弱的酸或碱，可在非水介质中进行滴定（见本章第六节非水溶液中的酸碱滴定）。

（6）终点误差　对于强酸（碱）滴定一元弱碱（酸）而言，其终点误差的计算公式如下：

① 用NaOH滴定HA

$$E_t = \frac{[OH^-]_{ep} - [HA]_{ep}}{c(HA)_{sp}} \qquad (4\text{-}22)$$

② 用HCl滴定BOH

$$E_t=\frac{[H^+]_{ep}-[BOH]_{ep}}{c(BOH)_{sp}} \tag{4-23}$$

例4-5 计算0.1000mol/L NaOH标准溶液滴定0.1000mol/L HAc溶液至酚酞变红色（pH=9.0）与0.1000mol/L HCl标准滴定溶液滴定0.1000mol/L $NH_3 \cdot H_2O$溶液至甲基橙变橙色（pH=4.0）的终点误差。

解 （1）化学计量点时

$$[HAc]_{sp}=\frac{20.00}{20.00+20.00}\times 0.1000\text{mol/L}=0.0500\text{mol/L}$$

当pH=9.0时，$[OH^-]=10^{-5.0}$mol/L，$[H^+]=10^{-9.0}$mol/L

$$[HAc]_{ep}=\frac{[H^+]}{[H^+]+K_{a(HAc)}}\times[HAc]_{sp}$$

$$=\frac{10^{-9.0}}{10^{-9.0}+10^{-4.76}}\times 0.0500\text{mol/L}=2.88\times10^{-6}\text{mol/L}$$

所以，由式(4-22)

$$E_t=\frac{[OH^-]_{ep}-[HAc]_{ep}}{c(HAc)_{sp}}$$

$$=\frac{10^{-5.0}-2.88\times10^{-6}}{0.0500}=+0.014\%$$

答 0.1000mol/L NaOH标准滴定溶液滴定0.1000mol/L HAc溶液至酚酞变红色时的终点误差为+0.014%。

（2）化学计量点时

$$[NH_3 \cdot H_2O]_{sp}=\frac{20.00}{20.00+20.00}\times 0.1000\text{mol/L}=0.0500\text{mol/L}$$

当pH=4.0时，$[H^+]=10^{-4.0}$mol/L，$[OH^-]=10^{-10.0}$mol/L

$$[NH_3 \cdot H_2O]_{ep}=\frac{[OH^-]}{[OH^-]+K_{b(NH_3 \cdot H_2O)}}\times[NH_3 \cdot H_2O]_{sp}$$

$$=\frac{10^{-10.0}}{10^{-10.0}+10^{-4.75}}\times 0.0500\text{mol/L}=2.81\times10^{-7}\text{mol/L}$$

所以，由式(4-23)

$$E_t=\frac{[H^+]_{ep}-[NH_3 \cdot H_2O]_{ep}}{c(NH_3 \cdot H_2O)_{sp}}$$

$$=\frac{10^{-4.0}-2.81\times10^{-7}}{0.0500}=+0.20\%$$

答 0.1000mol/L HCl 标准滴定溶液滴定 0.1000mol/L $NH_3 \cdot H_2O$ 溶液至甲基橙变橙色的终点误差为+0.20%。

二、多元酸、混合酸和多元碱、混合碱的滴定

多元酸碱或混合酸碱的滴定比一元酸碱的滴定复杂，这是因为如果考虑能否直接准确滴定的问题就意味着必须考虑两种情况：一是能否滴定酸或碱的总量，二是能否分级滴定（对多元酸碱而言）、分别滴定（对混合酸碱而言）。下面结合实例对上述问题做简要的讨论。

1. 强碱滴定多元酸

（1）滴定可行性判断和滴定突跃　大量的实验证明，多元酸的滴定可按下述原则判断：

① 当 $c_a K_{a1} \geqslant 10^{-8}$ 时，这一级离解的 H^+ 可以被直接滴定。

② 当相邻的两个 K_a 的比值等于或大于 10^5 时，较强的那一级离解的 H^+ 先被滴定，出现第一个滴定突跃，较弱的那一级离解的 H^+ 后被滴定。但能否出现第二个滴定突跃，则取决于酸的第二级离解常数值是否满足 $c_a K_{a2} \geqslant 10^{-8}$。

③ 如果相邻的两个 K_a 的比值小于 10^5，则滴定时两个滴定突跃将混在一起，这时只出现一个滴定突跃。

（2）H_3PO_4 的滴定　H_3PO_4 是三元酸，在水溶液中分步离解：

$$H_3PO_4 \rightleftharpoons H^+ + H_2PO_4^- \qquad pK_{a1}=2.16$$

$$H_2PO_4^- \rightleftharpoons H^+ + HPO_4^{2-} \qquad pK_{a2}=7.12$$

$$HPO_4^{2-} \rightleftharpoons H^+ + PO_4^{3-} \qquad pK_{a3}=12.32$$

如果用 NaOH 滴定 H_3PO_4，那么 H_3PO_4 首先被滴定成 $H_2PO_4^-$，即

$$H_3PO_4 + NaOH \longrightarrow NaH_2PO_4 + H_2O$$

但当反应进行到大约 99.4%的 H_3PO_4 被中和为 $H_2PO_4^-$ 之时（pH=4.7），已经有大约 0.3%的 $H_2PO_4^-$ 被进一步中和成 HPO_4^{2-} 了，即

$$NaH_2PO_4 + NaOH \longrightarrow Na_2HPO_4 + H_2O$$

这表明前面两步中和反应并不是分步进行的，而是稍有交叉地进行的，所以，严格说来，对 H_3PO_4 而言，实际上并不真正存在两个化学计量点。由于对多元酸的滴定准确度要求不太高（通常分步滴定允许误差为±0.5%），因此，在满足一般分析的要求下，认为 H_3PO_4 还是能够进行分步滴定的，第一化学计量点时溶液的 pH=4.68，第二化学计

量点时溶液的 pH＝9.76。第三化学计量点因 $pK_{a3}=12.32$，说明 HPO_4^{2-} 已太弱，故无法用 NaOH 直接滴定，如果此时在溶液中加入 $CaCl_2$ 溶液，则会发生如下反应：

$$2HPO_4^{2-}+3Ca^{2+} \longrightarrow Ca_3(PO_4)_2\downarrow +2H^+$$

则弱酸转化成强酸，就可以继续用 NaOH 直接滴定了。

NaOH 滴定 H_3PO_4 的滴定曲线一般采用仪器法（电位滴定法）绘制。图 4-9 所示的是 0.1000mol/L NaOH 标准滴定溶液滴定 20.00mL 0.1000mol/L H_3PO_4 溶液的滴定曲线。从图 4-9 可以看出，由于中和反应交叉进行，使化学计量点附近曲线倾斜，滴定突跃较短，且第二化学计量点附近的突跃较第一化学计量点附近的突跃还短。正因为突跃短小，使得终点变色不够明显，因而导致终点准确度也欠佳。

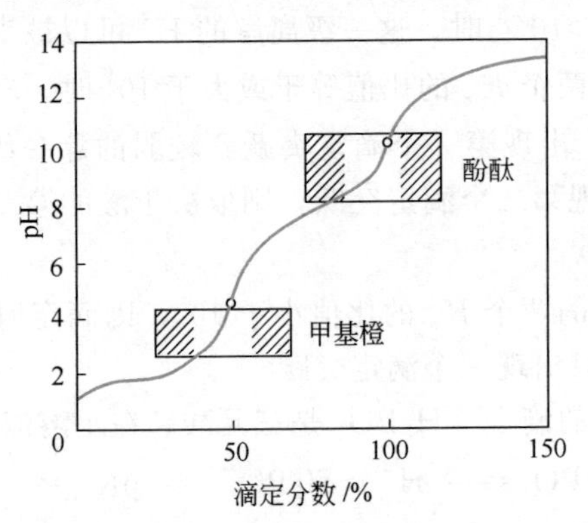

图 4-9　0.1000mol/L NaOH 标准滴定溶液滴定 0.1000mol/L H_3PO_4 溶液的滴定曲线

如图 4-9 所示，第一化学计量点时 NaH_2PO_4 的浓度为 0.050mol/L，根据 H^+ 浓度计算的最简式

$$[H^+]_1=\sqrt{K_{a1}K_{a2}}=\sqrt{10^{-2.16}\times 10^{-7.21}}\ mol/L=10^{-4.68}mol/L$$

$$pH_1=4.68$$

此时若选用甲基橙（pH＝4.0）为指示剂，采用同浓度 Na_2HPO_4 溶液为参比时，其终点误差不大于 0.5%。

第二化学计量点时，Na_2HPO_4 的浓度为 3.33×10^{-2} mol/L（此时溶液的体积已增加了 2 倍），同样根据［H^+］计算的最简式

$$[H^+]_2=\sqrt{K_{a2}K_{a3}}=\sqrt{10^{-7.21}\times 10^{-12.32}}\ mol/L=10^{-9.76}mol/L$$

$$pH_2=9.76$$

此时若选择酚酞（pH=9.0）为指示剂，则终点将出现过早；若选用百里酚酞（pH=10.0）作指示剂，当溶液由无色变为浅蓝色时，其终点误差为+0.5%。

2. 强酸滴定多元碱

多元碱的滴定与多元酸的滴定类似，因此，有关多元酸滴定的结论也适合多元碱的情况。

（1）滴定可行性判断和滴定突跃　与多元酸类似，多元碱的滴定可按下述原则判断。

① 当 $c_b K_{b1} \geqslant 10^{-8}$ 时，这一级离解的 OH^- 可以被直接滴定。

② 当相邻的两个 K_b 比值等于或大于 10^5 时，较强的那一级离解的 OH^- 先被滴定，出现第一个滴定突跃，较弱的那一级离解的 OH^- 后被滴定。但能否出现第二个滴定突跃，则取决于碱的第二级离解常数值是否满足 $c_b K_{b2} \geqslant 10^{-8}$。

③ 如果相邻的 K_b 比值小于 10^5，则滴定时两个滴定突跃将混在一起，这时只出现一个滴定突跃。

（2）Na_2CO_3 的滴定　Na_2CO_3 是二元碱，在水溶液中存在如下离解平衡：

$$CO_3^{2-} + H_2O \rightleftharpoons HCO_3^- + OH^- \qquad pK_{b1} = 3.75$$

$$HCO_3^- + H_2O \rightleftharpoons H_2CO_3 + OH^- \qquad pK_{b2} = 7.62$$

在满足一般分析的要求下，Na_2CO_3 还是能够进行分步滴定的，只是滴定突跃较小。如果用 HCl 滴定，则第一步生成 $NaHCO_3$，反应式为：

$$HCl + Na_2CO_3 \longrightarrow NaHCO_3 + NaCl$$

继续用 HCl 滴定，则生成的 $NaHCO_3$ 进一步反应生成 H_2CO_3。H_2CO_3 本身不稳定，很容易分解生成 CO_2 与 H_2O。反应式为：

$$HCl + NaHCO_3 \longrightarrow H_2CO_3 + NaCl$$

$$H_2CO_3 \longrightarrow CO_2\uparrow + H_2O$$

HCl 滴定 Na_2CO_3 的滴定曲线一般也采用仪器法（电位滴定法）绘制。图 4-10 所示的是 0.1000mol/L HCl 标准滴定溶液滴定 20.00mL 0.1000mol/L Na_2CO_3 溶液的滴定曲线。第一化学计量点时，HCl 与 Na_2CO_3 反应生成 $NaHCO_3$。$NaHCO_3$ 为两性物质，其浓度为 0.050mol/L，根据表 4-1 所列 [H^+] 计算的最简式

$$[H^+]_1 = \sqrt{K_{a1} K_{a2}} = \sqrt{10^{-6.38} \times 10^{-10.25}}\ \text{mol/L} = 10^{-8.32}\ \text{mol/L}$$

$$pH_1 = 8.32$$

(H_2CO_3 的 $pK_{a1}=6.38$，$pK_{a2}=10.25$)

此时选用酚酞（pH=9.0）为指示剂，终点误差较大，滴定准确度不高。若采用酚红与百里酚蓝混合指示剂，并用同浓度 $NaHCO_3$ 溶液作参比时，终点误差约为0.5%。

第二化学计量点时，HCl进一步与 $NaHCO_3$ 反应，生成 H_2CO_3 (H_2O+CO_2)，其在水溶液中的饱和浓度约为0.040mol/L，因此，按表4-1计算二元弱酸pH的最简公式计算，则

$$[H^+]_2=\sqrt{cK_{a1}}=\sqrt{0.040\times10^{-6.38}}\ \text{mol/L}$$
$$=1.3\times10^{-4}\ \text{mol/L}$$
$$pH_2=3.89$$

若选择甲基橙（pH=4.0）为指示剂，在室温下滴定时，终点变化不敏锐。为提高滴定准确度，可采用被 CO_2 所饱和并含有相同浓度NaCl和指示剂的溶液作对比。也有选择甲基红（pH=5.0）为指示剂的，不过滴定时需加热除去 CO_2。实际操作是：当滴到溶液变红（pH<4.4）时，暂时中断滴定，加热除去 CO_2，则溶液又变回黄色（pH>6.2），继续滴定到红色（溶液pH变化如图4-10虚线所示）。重复此操作2～3次，至加热驱赶 CO_2 并将溶液冷却至室温后溶液颜色不发生变化为止。此种方式滴定终点敏锐，准确度高。

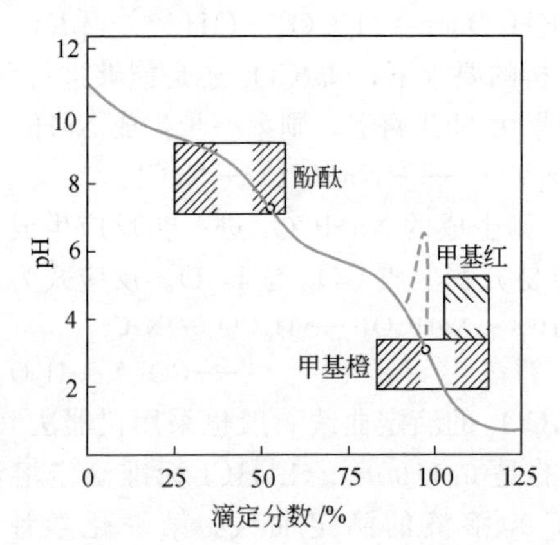

图4-10 0.1000mol/L HCl标准滴定溶液滴定0.1000mol/L Na_2CO_3 溶液的滴定曲线

3. 混合酸（碱）的滴定

混合酸（碱）的滴定主要包括两种情况：一是强酸（碱）-弱酸

（碱）混合液的滴定，二是两种弱酸（碱）混合液的滴定。下面主要讨论混合酸的滴定，混合碱的滴定本章第五节有详细的讨论。

（1）强酸-弱酸（HCl＋HA）混合液的滴定　这种情况比较典型的实例是 HCl 与另一弱酸 HA 混合液的滴定。当 HCl 与 HA 的浓度均为 0.1mol/L 时，不同离解常数下的弱酸 HA 用 0.1000mol/L NaOH 标准滴定溶液滴定的滴定曲线如图 4-11 所示。

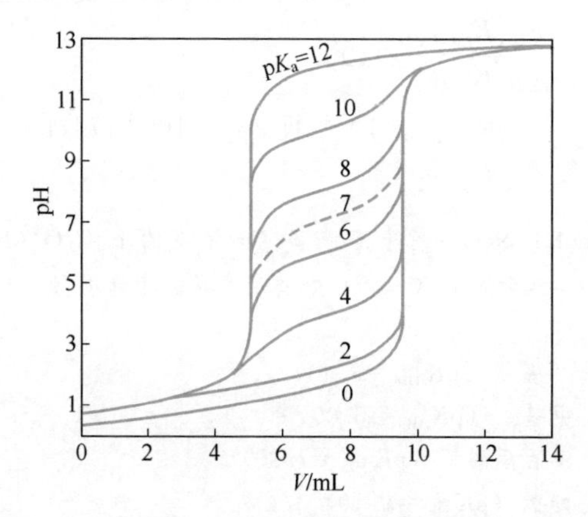

图 4-11　0.1000mol/L NaOH 标准滴定溶液滴定 10.00mL 含 0.1000mol/L HCl 与 0.1000mol/L HA 溶液的滴定曲线

由图 4-11 可以得出如下结论：

① 若 $K_{a(HA)}<10^{-7}$，HA 不影响 HCl 的滴定，能准确滴定 HCl 的分量，但无法准确滴定混合酸的总量；

② 若 $K_{a(HA)}>10^{-5}$，滴定 HCl 时，HA 同时被滴定，能准确滴定混合酸的总量，但无法准确滴定 HCl 的分量；

③ 若 $10^{-7}<K_{a(HA)}<10^{-5}$，则既能滴定 HCl，也能滴定 HA，即可分别滴定 HCl 和 HA 的分量。

总之，弱酸的 pK_a 值越大，越有利于强酸的滴定，但却越不利于混合酸总量的测定。一般当弱酸的 $c_0K_a\leqslant 10^{-8}$ 时，就无法测得混合酸的总量；而弱酸（HA）的 $pK_a\leqslant 5$ 时，就不能直接准确滴定混合液中的强酸。

当然，在实际分析过程中，若强酸的浓度增大，则分别滴定强酸与弱酸的可能性就增大，反之就变小。所以，对混合酸的直接准确滴定进行判断时，除了要考虑弱酸（HA）酸的强度之外，还须比较强酸

(HCl) 与弱酸 (HA) 浓度比值的大小。

(2) 两种弱酸混合液 (HA+HB) 的滴定　两种弱酸的混合液，类似于一种二元酸的测定，但也并不完全一致，能直接滴定的条件为：

$$\begin{cases} K_{a(HB)} \leqslant K_{a(HA)}; c_{HB} < c_{HA} \\ c_{HB}K_{a(HB)} \geqslant 10^{-8} \text{ 且 } c_{HB} \geqslant 10^{-3}\text{mol/L} \end{cases}$$

两种弱酸能够分别滴定的条件为：

$$\begin{cases} \dfrac{c_{HA}K_{a(HA)}}{c_{HB}K_{a(HB)}} \geqslant 10^{5} \\ c_{HB}K_{a(HB)} \geqslant 10^{-8} \text{ 且 } c_{HB} \geqslant 10^{-3}\text{mol/L} \end{cases}$$

思考题 4-3

1. 用 0.1000mol/L NaOH 标准溶液滴定同浓度的 $H_2C_2O_4$ ($K_{a1}=5.6\times10^{-2}$、$K_{a2}=5.1\times10^{-5}$) 溶液时，有（　）个滴定突跃。应选用（　）作为滴定的指示剂。

A. 两个突跃，甲基橙 ($pK_{HIn}=3.40$)

B. 两个突跃，甲基红 ($pK_{HIn}=5.00$)

C. 一个突跃，溴百里酚蓝 ($pK_{HIn}=7.30$)

D. 一个突跃，酚酞 ($pK_{HIn}=9.10$)

2. NaOH 滴定 H_3PO_4 以酚酞为指示剂，终点时生成（　）(H_3PO_4：$K_{a1}=6.9\times10^{-3}$　$K_{a2}=6.2\times10^{-8}$　$K_{a3}=4.8\times10^{-13}$)。

A. NaH_2PO_4　　B. Na_2HPO_4

C. Na_3PO_4　　D. $NaH_2PO_4+Na_2HPO_4$

3. 用 NaOH 溶液滴定下列（　）多元酸时，会出现两个 pH 突跃。

A. H_2SO_3 ($K_{a1}=1.3\times10^{-2}$、$K_{a2}=6.3\times10^{-8}$)

B. H_2CO_3 ($K_{a1}=4.2\times10^{-7}$、$K_{a2}=5.6\times10^{-11}$)

C. H_2SO_4 ($K_{a1}\geqslant1$. $K_{a2}=1.2\times10^{-2}$)

D. $H_2C_2O_4$ ($K_{a1}=5.9\times10^{-2}$、$K_{a2}=6.4\times10^{-5}$)

4. 用 0.10mol/L HCl 溶液滴定 0.10mol/L Na_3PO_4 溶液至甲基橙变为橙色为终点，这里 Na_3PO_4 的基本单元数是（　）。

A. Na_3PO_4　　B. $2Na_3PO_4$　　C. $\frac{1}{3}Na_3PO_4$　　D. $\frac{1}{2}Na_3PO_4$

5. 有人要用酸碱滴定法测定 NaAc 溶液的浓度，先加入一定量过量的 HCl 标准溶液，然后用 NaOH 的标准溶液返滴定过量的 HCl，问上述操作是否正确？为什么？

温度滴定法

温度滴定法是基于反应进行所产生的反应热引起的温度变化来确定滴定终点的分析方法。该方法将标准溶液滴加到试样溶液中，连续记录溶液的温度（或温度引起的某些参数如热敏电阻的电阻的变化）与滴加的标准溶液体积的关系。所得到的关系曲线称为温度滴定曲线，纵坐标为温度，横坐标是标准溶液的体积或匀速滴定过程的时间。从滴定曲线可确定反应的起点和终点。温度滴定法可用于用指示剂等确定终点有困难的各种（酸碱、氧化还原、沉淀、配位）滴定中。

第四节 酸碱标准滴定溶液的配制和标定

学习要点 了解酸碱标准滴定溶液的种类和常用的浓度，掌握 HCl 标准滴定溶液、无 CO_3^{2-} 的 NaOH 标准滴定溶液的配制和标定方法；了解酸碱滴定中 CO_2 的影响，并掌握消除这种影响的方法和操作。

酸碱滴定法中常用的标准滴定溶液均为强酸强碱溶液组成。一般用于配制酸标准滴定溶液的主要有 HCl 和 H_2SO_4，其中最常用的是 HCl 溶液；若需要加热或在较高温度下使用，则用 H_2SO_4 溶液较适宜。一般用来配制碱标准滴定溶液的主要有 NaOH 与 KOH，实际分析中一般多数用 NaOH。酸碱标准滴定溶液通常配成 0.1mol/L，但有时也用到浓度高达 1.0mol/L 和低至 0.01mol/L 的。不过标准滴定溶液若浓度太高，因消耗太多试剂，会造成不必要的浪费；浓度太低，又会导致滴定突跃太小，不利于终点的判断，从而得不到准确的滴定结果。因此，实际工作中应根据需要配制合适浓度的标准溶液。

一、HCl 标准滴定溶液的配制和标定

1. 配制

盐酸标准滴定溶液一般用间接法配制，即先用市售的盐酸试剂[1]（分析纯）配制成接近所需浓度的溶液（其浓度值与所需配制浓度值的误差不得大于 5%），然后再用基准物质标定其准确浓度。由于浓盐酸

---

[1] 市售盐酸的密度 ρ(HCl) 为 1.19g/mL，质量分数 w(HCl) 为 37%，其物质的量浓度为 12mol/L。

具有挥发性，配制时所取 HCl 的量可稍多一些。

2. 标定

用于标定 HCl 标准溶液的基准物质有无水碳酸钠和硼砂等。

（1）无水碳酸钠（Na_2CO_3） Na_2CO_3 容易吸收空气中的水分，使用前必须在 270～300℃高温炉中灼热至恒重（见 GB/T 601），然后密封于称量瓶内，保存在干燥器中备用。称量时要求动作迅速，以免吸收空气中的水分而带入误差。

用 Na_2CO_3 标定 HCl 溶液的标定反应为：

$$2HCl + Na_2CO_3 \longrightarrow H_2CO_3 + 2NaCl$$
$$H_2CO_3 \longrightarrow CO_2\uparrow + H_2O$$

滴定时用溴甲酚绿-甲基红混合指示剂指示终点（详细步骤见 GB/T 601）。近终点时要煮沸溶液赶除 CO_2，冷却后继续滴定至暗红色，以避免由于溶液中 CO_2 过饱和而造成假终点。

（2）硼砂（$Na_2B_4O_7 \cdot 10H_2O$） 硼砂容易提纯，且不易吸水，由于其摩尔质量大（M＝381.4g/mol），因此直接称取单份基准物作标定时称量误差相当小。但硼砂在空气中相对湿度小于 39%时容易风化失去部分结晶水，因此应保存在相对湿度为 60%的恒湿器[1]中。

用硼砂标定 HCl 溶液的标定反应为：

$$Na_2B_4O_7 + 2HCl + 5H_2O \longrightarrow 4H_3BO_3 + 2NaCl$$

滴定时选用甲基红作指示剂，终点时溶液颜色由黄变红，变色较为明显。

二、NaOH 标准滴定溶液的配制和标定

1. 配制

由于氢氧化钠具有很强的吸湿性，容易吸收空气中的水分及 CO_2，因此 NaOH 标准滴定溶液也不能用直接法配制，同样须先配制成接近所需浓度的溶液，然后再用基准物质标定其准确浓度。

NaOH 溶液吸收空气中的 CO_2 生成 CO_3^{2-}。而 CO_3^{2-} 的存在，在滴定弱酸时会带入较大的误差，因此必须配制和使用不含 CO_3^{2-} 的 NaOH 标准滴定溶液。

由于 Na_2CO_3 在浓的 NaOH 溶液中溶解度很小，因此配制无 CO_3^{2-} 的 NaOH 标准滴定溶液最常用的方法是先配制 NaOH 的饱和溶液（取

---

[1] 装有食盐和蔗糖饱和溶液的干燥器中，其上部空气的相对湿度即为 60%。

分析纯 NaOH 约 110g，溶于 100mL 无 CO_2 的蒸馏水中)，密闭静置数日，待其中的 Na_2CO_3 沉降后，取上层清液作贮备液（由于浓碱腐蚀玻璃，因此饱和 NaOH 溶液应当保存在塑料瓶或内壁涂有石蜡的瓶中)，其浓度约为 20mol/L。配制时，根据所需浓度移取一定体积的 NaOH 饱和溶液，再用无 CO_2 的蒸馏水稀释至所需的体积（详细步骤见 GB/T 601)。

配制成的 NaOH 标准滴定溶液应保存在装有虹吸管及碱石灰管的瓶中，防止吸收空气中的 CO_2。放置过久的 NaOH 溶液浓度会发生变化，使用时应重新标定。

2. 标定

常用于标定 NaOH 标准滴定溶液浓度的基准物质有邻苯二甲酸氢钾与草酸。

(1) 邻苯二甲酸氢钾（KHC_8O_4，缩写为 KHP）　邻苯二甲酸氢钾容易用重结晶法制得纯品，不含结晶水，在空气中不吸水，容易保存，且摩尔质量大 [M(KHP)＝204.2g/mol]，单份标定[1]时称量误差小，所以它是标定碱标准溶液较好的基准物质。标定前，邻苯二甲酸氢钾应于 100～125℃干燥至恒重后，贮于称量瓶中，盖好盖，置干燥器中备用。干燥温度不宜过高，否则邻苯二甲酸氢钾会脱水而成为邻苯二甲酸酐。

用 KHP 标定 NaOH 溶液的标定反应如下：

$$C_6H_4(COOK)(COOH) + NaOH \longrightarrow C_6H_4(COOK)(COONa) + H_2O$$

由于滴定产物邻苯二甲酸钾钠盐呈弱碱性，故滴定时采用酚酞作指示剂，终点时溶液由无色变至浅红。

(2) 草酸（$H_2C_2O_4 \cdot 2H_2O$）　草酸是二元酸（$pK_{a1}=1.25$，$pK_{a2}=4.29$），由于 $\frac{K_{a1}}{K_{a2}}<10^5$，故与强碱作用时只能按二元酸一次被滴定到 $C_2O_4^{2-}$。其标定反应如下：

---

[1] 在实际标定时通常有两种操作方法：一种是基准物质准确称量溶解后标定；另一种是基准物质准确称量，溶解后定量转移入一定体积的容量瓶中配制，然后移取一定量进行标定（通常是配制成 250mL，移取 25.00mL)。前者称为“小份标定”或“单份标定”或“称小样”，后者称为“大份标定”或“称大样”。后者的称量范围一般比前者大 10 倍，称量误差小。摩尔质量小的基准物质标定时应采用“称大样”法。

$$H_2C_2O_4 + 2NaOH \longrightarrow Na_2C_2O_4 + 2H_2O$$

由于草酸的摩尔质量较小 [$M(H_2C_2O_4 \cdot 2H_2O)=126.07g/mol$]，为了减小称量误差，标定时宜采用“称大样法”标定。用草酸标定 NaOH 溶液可选用酚酞作指示剂，终点时溶液变色敏锐。

草酸固体比较稳定，但草酸溶液的稳定性较差（空气中 $H_2C_2O_4$ 分解），溶液在长期保存后浓度逐渐降低。

三、酸碱滴定中 CO_2 的影响

在酸碱滴定中，CO_2 的影响有时是不能忽略的。CO_2 的来源很多，例如，蒸馏水中溶有一定量的 CO_2，碱标准滴定溶液和配制标准滴定溶液的 NaOH 本身吸收 CO_2（成为碳酸盐），在滴定过程中溶液不断地吸收空气中 CO_2 等。

在酸碱滴定中，CO_2 的影响是多方面的。当用碱溶液滴定酸溶液时，被滴定溶液中的 CO_2 会被碱溶液滴定，至于滴定多少则取决于终点时溶液的 pH。在不同的 pH 结束滴定，CO_2 带来的误差不同（可由 H_2CO_3 的分布系数得知）。同样，当含有 CO_3^{2-} 的碱标准滴定溶液用于滴定酸时，由于终点 pH 的不同，碱标准滴定溶液中的 CO_3^{2-} 被酸中和的情况也不一样。显然，终点时溶液的 pH 越低，CO_2 的影响越小。一般地说，如果终点时溶液的 pH<5，则 CO_2 的影响是可以忽略的。

例如以 0.1mol/L 的 NaOH 溶液滴定相同浓度一定体积的 HCl 溶液，在使用酚酞为指示剂时，滴定终点 pH＝9.0，此时溶液中的 CO_2 所形成的 H_2CO_3 基本上以 HCO_3^- 形式存在，H_2CO_3 作为一元酸被滴定。与此同时，碱标准滴定溶液吸收 CO_2 所产生的 CO_3^{2-} 也被滴定生成 HCO_3^-。在这种情况下，由于 CO_2 的影响所造成的误差约为±2%，是不可忽视的。

若以甲基橙为指示剂，滴定终点时 pH＝4.0，此时以各种方式溶于水中的 CO_2 主要以 CO_2 气体分子（室温下 CO_2 饱和溶液的浓度约为 0.04mol/L）或 H_2CO_3 形式存在，只有约 4%作为一元酸参与滴定，因此所造成的误差可以忽略。在这种情况下，即使碱标准滴定溶液吸收 CO_2 产生了 CO_3^{2-}，也基本上被中和为 CO_2 逸出，对滴定结果不产生影响。所以，滴定分析时，在保证终点误差在允许范围之内的前提下，应当尽量选用在酸性范围内变色的指示剂。

当强酸强碱的浓度变得更稀时，滴定突跃变小，若再用甲基橙作指示剂，也将产生较大的终点误差（若改用终点时 pH>5 的指示剂，只会增大溶液中 H_2CO_3 参加反应的比率，增大滴定误差）。此时，为了消除 CO_2 对酸碱滴定的影响，必要时可采用加热至沸的办法，除去 CO_2 后再进行滴定。

由于 CO_2 在水中的溶解速度相当快，CO_2 的存在也影响到一些指示剂终点颜色的稳定性。如以酚酞作指示剂，当滴至终点时，溶液已呈浅红色，但稍放置 0.5～1min 后，由于 CO_2 的进入，消耗了部分过量的 OH^-，溶液 pH 降低，溶液又褪至无色。因此，当使用酚酞、溴百里酚蓝、酚红等指示剂时，滴定至溶液变色后，若 30s 内溶液颜色不褪，表明此时已达终点。

此外，在滴定分析过程中，为进一步减少 CO_2 的进入，还应做到以下几点：

① 使用加热煮沸后冷却至室温的蒸馏水；

② 使用不含 CO_3^{2-} 的碱标准滴定溶液；

③ 滴定时不要剧烈振荡锥形瓶。

思考题 4-4

1. 在酸碱滴定中，选择强酸强碱作为滴定剂的理由是（　　）。

A. 强酸强碱可以直接配制标准滴定溶液

B. 使滴定突跃尽量大

C. 加快滴定反应速率

D. 使滴定曲线较完美

2. 已知邻苯二甲酸氢钾（用 KHP 表示）的摩尔质量为 204.2g/mol，用它来标定 0.1mol/L 的 NaOH 溶液，宜称取 KHP 质量为（　　）。

A. 0.25g 左右　　B. 1g 左右

C. 0.6g 左右　　D. 0.1g 左右

3. 在 HCl 滴定 NaOH 时，一般选择甲基橙而不是酚酞作为指示剂，主要是由于（　）。

A. 甲基橙水溶液好　　B. 甲基橙终点 CO_2 影响小

C. 甲基橙变色范围较狭窄　　D. 甲基橙是双色指示剂

4. 如何配制并储存无 CO_3^{2-} 的 NaOH 标准滴定溶液？

阅读材料

称量滴定法简介

称量滴定的原理与常规容量滴定的原理本质相同，都是利用溶液中的四大平衡原理。不同的是常规容量滴定需要准确测量滴定剂的体积，利用消耗的滴定剂的体积计算未知液浓度；而称量滴定需要准确测定滴定剂的质量，利用消耗的滴定剂的质量以及浓度进行计算。称量滴定法以溶液质量代替溶液的体积的测量,降低了温度、量器误差和人眼观测等因素造成的不良影响，使测定结果更加准确可靠。

在滴定分析法的发展史上，称量滴定法产生于容量分析之前,但由于当时分析天平称量技术的落后,没有得到发展。随着科学技术的发展,天平称量技术日益完善,称量滴定法也再度兴起。现在，称量滴定法已经作为工作基准试剂含量测定的国家标准方法。GB 10738《工作基准试剂含量测定通则　称量滴定法》详细介绍了称量滴定法原理、称量滴定装置、测定步骤和结果计算。曾报道有分析工作者运用称量滴定法改进了可溶性氯化物中氯含量的测定方法，结果表明这个方法既可使硝酸银用量大大减少，又能达到准确度的要求，实现了绿色分析。

第五节　酸碱滴定法的应用实例

学习要点　掌握工业硫酸的测定方法；掌握用氯化钡法和双指示剂法测定混合碱的方法。

酸碱滴定法在生产实际中应用极为广泛，许多酸、碱物质包括一些有机酸（或碱）均可用酸碱滴定法进行测定。对于一些极弱酸或极弱碱，部分也可在非水溶液中进行测定（见本章第六节），也可用线性滴定法进行测定（见本章第六节后的阅读材料），有些非酸（碱）性物质还可以用间接酸碱滴定法进行测定。

实际上，酸碱滴定法除广泛应用于大量化工产品主成分含量的测定外，还广泛应用于钢铁及某些原材料中C、S、P、Si与N等元素的测定以及有机合成工业与医药工业中的原料、中间产品和成品等的分析测定，甚至现行国家标准中，如化学试剂、化工产品、食品添加剂、水质标准、石油产品等，凡涉及酸度、碱度项目测定的，多数采用酸碱滴定法。

下面列举几个实例，简要叙述酸碱滴定法在某些方面的应用。

一、工业硫酸的测定

工业硫酸是一种重要的化工产品，也是一种基本的工业原料，广泛应用于化工、轻工、制药及国防科研等部门，在国民经济中占有非常重要的地位。

纯硫酸是一种无色透明的油状黏稠液体，密度约为1.84g/mL，其纯度的大小常用硫酸的质量分数来表示。

硫酸是一种强酸，可用NaOH标准滴定溶液滴定。滴定反应为：

$$H_2SO_4+2NaOH \longrightarrow Na_2SO_4+2H_2O$$

滴定硫酸一般可选用甲基橙、甲基红等指示剂，国家标准GB/T 534规定使用甲基红-亚甲基蓝混合指示剂（终点时溶液呈灰绿色）。其质量分数$w(H_2SO_4)$的计算公式为：

$$w(H_2SO_4)=\frac{c(NaOH)V(NaOH)M\left(\frac{1}{2}H_2SO_4\right)}{m_s\times 1000}\times 100\% \quad (4\text{-}24)$$

式中 $w(H_2SO_4)$——工业硫酸试样中H_2SO_4的质量分数（数值以%表示）；

$c(NaOH)$——NaOH标准滴定溶液的浓度，mol/L；

$V(NaOH)$——消耗NaOH标准滴定溶液的体积，mL；

m_s——称取H_2SO_4试样的质量，g；

$M\left(\frac{1}{2}H_2SO_4\right)$——$\frac{1}{2}H_2SO_4$的摩尔质量，49.04g/mol。

在滴定分析时，由于硫酸具有强腐蚀性，使用和称取硫酸试样时严禁溅出；硫酸稀释时会放出大量的热，使得试样溶液温度变高，需冷却后才能转移至容量瓶中稀释或进行滴定分析；硫酸试样的称取量由硫酸的密度和大致含量及NaOH标准滴定溶液的浓度决定。

二、混合碱的测定

混合碱的组分主要有NaOH、Na_2CO_3、$NaHCO_3$，由于NaOH与$NaHCO_3$不可能共存，因此混合碱的组成或者为3种组分中任一种，或者为NaOH与Na_2CO_3的混合物，或者为Na_2CO_3与$NaHCO_3$的混合物。若是单一组分的化合物，用HCl标准滴定溶液直接滴定即可；若是两种组分的混合物，则一般可用氯化钡法与双指示剂法进行测定。下面详细讨论这两种方法。

1. 氯化钡法

（1）NaOH与Na_2CO_3混合物的测定　准确称取一定量试样，溶解后稀释至一定体积，移取两份相同体积的试液，分别做如下测定。

第一份试液用甲基橙作指示剂，以 HCl 标准溶液滴定至溶液变为红色时，溶液中的 NaOH 与 Na_2CO_3 完全被中和，所消耗 HCl 标准溶液的体积记为 V_1(mL)。

第二份试液中先加入稍过量的 $BaCl_2$，使 Na_2CO_3 完全转化成 $BaCO_3$ 沉淀。在沉淀存在的情况下，用酚酞作指示剂，以 HCl 标准滴定溶液滴定至溶液变为无色时，溶液中的 NaOH 完全被中和，所消耗 HCl 标准滴定溶液的体积记为 V_2(mL)。

显然，与溶液中 NaOH 反应的 HCl 标准滴定溶液的体积为 V_2(mL)，因此

$$w(\mathrm{NaOH})=\frac{c(\mathrm{HCl})V_2M(\mathrm{NaOH})}{m_s\times 1000}\times 100\% \qquad (4\text{-}25a)$$

而与溶液中 Na_2CO_3 反应的 HCl 标准滴定溶液的体积为 V_1-V_2(mL)，因此

$$w(\mathrm{Na_2CO_3})=\frac{c(\mathrm{HCl})(V_1-V_2)M\left(\frac{1}{2}\mathrm{Na_2CO_3}\right)}{m_s\times 1000}\times 100\% \qquad (4\text{-}25b)$$

上述两式中，m_s 均为称取试样的质量，g；$w(NaOH)$、$w(Na_2CO_3)$ 分别为试样中 NaOH、Na_2CO_3 的质量分数（数值以%表示）。

(2) Na_2CO_3 与 $NaHCO_3$ 混合物的测定　准确称取一定量试样，溶解后稀释至一定体积，同样移取两份相同体积的试液，分别做如下测定。

第一份试样溶液仍以甲基橙作指示剂，用 HCl 标准滴定溶液滴定至溶液恰显红色时，溶液中的 Na_2CO_3 与 $NaHCO_3$ 全部被中和，所消耗 HCl 标准滴定溶液的体积仍记为 V_1(mL)。

第二份试样溶液中先准确加入过量的已知准确浓度的 NaOH 标准滴定溶液 V(mL)，使溶液中的 $NaHCO_3$ 全部转化成 Na_2CO_3，然后再加入稍过量的 $BaCl_2$，将溶液中的 CO_3^{2-} 沉淀为 $BaCO_3$。在沉淀存在的情况下，以酚酞为指示剂，用 HCl 标准滴定溶液返滴定过量的 NaOH 溶液。待溶液变为无色时，表明溶液中过量的 NaOH 全部被中和，所消耗的 HCl 标准滴定溶液的体积记为 V_2(mL)。

显然，使溶液中 $NaHCO_3$ 转化成 Na_2CO_3 所消耗的 NaOH 物质的量即为溶液中 $NaHCO_3$ 的物质的量，因此

$$w(\text{NaHCO}_3)=\frac{[c(\text{NaOH})V-c(\text{HCl})V_2]M(\text{NaHCO}_3)}{m_s\times 1000}\times 100\% \tag{4-26a}$$

同样，与溶液中的 Na_2CO_3 反应的 HCl 标准滴定溶液的体积则为总体积 V_1 减去 $NaHCO_3$ 所消耗的体积，因此

$$w(\text{Na}_2\text{CO}_3)=\frac{\{c(\text{HCl})V_1-[c(\text{NaOH})V-c(\text{HCl})V_2]\}M\left(\frac{1}{2}\text{Na}_2\text{CO}_3\right)}{m_s\times 1000}\times 100\% \tag{4-26b}$$

以上两式中，m_s 均为试样的质量，g；$w(NaHCO_3)$、$w(Na_2CO_3)$ 分别为试样中 $NaHCO_3$、Na_2CO_3 的质量分数，数值以%表示。

2. 双指示剂法

双指示剂法测定混合碱时，无论其组成如何，方法均是相同的。具体操作如下：准确称取一定量的试样，用蒸馏水溶解后，先以酚酞为指示剂，用 HCl 标准滴定溶液滴定至溶液粉红色消失，记下 HCl 标准滴定溶液所消耗的体积 V_1(mL)。此时，存在于溶液中的 NaOH 全部被中和，而 Na_2CO_3 则被中和为 $NaHCO_3$。然后在溶液中加入甲基橙指示剂，继续用 HCl 标准滴定溶液滴定至溶液由黄色变为橙红色，记下又用去的 HCl 标准滴定溶液的体积 V_2(mL)。显然，V_2 是滴定溶液中 $NaHCO_3$（包括溶液中原本存在的 $NaHCO_3$ 与 Na_2CO_3 被中和所生成的 $NaHCO_3$）所消耗的体积。由于 Na_2CO_3 被中和到 $NaHCO_3$ 与 $NaHCO_3$ 被中和到 H_2CO_3 所消耗的 HCl 标准滴定溶液的体积是相等的，因此有如下判别式。

(1) $V_1>V_2$　这表明溶液中有 NaOH 存在，因此，混合碱由 NaOH 与 Na_2CO_3 组成，且将溶液中的 Na_2CO_3 中和到 $NaHCO_3$ 所消耗的 HCl 标准滴定溶液的体积为 V_2(mL)，所以

$$w(\text{Na}_2\text{CO}_3)=\frac{c(\text{HCl})V_2M(\text{Na}_2\text{CO}_3)}{m_s\times 1000}\times 100\% \tag{4-27a}$$

将溶液中的 NaOH 中和成 NaCl 所消耗的 HCl 标准滴定溶液的体积为 V_1-V_2(mL)，所以

$$w(\text{NaOH})=\frac{c(\text{HCl})(V_1-V_2)M(\text{NaOH})}{m_s\times 1000}\times 100\% \tag{4-27b}$$

以上两式中，m_s 均为试样的质量，g；$w(NaOH)$、$w(Na_2CO_3)$ 分别为试样中 NaOH、Na_2CO_3 的质量分数，数值以%表示。

(2) $V_1 < V_2$　这表明溶液中有 $NaHCO_3$ 存在，因此，混合碱由 Na_2CO_3 与 $NaHCO_3$ 组成，且将溶液中的 Na_2CO_3 中和到 $NaHCO_3$ 所消耗的 HCl 标准溶液的体积为 V_1(mL)，所以

$$w(Na_2CO_3)=\frac{c(HCl)V_1M(Na_2CO_3)}{m_s\times 1000}\times 100\% \qquad (4\text{-}28a)$$

将溶液中的 $NaHCO_3$ 中和成 H_2CO_3 所消耗的 HCl 标准滴定溶液的体积为 V_2-V_1(mL)，所以

$$w(NaHCO_3)=\frac{c(HCl)(V_2-V_1)M(NaHCO_3)}{m_s\times 1000}\times 100\% \qquad (4\text{-}28b)$$

以上两式中，m_s 均为所制备试样溶液中包含试样的质量，g；$w(NaHCO_3)$、$w(Na_2CO_3)$ 分别为试样中 $NaHCO_3$、Na_2CO_3 的质量分数，数值以%表示。

氯化钡法与双指示剂法相比，前者操作上虽然稍麻烦，但由于测定时 CO_3^{2-} 被沉淀，最后的滴定实际上是强酸滴定强碱，因此结果反而比双指示剂法准确。

三、硼酸的测定

硼酸的酸性太弱（$pK_a=9.24$），不能用碱直接滴定。实际测定时一般是在硼酸溶液中加入多元醇（如甘露醇或甘油），使之与硼酸反应，生成配位酸：

$$2\ \begin{array}{c} H \\ | \\ R-C-OH \\ | \\ R-C-OH \\ | \\ H \end{array} + H_3BO_3 \longrightarrow \left[\begin{array}{ccccc} & H & & H & \\ & | & & | & \\ R- & C-O & & O-C & -R \\ & | & \diagdown\ \ \diagup & | & \\ & | & B & | & \\ & | & \diagup\ \ \diagdown & | & \\ R- & C-O & & O-C & -R \\ & | & & | & \\ & H & & H & \end{array}\right]^- H^+ + 3H_2O$$

此配位酸的酸性较强，其 $pK_a=4.26$，可用 NaOH 直接滴定。

四、铵盐中氮的测定

肥料、土壤以及某些有机化合物常常需要测定其中氮的含量，通常是将样品先经过适当的处理，将其中的各种含氮化合物全部转化为氨态氮，然后进行测定。常用的方法有蒸馏法与甲醛法。

1. 蒸馏法

准确称取一定量的含铵试样，置于蒸馏瓶中，加入过量浓 NaOH 溶液，加热，将 NH_3 蒸馏出来。反应式为：

$$(NH_4)_2SO_4 + 2NaOH(浓) \longrightarrow Na_2SO_4 + 2H_2O + 2NH_3\uparrow$$

蒸馏出来的 NH_3 用过量的 HCl 标准滴定溶液吸收：

$$NH_3 + HCl \longrightarrow NH_4Cl$$

剩余 HCl 标准滴定溶液的量再用 NaOH 标准滴定溶液滴定，以甲基红为指示剂，则试样中氮的含量为：

$$w(N) = \frac{[c(HCl)V(HCl) - c(NaOH)V(NaOH)] \cdot M(N)}{m_s \times 1000} \times 100\% \quad (4\text{-}29)$$

式中　m_s——试样的质量，g；

$c(NaOH)$，$c(HCl)$——NaOH 与 HCl 标准滴定溶液的浓度，mol/L；

$V(NaOH)$，$V(HCl)$——消耗 NaOH 与 HCl 标准滴定溶液的体积，mL；

$M(N)$——N 的摩尔质量，14.01g/mol。

也可用 H_3BO_3 溶液吸收，然后用 HCl 标准滴定溶液滴定 H_3BO_3 吸收液，选甲基红为指示剂。反应为：

$$NH_3 + H_3BO_3 \longrightarrow NH_4BO_2 + H_2O$$

$$HCl + NH_4BO_2 + H_2O \longrightarrow NH_4Cl + H_3BO_3$$

由于 H_3BO_3 是极弱的酸，不影响测定，因此作为吸收剂只需保证过量即可。此法的优点是只需一种标准溶液，且不需特殊的仪器。

有机氮化物需要在 $CuSO_4$ 的催化下用浓 H_2SO_4 消化分解使其转化为 NH_4^+，然后再用蒸馏法测定。这种方法称为凯氏（Kjeldahl）定氮法。

2. 甲醛法

甲醛与铵盐反应，生成质子化的六亚甲基四胺和 H^+。反应如下：

$$4NH_4^+ + 6HCHO \longrightarrow (CH_2)_6N_4H^+ + 3H^+ + 6H_2O$$

然后用 NaOH 标准滴定溶液滴定。由于 $(CH_2)_6N_4H^+$ 的 $pK_a = 5.15$，所以它也能被 NaOH 所滴定。因此，4mol 的 NH_4^+ 将消耗 4mol 的 NaOH，即它们之间的化学计量关系为 1∶1。反应式为：

$$(CH_2)_6N_4H^+ + 3H^+ + 4OH^- \longrightarrow (CH_2)_6N_4 + 4H_2O$$

通常采用酚酞作指示剂。如果试样中含有游离酸，则应先以甲基红作指示剂，用 NaOH 将其中和，然后再测定。

五、氟硅酸钾法测定 SiO_2 含量

硅酸盐试样中 SiO_2 含量的测定，一般采用重量法。重量法虽然准确

度高，但很费时，因此目前生产上各种试样中 SiO_2 含量的例行分析一般采用氟硅酸钾容量法，其方法如下所述。

硅酸盐试样用 KOH 或 NaOH 熔融，使之转化为可溶性硅酸盐，如 K_2SiO_3。K_2SiO_3 在过量 KCl、KF 的存在下与 HF（HF 有剧毒，必须在通风橱中操作）作用，生成微溶的氟硅酸钾（K_2SiF_6），其反应如下：

$$K_2SiO_3 + 6HF \longrightarrow K_2SiF_6 \downarrow + 3H_2O$$

将生成的 K_2SiF_6 沉淀过滤。由于 K_2SiF_6 在水中的溶解度较大，为防止其溶解损失，将其用 KCl 乙醇溶液洗涤，然后用 NaOH 溶液中和溶液中未洗净的游离酸，随后加入沸水使 K_2SiF_6 水解，生成 HF，反应如下：

$$K_2SiF_6 + 3H_2O \longrightarrow 2KF + H_2SiO_3 + 4HF$$

水解生成的 HF 可用 NaOH 标准滴定溶液滴定，从而计算出试样中 SiO_2 的含量。

由于 1mol 的 K_2SiF_6 释放出 4mol 的 HF，也即消耗 4mol 的 NaOH，因此试样中的 SiO_2 与 NaOH 的化学计量关系为 1∶4，所以试样中 SiO_2 质量分数的计算公式为：

$$w(SiO_2) = \frac{c(NaOH)V(NaOH)M\left(\frac{1}{4}SiO_2\right)}{m_s \times 1000} \times 100\% \quad (4\text{-}30)$$

式中 $c(NaOH)$——NaOH 标准滴定溶液的浓度，mol/L；

$V(NaOH)$——消耗 NaOH 标准滴定溶液的体积，mL；

m_s——试样的质量，g；

$M\left(\frac{1}{4}SiO_2\right)$——$\frac{1}{4}SiO_2$ 的摩尔质量，60.084g/mol。

思考题 4-5

1. 有一碱性溶液，可能是 NaOH、$NaHCO_3$ 或 Na_2CO_3，或其中两者的混合物，用双指示剂法进行测定。开始用酚酞为指示剂，消耗 HCl 体积为 V_1，再用甲基橙为指示剂，又消耗 HCl 体积为 V_2，V_1 与 V_2 关系如下，试判断上述溶液的组成。

(1) $V_1 > V_2$，$V_2 \neq 0$

(2) $V_1 < V_2$，$V_1 \neq 0$

(3) $V_1 = V_2 \neq 0$

(4) $V_1 > V_2$，$V_2 = 0$

(5) $V_1 < V_2$，$V_1 = 0$

2. 请设计 HCl+NH_4Cl 混合液的分析方案。

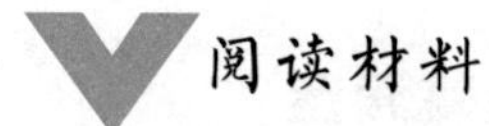

食品的酸碱性

近年来由于生活水平的提高，人们食用的食品越来越精细，各类疾病如糖尿病、结石、高血脂、肥胖等屡见不鲜。 如何吃得合理、吃得科学成了人们关心的热点，因此，绿色食品、疗效食品等应运而生。所谓绿色食品即纯天然的在其生长、加工、贮藏过程中不加任何人工药剂的食品。为了健康，应了解有关食品的酸碱性、酸性食品和碱性食品有关的知识。

一、食品的酸碱性

食品进入人体消化系统，不论其原来属酸性、中性或碱性，均被消化、吸收后进入血液，送往各组织器官。矿物质元素在生理上有酸性和碱性之别，属于金属的钾、钠、钙、镁、铁等为碱性元素，属于非金属的氯、磷、硫等为酸性元素。

食品中所含碱性元素总量所呈碱性高于酸性元素总量所呈酸性时，经体内代谢后的产物仍为碱性，则该食品属于碱性食品。反之，如果食品所含酸性元素总量所呈酸性高于碱性元素总量所呈碱性时，则属于酸性食品。

酸性食品和碱性食品可以影响机体的酸碱平衡及尿液的酸碱性。食品代谢后产生的碱性成分与二氧化碳反应而形成碳酸盐由尿中排泄，酸性成分在肾脏中与氨反应生成铵盐而排泄。人体血液因其自身的缓冲作用，在正常情况下保持弱碱性（pH为7.3~7.4），若多吃酸性食品则会导致血液呈偏酸性，会增加钙、镁等碱性元素的消耗，还会引起各种酸中毒症。儿童容易患皮肤病、疲劳倦怠、龋齿、软骨病等；中老年容易患神经病、血压增高、动脉硬化、脑出血等病。所以必须注意酸碱性食品的合理搭配。一般情况下，酸性食品容易过量，所以应控制酸性食品的比例，保持人体的酸碱平衡，以利于健康。

二、酸性食品和碱性食品的特点

食品在生理上是酸性还是碱性，可以通过食品灰化（通过灼烧的手段分解食品中有机物的过程）后，用酸或碱溶液进行中和滴定。食品的酸度和碱度，是指100g食品的灰分溶于水中，用0.1mol/L的标准酸液或标准碱液中和时，所消耗酸液或碱液的体积。以“+”表示碱度，以“-”表示酸度。

碱性食品包括大部分蔬菜、水果、海草、乳制品等。水果在味觉上呈酸性是由于含有各种有机酸所致，这些有机酸在体内经氧化生成二氧化碳和水排出体外，而还有较多的钾、钙等碱性元素在体内最终代谢产物均呈碱性，故水果是碱性食品。

酸性食品包括大部分的肉、鱼、禽、蛋等动物食品及米、面、豆类及其制品。这是由于这些食品中含磷、硫较多的缘故。

第六节　非水溶液中的酸碱滴定

学习要点　了解非水滴定的概念，溶剂的分类、性质及其选择；掌握非水滴定中滴定剂的选择和终点的确定；了解非水滴定的应用。

一、概述

水是最常见的溶剂，酸碱滴定一般在水溶液中进行。但是，以水为介质进行滴定分析时也会遇到困难，例如：

① K_a(或 K_b）小于 10^{-7} 的弱酸（或弱碱)，或 $c_0K_a < 10^{-8}$（或 $c_0K_b < 10^{-8}$）的溶液，一般不能准确滴定；

② 许多有机酸在水中的溶解度很小，这使滴定无法进行；

③ 两种或三种以上酸（或碱）的混合溶液在水溶液中不能分别进行滴定。

由于这些原因，使得在水溶液中进行酸碱滴定受到一定的限制。如果采用各种非水溶剂作为滴定介质，就可以解决上述困难，从而扩大酸碱滴定的应用范围。非水滴定在有机分析中得到了广泛的应用。本节简要介绍在非水溶剂中的酸碱滴定。

二、溶剂的分类和性质

1. 溶剂的分类

在非水溶液酸碱滴定中，常用的溶剂有甲醇、乙醇、冰醋酸、二甲基甲酰胺、四氯化碳、丙酮和苯等。通常可根据溶剂的酸碱性定性地将它们分为 4 大类。

（1）酸性溶剂　这类溶剂给出质子的能力比水强，接受质子的能力比水弱，即酸性比水强，碱性比水弱，故称为酸性溶剂。如甲酸、冰醋酸、硫酸等，主要适用于测定弱碱含量。

（2）碱性溶剂　这类溶剂接受质子的能力比水强，给出质子的能力比水弱，即碱性比水强，酸性比水弱，故称为碱性溶剂。如乙二胺、丁胺、乙醇胺等，主要适用于测定弱酸的含量。

（3）两性溶剂　这类溶剂的酸碱性与水相近，即它们给出和接受质子的能力相当。属于这类溶剂的主要是醇类，如甲醇、乙醇、乙二醇、丙醇等，主要适用于测定酸碱性不太弱的有机酸或有机碱。

（4）惰性溶剂　这类溶剂几乎没有接受质子的能力，其介电常数[1]通常比较小。如苯、氯仿、四氯化碳等。在这类溶剂中，溶剂分子之间没有质子自递反应。在惰性溶剂中，质子转移反应直接发生在试样和滴定剂之间。

应当指出，溶剂的分类是一个比较复杂的问题，不同研究者有不同的分类方法，但都各有其局限性。实际上，各类溶剂之间并无严格的界限。

2. 溶剂的性质

（1）溶剂的酸碱性质　酸和碱通过溶剂才能顺利地给出或接受质子完成离解，故酸和碱在溶剂中表现出它们的酸性和碱性。根据酸碱质子理论，不同物质所表现出的酸性或碱性的强弱不仅与这种物质本身给出或接受质子的能力大小有关，而且与溶剂的性质有关。即溶剂的碱性（接受质子的能力）越强，则溶液的酸性越强；溶剂的酸性（给出质子的能力）越强，则溶液的碱性越强。若以 HS 代表任一溶剂，酸 HB 在其中的离解平衡为：

$$HB + HS \rightleftharpoons H_2S^+ + B^-$$

H_2S^+ 指溶剂化质子。HB 在水、乙醇和冰醋酸中的离解平衡可分别表示如下：

$$HB + H_2O \rightleftharpoons H_3O^+ + B^-$$

$$HB + C_2H_5OH \rightleftharpoons C_2H_5OH_2{}^+ + B^-$$

$$HB + HAc \rightleftharpoons H_2Ac^+ + B^-$$

实验证明，$HClO_4$、H_2SO_4、HCl、HNO_3 在非水介质中，强度是有差别的，其强度顺序为：

$$HClO_4 > H_2SO_4 > HCl > HNO_3$$

但是在水溶液中它们的强度没有什么差别，这是因为它们在水溶液中给出质子的能力都很强，而水的碱性已足够使它充分接受这些酸给出的质子，只要这些酸的浓度不是太大，则它们将定量地与水作用，全部转化：

$$HClO_4 + H_2O \longrightarrow H_3O^+ + ClO_4^-$$

$$H_2SO_4 + 2H_2O \longrightarrow 2H_3O^+ + SO_4^{2-}$$

$$HCl + H_2O \longrightarrow H_3O^+ + Cl^-$$

$$HNO_3 + H_2O \longrightarrow H_3O^+ + NO_3^-$$

---

[1] 介电常数表示两个带相反电荷的质点在该溶剂中离解所需的能量。在介电常数大的溶剂中，离子对离解所需能量小，因此有利于离解。

因此，它们的酸的强度在水中全部被拉平到 H_3O^+ 的水平。这种将各种不同强度酸拉平到溶剂化质子水平的效应称为拉平效应（leveling effect），具有拉平效应的溶剂称为拉平性溶剂。在这里，水是 $HClO_4$、H_2SO_4、HCl 和 HNO_3 的拉平性溶剂。很明显，通过水的拉平效应，任何一种比 H_3O^+ 酸性更强的酸都将被拉平到 H_3O^+ 的水平。

如果是在冰醋酸介质中，由于 H_2Ac^+ 的酸性较水强，HAc 的碱性就较水弱。在这种情况下，这 4 种酸就不能将其质子全部转移给 HAc，并且在程度上有差别。不同酸在冰醋酸介质中的离解反应及相应的 pK_a 值如表 4-10 所示。

表 4-10　不同酸在冰醋酸介质中的离解反应及相应的 pK_a 值

名称	离解方程式	pK_a 值
$HClO_4$	$HClO_4+HAc \rightleftharpoons H_2Ac^+ + ClO_4^-$	5.8
H_2SO_4	$H_2SO_4+2HAc \rightleftharpoons 2H_2Ac^+ + SO_4^{2-}$	8.2(pK_{a1})
HCl	$HCl+HAc \rightleftharpoons H_2Ac^+ + Cl^-$	8.8
HNO_3	$HNO_3+HAc \rightleftharpoons H_2Ac^+ + NO_3^-$	9.4

由表 4-10 可见，在冰醋酸介质中，这 4 种酸的强度能显示出差别。这种能区分酸（或碱）的强弱的效应称为分辨效应（又叫区分效应，differentiating effect），具有分辨效应的溶剂称为分辨性溶剂。在这里，冰醋酸是 $HClO_4$、H_2SO_4、HCl 和 HNO_3 的分辨性溶剂。

同理，在水溶液中最强的碱是 OH^-，更强的碱（如 O_2^-、NH_2^- 等）都被拉平到同一水平 OH^-，只有比 OH^- 更弱的碱（如 NH_3、$HCOO^-$ 等）才能分辨出强弱。

（2）酸碱中和反应的实质　酸和碱的中和反应是经过溶剂发生的质子转移过程。中和反应的产物不一定是盐和水。中和反应能否发生，全由参加反应的酸、碱以及溶剂的性质决定。

例如一个酸与碱的反应过程，首先溶剂对于酸必须具有碱性，才能接受酸给出的质子，否则酸不能离解。其次，碱比溶剂有更强的碱性，即溶剂对于碱是酸，是质子的给予体，将质子传递给碱，从而完成质子由酸经过溶剂向碱的转移过程。

$$HA \rightleftharpoons A^- + H^+ \quad \text{（酸在溶剂中离解出质子）}$$

$$HS + H^+ \rightleftharpoons H_2S^+ \quad \text{（溶剂接受质子形成溶剂合质子）}$$

$$H_2S^+ + B \rightleftharpoons BH^+ + HS \quad \text{（质子转移至碱上）}$$

合并上列 3 个反应式，得

$$HA+B \rightleftharpoons BH^{+}+A^{-}$$

由上式可以看出，酸碱中和反应的实质是质子转移的过程，而酸和碱之间的质子转移是通过溶剂完成的，故溶剂在酸碱中和反应中起了非常重要的作用。

三、非水滴定溶剂的选择

在非水滴定中，溶剂的选择至关重要。在选择溶剂时首先要考虑的是溶剂的酸碱性，因为它直接影响到滴定反应的完全程度。

例如，吡啶在水中是一个极弱的有机碱（$K_b=1.4\times10^{-9}$），在水溶液中，进行直接滴定非常困难。如果改用冰醋酸作溶剂，由于冰醋酸是酸性溶剂，给出质子的倾向较强，从而增强了吡啶的碱性，这样就可以顺利地用 $HClO_4$ 进行滴定。其反应如下：

$$HClO_4 \rightleftharpoons H^{+}+ClO_4^{-}$$

$$CH_3COOH+H^{+} \rightleftharpoons CH_3COOH_2^{+}$$

$$CH_3COOH_2{}^{+}+C_5H_5N \rightleftharpoons C_5H_5NH^{+}+CH_3COOH$$

三式相加，得

$$C_5H_5N+HClO_4 \rightleftharpoons C_5H_5NH^{+}+ClO_4^{-}$$

在这个反应中，冰醋酸的碱性比 ClO_4^{-} 强，因此它接受 $HClO_4$ 给出的质子，生成溶剂合质子 $CH_3COOH_2^{+}$，C_5H_5N 接受 $CH_3COOH_2^{+}$ 给出的质子而生成 $C_5H_5NH^{+}$。

因此，在非水滴定中，良好的溶剂应具备下列条件：

① 对试样的溶解度较大，并能提高其酸度或碱度；

② 能溶解滴定生成物和过量的滴定剂；

③ 溶剂与样品及滴定剂不发生化学反应；

④ 有合适的终点判断方法（目视指示剂法或电位滴定法）；

⑤ 易提纯，黏度小，挥发性低，易于回收，价格便宜，使用安全。

惰性溶剂没有明显的酸性和碱性，因此没有拉平效应，这样就使惰性溶剂成为一种很好的分辨性溶剂。

在非水滴定中，利用拉平效应可以滴定酸或碱的总量。若要分别滴定混合酸或混合碱，必须利用分辨效应显示其强度差别，从而分别进行滴定。

要注意的是，非水滴定必须在无水体系中进行，因此必须对试剂进行处理。例如，用醋酐除去冰乙酸、高氯酸等中的水分，用金属钠除去苯、甲苯等有机溶剂中的水分，还要用蒸馏、回流等方法进一步处理等。

四、滴定剂的选择和滴定终点的确定

1. 滴定剂的选择

（1）酸性滴定剂　在非水介质中滴定碱时，常用的溶剂为冰醋酸，用高氯酸的冰醋酸溶液为滴定剂，滴定过程中产生的高氯酸盐具有较大的溶解度。高氯酸的冰醋酸溶液是用含 70%～72% 的高氯酸水溶液配制而成的，其中的水分一般通过加入一定量的醋酸酐除去。

$HClO_4$-HAc 滴定剂一般用邻苯二甲酸氢钾作为基准物质进行标定，滴定反应为：

$$C_6H_4(COOH)(COOK) + HClO_4 \longrightarrow C_6H_4(COOH)_2 + KClO_4$$

滴定时以甲基紫或结晶紫作为指示剂。（详细步骤见 GB/T 601）

$HClO_4$-HAc 标准滴定溶液应在临用前标定。使用 $HClO_4$-HAc 标准滴定溶液滴定试样溶液时的温度应与标定时温度相同。若不相同，应将高氯酸标准滴定溶液的浓度修正到使用温度下。

（2）碱性滴定剂　常用的碱性滴定剂为醇钠和醇钾。例如甲醇钠，它是由金属钠和甲醇反应制得的。

$$2CH_3OH + 2Na \longrightarrow 2CH_3ONa + H_2\uparrow$$

甲醇钠碱标准滴定溶液的标定通常使用苯甲酸作基准试剂，在苯-甲醇溶液或其他非水溶剂中标定，以百里酚酞为指示剂指示终点。其滴定反应为：

$$C_6H_5COOH + CH_3Na \longrightarrow C_6H_5COO^- + Na^+ + CH_3OH$$

氢氧化钾-乙醇标准滴定溶液常使用在 105～110℃中干燥至恒重的基准试剂邻苯二甲酸氢钾标定，标定在无 CO_2 的水中进行，以酚酞指示终点（详细步骤见 GB/T 601）。

季铵碱（如四丁基氢氧化铵）也可用作滴定剂。季铵碱的优点是碱性强度大，滴定产物易溶于有机溶剂。

碱性滴定剂在贮存和使用时，必须注意防水和避免 CO_2 的影响。

2. 滴定终点的确定

非水滴定中，确定滴定终点的方法很多，最常用的有电位法和指示剂法。

电位法一般以玻璃电极或锑电极为指示电极、饱和甘汞电极为参比电极，通过绘制滴定曲线确定滴定终点。具有颜色的溶液，可采用电位滴定法判断终点。

用指示剂确定终点，关键在于选用合适的指示剂。一般来说，非水滴定用的指示剂随溶剂而异。在酸性溶剂中，一般使用结晶紫、甲基紫、α-萘酚等作指示剂。在碱性溶剂中，百里酚蓝可用在苯、吡啶、二甲基甲酰胺或正丁胺中，但不适用于乙二胺溶液；偶氮紫可用于吡啶、二甲基甲酰胺、乙二胺及正丁胺中，但不适用于苯或其他烃类溶液；邻硝基苯胺可用于乙二胺或二甲基甲酰胺中，但在醇、苯或正丁胺中却不适用。

五、非水滴定在酸碱滴定法中的应用实例

非水滴定法主要用于解决水中不能滴定的弱酸、弱碱和水不溶性样品的测定，广泛应用于生物、医药、有机分析等领域，例如在药品检验方面，氨基酸类药、巴比妥类药、局麻药可卡因等含量的测定都采用非水滴定法。

1. α-氨基酸的含量测定

α-氨基酸在水中属二性物质，在水中可形成双极离子，其 $K_a=2.5\times10^{-10}$、$K_b=2.5\times10^{-12}$。作为酸或碱时其离解趋势都很弱，在水中无法直接滴定，但可在二甲基甲酰胺、冰醋酸非水溶液中，分别采用 CH_3ONa、$HClO_4$ 标准滴定溶液进行滴定。当使用 CH_3ONa 作滴定剂时，可选用百里酚蓝作指示剂。当用 $HClO_4$ 作滴定剂测定各种氨基酸如缬氨酸、色氨酸等含量时，多采用电位滴定法确定终点。

2. 咖啡因含量测定

咖啡因为极弱碱（$K_b=4.0\times10^{-14}$），其含量在水溶液中无法直接测定，只能在冰醋酸-醋酐介质中用 $HClO_4$ 标准滴定溶液滴定。测定时取本品适量，加冰醋酸-醋酐混合液微温溶解，放冷后以结晶紫为指示剂，用 $HClO_4$ 标准滴定溶液滴定至溶液显黄色，并同时做空白试验。

思考题 4-6

1. 水在下列混合酸中为拉平性溶剂还是分辨性溶剂？

(1) HCl/H_2SO_4 (2) HCl/HAc (3) HNO_3/H_3PO_4 (4) $HClO_3/HCl$

2. 用非水滴定法测定下列物质时，哪些选用碱性试剂？哪些选用酸性试剂？为什么？

(1) 醋酸钠 (2) 苯甲酸 (3) 吡啶 (4) 乳酸钠

3. 溶剂中若有微量水对非水滴定是否有影响？为什么？

阅读材料

线性滴定简介

无论是在水溶液中的酸碱滴定还是在非水溶液中的酸碱滴定，都是根据加入的滴定剂体积 V 与相应溶液的 pH 之间的关系曲线（即滴定曲线），找出化学计量点附近的滴定突跃，并确定终点，从而求得被测物质的含量。显然，对于极弱的酸或碱或者离解常数相差较小的多元酸碱或混合酸碱，其滴定曲线无明显的滴定突跃，也就无法进行被测物质含量的测定或分步滴定。因而传统的滴定分析方法在应用范围上便受到一定的限制。

线性滴定法是将滴定过程中的滴定剂体积 V 与溶液的 pH 之间的关系经过数学处理，导出 $V_{ep}-V$ 与 V 的关系式。例如，对于一元酸可得出下式：

$$V_{ep}-V=K_{HA}^{H}\{H^+\}V+\frac{V_0+V}{c_B}(1+K_{HA}^{H}\{H^+\})([H^+]-[OH^-])$$

式中　V_{ep}——滴定至化学计量点时滴定剂的体积；

K_{HA}^{H}——弱酸 HA 的稳定常数（即 HA 离解常数的倒数）；

c_B——滴定剂的浓度；

$\{H^+\}$——溶液中氢离子的活度；

$[H^+]$，$[OH^-]$——H^+ 与 OH^- 的浓度。

实验时，每加入一份滴定剂，便测出溶液的 pH，然后将各组 V 与溶液对应的 pH 代入上式，得到一系列 $V_{ep}-V$ 与 V 的数据。以 V 为横坐标、$V_{ep}-V$ 为纵坐标，可得两段直线，两直线在横坐标上相交于一点，交点处 $V_{ep}-V=0$，即为化学计量点时滴定剂的加入量 V_{ep}，从而可求得被测物质的浓度或含量。

除了使用图解法求 V_{ep} 数值外，也可将一系列 $V_{ep}-V$ 与 V 的数据进行一元线性回归，根据 $V_{ep}-V$ 与 V 的线性关系式求得 V 值。计算法的准确度高于图解法。

使用线性滴定法避免了某些滴定情况下滴定突跃不明显而无法确定滴定终点的困难，对于 $pK_a=11$ 的一元酸也能得到满意的测定结果，对于 $pK_a\geqslant0.2$ 的多元酸或混合酸仍可测得各组分的含量，因而线性滴定法扩展了酸碱滴定分析的应用范围。由于使用电子计算机，可以快速处理实验数据，得到准确的测定结果。

第七节　应用实例和操作练习

学习要点　掌握 HCl 和 NaOH 标准滴定溶液的配制和浓度标定方法；通过应用实例，了解酸碱滴定法在工业生产中应用；学习使用双指示剂法测定烧碱中和 NaOH 和 Na_2CO_3 含量的方法原理，熟练滴定管的滴定操作，掌握滴定终点的判断；学习使用甲醛法测定铵盐中氮含量的方法原理，熟练碱式滴定管的操作方法，准确判断滴定终点；了解弱碱物质的非水滴定原理，掌握高氯酸标准滴定溶液的配制和标定方法和非水滴定用结晶紫指示剂的终点判断。

一、盐酸标准滴定溶液的配制与标定

1. 方法原理

市售盐酸（分析纯）相对密度为1.19，含HCl为37%，其物质的量浓度约为12mol/L。浓盐酸易挥发，不能直接配制成准确浓度的盐酸溶液。因此，常将浓盐酸稀释成所需近似浓度，然后用基准物质进行标定。

当用无水Na_2CO_3为基准标定HCl溶液的浓度时，由于Na_2CO_3易吸收空气中的水分，因此使用前应在270～300℃条件下干燥至恒重，密封保存在干燥器中。称量时的操作应迅速，防止再吸水而产生误差。标定HCl时的反应式为：

$$2HCl+Na_2CO_3 \longrightarrow 2NaCl+CO_2+H_2O$$

滴定时，以甲基橙为指示剂，滴定至溶液由黄色变为橙色为滴定终点。由标定反应可知，HCl和Na_2CO_3的基本单元分别为HCl和$\frac{1}{2}Na_2CO_3$。

2. 试剂

（1）盐酸（相对密度1.19）。

（2）无水Na_2CO_3基准物质。

（3）溴甲酚绿-甲基红指示液。

3. 实例内容与操作步骤

（1）c(HCl)=0.1mol/L HCl溶液的配制　通过计算求出配制500mL 0.1mol/L HCl溶液所需浓盐酸（相对密度1.19，约12mol/L）的体积。然后用小量筒量取此量的浓盐酸，倒入500mL的烧杯中（考虑到浓盐酸的挥发性，配制时所取HCl的量应比计算的量适当多些），加入200mL蒸馏水，搅匀后再稀释至500mL，移入试剂瓶中，摇匀并贴上标签，待标定。

（2）c(HCl)=0.1mol/L HCl标准滴定溶液的标定　称取于270～300℃高温炉中灼烧至恒重的工作基准试剂无水碳酸钠0.15～0.2g于锥形瓶中，溶于50mL水中，加10滴溴甲酚绿-甲基红指示液，用配制好的盐酸溶液滴定至溶液由绿色变为暗红色，煮沸2min，冷却后继续滴定至溶液再呈暗红色。平行测定4次，同时做空白试验。

4. 数据处理

$$c(\mathrm{HCl})=\frac{m\times1000}{(V_1-V_2)M}$$

式中 $c(\mathrm{HCl})$——盐酸标准滴定溶液的浓度，mol/L；

m——无水碳酸钠的质量，g；

V_1——盐酸溶液的体积，mL；

V_2——空白试验盐酸溶液的体积，mL；

M——无水碳酸钠的摩尔质量，g/mol，[$M(\frac{1}{2}Na_2CO_3)=52.994$]。

注：按照法定计量单位制的一惯性原则，溶液体积的计量单位用升（L）表示，将实验数据代入公式时必须换算为L。

数据记录格式可参考表4-11。

5. 注意事项

（1）干燥至恒重的无水Na_2CO_3有吸湿性，因此在标定中精密称取无水Na_2CO_3时，宜采用减量法称取，并应迅速将称量瓶加盖密闭。

（2）无水碳酸钠标定HCl溶液，在接近滴定终点时，应剧烈摇动锥形瓶加速H_2CO_3分解；或将溶液加热至沸，以赶除CO_2，冷却后再滴定至终点。

表4-11 0.1mol/L HCl标准滴定溶液的标定

项目	次数		
	Ⅰ	Ⅱ	Ⅲ
称量瓶＋碳酸钠质量/g			
倾样前			
倾样后			
碳酸钠质量/g			
盐酸溶液终读数/mL			
盐酸溶液初读数/mL			
盐酸溶液体积/mL			
$c(\mathrm{HCl})/(\mathrm{mol/L})$			
相对偏差			
平均浓度$c(\mathrm{HCl})/(\mathrm{mol/L})$			

6. 思考题

（1）HCl标准滴定溶液能否采用直接标准法配制？为什么？

（2）配制 HCl 溶液时，量取浓盐酸的体积是如何计算的？

（3）标定盐酸溶液时，基准物质无水碳酸钠的质量是如何计算的？若用稀释法标定，需称取碳酸钠的质量又如何计算？

（4）无水碳酸钠所用的蒸馏水的体积，是否需要准确量取？为什么？

（5）除用基准物质标定盐酸溶液外，还可用什么方法标定盐酸溶液？

（6）基准物质碳酸钠的称量为什么要放在称量瓶中称量？称量瓶是否要预先称准？称量时盖子是否需要盖好？

（7）除用无水碳酸钠作基准物质标定盐酸溶液外，还可用什么作基准物？有何优点？选用何种指示剂？

（8）如基准物质碳酸钠保存不当，吸水 1%，用此基准物质标定盐酸溶液的浓度，对其结果有何影响？

（9）为什么移液管必须用所移取溶液润洗，而锥形瓶则不用所装溶液润洗？

（10）请分析标定盐酸溶液浓度时，引入的个人操作误差有哪些？

二、氢氧化钠标准滴定溶液的配制与标定

1. 方法原理

固体氢氧化钠具有很强的吸湿性，易吸收空气中的水分和二氧化碳，因而其中常含有 Na_2CO_3，且含少量的硅酸盐、硫酸盐和氯化物，因此不能直接配制成准确浓度的溶液，而只能配制成近似浓度的溶液，然后用基准物质进行标定，以获得准确浓度。

由于氢氧化钠溶液中碳酸钠的存在，会影响酸碱滴定的准确度，在精确的测定中应配制不含 Na_2CO_3 的 NaOH 溶液并妥善保存。

用邻苯二甲酸氢钾标定氢氧化钠溶液的反应式为：

$$C_6H_4(COOH)(COOK) + NaOH \longrightarrow C_6H_4(COONa)(COOK) + H_2O$$

由反应式可知，1mol（$KHC_8H_4O_4$）与 1mol（NaOH）完全反应。到化学计量点时，溶液呈碱性，pH 约为 9，可选用酚酞作指示剂，滴定至溶液由无色变为浅粉色，30s 不褪即为滴定终点。由标定反应式可知，NaOH 和 $KHC_8H_4O_4$ 的基本单元分别为 NaOH 和 $KHC_8H_4O_4$。

2. 试剂

（1）氢氧化钠固体。

（2）酚酞指示液（10g/L 乙醇溶液）。

（3）邻苯二甲酸氢钾基准物。

3. 实例内容与操作步骤

（1）$c(\mathrm{NaOH})=0.1\mathrm{mol/L}$ NaOH 溶液的配制　称取 110g 氢氧化钠，溶于 100mL 无二氧化碳的水中，摇匀，注入聚乙烯容器中，密闭放置。用塑料管量取上层清液 5.4mL，用无二氧化碳的水稀释至 1000mL，摇匀。贴上标签，待测定。

（2）$c(\mathrm{NaOH})=0.1\mathrm{mol/L}$ NaOH 溶液的标定　准确称取在 105～110℃电烘箱中干燥至恒重的工作基准试剂邻苯二甲酸氢钾约 0.7g（思考如何计算），于 250mL 锥形瓶中，加无二氧化碳的水溶解，加 2 滴酚酞指示液，用配制好的氢氧化钠溶液滴定至溶液呈粉红色，并保持 30s。记下氢氧化钠溶液消耗的体积，平行测定 4 次，同时做空白试验。

4. 数据处理

$$c(\mathrm{NaOH})=\frac{m\times 1000}{(V_1-V_2)M}$$

式中　$c(\mathrm{NaOH})$——氢氧化钠标准滴定溶液的浓度，mol/L；

m——邻苯二甲酸氢钾的质量的准确数值，g；

V_1——氢氧化钠溶液的体积，mL；

V_2——空白试验氢氧化钠溶液的体积，mL；

M——邻苯二甲酸氢钾摩尔质量，g/mol[$M(\mathrm{KHC_8H_4O_4})=204.22$]。

5. 注意事项

（1）配制饱和的氢氧化钠溶液应放置 7 天以上，使 Na_2CO_3 沉淀完全，再吸取上层清液配制 NaOH 标准溶液。

（2）邻苯二甲酸氢钾要彻底烘干，在烘干过程中一定要多次摇动，使底部药品能彻底烘干。

（3）注意不可在平行实验的 3 个锥形瓶中同时加入指示剂。

6. 思考题

（1）配制不含碳酸钠的氢氧化钠溶液有几种方法？

（2）怎样得到不含二氧化碳的蒸馏水？

（3）配制 NaOH 浓溶液，为什么要注入聚乙烯容器中密闭放置？

（4）用邻苯二甲酸氢钾标定氢氧化钠为什么用酚酞而不用甲基橙作指示剂？

（5）标定氢氧化钠溶液时，可用基准物 $\mathrm{KHC_8H_4O_4}$，也可用盐酸标准溶液做比较。试比较此两种方法的优缺点。

(6) $KHC_8H_4O_4$ 标定 NaOH 溶液的称取量如何计算？为什么要确定 0.4～0.6g 的称量范围？

(7) 如果 NaOH 标准溶液在保存过程中吸收了空气中的 CO_2，用该标准滴定溶液标定 HCl，以甲基橙为指示剂，用 NaOH 溶液原来的浓度进行计算是否会引入误差？若用酚酞为指示剂进行滴定，又会怎样？请分析一下原因。

(8) 邻苯二甲酸氢钾在温度大于 125℃时，会有部分变成酸酐。问：如使用此基准物质标定 NaOH 溶液时，该 NaOH 溶液的浓度将怎样变化？

(9) 如基准物 $KHC_8H_4O_4$ 中含有少量 $H_2C_8H_4O_4$，对氢氧化钠溶液标定结果有什么影响？

(10) 根据标定结果，分析一下本次标定引入的个人操作误差。

三、烧碱中 NaOH、Na_2CO_3 含量的测定（双指示剂法）

1. 方法原理

氢氧化钠俗称烧碱，在生产和存放过程中，会吸收空气中的 CO_2，因而含有少量杂质 Na_2CO_3。对于烧碱中 NaOH 及 Na_2CO_3 含量的测定，通常采用氯化钡沉淀碳酸钠的方法。当 Na_2CO_3 含量很少时，也可以用双指示剂法，此法方便、快速，在生产中应用普遍。

双指示剂法是利用两种指示剂进行连续测定，根据两个终点所消耗酸标准溶液的体积，计算各组分的含量。

在烧碱试液中，先以酚酞为指示剂，用 HCl 标准滴定溶液滴定至近于无色，这是第一化学计量点（pH＝8.3），消耗 HCl 标准滴定溶液 V_1。此时，溶液中 NaOH 全部被中和，Na_2CO_3 被中和至 $NaHCO_3$。

$$NaOH + HCl \longrightarrow NaCl + H_2O$$

$$Na_2CO_3 + HCl \longrightarrow NaHCO_3 + NaCl$$

再以甲基橙为指示剂，继续用 HCl 标准溶液滴定至溶液由黄色变为橙色，这是第二化学计量点（pH＝3.89），消耗 HCl 标准滴定溶液 V_2，此时，溶液中 $NaHCO_3$ 被中和。

$$NaHCO_3 + HCl \longrightarrow NaCl + CO_2 + H_2O$$

可见，中和 NaOH 所消耗 HCl 溶液的体积为 $(V_1 - V_2)$，中和 Na_2CO_3 所消耗 HCl 溶液的体积为 $2V_2$。

2. 试剂

（1）烧碱试样。

（2）HCl 标准滴定溶液，$c(HCl)=0.1mol/L$。

（3）酚酞指示液（10g/L 乙醇溶液）。

（4）甲基橙指示液（1g/L 水溶液）。

（5）甲酚红-百里酚蓝混合指示液：0.1g 甲酚红溶于 100mL 50％乙醇中；0.1g 百里酚蓝指示剂溶于 100mL 20％乙醇中。甲酚红＋百里酚蓝（1＋3）。

3. 实例内容与操作步骤

（1）双指示剂法　在分析天平上准确称取碱试样 1.5～2.0g 于 250mL 烧杯中，加水使之溶解后，定量转入 250mL 容量瓶中，用水稀释至刻度，充分摇匀。移取试液 25.00mL（3 份）于 250mL 锥形瓶中，各加入 2 滴酚酞指示液，用 $c(HCl)=0.1mol/L$ 盐酸标准滴定溶液滴定，边滴加边充分摇动（避免局部 Na_2CO_3 直接被滴至 H_2CO_3），滴定至溶液由红色恰好褪至无色为止，此时即为终点，记下所消耗 HCl 标准滴定溶液体积 V_1。然后再加 2 滴甲基橙指示液，继续用上述盐酸标准滴定溶液滴定至溶液由黄色恰好变为橙色，即为终点，记下所消耗 HCl 标准滴定溶液的体积 V_2。计算试样中各组分的含量。

（2）混合指示剂法　移取上述试液 25.00mL（3 份）于 250mL 锥形瓶中，各加 5 滴混合指示液，用 $c(HCl)=0.1mol/L$ 盐酸标准滴定溶液滴定，溶液由蓝色变为粉红色即为终点，记下消耗 HCl 标准溶液的体积 V_1；再加 1～2 滴甲基橙指示剂，（也可利用溴甲酚绿-甲基红混合指示液，由绿色滴至暗红色为终点）继续用上述盐酸标准滴定溶液滴定，溶液由黄色变为橙色，记下所消耗 HCl 标准滴定溶液的体积 V_2。计算试样中各组分的含量。

4. 数据处理

$$w(NaOH)=\frac{c(HCl)(V_1-V_2)\times 10^{-3}M(NaOH)}{m\times\frac{25}{250}}\times 100\%$$

$$w(Na_2CO_3)=\frac{c(HCl)2V_2\times 10^{-3}M\left(\frac{1}{2}Na_2CO_3\right)}{m\times\frac{25}{250}}\times 100\%$$

式中　$c(HCl)$——HCl标准滴定溶液的浓度，mol/L；

V_1——酚酞终点消耗HCl标准滴定溶液体积，mL；

V_2——甲基橙终点消耗HCl标准滴定溶液体积，mL；

$M(NaOH)$——NaOH的摩尔质量，g/mol；

$M\left(\frac{1}{2}Na_2CO_3\right)$——$\frac{1}{2}Na_2CO_3$ 的摩尔质量，g/mol；

m——试样质量，g；

$w(NaOH)$——NaOH的质量分数，%；

$w(Na_2CO_3)$——Na_2CO_3 的质量分数，%。

5. 注意事项

当滴定接近第一终点时，要充分摇动锥形瓶，滴定的速度不能太快，防止滴定液HCl局部过浓。否则 Na_2CO_3 会直接被滴定成 CO_2。

6. 思考题

（1）欲测定碱液的总碱度，应利用何种指示剂？

（2）采用双指示剂法测定混合碱，在同一份溶液中测定，试判断下列情况中的混合碱存在的成分是什么？

①$V_1=0$　$V_2>0$；②$V_1=V_2>0$；③$V_1>0$，$V_2=0$；④$V_1>V_2$；⑤$V_2>V_1$

（3）现有含HCl和 CH_3COOH 的试液，欲测定其中HCl及 CH_3COOH 的含量，试拟定分析方案。

（4）如何称取混合碱试样？如果样品是碳酸钠和碳酸氢钠的混合物，应如何测定其含量？

四、铵盐中氮含量的测定（甲醛法）

1. 方法原理

常见的铵盐有硫酸铵、氯化铵、硝酸铵及碳酸氢铵等。在这些铵盐中，碳酸氢铵可用酸标准溶液直接滴定。其他铵盐如氯化铵、硝酸铵、硫酸铵中的 NH_4^+ 虽具有酸性但太弱（$K_a=5.6\times10^{-10}$），不能用NaOH标准滴定溶液直接滴定。常用蒸馏法和甲醛法进行测定。

铵盐与甲醛反应，定量生成 $(CH_2)_6N_4H^+$（六亚甲基四胺的共轭酸）和 H^+，反应中生成的酸用NaOH标准滴定溶液滴定。以酚酞为指示液，滴定至浅粉红色30s不褪即为终点。反应如下

$$4NH_4^+ + 6HCHO \longrightarrow (CH_2)_6N_4H^+ + 3H^+ + 6H_2O$$

$$(CH_2)_6N_4H^+ + 3H^+ + 4OH^- \longrightarrow (CH_2)_6N_4 + 4H_2O$$

由于溶液中存在的六亚甲基四胺是一种很弱的碱（$K_b = 1.4\times10^{-9}$），化学计量点时，溶液的 pH 约为 8.7，故选酚酞作指示剂。

市售 40%甲醛中含有少量的甲酸，使用前必须先以酚酞为指示剂，用氢氧化钠溶液中和，否则会使测定结果偏高。

一般情况下，试样中常含有游离酸，应利用中和法除去。即以甲基红为指示剂，用氢氧化钠溶液中和。

应称取较多的试样，溶于容量瓶中（这样取样的方法称为取大样）。然后吸取部分溶液进行滴定，这是因为试样不均匀，多称取些试样，其测定结果就更具有代表性。

2. 试剂

（1）氢氧化钠溶液（4g/L）。

（2）氢氧化钠标准滴定溶液，$c(NaOH)=0.1mol/L$。

（3）酚酞指示液（10g/L 乙醇溶液）。

（4）甲基红指示液（1g/L 乙醇溶液）。

（5）硫酸铵试样。

（6）中性甲醛（1+1），以酚酞为指示剂，用 $c(NaOH)=0.1mol/L$ NaOH 标准滴定溶液中和至呈淡粉红色，再用未中和的甲醛滴至刚好无色。

3. 实例内容与操作步骤

称取 1g 试样，称准至 0.0001g，置于 250mL 锥形瓶中，用 100～120mL 水溶解，加入 15mL 甲醛溶液至试液中，再加入 3 滴酚酞指示剂溶液，混匀，放置 5min，用 0.5mol/L 氢氧化钠标准溶液滴定至浅红色，经 1min 不消失（或滴定至 pH 计指示 pH8.5）为终点。同时做空白试验。

取平行测定结果的算术平均值为测定结果，平行测定结果的绝对差值不大于 0.06%；不同实验室测定结果的绝对差值不大于 0.12%。

4. 数据处理

$$w(N)=\frac{c(NaOH)(V-V_0)\times10^{-3}M(N)}{m\times\frac{25}{250}}\times100\%$$

式中 $c(NaOH)$——NaOH 标准滴定溶液的浓度，mol/L；

V_0——空白实验滴定终点时消耗 NaOH 标准滴定溶液体积，mL；

V——酚酞作指示剂滴定终点时消耗 NaOH 标准滴定溶液体积，mL；

$M(N)$——N 的摩尔质量，g/mol；

m——试样质量，g。

5. 思考题

（1）弱酸或弱碱物质能被准确测定的条件是什么？本法测定铵盐中氮的含量时，为什么不能用碱标准滴定溶液直接滴定？

（2）试液中加入甲醛溶液后，为什么要放置 5min？

（3）试液中加入甲基红指示剂，如呈红色需用 NaOH 标准滴定溶液滴定至橙色，说明什么问题？

（4）本法中加入甲醛的作用是什么？为什么需使用中性甲醛？甲醛未经中和对测定结果有何影响？

（5）若试样为 NH_4NO_3、NH_4Cl 或 NH_4HCO_3，是否都可以用本法测定？为什么？

（6）若用此法测定 NH_4NO_3 试样，所得结果以含氮量表示时，此含氮量中是否包括 NO_3^- 中的氮？

（7）甲醛中为什么常含有少量甲酸？

（8）如何计算铵盐试样中的氨含量？

（9）尿素 $CO(NH_2)_2$ 能否用甲醛法测定，应如何测定？

（10）试样中若含有 Fe^{3+}，对测定有什么影响？

（11）用 NaOH 标准溶液中和 $(NH_4)_2SO_4$ 样品中的游离酸时，能否选酚酞作为指示剂？为什么？

五、醋酸钠含量的测定（非水滴定）

1. 方法原理

许多弱酸和弱碱，当它们的 $cK_a<10^{-8}$ 或 $cK_b<10^{-8}$ 时，不能直接滴定。有些有机酸或碱在水中溶解度很小，也不能直接滴定。为了解决这些问题，可以采用非水滴定，如乙酸钠在水溶液中是一种很弱的碱（$K_b=5.6\times10^{-10}$），无法用酸标准滴定溶液直接滴定测其含量，但以冰醋酸作为溶剂，用高氯酸为滴定剂，结晶紫（或甲基紫）为指示剂，则能准确滴定。由溶液紫色消失，初现蓝色为终点。在冰醋酸中高氯酸的酸性最强，所以常用高氯酸的冰醋酸溶液作标准滴定溶液。

由于 $HClO_4$ 的浓溶液仅含 $HClO_4$ 70%～72%，还含有不少水分，水的存在影响质子的转移，也影响滴定终点的观察，因此在配制标准溶液时应加入一定量的醋酐以除去水分。

$HClO_4$ 的冰醋酸溶液可用邻苯二甲酸氢钾作基准物，在冰醋酸溶液中进行标定。反应式为：

$$C_6H_4(COOH)(COOK) + HClO_4 \longrightarrow C_6H_4(COOH)_2 + KClO_3$$

标定时以甲基紫或结晶紫为指示剂，由紫色变蓝色为滴定终点。

2. 试剂

（1）高氯酸-冰醋酸标准滴定溶液，$c(HClO_4)=0.1mol/L$。

（2）结晶紫-冰醋酸溶液（5g/L）。

（3）冰醋酸。

（4）邻苯二甲酸氢钾（基准物质）。

（5）无水 NaAc 试样。

3. 实例内容与操作步骤

（1）$c(HClO_4)=0.1mol/L$ 高氯酸-冰醋酸标准滴定溶液的配制。量取 2mL 高氯酸，在搅拌下注入 125mL 冰醋酸中，混匀。在室温下滴加 5mL 醋酸酐，搅拌至溶液均匀。冷却后用冰醋酸稀释至 250mL，摇匀。

（2）高氯酸-冰酸酸标准滴定溶液的标定。准确称取 0.4g 于 105～110℃烘至恒重的基准物质邻苯二甲酸氢钾，置于干燥锥形瓶中，加入 17mL 冰醋酸，温热溶解。加 1～2 滴结晶紫指示剂，用配好的高氯酸-冰醋酸标准溶液滴定至溶液由紫色变为蓝色（微带紫色）为终点，记录消耗高氯酸-冰醋酸溶液的体积。

（3）醋酸钠含量的测定。准确称取 0.2g 无水 NaAc 试样，置于洁净且干燥的锥形瓶中。加入 20mL 冰醋酸，温热使之溶解，冷却至室温，加入 1～2 滴结晶紫指示剂，用高氯酸-冰醋酸标准滴定溶液进行滴定。当溶液紫色消失，刚好出现蓝色为终点，记录标准滴定溶液消耗的体积。平行测定 3 次，计算试样中醋酸钠的含量。

4. 数据处理

$$w(NaAc)=\frac{c(HClO_4)V(HClO_4)\times10^{-3}M(NaAc)}{m}\times100\%$$

式中 $c(HClO_4)$——高氯酸-冰醋酸标准滴定溶液浓度，mol/L；

$V(HClO_4)$——滴定时消耗高氯酸-冰醋酸标准滴定溶液体积，mL；

$M(NaAc)$——NaAc 的摩尔质量，g/mol；

m——NaAc 试样的质量，g。

5. 注意事项

（1）标定高氯酸-冰醋酸标准滴定溶液时的温度应与使用该标准溶液滴定时的温度相同。

（2）非水滴定过程中不能带入水。烧杯、量筒等仪器均要干燥。

（3）终点观察要准确，紫色消失刚好出现蓝色时为滴定终点。但其蓝色要稳定，如果出现绿色，则说明滴定过量。

6. 思考题

（1）配制高氯酸-冰醋酸滴定剂为什么要加入醋酐？加入醋酐时有何现象？需如何加入？

（2）说明 NaAc 在水溶液中不能用酸碱滴定法测其含量，但可采用非水滴定法测定的原理。

（3）非水滴定过程中，如带入水分会有哪些影响？

自我测试题四

判断题

1. 酸平衡常数除了受温度的影响以外还受浓度的影响。（　　）

2. $c(H_2C_2O_4)=1.0mol/L$ 的 $H_2C_2O_4$ 溶液，其氢离子浓度为 2.0mol/L。（　　）

3. 强酸滴定弱碱达到化学计量点时 pH>7。（　　）

4. 用 0.1000mol/L NaOH 溶液滴定 0.1000mol/L HAc 溶液，化学计量点时溶液的 pH 小于 7。（　　）

5. 多元酸能否分步滴定，可从其相邻的离解常数 K_{a_1} 与 K_{a_2} 的比值判断，当 $K_{a_1}/K_{a_2}>10^5$ 时，可基本断定能分步滴定。（　　）

6. 强酸滴定弱碱时，只有当 $cK_a \geqslant 10^{-8}$，此弱碱才能用标准酸溶液直接目视滴定。（　　）

7. $H_2C_2O_4$ 的两步离解常数为 $K_{a_1}=5.6\times10^{-2}$，$K_{a_2}=5.1\times10^{-5}$，因此不能分步滴定。（　　）

8. 用双指示剂法分析混合碱时，如其组成是纯 Na_2CO_3，则 HCl 消耗量 V_1 和 V_2 的关系是 $V_1>V_2$。（　　）

9. 酸碱滴定中有时需要用颜色变化明显的、变色范围较窄的指示剂即混合指示剂。（　　）

10. 根据酸碱质子理论，只要能给出质子的物质就是酸，只要能接受质子的物质就是碱。（　　）

11. HCl 溶解于水中表现为强酸性，而溶解于冰醋酸中却表现为弱酸性。（　　）

12. 非水滴定中，H_2O 是 HCl、H_2SO_4、HNO_3 等的拉平性溶剂。（　　）

13. 非水溶液酸碱滴定时，溶剂若为碱性，所用的指示剂可以是中性红。(　　)

选择题

1. 已知 $K_b(NH_3)=1.8\times10^{-5}$，则其共轭酸的 K_a 值为（　　）。

A. 1.8×10^{-9}　　B. 1.8×10^{-10}　　C. 5.6×10^{-10}　　D. 5.6×10^{-5}

2. 已知 H_3PO_4 的 pK_{a_1}，pK_{a_2}，pK_{a_3} 分别为 2.12，7.20，12.36，则 PO_4^{3-} 的 pK_b 为（　　）。

A. 11.88　　B. 6.80　　C. 1.74　　D. 2.12

3. 物质的量浓度相同的下列物质的水溶液，其 pH 最高的是（　　）。

A. Na_2CO_3　　B. NaAc　　C. NH_4Cl　　D. NaCl

4. 将 0.2mol/L HA（$K_a=1.0\times10^{-5}$）与 0.2mol/L HB（$K_a=1.0\times10^{-9}$）等体积混合，混合后溶液的 pH 为（　　）。

A. 3.00　　B. 3.15　　C. 3.30　　D. 4.15

5. 某弱碱 MOH 的 $K_b=1\times10^{-5}$，则其 0.1mol/L 水溶液的 pH 为（　　）。

A. 3.0　　B. 5.0　　C. 9.0　　D. 11.0

6. 0.04mol/L H_2CO_3 溶液的 pH 为（　　）。($K_{a_1}=4.3\times10^{-7}$，$K_{a_2}=5.6\times10^{-11}$)

A. 4.73　　B. 5.61　　C. 3.89　　D. 7.00

7. 用 0.1mol/L HCl 滴定 0.1mol/L NaOH 时的 pH 突跃范围是 9.7～4.3，用 0.01mol/L HCl 滴定 0.01mol/L NaOH 的 pH 突跃范围是（　　）。

A. 9.7～4.3　　B. 8.7～4.3　　C. 8.7～5.3　　D. 10.7～3.3

8. 用 $c(HCl)=0.1mol/L$ HCl 溶液滴定 $c(NH_3)=0.1mol/L$ 氨水溶液化学计量点时溶液的 pH 为（　　）。

A. 等于 7.0　　B. 小于 7.0　　C. 等于 8.0　　D. 大于 7.0

9. 用酸碱滴定法测定工业醋酸中的乙酸含量，应选择的指示剂是（　　）。

A. 酚酞　　B. 甲基橙

C. 甲基红　　D. 甲基红-亚甲基蓝

10. 用 0.1000mol/L NaOH 标准溶液滴定同浓度的 $H_2C_2O_4$（$K_{a_1}=5.9\times10^{-2}$、$K_{a_2}=6.4\times10^{-5}$）时，产生的滴定突跃个数和选择的指示剂为（　　）。

A. 两个，甲基橙（$pK_{HIn}=3.40$）　　B. 两个，甲基红（$pK_{HIn}=5.00$）

C. 一个，溴百里酚蓝（$pK_{HIn}=7.30$）　　D. 一个，酚酞（$pK_{HIn}=9.10$）

11. 以 NaOH 滴定 H_3PO_4（$K_{a_1}=7.5\times10^{-3}$，$K_{a_2}=6.2\times10^{-8}$，$K_{a_3}=5.0\times10^{-13}$）至生成 Na_2HPO_4 时，溶液的 pH 应当是（　　）。

A. 4.33　　B. 12.30　　C. 9.75　　D. 7.21

12. 配制 0.1mol/L NaOH 标准溶液，下列配制错误的是（　　）。[$M(NaOH)=40g/mol$]

A. 将 NaOH 配制成饱和溶液，贮于聚乙烯塑料瓶中，密封放置至溶液清亮，取清液 5mL 注入 1L 不含 CO_2 的水中摇匀，贮于无色试剂瓶中

B. 将 4.02g NaOH 溶于 1L 水中，加热搅拌，贮于磨口瓶中

C. 将 4g NaOH 溶于 1L 水中，加热搅拌，贮于无色试剂瓶中

D. 将 2g NaOH 溶于 500mL 水中，加热搅拌，贮于无色试剂瓶中

13. 配制好的氢氧化钠标准溶液贮存于（　　）中。

A. 棕色橡皮塞试剂瓶　　B. 白色橡皮塞试剂瓶

C. 白色磨口塞试剂瓶　　D. 试剂瓶

14. 下列基准物质的干燥条件正确的是（　　）。

A. $H_2C_2O_4 \cdot 2H_2O$ 放在空的干燥器中

B. NaCl 放在空的干燥器中

C. Na_2CO_3 在 105～110℃电烘箱中

D. 邻苯二甲酸氢钾在 500～600℃的电烘箱中

15. 某碱液为 NaOH 和 Na_2CO_3 的混合液，用 HCl 标准滴定溶液滴定，先以酚酞为指示剂，耗去 HCl 溶液 V_1（mL），继续以甲基橙为指示剂，又耗去 HCl 溶液 V_2（mL）。V_1 与 V_2 的关系是（　　）。

A. $V_1=V_2$　　B. $V_1=2V_2$　　C. $V_1>V_2$　　D. $V_1<V_2$

16. 用双指示剂法测由 Na_2CO_3 和 $NaHCO_3$ 组成的混合碱，达化学到计量点时，所需盐酸标准溶液体积关系为（　　）。

A. $V_1<V_2$　　B. $V_1>V_2$　　C. $V_1=V_2$　　D. 无法判断

17. 欲配制 pH＝5.0 缓冲溶液，应选用的一对物质是（　　）。

A. $HAc(K_a=1.8\times10^{-5})$-NaAc　　B. HAc-$NH_4Ac$

C. $NH_3 \cdot H_2O(K_b=1.8\times10^{-5})$-$NH_4Cl$　　D. KH_2PO_4-Na_2HPO_4

18. 下列对碱具有拉平效应的溶剂为（　　）。

A. HAc　　B. $NH_3 \cdot H_2O$　　C. 吡啶　　D. Na_2CO_3

19. 为区分 HCl，$HClO_4$，H_2SO_4，HNO_3 四种酸的强度大小，可采用的溶剂是（　　）。

A. 水　　B. 吡啶　　C. 冰醋酸　　D. 液氨

20. 在非水溶剂中滴定弱碱时，常用的溶剂是（　　）。

A. 甲醇　　B. 甲酸　　C. 丁胺　　D. 苯

综合题

1. 计算下列溶液的 pH。

（1）0.05moL/L NaOH 溶液；

（2）5.00×10^{-7} moL/L HCl 溶液；

（3）0.2 moL/L H_3PO_4 溶液；

（4）0.2moL/L NH_4Ac 溶液。

2. 计算下列溶液的 pH：

（1）41g NaAc 固体与 300mL HAc 溶液（物质的量浓度为 17mol/L）混合，稀

释至1L；

（2）150mL 1mol/L 的 HCl 与 250mL 1.5mol/L 的 $NH_3 \cdot H_2O$ 溶液混合，稀释至1L。

3.欲配制 1L pH＝10.00 的 NH_3-NH_4Cl 缓冲溶液，现有 250mL 10mol/L 的 $NH_3 \cdot H_2O$ 溶液，还需称取 NH_4Cl 固体多少克？

4.欲配制 pH 为 3.00 和 4.00 的 HCOOH-HCOONa 缓冲溶液 1L，应分别往 200mL 0.20mol/L 的 HCOOH 溶液中加入多少毫升 1.0mol/L 的 NaOH 溶液？

5. 取 20g 六亚甲基四胺，加浓 HCl（按 12mol/L 计）4.0mL，稀释至 100mL，溶液的 pH 是多少？此溶液是否是缓冲溶液？

6.用 0.1000moL/L NaOH 滴定 25.00mL 甲酸溶液，终点时用去 NaOH 溶液 20.50mL。

（1）计算甲酸溶液的浓度；

（2）计算化学计量点时的 pH；

（3）应选择哪种指示剂？

7.有工业硼砂 $Na_3B_4O_7 \cdot 10H_2O$ 1.000g，用 0.2000moL/L HCl 标准滴定溶液 24.50mL 滴定至甲基橙变色，计算试样中硼砂 $Na_3B_4O_7 \cdot 10H_2O$ 的含量及硼（B）的质量分数。

8.阿司匹林的有效成分是乙酰水杨酸。现称取试样 0.3500g，加入 50.00mL 0.1020moL/L NaOH 溶液煮沸 10min，冷却后以酚酞及为指示剂，用 0.0550moL/L HCl 标准滴定溶液滴定剩余的 NaOH，消耗 HCl 标准滴定溶液 35.00mL。计算试样中乙酰水杨酸的质量分数。（已知 $M(CH_3COOC_6H_4COOH)=181.16g/mol$）

9.用凯氏氮法测定某氨基酸中的氮，称取试样 1.7860g，将样品中的氮消化、碱化后蒸出 NH_3，并以 25.00mL 0.2014moL/L 的 HCl 标准溶液吸收，剩余的 HCl 用 0.1288moL/L 的 NaOH 标准滴定溶液返滴定，消耗 NaOH 标准滴定溶液 10.12mL。计算此氨基酸中氮的质量分数。

10.某混合碱试样可能含有 NaOH、Na_2CO_3、$NaHCO_3$ 中的一种或两种。称取该试样 0.3019g，用酚酞为指示剂，滴定用去 0.1035mol/L 的 HCl 标准滴定溶液 20.10mL；再加入甲基橙指示液，继续以同一 HCl 标准滴定溶液滴定，一共用去 HCl 溶液 47.70mL。试判断试样的组成及各组分的含量。

11.称取 Na_2CO_3 和 $NaHCO_3$ 的混合试样 0.7650g，加适量的水溶解，以甲基橙为指示剂，用 0.2000mol/L 的 HCl 标准滴定溶液滴定至终点时，消耗 HCl 标准滴定溶液 50.00mL。如改用酚酞为指示剂，用上述 HCl 标准滴定溶液滴定至终点，还需消耗多少毫升 HCl 标准滴定溶液？

12.用酸碱滴定法测定工业硫酸的含量。称取硫酸试样 1.8095g，配成 250mL 的溶液，移取 25mL 该溶液，以甲基橙为指示剂，用浓度为 0.1233mol/L 的 NaOH 标准滴定溶液滴定，到终点时消耗 NaOH 标准滴定溶液 31.42mL，试计算该工业硫酸的质量分数。

13. 测定硅酸盐中 SiO_2 的含量。称取试样 5.000g，用氢氟酸溶解处理后，用 0.07260mol/L 的 NaOH 标准滴定溶液滴定，到终点时消耗 NaOH 标准滴定溶液 28.42mL，试计算该硅酸盐中 SiO_2 的质量分数。

14. 标定甲醇钠溶液时，称取苯甲酸 0.4680g，消耗甲醇钠溶液 25.50mL，求甲醇钠的物质的量浓度。

15. 测定钢铁中的碳含量。称取钢铁试样 20.0000g，试样在氧气流中经高温燃烧，将产生的二氧化碳导入含有百里酚蓝和百里酚酞指示剂的丙酮-甲醇混合吸收液中，然后以第 14 题中的甲醇钠标准溶液滴定至终点，消耗该溶液 30.50mL，试计算该钢铁中碳的质量分数。

16. 某企业对其生产的食品添加剂柠檬酸钾进行出厂检验，进行柠檬酸钾含量测定时，称取于 (180±2)℃下干燥后的柠檬酸钾试样 0.2475g，置于干燥的锥形瓶中，加 40mL 冰醋酸，微热溶解，冷却至室温，以结晶紫为指示剂，用 0.1012moL/L 的高氯酸标准滴定溶液滴定至溶液由紫色变为蓝色为终点，用去高氯酸标准滴定溶液 24.72mL。同时做空白试验，用去高氯酸标准滴定溶液 1.06mL。国家标准规定柠檬酸钾（干燥后）含量（以 $C_6H_5K_3O_7$ 计）不得小于 99.0%，试确定该批产品是否合格。

第五章 配位滴定法

学习指南

配位滴定法是以生成配合物的反应为基础的滴定分析方法。配位滴定中最常用的配位剂是EDTA。以EDTA为标准滴定溶液的配位滴定法称为EDTA配位滴定法。本章主要讨论EDTA配位滴定法。

在本章的学习过程中，需要复习无机化学中已学习过的配位反应和配位平衡的基本概念及有关知识。通过学习，了解EDTA与金属离子配合物的特点；理解副反应对滴定主反应的影响，掌握条件稳定常数的意义及其与各副反应系数间的关系；理解金属指示剂作用原理，掌握选择金属指示剂的依据；掌握配位滴定基本原理，了解影响滴定突跃范围大小的因素；掌握直接准确滴定单一金属离子和选择滴定混合离子的条件及措施；了解配位滴定方式和应用实例，并通过对实例的操作练习，掌握常用金属指示剂在滴定终点的颜色变化，准确判断滴定终点；掌握配位滴定的结果计算。

第一节 概　述

学习要点　了解配位滴定法对配位反应的要求；掌握EDTA及其与金属离子形成配合物的性质和特点；理解各副反应对主反应的影响；掌握条件稳定常数的意义，掌握副反应系数与条件稳定常数间的关系；了解金属离子缓冲溶液在配位滴定分析中的应用。

配位滴定法（complexometric titration）是以生成配位化合物的反应为基础的滴定分析方法。例如，用 $AgNO_3$ 溶液滴定 CN^-（又称为氰量法）时，Ag^+ 与 CN^- 发生配位反应，生成配离子 $[Ag(CN)_2]^-$，其反应式如下：

$$Ag^+ + 2CN^- \rightleftharpoons [Ag(CN)_2]^-$$

当滴定到达化学计量点后，稍过量的 Ag^+ 与 $[Ag(CN)_2]^-$ 结合生成 $Ag[Ag(CN)_2]$ 白色沉淀，使溶液变浑浊，指示终点的到达。

能用于配位滴定的配位反应必须具备一定的条件：

① 配位反应必须完全，即生成的配合物的稳定常数（stability constant）足够大；

② 反应应按一定的反应式定量进行，即金属离子与配位剂的比例（即配位比）恒定；

③ 反应速率快；

④ 有适当的方法检出终点。

配位反应具有极大的普遍性，但不是所有的配位反应及其生成的配合物均可满足上述条件。

一、氨羧配位剂

能与金属离子配位的配位剂很多，按类别可分为无机配位剂和有机配位剂，多数的无机配位剂只有一个配位原子（通常称此类配位剂为单基配位体，如 F^-、Cl^-、CN^-、NH_3 等），与金属离子配位时分级配位，常形成 ML_n 型的简单配合物。由于它们的稳定常数都不大，彼此相差也很小，因此，除个别反应（例如 Ag^+ 与 CN^-、Hg^{2+} 与 Cl^- 等反应）外，无机配位剂大多数不能用于配位滴定，在分析化学中一般多用作掩蔽剂、辅助配位剂和显色剂。

有机配位剂则可与金属离子形成很稳定而且组成固定的配合物，克服了无机配位剂的缺点，因而在分析化学中的应用得到迅速的发展。目前广泛用作配位滴定剂的是含有—$N(CH_2COOH)_2$ 基团的有机化合物，称为氨羧配位剂。其分子中含有氨氮 $>\ddot{N}$— 和羧氧 —$\overset{O}{\overset{\|}{C}}$—$\ddot{O}$— 两种配位原子，前者易与 Cu^{2+}、Ni^{2+}、Zn^{2+}、Co^{2+}、Hg^{2+} 等金属离子配位，后者则几乎与所有高价金属离子配位。因此氨羧配位剂兼有两者配位的能力，几乎能与所有金属离子配位。它们与金属离子配位时形成低配位比的具有环状结构的螯合物，它比同种配位原子所形成的简单配合物稳定

得多。表 5-1 中 Cu^{2+} 与氨、乙二胺、三亚乙基四胺所形成的配合物的比较清楚地说明了这一点。

表 5-1　Cu^{2+} 与氨、乙二胺、三亚乙基四胺所形成的配合物的比较

配合物	配位比	螯环数	$\lg K_{稳}$
$[Cu(NH_3)_4]$（$H_3N\rightarrow Cu$，4个 NH_3 配位）	1∶4	0	12.6
$H_2C—NH_2\rightarrow Cu \leftarrow NH_2—CH_2$，$H_2C—NH_2\rightarrow Cu \leftarrow NH_2—CH_2$（两个乙二胺螯合）	1∶2	2	19.6
$H_2C—CH_2$，$H_2C—NH$，NH_2，Cu，$H_2C—NH$，NH_2，$H_2C—CH_2$（三亚乙基四胺螯合）	1∶1	3	20.6

有机配位剂中由于含有多个配位原子，因而减少甚至消除了分级配位现象，特别是生成的螯合物的稳定性好，使这类配位反应有可能用于滴定。

在配位滴定中最常用的氨羧配位剂主要有以下几种：EDTA（乙二胺四乙酸）；CyDTA（或 DCTA，环己烷二氨基四乙酸）；EDTP（乙二胺四丙酸）；TTHA（三乙基四胺六乙酸）。常用氨羧配位剂与金属离子形成的配合物稳定性参见本书附录四。氨羧配位剂中 EDTA 是目前应用最广泛的一种，用 EDTA 标准溶液可以滴定几十种金属离子。通常所谓的配位滴定法，主要是指 EDTA 滴定法。

二、乙二胺四乙酸及其螯合物

1. 乙二胺四乙酸

乙二胺四乙酸（通常用 H_4Y 表示）简称 EDTA，其结构式如下：

$$(HOOCCH_2)_2N—CH_2—CH_2—N(CH_2COOH)_2$$

乙二胺四乙酸为白色无水结晶粉末，室温时溶解度较小（22℃时溶解度为 0.02g/100mL H_2O），难溶于酸和有机溶剂，易溶于碱或氨水形

成相应的盐。乙二胺四乙酸溶解度小，因而不适用作滴定剂。

EDTA 二钠盐（$Na_2H_2Y \cdot 2H_2O$，简称 EDTA，分子量为 372.26）为白色结晶粉末，室温下可吸附水分 0.3%，80℃时可烘干除去水分。在 100～140℃时失去结晶水而成为无水的 EDTA 二钠盐（分子量为 336.24）。EDTA 二钠盐易溶于水（22℃时溶解度为 11.1g/100mL H_2O，浓度约 0.3mol/L，pH≈4.4），因此通常使用 EDTA 二钠盐作滴定剂。

乙二胺四乙酸在水溶液中具有双偶极离子结构：

$$\begin{array}{ccc} HOOCCH_2 & & CH_2COO^- \\ \quad\diagdown \overset{+}{} & & \overset{+}{}\diagup \\ & \overset{+}{N}H—CH_2—CH_2—\overset{+}{N}H & \\ \quad\diagup & & \diagdown \\ {}^-OOCCH_2 & & CH_2COOH \end{array}$$

因此，当 EDTA 溶解于酸度很高的溶液中时，它的两个羧酸根可再接受两个 H^+ 形成 H_6Y^{2+}，这样，它就相当于一个六元酸，有六级离解常数，即

K_{a1}	K_{a2}	K_{a3}	K_{a4}	K_{a5}	K_{a6}
$10^{-0.9}$	$10^{-1.6}$	$10^{-2.0}$	$10^{-2.67}$	$10^{-6.16}$	$10^{-10.26}$

EDTA 在水溶液中总是以 H_6Y^{2+}、H_5Y^+、H_4Y、H_3Y^-、H_2Y^{2-}、HY^{3-} 和 Y^{4-} 七种型体存在。它们的分布系数 δ 与溶液 pH 的关系如图 5-1 所示。

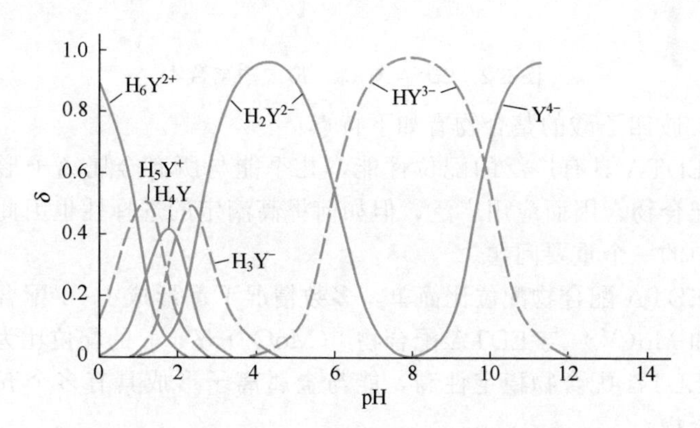

图 5-1　EDTA 溶液中各种存在形式分布图

由分布曲线图可以看出，在 pH<1 的强酸溶液中，EDTA 主要以 H_6Y^{2+} 型体存在；在 pH 为 2.75～6.24 时，主要以 H_2Y^{2-} 型体存在；

仅在 pH>10.34 时才主要以 Y^{4-} 型体存在。值得注意的是，在七种型体中只有 Y^{4-}（为了方便，以下均用符号 Y 来表示 Y^{4-}）能与金属离子直接配位。Y 分布系数越大，EDTA 的配位能力越强。而 Y 分布系数的大小与溶液的 pH 密切相关，所以溶液的酸度便成为影响 EDTA 配合物稳定性及滴定终点敏锐性的一个很重要的因素。

2. 乙二胺四乙酸的螯合物

螯合物是一类具有环状结构的配合物。螯合即指成环，只有当一个配体至少含有两个可配位的原子时才能与中心原子形成环状结构，螯合物中所形成的环状结构常称为螯环。能与金属离子形成螯合物的试剂称为螯合剂。EDTA 就是一种常用的螯合剂。

EDTA 分子中有 6 个配位原子，此 6 个配位原子恰能满足它们的配位数，在空间位置上均能与同一金属离子形成环状化合物，即螯合物。图 5-2 所示的是 EDTA 与 Ca^{2+} 形成的螯合物的立方构型。

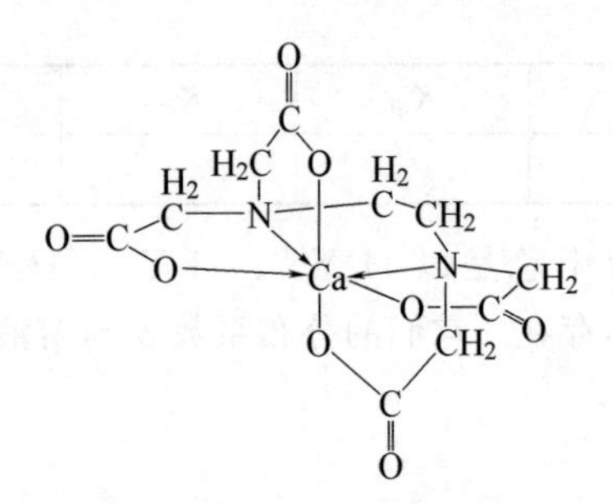

图 5-2 EDTA 与 Ca^{2+} 形成的螯合物

乙二胺四乙酸的螯合物有如下特点：

① EDTA 具有广泛的配位性能，几乎能与所有金属离子形成稳定性好的配合物，因而应用广泛，但如何提高滴定的选择性也因此成为配位滴定中的一个重要问题。

② EDTA 配合物配位比简单，多数情况下都形成 1∶1 配合物。个别离子如 Mo(Ⅴ) 与 EDTA 配合物 [$(MoO_2)_2Y^{2-}$] 的配位比为 2∶1。

③ EDTA 配合物稳定性高，能与金属离子形成具有多个五元环结构的螯合物。

④ EDTA 配合物易溶于水，使配位反应较迅速。

⑤ 大多数金属-EDTA 配合物无色，这有利于指示剂确定终点。但 EDTA 与有色金属离子配位生成的螯合物颜色则加深。例如：

CuY^{2-}	NiY^{2-}	CoY^{2-}	MnY^{2-}	CrY^{-}	FeY^{-}
深蓝	蓝色	紫红	紫红	深紫	黄色

因此，滴定这些离子时要控制其浓度勿过大，否则使用指示剂确定终点将发生困难。

三、配合物的稳定常数

1. 配合物的绝对稳定常数（stability constant）

对于 1∶1 型的配合物 ML 来说，其配位反应式如下（为简便起见，略去电荷）：

$$M+L \rightleftharpoons ML$$

因此反应的平衡常数表达式为：

$$K_{MY}=\frac{[ML]}{[M][L]} \quad (5\text{-}1)$$

K_{MY} 即为金属-EDTA 配合物的绝对稳定常数［或称为形成常数(formation constant)］，也可用 $K_{稳}$ 表示。对于具有相同配位数的配合物或配位离子，此值越大，配合物越稳定。绝对稳定常数 K_{MY} 的倒数即为配合物的不稳定常数（instability constant，或称为离解常数），即

$$K_{稳}=\frac{1}{K_{不稳}} \quad (5\text{-}2)$$

或
$$\lg K_{稳}=pK_{不稳}$$

常见金属离子与 EDTA 形成的配合物 MY 的绝对稳定常数 K_{MY} 见表 5-2（也可从相关的手册查到）。需要指出的是：绝对稳定常数是指无

表 5-2 部分金属离子与 EDTA 形成的配合物的 $\lg K_{MY}$

阳离子	$\lg K_{MY}$	阳离子	$\lg K_{MY}$	阳离子	$\lg K_{MY}$
Na^{+}	1.66	Ce^{4+}	15.98	Cu^{2+}	18.80
Li^{+}	2.79	Al^{3+}	16.3	Ga^{2+}	20.3
Ag^{+}	7.32	Co^{2+}	16.31	Ti^{3+}	21.3
Ba^{2+}	7.86	Pt^{2+}	16.31	Hg^{2+}	21.8
Mg^{2+}	8.69	Cd^{2+}	16.49	Sn^{2+}	22.1
Sr^{2+}	8.73	Zn^{2+}	16.50	Th^{4+}	23.2
Be^{2+}	9.20	Pb^{2+}	18.04	Cr^{3+}	23.4
Ca^{2+}	10.69	Y^{3+}	18.09	Fe^{3+}	25.1
Mn^{2+}	13.87	VO^{+}	18.1	U^{4+}	25.8
Fe^{2+}	14.33	Ni^{2+}	18.60	Bi^{3+}	27.94
La^{3+}	15.50	VO^{2+}	18.8	Co^{3+}	36.0

副反应情况下的数据，它不能反映实际滴定过程中真实配合物的稳定状况。

2. 配合物的逐级稳定常数（stepwise stability constant）和累积稳定常数（cumulative stability constant）

对于配位比为 1∶n 的配合物，由于 ML_n 的形成是逐级进行的，其逐级形成反应与相应的逐级稳定常数（$K_{稳n}$）为：

$$\begin{aligned} &M+L \longrightarrow ML && K_{稳1}=\frac{[ML]}{[M][L]} \\ &ML+L \longrightarrow ML_2 && K_{稳2}=\frac{[ML_2]}{[ML][L]} \\ &\vdots && \vdots \\ &ML_{n-1}+L \longrightarrow ML_n && K_{稳n}=\frac{[ML_n]}{[ML_{n-1}][L]} \end{aligned} \tag{5-3}$$

若将逐级稳定常数渐次相乘，就得到各级累积稳定常数（β_n）。

$$\begin{aligned} &第一级累积稳定常数 && \beta_1=K_{稳1}=\frac{[ML]}{[M][L]} \\ &第二级累积稳定常数 && \beta_2=K_{稳1}K_{稳2}=\frac{[ML_2]}{[M][L]^2} \\ &\vdots && \vdots \\ &第\ n\ 级累积稳定常数 && \beta_n=K_{稳1}K_{稳2}\cdots K_{稳n}=\frac{[ML_n]}{[M][L]^n} \end{aligned} \tag{5-4}$$

β_n 即为各级配位化合物的总的稳定常数。

根据配位化合物的各级累积稳定常数可以计算各级配合物的浓度，即

$$\begin{aligned} [ML]&=\beta_1[M][L] \\ [ML_2]&=\beta_2[M][L]^2 \\ &\vdots \\ [ML_n]&=\beta_n[M][L]^n \end{aligned} \tag{5-5}$$

可见，各级累积稳定常数将各级配位化合物的浓度（[ML]、$[ML_2]$、…、$[ML_n]$）直接与游离金属、游离配位剂的浓度（[M]、[L]）联系了起来。在配位平衡计算中，常涉及各级配合物的浓度，这些关系式都是很重要的。

例 5-1 在 pH＝12 的 5.0×10^{-3} mol/L CaY 溶液中，Ca^{2+} 浓度和 pCa

为多少？

解 已知 pH＝12 时 $c(\text{CaY})=5.0\times10^{-3}$mol/L，查表 5-2 得 $K_{\text{CaY}}=10^{10.7}$。

$$K_{\text{CaY}}=\frac{[\text{CaY}]}{[\text{Ca}^{2+}][\text{Y}]}$$

由于$[\text{Ca}^{2+}]=[\text{Y}]$，$[\text{CaY}]\approx c(\text{CaY})$，故

$$[\text{Ca}^{2+}]^2=\frac{c(\text{CaY})}{K_{\text{CaY}}}$$

$$[\text{Ca}^{2+}]=\left[\frac{c(\text{CaY})}{K_{\text{CaY}}}\right]^{\frac{1}{2}}=\left(\frac{10^{-2.30}}{10^{10.7}}\right)^{\frac{1}{2}}=10^{-6.5}$$

即

$$[\text{Ca}^{2+}]=3\times10^{-7}\text{mol/L}$$

$$\text{pCa}=\frac{1}{2}[\lg K_{\text{CaY}}-\lg c(\text{CaY})]=\frac{1}{2}(10.7+2.3)=6.5$$

因此，溶液中 Ca^{2+} 的浓度为 3×10^{-7}mol/L，pCa 为 6.5。

3. 溶液中各级配合物的分布

在酸碱平衡中要考虑酸度对酸碱各种存在形式分布的影响，同样在配位平衡中也应考虑配位剂浓度对配合物各级存在形式分布的影响。

若金属离子的分析浓度为 c_{M}，按金属离子的物料平衡关系：

$$c_{\text{M}}=[\text{M}]+[\text{ML}]+[\text{ML}_2]+\cdots+[\text{ML}_n]=[\text{M}]\left(1+\sum_{i=1}^{n}\beta_i[\text{L}]^i\right) \tag{5-6}$$

而各级配位化合物的浓度则可由式(5-4) 即 $\beta_n=\dfrac{[\text{ML}_n]}{[\text{M}][\text{L}]^n}$表示，因此各级配位化合物的分布系数为：

$$\delta_{\text{M}}=\frac{[\text{M}]}{c_{\text{M}}}=\frac{1}{1+\sum_{i=1}^{n}\beta_i[\text{L}]^i} \tag{5-7}$$

$$\delta_{\text{ML}}=\frac{[\text{ML}]}{c_{\text{M}}}=\frac{\beta_1[\text{L}]}{1+\sum_{i=1}^{n}\beta_i[\text{L}]^i} \tag{5-8}$$

$$\vdots$$

$$\delta_{\text{ML}_n}=\frac{[\text{ML}_n]}{c_{\text{M}}}=\frac{\beta_n[\text{L}]^n}{1+\sum_{i=1}^{n}\beta_i[\text{L}]^i} \tag{5-9}$$

利用式(5-9)可以由分配系数分别求出各级配合物的浓度。

例 5-2 在 0.02mol/L Zn^{2+} 溶液中加入氨水，使其中游离氨的浓度为 0.1mol/L，计算溶液中 Zn^{2+}、$[Zn(NH_3)]^{2+}$、$[Zn(NH_3)_2]^{2+}$、$[Zn(NH_3)_3]^{2+}$、$[Zn(NH_3)_4]^{2+}$ 等各型体的分布分数及浓度。

解 已知锌氨的累积稳定常数分别为 $\beta_1=186(\lg\beta_1=2.27)$、$\beta_2=4.07\times10^4$ $(\lg\beta_2=4.61)$、$\beta_3=1.02\times10^7$ $(\lg\beta_3=7.01)$、$\beta_4=1.15\times10^9$ $(\lg\beta_4=9.06)$，$[NH_3]=0.1mol/L$，$c(Zn^{2+})=0.02mol/L$

根据关系式 $\delta_M=\dfrac{1}{1+\sum\limits_{i=1}^{n}\beta_i[L]^i}$

$$\delta_{Zn^{2+}}=\frac{1}{1+\beta_1[NH_3]+\beta_2[NH_3]^2+\beta_3[NH_3]^3+\beta_4[NH_4]^4}$$

$$=\frac{1}{1+186\times0.1+4.07\times10^4\times0.1^2+1.02\times10^7\times0.1^3+1.15\times10^9\times0.1^4}$$

$$=\frac{1}{1.26\times10^5}=7.94\times10^{-6}$$

$$\delta_{[Zn(NH_3)]^{2+}}=\frac{\beta_1[L]}{1+\sum\limits_{i=1}^{n}\beta_i[L]^i}=\frac{186\times0.1}{1.26\times10^5}=1.48\times10^{-4}$$

$$\delta_{[Zn(NH_3)_2]^{2+}}=\frac{\beta_2[L]^2}{1+\sum\limits_{i=1}^{n}\beta_i[L]^i}=\frac{4.07\times10^4\times(0.10)^2}{1.26\times10^5}=3.23\times10^{-3}$$

$$\delta_{[Zn(NH_3)_3]^{2+}}=\frac{\beta_3[L]^3}{1+\sum\limits_{i=1}^{n}\beta_i[L]^i}=\frac{1.02\times10^7\times(0.10)^3}{1.26\times10^5}=8.10\times10^{-2}$$

$$\delta_{[Zn(NH_3)_4]^{2+}}=\frac{\beta_4[L]^4}{1+\sum\limits_{i=1}^{n}\beta_i[L]^i}=\frac{1.15\times10^9\times(0.10)^4}{1.26\times10^5}=0.913$$

各型体的浓度

$[Zn^{2+}]=\delta_{Zn^{2+}}c(Zn^{2+})=7.94\times10^{-6}\times0.02=1.59\times10^{-7}(mol/L)$

$[Zn(NH_3)^{2+}]=\delta_{[Zn(NH_3)]^{2+}}c(Zn^{2+})=1.84\times10^{-4}\times0.02=2.96\times10^{-6}(mol/L)$

$[Zn(NH_3)_2^{2+}]=\delta_{[Zn(NH_3)_2]^{2+}}c(Zn^{2+})=3.23\times10^{-3}\times0.02=6.46\times10^{-5}(mol/L)$

$[Zn(NH_3)_3^{2+}]=\delta_{[Zn(NH_3)_3]^{2+}}(Zn^{2+})=8.10\times10^{-2}\times0.02=1.62\times10^{-3}(mol/L)$

$[Zn(NH_3)_4^{2+}]=\delta_{[Zn(NH_3)_4]^{2+}}c(Zn^{2+})=0.913\times0.02=1.83\times10^{-2}(mol/L)$

由此看出，主要存在的型体是$[Zn(NH_3)_3]^{2+}$与$[Zn(NH_3)_4]^{2+}$。

四、影响配合物稳定性的因素

在滴定过程中，一般将 EDTA(Y) 与被测金属离子 M 的反应称为主反应，溶液中存在的其他反应都称为副反应（side reaction），如下式：

主反应	M		+	Y		⇌	MY
	OH^-	L		H^+	N	H^+	OH^-
副反应	M(OH)	ML	HY		NY	MHY	M(OH)Y
	⋮	⋮	⋮				
	$M(OH)_n$	ML_n	H_6Y				
副反应系数	$\alpha_{M(OH)}$	$\alpha_{M(L)}$	$\alpha_{Y(H)}$		$\alpha_{Y(N)}$	$\alpha_{MY(H)}$	$\alpha_{MY(OH)}$
	羟基配位效应	配位效应	酸效应		共存离子效应		混合配位效应

式中，L 为辅助配位剂，N 为共存离子。副反应影响主反应的现象称为“效应”。

显然，反应物（M、Y）发生副反应不利于主反应的进行，而生成物（MY）发生的各种副反应则有利于主反应的进行。但所生成的这些混合配合物大多数不稳定，可以忽略不计。以下主要讨论反应物发生的副反应。

1. EDTA 酸效应与酸效应系数

由 EDTA 离解平衡可知，溶液 pH 不同，则 EDTA 存在形式也不同。这种由于 H^+ 与 Y^{4-} 作用，使 $[Y^{4-}]$ 降低，造成 Y^{4-} 参加主反应能力降低的现象称为 EDTA 酸效应，$\alpha_{Y(H)}$ 称为酸效应系数，即

$$\alpha_{Y(H)}=\frac{c_Y}{[Y]} \tag{5-10}$$

式中，c_Y 为 EDTA 总浓度。

即　$c_Y=[H_6Y^{2+}]+[H_5Y^+]+[H_4Y]+[H_3Y^-]+[H_2Y^{2-}]+[HY^{3-}]+[Y^{4-}]$

不同酸度下的 $\alpha_{Y(H)}$ 值可由式(5-11) 算出

$$\alpha_{Y(H)}=1+\frac{[H]}{K_6}+\frac{[H]^2}{K_6K_5}+\frac{[H]^3}{K_6K_5K_4}+\cdots+\frac{[H]^6}{K_6K_5\cdots K_1} \tag{5-11}$$

式中，K_6、K_5…K_1 为 H_6Y^{2+} 的各级离解常数。

由式(5-11) 可知，酸效应系数 $\alpha_{Y(H)}$ 与 EDTA 的各级离解常数和溶液的酸度有关。温度一定时，EDTA 的各级离解常数一定，因此 EDTA 酸效应系数 $\alpha_{Y(H)}$ 的大小随溶液中 pH 的改变而变化。为应用方便，通常用其对数值 $\lg\alpha_{Y(H)}$。表 5-3 列出不同 pH 溶液中 EDTA 的酸效应系数 $\lg\alpha_{Y(H)}$ 值。

表 5-3　不同 pH 时 EDTA 的 $\lg\alpha_{Y(H)}$

pH	$\lg\alpha_{Y(H)}$	pH	$\lg\alpha_{Y(H)}$	pH	$\lg\alpha_{Y(H)}$	pH	$\lg\alpha_{Y(H)}$
0.0	23.64	2.8	11.09	5.4	5.69	8.0	2.27
0.4	21.32	3.0	10.60	5.8	4.98	8.4	1.87
0.8	19.08	3.4	9.70	6.0	4.65	8.8	1.48
1.0	18.01	3.8	8.85	6.4	4.06	9.0	1.28
1.4	16.02	4.0	8.44	6.8	3.55	9.5	0.83
1.8	14.27	4.4	7.64	7.0	3.32	10.0	0.45
2.0	13.51	4.8	6.84	7.4	2.88	11.0	0.07
2.4	12.19	5.0	6.45	7.8	2.47	12.0	0.01

也可将 pH 与 $\lg\alpha_{Y(H)}$ 的对应值绘成如图 5-3 所示的 $\lg\alpha_{Y(H)}$-pH 曲线。由图 5-3 可看出，仅当 pH≥12 时，$\alpha_{Y(H)}=1$，即此时 Y^{4-} 才不与 H^+ 发生副反应。

2. 金属离子的配位效应及配位效应系数

金属离子的配位效应指表示未与 EDTA 配合的金属离子的总浓度 c_M 与游离金属离子浓度 [M] 之比，其系数用 α_M 表示，称为配位效应系数，即

$$\alpha_M=\frac{c_M}{[M]} \tag{5-12}$$

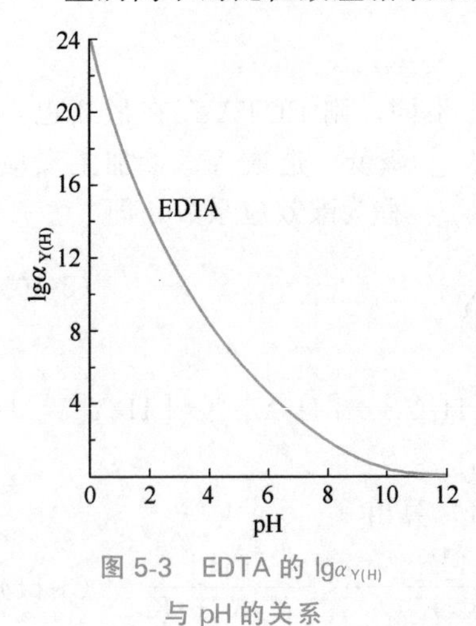

图 5-3　EDTA 的 $\lg\alpha_{Y(H)}$ 与 pH 的关系

金属离子的配位效应包括辅助配位效应与羟基配位效应。

(1) 辅助配位效应及辅助配位效应系数　辅助配位效应指 M 与 Y 反应时，若有另一配位剂 (L) 存在，又能与金属离子 M 形成配合物，使金属离子参与主反应能力下降的现象。

其数值用辅助配位效应系数 $\alpha_{M(L)}$ 表示。

(2) 羟基配位效应及羟基配位效应系数 $\alpha_{M(OH)}$ 羟基配位效应是指金属离子 M 在水中与 OH^- 生成各种羟基化配离子，使金属离子 M 参与主反应能力下降的现象。其数值用羟基配位效应系数 $\alpha_{M(OH)}$ 表示。

金属离子的配位效应、辅助配位效应及羟基配位效应的关系如下：

$$\begin{aligned}\alpha_M &= \frac{c_M}{[M]} \\ &= \frac{[M]+[ML]+\cdots+[ML_n]+[M(OH)_n]+\cdots+[MOH]+[M]}{[M]} \\ &= \alpha_{ML}+\alpha_{M(OH)}-1 \end{aligned} \tag{5-13}$$

一些常见金属离子在不同 pH 时的 $\lg\alpha_{M(OH)}$ 可查表 5-4。主要是 $\alpha_{M(L)}$ 的计算。

$$\alpha_{M(L)}=[M']/[M]=1+\beta_1[L]+\beta_2[L]^2+\cdots+\beta_n[L]^n \tag{5-14}$$

$\alpha_{M(L)}$ 越大，表示金属离子被配位得越完全，则辅助配位反应越严重。如果没有辅助配位反应，则 $\alpha_{M(L)}=1$。

表 5-4 常见金属离子的 $\lg\alpha_{M(OH)}$ 值

金属离子	离子强度	$\lg\alpha_{M(OH)}$													
		pH=1	pH=2	pH=3	pH=4	pH=5	pH=6	pH=7	pH=8	pH=9	pH=10	pH=11	pH=12	pH=13	pH=14
Al^{3+}	2					0.4	1.3	5.3	9.3	13.3	17.3	21.3	25.3	29.3	33.3
Bi^{3+}	3	0.1	0.5	1.4	2.4	3.4	4.4	5.4							
Ca^{2+}	0.1													0.3	1.0
Cd^{2+}	3									0.1	0.5	2.0	4.5	8.1	12.0
Co^{2+}	0.1								0.1	0.4	1.1	2.2	4.2	7.2	10.2
Cu^{2+}	0.1								0.2	0.8	1.7	2.7	3.7	4.7	5.7
Fe^{2+}	1									0.1	0.6	1.5	2.5	3.5	4.5
Fe^{3+}	3			0.4	1.8	3.7	5.7	7.7	9.7	11.7	13.7	15.7	17.7	19.7	21.7
Hg^{2+}	0.1			0.5	1.9	3.9	5.9	7.9	9.9	11.9	13.9	15.9	17.9	19.9	21.9
La^{3+}	3										0.3	1.0	1.9	2.9	3.9
Mg^{2+}	0.1											0.1	0.5	1.3	2.3
Mn^{2+}	0.1										0.1	0.5	1.4	2.4	3.4
Ni^{2+}	0.1									0.1	0.7	1.6			
Pb^{2+}	0.1							0.1	0.5	1.4	2.7	4.7	7.4	10.4	13.4
Th^{4+}	1				0.2	0.8	1.7	2.7	3.7	4.7	5.7	6.7	7.7	8.7	9.7
Zn^{2+}	0.1									0.2	2.4	5.4	8.5	11.8	15.5

3. 混合配位效应

主反应的产物 MY 的副反应在酸度较高或较低下发生。酸度高时，生成酸式配合物 MHY，其效应系数用 $\alpha_{MY(H)}$ 表示；酸度低时，生成碱式配合物 MOHY，其效应系数用 $\alpha_{MY(OH)}$ 表示。这些混合配位效应有利于主反应的进行，不过，这些酸式配合物和碱式配合物大多不太稳定，一般计算中可忽略不计。

例 5-3 在 0.010mol/L 锌氨溶液中，$c(NH_3)=0.10$mol/L，计算 pH=10.0 和 pH=11.0 时 Zn^{2+} 的配位效应系数。

解 查附表得$[Zn(NH_3)_4]^{2+}$的各级累积常数为：$\lg\beta_1=2.27$，$\lg\beta_2=4.61$，$\lg\beta_3=7.01$，$\lg\beta_4=9.06$。根据式(5-14) 得

$$\begin{aligned}\alpha_{Zn(NH_3)}&=1+\beta_1[NH_3]+\beta_2[NH_3]^2+\beta_3[NH_3]^3+\beta_4[NH_3]^4\\&=1+10^{2.27}\times0.10+10^{4.61}\times0.10^2+10^{7.01}\times0.10^3+10^{9.06}\times0.10^4\\&=10^{5.10}\end{aligned}$$

(1) 查表 5-4，pH=10.0 时 $\lg\alpha_{Zn(OH)}=2.4$，即 $\alpha_{Zn(OH)}=10^{2.4}$。根据式(5-13) 得

$$\alpha_{Zn^{2+}}=\alpha_{Zn(NH_3)}+\alpha_{Zn(OH)}-1=10^{5.10}+10^{2.4}-1\approx10^{5.10}$$

(2) 查表 5-4，pH=11.0 时 $\lg\alpha_{Zn(OH)}=5.4$，即 $\alpha_{Zn(OH)}=10^{5.4}$。根据式(5-13) 得

$$\alpha_{Zn^{2+}}=\alpha_{Zn(NH_3)}+\alpha_{Zn(OH)}-1=10^{5.10}+10^{5.4}-1\approx10^{5.6}$$

4. 条件稳定常数

通过上述副反应对主反应影响的讨论，用绝对稳定常数描述配合物的稳定性显然是不符合实际情况的，应将副反应的影响一起考虑，由此推导的稳定常数应区别于绝对稳定常数，而称之为条件稳定常数或表观稳定常数，用 K'_{MY} 表示。K'_{MY} 与 α_Y、α_M、α_{MY} 的关系如下：

$$K'_{MY}=K_{MY}\frac{\alpha_{MY}}{\alpha_M\alpha_Y} \tag{5-15}$$

当条件恒定时 α_M、α_Y、α_{MY} 均为定值，故 K'_{MY}[1] 在一定条件下为常数，称为条件稳定常数。当副反应系数为 1 时（无副反应），$K'_{MY}=K_{MY}$。

---

[1] 有时为了明确表示 M、Y 和 MY 中哪一个发生了副反应，在发生副反应的离子（或分子）的右上方加上“′”。例如，只有 M 发生了副反应，条件常数写成 $K_{M'Y}$。当然，无论哪一种均可以用 K'_{MY} 表示。

若将式(5-15)取对数，得

$$\lg K'_{MY}=\lg K_{MY}+\lg\alpha_{MY}-\lg\alpha_{M}-\lg\alpha_{Y} \quad (5\text{-}16)$$

多数情况下（溶液的酸碱性不是太强时）不形成酸式或碱式配合物，故 $\lg\alpha_{MY}$ 忽略不计，式(5-16)可简化成：

$$\lg K'_{MY}=\lg K_{MY}-\lg\alpha_{M}-\lg\alpha_{Y} \quad (5\text{-}17)$$

如果只有酸效应，式(5-17)又简化成：

$$\lg K'_{MY}=\lg K_{MY}-\lg\alpha_{Y(H)} \quad (5\text{-}18)$$

条件稳定常数是利用副反应系数进行校正后的实际稳定常数，应用它可以判断滴定金属离子的可行性和混合金属离子分别滴定的可行性以及滴定终点时金属离子的浓度计算等。

例 5-4 计算 pH＝5.00，$[AlF_6]^{3-}$ 的浓度为 0.1mol/L，溶液中游离 F^- 的浓度为 0.01mol/L 时 EDTA 与 Al^{3+} 的配合物的条件稳定常数 K'_{AlY}。

解　在金属离子 Al^{3+} 发生副反应（配合效应）和 Y 也发生副反应（酸效应）时，K'_{AlY} 的条件稳定常数的对数值为：

$$\lg K'_{AlY}=\lg K_{AlY}-\lg\alpha_{Al(F)}-\lg\alpha_{Y(H)}$$

查表 5-3 得 pH＝5.00 时 $\lg\alpha_{Y(H)}=6.45$；查表 5-2 得 $\lg K_{AlY}=16.3$；查附录三得 $[AlF_6]^{3-}$ 的累积稳定常数 $\beta_1=10^{6.1}$，$\beta_2=10^{11.15}$，$\beta_3=10^{15.0}$，$\beta_4=10^{17.7}$，$\beta_5=10^{19.4}$，$\beta_6=10^{19.7}$。则

$$\begin{aligned}\alpha_{Al(F)}&=1+\beta_1[F^-]+\beta_2[F^-]^2+\beta_3[F^-]^3+\beta_4[F^-]^4+\beta_5[F^-]^5+\beta_6[F^-]^6\\&=1+10^{6.1}\times0.01+10^{11.15}\times0.01^2+10^{15.0}\times0.01^3+10^{17.7}\times0.01^4+\\&\quad 10^{19.4}\times0.01^5+10^{19.7}\times0.01^6=10^{9.93}\end{aligned}$$

故

$$\lg K'_{AlY}=16.3-9.93-6.45=-0.08$$

可见，此时条件稳定常数很小，说明 AlY^{3-} 已被 F^- 破坏，用 EDTA 滴定 Al^{3+} 已不可能。

例 5-5 计算 pH＝2.00 和 pH＝5.00 时的 $\lg K'_{ZnY}$。

解　查表 5-2 得 $\lg K_{ZnY}=16.5$。查表 5-3 得 pH＝2.00 时 $\lg\alpha_{Y(H)}=13.51$。按题意，溶液中只存在酸效应，根据式(5-18)得

$$\lg K'_{ZnY}=\lg K_{ZnY}-\lg\alpha_{Y(H)}=16.5-13.51=2.99$$

同样，查表 5-3 得 pH＝5.00 时 $\lg\alpha_{Y(H)}=6.45$，因此

$$\lg K'_{ZnY}=16.5-6.45=10.05$$

答　pH＝2.00 时 $\lg K'_{ZnY}$ 为 2.99，pH＝5.00 时 $\lg K'_{ZnY}$ 为 10.05。

由上例可看出，尽管 $\lg K_{ZnY}=16.5$，但 pH＝2.00 时 $\lg K'_{ZnY}$ 仅为 2.99，此时 ZnY^{2-} 极不稳定，在此条件下 Zn^{2+} 不能被准确滴定；而在 pH＝5.00 时 $\lg K'_{ZnY}$ 为 10.05，ZnY^{2-} 已稳定，配位滴定可以进行。可见配位滴定中控制溶液酸度是十分重要的。

五、金属离子缓冲溶液

在酸碱平衡中，将具有控制溶液酸度能力的缓冲溶液称为酸碱缓冲溶液。同样，在配位平衡中，将具有控制溶液金属离子浓度能力的缓冲溶液称为金属离子缓冲溶液。金属离子缓冲溶液由金属配合物（ML）和过量的配位剂（L）所组成，它缓冲金属离子浓度的机理是：在含有大量配合物 ML 和大量配位剂 L 的溶液中，当加入金属离子 M 时，大量存在的配位剂 L 将与之配位，从而抑制 pM(pM＝－lg[M]) 降低；若加入能与 M 作用的其他配位剂，则溶液中大量存在的配合物 ML 将离解出 M，以阻止 pM 增高。

例 5-6 欲配制 pCa 为 6.0 的钙离子缓冲溶液，若选用 EDTA 为配位剂，应如何配制？pH 为多少合适？

解 根据缓冲体系的平衡关系，此时

$$K'_{CaY}=\frac{[CaY]}{[Ca^{2+}][Y']}=\frac{K_{CaY}}{\alpha_{Y(H)}}$$

取对数形式得

$$pCa=\lg K'_{CaY}+\lg\frac{[Y']}{[CaY]}$$

$$=\lg K_{CaY}-\lg\alpha_{Y(H)}+\lg\frac{[Y']}{[CaY]}$$

查表 5-2 得 $\lg K_{CaY}=10.7$，欲使缓冲容量最大，按题意应有 $[CaY]=[Y']$，即溶液中 $c_Y=2c_{Ca}$。

依题意将上式整理得

$$\lg\alpha_{Y(H)}=\lg K_{CaY}-pCa$$

故

$$\lg\alpha_{Y(H)}=10.7-6.0=4.7$$

查 $\lg\alpha_{Y(H)}$-pH 曲线（见图 5-3），此时 pH 为 6.0。

因此，配制此溶液时按 EDTA 与 Ca^{2+} 的物质的量浓度比为 2∶1 进行，并调节 pH 为 6.0。

在一些化学反应中，常需要控制某金属离子浓度在很低的数值。由于在稀溶液中金属离子的配位、水解反应以及容器的吸附和该离子的外

来引入等均影响极大，因此不能用直接稀释的方法配制出所需的浓度。

金属离子缓冲溶液既能维持该金属离子的浓度在滴定的 pM 范围，又有储备限度，因此金属离子缓冲溶液具有实用性。

思考题 5-1

1. EDTA 与金属离子的配合物有何特点？
2. 配合物的绝对稳定常数 K_{MY} 与条件稳定常数 K'_{MY} 有何区别和联系？
3. 什么叫酸效应？什么叫酸效应系数？
4. 无色和有色的金属离子都能与 EDTA 形成有色配合物吗？
5. 在 EDTA 滴定中，下列有关酸效应的叙述，正确的是（　　）。

   A. pH 越大，酸效应系数越大

   B. 酸效应系数越大，配合物的稳定性越大

   C. 酸效应系数越小，配合物的稳定性越大

   D. 酸效应系数越大，滴定曲线的突跃范围越大

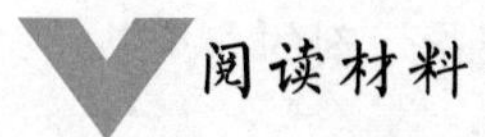

螯合物

多原子配位体根据配位原子的多少可以分为单齿配体和多齿配体。多齿配体指含有 2 个或 2 个以上的配位原子（如 O、N、S、P），且这些配位原子被 2 个或 3 个其他原子所隔开的配体，又称为螯合剂。多齿配体与中心原子键合成环称为螯合作用。常见的螯合剂有多元羧酸及其取代物、多元酚、多胺、氨基羧酸、β-二酮及羟肟等。而像联氨（NH_2NH_2）这样的配体，虽然具有两个配位原子，但因距离较近，在与中心原子配位时张力太大，不能形成环形螯合物（chelate compound）。因而，环状结构是螯合物的最显著特征，所谓螯合效应就是指由于成环作用导致配合物稳定性剧增的现象。一般而言，所形成环的数目越多，螯合物的稳定性就越高。大多数稳定的螯合物都是五元环或六元环，当环上没有双键时，五元环比六元环稳定，而具备双键的六元环则比没有双键的五元环更稳定，但比六元环更大的环也不稳定。

近年来，各种螯合物不断涌现，分子结构中含有可以进行聚合作用的双键和三键单元的金属螯合物单体经过直接聚合和共聚作用可生成大分子金属螯合物，因其具有导电、光导、催化、储能等功能，日益得到广泛的应用。

摘自唐有祺主编《当代化学前沿》

第二节　金属指示剂

学习要点　理解金属指示剂的作用原理；掌握金属指示剂应具备的条件；熟悉常用金属指示剂的应用范围和终点颜色变化及使用 pH 条件；掌握使用金属指示剂应注意的问题。

配位滴定指示终点的方法很多，其中最重要的是使用金属离子指示剂（metallochromic indicator，简称金属指示剂）指示终点。酸碱指示剂是以指示溶液中 H^+ 浓度的变化确定终点，而金属指示剂则是以指示溶液中金属离子浓度的变化确定终点。

一、金属指示剂的作用原理

金属指示剂是一种有机染料，也是一种配位剂，能与某些金属离子反应，生成与其本身颜色显著不同的配合物以指示终点。

在滴定前加入金属指示剂（用 In 表示金属指示剂的配位基团），则 In 与待测金属离子 M 有如下反应（省略电荷）：

$$M + In \rightleftharpoons MIn$$

这时溶液呈配合物 MIn 的颜色。当滴入 EDTA 溶液后，Y 先与游离的金属离子 M 结合。至化学计量点附近，Y 夺取配合物 MIn 中的 M：

$$MIn + Y \rightleftharpoons MY + In$$

使指示剂 In 游离出来，溶液由配合物 MIn 的颜色转变为指示剂 In 的颜色，指示滴定终点的到达。

例如，铬黑 T 在 pH=10 的水溶液中呈蓝色，与 Mg^{2+} 的配合物的颜色为酒红色。若在 pH=10 时用 EDTA 滴定 Mg^{2+}，滴定开始前加入指示剂铬黑 T，则铬黑 T 与溶液中部分 Mg^{2+} 反应，此时溶液呈 Mg^{2+}-铬黑 T 的红色。随着 EDTA 的加入，EDTA 逐渐与 Mg^{2+} 反应。在化学计量点附近，Mg^{2+} 的浓度降至很低，加入的 EDTA 进而夺取 Mg^{2+}-铬黑 T 中的 Mg^{2+}，使铬黑 T 游离出来，此时溶液呈现出蓝色，指示滴定终点到达。

二、金属指示剂应具备的条件和理论变色点

1. 金属指示剂应具备的条件

作为金属指示剂必须具备以下条件：

（1）颜色的差异性　金属指示剂与金属离子形成的配合物的颜色应

与金属指示剂本身的颜色有明显的不同，这样才能借助颜色的明显变化来判断终点的到达。

（2）适当的稳定性　金属指示剂与金属离子形成的配合物 MIn 要有适当的稳定性。如果 MIn 稳定性过高（K_{MIn} 太大），则在化学计量点附近 Y 不易与 MIn 中的 M 结合，终点推迟，甚至不变色，得不到终点。通常要求 $K_{MY}/K_{MIn} \geqslant 10^2$。如果 MIn 稳定性过低，则未到达化学计量点时 MIn 就会分解，变色不敏锐，影响滴定的准确度。一般要求 $K_{MIn} \geqslant 10^4$。

（3）反应的灵敏性　金属指示剂与金属离子之间的反应要迅速，变色可逆，这样才便于滴定。

（4）良好的应用性　金属指示剂应易溶于水，不易变质，便于使用和保存。

2. 金属指示剂的理论变色点

如果金属指示剂与待测金属离子形成 1∶1 有色配合物，其配位反应为：

$$\mathrm{M} + \mathrm{In} \rightleftharpoons \mathrm{MIn}$$

考虑指示剂的酸效应，则

$$K'_{MIn} = \frac{[\mathrm{MIn}]}{[\mathrm{M}][\mathrm{In}']} \tag{5-19}$$

$$\lg K'_{MIn} = \mathrm{pM} + \lg \frac{[\mathrm{MIn}]}{[\mathrm{In}']} \tag{5-20}$$

与酸碱指示剂类似，当$[\mathrm{MIn}]=[\mathrm{In}']$[1]时，溶液呈现 MIn 与 In 的混合色，此时 pM 即为金属指示剂的理论变色点 $\mathrm{pM_t}$。

$$\mathrm{pM_t} = \lg K'_{MIn} = \lg K_{MIn} - \lg \alpha_{In(H)} \tag{5-21}$$

金属指示剂是弱酸，存在酸效应[2]。式(5-21）说明，指示剂与金属离子 M 形成配合物的条件稳定常数 K'_{MIn} 随 pH 的变化而变化，它不可能像酸碱指示剂那样有一个确定的变色点。因此，在选择指示剂时应考虑体系的酸度，使变色点 $\mathrm{pM_t}$ 尽量靠近滴定的化学计量点 $\mathrm{pM_{sp}}$。实际工作中，大多采用实验的方法选择合适的指示剂，即先试验其终点颜色变化的敏锐程度，然后检查滴定结果是否准确，这样就可以确定指示剂是否符合要求。

---

[1] $[\mathrm{In}']$ 表示多种具有不同颜色的型体的浓度总和。

[2] 指示剂的 $\lg \alpha_{In(H)}$ 和相应的 $\mathrm{pM_t}$ 值可从《分析化学手册》中查到，本书不再列出。

三、常用金属指示剂

1. 铬黑 T（EBT）

铬黑在 T 在溶液中有如下平衡：

$$\underset{(紫红色)}{H_3In} \xrightleftharpoons{pK_{a1}=3.9} \underset{(紫红色)}{H_2In^-} \xrightleftharpoons{pK_{a2}=6.3} \underset{(蓝色)}{HIn^{2-}} \xrightleftharpoons{pK_{a3}=11.6} \underset{(橙色)}{In^{3-}}$$

在 pH<6.3 时，铬黑 T 在水溶液中呈紫红色；pH>11.6 时，铬黑 T 呈橙色。而铬黑 T 与 2 价离子形成的配合物颜色为红色或紫红色，所以只有在 pH 为 7～11 范围内使用，指示剂才有明显的颜色变化。实验表明最适宜的酸度是 pH 为 9～10.5。

铬黑 T 固体相当稳定，但其水溶液仅能保存几天，这是由于聚合反应的缘故。聚合后的铬黑 T 不能再与金属离子结合显色。pH<6.5 的溶液中聚合更为严重。加入三乙醇胺可以防止聚合。

铬黑 T 是在弱碱性溶液中滴定 Mg^{2+}、Zn^{2+}、Pb^{2+} 等离子的常用指示剂。

2. 二甲酚橙（XO）

二甲酚橙为多元酸，在 pH 为 0～6.0 之间，二甲酚橙呈黄色，它与金属离子形成的配合物为红色。二甲酚橙常用于锆、铪、钍、钪、铟、钇、铋、铅、锌、镉、汞的直接滴定法中。

铝、镍、钴、铜、镓等离子会封闭（参见本节“四”）二甲酚橙，可采用返滴定法，即在 pH 5.0～5.5（六亚甲基四胺缓冲溶液）时加入过量 EDTA 标准溶液，再用锌或铅标准溶液返滴定。Fe^{3+} 在 pH 为 2～3 时以硝酸铋返滴定法测定。

3. PAN

PAN 与 Cu^{2+} 的显色反应非常灵敏，但很多其他金属离子如 Ni^{2+}、Co^{2+}、Zn^{2+}、Pb^{2+}、Bi^{3+}、Ca^{2+} 等与 PAN 反应慢或显色灵敏度低，所以有时利用 Cu-PAN 作间接指示剂来测定这些金属离子。Cu-PAN 指示剂是 CuY^{2-} 和少量 PAN 的混合液。将此液加到含有被测金属离子 M 的试液中时，发生如下置换反应：

$$\underset{(黄色)}{CuY+PAN}+M \rightleftharpoons MY+\underset{(紫红色)}{Cu\text{-}PAN}$$

此时溶液呈现紫红色。当加入的 EDTA 定量与 M 反应后，在化学计量点附近 EDTA 将夺取 Cu-PAN 中的 Cu^{2+}，从而使 PAN 游离出来：

$$\underset{(紫红色)}{\text{Cu-PAN}} + \text{Y} \rightleftharpoons \text{CuY} + \underset{(黄色)}{\text{PAN}}$$

溶液由紫红变为黄色，指示终点到达。因滴定前加入的 CuY 与最后生成的 CuY 是相等的，故加入的 CuY 并不影响测定结果。

在几种离子的连续滴定中，若分别使用几种指示剂，往往发生颜色干扰。由于 Cu-PAN 可在很宽的 pH 范围（pH 为 1.9～12.2）内使用，因而可以在同一溶液中连续指示终点。

类似 Cu-PAN 这样的间接指示剂还有 Mg-EBT 等。

4. 其他指示剂

除前面所介绍的指示剂外，还有磺基水杨酸、钙指示剂（NN）等常用指示剂。磺基水杨酸（无色）在 pH＝2 时与 Fe^{3+} 形成紫红色配合物，因此可用作滴定 Fe^{3+} 的指示剂。钙指示剂（蓝色）在 pH＝12.5 时与 Ca^{2+} 形成紫红色配合物，因此可用作滴定 Ca^{2+} 的指示剂。

常用金属指示剂的使用 pH 条件、可直接滴定的金属离子和颜色变化及配制方法列于表 5-5 中。

表 5-5　常用的金属指示剂

指示剂	离解常数	滴定元素	颜色变化	配制方法	对指示剂封闭离子
酸性铬蓝 K	$pK_{a1}=6.7$ $pK_{a2}=10.2$ $pK_{a3}=14.6$	Mg(pH＝10) Ca(pH＝12)	红→蓝	0.1% 乙醇溶液	
钙指示剂	$pK_{a2}=3.8$ $pK_{a3}=9.4$ $pK_{a4}=13\sim14$	Ca(pH 为 12～13)	酒红→蓝	与 NaCl 按 1∶100 的质量比混合	Co^{2+}，Ni^{2+}，Cu^{2+}，Fe^{3+}，Al^{3+}，Ti^{4+}
铬黑 T	$pK_{a1}=3.9$ $pK_{a2}=6.4$ $pK=11.5$	Ca(pH＝10，加入 EDTA-Mg) Mg(pH＝10) Pb(pH＝10，加入酒石酸钾) Zn(pH 为 6.8～10)	红→蓝	与 NaCl 按 1∶100 的质量比混合	Co^{2+}，Ni^{2+}，Cu^{2+}，Fe^{3+}，Al^{3+}，Ti(Ⅳ)
紫脲酸铵（红紫酸铵）	$pK_{a1}=1.6$ $pK_{a2}=8.7$ $pK_{a3}=10.3$ $pK_{a4}=13.5$ $pK_{a5}=14$	Ca(pH＞10，25%乙醇) Cu(pH 为 7～8) Ni(pH 为 8.5～11.5)	红→紫 黄→紫 黄→紫红	与 NaCl 按 1∶100 的质量比混合	
PAN	$pK_{a1}=2.9$ $pK_{a2}=11.2$	Cu(pH＝6) Zn(pH 为 5～7)	红→黄 粉红→黄	1g/L 乙醇溶液	
磺基水杨酸	$pK_{a1}=2.6$ $pK_{a2}=11.7$	Fe(Ⅲ)(pH 为 1.5～3)	红紫→黄	10～20g/L 水溶液	

四、金属指示剂使用中常见的问题

1. 指示剂的封闭现象（blocking of indicator）

如果指示剂与金属离子形成更稳定的配合物而不能被 EDTA 置换，当加入过量的 EDTA 时也达不到终点，这种现象称为指示剂的封闭。例如 EBT 与 Al^{3+}、Fe^{3+}、Cu^{2+}、Ni^{2+}、Co^{2+} 等生成的配合物非常稳定，若用 EDTA 滴定这些离子，过量较多的 EDTA 也无法将 EBT 从 MIn 中置换出来。因此滴定这些离子不能用 EBT 作指示剂。消除指示剂封闭现象的方法：加入适当的配位剂以掩蔽封闭指示剂的离子。如 Al^{3+}、Fe^{3+} 对铬黑 T 的封闭可加三乙醇胺予以消除；Cu^{2+}、Co^{2+}、Ni^{2+} 可用 KCN 掩蔽；Fe^{3+} 也可先用抗坏血酸还原为 Fe^{2+}，再加 KCN 掩蔽。若干扰离子的量太大，则需预先分离除去。

2. 指示剂的僵化现象（ossification of indicator）

有些指示剂或金属离子与指示剂的配合物在水中的溶解度太小，使得滴定剂与金属-指示剂配合物（MIn）交换缓慢，终点拖长，这种现象称为指示剂的僵化。如用 PAN 作指示剂测定 Cu^{2+} 时，它与 Cu^{2+} 形成的配合物在水中的溶解度小，会生成胶体溶液或沉淀，以致终点时 Cu^{2+} 不能很快地被释放出来，产生了僵化现象。消除僵化现象的方法：在不影响测定结果的情况下，可设法增大有关物质的溶解度以及控制适合的滴定速度。例如，用 PAN 作指示剂时，经常加入酒精或在加热下滴定。

3. 指示剂的氧化变质现象

金属指示剂大多为含双键的有色化合物，易被日光、氧化剂、空气所分解，在水溶液中多不稳定，日久会变质。如铬黑 T 溶液在碱性条件下（pH＝10）易被空气所氧化使其变成无配位作用的组分，造成滴定终点不明显。克服的办法是在溶液中先加入还原剂，如盐酸羟胺、抗坏血酸，以保护铬黑 T 不被氧化。有些指示剂若将其配成固体混合物则较为稳定，保存时间相对长些，例如铬黑 T 和钙指示剂，常用固体 NaCl 或 KCl 作稀释剂来配制。

4. 指示剂的质量

指示剂的生产质量对其使用效果有较大影响。如二甲酚橙在 pH＝6 时用于测定金属离子，其色泽应从红紫色变为黄色，但实测时的红紫色不理想（偏黄），原因是二甲酚橙中含有甲酚红所致。需要更换质量更好的二甲酚橙。

5. 其他干扰的排除

用二甲酚橙作指示剂在 pH 为 6 用 EDTA 标准溶液滴定镉时，碱土金属、钛、铝的干扰可用氟化物掩蔽，而铁、铋、铅的干扰可将其沉淀为氢氧化物后除去。

用紫脲酸铵作指示剂，在 pH 为 10 时，用 EDTA 标准溶液滴定镍时，汞的干扰可以加碘化钾掩蔽，碱土金属与稀土元素干扰可加氟化物掩蔽。镉、钴、锌的干扰只能预先分离。

思考题 5-2

1. 什么叫金属指示剂？金属指示剂的作用原理是什么？试以钙的测定为例说明。

2. 为什么使用金属指示剂时要有 pH 的限制？当以铬黑 T 为指示剂，标定 EDTA 溶液的 pH 调节为 7～8 后，为什么要加入 $NH_3 \cdot H_2O$-NH_4Cl 缓冲溶液？

3. 金属指示剂为什么会发生封闭现象？如何避免？

4. 什么是金属指示剂的僵化现象？以 Ni^{2+} 试液加 EDTA 煮沸后需要迅速滴定来说明。

5. 在 pH＝10.0 的介质中，用铬黑 T 作指示剂测定 Ca^{2+}，为什么要在 EDTA 的标准溶液中加入少量的 MgY?

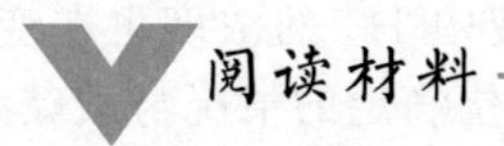

科学家维尔纳

19 世纪 50 年代，化合价理论提出后，化学家们纷纷用各种原子联结的图解式表示各种化合物。这在有机化合物中是成功的，但是在无机化合物中却遭遇到困难，特别是一些稳定的、复杂的化合物。例如 $CoCl_3 \cdot 6NH_3$ 中 Co、Cl、N 和 H 的化合价都已经满足了，怎样解释 $CoCl_3$ 和 NH_3 又能结合成稳定的化合物呢？化学家们纷纷提出不同的假说，但都因与事实有矛盾而不能成立，瑞士化学家维尔纳（Alfred Werner，1866—1919）也在苦苦思索。一天清晨两点，维尔纳突然想到用来表示配合物结构的全新方法，于是立即起床，把他的构思用文字记录下来，唯恐遗忘，一直写到当天下午 5 时才结束，这就是他一生最重要的论文《论无机化合物的组成》的初稿。文中用新的结构理论对配合物组成进行了解释，即提出了维尔纳的配位理论。该论文 1893 年发表在德国的《无机化学学报》上。然而由于他的理论当时还缺乏实验依据，再加上他年仅 26 岁，因此遭到某些人的非议。为此，他在以后近 20 年时间内主要为他的理论寻找实验数据，通过配合物水溶液电导率的测定和结构方面的研究，理论终于得到了普遍承认，并因此于 1913 获得诺贝尔化学奖。

他对自己从事研究工作的体会是：“真正的雄心壮志几乎全是智慧、辛勤、学习、经验的积累，差一分一毫也达不到目的。至于那一鸣惊人的专家学者，只是人们觉得他一鸣惊人，其实他下的工夫和潜在的智能别人事前未能领会到！”这是他对自己为何能在一天时间内就完成配位理论的最好注释。

摘自朱裕贞等编《现代基础化学》

第三节　滴定条件的选择

学习要点　了解配位滴定过程中 pM 的变化规律；掌握影响滴定突跃的因素；掌握准确滴定金属离子的条件；熟练掌握选择性滴定待测离子适宜酸度的控制方法；会灵活应用掩蔽法消除常见共存离子的干扰。

正确选择滴定条件是所有滴定分析的一个重要方面，特别是配位滴定，因为溶液的酸度和其他配位剂的存在都会影响生成的配合物的稳定性。如何选择合适的滴定条件使滴定顺利进行是本节的主要内容。

一、配位滴定曲线

在酸碱滴定中，随着滴定剂的加入，溶液中 H^+ 的浓度也在变化，当到达化学计量点时，溶液 pH 发生突变。配位滴定的情况与酸碱滴定相似。在一定 pH 条件下，随着配位滴定剂的加入，金属离子不断与配位剂反应生成配合物，其浓度不断减小。当滴定到达化学计量点时，金属离子浓度（pM）发生突变。若将滴定过程各点 pM 与对应的配位剂的加入体积绘成曲线，即可得到配位滴定曲线。配位滴定曲线反映了滴定过程中配位滴定剂的加入量与待测金属离子浓度之间的变化关系。

1. 曲线的绘制

配位滴定曲线可通过计算绘制，也可通过仪器测量绘制。现以 pH=12 时用 0.01000mol/L 的 EDTA 标准滴定溶液滴定 20.00mL 0.01000mol/L 的 Ca^{2+} 溶液为例，通过计算滴定过程中的 pM，说明配位滴定过程中配位滴定剂的加入量与待测金属离子浓度之间的变化关系。

由于 Ca^{2+} 既不易水解也不与其他配位剂反应，因此在处理此配位平衡时只需考虑 EDTA 的酸效应。即在 pH 为 12.00 的条件下，CaY^{2-} 的条件稳定常数为：

$$\lg K'_{CaY}=\lg K_{CaY}-\lg\alpha_{Y(H)}=10.69-0=10.69$$

（1）滴定前　溶液中只有 Ca^{2+}，$[Ca^{2+}]=0.01000mol/L$，所以

pCa＝2.00。

（2）化学计量点前　溶液中有剩余的金属离子 Ca^{2+} 和滴定产物 CaY^{2-}。由于 $\lg K'_{CaY}$ 较大，剩余的 Ca^{2+} 对 CaY^{2-} 的离解又有一定的抑制作用，因此可忽略 CaY^{2-} 的离解，按剩余的金属离子浓度 $[Ca^{2+}]$ 计算 pCa 值。

当滴入 EDTA 溶液的体积为 18.00mL 时：

$$[Ca^{2+}]=\frac{2.00\times 0.01000}{20.00+18.00}\text{mol/L}=5.26\times 10^{-4}\text{mol/L}$$

即
$$pCa=-\lg[Ca^{2+}]=3.3$$

当滴入 EDTA 溶液的体积为 19.98mL 时：

$$[Ca^{2+}]=\frac{0.02\times 0.01000}{20.00+19.98}\text{mol/L}=5\times 10^{-6}\text{mol/L}$$

即
$$pCa=-\lg[Ca^{2+}]=5.3$$

当然，在十分接近化学计量点时剩余的金属离子极少，计算 pCa 时应该考虑 CaY^{2-} 的离解，有关内容这里就不讨论了。在一般要求的计算中，化学计量点之前的 pM 可按此方法计算。

（3）化学计量点时　Ca^{2+} 与 EDTA 几乎全部形成 CaY^{2-}，所以

$$[CaY^{2-}]=\frac{20.00\times 0.01000}{20.00+20.00}\text{mol/L}=5\times 10^{-3}\text{mol/L}$$

因为 pH≥12，$\lg\alpha_{Y(H)}=0$，所以 $[Y^{4-}]=[Y]_{总}$，同时 $[Ca^{2+}]=[Y^{4-}]$，则

$$\frac{[CaY^{2-}]}{[Ca^{2+}]^2}=K'_{MY}$$

因此
$$\frac{5\times 10^{-3}}{[Ca^{2+}]^2}=10^{10.69}$$

$$[Ca^{2+}]=3.2\times 10^{-7}\text{mol/L}$$

即
$$pCa=6.5$$

（4）化学计量点后　当加入 EDTA 溶液的体积为 20.02mL 时，过量的 EDTA 溶液为 0.02mL。此时

$$[Y]_{总}=\frac{0.02\times 0.01000}{20.00+20.02}\text{mol/L}=5\times 10^{-6}\text{mol/L}$$

则
$$\frac{5\times 10^{-3}}{[Ca^{2+}]\times 5\times 10^{-6}}=10^{10.69}$$

$$[Ca^{2+}]=10^{-7.69}\text{mol/L}$$

即 $$pCa=7.7$$

所得数据列于表 5-6。

表 5-6 pH＝12 时用 0.01000mol/L EDTA 标准滴定溶液滴定 20.00mL 0.01000mol/L Ca^{2+} 溶液中 pCa 的变化

EDTA 加入量		Ca^{2+} 被滴定的分数	EDTA 过量的分数	pCa
/mL	/%	/%	/%	
0	0			2.0
18.00	90.0	90.0		3.3
19.80	99.0	99.0		4.3
19.98	99.9	99.9		5.3（突跃范围）
20.00	100.0	100.0		6.5（突跃范围）
20.02	100.1		0.1	7.7（突跃范围）
20.20	101.0		1.0	8.7
40.00	200.0		100	10.7

根据表 5-6 所列数据，以 pCa 值为纵坐标、加入 EDTA 的体积为横坐标作图，得到如图 5-4 所示的滴定曲线。

从表 5-6 或图 5-4 可以看出，在 pH＝12 时，用 0.01000mol/L EDTA 标准滴定溶液滴定 0.01000mol/L Ca^{2+}，计量点时的 pCa 为 6.5，滴定突跃的 pCa 为 5.3～7.7。可见滴定突跃较大，可以准确滴定。

由上述计算可知配位滴定比酸碱滴定复杂，不过两者有许多相似之处，酸碱滴定中的一些处理方法也适用于配位滴定。

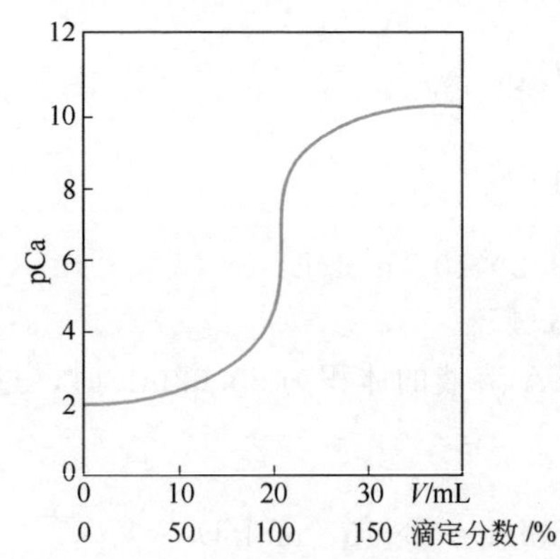

图 5-4 pH＝12 时 0.01000mol/L EDTA 标准滴定溶液滴定 0.01000mol/L Ca^{2+} 溶液的滴定曲线

2. 滴定突跃范围

配位滴定中滴定突跃越大，就越容易准确地指示终点。上例计算结果表明，配合物的条件稳定常数和被滴定金属离子的浓度是影响突跃范围的主要因素。

（1）配合物的条件稳定常数对滴定突跃的影响　图 5-5 是金属离子浓度一定的情况下不同 $\lg K'_{MY}$ 时的滴定曲线。由图可看出，配合物的条件稳定常数 $\lg K'_{MY}$ 越大，滴定突跃（ΔpM）越大。决定配合物 $\lg K'_{MY}$ 大小的因素首先是绝对稳定常数 $\lg K_{MY}$（内因），但对某一指定的金属离子来说绝对稳定常数 $\lg K_{MY}$ 是一常数，此时溶液酸度、配位掩蔽剂及其他辅助配位剂的配位作用将起决定作用。

① 酸度。酸度高时，$\lg\alpha_{Y(H)}$ 大，$\lg K'_{MY}$ 变小，因此滴定突跃减小。

② 其他配位剂的配位作用。滴定过程中加入掩蔽剂、缓冲溶液等辅助配位剂的作用会增大 $\lg\alpha_{M(L)}$ 值，使 $\lg K'_{MY}$ 变小，因此滴定突跃减小。

（2）浓度对滴定突跃的影响　图 5-6 是用 EDTA 滴定不同浓度溶液时的滴定曲线。由图 5-6 可以看出，金属离子 c_M 越大；滴定曲线起点越低，因此滴定突跃越大，反之则相反。

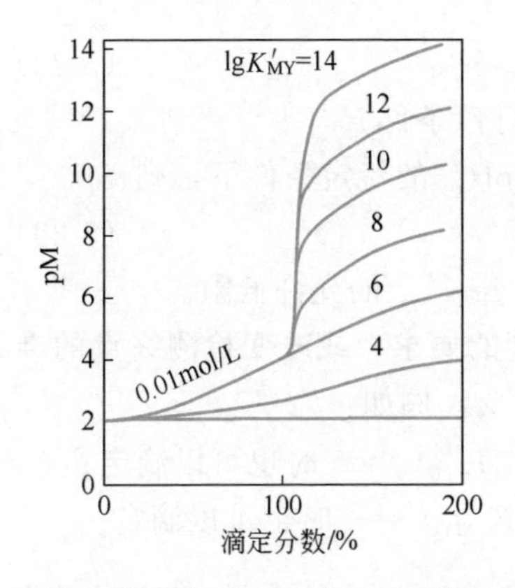

图 5-5　不同 $\lg K'_{MY}$ 的滴定曲线

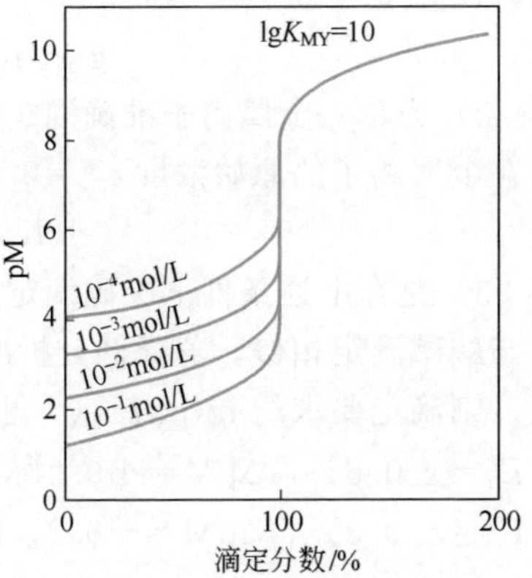

图 5-6　EDTA 滴定不同浓度溶液的滴定曲线

二、单一离子的滴定

1. 单一离子准确滴定的判别式

滴定突跃的大小是准确滴定的重要依据之一。而影响滴定突跃大小的主要因素是 c_M 和 K'_{MY}，那么 c_M、K'_{MY} 值要多大才有可能准确滴定金属离子呢？

金属离子的准确滴定与允许误差和检测终点方法的准确度有关，还与被测金属离子的原始浓度有关。设金属离子的原始浓度为 c_M（对终点体积而言），用等浓度的 EDTA 滴定，滴定分析的允许误差为 E_t，在化学计量点时：

① 被测定的金属离子几乎全部发生配位反应，即 $[MY]=c_M$；

② 被测定的金属离子的剩余量应符合准确滴定的要求，即 $c_{M(余)} \leqslant c_M E_t$；

③ 滴定时过量的EDTA也符合准确度的要求，即 $c_{EDTA(余)} \leqslant c(EDTA)E_t$。

将这些数值代入条件稳定常数的关系式，得

$$K'_{MY}=\frac{[MY]}{c_{M(余)}c_{EDTA(余)}}$$

$$K'_{MY} \geqslant \frac{c_M}{c_M E_t \cdot c(EDTA)E_t}$$

由于 $c_M=c(EDTA)$，不等式两边取对数，整理后得

$$\lg(c_M K'_{MY}) \geqslant -2\lg E_t$$

若允许误差 $E_t=0.1\%$，得

$$\lg(c_M K'_{MY}) \geqslant 6 \tag{5-22}$$

式(5-22) 为单一金属离子准确滴定的可行性条件。

在金属离子的原始浓度 $c_M=0.010$mol/L 的特定条件下，则

$$\lg K'_{MY} \geqslant 8 \tag{5-23}$$

式(5-23) 是在上述条件下准确滴定M时 $\lg K'_{MY}$ 的允许低限。

与酸碱滴定相似，若降低分析准确度的要求，或改变检测终点的准确度，则滴定要求的 $\lg(c_M K'_{MY})$ 也会改变，例如：

$E_t=\pm0.5\%$，$\Delta pM=\pm0.2$[1]，$\lg(c_M K'_{MY})=5$ 时也可以滴定；

$E_t=\pm0.3\%$，$\Delta pM=\pm0.2$，$\lg(c_M K'_{MY})=6$ 时也可以滴定。

例5-7 在 pH=2.00 和 5.00 的介质中（$\alpha_{Zn}=1$），能否用 0.010mol/L EDTA 标准滴定溶液准确滴定 0.010mol/L Zn^{2+} 溶液？

解 查表5-2得 $\lg K_{ZnY}=16.50$，查表5-3得 pH=2.00 时 $\lg\alpha_{Y(H)}=13.51$，按题意有

$$\lg K'_{MY}=16.50-13.51=2.99<8$$

查表5-3得 pH=5.00 时 $\lg\alpha_{Y(H)}=6.45$，则

$$\lg K'_{MY}=16.50-6.45=10.05>8$$

所以，当 pH=2.00 时 Zn^{2+} 是不能被准确滴定的，而 pH=5.00 时可以

[1] 配位滴定中，采用指示剂目测终点时，由于人眼对颜色判断的局限性，即使指示剂的变色点与化学计量点完全一致，在一般实验条件下仍有 0.2～0.5 个 ΔpM 单位的不确定度，此处用最低值。

被准确滴定。

由此例计算可看出，用 EDTA 滴定金属离子，若要准确滴定，必须选择适当的 pH。因为酸度是金属离子被准确滴定的重要影响因素。

2. 单一离子滴定的最低酸度（最高 pH）与最高酸度（最低 pH）

配位滴定中最低 pH 和最高 pH 的确定是非常重要的，可从两方面来考虑滴定的酸度范围：一是考虑 EDTA 的酸效应，由此可确定滴定时允许的最低 pH；二是考虑金属离子的羟基配位效应，由此可大致估计滴定时允许的最高 pH。当然，实际滴定时还要结合考虑所选指示剂的使用酸度范围。

(1) 最高酸度（最低 pH） 若滴定反应中除 EDTA 酸效应外没有其他副反应，则根据单一离子准确滴定的判别式，在被测金属离子的浓度为 0.01mol/L 时，$\lg K'_{MY} \geqslant 8$，因此

$$\lg K'_{MY} = \lg K_{MY} - \lg \alpha_{Y(H)} \geqslant 8$$

即

$$\lg \alpha_{Y(H)} \leqslant \lg K_{MY} - 8 \tag{5-24}$$

将各种金属离子的 $\lg K_{MY}$ 代入式(5-24)，即可求出对应的最大 $\lg \alpha_{Y(H)}$ 值，再从表 5-3 查得与它对应的最小 pH。例如，对于浓度为 0.01mol/L 的 Zn^{2+} 溶液的滴定，将 $\lg K_{ZnY} = 16.50$ 代入式(5-24)，得

$$\lg \alpha_{Y(H)} \leqslant 8.5$$

从表 5-3 可查得 $pH \geqslant 4.0$，即滴定 Zn^{2+} 允许的最小 pH 为 4.0。将金属离子的 $\lg K_{MY}$ 值与最小 pH（或对应的 $\lg \alpha_{Y(H)}$ 与最小 pH）绘成曲线，称为酸效应曲线（或称 Ringboim 曲线），如图 5-7 所示。

实际工作中，利用酸效应曲线可查得单独滴定某种金属离子时所允许的最低 pH，还可以看出混合离子中哪些离子在一定 pH 范围内有干扰（这部分内容将在下面讨论）。此外，酸效应曲线还可当 $\lg \alpha_{Y(H)}$-pH 曲线使用。

注意! 使用酸效应曲线查单独滴定某种金属离子的最低 pH 的前提是：金属离子浓度为 0.01mol/L；允许测定的相对误差为±0.1%；溶液中除 EDTA 酸效应外金属离子未发生其他副反应。如果前提变化，曲线将发生变化，因此要求的 pH 也会有所不同。

(2) 最低酸度（最高 pH） 为了能准确滴定被测金属离子，滴定时酸度一般大于所允许的最小 pH。但溶液的酸度不能过低，因为酸度太低，金属离子将会发生水解，形成 $M(OH)_n$ 沉淀，除影响反应速率，使终点难以确定之外，还影响反应的计量关系，因此需要考虑滴定时金

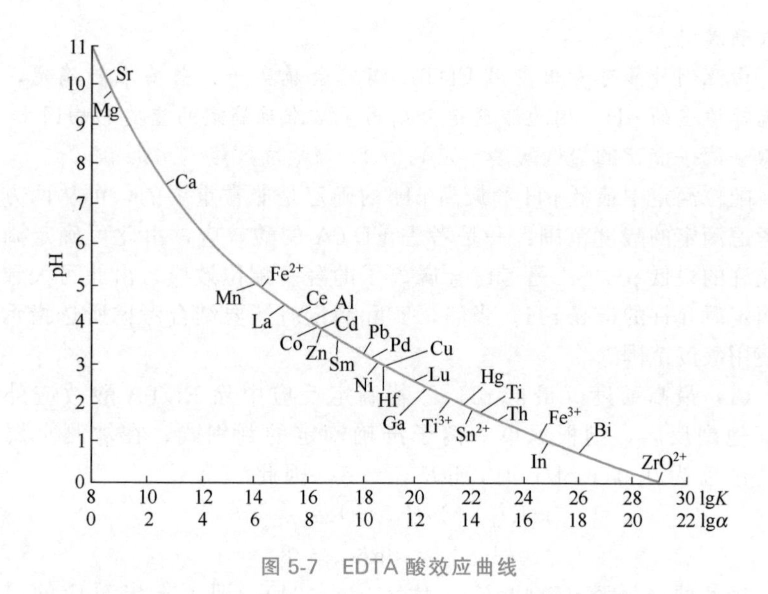

图 5-7 EDTA 酸效应曲线

属离子不水解的最低酸度（最高 pH）。

在没有其他配位剂存在下，金属离子不水解的最低酸度可由 $M(OH)_n$ 的溶度积求得。

如前例中为防止开始时形成 $Zn(OH)_2$ 的沉淀必须满足下式：

$$[OH^-]=\sqrt{\frac{K_{sp,Zn(OH)_2}}{[Zn^{2+}]}}=\sqrt{\frac{10^{-15.3}}{2\times10^{-2}}}=10^{-6.8}$$

即 $pH=7.2$

因此，EDTA 滴定浓度为 0.01mol/L Zn^{2+} 溶液应在 pH 为 4.0～7.2 范围内，pH 越近高限，K'_{MY} 就越大，滴定突跃也越大。若加入辅助配位剂（如氨水、酒石酸等），则 pH 还会更高些。例如在氨性缓冲溶液存在下，可在 pH=10 时滴定 Zn^{2+}。

若加入酒石酸或氨水，可防止金属离子生成沉淀。但辅助配位剂的加入会导致 K'_{MY} 降低，因此必须严格控制其用量，否则将因为 K'_{MY} 太小而无法准确滴定。

3. 用指示剂确定终点时滴定的最佳酸度

以上是从滴定主反应讨论滴定适宜的酸度范围，但实际工作中还需要用指示剂指示滴定终点，而金属指示剂只能在一定的 pH 范围内使用，且由于酸效应，指示剂的变色点不是固定的，它随溶液的 pH 而改变，因此在选择指示剂时必须考虑体系的 pH。通常情况下指示剂变色点与化学计量点最接近时的酸度即为指示剂确定终点时滴定的最佳酸度。当然，是否合适还需要通过实验检验。

例 5-8 计算 0.020mol/L EDTA 标准滴定溶液滴定 0.020mol/L Cu^{2+} 溶液的适宜酸度范围。

解 能准确滴定 Cu^{2+} 的条件是 $\lg(c_M K'_{MY})\geqslant 6$，考虑滴定至化学计量点时体积增加 1 倍，故 $c(Cu^{2+})=0.010mol/L$。因此

$$\lg K_{CuY}-\lg\alpha_{Y(H)}\geqslant 8$$

即
$$\lg\alpha_{Y(H)}\leqslant 18.80-8.0=10.80$$

查图 5-7，当 $\lg\alpha_{Y(H)}=10.80$ 时 $pH=2.9$，此为滴定允许的最高酸度。

滴定 Cu^{2+} 时，允许最低酸度为 Cu^{2+} 不发生水解时的 pH。因为

$$[Cu^{2+}][OH^-]^2=K_{sp,Cu(OH)_2}=10^{-19.66}$$

所以
$$[OH^-]=\sqrt{\frac{10^{-19.66}}{0.02}}=10^{-8.98}$$

即
$$pH=5.0$$

所以，用 0.020mol/L EDTA 标准滴定溶液滴定 0.020mol/L Cu^{2+} 溶液的适宜酸度范围 pH 为 2.9～5.0。

必须指出，配合物的形成常数特别是与金属指示剂有关的平衡常数目前还不齐全，有的可靠性还较差，理论处理结果必须由实验检验。从原则上讲，在配位滴定的适宜酸度范围内滴定均可获得较准确的结果。

4. 配位滴定剂中缓冲溶液的作用

配位滴定过程中会不断释放出 H^+，即

$$M^{n+}+H_2Y^{2-}\longrightarrow MY^{(4-n)-}+2H^+$$

使溶液酸度增高而降低 K'_{MY} 值，影响反应的完全程度，同时还会减小 K'_{MIn} 值，使指示剂灵敏度降低。因此配位滴定中常要加入缓冲溶液控制溶液的酸度。

在弱酸性溶液（pH 为 5～6）中滴定，常使用醋酸缓冲溶液或六亚甲基四胺缓冲溶液；在弱碱性溶液（pH 为 8～10）中滴定，常采用氨性缓冲溶液。在强酸中滴定（如 pH＝1 时滴定 Bi^{3+}）或强碱中滴定（如 pH＝13 时滴定 Ca^{2+}），强酸或强碱本身就是缓冲溶液，具有一定的缓冲作用。在选择缓冲溶液时，不仅要考虑缓冲溶液所能缓冲的 pH

范围，还要考虑是否会引起金属离子的副反应而影响反应的完全程度。例如，在 pH=5 时用 EDTA 滴定 Pb^{2+}，通常不用醋酸缓冲溶液，因为 Ac^- 会与 Pb^{2+} 配位，降低 PbY^{2-} 的条件稳定常数。此外，所选的缓冲溶液还必须有足够的缓冲容量，才能控制溶液 pH 基本不变。

三、混合离子的选择性滴定

以上讨论的是单一金属离子配位滴定的情况。实际工作中遇到的常为多种离子共存的试样，而 EDTA 又是具有广泛配位性能的配位剂，因此常用控制酸度和使用掩蔽剂等方法提高配位滴定的选择性。

1. 控制酸度分别滴定

若溶液中含有能与 EDTA 形成配合物的金属离子 M 和 N，且 $K_{MY}>K_{NY}$，则用 EDTA 滴定时，首先被滴定的是 M。如若 K_{MY} 与 K_{NY} 相差足够大，此时可准确滴定 M 离子（若有合适的指示剂），而 N 离子不干扰。滴定 M 离子后，若 N 离子满足单一离子准确滴定的条件，则又可继续滴定 N 离子，此时称 EDTA 可分别滴定 M 和 N。问题是 K_{MY} 与 K_{NY} 相差多大才能分步滴定？滴定应在何酸度范围内进行？

用 EDTA 滴定含有离子 M 和 N 的溶液，若 M 未发生副反应，溶液中的平衡关系如下：

$$\begin{array}{ccccc} M & + & Y & \rightleftharpoons & MY \\ & \overset{H}{\swarrow} & & \overset{N}{\searrow} & \\ HY & & & & NY \\ \vdots & & & & \\ H_6Y & & & & \end{array}$$

当 $K_{MY}>K_{NY}$，且 $\alpha_{Y(N)}\gg\alpha_{Y(H)}$ 情况下，可推导出（省略推导）：

$$\lg(c_M K'_{MY})=\lg K_{MY}-\lg K_{NY}+\lg\frac{c_M}{c_N} \tag{5-25}$$

或

$$\lg(c_M K'_{MY})=\Delta\lg K+\lg\frac{c_M}{c_N} \tag{5-26}$$

上式说明，两种金属离子配合物的稳定常数相差越大，被测离子浓度（c_M）越大，干扰离子浓度（c_N）越小，则在 N 离子存在下滴定 M 离子的可能性越大。至于两种金属离子配合物的稳定常数要相差多大才能准确滴定 M 离子而 N 离子不干扰，决定于所要求的分析准确度和两种金属离子的浓度比（c_M/c_N）及终点和化学计量点的 pM 差值（ΔpM）等因素。

（1）分步滴定可能性的判别　由以上讨论可推出，若溶液中只有M、N两种离子，当 $\Delta pM=\pm0.2$ [目测终点一般有 $\pm(0.2\sim0.5)$ 个 ΔpM 的出入]，$E_t\leqslant\pm0.1\%$ 时，要准确滴定M离子而N离子不干扰，必须使 $\lg(c_M K'_{MY})\geqslant6$，即

$$\Delta\lg K+\lg\frac{c_M}{c_N}\geqslant6 \tag{5-27}$$

式(5-27)是判断能否用控制酸度办法准确滴定M离子而N离子不干扰的判别式。滴定M离子后，若 $\lg(c_N K'_{NY})\geqslant6$，则可继续准确滴定N离子。

如果 $\Delta pM=\pm0.2$，$E_t\leqslant\pm0.5\%$（混合离子滴定通常允许误差 $\leqslant\pm0.5\%$），则可用下式判别控制酸度分别滴定的可能性：

$$\Delta\lg K+\lg\frac{c_M}{c_N}\geqslant5 \tag{5-28}$$

（2）分别滴定的酸度控制

① 最高酸度（最低pH）：选择滴定M离子的最高酸度与单一金属离子滴定最高酸度的求法相似。即当 $c_M=0.01\text{mol/L}$，$E_t\leqslant\pm0.5\%$ 时

$$\lg\alpha_{Y(H)}\leqslant\lg K_{MY}-8$$

根据 $\lg\alpha_{Y(H)}$ 查出对应的pH即为最高酸度。

② 最低酸度（最高pH）：根据式（5-28），N离子不干扰M离子滴定的条件是：

$$\Delta\lg K+\lg\frac{c_M}{c_N}\geqslant5$$

即

$$\lg(c_M K'_{MY})-\lg(c_N K'_{NY})\geqslant5$$

由于准确滴定M时 $\lg(c_M K'_{MY})\geqslant6$，因此

$$\lg(c_N K'_{NY})\leqslant1 \tag{5-29}$$

当 $c_N=0.01\text{mol/L}$ 时

$$\lg\alpha_{Y(H)}\geqslant\lg K_{NY}-3$$

根据 $\lg\alpha_{Y(H)}$ 查出对应的pH即为最低酸度。

注意！ 易发生水解反应的金属离子若在所求的酸度范围内发生水解反应，则适宜酸度范围的最低酸度为形成 $M(OH)_n$ 沉淀时的酸度。

滴定M和N离子的酸度控制仍使用缓冲溶液，并选择合适的指示剂，以减少滴定误差。如果 $\Delta\lg K+\lg(c_M/c_N)\leqslant5$，则不能用控制酸度的方法分步滴定。

M离子滴定后，滴定N离子的最高酸度、最低酸度及适宜酸度范围与单一离子滴定相同。

例 5-9 溶液中Pb^{2+}和Ca^{2+}浓度均为2.0×10^{-2}mol/L。如用相同浓度EDTA标准滴定溶液滴定，要求$E_t\leqslant\pm0.5\%$，问：(1) 能否用控制酸度分步滴定？(2) 求滴定Pb^{2+}的酸度范围。

解 (1) 由于两种金属离子浓度相同，且要求$E_t\leqslant\pm0.5\%$，此时判断能否用控制酸度分步滴定的判别式为：$\Delta\lg K\geqslant5$。查表5-2得$\lg K_{PbY}=18.0$，$\lg K_{CaY}=10.7$，则

$$\Delta\lg K=18.0-10.7=7.3>5$$

所以可以用控制酸度分步滴定。

(2) 由于$c(Pb^{2+})=2.0\times10^{-2}$mol/L，则

$$\lg\alpha_{Y(H)}\leqslant\lg K_{MY}-8=18.0-8=10.0$$

查表5-3得$\lg\alpha_{Y(H)}\leqslant10$时，pH≥3.7，所以滴定$Pb^{2+}$的最高酸度pH=3.7。

滴定Pb^{2+}的最低酸度应先考虑滴定Pb^{2+}时Ca^{2+}不干扰，即

$$\lg[c(Ca^{2+})K'_{CaY}]\leqslant1$$

由于Ca^{2+}浓度为2.0×10^{-2}mol/L，所以

$$\lg K'_{CaY}\leqslant3$$

即
$$\lg\alpha_{Y(H)}\geqslant\lg K_{CaY}-3=10.7-3=7.7$$

查表（或酸效应曲线）得pH≤4.4。

因此，准确滴定Pb^{2+}而Ca^{2+}不干扰的酸度范围应是pH为3.7～4.4。

考虑Pb^{2+}的水解

$$[OH^-]\leqslant\sqrt{\frac{K_{sp,Pb(OH)_2}}{[Pb^{2+}]}}=\sqrt{\frac{10^{-15.7}}{2\times10^{-2}}}=10^{-7}$$

$$pH\leqslant7.0$$

可见，在pH<4.4时，Pb^{2+}不会水解。

所以，滴定Pb^{2+}适宜的酸度范围是pH为3.7～4.4。

例 5-10 溶液中含Ca^{2+}、Mg^{2+}，浓度均为1.0×10^{-2}mol/L，用相同浓度EDTA标准滴定溶液滴定Ca^{2+}，将溶液pH调到12，问：若要求$E_t\leqslant\pm0.1\%$，Mg^{2+}对滴定有无干扰？

解 pH=12时

$$[Mg^{2+}]=\frac{K_{sp,Mg(OH)_2}}{[OH^-]^2}=\frac{1.8\times10^{-11}}{10^{-4}}=1.8\times10^{-7}(mol/L)$$

查表 5-2 得 $\lg K_{CaY}=10.69$，$\lg K_{MgY}=8.69$，则

$$\Delta\lg K+\lg\frac{c_M}{c_N}=10.69-8.69+\lg\frac{10^{-2}}{1.8\times10^{-7}}=6.74>6$$

所以 Mg^{2+} 对 Ca^{2+} 的滴定无干扰。

2. 使用掩蔽剂的选择性滴定

当 $\lg K_{MY}-\lg K_{NY}<5$ 时，采用控制酸度分别滴定已不可能，这时可加入掩蔽剂降低干扰离子的浓度，以消除干扰。掩蔽方法按掩蔽反应类型的不同分为配位掩蔽法、氧化还原掩蔽法和沉淀掩蔽法等。

（1）配位掩蔽法　配位掩蔽法在化学分析中应用最广泛，它是通过加入能与干扰离子形成更稳定配合物的配位剂（通称掩蔽剂）掩蔽干扰离子，从而能够更准确地滴定待测离子。

例如测定 Al^{3+} 和 Zn^{2+} 共存溶液中的 Zn^{2+} 时，可加入 NH_4F 与干扰离子 Al^{3+} 形成十分稳定的 $[AlF_6]^{3-}$，因而消除了 Al^{3+} 的干扰。又如测定水中 Ca^{2+}、Mg^{2+} 总量（即水的硬度）时，Fe^{3+}、Al^{3+} 的存在干扰测定，在 pH=10 时加入三乙醇胺，可以掩蔽 Fe^{3+} 和 Al^{3+}，消除其干扰。

采用配位掩蔽法，在选择掩蔽剂时应注意如下几个问题。

① 掩蔽剂（L）与干扰离子形成的配合物的稳定性应远比干扰离子与 EDTA 形成的配合物的稳定性大（即 $\lg K'_{NL}\gg\lg K'_{NY}$），而且所形成的配合物应为无色或浅色。

② 掩蔽剂与待测离子不发生配位反应或形成的配合物稳定性远小于待测离子与 EDTA 配合物的稳定性。

③ 掩蔽作用与滴定反应的 pH 条件大致相同。例如，已知在 pH=10 时测定 Ca^{2+}、Mg^{2+} 总量，少量 Fe^{3+}、Al^{3+} 的干扰可使用三乙醇胺来掩蔽，但若在 pH=1 时测定 Bi^{3+} 就不能再使用三乙醇胺掩蔽，因为 pH=1 时三乙醇胺不具有掩蔽作用。实际工作中常用的配位掩蔽剂见表 5-7。

表 5-7　部分常用的配位掩蔽剂

掩蔽剂	被掩蔽的金属离子	pH
三乙醇胺	Al^{3+}，Fe^{3+}，Sn^{4+}，$TiO_2^{\ 2+}$	10
氟化物	Al^{3+}，Sn^{4+}，$TiO_2^{\ 2+}$，Zr^{4+}	>4

续表

掩蔽剂	被掩蔽的金属离子	pH
乙酰丙酮	Al^{3+},Fe^{2+}	5～6
邻二氮菲	Cu^{2+},Co^{2+},Ni^{2+},Cd^{2+},Hg^{2+}	5～6
氰化物	Cu^{2+},Co^{2+},Ni^{2+},Cd^{2+},Hg^{2+},Fe^{2+}	10
2,3-二巯丙醇	Zn^{2+},Pb^{2+},Bi^{3+},Sb^{2+},Sn^{4+},Cd^{2+},Cu^{2+}	
硫脲	Hg^{2+},Cu^{2+}	
碘化物	Hg^{2+}	

(2) 氧化还原掩蔽法　利用加入一种氧化剂或还原剂改变干扰离子价态，降低 K_{NY} 的值或使其不与 Y 发生配位反应，以消除干扰。例如锆铁矿中锆的滴定，由于 Zr^{4+} 和 Fe^{3+} 与 EDTA 配合物的稳定常数相差不够大（$\Delta \lg K = 29.9 - 25.1 = 4.8$），$Fe^{3+}$ 干扰 Zr^{4+} 的滴定。此时可加入抗坏血酸或盐酸羟胺使 Fe^{3+} 还原为 Fe^{2+}，由于 $\lg K_{FeY^{2-}} = 14.3$，比 $\lg K_{FeY^{-}}$ 小得多，因而避免了干扰。又如前面提到 pH=1 时测定 Bi^{3+} 不能使用三乙醇胺掩蔽 Fe^{3+}，此时同样可采用抗坏血酸或盐酸羟胺使 Fe^{3+} 还原为 Fe^{2+}，消除干扰。其他如滴定 Th^{4+}、In^{3+}、Hg^{2+} 时，也可用同样方法消除 Fe^{3+} 干扰。

(3) 沉淀掩蔽法　沉淀掩蔽法是加入选择性沉淀剂与干扰离子形成沉淀，从而降低干扰离子的浓度，以消除干扰的一种方法。

沉淀掩蔽法要求所生成的沉淀溶解度小，沉淀的颜色为无色或浅色，沉淀最好是晶形沉淀，吸附作用小。

例如在 Ca^{2+}、Mg^{2+} 共存溶液中加入 NaOH，使 pH＞12，生成 $Mg(OH)_2$ 沉淀，这时 EDTA 就可直接滴定 Ca^{2+}。

由于某些沉淀反应进行得不够完全，造成掩蔽效率有时不太高，加上沉淀的吸附现象，既影响滴定准确度又影响终点观察，因此，沉淀掩蔽法不是一种理想的掩蔽方法，在实际工作中应用不多。配位滴定中常用的沉淀掩蔽剂见表 5-8。

表 5-8　部分常用的沉淀掩蔽剂

掩蔽剂	被掩蔽离子	被测离子	pH	指示剂
氢氧化物	Mg^{2+}	Ca^{2+}	12	钙指示剂
KI	Cu^{2+}	Zn^{2+}	5～6	PAN
氟化物	Ba^{2+},Sr^{2+},Ca^{2+},Mg^{2+}	Zn^{2+},Cd^{2+},Mn^{2+}	10	EBT
硫酸盐	Ba^{2+},Sr^{2+}	Ca^{2+},Mg^{2+}	10	EBT
铜试剂	Bi^{3+},Cu^{2+},Cd^{2+}	Ca^{2+},Mg^{2+}	10	EBT

使用配位掩蔽剂或沉淀掩蔽剂要注意的是，应避免试剂间的相互反应及保护环境等问题。

例如当 Al^{3+} 与 Zn^{2+} 共存时，可用 F^- 掩蔽 Al^{3+}；但当 pH=10 时，若溶液中含有 Ca^{2+}（如 Al^{3+}、Ca^{2+}、Mg^{2+} 共存），就不能用 F^- 掩蔽 Al^{3+}，因为 F^- 会与 Ca^{2+} 生成 CaF_2 沉淀。

KCN 在碱性溶液中有较强的掩蔽能力。氰配合物具有较高的稳定性，利用其选择性的掩蔽和解蔽作用，可以分别滴定某些金属离子。但是 KCN 剧毒，只允许在碱性溶液中使用；若加入酸性溶液，则应对产生的剧毒 HCN 气体有严格的防护措施，避免其对人体及环境带来危害。

3. 其他滴定剂的应用

氨羧配位剂的种类很多，除 EDTA 外还有不少种类的氨羧配位剂，它们与金属离子形成配位化合物的稳定性各具特点。选用不同的氨羧配位剂作为滴定剂，可以选择性地滴定某些离子。

（1）EGTA（乙二醇二乙醚二胺四乙酸）　EGTA 和 EDTA 与 Mg^{2+}、Ca^{2+}、Sr^{2+}、Ba^{2+} 所形成的配合物的 lg$K$ 值比较如下：

配合物	Mg^{2+}	Ca^{2+}	Sr^{2+}	Ba^{2+}
M-EGTA	5.2	11.0	8.5	8.4
M-EDTA	8.7	10.7	8.6	7.6

可见，如果在大量 Mg^{2+} 存在下采用 EDTA 为滴定剂对 Ca^{2+} 进行滴定，则 Mg^{2+} 干扰严重。若用 EGTA 为滴定剂滴定，Mg^{2+} 的干扰就很小，这是因为 Mg^{2+} 与 EGTA 配合物的稳定性差，而 Ca^{2+} 与 EGTA 配合物的稳定性却很高。因此，测定 Ca^{2+}、Mg^{2+} 溶液中的 Ca^{2+}，选用 EGTA 作滴定剂选择性高于 EDTA。

（2）EDTP（乙二胺四丙酸）　EDTP 与金属离子形成的配合物的稳定性普遍比相应的 EDTA 配合物差，但 Cu-EDTP 除外，其稳定性仍很高。EDTP 和 EDTA 与 Cu^{2+}、Zn^{2+}、Cd^{2+}、Mn^{2+}、Mg^{2+} 所形成的配合物的 lg$K$ 值比较如下：

配合物	Cu^{2+}	Zn^{2+}	Cd^{2+}	Mn^{2+}	Mg^{2+}
M-EDTP	15.4	7.8	6.0	4.7	1.8
M-EDTA	18.8	16.5	16.5	14.0	8.7

因此，在一定的 pH 下用 EDTP 滴定 Cu^{2+}，则 Zn^{2+}、Cd^{2+}、Mn^{2+}、Mg^{2+} 不干扰。

（3）DTPA（二乙基三胺五乙酸） 它与金属离子形成的配合物的稳定性比 EDTA 强。DTPA 和 EDTA 所形成的金属配合物的稳定常数 lg$K$ 值比较如下：

配合物	Ba^{2+}	Mg^{2+}	Zn^{2+}	Pb^{2+}	Co^{2+}	Cd^{2+}	Cu^{2+}	Fe^{3+}
M-DTPA	8.8	9.0	18.6	18.9	19.3	19.3	21.5	27.5
M-EDTA	7.8	8.7	16.5	18.0	16.3	16.5	18.8	25.1

由上表可看出，Ba^{2+}-DTPA 比 Ba^{2+}-EDTA 稳定，因此使用 DTPA 为配位剂测定钡能得到较好的效果。

若采用上述控制酸度、掩蔽干扰离子或选用其他滴定剂等方法仍不能消除干扰离子的影响，就只有采用分离的方法除去干扰离子了。

思考题 5-3

1. 简述 EDTA 酸效应曲线的作用。

2. 在 Bi^{3+}、Pb^{2+}、Al^{3+} 和 Mg^{2+} 的混合溶液中测定 Pb^{2+} 含量，其他 3 种离子是否有干扰？

3. 在配位滴定分析中，有共存离子存在时应如何选择滴定的条件？

4. 配位滴定法中测定 Ca^{2+}、Mg^{2+} 时为什么要加入三乙醇胺？具体操作中是先调 pH 还是先加入三乙醇胺？为什么？

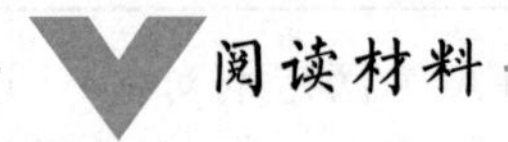

许伐辰巴赫与配位滴定

配位滴定已有 100 多年的历史。最早的配位滴定是 V. Liebig 推荐的 Ag^{+} 与 CN^{-} 的配位反应，用于测定银或氰化物。

1942～1943 年 Brintyinger 及 Pteiffer 研究了一些氨羧配位剂与一些金属的配合物的性质；1945 年瑞士化学家许伐辰巴赫（G. Schwayzenbach）与其同事以物理化学观点对氨三乙酸和乙二胺四乙酸以及它们的配合物进行了广泛的研究，测定了它们的离解常数和它们的金属配合物以后，才确定了利用它们的配位反应进行滴定分析的可靠的理论基础。同年，许伐辰巴赫等在瑞士化学学会中提出了一篇题为《酸、碱及配位剂》的报告，首先用氨羧配位剂作滴定剂测定了 Ca^{2+} 和 Mg^{2+}，引起了分析化学家们很大的兴趣。1946～1948 年许伐辰巴赫和贝德曼（Biedeymonn）相继发现紫脲酸铵和铬黑 T 可作为滴定钙和镁的指示剂，并提出金属指示剂的概念。此后，有许多分析化学家从事研究工作，创立了现代滴定分析的一个分支—— 配位滴定。

第四节　配位滴定标准溶液

学习要点　掌握EDTA标准滴定溶液的配制和标定方法；了解其他配位剂的应用及标准溶液的制备。

一、EDTA标准滴定溶液的配制

1. 试剂

由于乙二胺四乙酸难溶于水，实际工作中通常用它的二钠盐（$Na_2H_2Y \cdot 2H_2O$）配制标准溶液。乙二胺四乙酸二钠盐（也简称EDTA）是白色微晶粉末，易溶于水，经提纯后可作基准物质直接配制标准滴定溶液，但提纯方法较复杂。

2. 蒸馏水质量

在配位滴定中，使用的蒸馏水质量是否符合要求十分重要。若配制溶液的蒸馏水中含有Al^{3+}、Fe^{3+}、Cu^{2+}等，会使指示剂封闭，影响终点观察；若蒸馏水中含有Ca^{2+}、Mg^{2+}、Pb^{2+}等，在滴定中会消耗一定量的EDTA，对结果产生影响。因此在配位滴定中所用蒸馏水应符合GB 6682中“分析实验室用水规格”中二级用水标准。

3. 配制方法

EDTA标准滴定溶液一般采用间接法配制。常用的EDTA标准滴定溶液的浓度为0.01～0.05mol/L。配制时，称取一定量（按所需浓度和体积计算）EDTA［$Na_2H_2Y \cdot 2H_2O$，$M(Na_2H_2Y \cdot 2H_2O)=372.2$g/mol］，用适量蒸馏水溶解（必要时可加热），溶解后稀释至所需体积，并充分混匀，转移至试剂瓶中待标定。

EDTA二钠盐溶液的pH正常值为4.8，市售的试剂如果不纯，pH常低于2，有时pH<4。当室温较低时易析出难溶于水的乙二胺四乙酸，使溶液变浑浊，并且溶液的浓度也发生变化。因此配制溶液时可用pH试纸检查，若溶液pH较低，可加几滴0.1mol/L NaOH溶液，使溶液的pH在5～6.5之间，直至溶液变清为止。

4. EDTA溶液的贮存

配制好的EDTA溶液应贮存在聚乙烯塑料瓶或硬质玻璃瓶中。若贮存在软质玻璃瓶中，EDTA会不断地溶解玻璃中的Ca^{2+}、Mg^{2+}等离子，形成配合物，使其浓度不断降低。

二、EDTA标准滴定溶液的标定

1. 标定EDTA常用的基准试剂

用于标定EDTA溶液的基准试剂很多，常用的基准试剂如表5-9所示。

表5-9 标定EDTA溶液的常用基准试剂

基准试剂	基准试剂处理	滴定条件		终点颜色变化
		pH	指示剂	
铜片	稀HNO_3溶解，除去氧化膜，用水或无水乙醇充分洗涤，在105℃烘箱中烘3min，冷却后称量，以(1+1)HNO_3溶解，再以H_2SO_4蒸发除去NO_2	4.3 ($HAc-Ac^-$缓冲溶液)	PAN	红→黄
铅	稀HNO_3溶解，除去氧化膜，用水或无水乙醇充分洗涤，在105℃烘箱中烘3min，冷却后称量，以(1+2)HNO_3溶解，加热除去NO_2	10 ($NH_3-NH_4^+$缓冲溶液)	铬黑T	红→蓝
		5～6 (六亚甲基四胺)	二甲酚橙	红→黄
锌片	用(1+5)HCl溶解，除去氧化膜，用水或无水乙醇充分洗涤，在105℃烘箱中烘3min，冷却后称量，以(1+1)HCl溶解	10 ($NH_3-NH_4^+$缓冲溶液)	铬黑T	红→蓝
		5～6 (六亚甲基四胺)	二甲酚橙	红→黄
$CaCO_3$	在105℃烘箱中烘120min，冷却后称量，以(1+1)HCl溶解	12.5～12.9(KOH) ≥12.5	甲基百里酚蓝 钙指示剂	蓝→灰 酒红→蓝
MgO	在1000℃灼烧后，以(1+1)HCl溶解	10 ($NH_3-NH_4^+$缓冲溶液)	铬黑T K-B	红→蓝

表5-9中所列的纯金属，如Cu、Zn、Pb等，以及其他纯金属如Bi、Cd、Mg、Ni等，要求纯度在99.99%以上。金属表面如有一层氧化膜，应先用酸洗去，再用水或乙醇洗涤，并在105℃烘干数分钟后再称量。若基准试剂为金属氧化物或其盐类，如Bi_2O_3、$CaCO_3$、MgO、$MgSO_4\cdot7H_2O$、ZnO、$ZnSO_4$等试剂，在使用前应先预处理。

实验室中常用金属锌或氧化锌为基准物质。由于它们的摩尔质量不大，标定时通常采用“称大样”法，即先准确称取基准物质，溶解后定量转移入一定体积的容量瓶中配制，然后再移取一定量溶液标定。

2. 标定的条件

为了使测定结果具有较高的准确度，标定的条件与测定的条件应尽可能相同。在可能的情况下，最好选用被测元素的纯金属或化合物为基准物质。这是因为不同的金属离子与 EDTA 反应完全的程度不同，允许的酸度不同，因而对结果的影响也不同。如 Al^{3+} 与 EDTA 的反应，在过量 EDTA 存在下控制酸度并加热，配位率也只能达到 99%左右，因此要准确测定 Al^{3+} 含量最好采用纯铝或含铝标样标定 EDTA 溶液，使误差抵消。又如，由实验用水中引入的杂质（如 Ca^{2+}、Pb^{2+}）在不同条件下有不同影响，在碱性溶液中滴定时两者均会与 EDTA 配位，在酸性溶液中只有 Pb^{2+} 与 EDTA 配位，在强酸溶液中则两者均不与 EDTA 配位。因此，若在相同酸度下标定和测定，这种影响就可以被抵消。

3. 标定方法[1]

在 pH 为 4～12 时 Zn^{2+} 均能与 EDTA 定量配位，多采用如下方法：

① 在 pH＝10 的 NH_3-NH_4Cl 缓冲溶液中，以铬黑 T 为指示剂，直接标定。

② 在 pH＝5 的六亚甲基四胺缓冲溶液中，以二甲酚橙为指示剂，直接标定。

三、其他配位滴定标准溶液

1. DTPA（二乙基三胺五乙酸）

DTPA 学名为二乙基三胺五乙酸（$C_{14}H_{23}N_3O_{10}$），其结构简式为：

$$HOOCCH_2N[CH_2CH_2N(CH_2COOH)_2]_2$$

DTPA 是一种高效螯合剂，常用于腈纶生产中作为颜色抑制剂，也用于造纸行业、软水剂、纺织助剂等。DTPA 的螯合性强，例如，它与钡生成的配合物比与 EDTA 生成的配合物稳定；与钍生成的配合物在 pH 为 2.5～3 时不分解，且在此条件下镧、镨、铈、锌、铅均不干扰等。因此在配位滴定中，也被用作配位滴定剂等。

DTPA 是白色晶体（摩尔质量为 393.35g/mol），溶于热水和碱溶液，不溶于醇和醚等有机溶剂，它在水中溶解度为 5g/L（20℃）。常温下应避光保存。

（1）DTPA 标准滴定溶液的配制方法　称取一定量的 DTPA（按所需溶液的浓度和体积计算）溶解于一定量的物质的量浓度为 1mol/L NaOH 溶液中，再加入蒸馏水稀释至一定体积混匀后即可。例如，需配制 c(DTPA)＝0.05mol/L 的 DTPA 标准滴定溶液的 1L 应称取 19.7g

---

[1] EDTA 的标定方法参见 GB/T 601。

DTPA 溶于 150mL $c(NaOH)=1mol/L$ 溶液中，再加水稀释至 1L，混匀后移入试剂瓶中待标定。

（2）DTPA 标准滴定溶液的标定　DTPA 标准滴定溶液常采用 ZnO 基准试剂标定。其标定方法与 EDTA 相似。如上例所配溶液的标定方法是：准确称取 1g 在 800℃灼烧至恒重的氧化锌基准试剂于 100mL 的小烧杯中，加入少量水润湿，滴加盐酸溶液（1+1）至完全溶解。定量转移至 250mL 的容量瓶中，稀释至标线，混匀。移取 25mL 此溶液，加入 50mL 水，用氨水溶液（10%）中和至 pH7～8，加 10mL pH=10 的氨-氯化铵缓冲溶液，50mg 铬黑 T 指示剂（1%，用氯化钠混匀）用 DTPA 待标定溶液滴至溶液由紫色变为蓝色为终点。

（3）DTPA 应用实例——钍的测定　在含有钍 10～200mg 的稀硝酸溶液中，加水稀释至 150mL，用氨水溶液（10%）调至 pH 为 2.5～3，加 2 滴 5g/L 的二甲酚橙水溶液，用浓度为 $c(DTPA)=0.05mol/L$ 的 DTPA 标准滴定溶液滴定至黄色为终点，计算试样中钍的含量。

2. EGTA（乙二醇二乙醚二胺四乙酸）

EGTA 学名乙二醇二乙醚二胺四乙酸，也有称为乙二醇二（2-氨基乙基）醚四乙酸（$C_{14}H_{24}N_2O_{10}$）其结构简式为：

$$[CH_2OCH_2CH_2N(CH_2COOH)_2]_2$$

EGTA 能与碱金属、稀土元素和过渡金属等形成极稳定的水溶性配合物，在滴定分析和光度分析中用作配位剂。它可用于滴定钙、钡、锶、铜、镁和锌，最常用的是钙。它与钙离子形成的螯合物比与镁离子形成的螯合物要稳定且差别大，因此在有镁存在时被用来测定钙。还可用来制备钙缓冲液和控制钙离子的浓度。由于其具有对血液的抗凝作用及能消除重金属对酶催化反应的抑制作用而用作生化研究中的抗凝剂与掩蔽剂。

EGTA 外观为白色结晶性粉末（摩尔质量为 380.35g/mol），易溶于碱性溶液中，微溶于水，不溶于乙醇和一般有机溶剂。它在水中溶解度为 0.5g/L（20℃）。

（1）EGTA 标准溶液的配制方法　称取一定量的 EGTA（按所需溶液的浓度和体积计算）溶解于一定量的物质的量浓度为 1mol/L NaOH 溶液中，再加入蒸馏水稀释至一定体积混匀后即可。

例如，需配制 $c(EGTA)=0.01mol/L$ 的 EGTA 标准滴定溶液的 1L 应称取 3.8g EGTA 溶于 200mL $c(NaOH)=1mol/L$ 溶液中，再加

水稀释至1L，混匀后移入试剂瓶中待标定。

（2）EGTA溶液的标定 EGTA溶液采用间接标定法，具体做法是：准确移取待标定的EGTA溶液25.00mL，加水至100mL，用$c(NaOH)=$ 1mol/L溶液调pH＝12.5，加20mg钙黄绿素指示剂（1g钙黄绿素与99g硝酸钾混匀），用硝酸钙$c[Ca(NO_3)_2]=0.01mol/L$标准溶液滴定至溶液产生绿色荧光即为终点。

（3）EGTA应用实例——钙的测定 准确称取含钙量约为0.012g的试样（指可溶于水，可以含有镁），溶解后，根据样品具体情况加入适量掩蔽剂，调节酸度，以钙指示剂为指示剂，用EGTA标准滴定溶液滴定至溶液由红变为蓝色为终点，计算钙的含量。

思考题 5-4

1. 配制和标定EDTA标准滴定溶液时，对所用试剂和水有何要求？

2. 为什么在配位滴定中都要加入一定量的酸碱缓冲溶液？

3. 常用于标定EDTA标准滴定溶液的基准物质有哪些？若使用纯金属为基准物质，在标定前应如何处理？

4. 为什么标定EDTA标准滴定溶液时最好选用被测元素的纯金属或化合物为基准物质？

5. 用含有少量Ca^{2+}、Mg^{2+}的蒸馏水配制EDTA溶液，然后在pH＝5.5条件下，以二甲酚橙为指示剂，用Zn^{2+}标准滴定溶液标定EDTA的浓度，最后在pH＝10.0的条件下用上述EDTA溶液滴定试样中的Ni^{2+}，对测定结果有无影响？并说明理由。

阅读材料

配位化学

配位化学（coordination chemistry）主要是研究金属离子（中心原子）和其他离子或分子（配位体）相互作用的化学。它所研究的对象就是配位化合物，简称配合物。由于配合物的本性及其稳定性差别很大，本身又处于不断发展和丰富的过程中，所以至今仍无一致的确切定义。通常认为它是两种或更多种可以独立存在的简单物种结合起来的一种化合物。

在配位化学发展过程中，建立了一系列能概括实验规律的理论。“有效原子序数规则”解释了六配位数的$[Co(NH_3)_6]^{3+}$配位离子采取八面体结构的事实。

为了进一步说明配位化合物的几何构型、磁性和导电性等特性，1930年Panling建立了化学键理论中具有深远意义的杂化轨道理论和价键理论，成功地解释了过渡金属配位化合物的光谱及磁性。

而由晶体场理论延伸的配位理论和分子轨道理论在阐明一些明显具有离域性质的体系方面也取得了很大的成功。

配位化学已经发展成为当代化学的前沿领域之一，它打破了传统的有机化学与无机化学的界限。配位化合物新奇的特殊性能在生产实践中取得了重大的应用。除了在传统的金属分析、分离、提纯、电解、电镀、催化、药物、印染等国民经济诸多方面的应用外，其特殊的化学和生物特性有着广泛的应用意义。在生物体内微量的金属离子所形成的配合物对生命过程起着极其微妙的作用。特别是有些配合物所具有的特殊光、电、热、磁等功能，对于电子、激光和信息等高新技术的开发具有重要的意义。

摘自唐有祺主编《当代化学前沿》

第五节　配位滴定方式及应用

学习要点　了解配位滴定的方式；掌握各种滴定方式的使用条件和应用范围；了解各类滴定方式的应用实例。

在配位滴定中采用不同的滴定方式，不但可以扩大配位滴定的应用范围，而且可以提高配位滴定的选择性。常用的配位滴定方式有四种，即直接滴定、返滴定、置换滴定和间接滴定。

一、直接滴定法及应用

直接滴定法是配位滴定中的基本方式。这种方法是将试样处理成溶液后，调节至所需的酸度，再用 EDTA 直接滴定被测离子。在多数情况下，直接法引入的误差较小，操作简便、快速。只要金属离子与 EDTA 的配位反应能满足直接滴定的要求，应尽可能地采用直接滴定法。

但有以下任何一种情况，都不宜采用直接滴定法：

① 待测离子与 EDTA 不形成配合物或形成的配合物不稳定；

② 待测离子与 EDTA 的配位反应很慢，例如 Al^{3+}、Cr^{3+}、Zr^{4+} 等的配合物虽稳定，但在常温下反应进行得很慢；

③ 没有适当的指示剂，或金属离子对指示剂有严重的封闭或僵化现象；

④ 在滴定条件下，待测金属离子水解或生成沉淀，滴定过程中沉淀不易溶解，也不能用加入辅助配位剂的方法防止这种现象发生。

实际上大多数金属离子都可采用直接滴定法。例如，测定钙、镁可有多种方法，但以直接配位滴定法最为简便。钙、镁联合测定的方法是：先在 pH=10 的氨性溶液中，以铬黑 T 为指示剂，用 EDTA 滴定。由于 CaY 比 MgY 稳定，故先滴定的是 Ca^{2+}。但它们与铬黑 T 配位化合物的稳定性则相反（$\lg K_{CaIn}=5.4$，$\lg K_{MgIn}=7.0$），因此当溶液由紫红变为蓝色时，表示 Mg^{2+} 已定量滴定。而此时 Ca^{2+} 早已定量反应，故由此测得的是 Ca^{2+}、Mg^{2+} 总量。另取同量试液，加入 NaOH 调节溶液酸度至 pH>12。此时镁以 $Mg(OH)_2$ 沉淀形式被掩蔽，选用钙指示剂，用 EDTA 滴定 Ca^{2+}。由前后两次测定之差即得到镁含量。

表 5-10 列出了部分金属离子常用的 EDTA 直接滴定法实例。

表 5-10　直接滴定法实例

金属离子	pH	指示剂	其他主要滴定条件	终点颜色变化
Bi^{3+}	1	二甲酚橙	介质	紫红→黄
Ca^{2+}	12～13	钙指示剂		酒红→蓝
Cd^{2+},Fe^{2+},Pb^{2+},Zn^{2+}	5～6	二甲酚橙	六亚甲基四胺	红紫→黄
Co^{2+}	5～6	二甲酚橙	六亚甲基四胺，加热至 80℃	红紫→黄
Cd^{2+},Mg^{2+},Zn^{2+}	9～10	铬黑 T	氨性缓冲溶液	红→蓝
Cu^{2+}	2.5～10	PAN	加热或加乙醇	红→黄绿
Fe^{3+}	1.5～2.5	磺基水杨酸	加热	红紫→黄
Mn^{2+}	9～10	铬黑 T	氨性缓冲溶液、抗坏血酸或 $NH_2OH \cdot HCl$ 或酒石酸	红→蓝
Ni^{2+}	9～10	紫脲酸铵	加热至 50～60℃	黄绿→紫红
Pb^{2+}	9～10	铬黑 T	氨性缓冲溶液，加酒石酸，并加热至 40～70℃	红→蓝
Th^{2+}	1.7～3.5	二甲酚橙	介质	紫红→黄

二、返滴定法及应用

返滴定法是在适当的酸度下，在试液中加入过量的 EDTA 标准滴定溶液，使待测离子与 EDTA 配位完全后，调节溶液的 pH，加入指示剂，以另一种金属离子标准滴定溶液滴定过量的 EDTA。

返滴定法适用于如下一些情况：

① 被测离子与 EDTA 反应缓慢；

② 被测离子在滴定的 pH 下会发生水解，又找不到合适的辅助配位剂；

③ 被测离子对指示剂有封闭作用，又找不到合适的指示剂。

例如，Al^{3+} 与 EDTA 配位反应缓慢，而且对二甲酚橙指示剂有封闭作用；酸度不高时，Al^{3+} 还易发生一系列水解反应，形成多种多核羟基配合物。因此 Al^{3+} 不能直接滴定。用返滴定法测定 Al^{3+} 时，先在试液中加入一定量并过量的 EDTA 标准滴定溶液，调节 pH＝3.5，煮沸以加速 Al^{3+} 与 EDTA 的反应（此时溶液的酸度较高，又有过量 EDTA 存在，Al^{3+} 不会形成羟基配合物）。冷却后，调节 pH 至 5～6，以保证 Al^{3+} 与 EDTA 定量配位，然后以二甲酚橙为指示剂（此时 Al^{3+} 已形成 AlY，不再封闭指示剂），用 Zn^{2+} 标准滴定溶液滴定过量的 EDTA。

返滴定法中用作返滴定剂的金属离子 N 与 EDTA 的配合物 NY 应有足够的稳定性，以保证测定的准确度。但 NY 又不能比待测离子 M 与 EDTA 的配合物 MY 更稳定，否则将发生下列反应（略去电荷），使测定结果偏低：

$$N + MY \rightleftharpoons NY + M$$

上例中 ZnY^{2-} 虽比 AlY^{-} 稍稳定（$\lg K_{ZnY}=16.5$，$\lg K_{AlY}=16.1$），但因 Al^{3+} 与 EDTA 配位缓慢，一旦形成离解也慢，因此在滴定条件下 Zn^{2+} 不会把 AlY^{-} 中的 Al^{3+} 置换出来。但是，如果返滴定时温度较高，AlY^{-} 活性增大，就有可能发生置换反应，使终点难于确定。表 5-11 列出了常用作返滴定剂的部分金属离子及其滴定条件。

表 5-11 常用作返滴定剂的金属离子及其滴定条件

待测金属离子	pH	返滴定剂	指示剂	终点颜色变化
Al^{3+},Ni^{2+}	5～6	Zn^{2+}	二甲酚橙	黄→紫红
Al^{3+}	5～6	Cu^{2+}	PAN	黄→蓝紫(或紫红)
Fe^{2+}	9	Zn^{2+}	铬黑 T	蓝→红
Hg^{2+}	10	Mg^{2+},Zn^{2+}	铬黑 T	蓝→红
Sn^{4+}	2	Th^{4+}	二甲酚橙	黄→红

三、置换滴定法及应用

配位滴定中用到的置换滴定有下列两类。

1. 置换出金属离子

例如 Ag^{+} 与 EDTA 配合物不够稳定（$\lg K_{AgY}=7.3$），不能用 EDTA 直接滴定。若在 Ag^{+} 试液中加入过量的 $[Ni(CN)_4]^{2-}$，则会发生如下置换反应：

$$2Ag^{+} + [Ni(CN)_4]^{2-} \longrightarrow 2[Ag(CN)_2]^{-} + Ni^{2+}$$

此反应的平衡常数较大（$K=10^{10.9}$），反应进行较完全。然后用 EDTA 滴定置换出的 Ni^{2+}，即可求得 Ag^{+} 含量。

要测定银币试样中的银与铜，常用的方法是：先将试样溶于硝酸后，加入氨调节溶液的 pH=8，以紫脲酸铵为指示剂，用 EDTA 滴定 Cu^{2+}，然后调 pH=10，加入过量的 $[Ni(CN)_4]^{2-}$ 溶液，再用 EDTA 标准溶液滴定置换出的 Ni^{2+}，即可求得银的含量。

紫脲酸铵是配位滴定 Ca^{2+}、Ni^{2+}、Co^{2+} 和 Cu^{2+} 的一个经典指示剂，在氨性溶液中滴定 Ni^{2+} 时，溶液由配合物的紫色变为指示剂的黄色，变色敏锐。测定 Cu^{2+} 时，由于 Cu^{2+} 与指示剂的稳定性差，只能在弱氨性溶液中滴定。

2. 置换出 EDTA

用返滴定法测定可能含有铜、铅、锌 、铁等杂质离子的某复杂试样中的 Al^{3+} 时，实际测得的是这些离子的含量。为了得到准确的 Al^{3+} 量，在返滴定至终点后，加入 NH_4F，F^- 与溶液中的 AlY^- 反应，生成更为稳定的 $[AlF_6]^{3-}$，置换出与 Al^{3+} 相当量的 EDTA。

$$AlY^- + 6F^- + 2H^+ \longrightarrow [AlF_6]^{3-} + H_2Y^{2-}$$

置换出的 EDTA 再用 Zn^{2+} 标准滴定溶液滴定，由此可得 Al^{3+} 的准确含量。

锡的测定也常用此法。例如测定锡-铅焊料中锡、铅含量的方法为：将试样溶解后加入一定量并过量的 EDTA，煮沸，冷却后用六亚甲基四胺调节溶液 pH 至 5～6，以二甲酚橙作指示剂，用 Pb^{2+} 标准滴定溶液滴定 Sn^{4+} 和 Pb^{2+} 的总量。然后再加入过量的 NH_4F，置换出 SnY 中的 EDTA，再用 Pb^{2+} 标准滴定溶液滴定，即可求得 Sn^{4+} 的含量。

此外，利用置换滴定法的原理，可以改善指示剂指示滴定终点的敏锐性。例如，铬黑 T 与 Mg^{2+} 显色很灵敏，但与 Ca^{2+} 显色的灵敏度较差，为此，在 pH=10 的溶液中用 EDTA 滴定 Ca^{2+} 时，常于溶液中先加入少量 MgY，此时发生下列置换反应：

$$MgY^{2-} + Ca^{2+} \rightleftharpoons CaY^{2-} + Mg^{2+}$$

置换出来的 Mg^{2+} 与铬黑 T 显很深的红色。滴定时，EDTA 先与 Ca^{2+} 配合，当达到滴定终点时，EDTA 夺取 Mg-铬黑 T 配合物中的 Mg^{2+}，形成 MgY^{2-}，游离出指示剂，显蓝色，颜色变化很明显。在这里，滴定前加入的 MgY^{2-} 和最后生成的 MgY^{2-} 的物质的量是相等的，故加入的 MgY^{2-} 不影响滴定结果。

置换滴定法不仅能扩大配位滴定法的应用范围，还可以提高配位滴定法的选择性。

四、间接滴定法及应用

有些离子和EDTA生成的配合物不稳定，如Na^+、K^+等阳离子；有些离子和EDTA不配位，如SO_4^{2-}、PO_4^{3-}、CN^-、Cl^-等阴离子。这些离子可采用间接滴定法测定。例如，氰化物含量的测定就可使用间接配位滴定法。具体操作方法是：在不多于90mg的氰化物（以CN^-计的碱金属化合物）溶液中，加入浓度为0.1mol/L溶液$NiSO_4$溶液10mL，加入质量分数为25%的氨水3mL，几滴紫尿酸胺指示剂（0.1g紫尿酸胺加5mL水，摇至饱和溶解，静置，使用其上层清液，要新鲜配制），用c(EDTA)=0.1mol/L标准滴定溶液滴定至紫色为终点。

表5-12列出了部分离子的常用的间接滴定法。

表5-12 常用的间接滴定法

待测离子	主要步骤
K^+	沉淀为$K_2Na[Co(NO_2)_6]\cdot 6H_2O$，经过滤、洗涤、溶解后测出其中的$Co^{3+}$
Na^+	沉淀为$NaZn(UO_2)_3Ac_9\cdot 9H_2O$，经过滤、洗涤、溶解后测出其中的$Zn^{2+}$
PO_4^{3-}	沉淀为$MgNH_4PO_4\cdot 6H_2O$，沉淀经过滤、洗涤、溶解，测定其中Mg^{2+}，或测定滤液中过量的Mg^{2+}
S^{2-}	沉淀为CuS，测定滤液中过量的Cu^{2+}
SO_4^{2-}	沉淀为$BaSO_4$，测定滤液中过量的Ba^{2+}，用Mg-Y，铬黑T作指示剂
CN^-	加一定量并过量的Ni^{2+}，使形成$[Ni(CN)_4]^{2-}$，测定过量的Ni^{2+}
Cl^-、Br^-、I^-	沉淀为卤化银，过滤，滤液中过量的Ag^+与$[Ni(CN)_4]^{2-}$置换，测定置换出的Ni^{2+}

间接滴定法步骤繁杂，引入误差的机会较多。

思考题5-5

1.用返滴定法测定Al^{3+}含量时，首先在pH为3.5左右加入过量EDTA，并加热，使Al^{3+}充分反应。试说明选择此pH的理由。

2.今欲不经分离用配位滴定法测定下列混合液中各组分的含量，试设计简要方案（包括滴定剂、酸度、指示剂以及滴定方式）：

(1) Zn^{2+}、Mg^{2+}混合液中两者含量的测定；

(2) Fe^{3+}、Cu^{2+}、Ni^{2+}混合液中各含量的测定。

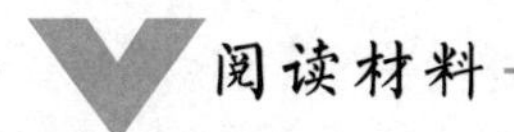

阅读材料

铅含量的测定

铅污染主要来自汽车尾气和涂料、印刷、采矿、冶炼等行业生产中排放的“三废”。铅属于累积性毒物，可贮于骨骼，对人体有害。

铅的测定方法很多，如原子吸收分光光度法、双硫腙比色法等。但污染源中高含量铅的测定可用 EDTA 滴定法。方法是：用玻璃纤维膜采集试样，经硝酸-过氧化氢浸出，并制备成试样溶液。加硫酸、酒石酸溶液，煮沸后过滤，并用硫酸洗涤液洗至无 Fe^{3+} 。溶解沉淀，在 HAc-NaAc 缓冲溶液存在下，以二甲酚橙为指示剂，用 EDTA 标准滴定溶液滴定至亮黄色为终点。

第六节 应用实例和操作练习

学习要点 掌握 c(EDTA)=0.02mol/L 标准滴定溶液的配制和浓度标定方法；通过学习应用实例，了解配位滴定法在生产科研中的应用；学习用直接滴定法测定水中总硬度和钙硬度的方法原理，掌握指示剂应用条件和测定操作技术，掌握水中硬度的表示方法；学习用置换滴定法测定铝盐中铝含量的方法原理，掌握二甲酚橙指示剂的应用条件和终点颜色的判断；学习用控制酸度连续测定铅、铋含量的方法原理，掌握测定操作步骤和终点颜色的判断，能根据实验数据正确计算出被测组分的含量；学习用返滴定法测定镍盐中镍含量的方法原理和操作步骤，掌握以 PAN 为指示剂的滴定终点的判断。

一、EDTA 标准滴定溶液的配制与标定

1. 方法原理

用金属锌或 ZnO 基准物标定，溶液酸度控制在 pH=10 的 NH_3-NH_4Cl 缓冲溶液中，以铬黑 T（EBT）作指示剂直接滴定。终点由红色变为纯蓝色；或将溶液酸度控制在 pH 为 5～10 的六亚甲基四胺缓冲溶液中，以二甲酚橙（XO）作指示剂直接滴定，终点由紫红色变为亮黄色。

用 $CaCO_3$ 基准物标定时，溶液酸度应控制在 pH≥10，用钙指示剂，终点由红色变为蓝色。

2. 试剂

（1）EDTA 二钠盐（$Na_2H_2Y \cdot 2H_2O$）。

（2）HCl（20%）。

（3）氨水（1+1）。

（4）$(CH_2)_6N_4$（六亚甲基四胺）（300g/L）。

（5）NH_3-NH_4Cl 缓冲溶液（pH=10）。配制：称取固体 NH_4Cl 5.4g，加水 20mL，加浓氨水 35mL，溶解后，以水稀释成 100mL，摇匀备用。

（6）铬黑 T。称取 0.25g 固体铬黑 T，2.5g 盐酸羟胺，以 50mL 无水乙醇溶解。

（7）基准试剂氧化锌，ZnO 基准物质在 900℃灼烧至恒重。

3. 实例内容与操作步骤

（1）c(EDTA)=0.02mol/L EDTA 溶液的配制　称取 4g 分析纯 $Na_2H_2Y \cdot 2H_2O$ 试剂，溶于 300mL 水中，加热溶解，冷却后转移至试剂瓶中，稀释至 500mL，充分摇匀，待标定。

（2）c(EDTA)=0.02mol/L EDTA 溶液的标定　准确称取 0.42g（如何计算?）灼烧至恒重的工作基准试剂氧化锌，用少量水湿润，加 3mL 盐酸溶液（20%）溶解，移入 250mL 容量瓶中，稀释至刻度，摇匀。取 35.00～40.00mL，加 70mL 水，用氨水溶液调节溶液 pH 至 7～8，加 10mL 氨-氯化铵缓冲溶液及 5 滴铬黑 T 指示液，用配制好的 EDTA 溶液滴定至溶液由紫色变为纯蓝色。平行测定 4 次，同时做空白试验。

4. 数据处理

$$c(\mathrm{EDTA})=\frac{m \times \frac{V_1}{250} \times 1000}{(V_2-V_3)M}$$

式中　c(EDTA)——EDTA 标准溶液的浓度，mol/L；

m——氧化锌的质量，g；

V_1——氧化锌溶液的体积，mL；

V_2——消耗乙二胺四乙酸二钠溶液的体积，mL；

V_3——空白试验消耗乙二胺四乙酸二钠溶液的体积，mL；

M——氧化锌的摩尔质量，g/mol[M(ZnO)=81.39]。

5. 注意事项

（1）市售 $Na_2H_2Y \cdot 2H_2O$ 有粉末状和结晶型两种，粉末状的易溶解，结晶型的在水中溶解得较慢，可加热使其溶解。

（2）滴加氨水（1+1）调整溶液酸度时要逐滴加入，且边加边摇动锥形瓶，防止滴加过量，以出现浑浊为限。滴加过快时，可能会使浑浊立即消失，误以为还没有出现浑浊。

(3) 加入 NH_3-NH_4Cl 缓冲溶液后应尽快滴定，不宜放置过久。

6. 思考题

(1) EDTA 标准滴定溶液通常使用乙二胺四乙酸二钠，而不使用乙二胺四乙酸，为什么?

(2) 用氨水调节溶液 pH 时，先出现白色沉淀，后又溶解，解释现象，并写出反应方程式。

(3) 为什么要在调节溶液 pH 为 7～8 以后，再加入 NH_3-NH_4Cl 缓冲溶液?

(4) 以 HCl 溶液溶解 $CaCO_3$ 基准物时，操作中应注意些什么? 为什么?

(5) 用 Ca^{2+} 标准溶液标定 EDTA，写出 EDTA 对 Ca^{2+} 滴定度的计算式。

(6) EDTA 的浓度分别为 0.02mol/L、0.1mol/L、0.05mol/L 时，用氧化锌为基准物质标定的操作过程有什么不同，为什么?

二、自来水总硬度的测定（钙镁含量的测定）

1. 方法原理

水硬度的测定分为钙镁总硬度和分别测定钙和镁硬度两种，前者是测定钙镁总量，后者是分别测定钙和镁的含量。

水总硬度的测定，用 NH_3-NH_4Cl 缓冲溶液控制水样 pH＝10，以铬黑 T 为指示剂，用三乙醇胺掩蔽 Fe^{2+}、Al^{3+} 等共存离子，用 Na_2S 消除 Cu^{2+}、Pb^{2+} 等离子的影响，用 EDTA 标准溶液直接滴定 Ca^{2+} 和 Mg^{2+}，终点时溶液由红色变为纯蓝色。

钙硬度的测定，用 NaOH 调节水试样 pH＝12，Mg^{2+} 形成 $Mg(OH)_2$ 沉淀，用 EDTA 标准溶液直接滴定 Ca^{2+}，采用钙指示剂，终点时溶液由红色变为蓝色。

镁硬度可由总硬度与钙硬度之差求得。

2. 试剂

(1) 水试样（自来水）。

(2) EDTA 标准滴定溶液［c(EDTA)＝0.02mol/L］。

(3) 铬黑 T。

（4）刚果红试纸。

（5）NH_3-NH_4Cl 缓冲溶液（pH＝10）。

（6）钙指示剂。

（7）NaOH 溶液（4mol/L）。配制：将 160g 固体 NaOH 溶于 500mL 水中，冷却至室温，稀释至 1000mL。

（8）HCl 溶液（1＋1）。

（9）三乙醇胺（200g/L）。

（10）Na_2S 溶液（20g/L）。

3. 实例内容与操作步骤

（1）总硬度的测定　用 50mL 移液管移取水试样 50.00mL，置于 250mL 锥形瓶中，加 1～2 滴 HCl 酸化（用刚果红试纸检验变蓝紫色），煮沸数分钟赶除 CO_2。冷却后，加入 3mL 三乙醇胺溶液、5mL NH_3-NH_4Cl 缓冲溶液、1mL Na_2S 溶液、3 滴铬黑 T 指示剂溶液，立即用 c(EDTA)＝0.02mol/L 的 EDTA 标准滴定溶液滴定至溶液由红色变为纯蓝色即为终点，记下消耗 EDTA 标准滴定溶液的体积 V_1。平行测定 3 次，取平均值计算水样的总硬度。

（2）钙硬度的测定　用 50mL 移液管移取水试样 50.00mL，置于 250mL 锥形瓶中，加入刚果红试纸（pH3～5，颜色由蓝变红）一小块。加入盐酸酸化，至试纸变蓝紫色为止。煮沸 2～3min，冷却至 40～50℃，加入 4mol/L NaOH 溶液 4mL，再加少量钙指示剂，以 c(EDTA)＝0.02mol/L 的 EDTA 标准滴定溶液滴定至溶液由红色变为蓝色即为终点，记下消耗 EDTA 标准滴定溶液的体积 V_2。平行测定 3 次，取平均值计算水样的钙硬度。

4. 数据处理

$$\rho_{总}(CaCO_3)=\frac{c(EDTA)V_1M(CaCO_3)}{V}\times 10^3$$

$$硬度(°)=\frac{c(EDTA)V_1M(CaO)}{V\times 10}\times 10^3$$

$$\rho_{钙}(CaCO_3)=\frac{c(EDTA)V_2M(CaCO_3)}{V}\times 10^3$$

式中　$\rho_{总}(CaCO_3)$——水样的总硬度，mg/L；

$\rho_{钙}(CaCO_3)$——水样的钙硬度，mg/L；

c(EDTA)——EDTA 标准滴定溶液的浓度，mol/L；

V_1——测定总硬度时消耗 EDTA 标准滴定溶液的体积，L；

V_2——测定钙硬度时消耗 EDTA 标准滴定溶液的体积，L；

V——水样的体积，L；

$M(CaCO_3)$——$CaCO_3$ 摩尔质量，g/mol；

$M(CaO)$——CaO 摩尔质量，g/mol。

5. 注意事项

（1）滴定速度不能过快，接近终点时要慢，以免滴定过量。

（2）加入 Na_2S 后，若生成的沉淀较多，将沉淀过滤。

6. 思考题

（1）测定钙硬度时为什么加盐酸？加盐酸应注意什么？

（2）根据本实验分析结果，评价该水试样的水质。

（3）以测定 Ca^{2+} 为例，写出终点前后的各反应式。说明指示剂颜色变化的原因。

（4）若某试液中仅有 Ca^{2+}，能否用铬黑 T 作指示剂？如果可以，说明测定方法。

注意！ 世界各国表示水的硬度的方法不尽相同，中国目前采用的表示方法主要有两种，一种是以每升水中所含 $CaCO_3$ 的质量（mg/L 或 mmol/L）表示，另一种是以每升水中含 10mg CaO 为 1 度（1°）表示。

表 5-13 是一些国家水硬度的换算关系（以 $CaCO_3$ 表示）。

表 5-13　一些国家水硬度换算关系

硬度单位	mmol/L	德国硬度	法国硬度	英国硬度	美国硬度
1mmol/L	1.00000	2.8040	5.0050	3.5110	50.050
1 德国硬度	0.35663	1.0000	1.7848	1.2521	17.848
1 法国硬度	0.19982	0.5603	1.0000	0.7015	10.000
1 英国硬度	0.28483	0.7987	1.4255	1.0000	14.255
1 美国硬度	0.01998	0.0560	0.1000	0.0702	1.000

日常应用中，水质分类见表 5-14。

表 5-14　水质分类

总硬度	0°～4°	4°～8°	8°～16°	16°～25°	25°～40°	40°～60°	60°以上
水质	很软水	软水	中硬水	硬水	高硬水	超硬水	特硬水

三、铝盐中铝含量的测定

1. 方法原理

Al^{3+} 与 EDTA 的配合反应比较缓慢，需加过量的 EDTA 并加热煮沸才能反应完全，Al^{3+} 对二甲酚橙指示剂有封闭作用，酸度不高时 Al^{3+} 又要水解，所以不能直接滴定，采用置换滴定法测定。

在 pH 为 3～4 的条件下，在铝盐试液中加入过量的 EDTA 溶液，加热煮沸使 Al^{3+} 配位完全。调节溶液 pH 为 5～6，以二甲酚橙为指示剂，用锌盐（或铝盐）标准滴定溶液滴定剩余的 EDTA。然后，加入过量 NH_4F，加热煮沸，置换出与 Al^{3+} 配位的 EDTA，再用锌盐（或铝盐）标准滴定溶液滴定至溶液由黄色变为紫红色即为终点。有关反应如下：

$$H_2Y^{2-} + Al^{3+} \longrightarrow AlY^{-} + 2H^{+}$$

$$H_2Y^{2-}(\text{剩余}) + Zn^{2+} \longrightarrow ZnY^{2-} + 2H^{+}$$

$$H_2Y^{2-}(\text{置换生成}) + Zn^{2+} \longrightarrow ZnY^{2-} + 2H^{+}$$

2. 试剂

（1）盐酸（1+1）。

（2）EDTA 标准滴定溶液 $c(\text{EDTA})=0.02\text{mol/L}$。

（3）Zn^{2+} 标准滴定溶液 $c(Zn^{2+})=0.02\text{mol/L}$。

（4）百里酚蓝指示剂（1g/L），用 20%乙醇溶解。

（5）二甲酚橙水溶液（2g/L）。

（6）氨水（1+1）。

（7）六亚甲基四胺溶液（20%），$20g(CH_2)_6N_4$ 溶于少量水中，稀释至 100mL。

（8）固体 NH_4F。

（9）铝盐试样（如工业硫酸铝）。

3. 实例内容与操作步骤

准确称取铝盐试样 0.5～1.0g，加少量盐酸（1+1）及 50mL 水溶解，定量转入 100mL 容量瓶中稀释至刻度。

用移液管移取试液 10.00mL 于锥形瓶中，加水 20mL 及 $c(\text{EDTA})=0.02\text{mol/L}$ EDTA 标准溶液 30mL，加 4～5 滴百里酚蓝指示剂，用氨水中和恰好成黄色（pH 为 3～3.5），煮沸后，加六亚甲基四胺溶液 10mL，使 pH 为 5～6。用力振荡，用水冷却，加二甲酚橙指示剂溶液 2 滴，用

$c(Zn^{2+})=0.02mol/L$ Zn^{2+}标准溶液滴定至溶液由黄色变为紫红色（不计体积），加NH_4F 1～2g，加热煮沸2min，冷却，用$c(Zn^{2+})=0.02mol/L$ Zn^{2+}标准滴定溶液滴定至溶液由黄色变为紫红色为终点，记下消耗Zn^{2+}标准溶液体积。平行测定3次，取平均值计算铝盐试样中铝的含量。

4. 数据处理

$$w(Al)=\frac{c(Zn^{2+})V(Zn^{2+})\times 10^{-3}M(Al)}{m\times\frac{10}{100}}\times 100\%$$

式中　$w(Al)$——铝盐试样铝的含量（质量分数），%；

$c(Zn^{2+})$——Zn^{2+}标准滴定溶液的浓度，mol/L；

$V(Zn^{2+})$——消耗Zn^{2+}标准滴定溶液的体积，mL；

$M(Al)$——Al的摩尔质量，g/mol；

m——铝盐试样的质量，g。

5. 思考题

（1）测定过程中，为什么要两次加热？

（2）什么叫置换滴定法？测定Al^{3+}为什么要用置换滴定法？能否采用直接滴定法？

（3）第一次用锌盐标准滴定溶液滴定EDTA，为什么不记体积？若此时锌盐溶液过量，对分析结果有何影响？

（4）若试样为工业硫酸铝，如何计算硫酸铝的含量？写出计算式。

（5）置换滴定法中所使用的EDTA溶液，要不要标定？为什么？

（6）可否采用PAN指示剂代替二甲酚橙指示剂？滴定终点的颜色如何变化？

四、铅、铋混合液中铅、铋含量的连续测定

1. 方法原理

混合离子常用控制酸度法、掩蔽法进行连续测定。可根据有关副反应系数论证对它们分别滴定的可能性。

Bi^{3+}、Pb^{2+}均能与EDTA形成稳定的1∶1配合物，$\lg K$分别为27.94和18.04。由于两者的$\lg K$相差很大，故可利用酸效应，控制不同的酸度，用EDTA连续滴定Bi^{3+}和Pb^{2+}。

在Bi^{3+}和Pb^{2+}混合溶液中，首先调节溶液的pH=1，以二甲酚橙为指示剂，Bi^{3+}与指示剂形成紫红色配合物（Pb^{2+}在此条件下不会与二

甲酚橙形成有色配合物），用 EDTA 标准滴定溶液滴定 Bi^{3+}，当溶液由紫红色恰变为黄色，即为滴定 Bi^{3+} 的终点。

在滴定 Bi^{3+} 后的溶液中，加入六亚甲基四胺溶液，调节溶液 pH 为 5～6，此时 Pb^{2+} 与二甲酚橙形成紫红色配合物，溶液再次呈现紫红色，然后用 EDTA 标准滴定溶液继续滴定，当溶液由紫红色恰转变为黄色时，即为滴定 Pb^{2+} 的终点。

2. 试剂

（1）EDTA 标准滴定溶液［c(EDTA)＝0.02mol/L］。

（2）二甲酚橙指示液（2g/L）。

（3）六亚甲基四胺缓冲溶液（20％）。

（4）硝酸（0.1mol/L；2mol/L）。

（5）NaOH 溶液 2mol/L。配制：称取 8g NaOH，溶于水，稀释至 100mL。

（6）精密 pH 试纸。

（7）Bi^{3+}、Pb^{2+} 混合液（各约 0.02mol/L）。配制方法：称取 $Pb(NO_3)_2$ 6.6g、$Bi(NO_3)_3$ 9.7g，放入已盛有 30mL HNO_3 的烧杯中，在电炉上微热溶解后，稀释至 1000mL。

3. 实例内容与操作步骤

（1）Bi^{3+} 的测定　用移液管移取 25.00mL Bi^{3+}、Pb^{2+} 混合液于 250mL 锥形瓶中，用 NaOH 溶液和 HNO_3 调节试液的酸度至 pH＝1，然后加入 1～2 滴二甲酚橙指示液，这时溶液呈紫红色，用 EDTA 标准滴定溶液滴定，当溶液由紫红色恰变为黄色即为滴定 Bi^{3+} 的终点。记下消耗的 EDTA 标准滴定溶液体积。

（2）Pb^{2+} 的测定　在滴定 Bi^{3+} 后的溶液中，滴加六亚甲基四胺溶液，至溶液呈现稳定的紫红色后，再加入 5mL，此时溶液的 pH 约 5～6。用 EDTA 标准滴定溶液滴定，当溶液由紫红色恰变为黄色即为滴定 Pb^{2+} 的终点。记下消耗 EDTA 标准滴定溶液的体积。

各平行测定 3 次，分别计算混合液中 Bi^{3+}、Pb^{2+} 的含量（以 g/L 表示）。

4. 数据处理

$$\rho(Bi^{3+})=\frac{c(\mathrm{EDTA})V_1M(\mathrm{Bi})}{V}$$

$$\rho(Pb^{2+})=\frac{c(\mathrm{EDTA})V_2M(\mathrm{Pb})}{V}$$

式中　$\rho(Bi^{3+})$——混合液中 Bi^{3+} 的含量，g/L；

$\rho(Pb^{2+})$——混合液中 Pb^{2+} 的含量，g/L；

c(EDTA)——EDTA 标准滴定溶液的浓度，mol/L；

V_1——滴定 Bi^{3+} 时消耗 EDTA 标准滴定溶液的体积，mL；

V_2——滴定 Pb^{2+} 时消耗 EDTA 标准滴定溶液的体积，mL；

V——所取试液的体积，mL；

M(Bi)——Bi 的摩尔质量，g/mol；

M(Pb)——Pb 的摩尔质量，g/mol。

5. 注意事项

(1) 调节试液的酸度至 pH＝1 时，可用精密 pH 试纸检验，但是，为了避免检验时试液被带出而引起损失，可先用一份试液做调节试验，再按加入的 NaOH 量调节溶液的 pH 后，进行滴定。

(2) 滴定速度不宜过快，终点控制要恰当。

6. 思考题

(1) 用 EDTA 连续滴定多种金属离子的条件是什么？

(2) 描述连续滴定 Bi^{3+}、Pb^{2+} 过程中，锥形瓶中颜色变化的情形以及颜色变化的原因。

(3) 二甲酚橙指示剂使用的 pH 范围是多少？本实验如何控制溶液的 pH？

(4) EDTA 测定 Bi^{3+}、Pb^{2+} 混合液时，为什么要在 pH＝1 时滴定 Bi^{3+}？酸度过高或过低对滴定结果有何影响？

(5) 本实验中，能否先在 pH 为 5～6 的溶液中测定 Pb^{2+} 的含量，然后再调整 pH＝1 时测定 Bi^{3+} 的含量？

五、镍盐中镍含量的测定

1. 方法原理

Ni^{2+} 与 EDTA 配位进行缓慢，可用返滴定法测定 Ni^{2+}。在 Ni^{2+} 溶液中加入过量的 EDTA 标准溶液，调节 pH＝5，加热煮沸使 Ni^{2+} 与 EDTA 配位完全。过量的 EDTA 用 $CuSO_4$ 标准溶液回滴，PAN 作指示剂，终点时溶液由绿色变为蓝紫色。反应如下：

$$Ni^{2+} + H_2Y^{2-} \longrightarrow NiY^{2-} + 2H^+$$

$$H_2Y^{2-} + Cu^{2+} \longrightarrow \underset{\text{(蓝色)}}{CuY^{2-}} + 2H^+$$

$$PAN + Cu^{2+} \longrightarrow Cu\text{-}PAN$$

（黄色）　　（红色）

2. 试剂

（1）EDTA 标准溶液［c(EDTA)=0.02mol/L］。

（2）氨水（1+1）。氨水与水按 1∶1 体积比混合。

（3）稀 H_2SO_4(6mol/L)。

（4）HAc-NH_4Ac 缓冲溶液。配制：称取 NH_4Ac 20.0g，以适量水溶解，加 HAc(1+1)5mL，稀释至 100mL。

（5）硫酸铜（$CuSO_4 \cdot 5H_2O$）固体。

（6）PAN 指示剂（1g/L）。配制：0.10g PAN 溶于乙醇，用乙醇稀释至 100mL。

（7）刚果红试纸。

3. 实例内容与操作步骤

（1）$c(CuSO_4)$=0.02mol/L 溶液的配制。称取 1.25g $CuSO_4 \cdot 5H_2O$，溶于少量稀 H_2SO_4 中，转入 250mL 容量瓶中，用水稀释至刻度，摇匀，待标定。

（2）$CuSO_4$ 标准滴定溶液的标定。从滴定管放出 25.00mL EDTA 标准溶液于 250mL 锥形瓶中，加入 50mL 水，加入 20mL HAc-NH_4Ac 缓冲溶液，煮沸后，立即加入 10 滴 PAN 指示剂，迅速用待标定的 $CuSO_4$ 溶液滴定至溶液呈紫红色为终点，记下消耗 $CuSO_4$ 溶液的体积。平行滴定 4 次，取平均值计算 $CuSO_4$ 标准滴定溶液的浓度。

（3）镍盐中镍的测定。准确称取镍盐试样（相当于含 Ni 在 30mg 以内的量）于小烧杯中，加水 50mL，溶解并定量转入 100mL 容量瓶中，用水稀释至刻度，摇匀。用移液管吸取 10.00mL 置于锥形瓶中，加入 c(EDTA)=0.02mol/L EDTA 标准溶液 30.00mL，用氨水（1+1）调节使刚果红试纸变红，加 HAc-NH_4Ac 缓冲溶液 20mL，煮沸后立即加入 10 滴 PAN 指示剂，迅速用 $CuSO_4$ 标准滴定溶液滴定至溶液由绿色变为蓝紫色即为终点。记下消耗 $CuSO_4$ 标准滴定溶液的体积。平行测定 3 次，取平均值计算镍盐试样中镍的含量。

4. 数据处理

$$c(CuSO_4) = \frac{c(EDTA)V(EDTA)}{V(CuSO_4)}$$

式中　$c(CuSO_4)$——$CuSO_4$ 标准滴定溶液的浓度，mol/L；

c(EDTA)——EDTA 标准溶液的浓度，mol/L；

$V(CuSO_4)$——标定时消耗 $CuSO_4$ 标准滴定溶液的体积，mL；

V(EDTA)——标定时所用 EDTA 标准溶液的体积，mL。

$$w(\mathrm{Ni})=\frac{[c(\mathrm{EDTA})V(\mathrm{EDTA})-c(\mathrm{CuSO_4})V(\mathrm{CuSO_4})]\times10^{-3}M(\mathrm{Ni})}{m\times\frac{1}{10}}\times100\%$$

式中　w(Ni)——镍盐试样中镍的含量（质量分数），%；

c(EDTA)——EDTA 标准溶液的浓度，mol/L；

V(EDTA)——测定时加入 EDTA 标准溶液的体积，mL；

$c(CuSO_4)$——$CuSO_4$ 标准滴定溶液的浓度，mol/L；

$V(CuSO_4)$——测定时消耗 $CuSO_4$ 标准滴定溶液的体积，mL；

M(Ni)——Ni 的摩尔质量，g/mol；

m——试样的质量，g。

5. 思考题

(1) 用 EDTA 测定镍的含量为什么要采用返滴定法?

(2) 用 PAN 为指示液测定 Ni^{2+}，滴定终点为什么从绿色变为蓝紫色? 用反应式表示。

(3) Ni^{2+} 试液加入 EDTA 后，在加热前为什么要加入氨水（$NH_3\cdot H_2O$）使刚果红试纸变红? 此时 pH 是多少?

(4) 为什么刚果红试纸变红后加 $HAc\text{-}NH_4Ac$ 缓冲溶液?

(5) Ni^{2+} 试液加入 EDTA 后，煮沸的目的是什么? 为什么需迅速滴定?

(6) 什么叫僵化现象?

自我测试题五

判断题

1. 氨羧配位体有氨氮和羧氧两种配位原子，能与金属离子 1∶1 形成稳定的可溶性配合物。(　)

2. 乙二胺四乙酸（EDTA）是一种四元酸，它在水溶液中有 7 种存在型体，分别是 Y^{4-}、HY^{3-}、H_2Y^{2-}、H_3Y^-、H_4Y、H_5Y^+、H_6Y^{2+}。(　)

3. EDTA 与金属离子形成的配合物均无色。(　)

4. 在只考虑酸效应的配位反应中，酸度越大形成配合物的条件稳定常数越大。(　)

5. 酸效应和其他组分（N 和 L）效应是影响配位平衡的主要因素。(　)

6. EDTA 酸效应系数 $\alpha_{Y(H)}$ 随溶液中 pH 变化而变化；pH 低，则 $\alpha_{Y(H)}$ 值高，对配位滴定有利。（ ）

7. 滴定各种金属离子的最低 pH 与其对应 $\lg K_{稳}$ 绘成的曲线，称为 EDTA 的酸效应曲线。（ ）

8. 游离金属指示剂本身的颜色一定要和与金属离子形成的颜色有差别。（ ）

9. 金属离子指示剂应用的条件是 $K'_{MIn} > K'_{MY}$。（ ）

10. 金属离子指示剂 H_3In 与金属离子的配合物为红色，它的 H_2In 呈蓝色，其余存在形式均为橙红色，则该指示剂适用的酸度范围为 $pK_{a_1} < pH < pK_{a_2}$。（ ）

11. 金属指示剂的僵化现象是指滴定时终点没有出现。（ ）

12. 金属指示剂的封闭是由于指示剂与金属离子生成的配合物过于稳定造成的。（ ）

13. 两种离子共存时，通过控制溶液酸度选择性滴定被测金属离子应满足的条件是 $\lg K'_{MY} - \lg K'_{NY} \geq 5$。（ ）

14. 用 EDTA 测定水的硬度，在 pH＝10.0 时测定的是 Ca^{2+} 的总量。（ ）

15. 当溶液中 Bi^{3+}、Pb^{2+} 浓度均为 10^{-2} mol/L 时，可以选择滴定 Bi^{3+}（已知：$\lg K_{BiY} = 27.94$，$\lg K_{PbY} = 18.04$）。（ ）

16. 掩蔽剂的用量过量太多，被测离子也可能被掩蔽而引起误差。（ ）

选择题

1. 已知在 pH＝9 时，$\lg\alpha_{Y(H)} = 1.29$，$K_{CaY} = 10.69$，则条件稳定常数为（ ）。

A. $10^{1.29}$ B. $10^{-9.40}$ C. $10^{9.40}$ D. $10^{10.69}$

2. 实验表明 EBT 应用于配位滴定中的最适宜的酸度是（ ）。

A. pH＜6.3 B. pH9～10.5 C. pH＞11 D. pH7～11

3. 配制 EDTA 标准溶液用自来水，在直接滴定中将使测定结果（ ）。

A. 偏大 B. 偏小 C. 不影响 D. 大小不确定

4. 产生金属指示剂的封闭现象是因为（ ）。

A. 指示剂不稳定 B. MIn 溶解度小 C. $K'_{MIn} < K'_{MY}$ D. $K'_{MIn} > K'_{MY}$

5. 产生金属指示剂的僵化现象是因为（ ）。

A. 指示剂不稳定 B. MIn 溶解度小 C. $K'_{MIn} < K'_{MY}$ D. $K'_{MIn} > K'_{MY}$

6. 以配位滴定法测定 Pb^{2+} 时，消除 Ca^{2+}、Mg^{2+} 干扰最简便的方法是（ ）。

A. 配位掩蔽法 B. 控制酸度法 C. 沉淀分离法 D. 解蔽法

7. 在 Fe^{3+}、Al^{3+}、Ca^{2+}、Mg^{2+} 的混合液中，用 EDTA 法测定 Fe^{3+}、Al^{3+} 的含量，消除 Ca^{2+}、Mg^{2+} 干扰最简便的方法是（ ）。

A. 沉淀分离 B. 控制酸度 C. 配位掩蔽 D. 离子交换

8. 测定水的钙硬度时，Mg^{2+} 的干扰可用（ ）消除。

A. 控制酸度法 B. 配位掩蔽法

C. 氧化还原掩蔽法 D. 沉淀掩蔽法

9. 采用返滴定法测定 Al^{3+} 的含量时，欲在 pH＝5.5 的条件下以某一金属离子的标准溶液返滴定过量的 EDTA，此金属离子标准溶液最好选用（　　）。

A. Ca^{2+}　　B. Pb^{2+}　　C. Fe^{3+}　　D. Mg^{2+}

10. 用 EDTA 滴定法测定 Ag^{+}，采用的滴定方法是（　　）。

A. 直接滴定法　　B. 返滴定法　　C. 置换滴定法　　D. 间接滴定法

11. 若用 EDTA 测定 Zn^{2+} 时有 Cr^{3+} 干扰，为消除影响，应采用的方法是（　　）。

A. 控制酸度　　B. 配位掩蔽　　C. 氧化还原掩蔽　　D. 沉淀掩蔽

综合题

1. pH＝5.0 时，Zn^{2+} 和 EDTA 配合物的条件稳定常数是多少？假设 Zn^{2+} 和 EDTA 的浓度皆为 0.01mol/L（不考虑羟基配位等副反应），pH＝5.0 时，能否用 EDTA 标准溶液滴定 Zn^{2+}？

2. pH＝6.0 时，Mg^{2+} 和 EDTA 配合物的条件稳定常数是多少？假设 Mg^{2+} 和 EDTA 的浓度皆为 0.01mol/L（不考虑羟基配位等副反应）。pH＝6.0 时，能否用 EDTA 标准溶液滴定 Mg^{2+}？如不能滴定，求其允许的最小 pH。

3. 计算用 EDTA 标准滴定溶液滴定下列浓度各为 0.01mol/L 的金属离子时所允许的最低 pH：

（1）Ca^{2+}；（2）Al^{3+}；（3）Cu^{2+}（4）Hg^{2+}。

4. 在 pH＝10 的 NH_3-NH_4Cl 缓冲溶液中，游离的 NH_3 浓度为 0.1mol/L，用 0.01mol/L 的 EDTA 标准滴定溶液滴定 0.01mol/L 的 Zn^{2+} 溶液。计算：

（1）$\lg\alpha_{[Zn(NH_3)_4]^{2+}}$；（2）$\lg K_{ZnY}$。

5. 在 Pb^{2+} 存在下能否滴定 Bi^{3+}？若可以滴定，求出滴定 Bi^{3+} 的 pH 范围。能否继续滴定 Pb^{2+}？若可以滴定，求出滴定的 pH 范围(假设 Bi^{3+} 和 Pb^{2+} 的浓度均为 0.01mol/L)。

6. 某一含有 Fe^{3+}、Al^{3+}、Mg^{2+} 的溶液，各离子浓度均为 0.02mol/L。判断能否用同样浓度的 EDTA 准确滴定？若可以滴定，请说明滴定各种离子适宜的 pH 范围。

7. 用下列基准物质标定 0.02mol/L EDTA 溶液浓度，若使该 EDTA 标准滴定溶液的消耗体积在 30mL 左右，分别计算下列各基准物的称量范围。

(1)纯 Zn 粒；(2)纯 $CaCO_3$；(3)纯 Mg 粉。

8. 用纯锌标定 EDTA 溶液，若称取的纯锌粒为 0.5942g，用 HCl 溶液溶解后转移入 500mL 容量瓶中，稀释至标线。吸取该锌标准滴定溶液 25.00mL，用 EDTA 溶液滴定，消耗 EDTA 溶液 24.05mL，计算 EDTA 溶液的准确浓度。

9. 称取含钙试样 0.2000g，溶解后转入 100mL 容量瓶中，稀释至标线。吸取此溶液 25.00mL，以钙指示剂为指示剂，在 pH＝12.0 时用 0.02000mol/L 的 EDTA 标准滴定溶液滴定，消耗 EDTA 溶液 19.86mL，求试样中 $CaCO_3$ 的质量分数。

10. 取水样 50mL，调 pH＝10.0，以铬黑 T 为指示剂，用 0.02000mol/L 的 EDTA

标准滴定溶液滴定，消耗15.00mL；另取水样50mL，调pH=12.0，以钙指示剂为指示剂，用0.02000mol/L的EDTA标准滴定溶液滴定，消耗10.00mL。计算：

(1) 水样中钙、镁总量（以mmol/L表示）；

(2) 钙、镁各自的含量（以mg/L表示）。

11.取干燥的$Al(OH)_3$凝胶0.3986g，处理后在250mL容量瓶中配制成试液。吸取此试液25.00mL，准确加入0.05000mol/L EDTA溶液25.00mL，反应后过量的EDTA用0.05000mol/L Zn^{2+}标准溶液返滴定，消耗15.02mL，计算试样中Al_2O_3的质量分数。

12.测定合金钢中镍的含量。称取0.500g试样，处理后制成250.0mL试液，准确移取50.00mL试液，用丁二酮肟将其中的沉淀分离。所得的沉淀溶于热盐酸中，得到Ni^{2+}试液。在所得试液中加入浓度为0.05000mol/L的EDTA标准滴定溶液30.00mL，反应完全后，多余的EDTA用$c(Zn^{2+})=0.02500mol/L$的标准滴定溶液返滴定，消耗14.56mL。计算合金钢中镍的质量分数。

13.称取含氟矿样0.5000g，溶解后，在弱碱介质中加入0.1000mol/L的Ca^{2+}标准滴定溶液50.00mL，Ca^{2+}将F^-沉淀后分离。滤液中过量的Ca^{2+}在pH=10.0的条件下用0.05000mol/L的EDTA标准滴定溶液返滴定，消耗20.00mL。计算试样中氟的质量分数。

14.锡青铜中锡的测定。称取试样0.2000g，制成溶液，加入过量的EDTA标准滴定溶液，使共存的Cu^{2+}、Zn^{2+}、Pb^{2+}全部生成配合物。剩余的EDTA用0.1000mol/L的$Zn(Ac)_2$标准滴定溶液滴定至终点（以二甲酚橙为指示剂，不计消耗体积）。然后加入适量NH_4F，同时置换出EDTA（此时只有Sn^{4+}与F^-生成$[SnF_6]^{2-}$），再用$Zn(Ac)_2$标准滴定溶液滴定，用去22.30mL。求锡青铜试样中锡的质量分数。

15.称取含磷试样0.1000g，处理成HPO_4^{2-}试液，加入沉淀剂将HPO_4^{2-}沉淀为$MgNH_4PO_4$。沉淀经过滤、洗涤后再溶解，在pH=10.0条件下，以铬黑T为指示剂，用0.01000mol/L EDTA标准溶液滴定溶液中的Mg^{2+}，用去20.00mL。求试样中P和P_2O_5的质量分数。

16.测定硫酸盐中的SO_4^{2-}。称取试样3.000g，溶解后，配制成250.0mL溶液。吸取25.00mL，加入$c(BaCl_2)=0.05000mol/L$的$BaCl_2$溶液25.0mL。加热沉淀后，用0.02000mol/L的EDTA标准滴定溶液滴定剩余的Ba^{2+}，消耗EDTA溶液17.15mL。计算硫酸盐试样中SO_4^{2-}的质量分数。

17.分析铅、锌、镁合金，称取合金0.480g，溶解后，用容量瓶准确配制成100mL试液。吸取25.00mL试液，加KCN将Zn^{2+}掩蔽。然后用$c(EDTA)=0.02000mol/L$的EDTA标准滴定溶液滴定Pb^{2+}和Mg^{2+}，消耗EDTA溶液46.40mL。继续加入二巯丙醇（DMP）掩蔽Pb^{2+}，使其置换出等量的EDTA，再用$c(Mg^{2+})=0.01000mol/L$的Mg^{2+}标准滴定溶液滴定置换出的EDTA，消耗Mg^{2+}溶液22.60mL。最后加入甲

醛解蔽 Zn^{2+}，再用上述 EDTA 标准滴定溶液滴定 Zn^{2+}，又消耗 EDTA 溶液 44.10mL。计算合金中铅、锌、镁的质量分数。

18. 称取铋、铅、镉合金试样 2.420g，用 HNO_3 溶解后，在 250mL 容量瓶中配制成溶液。移取试液 50.00mL，调 pH=1，以二甲酚橙为指示剂，用 $c(EDTA)=0.02479mol/L$ 的 EDTA 标准滴定溶液滴定，消耗 EDTA 溶液 25.67mL。再用六亚甲基四胺缓冲溶液将 pH 调至 5，再以上述 EDTA 溶液滴定，消耗 EDTA 溶液 24.76mL。再加入邻二氮菲，此时用 $c[Pb(NO_3)_2]=0.02479mol/L$ 的 $Pb(NO_3)_2$ 标准滴定溶液滴定，消耗 6.76mL。计算合金试样中铋、铅、镉的质量分数。

第六章 氧化还原滴定法

06

学习指南

通过本章的学习，进一步理解氧化还原反应的实质，能应用能斯特方程式计算电极电位；理解条件电极电位和外界条件对电对电极电位的影响；了解影响化学计量点时反应进行程度的因素；了解温度、浓度和催化剂对氧化还原反应速率的影响；了解氧化还原滴定法终点指示方法和正确选择指示剂的依据；熟练掌握高锰酸钾法、重铬酸钾法及碘量法的原理、特点、滴定条件、标准溶液的制备及方法的应用范围；通过对典型应用实例的操作练习，掌握常用氧化还原法测定过程中操作注意事项、终点判断和滴定分析结果的计算。

第一节　概　　述

学习要点　了解氧化还原滴定法的特点；理解条件电极电位的概念；掌握不同介质条件下条件电极电位的计算；了解影响条件电位的因素；掌握氧化还原反应进行程度的衡量方法；了解影响氧化还原反应速率的主要因素，会根据实际情况选用合适的方法加快反应速率。

一、氧化还原滴定法的特点

氧化还原滴定法是基于溶液中氧化剂与还原剂之间电子的转移进行反应的一种分析方法。在酸碱反应中，质子交换和酸碱共轭对相对应。与此相似，在氧化还原反应中，电子转移和氧化还原共轭对相对应。

$$\mathrm{Ox}+n\mathrm{e} \rightleftharpoons \mathrm{Red}$$

这里 Ox 是一个电子接受体，即氧化剂；Red 是一个电子给予体，即还原剂。氧化还原滴定法较其他滴定分析方法有如下不同的特点。

① 氧化还原反应的机理较复杂，副反应多，因此与化学计量有关的问题更复杂。

② 氧化还原反应比其他所有类型的反应速率都慢。

对反应速率相对快一些且化学计量关系已知的反应而言，如果没有其他复杂的因素存在，一般认为一个化学计量的反应可由两个可逆的半反应得来：

$$\mathrm{Ox_1} + n_1\mathrm{e} \rightleftharpoons \underset{\text{试样}}{\mathrm{Red_1}}$$

$$\underset{\text{滴定剂}}{\mathrm{Ox_2}} + n_2\mathrm{e} \rightleftharpoons \mathrm{Red_2}$$

将两式合并，得

$$n_2\mathrm{Red_1} + n_1\mathrm{Ox_2} \rightleftharpoons n_2\mathrm{Ox_1} + n_1\mathrm{Red_2}$$

滴定中的任何一点，即每加入一定量的滴定剂，当反应达到平衡时，两个体系的电极电位相等。

③ 氧化还原滴定可以用氧化剂作滴定剂，也可以用还原剂作滴定剂，因此有多种方法。

④ 氧化还原滴定法主要用于测定氧化剂或还原剂，也可以用于测定不具有氧化性或还原性的金属离子或阴离子，所以应用范围较广。

二、电极电位

1. 标准电极电位

标准电极电位是指在温度 25℃，有关离子浓度（严格讲为活度）均为 1mol/L 时，以氢电极为零时所测得的相对电位。以 $\varphi^{\ominus}_{\mathrm{O_x/Red}}$ 表示。其中 Ox 表示氧化态，Red 表示还原态。标准电极电位可用来初步判断氧化还原反应的方向、次序等。

2. 电极电位

若反应条件发生变化，不是在标准状况下时，其电位可用能斯特方程式计算：

对于一个可逆[1]的氧化还原电对

---

[1] 在氧化还原反应的任一瞬间能迅速建立平衡，其实际电势，与能斯特公式计算值基本相符的电对称为可逆电对。不可逆电对则相反。

$$Ox + ne \longrightarrow Red$$

$$\varphi_{O_x/Red} = \varphi^{\ominus}_{O_x/Red} + \frac{RT}{nF}\ln\frac{\alpha_{O_x}}{\alpha_{Red}}$$

式中　$\varphi_{O_x/Red}$——电对 O_x/Red 的电极电位；

$\varphi^{\ominus}_{O_x/Red}$——电对 O_x/Red 的标准电极电位，V；

R——摩尔气体常数，J/(mol·K)；

F——法拉第常数，C/mol；

n——反应中电子转移数；

T——热力学温度，K。

将常数代入，并取常用对数，则在25℃时，得到如下方程：

$$\varphi_{O_x/Red} = \varphi^{\ominus}_{O_x/Red} + \frac{0.059}{n}\lg\frac{[\alpha_{O_x}]}{[\alpha_{Red}]}$$

式中　α_{O_x}，α_{Red}——分别为氧化态和还原态的活度。

在一般计算中，为简化起见，常忽略离子强度，以浓度代替活度，因此上式变为：

$$\varphi_{O_x/Red} = \varphi^{\ominus}_{O_x/Red} + \frac{0.059}{n}\lg\frac{[O_x]}{[Red]} \tag{6-1}$$

式(6-1) 就是最为常见的能斯特方程式的表达式。

在使用式(6-1) 时，要区别电对的对称与不对称。

对称电对中，氧化态与还原态的系数相同；不对称电对中氧化态与还原态的系数则不同。例如：

对称电对　　$Fe^{3+} + e \longrightarrow Fe^{2+}$

不对称电对　　$I_2 + 2e \longrightarrow 2I^-$

$$Cr_2O_7^{2-} + 14H^+ + 6e \longrightarrow 2Cr^{3+} + 7H_2O$$

则上述电对的能斯特方程分别表达如下：

$$\varphi_{Fe^{3+}/Fe^{2+}} = \varphi^{\ominus}_{Fe^{3+}/Fe^{2+}} + \frac{0.059}{1}\lg\frac{[Fe^{3+}]}{[Fe^{2+}]}$$

$$\varphi_{I_2/2I^-} = \varphi^{\ominus}_{I_2/2I^-} + \frac{0.059}{2}\lg\frac{[I_2]}{[I^-]^2}$$

$$\varphi_{Cr_2O_7^{2-}/2Cr^{3+}} = \varphi^{\ominus}_{Cr_2O_7^{2-}/2Cr^{3+}} + \frac{0.059}{6}\lg\frac{[Cr_2O_7^{2-}][H^+]^{14}}{[Cr^{3+}]^2}$$

从严格意义上说，不对称电对多系不可逆电对，不遵从能斯特方程式，将反应写成可逆反应也不正确，但是用能斯特方程式计算此类体系的电位，多数情况下产生的误差也不是很大，所以做近似判断与计算还是有一定价值的。

在应用(6-1）时要注意以下几点：

(1）方程式中的［氧化型］和［还原型］并不是专指氧化数有变化的物质，而是包括了参加电极反应的其他物质。

(2）在电对中，如果氧化型或还原型物质的系数不是1，则［氧化型］或［还原型］要乘以与系数相同的方次。

(3）如果电对中的某一物质是固体或液体，则它们的浓度均为常数，可认为是1。

(4）如果电对中的某一物质是气体，它的浓度用气体分压来表示。

3. 电极电位的应用

(1）比较氧化剂、还原剂的相对强弱　电对的电极电位高，则电对中氧化型物质的氧化能力强，是强氧化剂；还原型物质的还原能力差，是弱还原剂。电对的电极电位低，则对应电对中还原型物质的还原能力强，是强还原剂；氧化剂物质是弱氧化剂。各电对的标准电极电位见附录五。

(2）判断反应自发进行的方向和顺序　自发的氧化还原反应总是较强的氧化剂与较强的还原剂相互作用生成较弱的氧化剂与较弱的还原剂。

例如 $\varphi^{\ominus}_{Fe^{3+}/Fe^{2+}} > \varphi^{\ominus}_{I_2/I^-}$，则反应

$$2Fe^{3+} + 2I^- \longrightarrow I_2 + 2Fe^{2+}$$

在标准状态下向正方向自发进行。

当氧化剂可以氧化同一系统中的几种还原剂时，在不考虑动力学因素的情况下，氧化剂首先氧化还原能力最强的物质，即电极电位最低的还原剂。同理，当还原剂可以还原同一系统中的几种氧化剂时，还原剂首先氧化还原氧化能力最强的物质，即电极电位最高的氧化剂。

(3）选择适当的氧化剂、还原剂。

(4）计算反应平衡常数，判断氧化还原反应进行的程度。

(5）测定溶液 pH、弱酸的离解常数 K_a、配合物的稳定常数 $K_{稳}$ 及难溶化合物的溶度积常数 K_{sp}。

由于反应系统的复杂性，除标准电极电位之外，还要应用条件电极电位 $\varphi^{\ominus\prime}$ 和条件平衡常数 K' 来处理氧化还原滴定中的问题。

4. 条件电极电位

在实际应用中，通常知道的是氧化型与还原型物质在溶液中的浓

度，而当溶液中的离子强度大时，则需要对浓度进行校正。此外，氧化型与还原型物质在溶液中常会发生副反应，如酸效应、配位效应和沉淀效应等影响，导致电对电极电位的改变。当用分析浓度代替活度进行计算时，应引入相应的活度系数 γ_{Ox} 及 γ_{Red} 对上述各种因素进行校正，即

$$a_{Ox}=\gamma_{Ox}[Ox] \qquad a_{Red}=\gamma_{Red}[Red]$$

此外，当溶液中的介质不同时，氧化态、还原态还会发生某些副反应（如酸效应、沉淀反应、配位效应等）而影响电极电位，所以必须考虑这些副反应的发生，引入相应的副反应系数 α_{Ox} 和 α_{Red}，则

$$a_{Ox}=\gamma_{Ox}[Ox]=\gamma_{Ox}\frac{c_{Ox}}{\alpha_{Ox}} \qquad a_{Red}=\gamma_{Red}[Red]=\gamma_{Red}\frac{c_{Red}}{\alpha_{Red}}$$

将上述关系代入能斯特方程式，得

$$\varphi(Ox/Red)=\varphi^{\ominus}(Ox/Red)+\frac{0.059}{n}\lg\frac{\gamma_{Ox}\alpha_{Red}c_{Ox}}{\gamma_{Red}\alpha_{Ox}c_{Red}}$$

当 $c_{Ox}=c_{Red}=1mol/L$ 时，得

$$\varphi^{\ominus\prime}(Ox/Red)=\varphi^{\ominus}(Ox/Red)+\frac{0.059}{n}\lg\frac{\gamma_{Ox}\alpha_{Red}}{\gamma_{Red}\alpha_{Ox}} \qquad (6\text{-}2)$$

$\varphi^{\ominus}$(Ox/Red) 称为条件电极电位，它是一定的介质条件下，半反应中氧化态和还原态的总浓度相等或均为 1mol/L 时电对的电极电位。它校正了离子强度及副反应的影响，显然更符合实际情况。

引入条件电极电位后，能斯特方程式则可表示为：

$$\varphi=\varphi^{\ominus}(Ox/Red)+\frac{0.059}{n}\lg\frac{c_{Ox}}{c_{Red}} \qquad (6\text{-}3)$$

条件电极电位 $\varphi^{\ominus}$(Ox/Red) 是由实验测得的，但在众多的氧化还原电对中已经准确测定的 $\varphi^{\ominus}$(Ox/Red) 值还不多［在应用中，如某电对有 $\varphi^{\ominus}$(Ox/Red)，应选择使用］。附录六列出了部分常用条件电极电位值，供查阅。

例 6-1 已知 $\varphi^{\ominus}(Fe^{3+}/Fe^{2+})=0.77V$，当 $[Fe^{3+}]=1.0mol/L$、$[Fe^{2+}]=0.0001mol/L$ 时，计算该电对的电极电位。

解 根据能斯特方程式得

$$\varphi(Fe^{3+}/Fe^{2+})=\varphi^{\ominus}(Fe^{3+}/Fe^{2+})+\frac{0.059}{1}\lg\frac{[Fe^{3+}]}{[Fe^{2+}]}$$

则

$$\varphi(Fe^{3+}/Fe^{2+})=0.77+0.059\lg\frac{1.0}{0.0001}=1.0(V)$$

例 6-2 1.0mol/L HCl 溶液中，若 $c(Ce^{4+})=0.01mol/L$、$c(Ce^{3+})=0.001mol/L$，计算电对 Ce^{4+}/Ce^{3+} 的电极电位值。

解 已知 $c(Ce^{4+})=0.01mol/L$，$c(Ce^{3+})=0.001mol/L$。查附录六，在 1.0mol/L HCl 溶液中 $\varphi^{\ominus}(Ce^{4+}/Ce^{3+})=1.28V$。因为

$$\varphi(Ce^{4+}/Ce^{3+})=\varphi^{\ominus\prime}(Ce^{4+}/Ce^{3+})+\frac{0.059}{1}\lg\frac{c(Ce^{4+})}{c(Ce^{3+})}$$

所以 $$\varphi(Ce^{4+}/Ce^{3+})=1.28+0.059\lg\frac{0.01}{0.001}=1.34(V)$$

若不考虑介质的影响，用标准电极电位计算，则

$$\varphi(Ce^{4+}/Ce^{3+})=\varphi^{\ominus}(Ce^{4+}/Ce^{3+})+\frac{0.059}{1}\lg\frac{c(Ce^{4+})}{c(Ce^{3+})}$$

所以 $$\varphi(Ce^{4+}/Ce^{3+})=1.61+0.059\lg\frac{0.01}{0.001}=1.67(V)$$

由结果看出，差异是明显的。

三、外界条件对电极电位的影响

影响电对的电极电位的主要因素是离子强度和各种副反应（包括在溶液中可能发生的配位、沉淀、酸效应等各种副反应）。

1. 离子强度的影响

溶液中离子强度较大时，活度与浓度的差别较大，用能斯特方程式计算的结果与实际情况会有差异。但由于各种副反应对电位的影响远比离子强度的影响大，同时离子强度的影响又难以校正，因此一般都忽略离子强度的影响。

2. 副反应的影响

在氧化还原反应中，常利用沉淀反应和配位反应使电对的氧化态和还原态的浓度发生变化，从而改变电对的电极电位。

(1) 生成沉淀的影响　当加入一种可与氧化态或还原态生成沉淀的沉淀剂时，就会改变电对的电极电位。若氧化态生成沉淀，则电对的电极电位降低；反之，若还原态生成沉淀，则电对的电极电位增高。

例如用碘量法测定 Cu^{2+} 的含量是基于如下反应：

$$2Cu^{2+}+4I^{-}\longrightarrow 2CuI\downarrow+I_2$$

$$I_2+2S_2O_3^{2-}\longrightarrow 2I^{-}+S_4O_6^{2-}$$

$\varphi^{\ominus}(Cu^{2+}/Cu^{+})=+0.17V$，$\varphi^{\ominus}(I_2/2I^{-})=+0.54V$。从 $\varphi^{\ominus}$ 看，

Cu^{2+}不能氧化I^-，但实际上怎样?

例 6-3 计算 KI 浓度为 1mol/L 时 Cu^{2+}/Cu^+ 电对的条件电极电位（忽略离子强度的影响）。

解 已知 $\varphi^{\ominus}(Cu^{2+}/Cu^+)=+0.17V$，$K_{sp,CuI}=1.1\times10^{-12}$，则

$$\begin{aligned}\varphi(Cu^{2+}/Cu^+)&=\varphi^{\ominus}(Cu^{2+}/Cu^+)+0.059\lg\frac{[Cu^{2+}]}{[Cu^+]}\\&=\varphi^{\ominus}(Cu^{2+}/Cu^+)+0.059\lg\frac{[Cu^{2+}]}{K_{sp,CuI}/[I^-]}\\&=\varphi^{\ominus}(Cu^{2+}/Cu^+)+0.059\lg\frac{[I^-][Cu^{2+}]}{K_{sp,CuI}}\\&=\varphi^{\ominus}(Cu^{2+}/Cu^+)-0.059\lg K_{sp,CuI}+0.059\lg([Cu^{2+}][I^-])\end{aligned}$$

因此，当 $[Cu^{2+}]=[I^-]=1mol/L$ 时

$$\varphi(Cu^{2+}/Cu^+)=0.17-0.059\lg(1.1\times10^{-12})=0.88(V)$$

从上例可知，由于生成了溶解度很小的 CuI 沉淀，使溶液中 Cu^+ 浓度大为降低，Cu^{2+}/Cu^+ 电对的电极电位由 +0.17V 增高至 +0.88V，比 +0.54V 大得多，所以 Cu^{2+} 可以氧化 I^-，而且反应进行得很完全。

(2) 形成配合物的影响　当溶液中有多种阴离子存在时，这些阴离子常能与氧化态或还原态形成不同稳定性的配合物，从而引起电极电位的改变。氧化态形成的配合物越稳定，电位降得越低（或氧化态和还原态均形成稳定的配合物，但氧化态的配合物较还原态的配合物更稳定）。相反，还原态形成的配合物越稳定，电位值升得越高（或氧化态和还原态均形成稳定的配合物，但还原态的配合物较氧化态的配合物更稳定）。例如，用碘量法测定 Cu^{2+} 的含量时，如果试样中含有 Fe^{3+}，它将与 Cu^{2+} 一起氧化 I^-，从而干扰 Cu^{2+} 的测定。如果在试液中加入 F^-，F^- 与氧化态 Fe^{3+} 形成稳定的铁氟配合物，干扰就被消除了。

例 6-4 计算溶液中 $c(Fe^{3+})=0.1mol/L$，$c(Fe^{2+})=1.0\times10^{-5}mol/L$，游离的 F^- 浓度为 1mol/L 时的 $\varphi(Fe^{3+}/Fe^{2+})$（忽略离子强度的影响）。

解 查表可知铁氟配合物的累积稳定常数分别为：

$$\beta_1=1.9\times10^5,\ \beta_2=2.0\times10^9,\ \beta_3=1.2\times10^{12}$$

则

$$\begin{aligned}\alpha_{Fe(F)}&=1+\beta_1[F]+\beta_2[F]^2+\beta_3[F]^3\\&=1+(1.9\times10^5)\times1+(2.0\times10^9)\times1^2+(1.2\times10^{12})\times1^3\\&=1.20\times10^{12}\end{aligned}$$

$$[Fe^{3+}]=\frac{c(Fe^{3+})}{\alpha_{Fe(F)}}=\frac{0.1}{1.20\times10^{12}}=8.3\times10^{-13}(mol/L)$$

所以
$$\varphi(Fe^{3+}/Fe^{2+})=\varphi^{\ominus}(Fe^{3+}/Fe^{2+})+0.059\lg\frac{[Fe^{3+}]}{[Fe^{2+}]}$$
$$=0.77+0.059\lg\frac{8.3\times10^{-13}}{1.0\times10^{-5}}=+0.35(V)$$

计算结果说明，加入 F^- 后 Fe^{3+} 与 F^- 形成了稳定的配合物，导致 $\varphi(Fe^{3+}/Fe^{2+})$ 的电位由 +0.77V 降到 +0.35V，小于 +0.54V。这样 Fe^{3+} 就不能氧化 I^-，从而消除了 Fe^{3+} 的干扰。

3. 溶液的酸度对反应方向的影响

许多氧化还原反应有 H^+ 或 OH^- 参加，此时溶液的酸度变化将直接影响溶液中电对的电极电位。

例 6-5 判断当溶液的 $[H^+]=1mol/L$ 和 $[H^+]=10^{-4}mol/L$ 时，下列反应进行的方向：

$$AsO_4^{3-}+2I^-+2H^+\longrightarrow AsO_3^{3-}+H_2O+I_2$$

解 已知上述反应对应的半反应为：

$$AsO_4^{3-}+2H^++2e\longrightarrow AsO_3^{3-}+H_2O \quad \varphi^{\ominus}(AsO_4^{3-}/AsO_3^{3-})=+0.56V$$
$$I_2+2e\longrightarrow 2I^- \quad \varphi^{\ominus}(I_2/I^-)=+0.54V$$

从电极反应知 $\varphi^{\ominus}(I_2/I^-)$ 几乎与 pH 无关，而 $\varphi^{\ominus}(AsO_4^{3-}/AsO_3^{3-})$ 受酸度影响较大。

$$\varphi(AsO_4^{3-}/AsO_3^{3-})=\varphi^{\ominus}(AsO_4^{3-}/AsO_3^{3-})+\frac{0.059}{2}\lg\frac{[AsO_4^{3-}][H^+]^2}{[AsO_3^{3-}]}$$

当 $[H^+]=1mol/L$、$[AsO_4^{3-}]=[AsO_3^{3-}]=1mol/L$ 时，电对 AsO_4^{3-}/AsO_3^{3-} 的电极电位 $\varphi^{\ominus}(AsO_4^{3-}/AsO_3^{3-})=+0.56V$。由于 $+0.56V>+0.54V$，所以上述反应向右[1]进行。

当 $[H^+]=10^{-4}mol/L$、$[AsO_4^{3-}]=[AsO_3^{3-}]=1mol/L$ 时，若不考虑酸度对 AsO_4^{3-}、AsO_3^{3-} 存在形式的影响，则电对 AsO_4^{3-}/AsO_3^{3-} 的电极电位为：

$$\varphi(AsO_4^{3-}/AsO_3^{3-})=\varphi^{\ominus}(AsO_4^{3-}/AsO_3^{3-})+\frac{0.059}{2}\lg[H^+]^2$$

---

[1] 氧化还原反应的方向是：两电对中电位值较高电对的氧化态物质与电位值较低电对的还原态物质相互反应。

$$=0.56+0.059\lg(10^{-8})=+0.088(\text{V})$$

由于$+0.54\text{V}>+0.088\text{V}$，所以该反应向左进行。

应当指出，酸度对反应方向的影响，只在两个电对的φ（或$\varphi^{\ominus'}$）值相差很小时才能实现。如上述反应中两电对值只相差0.02V，则只要改变溶液的pH就可以改变反应进行的方向。

四、氧化还原反应进行的程度

氧化还原反应进行的完全程度常用反应平衡常数来衡量。平衡常数可根据能斯特方程式，从有关电对的条件电极电位求出。如氧化还原反应

$$n_2\text{Ox}_1+n_1\text{Red}_2\longrightarrow n_2\text{Red}_1+n_1\text{Ox}_2$$

两电对的半反应的电极电位分别为：

$$\varphi_1=\varphi_1^{\ominus'}+\frac{0.059}{n_1}\lg\frac{c_{\text{Ox1}}}{c_{\text{Red1}}}\quad \varphi_2=\varphi_2^{\ominus'}+\frac{0.059}{n_2}\lg\frac{c_{\text{Ox2}}}{c_{\text{Red2}}}$$

当反应达到平衡时，两电对的电极电位相等，即

$$\varphi_1^{\ominus'}+\frac{0.059}{n_1}\lg\frac{c_{\text{Ox1}}}{c_{\text{Red1}}}=\varphi_2^{\ominus'}+\frac{0.059}{n_2}\lg\frac{c_{\text{Ox2}}}{c_{\text{Red2}}}$$

整理后得

$$\varphi_1^{\ominus'}-\varphi_2^{\ominus'}=\frac{0.059}{n_1n_2}\lg\left[\left(\frac{c_{\text{Red1}}}{c_{\text{Ox1}}}\right)^{n_2}\left(\frac{c_{\text{Ox2}}}{c_{\text{Red2}}}\right)^{n_1}\right]=\frac{0.059}{n_1n_2}\lg K \tag{6-4}$$

式中，K为反应的条件平衡常数。

若设$n_1n_2=n$（n为n_1和n_2的最小公倍数），$\Delta\varphi=\varphi_1^{\ominus'}-\varphi_2^{\ominus'}$，则

$$\lg K'=\frac{n\Delta\varphi}{0.059} \tag{6-5}$$

可见，条件平衡常数K值的大小是由两电对的条件电极电位之差$\Delta\varphi$和转移的电子数决定的。$\varphi_1^{\ominus'}$与$\varphi_2^{\ominus'}$相差越大，氧化还原反应的平衡常数K'就越大，反应进行也越完全。对于氧化还原滴定反应，平衡常数K多大或两电对的条件电极电位相差多大反应才算定量进行呢？可以根据式(6-4)，结合考虑分析所要求的误差求出。如当$n_1=n_2=1$时，氧化还原滴定反应

$$\text{Ox}_1+\text{Red}_2\longrightarrow\text{Red}_1+\text{Ox}_2$$

只有在反应完成99.9%以上，才满足定量分析的要求。因此在化学计量点时，要求：反应产物的含量≥99.9%，即$[\text{Ox}_2]\geqslant 99.9\%$，

$[Red_1] \geqslant 99.9\%$；而剩余反应物的含量$\leqslant 0.1\%$，即 $[Ox_1] \leqslant 0.1\%$，$[Red_2] \leqslant 0.1\%$。则

$$\lg K = \lg \frac{[Red_1][Ox_2]}{[Ox_1][Red_2]} = \lg \frac{99.9\% \times 99.9\%}{0.1\% \times 0.1\%} = \lg(10^3 \times 10^3) = 6 \tag{6-6}$$

所以，当分析误差$\leqslant 0.1\%$时，两电对最小的电位差值应为：

$n_1 = n_2 = 1$ 时 $\Delta\varphi \geqslant \frac{0.059}{1} \times 6 = 0.35(V)$

$n_1 = n_2 = 2$ 时 $\Delta\varphi \geqslant \frac{0.059}{2} \times 6 = 0.18(V)$

$n_1 = n_2 = 3$ 时 $\Delta\varphi \geqslant \frac{0.059}{3} \times 6 = 0.12(V)$

对 $n_1 \neq n_2$ 的对称电对的氧化还原反应

$$n_2 Ox_1 + n_1 Red_2 \longrightarrow n_2 Red_1 + n_1 Ox_2$$

$$\lg K = \lg \frac{[Red_1]^{n_2}[Ox_2]^{n_1}}{[Ox_1]^{n_2}[Red_2]^{n_1}} \geqslant \lg(10^{3n_1} \times 10^{3n_2})$$

即

$$\lg K \geqslant 3(n_1 + n_2) \tag{6-7}$$

根据式(6-3)，最小电位差值应为：

$$\Delta\varphi = \frac{0.059}{n_1 n_2} \lg K \geqslant 3(n_1 + n_2) \frac{0.059}{n_1 n_2} \tag{6-8}$$

可见，当反应类型不同时，K 值的要求也不同，实际运用中要根据反应平衡常数 K 和 $\Delta\varphi$ 的大小进行判断。只要两电对的条件电极电位之差 $\Delta\varphi \geqslant 0.4V$，该反应的完全程度均能满足滴定分析的要求。但这只是反映了氧化还原滴定的可行性。除此之外还应考虑反应的机理、反应速率、反应条件的控制等问题。

例 6-6 计算 1mol/L HCl 介质中 Fe^{3+} 与 Sn^{2+} 反应的平衡常数，并判断反应能否定量进行。

解 Fe^{3+} 与 Sn^{2+} 的反应式为：

$$2Fe^{3+} + Sn^{2+} \longrightarrow Sn^{4+} + 2Fe^{2+}$$

查表可知，1mol/L HCl 介质中，两电对的电极电位值分别为：

$$Fe^{3+} + e \longrightarrow Fe^{2+} \qquad \varphi^{\ominus\prime}(Fe^{3+}/Fe^{2+}) = 0.70V$$

$$Sn^{4+} + 2e \longrightarrow Sn^{2+} \qquad \varphi^{\ominus\prime}(Sn^{4+}/Sn^{2+}) = 0.14V$$

于 $n_1 \neq n_2$，根据式(6-6)

$$\lg K \geqslant 3(n_1 + n_2)$$

得
$$\lg K' \geqslant 9$$

根据式(6-4)，反应式的平衡常数为：

$$\lg K = \frac{n(\varphi_1^{\ominus\prime} - \varphi_2^{\ominus\prime})}{0.059} = \frac{2\times(0.70-0.14)}{0.059} = 18.98 \geqslant 9$$

所以此反应能定量进行。

五、氧化还原反应速率及其影响因素

仅从有关电对的条件电极电位判断氧化还原反应的方向和完全程度，只说明反应发生的可能性，无法指出反应的速率。而在滴定分析中，总是希望滴定反应能快速进行，若反应速率慢，反应就不能直接用于滴定。如 Ce^{4+} 与 H_3AsO_3 的反应：

$$2Ce^{4+} + H_3AsO_3 + H_2O \xrightarrow{0.5mol/L\ H_2SO_4\ 溶液} 2Ce^{3+} + H_3AsO_4 + 2H^+$$

$$\varphi^{\ominus}(Ce^{4+}/Ce^{3+}) = 1.46V \qquad \varphi^{\ominus}[As(\text{V})/As(\text{III})] = 0.56V$$

计算得该反应的平衡常数为 $K \approx 10^{30}$。若仅从平衡考虑，此常数很大，反应可以进行得很完全。实际上此反应速率极慢，若不加催化剂，反应则无法实现。

影响氧化还原反应速率的因素有氧化剂与还原剂本身的性质、反应物浓度、溶液的温度及催化剂作用等。只有在某些具体条件下，能迅速反应的氧化剂与还原剂之间的反应才能用于滴定分析。

1. 氧化剂与还原剂的性质

不同性质的氧化剂和还原剂反应速率相差极大，这与它们的原子结构、反应历程等诸多因素有关，情况较复杂，这里不做讨论。

2. 反应物浓度

许多氧化还原反应是分步进行的，整个反应速率由最慢的一步决定，因此不能从总的氧化还原反应方程式判断反应物浓度对反应速率的影响。但一般来说，增加反应物的浓度就能加快反应的速率。例如 $Cr_2O_7^{2-}$ 与 I^- 的反应：

$$Cr_2O_7^{2-} + 6I^- + 14H^+ \longrightarrow 2Cr^{3+} + 3I_2 + 7H_2O \quad (慢)$$

此反应速率慢，但增大 I^- 的浓度或提高溶液酸度可加速反应。实验证明，在 H^+ 浓度为 0.4mol/L 时，KI 过量约 5 倍，放置 5min，反应即可进行完全。不过用增加反应物浓度来加快反应速率的方法只适用于滴定前一些预氧化还原处理的一些反应，在直接滴定时不能用此法来加快反应速率。

3. 催化反应（catalyzed reaction）对反应速率的影响

催化剂的使用是提高反应速率的有效方法。例如前面提到的 Ce^{4+} 与 As(Ⅲ) 的反应，实际上是分两步进行的：

$$As(Ⅲ) \xrightarrow{Ce^{4+}(慢)} As(Ⅳ) \xrightarrow{Ce^{4+}(快)} As(Ⅴ)$$

由于前一步的影响，总的反应速率很慢。如果加入少量的 I^-，则发生如下反应：

$$Ce^{4+} + I^- \longrightarrow I^0 + Ce^{3+}$$

$$2I^0 \longrightarrow I_2$$

$$I_2 + H_2O \longrightarrow HIO + H^+ + I^-$$

$$H_3AsO_3 + HIO \longrightarrow H_3AsO_4 + H^+ + I^-$$

由于所有涉及碘的反应都是快速的，少量的 I^- 起了催化剂的作用，加速了 Ce^{4+} 与 As(Ⅲ) 的反应。基于此，可用 As_2O_3 标定 Ce^{4+} 溶液的浓度。

又如，MnO_4^- 与 $C_2O_4^{2-}$ 的反应速率慢，但若加入 Mn^{2+}，能催化反应迅速进行。如果不加入 Mn^{2+}，而利用 MnO_4^- 与 $C_2O_4^{2-}$ 发生作用后生成的微量 Mn^{2+} 作催化剂，反应也可进行。这种生成物本身引起的催化作用的反应称为自动催化反应。这类反应有一个特点，就是开始时的反应速率较慢，随着生成物逐渐增多，反应速率逐渐加快。经一个最高点后，由于反应物的浓度越来越低，反应速率又逐渐降低。

4. 温度对反应速率的影响

对大多数反应来说，升高溶液的温度可以加快反应速率，通常溶液温度每增高 10℃，反应速率可增大 2～3 倍。例如在酸性溶液中 MnO_4^- 和 $C_2O_4^{2-}$ 的反应：

$$2MnO_4^- + 5C_2O_4^{2-} + 16H^+ \longrightarrow 2Mn^{2+} + 10CO_2\uparrow + 8H_2O$$

在室温下反应速率缓慢，如果将溶液加热至 75～85℃，反应速率就大大加快，滴定便可以顺利进行。但 $K_2Cr_2O_7$ 与 KI 的反应就不能用加热的方法来加快反应速率，因为生成的 I_2 会挥发而引起损失。又如草酸溶液加热的温度过高，时间过长，草酸分解引起的误差也会增大。有些还原性物质如 Fe^{2+}、Sn^{2+} 等也会因加热而更容易被空气中的氧所氧化。因此，对那些加热引起挥发或加热易被空气中的氧氧化的反应不能用提高温度来加速，只能寻求其他方法来提高反应速率。

5. 诱导反应（induced reaction）对反应速率的影响

在氧化还原反应中，有些反应在一般情况下进行得非常缓慢或实际上并不发生，可是当存在另一反应的情况下，此反应就会加速进行。这种因某一氧化还原反应的发生而促进另一种氧化还原反应进行的现象称为诱导作用，反应称为诱导反应。例如，$KMnO_4$ 氧化 Cl^- 反应速率极慢，对滴定几乎无影响。但如果溶液中同时存在 Fe^{2+}，MnO_4^- 与 Fe^{2+} 的反应可以加速 MnO_4^- 与 Cl^- 的反应，使测定的结果偏高。这种现象就是诱导作用，MnO_4^- 与 Fe^{2+} 的反应就是诱导反应。

诱导反应不同于催化反应，其区别见表 6-1。

表 6-1 诱导反应与催化反应的区别

诱导反应	催化反应
由于一个氧化还原反应的发生，促进另一个氧化还原反应进行的现象	催化剂可以改变反应的速率，正催化剂加快反应速率，负催化剂减慢反应速率
诱导反应的发生，与氧化还原反应的中间步骤所产生的不稳定中间价态离子或游离基等因素有关	在催化反应中，由于催化剂的存在，可能新产生了一些不稳定的中间价态离子、游离基或活泼的中间配合物，从而改变了原来的反应历程，或者降低了原来进行反应时所需要的活化能，使反应速率发生了变化
诱导体参加反应后，变为其他物质	催化剂参加反应后，又变回原来的组成

由于氧化还原反应机理较为复杂，采用何种措施来加速滴定反应速率，需要综合考虑各种因素。例如高锰酸钾法滴定 $C_2O_4^{2-}$，滴定开始前需要加入 Mn^{2+} 作为反应的催化剂，滴定反应需要在 75～85℃下进行。

思考题 6-1

1. 外界条件对条件电极电位有什么影响？为什么使用条件电极电位比标准电极电位更合适？

2. 如何衡量氧化还原反应进行的程度？氧化还原反应进行的程度取决于什么？

3. 影响氧化还原反应速率的主要因素有哪些？

4. 解释下列现象

（1）将氯水慢慢加入含有 Br^- 和 I^- 的酸性溶液中，用 CCl_4 萃取，CCl_4 层变为紫色。再继续加入氯水，紫色消失而呈红褐色。

（2）虽然 $\varphi^{\ominus\prime}_{I_2/2I^-} > \varphi^{\ominus\prime}_{Cu^{2+}/Cu^+}$ 但 Cu^{2+} 却能将 I^- 氧化成 I_2。

（3）在 HCl 溶液中用 $KMnO_4$ 滴定 Fe^{2+} 时，会消耗较多 $KMnO_4$ 的溶液使结果偏高。

(4) 以 $K_2Cr_2O_7$ 标定 $Na_2S_2O_3$ 溶液时，是使用间接碘量法。能否用 $K_2Cr_2O_7$ 溶液直接滴定 $Na_2S_2O_3$，为什么？

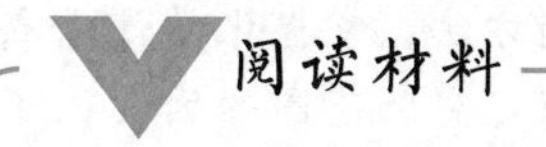

科学家能斯特

能斯特（Waalfter Hermann Nernst）1864 年 6 月 25 日生于德国的一个小镇，与天文学家哥白尼诞生的地方很近。能斯特年轻时对文学、诗歌和古典作品特别是拉丁作品很感兴趣，而且表现出了非凡的能力。后来他的化学老师使他对自然科学产生了兴趣。他经常在一个小的家庭实验室做实验。他先后在苏黎世大学、匹兹堡大学和格拉茨大学学习过，在格拉茨时他遇到了玻尔兹曼和阿仑尼乌斯。1887 年能斯特在柯尔劳什（F. Kohlro）的指导下取得了哲学博士学位。

后来，能斯特成为哥丁堡大学和柏林大学的教授。他开始研究物理学，后来在奥斯特瓦尔德的影响下转而研究物理化学，特别是在热力学和电化学方面取得了巨大的成就。

能斯特从实验中观察到，由两种不同的电解质溶液组成原电池时，两种溶液的电位差仅决定于两种溶液的浓度比。如 0. 01mol/L KCl 溶液和 0. 01mol/L HCl 溶液间的电位差与 0. 1mol/L KCl 溶液和 0. 1mol/L HCl 溶液间的电位差相同。这些结果都是由实验数据证明的。

电池产生电位差的理论开始由能斯特提出，后来又得到了发展。能斯特认为，在原电池中，金属进入溶液的倾向可以用一种金属的溶解压力来描绘，而溶液中的金属离子沉积到金属电极上是由于金属离子的渗透压所致，显然这种力与金属离子浓度有关，这两种力的性质相反，它们之间的平衡与电极和溶液间的电位差是一致的。如果金属有一个非常小的溶解压力，此时溶液中的离子将从溶液中沉积到金属电极上，而溶液中就留下负电荷。如果溶解压力和渗透压相等，此时金属既不会溶解进入溶液，溶液中的离子也不会沉积出来，电池电位差等于零。

1889 年，他提出溶解压假说，从热力学导出电极电位与溶液浓度的关系式，即电化学中著名的能斯特方程：

$$\varphi=\varphi^{\ominus}-\frac{RT}{nF}\ln\frac{c(\mathrm{Ox})}{c(\mathrm{Red})}$$

同年，还引入溶度积这个重要的概念来解释沉淀反应。他用量子理论的观点研究低温下固体的比热容；提出光化学的“原子链式反应”理论。1906 年，根据低温现象的研究，得出了热力学第三定律，人们称之为“能斯特热定律”。这个定律有效地解决了计算平衡常数问题和许多工业生产难题，能斯特本人因此获得了 1920 年的诺贝尔化学奖。

摘自胡亚东主编《世界著名科学家传记》

第二节 氧化还原滴定曲线及指示剂

学习要点 了解氧化还原滴定曲线的绘制方法；掌握化学计量点电位和化学计量点前后电位的计算；掌握影响滴定突跃范围的因素；了解氧化还原滴定用指示剂的类型和氧化还原指示剂的变色原理、变色范围和变色点，掌握淀粉指示剂的使用方法；掌握氧化还原指示剂的选择原则和使用方法。

在氧化还原滴定的过程中，反应物和生成物的浓度不断改变，使有关电对的电位也发生变化，这种电位改变的情况可以用滴定曲线表示。滴定过程中各点的电位可用仪器方法测量，也可以根据能斯特公式计算，尤其是化学计量点的电位以及滴定突跃电位，这是确定终点的依据。

一、氧化还原滴定曲线

1. 氧化还原滴定中化学计量点的电位和滴定突跃的计算

(1) 化学计量点时的电位计算

对称电对的氧化还原反应 当两个电对中的电子转移数不相等，即 $n_1 \neq n_2$ 时

$$n_2\mathrm{Ox}_1 + n_1\mathrm{Red}_2 \longrightarrow n_1\mathrm{Ox}_2 + n_2\mathrm{Red}_1$$

两个半反应及对应的电位值为：

$$\mathrm{Ox}_1 + n_1\mathrm{e} \longrightarrow \mathrm{Red}_1 \qquad \varphi_1 = \varphi_1^{\ominus\prime} + \frac{0.059}{n_1}\lg\frac{[\mathrm{Ox}_1]}{[\mathrm{Red}_1]}$$

$$\mathrm{Ox}_2 + n_2\mathrm{e} \longrightarrow \mathrm{Red}_2 \qquad \varphi_2 = \varphi_2^{\ominus\prime} + \frac{0.059}{n_2}\lg\frac{[\mathrm{Ox}_2]}{[\mathrm{Red}_2]}$$

达到化学计量点时，$\varphi_{sp} = \varphi_1 = \varphi_2$，将以上两式通分后相加，整理后得

$$(n_1 + n_2)\varphi_{sp} = n_1\varphi_1^{\ominus\prime} + n_2\varphi_2^{\ominus\prime} + 0.059\lg\frac{[\mathrm{Ox}_1][\mathrm{Ox}_2]}{[\mathrm{Red}_1][\mathrm{Red}_2]}$$

因为化学计量点时

$$[\mathrm{Ox}_1]/[\mathrm{Red}_2] = n_2/n_1 \qquad [\mathrm{Ox}_2]/[\mathrm{Red}_1] = n_1/n_2$$

故

$$\lg\frac{[\mathrm{Ox}_1]\ [\mathrm{Ox}_2]}{[\mathrm{Red}_1]\ [\mathrm{Red}_2]} = 0$$

所以

$$\varphi_{sp} = \frac{n_1\varphi_1^{\ominus\prime} + n_2\varphi_2^{\ominus\prime}}{n_1 + n_2} \tag{6-9}$$

式(6-9) 是 $n_1 \neq n_2$ 对称电对的氧化还原滴定化学计量点时电位的计算公式。若 $n_1 = n_2 = 1$，则

$$\varphi_{sp} = \frac{\varphi_1^{\ominus\prime} + \varphi_2^{\ominus\prime}}{2} \tag{6-10}$$

(2) 滴定突跃的计算　对于 $n_1 \neq n_2$ 对称电对的氧化还原反应，化学计量点前后的电位突跃可用能斯特方程式计算。

① 化学计量点前的电位。可用被测物电对的电位计算。若被测物为 Red_2，则

$$\varphi(Ox_2/Red_2) = \varphi^{\ominus\prime}(Ox_2/Red_2) + \frac{0.059}{n_2}\lg\frac{[Ox_2]}{[Red_2]} \tag{6-11}$$

② 化学计量点后的电位。可用滴定剂电对的电位计算。若滴定剂为 Ox_1，则

$$\varphi(Ox_1/Red_1) = \varphi^{\ominus\prime}(Ox_1/Red_1) + \frac{0.059}{n_1}\lg\frac{[Ox_1]}{[Red_1]} \tag{6-12}$$

(3) 不对称电对的氧化还原反应　以两个电对中只有一个是不对称电对为例。

其化学计量点电位 φ_{sp} 不仅与条件电位及电子转移数有关，还与对称电对浓度有关。

$$Ox_1 + n_1 e \longrightarrow a Red_1 \text{(不对称电对)}$$

$$Ox_2 + n_2 e \longrightarrow Red_2 \text{(对称电对)}$$

组成的氧化还原反应为 $n_2 Ox_1 + n_1 Red_2 \longrightarrow n_1 Ox_2 + a n_2 Red_1$

将两电对的能斯特方程式分别乘以 n_2 和 n_1 并相加，而且因 $\varphi_{sp} = \varphi_1 = \varphi_2$ 则得到

$$(n_1 + n_2)\varphi_{sp} = n_1\varphi_1^{\ominus\prime} + n_2\varphi_2^{\ominus\prime} + 0.059\lg\frac{[Ox_1][O_{X_2}]}{[Red_1][Red_2]}$$

而化学计量点时，各组分平衡浓度的关系为：

$$n_1[O_{X_1}] = n_2[Red_2];\quad a n_2[O_{X_2}] = n_1[Red_1]$$

则　$$\lg\frac{[O_{X_1}][O_{X_2}]}{[Red_1][Red_2]} = \lg\frac{n_1 n_2}{n_1 a n_2 [Red]^{a-1}} = \lg\frac{1}{a[Red]^{a-1}}$$

代入上式得

$$\varphi_{sp} = \frac{n_1\varphi_1^{\ominus\prime} + n_2\varphi_2^{\ominus\prime}}{n_1 + n_2} + \frac{0.059}{n_1 + n_2}\lg\frac{1}{\alpha[Red_1]^{\alpha-1}} \tag{6-13}$$

可见，有不对称电对参加的氧化还原反应的 φ_{sp} 与体系中不对称电

对生成物的浓度有关。

若使用标准电极电位计算化学计量点的电位，对于有 H^+ 参加的氧化还原滴定反应，在计算式中还应当包含 H^+ 浓度。例如：

以 $K_2Cr_2O_7$ 滴定 Fe^{3+} 以标准电位计算 φ_{sp} 的计算式为：

$$\varphi_{sp}=\frac{n_1\varphi_1^{\ominus\prime}+n_2\varphi_2^{\ominus\prime}}{n_1+n_2}+\frac{0.059}{n_1+n_2}\lg\frac{1}{2C_{Cr^{3+},SP}}+\frac{0.059}{n_1+n_2}\lg[H^+]^{14}$$

例 6-7 用 0.1000mol/L $Ce(SO_4)_2$ 溶液，在 0.5mol/L H_2SO_4 溶液中滴定 20.00mL 0.1000mol/L $FeSO_4$ 溶液，其滴定反应为：

$$Ce^{4+}+Fe^{2+}\longrightarrow Ce^{3+}+Fe^{3+}$$

滴定过程中溶液的组成发生如下变化：

滴定过程	溶液组成
滴定前	Fe^{2+}
化学计量点	Fe^{2+}，Fe^{3+}，Ce^{3+}（反应完全，$[Ce^{4+}]$很小）
化学计量点后	Fe^{3+}，Ce^{3+}，Ce^{4+}（$[Fe^{2+}]$很小）

(1) 化学计量点前。因为加入的 Ce^{4+} 几乎全部被 Fe^{2+} 还原为 Ce^{3+}，到达平衡时$c(Ce^{4+})$ 很小，电位值不易直接求得。但如果知道了滴定的百分数，就可求得 $c(Fe^{3+})/c(Fe^{2+})$，进而计算出电位值。假设 Fe^{2+} 被滴定了 $a\%$，则按式(6-10) 有：

$$\varphi(Fe^{3+}/Fe^{2+})=\varphi^{\ominus\prime}(Fe^{3+}/Fe^{2+})+0.059\lg\frac{a}{100-a} \qquad (6\text{-}14)$$

(2) 化学计量点后。Fe^{2+} 几乎全部被 Ce^{4+} 氧化为 Fe^{3+}，$c(Fe^{2+})$ 很小，不易直接求得，但只要知道加入过量的 Ce^{4+} 的百分数，就可以用 $c(Ce^{4+})/c(Ce^{3+})$ 按式(6-11) 计算电位值。设加入了 $b\%$ Ce^{4+}，则过量的 Ce^{4+} 为 $(b-100)\%$，得

$$\varphi(Ce^{4+}/Ce^{3+})=\varphi^{\ominus\prime}(Ce^{4+}/Ce^{3+})+0.059\lg\frac{b-100}{100} \qquad (6\text{-}15)$$

(3) 化学计量点。Ce^{4+} 和 Fe^{2+} 分别定量地转变为 Ce^{3+} 和 Fe^{3+}，未反应的 $c(Ce^{4+})$和$c(Fe^{2+})$ 很小，不能直接求得，可从式(6-9) 求得：

$$\varphi_{sp}=\frac{\varphi^{\ominus\prime}(Fe^{3+}/Fe^{2+})+\varphi^{\ominus\prime}(Ce^{4+}/Ce^{3+})}{2}$$

计算结果列表如下：

加入 Ce^{4+} 溶液的体积 V/mL	Fe^{2+} 被滴定的百分数/%	电位 φ/V
1.00	5.0	0.60
2.00	10.0	0.62
4.00	20.0	0.64
8.00	40.0	0.67
10.00	50.0	0.68
12.00	60.0	0.69
18.00	90.0	0.74
19.80	99.0	0.80
19.98	99.9	0.86 突跃范围
20.00	100.0	1.06 突跃范围
20.02	100.1	1.26 突跃范围
22.00	110.0	1.38
30.00	150.0	1.42
40.00	200.0	1.44

（4）滴定曲线。以滴定剂加入的百分数为横坐标、电对的电位为纵坐标作图，可得到如图 6-1 的滴定曲线。

2. 滴定突跃范围

根据前面的计算可以看出，化学计量点附近电位突跃范围的大小取决于两个电对的电子转移数和电位差。两个电对的条件电极电位相差越大，滴定突跃范围越大，如 Ce^{4+} 滴定 Fe^{2+} 的突跃范围大于 $Cr_2O_7^{2-}$ 滴定 Fe^{2+}；电对的电子转移数越小，滴定突跃范围越大，如 Ce^{4+} 滴定 Fe^{2+} 的突跃范围大于 MnO_4^- 滴定 Fe^{2+}。图 6-2 是以不同的氧化剂分别滴定

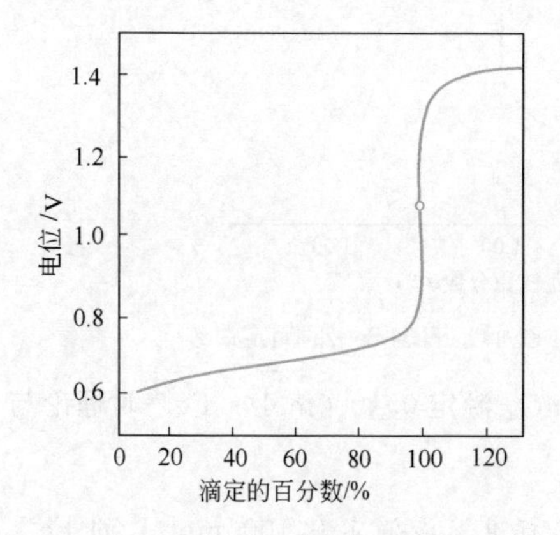

图 6-1　0.1000mol/L $Ce(SO_4)_2$ 标准滴定溶液滴定 20.00mL 0.1000mol/L $FeSO_4$ 溶液的滴定曲线

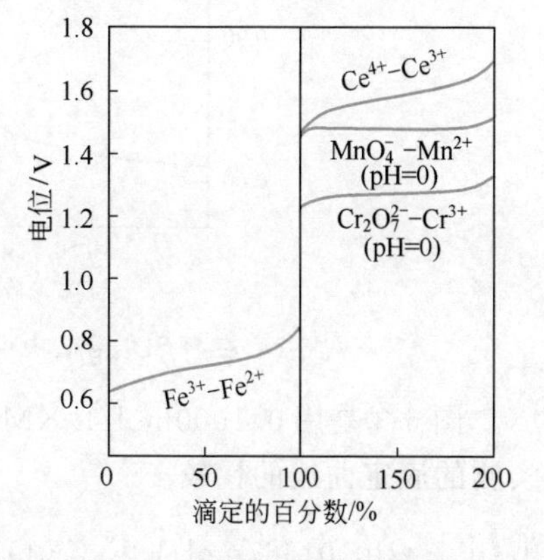

图 6-2　不同的氧化剂滴定还原剂 Fe^{2+}

还原剂 Fe^{2+} 时所绘成的滴定曲线。

对于 $n_1=n_2=1$ 的氧化还原反应，化学计量点恰好处于滴定突跃的中间，在化学计量点附近滴定曲线是对称的。

对于 $n_1 \neq n_2$ 对称电对的氧化还原反应，化学计量点不在滴定突跃范围的中心，而是偏向电子得失较多的电对一方。

3. 不可逆电对的滴定曲线

当氧化还原体系中涉及不可逆氧化还原电对时，实测的滴定曲线与理论计算所得的滴定曲线常有差别。这种差别通常出现在电位主要由不可逆氧化还原电对控制的时候。例如，在 H_2SO_4 溶液中用 $KMnO_4$ 滴定 Fe^{2+}，MnO_4^-/Mn^{2+} 为不可逆氧化还原电对，Fe^{3+}/Fe^{2+} 为可逆的氧化还原电对。在化学计量点前，电位主要由 Fe^{3+}/Fe^{2+} 控制，故实测滴定曲线与理论滴定曲线并无明显的区别。但是，在化学计量点后，当电位主要由电对 MnO_4^-/Mn^{2+} 控制时，它们两者在形状及数值上均有较明显的差别。这种情况从图 6-3 中可以看出。

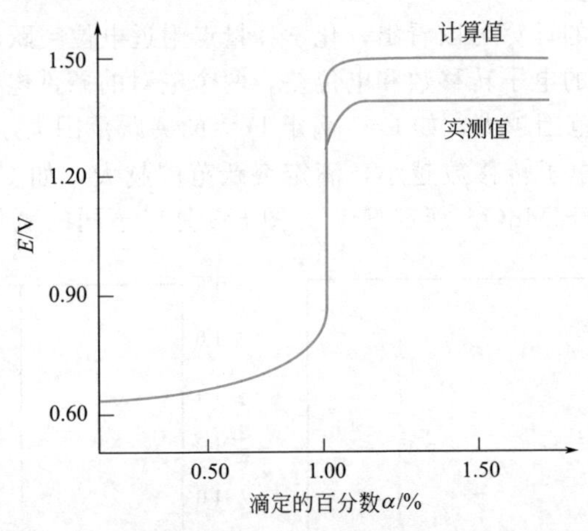

图 6-3 在 H_2SO_4 溶液中用 $KMnO_4$ 滴定 Fe^{2+} 的滴定曲线

图 6-3 是用 0.1000mol/L $KMnO_4$ 滴定 0.1000mol/L Fe^{2+} 时理论与实测的滴定曲线的比较。

例 6-8 以 0.01667mol/L $K_2Cr_2O_7$ 标准溶液滴定 0.1000mol/L 的 Fe^{2+} 至终点时，溶液的 pH=2.0，求化学计量点电位。（已知：$\varphi^{\ominus\prime}_{Fe^{3+}/Fe^{2+}}=0.68V$ $\varphi^{\ominus\prime}_{Cr_2O_7^{2-}/2Cr^{3+}}=1.33V$）

解　滴定反应式为

$$Cr_2O_7^{2-}+6Fe^{2+}+14H^+ \longrightarrow 2Cr^{3+}+6Fe^{3+}+7H_2O$$

$$[Cr^{3+}]_{sp}=\frac{2\times0.01667}{2}=0.01667mol/L$$

$$\varphi_{sp}=[\frac{6\times1.33+0.77}{6+1}+\frac{0.059}{7}\lg\frac{1}{0.01667}+\frac{0.059}{7}\lg(1.0\times10^{-2})]V$$

$$=1.03V$$

答　此滴定化学计量点电位为1.03V。

例6-9　求在1mol/L HCl溶液中用Fe^{3+}滴定Sn^{2+}时化学计量点及滴定的电位的突跃范围。

$$(\varphi^{\ominus\prime}_{Sn^{4+}/Sn^{2+}}=0.14V, \varphi^{\ominus\prime}_{Fe^{3+}/Fe^{2+}}=0.68V)$$

解　在1mol/L HCl溶液中，发生的反应如下：

$$2Fe^{3+}+SnCl_4^{2-} \longrightarrow 2Fe^{2+}+SnCl_6^{2-}$$

对应半反应为：　$SnCl_6^{2}+2e \longrightarrow SnCl_4^{2-}$　　$\varphi^{\ominus\prime}=0.14V$

$2Fe^{3+}+e \longrightarrow 2Fe^{2+}$　　$\varphi^{\ominus\prime}=0.68V$

因此，化学计量点的电位为：

$$\varphi_{sp}=\frac{\varphi^{\ominus\prime}_{Fe^{3+}/Fe^{2+}}+2\varphi^{\ominus\prime}_{Sn^{4+}/Sn^{2+}}}{1+2}=\left(\frac{0.68+2\times0.14}{3}\right)V=0.32V$$

滴定的电位突跃范围：

化学计量点前

$$\varphi=\varphi^{\ominus\prime}_{SnCl_6^{2-}/SnCl_4^{2-}}+\frac{0.059}{2}\lg\frac{99.9}{0.1}=0.14+\frac{0.059}{2}\lg\frac{99.9}{0.1}=0.23(V)$$

化学计量点后

$$\varphi=\varphi^{\ominus\prime}_{Fe^{3+}/Fe^{2+}}+0.059\lg\frac{0.1}{100}=0.68+0.059\lg\frac{0.1}{100}=0.50(V)$$

答　在1mol/L HCl溶液中用Fe^{3+}滴定Sn^{2+}时化学计量点为0.32V，滴定电位的突跃范围为0.23～0.50V。

注意： 滴定突跃的中点为0.365V，φ_{sp}偏向于Sn^{4+}/Sn^{2+}电对（即电子转移数较大的电对）一方。

二、氧化还原滴定指示剂

1. 氧化还原滴定用指示剂的类型

氧化还原滴定中所用的指示剂有以下几类。

（1）自身指示剂（self indicator） 自身指示剂是以滴定剂本身颜色指示滴定终点的。有些滴定剂本身有很深的颜色，而滴定产物为无色或颜色很浅，在这种情况下，滴定时可不必另加指示剂。例如 $KMnO_4$ 本身显紫红色，用它来滴定 Fe^{2+}、$C_2O_4^{2-}$ 溶液时，反应产物 Mn^{2+}、Fe^{3+} 等颜色很浅或是无色，滴定到化学计量点后，只要 $KMnO_4$ 稍微过量[1]半滴就能使溶液呈现淡红色，指示滴定终点的到达。

（2）显色指示剂（color indicator） 显色指示剂也称专属指示剂，这种指示剂本身并不具有氧化还原性，但能与滴定剂或被测定物质产生特殊的颜色，而且颜色反应是可逆的，因而可以指示滴定终点。这类指示剂最常用的是淀粉（starch），如可溶性淀粉与碘溶液反应生成深蓝色的化合物，当 I_2 被还原为 I^- 时，蓝色就突然褪去，反应极为明显。因此，在碘量法中多用淀粉溶液作指示液。用淀粉指示液可以检出约 10^{-5} mol/L 的碘，但淀粉指示液与 I_2 的显色灵敏度与淀粉的性质和加入时间、温度及反应介质等条件有关（详见碘量法），如温度升高，显色灵敏度下降。

此外，Fe^{3+} 溶液滴定 Sn^{2+} 时，可用 KSCN 为指示剂，当溶液出现红色（Fe^{3+} 与 SCN^- 形成的硫氰配合物的颜色）时即为终点。

（3）氧化还原指示剂（redox indicator） 这类指示剂本身是氧化剂或还原剂，它的氧化态和还原态具有不同的颜色。在滴定过程中，指示剂由氧化态转为还原态或由还原态转为氧化态时，溶液颜色随之发生变化，从而指示滴定终点。例如用 $K_2Cr_2O_7$ 滴定 Fe^{2+} 时，常用二苯胺磺酸钠为指示剂。二苯胺磺酸钠的还原态无色，当滴定至化学计量点时，稍过量的 $K_2Cr_2O_7$ 使二苯胺磺酸钠由还原态转变为氧化态，溶液显紫红色，指示滴定终点的到达。

2. 氧化还原指示剂变色的电位范围

若以 In_{Ox} 和 In_{Red} 分别代表指示剂的氧化态和还原态，滴定过程中，指示剂的电极反应可用下式表示：

$$In_{Ox}+n\mathrm{e} \rightleftharpoons In_{Red}$$

$$\varphi=\varphi^{\ominus\prime}(In)\pm\frac{0.059}{n}\lg\frac{[In_{Ox}]}{[In_{Red}]} \tag{6-16}$$

---

[1] 实验证明，在 100mL 水溶液中有 0.01mL $c(KMnO_4)=0.02$mol/L 的 $KMnO_4$ 溶液，肉眼就能观察到粉红色。

显然，随着滴定过程中溶液电位值的改变，$\frac{[In_{Ox}]}{[In_{Red}]}$比值也在改变，因而溶液的颜色也发生变化。与酸碱指示剂在一定 pH 范围内发生颜色转变一样，只能在一定电位范围内看到这种颜色变化，这个范围就是指示剂变色的电位范围，它相当于两种形式浓度比值从 1/10 变到 10 时的电位变化范围。即

$$\varphi=\varphi^{\ominus\prime}(In)\pm\frac{0.059}{n} \tag{6-17}$$

当被滴定溶液的电位值恰好等于 $\varphi^{\ominus\prime}(In)$ 时，指示剂呈现中间颜色，称为变色点。若指示剂的一种形式的颜色比另一种形式的颜色深得多，则变色点电位将偏离 $\varphi^{\ominus\prime}(In)$ 值。表 6-2 列出了部分常用的氧化还原指示剂。

表 6-2　常用的氧化还原指示剂

指示剂	$\varphi^{\ominus\prime}(In)/V$ $([H^+]=1)$	颜色变化		配制方法
		还原态	氧化态	
亚甲基蓝	+0.52	无	蓝	0.5g/L 水溶液
二苯胺磺酸钠	+0.85	无	紫红	将 0.5g 指示剂和 2g Na_2CO_3 加水稀释至 100mL
邻苯氨基苯甲酸	+0.89	无	紫红	将 0.11g 指示剂溶于 20mL 50g/L Na_2CO_3 溶液中,用水稀释至 100mL
邻二氮菲亚铁	+1.06	红	浅蓝	将 1.485g 邻二氮菲和 0.695g $FeSO_4\cdot7H_2O$ 用水稀释至 100mL

3. 氧化还原指示剂的选择原则

氧化还原指示剂不仅对某种离子有特效，而且对氧化还原反应普遍适用，因而是一种通用指示剂，应用范围比较广泛。选择这类指示剂的原则是：

① 指示剂变色点的电位应当处在滴定体系的电位突跃范围内，或尽可能选择指示剂的变色点电位 $\varphi^{\ominus\prime}(In)$ 与化学计量点电位 φ_{sp} 接近。

② 指示剂在终点时颜色要有明显的突变，以便于观察。

例如，在 0.5mol/L H_2SO_4 溶液中，用 Ce^{4+} 滴定 Fe^{2+}，前面已经计算出滴定到化学计量点前后 0.1%的电位突跃范围是 0.86～1.26V。显然，选择邻苯氨基苯甲酸和邻二氮菲亚铁是合适的。若选二苯胺磺酸

钠，终点会提前，终点误差将会大于允许误差。

应该指出，指示剂本身会消耗滴定剂。例如，0.1mL 0.2%二苯胺磺酸钠会消耗 0.1mL 0.017mol/L 的 $K_2Cr_2O_7$ 溶液，因此，若 $K_2Cr_2O_7$ 溶液的浓度是 0.01mol/L 或更稀，则应做指示剂的空白校正，即用含量与分析试样相近的标准试样或标准溶液在同样条件下标定 $K_2Cr_2O_7$。

思考题 6-2

1. 如何确定对称电对氧化还原反应的化学计量点电位？
2. 氧化还原滴定曲线突跃范围大小与哪些因素有关？
3. 化学计量点的位置与氧化剂和还原剂的电子转移数有什么关系？
4. 简述氧化还原指示剂的变色原理。
5. 何谓显色指示剂？何谓自身指示剂？各举一例说明。
6. 什么是氧化还原指示剂的变色点电位和变色电位范围？

阅读材料

淀粉与碘反应的本质

淀粉是一种高分子化合物。淀粉与碘反应的本质是生成了一种包合物（碘分子被包在了淀粉分子的螺旋结构中），这种新的物质由于对光的吸收不同导致颜色变化。天然淀粉的成分可以分为两类：直链淀粉和支链淀粉。直链淀粉约占 10%~30%，分子量较小，在 50000 左右，可溶于热水（70~80℃）形成胶体溶液。直链淀粉与碘酒作用显蓝色，但较短的直链则呈现红色、棕色或黄色等不同的颜色。支链淀粉约 70%~90%，分子量比直链淀粉大得多，在 60000 左右，不溶于水，支链淀粉与碘酒作用显紫色或紫红色。所以，淀粉遇碘酒究竟显什么颜色，取决于该淀粉中直链淀粉与支链淀粉的比例。有的豆类几乎全是直链淀粉，遇碘酒显蓝色；糯米中几乎全是支链淀粉，遇碘酒显紫色；玉米、马铃薯分别含有 27%、20%的直链淀粉，所以马铃薯遇碘酒所显的颜色比玉米遇碘酒所显的颜色要略深。

摘自百度文库

第三节　氧化还原滴定前的预处理

学习要点　了解氧化还原滴定前预处理的重要性；掌握选择预处理所用的氧化剂和还原剂的原则；了解常用的预氧化剂和预还原剂的主要性质，掌握其使用方法。

在利用氧化还原滴定法分析某些具体试样时，往往需要将欲测组分预先处理成便于滴定的特定的价态。例如，测定铁矿中总铁量时，将 Fe^{3+} 预先还原为 Fe^{2+}，然后用氧化剂 $K_2Cr_2O_7$ 滴定。测定锰和铬时，先将试样溶解，如果它们是以 Mn^{2+} 或 Cr^{3+} 形式存在，就很难找到合适的强氧化剂直接滴定。可先用$(NH_4)_2S_2O_8$ 将它们氧化成 MnO_4^-、$Cr_2O_7^-$，再选用合适的还原剂（如 $FeSO_4$ 溶液）进行滴定。又如 Sn^{4+} 的测定，要找一种强还原剂直接滴定它是不可能的，需将 Sn^{4+} 预还原成 Sn^{2+}，然后选用合适的氧化剂（如碘溶液）滴定。这种测定前的氧化还原步骤称为氧化还原预处理。

一、预氧化剂和预还原剂的条件

预处理时所选用的氧化剂或还原剂必须满足如下条件。

① 反应进行得完全，反应速率快。

② 氧化或还原必须将欲测组分定量地氧化或还原至一定的价态。

③ 过剩的氧化剂或还原剂必须易于完全除去。除去的方法有以下几种。

a. 加热分解。例如，$(NH_4)_2S_2O_8$、H_2O_2、Cl_2 等易分解或易挥发的物质可借加热煮沸分解除去。

b. 过滤。如 $NaBiO_3$、Zn 等难溶于水的物质，可借过滤除去。

c. 利用化学反应。如用 $HgCl_2$ 除去过量 $SnCl_2$：

$$2HgCl_2 + SnCl_2 \longrightarrow SnCl_4 + Hg_2Cl_2 \downarrow$$

Hg_2Cl_2 沉淀一般不被滴定剂氧化，不必过滤除去。

④ 氧化或还原反应的选择性要好，以避免试样中其他组分干扰。例如钛铁矿中铁的测定，若用金属锌 [$\varphi^{\ominus}(Zn^{2+}/Zn) = -0.76V$] 为预还原剂，不仅还原 Fe^{3+}，而且也还原 Ti^{4+} [$\varphi^{\ominus\prime}(Ti^{4+}/Ti^{3+}) = +0.10V$]，此时用 $K_2Cr_2O_7$ 滴定测出的是两者的含量。如若用 $SnCl_2$ [$\varphi^{\ominus\prime}(Sn^{4+}/Sn^{2+}) = +0.14V$] 为预还原剂，则仅还原 Fe^{3+}，因而提高了反应的选择性。

二、常用的预氧化剂和预还原剂

预处理是氧化还原滴定法的关键性步骤之一，熟练掌握各种氧化剂、还原剂的特点，选择合理的预处理步骤，可以提高方法的选择性。下面介绍几种常用的预氧化和预还原时采用的试剂。

1. 氧化剂

(1) 过硫酸铵［$(NH_4)_2S_2O_8$］ 过硫酸铵在酸性溶液中，在有催化剂银盐存在时，是一种很强的氧化剂。

$$S_2O_8^{2-}+2e \longrightarrow 2SO_4^{2-} \qquad \varphi^{\ominus}(S_2O_8^{2-}/SO_4^{2-})=2.01V$$

$S_2O_8^{2-}$ 可以定量地将 Ce^{3+} 氧化成 Ce^{4+}，将 Cr^{3+} 氧化成 Cr(Ⅵ)，将 V(Ⅳ)氧化成 V(Ⅴ)，以及将 W(Ⅴ)氧化成 W(Ⅵ)。在硝酸-磷酸或硫酸-磷酸介质中，过硫酸铵能将 Mn(Ⅱ)氧化成 Mn(Ⅶ)。磷酸的存在可以防止锰被氧化成 MnO_2 沉淀析出，并保证全部氧化成 MnO_4^-。

如果 Mn^{2+} 溶液中含有 Cl^-，应该先加 H_2SO_4 蒸发并加热至 SO_3 白烟，以除尽 HCl，然后再加入 H_3PO_4，用过硫酸铵进行氧化。Cr(Ⅲ)和 Mn(Ⅱ)共存时，能同时被氧化成 Cr(Ⅵ)和 Mn(Ⅶ)。如果在 Cr^{3+} 氧化完全后加入盐酸或氯化钠煮沸，则 Mn(Ⅶ)被还原而 Cr(Ⅵ)不被还原，可以提高选择性。过量的$(NH_4)_2S_2O_8$ 可用煮沸的方法除去，其反应为：

$$2S_2O_8^{2-}+2H_2O \xrightarrow{\text{煮沸}} 4HSO_4^-+O_2\uparrow$$

(2) 过氧化氢（H_2O_2） 在碱性溶液中，过氧化氢是较强的氧化剂，可以把 Cr(Ⅲ)氧化成 CrO_4^{2-}。在酸性溶液中，过氧化氢既可作氧化剂，也可作还原剂。例如，在酸性溶液中它可以把 Fe^{2+} 氧化成 Fe^{3+}，其反应式如下：

$$2Fe^{2+}+H_2O_2+2H^+ \longrightarrow 2Fe^{3+}+2H_2O$$

也可将 MnO_4^- 还原为 Mn^{2+}：

$$2MnO_4^-+5H_2O_2+6H^+ \longrightarrow 2Mn^{2+}+5O_2\uparrow+8H_2O$$

因此，如果在碱性溶液中用过氧化氢进行预氧化，过量的过氧化氢应该在碱性溶液中除去，否则在酸化后已经被氧化的产物可能再次被还原。例如，Cr^{3+} 在碱性条件下被 H_2O_2 氧化成 CrO_4^{2-}，当溶液被酸化后，CrO_4^{2-} 能被剩余的 H_2O_2 还原成 Cr^{3+}。

(3) 高锰酸钾（$KMnO_4$） 高锰酸钾是一种很强的氧化剂，在冷的酸性介质中，可以在 Cr^{3+} 存在时将 V(Ⅳ)氧化成 V(Ⅴ)，此时 Cr^{3+} 被氧化的速率很慢，但在加热煮沸的硫酸溶液中 Cr^{3+} 可以被定量氧化成 Cr(Ⅵ)。

$$2MnO_4^-+2Cr^{3+}+3H_2O \longrightarrow 2MnO_2\downarrow+Cr_2O_7^{2-}+6H^+$$

过量的 MnO_4^- 和生成的 MnO_2 可以加入盐酸或氯化钠一起煮沸破

坏。当有氟化物或磷酸存在时，$KMnO_4$ 可选择性地将 Ce^{3+} 氧化成 Ce^{4+}，过量的 MnO_4^- 可以用亚硝酸盐还原，多余的亚硝酸盐用尿素分解除去。

$$2MnO_4^- + 5NO_2^- + 6H^+ \longrightarrow 2Mn^{2+} + 5NO_3^- + 3H_2O$$

$$2NO_2^- + CO(NH_2)_2 + 2H^+ \longrightarrow 2N_2\uparrow + CO_2\uparrow + 3H_2O$$

（4）高氯酸（$HClO_4$） 高氯酸既是最强的酸，在热而浓度很高时又是很强的氧化剂。其电对半反应如下：

$$ClO_4^- + 8H^+ + 8e \longrightarrow Cl^- + 4H_2O \qquad \varphi^{\ominus}(ClO_4^-/Cl^-) = 1.37V$$

在钢铁分析中，通常用它来分解试样并同时将铬氧化成 CrO_4^{2-}，钒氧化成 VO_3^-，而 Mn^{2+} 不被氧化。当有 H_3PO_4 存在时，高氯酸可将 Mn^{2+} 定量地氧化成 $[Mn(H_2P_2O_7)_3]^{3-}$（其中锰为3价状态）。在预氧化结束后，冷却并稀释溶液，高氯酸就会失去氧化能力。

注意： 热而浓的高氯酸遇到有机物会发生爆炸。因此，在处理含有机物的试样时，必须先用浓 HNO_3 加热破坏试样中的有机物，然后再使用高氯酸氧化。

其他的预氧化剂见表6-3。

表6-3 部分常用的预氧化剂

氧化剂	用 途	使用条件	过量氧化剂除去的方法
$NaBiO_3$	$Mn^{2+} \longrightarrow MnO_4^-$ $Cr^{3+} \longrightarrow Cr_2O_7^{2-}$ $Ce^{3+} \longrightarrow Ce^{4+}$	在硝酸溶液中	$NaBiO_3$ 微溶于水，过量时可过滤除去
KIO_4	$Ce^{3+} \longrightarrow Ce^{4+}$ $VO^{2+} \longrightarrow VO^{3+}$ $Cr^{3+} \longrightarrow Cr_2O_7^{2-}$	在酸性介质中加热	加入 Hg^{2+}，与过量的 KIO_4 作用生成 $Hg(IO_4)_2$ 沉淀，过滤除去
Cl_2 或 Br_2	$I^- \longrightarrow IO_3^-$	酸性或中性	煮沸或通空气流
H_2O_2	$Cr^{3+} \longrightarrow CrO_4^{2-}$	碱性介质	碱性溶液中煮沸

2. 还原剂

在氧化还原滴定中，由于还原剂的保存比较困难，氧化剂标准滴定溶液的使用比较广泛，这就要求待测组分必须处于还原状态，因而预先还原更显重要。常用的预还原剂有如下几种。

（1）二氯化锡（$SnCl_2$） $SnCl_2$ 是一种中等强度的还原剂，在1mol/L盐酸中 $\varphi^{\ominus\prime}(Sn^{4+}/Sn^{2+}) = 0.139V$。$SnCl_2$ 常用于预还原 Fe^{3+}，

还原速率随氯离子浓度的增高而加快。在热的盐酸溶液中，$SnCl_2$ 可以将 Fe^{3+} 定量并迅速地还原为 Fe^{2+}，过量的 $SnCl_2$ 加入 $HgCl_2$[1] 除去。

$$SnCl_2 + 2HgCl_2 \longrightarrow SnCl_4 + Hg_2Cl_2 \downarrow$$

但要注意，如果加入 $SnCl_2$ 的量过多，就会进一步将 Hg_2Cl_2 还原为汞，而汞将与氧化剂作用，使分析结果产生误差。所以预还原 Fe^{3+} 时，$SnCl_2$ 不能过量太多。

$SnCl_2$ 也可将 Mo(Ⅵ)还原为 Mo(Ⅴ)及 Mo(Ⅳ)，将 As(Ⅴ)还原为 As(Ⅲ)等。

(2) 三氯化钛 ($TiCl_3$)　$TiCl_3$ 是一种强还原剂，在 1mol/L 盐酸中 $\varphi^{\ominus}(Ti^{4+}/Ti^{3+}) = -0.04V$。在测定铁时，为了避免使用剧毒的 $HgCl_2$，可以采用 $TiCl_3$ 还原 Fe^{3+}（详见本章第四节中“二”）。此法的缺点是选择性不如 $SnCl_2$ 好。

(3) SO_2　SO_2 是弱还原剂，可将 Fe^{3+} 还原为 Fe^{2+}。而不能将 Ti(Ⅳ) 还原为 Ti(Ⅲ)。在大量 H_2SO_4 存在时，反应速率缓慢，但当有 SCN^- 共存时，可加速反应的进行。SO_2 也能将 As(Ⅴ) 还原为 As(Ⅲ)，将 Sb(Ⅴ) 还原为 Sb(Ⅲ)，将 V(Ⅴ) 还原为 V(Ⅵ)。在有 SCN^- 存在的情况下，还可以将 Cu(Ⅱ) 还原为 Cu(Ⅰ)。

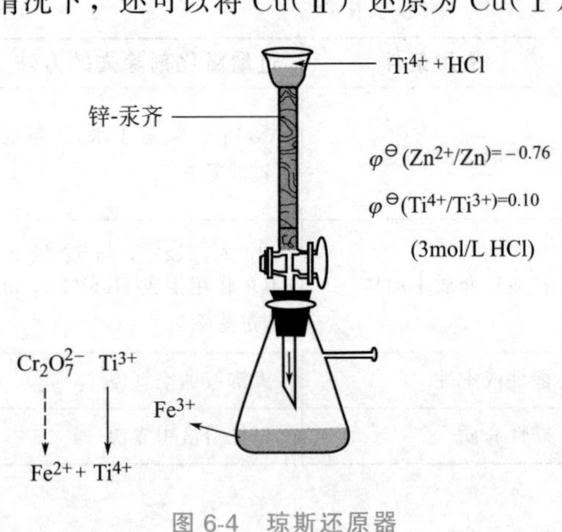

图 6-4　琼斯还原器

(4) 金属还原剂　常用的金属还原剂有铁、铝和锌等，它们都是非常强的还原剂。在 HCl 介质中铝可以将 Ti^{4+} 还原为 Ti^{3+}，Sn^{4+} 还原为 Sn^{2+}，过量的金属可以过滤除去。为了方便，通常将金属装入柱内使用，一般称作还原器，例如，常用的有锌汞齐还原器（琼斯还原器如图 6-4）、银还原器（瓦尔登还原器）、铅还原器等。溶液以一定的流速通过还原器，流出时待测组分已被还原至一定的价态，

[1] 由于 $HgCl_2$ 有剧毒，为避免污染环境，近年来已采用 $SnCl_2$-$TiCl_3$ 无汞测定法。

还原器可以长期连续使用。表 6-4 列出了部分常用的还原剂，供选择时参考。

表 6-4　部分常用的还原剂

还原剂	用　途	使用条件	过量还原剂除去的方法
SO_2	$Fe^{3+} \longrightarrow Fe^{2+}$ $AsO_4^{3-} \longrightarrow AsO_3^{3-}$ $Sb^{5+} \longrightarrow Sb^{3+}$ $V^{5+} \longrightarrow V^{4+}$ $Cu^{2+} \longrightarrow Cu^{+}$	H_2SO_4 溶液 SCN^- 催化 SCN^- 存在下	煮沸或通 CO_2 气流
联胺	$As^{5+} \longrightarrow As^{3+}$ $Sb^{5+} \longrightarrow Sb^{3+}$		浓 H_2SO_4 中煮沸
Al	$Sn^{4+} \longrightarrow Sn^{2+}$ $Ti^{4+} \longrightarrow Ti^{3+}$	HCl 溶液	过滤
H_2S	$Fe^{3+} \longrightarrow Fe^{2+}$ $MnO_4^- \longrightarrow Mn^{2+}$ $Ce^{4+} \longrightarrow Ce^{3+}$ $Cr_2O_7^{2-} \longrightarrow Cr^{3+}$	强酸性溶液	煮沸

思考题 6-3

1. 氧化还原滴定前，为什么往往需要预处理？预处理所用氧化剂或还原剂应具备哪些条件？

2. 在进行氧化还原预处理时，为除去剩余的 $KMnO_4$、$(NH_4)_2S_2O_8$、$NaBiO_3$、$SnCl_2$ 等，常采用什么方法？

3. 为什么银还原器（金属银浸在 1mol/L HCl 溶液中）只能还原 Fe^{3+} 而不能还原 Ti^{4+}？试由条件电极电位大小加以说明。

阅读材料

对氧化还原滴定做出重要贡献的化学家

1. 马格里特（F. Marguerittе），法国

1846 年，他首次应用高锰酸钾法测定铁。此后将该方法扩展，应用于测定其他可被还原为低价化合物的金属。

2. 比拉狄厄（H. de la Bellardiere），法国

1826 年，他首次制得碘化钠，并以淀粉为指示剂将它应用于次氯酸钙的滴定。开创了“碘量法”的研究与应用。

3. K. F. 莫尔，德国

他对容量分析做出了卓越贡献。他设计的可盛强碱溶液的滴定管至今仍在沿用。他推荐草酸作碱量法的基准物质，硫酸亚铁铵（也称莫尔盐）作氧化还原滴定法的基准物质。

第四节 常用的氧化还原滴定法

学习要点 掌握高锰酸钾滴定法、重铬酸钾滴定法、碘量法的原理、滴定条件、标准滴定溶液的制备方法和应用；了解其他常用氧化还原滴定法的原理和应用。

氧化还原滴定法是应用范围很广的一种滴定分析方法，它既可直接测定许多具有还原性或氧化性的物质，也可间接测定某些不具氧化还原性的物质。氧化还原滴定法可以根据待测物的性质选择合适的滴定剂，并常根据所用滴定剂的名称命名，如常用的有高锰酸钾法、重铬酸钾法、碘量法、铈量法、溴酸钾法等。各种方法都有其特点和应用范围，应根据实际情况正确选用。下面介绍几种常用的氧化还原滴定法。

一、高锰酸钾法

1. 方法概述

高锰酸钾是一种强氧化剂，它的氧化能力和还原产物与溶液的酸度有关。

在强酸性溶液中，$KMnO_4$ 与还原剂作用，被还原为 Mn^{2+}。

$$MnO_4^- + 8H^+ + 5e \rightleftharpoons Mn^{2+} + 4H_2O \qquad \varphi^\ominus = 1.51V$$

由于在强酸性溶液中 $KMnO_4$ 有更强的氧化性，因而高锰酸钾滴定法一般多在 0.5～1mol/L H_2SO_4 强酸性介质中使用，而不使用盐酸介质，这是由于盐酸具有还原性，能诱发一些副反应，干扰滴定。硝酸由于含有氮氧化物，容易发生副反应，也很少采用。

在弱酸性、中性或碱性溶液中，$KMnO_4$ 被还原为 MnO_2。

$$MnO_4^- + 2H_2O + 3e \rightleftharpoons MnO_2 \downarrow + 4OH^- \qquad \varphi^\ominus = 0.593V$$

由于反应产物为棕色的 MnO_2 沉淀，妨碍终点观察，所以很少使用。

在 pH＞12 的强碱性溶液中用 $KMnO_4$ 氧化有机物时，由于在强碱性（大于 2mol/L NaOH 溶液）条件下的反应速率比在酸性条件下更快，所以常利用 $KMnO_4$ 在强碱性溶液中与有机物的反应测定有机物。

$$MnO_4^- + e \rightleftharpoons MnO_4^{2-} \qquad \varphi^{\ominus}(MnO_4^-/MnO_4^{2-}) = 0.564V$$

$KMnO_4$ 法有如下特点：

① $KMnO_4$ 氧化能力强，应用广泛，可直接或间接地测定多种无机物和有机物。例如可直接滴定许多还原性物质，如 Fe^{2+}、As(Ⅲ)、Sb(Ⅲ)、W(Ⅴ)、U(Ⅳ)、H_2O_2、$C_2O_4^{2-}$、NO_2^- 等；返滴定时可测 MnO_2、PbO_2 等物质；也可以通过 MnO_4^- 与 $C_2O_4^{2-}$ 反应间接测定一些非氧化还原物质，如 Ca^{2+}、Th^{4+} 等。

② $KMnO_4$ 溶液呈紫红色，当试液为无色或颜色很浅时，滴定不需要外加指示剂。

③ 由于 $KMnO_4$ 氧化能力强，因此方法的选择性欠佳，而且 $KMnO_4$ 与还原性物质的反应历程比较复杂，易发生副反应。

④ $KMnO_4$ 标准滴定溶液不能直接配制，且标准滴定溶液不够稳定，不能久置，需经常标定。

2. 高锰酸钾标准滴定溶液的制备（执行 GB/T 601）

市售高锰酸钾试剂常含有少量的 MnO_2 及其他杂质，使用的蒸馏水中也含有少量如尘埃、有机物等还原性物质，这些物质都能使 $KMnO_4$ 还原，因此 $KMnO_4$ 标准滴定溶液不能直接配制，必须先配成近似浓度的溶液，放置 7 天后滤去沉淀，然后再用基准物质标定。

标定 $KMnO_4$ 溶液的基准物质很多，如 $Na_2C_2O_4$、$H_2C_2O_4 \cdot 2H_2O$、$(NH_4)_2Fe(SO_4)_2 \cdot 6H_2O$ 和纯铁丝等。其中常用的是 $Na_2C_2O_4$，这是因为它易提纯，且性质稳定，不含结晶水，在 105～110℃ 烘至恒重，即可使用。

MnO_4^- 与 $C_2O_4^{2-}$ 的标定反应在 H_2SO_4 介质中进行，其反应如下：

$$2MnO_4^- + 5C_2O_4^{2-} + 16H^+ \longrightarrow 2Mn^{2+} + 10CO_2\uparrow + 8H_2O$$

此时，$KMnO_4$ 的基本单元为 $\frac{1}{5}KMnO_4$，而 $Na_2C_2O_4$ 的基本单元为 $\frac{1}{2}Na_2C_2O_4$。

为了使标定反应能定量地较快进行，标定时应注意以下滴定条件。

（1）温度　$Na_2C_2O_4$ 溶液加热至 70～85℃ 再进行滴定。不能使温度超过 90℃，否则 $H_2C_2O_4$ 分解，导致标定结果偏高。

$$H_2C_2O_4 \xrightarrow{\geqslant 90^\circ C} H_2O + CO_2\uparrow + CO\uparrow$$

（2）酸度　溶液应保持足够大的酸度，一般控制酸度为 0.5～1mol/L。如果酸度不足，易生成 MnO_2 沉淀；酸度过高，则又会使 $H_2C_2O_4$ 分解。

（3）滴定速率　MnO_4^- 与 $C_2O_4^{2-}$ 的反应开始时反应速率很慢，当有 Mn^{2+} 生成之后，反应速率逐渐加快。因此，开始滴定时，应该等第一滴 $KMnO_4$ 溶液褪色后，再加第二滴。此后，因反应生成的 Mn^{2+} 有自动催化作用而加快了反应速率，随之可加快滴定速率，但不能过快，否则加入的 $KMnO_4$ 溶液会因来不及与 $C_2O_4^{2-}$ 反应，就在热的酸性溶液中分解，导致标定结果偏低。

$$4MnO_4^- + 12H^+ \longrightarrow 4Mn^{2+} + 6H_2O + 5O_2\uparrow$$

若滴定前加入少量的 $MnSO_4$ 为催化剂，则在滴定的最初阶段就以较快的速率进行。

（4）滴定终点　用 $KMnO_4$ 溶液滴定至溶液呈淡粉红色 30s 不褪色即为终点。放置时间过长，空气中的还原性物质能使 $KMnO_4$ 还原而褪色。

标定好的 $KMnO_4$ 溶液在放置一段时间后，若发现有 $MnO(OH)_2$ 沉淀析出，应重新过滤并标定。标定结果按下式计算：

$$c\left(\frac{1}{5}KMnO_4\right) = \frac{m(Na_2C_2O_4)}{(V-V_0)\times M\left(\frac{1}{2}Na_2C_2O_4\right)\times 10^{-3}} \tag{6-18}$$

式中　$m(Na_2C_2O_4)$——称取 $Na_2C_2O_4$ 的质量，g；

V——滴定时消耗 $KMnO_4$ 标准滴定溶液的体积，mL；

V_0——空白试验时消耗 $KMnO_4$ 标准滴定溶液的体积，mL；

$M\left(\frac{1}{2}Na_2C_2O_4\right)$——以 $\frac{1}{2}Na_2C_2O_4$ 为基本单元的 $Na_2C_2O_4$ 的摩尔质量，67.00g/mol。

例 6-10　配制 1.5L $c\left(\frac{1}{5}KMnO_4\right)=0.2mol/L$ 的 $KMnO_4$ 溶液，应称取 $KMnO_4$ 多少克？配制 1L $T_{Fe^{2+}/KMnO_4}=0.00600g/mL$ 的 $KMnO_4$ 溶液，应称取 $KMnO_4$ 多少克？

解　已知 $M(KMnO_4)=158g/mol$，$M(Fe)=55.85g/mol$。

(1) $m(KMnO_4)=c\left(\frac{1}{5}KMnO_4\right)V(KMnO_4)M\left(\frac{1}{5}KMnO_4\right)$

$$=1.5\times0.2\times\frac{1}{5}\times158g=9.5g$$

答　配制 1.5L $c\left(\frac{1}{5}KMnO_4\right)=0.2mol/L$ 的 $KMnO_4$ 溶液，应称取 $KMnO_4$ 9.5g。

(2) 按题意，$KMnO_4$ 与 Fe^{2+} 的反应为：

$$KMnO_4+5Fe^{2+}+8H^+\longrightarrow K^++Mn^{2+}+5Fe^{3+}+4H_2O$$

在该反应中，Fe^{2+} 的基本单元为自身，则

$$c\left(\frac{1}{5}KMnO_4\right)=\frac{T\times1000}{M(Fe)}$$

$$=\frac{0.00600\times1000}{55.85\times1}mol/L=0.108mol/L$$

所需 $KMnO_4$ 的质量为：

$$m(KMnO_4)=c\left(\frac{1}{5}KMnO_4\right)V(KMnO_4)M\left(\frac{1}{5}KMnO_4\right)$$

$$=0.108\times1\times\frac{1}{5}\times158g=3.4g$$

答　配制 1L $T_{Fe^{2+}/KMnO_4}=0.00600g/mL$ 的 $KMnO_4$ 溶液，应称取 $KMnO_4$ 3.4g。

3. $KMnO_4$ 法的应用实例

(1) 直接滴定法测定 H_2O_2　在酸性溶液中 H_2O_2 被 MnO_4^- 定量氧化：

$$2MnO_4^-+5H_2O_2+6H^+\longrightarrow 2Mn^{2+}+5O_2\uparrow+8H_2O$$

此反应在室温下即可顺利进行。滴定开始时反应较慢，随着 Mn^{2+} 的生成而加速。也可先加入少量 Mn^{2+} 为催化剂。

若 H_2O_2 中含有机物质，后者会消耗 $KMnO_4$，使测定结果偏高。这时，应改用碘量法或铈量法测定 H_2O_2。

(2) 间接滴定法测定 Ca^{2+}　Ca^{2+}、Th^{4+} 等在溶液中没有可变价态，通过生成草酸盐沉淀，可用高锰酸钾法间接测定。

以 Ca^{2+} 的测定为例。先将 Ca^{2+} 沉淀为 CaC_2O_4，再经过滤、洗涤后，将沉淀溶于热的稀 H_2SO_4 溶液中，最后用 $KMnO_4$ 标准溶液滴定 $H_2C_2O_4$，根据所消耗 $KMnO_4$ 的量间接求得 Ca^{2+} 的含量。

为了保证 Ca^{2+} 与 $C_2O_4^{2-}$ 间 1∶1 的计量关系，以及获得颗粒较大的 CaC_2O_4 沉淀，以便于过滤和洗涤，必须采取以下相应的措施。

① 在酸性试液中先加入过量 $(NH_4)_2C_2O_4$，后用稀氨水慢慢中和试液至甲基橙显黄色，使沉淀缓慢地生成。

② 沉淀完全后，必须放置陈化一段时间。

③ 用蒸馏水洗去沉淀表面吸附的 $C_2O_4^{2-}$。若在中性或弱碱性溶液中沉淀，会有部分 $Ca(OH)_2$ 或碱式草酸钙生成，使测定结果偏低。为减少沉淀溶解损失，应用尽可能少的冷水洗涤沉淀。

(3) 返滴定法测定软锰矿中 MnO_2　软锰矿中 MnO_2 的测定是利用 MnO_2 与 $C_2O_4^{2-}$ 在酸性溶液中的反应，其反应式如下：

$$MnO_2 + C_2O_4^{2-} + 4H^+ \longrightarrow Mn^{2+} + 2CO_2\uparrow + 2H_2O$$

加入一定量过量的 $Na_2C_2O_4$ 于磨细的矿样中，加 H_2SO_4 并加热，当样品中无棕黑色颗粒存在时，表示试样分解完全。用 $KMnO_4$ 标准滴定溶液趁热返滴定剩余的草酸，由 $Na_2C_2O_4$ 的加入量和 $KMnO_4$ 溶液消耗量之差求出 MnO_2 的含量。

(4) 置换滴定法测定 $SnCl_2$　Sn^{2+} 在盐酸溶液中，将 Fe^{3+} 还原为 Fe^{2+}，以 $KMnO_4$ 标准溶液滴定所生成的 Fe^{2+}，根据高锰酸钾消耗量，换算成氯化亚锡。主要反应为：

$$SnCl_2 + Fe_2(SO_4)_3 + 2HCl \longrightarrow SnCl_4 + 2FeSO_4 + H_2SO_4$$

把试样加到硫酸铁铵 [$NH_4Fe(SO_4)_2$] 的盐酸溶液中 [$c(HCl)=3mol/L$] 加热煮沸，这时氯化亚锡 ($SnCl_2$) 把高价铁定量还原为亚铁。加入硫酸锰混合溶液（$MnSO_4$ 的硫酸与磷酸的水溶液），用高锰酸钾标准溶液滴定生成的亚铁。

硫酸锰混合溶液的作用是：硫酸锰是催化剂；用硫酸保持强酸性；用磷酸和溶液中的高铁生成配位化合物，以克服高铁黄色色泽对滴定终点色泽的干扰。另外，有 Mn^{2+} 存在可以防止溶液中氯 (Cl^-) 被高锰酸钾氧化的干扰。

(5) 水中化学耗氧量 COD_{Mn} 的测定　化学耗氧量 COD 是 1L 水中还原性物质（无机的或有机的）在一定条件下被氧化时所消耗的氧含量，通常用 COD_{Mn}(O，mg/L) 表示。它是反映水体被还原性物质污染的主要指标。还原性物质包括有机物、亚硝酸盐、亚铁盐和硫化物等，但多数水普遍受有机物污染，因此，化学耗氧量可作为有机物污染程度的指标，目前它已经成为环境监测分析的主要项目之一。

COD_{Mn} 的测定方法是：在酸性条件下，加入过量的 $KMnO_4$ 溶液，将水样中的某些有机物及还原性物质氧化，反应后在剩余的 $KMnO_4$ 中加入过量的 $Na_2C_2O_4$ 还原，再用 $KMnO_4$ 溶液返滴定过量的 $Na_2C_2O_4$，从而计算出水样中所含还原性物质所消耗的 $KMnO_4$，再换算为 COD_{Mn}。测定过程所发生的有关反应如下：

$$4KMnO_4 + 6H_2SO_4 + 5C \longrightarrow 2K_2SO_4 + 4MnSO_4 + 5CO_2\uparrow + 6H_2O$$

$$2MnO_4^- + 5C_2O_4^{2-} + 16H^+ \longrightarrow 2Mn^{2+} + 8H_2O + 10CO_2\uparrow$$

$KMnO_4$ 法测定的化学耗氧量 COD_{Mn} 只适用于较为清洁水样的测定。

（6）一些有机物的测定　$KMnO_4$ 氧化有机物的反应在碱性溶液中比在酸性溶液中快，采用加入过量 $KMnO_4$ 并加热的方法可进一步加速反应。例如，测定甘油时，加入一定量过量的 $KMnO_4$ 标准滴定溶液到含有试样的 2mol/L NaOH 溶液中，放置片刻，溶液中发生如下反应：

$$\begin{matrix} CH_2OH \\ | \\ CHOH \\ | \\ CH_2OH \end{matrix} + 14MnO_4^- + 20OH^- \longrightarrow 3CO_3^{2-} + 14MnO_4^{2-} + 14H_2O$$

待溶液中反应完全后，将溶液酸化，MnO_4^{2-} 歧化成 MnO_4^- 和 MnO_2，加入过量的 $Na_2C_2O_4$ 标准滴定溶液还原所有高价锰为 Mn^{2+}，最后再以 $KMnO_4$ 标准滴定溶液滴定剩余的 $Na_2C_2O_4$，由两次加入的 $KMnO_4$ 量和 $Na_2C_2O_4$ 的量计算甘油的质量分数。甲醛、甲酸、酒石酸、柠檬酸、苯酚、葡萄糖等都可按此方法测定。

二、重铬酸钾法

1. 方法概述

重铬酸钾是一种常用的氧化剂，它具有较强的氧化性。室温下不受 Cl^- 还原作用的影响。在酸性介质中 $Cr_2O_7^{2-}$ 被还原为 Cr^{3+}，其电极反应如下：

$$Cr_2O_7^{2-} + 14H^+ + 6e \longrightarrow 2Cr^{3+} + 7H_2O \quad \varphi^\ominus(Cr_2O_7^{2-}/Cr^{3+}) = 1.33V$$

$K_2Cr_2O_7$ 的基本单元为 $\frac{1}{6}K_2Cr_2O_7$。

重铬酸钾的氧化能力不如高锰酸钾强，因此重铬酸钾可以测定的物质不如高锰酸钾广泛。但与高锰酸钾法相比，它有自己的优点，如下所述。

① $K_2Cr_2O_7$ 易提纯，可以制成基准物质，在 140～150℃ 干燥 2h

后，可直接称量，配制标准溶液。$K_2Cr_2O_7$ 标准滴定溶液相当稳定，保存在密闭容器中，浓度可长期保持不变。

② 室温下，当 HCl 溶液浓度低于 3mol/L 时，$Cr_2O_7^{2-}$ 不会诱导氧化 Cl^-，因此 $K_2Cr_2O_7$ 法可在盐酸介质中进行滴定。$Cr_2O_7^{2-}$ 的滴定还原产物是 Cr^{3+}，呈绿色，滴定时必须用指示剂指示滴定终点。常用的指示剂为二苯胺磺酸钠。

2. $K_2Cr_2O_7$ 标准滴定溶液的制备

（1）直接配制法　$K_2Cr_2O_7$ 标准滴定溶液可用直接法配制，但在配制前应将 $K_2Cr_2O_7$ 基准试剂在 105～110℃温度下烘至恒重。

（2）间接配制法（执行 GB/T 601）　若使用分析纯 $K_2Cr_2O_7$ 试剂配制标准滴定溶液，则需进行标定，其标定原理是：移取一定体积的 $K_2Cr_2O_7$ 溶液，加入过量的 KI 和 H_2SO_4，用已知浓度的 $Na_2S_2O_3$ 标准滴定溶液进行滴定，以淀粉指示液指示滴定终点。其反应式为：

$$Cr_2O_7^{2-}+6I^-+14H^+\longrightarrow 2Cr^{3+}+3I_2+7H_2O$$

$$I_2+2S_2O_3^{2-}\longrightarrow S_4O_6^{2-}+2I^-$$

$K_2Cr_2O_7$ 标准滴定溶液的浓度按下式计算：

$$c\left(\frac{1}{6}K_2Cr_2O_7\right)=\frac{(V_1-V_2)c(Na_2S_2O_3)}{V}$$

式中　$c\left(\frac{1}{6}K_2Cr_2O_7\right)$——重铬酸钾标准滴定溶液的浓度，mol/L；

$c(Na_2S_2O_3)$——硫代硫酸钠标准滴定溶液的浓度，mol/L；

V_1——滴定时消耗硫代硫酸钠标准滴定溶液的体积，mL；

V_2——空白试验消耗硫代硫酸钠标准滴定溶液的体积，mL；

V——重铬酸钾标准滴定溶液的体积，mL。

3. 重铬酸钾法的应用实例

（1）铁矿石中全铁量的测定　重铬酸钾法是测定矿石中全铁量的标准方法。根据预氧化还原方法的不同分为 $SnCl_2$-$HgCl_2$ 法和 $SnCl_2$-$TiCl_3$（无汞测定法）。

① $SnCl_2$-$HgCl_2$ 法。试样用热浓盐酸溶解，用 $SnCl_2$ 趁热将 Fe^{3+} 还原为 Fe^{2+}。冷却后，过量的 $SnCl_2$ 用 $HgCl_2$ 氧化，再用水稀释，并加入 H_2SO_4-H_3PO_4 混合酸和二苯胺磺酸钠指示剂，立即用 $K_2Cr_2O_7$

标准滴定溶液滴定至溶液由浅绿色（Cr^{3+}色）变为紫红色。

用盐酸溶解时，反应为：

$$Fe_2O_3 + 6HCl \longrightarrow 2FeCl_3 + 3H_2O$$

滴定反应为：

$$Cr_2O_7^{2-} + 6Fe^{2+} + 14H^+ \longrightarrow 2Cr^{3+} + 6Fe^{3+} + 7H_2O$$

测定中加入 H_3PO_4 的目的有两个：一是降低 Fe^{3+}/Fe^{2+} 电对的电极电位，使滴定突跃范围增大，让二苯胺磺酸钠变色点的电位落在滴定突跃范围之内；二是使滴定反应的产物生成无色的 $[Fe(HPO_4)_2]^-$，消除 Fe^{3+} 黄色的干扰，有利于滴定终点的观察。

② 无汞测定法。样品用酸溶解后，以 $SnCl_2$ 趁热将大部分 Fe^{3+} 还原为 Fe^{2+}，再以钨酸钠为指示剂，用 $TiCl_3$ 还原剩余的 Fe^{3+}。反应为：

$$2Fe^{3+} + Sn^{2+} \longrightarrow 2Fe^{2+} + Sn^{4+}$$

$$Fe^{3+} + Ti^{3+} \longrightarrow Fe^{2+} + Ti^{4+}$$

当 Fe^{3+} 定量还原为 Fe^{2+} 之后，稍过量的 $TiCl_3$ 即可使溶液中作为指示剂的 6 价钨还原为蓝色的 5 价钨（俗称“钨蓝”），此时溶液呈蓝色。然后滴入重铬酸钾溶液，使钨蓝刚好褪色，或者以 Cu^{2+} 为催化剂使稍过量的 Ti^{3+} 被水中溶解的氧所氧化，从而消除少量还原剂的影响。最后以二苯胺磺酸钠为指示剂，用重铬酸钾标准滴定溶液滴定溶液中的 Fe^{2+}，即可求出全铁含量。

值得一提的是，二苯胺磺酸钠指示剂消耗一定量的重铬酸钾，所以不能多加。指示剂配制过久，颜色变为深绿色时也不能继续使用。在滴定过程中，加入的各种试剂和指示剂也会消耗少量的重铬酸钾，故在精确分析中应对试剂和指示剂做空白试验校正。

(2) 利用 $Cr_2O_7^{2-}$-Fe^{2+} 反应测定其他物质　$Cr_2O_7^{2-}$ 与 Fe^{2+} 的反应可逆性强，速率快，计量关系好，无副反应发生，指示剂变色明显。此反应不仅用于测铁，还可利用它间接地测定多种物质。

① 测定氧化剂。NO_3^-（或 ClO_3^-）等氧化剂被还原的反应速率较慢，测定时可加入过量的 Fe^{2+} 标准溶液与其反应：

$$3Fe^{2+} + NO_3^- + 4H^+ \longrightarrow 3Fe^{3+} + NO\uparrow + 2H_2O$$

待反应完全后，用 $K_2Cr_2O_7$ 标准滴定溶液返滴定剩余的 Fe^{2+}，即可求得 NO_3^- 含量。

② 测定还原剂。一些强还原剂如 Ti^{3+} 等极不稳定，易被空气中的

氧所氧化。为使测定准确，可将 Ti^{4+} 流经还原柱后，用盛有 Fe^{3+} 溶液的锥形瓶接收，此时发生如下反应：

$$Ti^{3+} + Fe^{3+} \longrightarrow Ti^{4+} + Fe^{2+}$$

置换出的 Fe^{2+} 再用 $K_2Cr_2O_7$ 标准滴定溶液滴定。

③ 测定污水的化学耗氧量（COD_{Cr}）。$KMnO_4$ 法测定的化学耗氧量（COD_{Mn}）只适用于较为清洁水样的测定。若需要测定污染严重的生活污水和工业废水，则需要用 $K_2Cr_2O_7$ 法。用 $K_2Cr_2O_7$ 法测定的化学耗氧量用 COD_{Cr}(O，mg/L) 表示。COD_{Cr} 是衡量污水被污染程度的重要指标。其测定原理是：水样中加入一定量的重铬酸钾标准滴定溶液，在强酸性（H_2SO_4）条件下，以 Ag_2SO_4 为催化剂，加热回流 2h，使重铬酸钾与有机物和还原性物质充分作用。过量的重铬酸钾以试亚铁灵为指示剂，用硫酸亚铁铵标准滴定溶液返滴定，其滴定反应为：

$$Cr_2O_7^{2-} + 6Fe^{2+} + 14H^+ \rightleftharpoons 2Cr^{3+} + 6Fe^{3+} + 7H_2O$$

由所消耗的硫酸亚铁铵标准滴定溶液的量及加入水样中的重铬酸钾标准滴定溶液的量，便可以按式(6-19) 计算出水样中还原性物质消耗氧的量：

$$COD_{Cr} = \frac{(V_0 - V_1)c(Fe^{2+}) \times 8.000 \times 1000}{V} \tag{6-19}$$

式中 V_0——滴定空白时消耗硫酸亚铁铵标准滴定溶液的体积，mL；

V_1——滴定水样时消耗硫酸亚铁铵标准滴定溶液的体积，mL；

V——水样的体积，mL；

$c(Fe^{2+})$——硫酸亚铁铵标准滴定溶液的浓度，mol/L；

8.000——$\frac{1}{2}$O 的摩尔质量，g/mol。

④ 测定非氧化还原性物质。测定 Pb^{2+}（或 Ba^{2+}）等物质时，一般先将其沉淀为 $PbCrO_4$（或 $BaCrO_4$），然后过滤沉淀，沉淀经洗涤后溶解于酸中，再以 Fe^{2+} 标准滴定溶液滴定 $Cr_2O_7^{2-}$，从而间接求出 Pb^{2+}（或 Ba^{2+}）的含量。

注意： $K_2Cr_2O_7$ 有毒，使用后应回收处理，以免污染环境！

三、碘量法

1. 方法概述

碘量法是利用 I_2 的氧化性和 I^- 的还原性进行滴定的方法，其基本反应为：

$$I_2 + 2e \longrightarrow 2I^-$$

固体 I_2 在水中溶解度很小（298K 时为 1.18×10^{-3} mol/L），且易于挥发。通常将 I_2 溶解于 KI 溶液中，此时它以 I_3^- 配离子形式存在，其半反应为：

$$I_3^- + 2e \longrightarrow 3I^- \qquad \varphi^\ominus(I_3^-/I^-) = 0.545V$$

从 $\varphi^\ominus$ 值可以看出，I_2 是较弱的氧化剂，能与较强的还原剂作用；I^- 是中等强度的还原剂，能与许多氧化剂作用。因此碘量法可以用直接或间接的两种方式进行。

碘量法既可测定氧化剂，又可测定还原剂。I_3^-/I^- 电对反应可逆性好，副反应少，又有很灵敏的淀粉指示剂指示终点，因此碘量法的应用范围很广。

(1) 直接碘量法　用 I_2 配成的标准滴定溶液可以直接测定电位值比 $\varphi^\ominus(I_3^-/I^-)$ 小的还原性物质，如 S^{2-}、SO_3^{2-}、Sn^{2+}、$S_2O_3^{2-}$、As(Ⅲ)、维生素 C 等，这种碘量法称为直接碘量法，又叫碘滴定法。直接碘量法不能在碱性溶液中进行滴定，因为碘与碱发生歧化反应：

$$I_2 + 2OH^- \longrightarrow IO^- + I^- + H_2O$$

$$3IO^- \longrightarrow IO_3^- + 2I^-$$

(2) 间接碘量法　电位值比 $\varphi^\ominus(I_3^-/I^-)$ 高的氧化性物质可在一定的条件下用 I^- 还原，然后用 $Na_2S_2O_3$ 标准滴定溶液滴定释放出的 I_2，这种方法称为间接碘量法，又叫滴定碘法。间接碘量法的基本反应为：

$$2I^- - 2e \longrightarrow I_2$$

$$I_2 + 2S_2O_3^{2-} \longrightarrow S_4O_6^{2-} + 2I^-$$

利用这一方法可以测定很多氧化性物质，如 Cu^{2+}、$Cr_2O_7^{2-}$、IO_3^-、BrO_3^-、AsO_4^{3-}、ClO^-、NO_2^-、H_2O_2、MnO_4^- 和 Fe^{3+} 等。

间接碘量法多在中性或弱酸性溶液中进行，因为在碱性溶液中 I_2 与 $S_2O_3^{2-}$ 将发生如下反应：

$$S_2O_3^{2-} + 4I_2 + 10OH^- \longrightarrow 2SO_4^{2-} + 8I^- + 5H_2O$$

同时，I_2 在碱性溶液中还会发生歧化反应：

$$3I_2 + 6OH^- \longrightarrow IO_3^- + 5I^- + 3H_2O$$

在强酸性溶液中，$Na_2S_2O_3$ 溶液会发生分解反应：

$$S_2O_3^{2-} + 2H^+ \longrightarrow SO_2\uparrow + S\downarrow + H_2O$$

同时，I^- 在酸性溶液中易被空气中的 O_2 氧化：

$$4I^- + 4H^+ + O_2 \longrightarrow 2I_2 + 2H_2O$$

（3）碘量法的终点指示——淀粉指示液法　I_2 与淀粉呈现蓝色，其显色灵敏度除与 I_2 的浓度有关以外，还与淀粉的性质、加入的时间、温度及反应介质等条件有关。因此在使用淀粉指示液指示终点时要注意以下几点：

① 所用的淀粉必须是可溶性淀粉。

② I_3^- 与淀粉的蓝色在热溶液中会消失，因此，不能在热溶液中进行滴定。

③ 要注意反应介质的条件。淀粉在弱酸性溶液中灵敏度很高，与 I_2 作用显蓝色；当 $pH<2$ 时，淀粉会水解成糊精，与 I_2 作用显红色；当 $pH>9$ 时，I_2 转变为 IO^-，与淀粉不显色。

④ 直接碘量法用淀粉指示液指示终点时，应在滴定开始时加入，终点时溶液由无色突变为蓝色。间接碘量法用淀粉指示液指示终点时，应等滴至 I_2 的黄色很浅时再加入淀粉指示液（若过早加入淀粉，它与 I_2 形成的蓝色配合物会吸留部分 I_2，往往易使终点提前且不明显），终点时溶液由蓝色转无色。

⑤ 淀粉指示液的用量一般为 2～5mL（5g/L 淀粉指示液）。

（4）碘量法的误差来源和防止措施　碘量法的误差来源于两个方面：一是 I_2 易挥发；二是在酸性溶液中 I^- 易被空气中的氧氧化。为了防止 I_2 挥发和空气氧化 I^-，测定时要加入过量的 KI，使 I_2 生成 I_3^-，并使用碘瓶，滴定时不要剧烈摇动，以减少 I_2 的挥发。由于 I^- 被空气氧化的反应随光照及酸度增高而加快，因此在反应时应将碘瓶置于暗处，滴定前调节好酸度，析出 I_2 后立即进行滴定。此外，Cu^{2+}、NO_2^- 等离子催化空气对 I^- 的氧化，应设法消除干扰。

2. 碘量法标准滴定溶液的制备

碘量法中需要配制和标定 I_2 和 $Na_2S_2O_3$ 两种标准滴定溶液。

（1）$Na_2S_2O_3$ 标准滴定溶液的制备（执行 GB/T 601）　市售硫代硫酸钠（$Na_2S_2O_3 \cdot 5H_2O$）一般含有少量杂质，因此配制 $Na_2S_2O_3$ 标准滴定溶液不能用直接法，只能用间接法。

配制好的 $Na_2S_2O_3$ 溶液在空气中不稳定，容易分解。这是由于在水中的微生物、CO_2、空气中 O_2 的作用下发生下列反应：

$$Na_2S_2O_3 \xrightarrow{\text{微生物}} Na_2SO_3 + S\downarrow$$

$$3Na_2S_2O_3 + 4CO_2 + 3H_2O \longrightarrow 2NaHSO_4 + 4NaHCO_3 + 4S\downarrow$$

$$2Na_2S_2O_3 + O_2 \longrightarrow 2Na_2SO_4 + 2S\downarrow$$

此外，水中微量的Cu^{2+}或Fe^{3+}等也能促进$Na_2S_2O_3$溶液分解，因此配制$Na_2S_2O_3$溶液时应当用新煮沸并冷却的蒸馏水，并加入少量Na_2CO_3，使溶液呈弱碱性，以抑制细菌生长。配制好的$Na_2S_2O_3$溶液应贮于棕色瓶中，于暗处放置2星期后，过滤去沉淀，然后再标定。标定后的$Na_2S_2O_3$溶液在贮存过程中如发现溶液变浑浊，应重新标定，或弃去重配。

标定$Na_2S_2O_3$溶液的基准物质有$K_2Cr_2O_7$、KIO_3、$KBrO_3$及升华I_2等。除I_2外，其他物质都需在酸性溶液中与KI作用析出I_2后，再用配制的$Na_2S_2O_3$溶液滴定。以$K_2Cr_2O_7$作基准物质为例，$K_2Cr_2O_7$在酸性溶液中与I^-发生如下反应：

$$Cr_2O_7^{2-} + 6I^- + 14H^+ \longrightarrow 2Cr^{3+} + 3I_2 + 7H_2O$$

反应析出的I_2以淀粉为指示剂，用待标定的$Na_2S_2O_3$溶液滴定。

$$I_2 + 2S_2O_3^{2-} \longrightarrow 2I^- + S_4O_6^{2-}$$

用$K_2Cr_2O_7$标定$Na_2S_2O_3$溶液时应注意：$Cr_2O_7^{2-}$与I^-反应较慢，为加速反应，必须加入过量的KI并提高酸度，但酸度过高会加速空气氧化I^-。因此，一般应控制酸度为0.2～0.4mol/L。并在暗处放置10min，以保证反应顺利完成。

根据称取$K_2Cr_2O_7$的质量和滴定时消耗$Na_2S_2O_3$标准滴定溶液的体积，可计算出$Na_2S_2O_3$标准滴定溶液的浓度。计算公式如下：

$$c(Na_2S_2O_3) = \frac{m(K_2Cr_2O_7) \times 1000}{(V - V_0) \times M\left(\frac{1}{6}K_2Cr_2O_7\right)} \tag{6-20}$$

式中 $m(K_2Cr_2O_7)$——$K_2Cr_2O_7$的质量，g；

V——滴定时消耗$Na_2S_2O_3$标准滴定溶液的体积，mL；

V_0——空白试验消耗$Na_2S_2O_3$标准滴定溶液的体积，mL；

$M\left(\frac{1}{6}K_2Cr_2O_7\right)$——以$\frac{1}{6}K_2Cr_2O_7$为基本单元的$K_2Cr_2O_7$的摩尔质量，49.03g/mol。

（2）I_2标准滴定溶液的制备（执行GB/T 601）

① I_2标准滴定溶液的配制。用升华法制得的纯碘可直接配制成标

准滴定溶液。但通常是用市售的碘先配成近似浓度的碘溶液，然后用基准试剂或已知准确浓度的 $Na_2S_2O_3$ 标准滴定溶液标定碘溶液的准确浓度。由于 I_2 难溶于水，易溶于 KI 溶液，故配制时应将 I_2、KI 与少量水一起研磨后再用水稀释，并保存在棕色试剂瓶中待标定。

② I_2 标准滴定溶液的标定。I_2 溶液可用 As_2O_3 基准物质标定。As_2O_3 难溶于水，多用 NaOH 溶液溶解，使之生成亚砷酸钠，再用 I_2 溶液滴定 AsO_3^{3-}。

$$As_2O_3+6NaOH \longrightarrow 2Na_3AsO_3+3H_2O$$

$$AsO_3^{3-}+I_2+H_2O \longrightarrow AsO_4^{3-}+2I^-+2H^+$$

此反应为可逆反应，为使反应快速定量地向右进行，可加 $NaHCO_3$，以保持溶液 pH≈8。

根据称取 As_2O_3 的质量和滴定时消耗 I_2 溶液的体积可计算出 I_2 标准滴定溶液的浓度。计算公式如下：

$$c\left(\frac{1}{2}I_2\right)=\frac{m(As_2O_3)\times 1000}{(V-V_0)\times M\left(\frac{1}{4}As_2O_3\right)} \tag{6-21}$$

式中　$m(As_2O_3)$——称取 As_2O_3 的质量，g；

V——滴定时消耗 I_2 溶液的体积，mL；

V_0——空白试验消耗 I_2 溶液的体积，mL；

$M\left(\frac{1}{4}As_2O_3\right)$——以$\frac{1}{4}As_2O_3$ 为基本单元的 As_2O_3 的摩尔质量，g/mol。

由于 As_2O_3 为剧毒物，一般常用已知浓度的 $Na_2S_2O_3$ 标准滴定溶液标定 I_2 溶液。

3. 碘量法应用实例

（1）水中溶解氧的测定　溶解于水中的氧称为溶解氧，常以 DO 表示。水中溶解氧的含量与大气压力、水的温度有密切关系。大气压力减小，溶解氧含量也减小；温度升高，溶解氧含量显著下降。溶解氧的含量用 1L 水中溶解的氧气量（O_2，mg/L）表示。

① 测定水体溶解氧的意义。水体中溶解氧含量的多少反映出水体受到污染的程度。清洁的地面水在正常情况下所含溶解氧接近饱和状态。如果水中含有藻类，由于光合作用而放出氧，就可能使水中含过饱和的溶解氧。但当水体受到污染时，由于氧化污染物质需要消耗氧，水中所含的溶解氧就会减少。因此，溶解氧的测定是衡量水污染的一个重

要指标。

② 水中溶解氧的测定方法。清洁的水样一般采用碘量法测定。若水样有色或含有氧化还原性物质、藻类、悬浮物时将干扰测定，则必须采用叠氮化钠修正的碘量法或膜电极法等其他方法测定。

碘量法测定溶解氧的原理是：往水样中加入硫酸锰和碱性碘化钾溶液，使生成氢氧化亚锰沉淀。氢氧化亚锰性质极不稳定，迅速与水中的溶解氧化合，生成棕色锰酸锰沉淀。

$$MnSO_4 + 2NaOH \longrightarrow \underset{\text{(白色沉淀)}}{Mn(OH)_2\downarrow} + Na_2SO_4$$

$$2Mn(OH)_2 + O_2 \longrightarrow \underset{\text{(棕色沉淀)}}{2H_2MnO_3\downarrow}$$

$$Mn(OH)_2 + H_2MnO_3 \longrightarrow \underset{\text{(棕色沉淀)}}{MnMnO_3\downarrow} + 2H_2O$$

加入硫酸酸化，使已经化合的溶解氧与溶液中所加入的 I^- 起氧化还原反应，析出与溶解氧相当量的 I_2。溶解氧越多，析出的碘越多，溶液的颜色就越深。

$$MnMnO_3 + 3H_2SO_4 + 2KI \longrightarrow 2MnSO_4 + K_2SO_4 + I_2 + 3H_2O$$

最后取出一定量反应完毕的水样，以淀粉作为指示剂，用 $Na_2S_2O_3$ 标准滴定溶液滴定至终点。滴定反应为：

$$2Na_2S_2O_3 + I_2 \longrightarrow Na_2S_4O_6 + 2NaI$$

测定结果按下式计算：

$$DO = \frac{(V_0 - V_1)c(Na_2S_2O_3) \times 8.000 \times 1000}{V_{水}}$$

式中 DO——水中溶解氧的含量，mg/L；

V_0——滴定空白时消耗硫代硫酸钠标准滴定溶液的体积，mL；

V_1——滴定水样时消耗硫代硫酸钠标准滴定溶液的体积，mL；

$V_{水}$——水样的体积，mL；

$c(Na_2S_2O_3)$——硫代硫酸钠标准滴定溶液的浓度，mol/L；

8.000——$\frac{1}{2}$O 的摩尔质量，g/mol。

(2) 维生素 C 含量的测定　维生素 C 又称为抗坏血酸（$C_6H_8O_6$，摩尔质量为 176g/mol）。由于维生素 C 分子中的烯二醇基具有还原性，所以它能被 I_2 定量地氧化成二酮基。其反应为：

$$
\begin{array}{cccccc}
 & & & & H & OH \\
\multicolumn{4}{c}{\overbrace{\qquad\quad O \quad\qquad}} & | & | \\
C - & C = & C - & C - & C - & CH \\
\| & | & | & | & | & | \\
O & OH & OH & H & OH & H
\end{array}
+ I_2 \rightleftharpoons
\begin{array}{cccccc}
 & & & & H & OH \\
\multicolumn{4}{c}{\overbrace{\qquad\quad O \quad\qquad}} & | & | \\
C - & C - & C - & C - & C - & CH \\
\| & \| & \| & | & | & | \\
O & O & O & H & OH & H
\end{array}
+ 2HI
$$

维生素 C 的半反应式为：

$$C_6H_6O_6 + 2H^+ + 2e \longrightarrow C_6H_8O_6 \quad \varphi^{\ominus}(C_6H_6O_6/C_6H_8O_6) = +0.18V$$

维生素 C 的还原性很强，在空气中极易被氧化，尤其在碱性介质中更甚，测定时应加入 HAc 使溶液呈弱酸性，以减少维生素 C 的副反应。

维生素 C 含量的测定方法是：准确称取含维生素 C 试样，溶解在新煮沸且冷却的蒸馏水中，以 HAc 酸化，加入淀粉指示液，迅速用 I_2 标准滴定溶液滴定至终点（呈现稳定的蓝色）。

维生素 C 在空气中易被氧化，所以在 HAc 酸化后应立即滴定。蒸馏水中溶解有氧，因此蒸馏水必须事先煮沸，否则会使测定结果偏低。如果试液中有能被 I_2 直接氧化的物质存在，则对测定有干扰。

（3）硫的测定—直接碘量法　测定溶液中 S^{2-} 或 H_2S 的含量时，可调节溶液至弱酸性，以淀粉为指示剂，用 I_2 标准溶液直接滴定 H_2S 而求得。

$$I_2 + H_2S \longrightarrow S + 2I^- + 2H^+$$

该滴定不能在碱性溶液中进行，除 I_2 将发生歧化反应外，部分 S^{2-} 也会被氧化为 SO_4^{2-}。

测定钢铁中硫含量时，将试样置于密封的管式炉中高温熔融，并通入空气，使其中的硫氧化成 SO_2，用水吸收导出的 SO_2，生成 H_2SO_3。

$$SO_2 + H_2O \longrightarrow H_2SO_3$$

再以淀粉为指示剂，用 I_2 标准溶液滴定生成的 H_2SO_3，从而求得硫的含量。

$$I_2 + H_2SO_3 + H_2O \longrightarrow 2I^- + SO_4^{2-} + 4H^+$$

（4）铜合金中 Cu 含量的测定——间接碘量法　将铜合金（黄铜或青铜）试样溶于 $HCl + H_2O_2$ 溶液中，加热分解除去 H_2O_2。在弱酸性溶液中，Cu^{2+} 与过量 KI 作用，定量释出 I_2，释出的 I_2 再用 $Na_2S_2O_3$ 标准滴定溶液滴定。反应如下：

$$Cu + 2HCl + H_2O_2 \longrightarrow CuCl_2 + 2H_2O$$

$$2Cu^{2+} + 4I^- \longrightarrow 2CuI\downarrow + I_2$$

$$I_2 + 2S_2O_3^{2-} \longrightarrow 2I^- + S_4O_6^{2-}$$

加入过量 KI，Cu^{2+} 的还原可趋于完全。由于 CuI 沉淀强烈地吸附 I_2，使测定结果偏低，故在滴定近终点时应加入适量 KSCN，使 CuI（$K_{sp}=1.1\times10^{-12}$）转化为溶解度更小的 CuSCN（$K_{sp}=4.8\times10^{-15}$），转化过程中释放出 I_2。

$$CuI + SCN^- \longrightarrow CuSCN\downarrow + I^-$$

测定过程中要注意以下几点：

① SCN^- 只能在近终点时加入，否则会直接还原 Cu^{2+}，使结果偏低。

② 溶液的 pH 应控制在 3.3～4.0 范围。若 pH<4，则 Cu^{2+} 水解，使反应不完全，结果偏低；酸度过高，则 I^- 被空气氧化为 I_2（Cu^{2+} 催化此反应），使结果偏高。

③ 合金中的杂质 As、Sb 在溶样时氧化为 As(Ⅴ)、Sb(Ⅴ)，当酸度过大时，As(Ⅴ)、Sb(Ⅴ) 能与 I^- 作用析出 I_2，干扰测定。控制适宜的酸度可消除其干扰。

④ Fe^{3+} 能氧化 I^- 而析出 I_2，可用 NH_4HF_2 掩蔽（生成 $[FeF_6]^{3-}$）。这里 NH_4HF_2 又是缓冲剂，可使溶液的 pH 保持在 3.3～4.0。

⑤ 淀粉指示液应在近终点时加入，过早加入会影响终点观察。

(5) 直接碘量法测定海波（$Na_2S_2O_3$）的含量　$Na_2S_2O_3$ 俗称大苏打或海波，是无色透明的单斜晶体，易溶于水，水溶液呈弱碱性反应，有还原作用，可用作定影剂、去氯剂和分析试剂。

$Na_2S_2O_3$ 的含量可在 pH=5 的 HAc-NaAc 缓冲溶液存在下，用 I_2 标准滴定溶液直接滴定测得。分析结果按下式计算：

$$w(Na_2S_2O_3\cdot5H_2O)=\frac{c\left(\frac{1}{2}I_2\right)V(I_2)M(Na_2S_2O_3\cdot5H_2O)}{m_s\times1000}\times100\%$$

式中　$c\left(\frac{1}{2}I_2\right)$——以 $\frac{1}{2}I_2$ 为基本单元时 I_2 标准滴定溶液的浓度，mol/L；

$V(I_2)$——滴定时消耗 I_2 标准滴定溶液的体积，mL；

$M(Na_2S_2O_3\cdot5H_2O)$——以 $Na_2S_2O_3\cdot5H_2O$ 为基本单元时 $Na_2S_2O_3\cdot5H_2O$ 的摩尔质量，g/mol；

m_s——样品的质量，g。

$Na_2S_2O_3$ 样品中可能存在杂质（如亚硫酸钠），亚硫酸钠也会与碘标准滴定溶液反应，造成测定结果偏高。

$$Na_2SO_3 + 2H^+ \longrightarrow H_2SO_3 + 2Na^+$$

$$H_2SO_3 + I_2 + H_2O \longrightarrow 2HI + H_2SO_4$$

若加入甲醛，则亚硫酸钠与其发生加成反应，因而消除了干扰。

$$HCHO + Na_2SO_3 + H_2O \longrightarrow HCH\begin{matrix} \diagup OH \\ \\ \diagdown SO_3Na \end{matrix} + NaOH$$

此方法详见 HG/T 2328《工业硫代硫酸钠标准》。

(6) 葡萄糖含量的测定　在碱性溶液中，I_2（过量）反应生成 IO^- 能将葡萄糖定量氧化：

$$I_2 + 2OH^- \longrightarrow IO^- + I^- + H_2O$$

$$CH_2OH(CHOH)_4CHO + IO^- + OH^- \longrightarrow$$
$$CH_2OH(CHOH)_4COO^- + I^- + H_2O$$

其总反应为 $C_6H_{12}O_6 + I_2 + 3OH^- \longrightarrow C_6H_{11}O_7^- + 2I^- + 2H_2O$

剩余的 IO^- 在碱性溶液中发生歧化反应：

$$3IO^- \longrightarrow IO_3^- + 2I^-$$

酸化试液后，上述歧化产物可转变成 I_2 析出，再用 $Na_2S_2O_3$ 标准溶液滴定：

$$IO_3^- + 5I^- + 6H^+ \longrightarrow 3I_2 + 3H_2O$$

$$2S_2O_3^{2-} + I_2 \longrightarrow S_4O_6^{2-} + 2I^-$$

在上述过程中，反应物之间有如下计量关系：

$$I_2 \approx IO^- \approx C_6H_{12}O_6 \qquad I_2 \approx 2S_2O_3^{2-}$$

因此 $w(C_6H_{12}O_6)=$

$$\frac{\left[c(I_2)V(I_2) - \frac{1}{2}c(Na_2S_2O_3)V(Na_2S_2O_3)\right] \times M(C_6H_{12}O_6)}{m_s} \times 100\%$$

四、其他氧化还原滴定法简介

1. 硫酸铈法

(1) 方法原理　$Ce(SO_4)_2$ 是强氧化剂，其氧化性与 $KMnO_4$ 差不多，凡 $KMnO_4$ 能够测定的物质几乎都能用铈量法测定。在酸性溶液中，Ce^{4+} 与还原剂作用，被还原为 Ce^{3+}。其半反应为：

$$Ce^{4+} + e \longrightarrow Ce^{3+} \qquad \varphi^{\ominus}(Ce^{4+}/Ce^{3+}) = 1.61V$$

Ce^{4+}/Ce^{3+} 电对的电极电位值与酸性介质的种类和浓度有关。由于

在 $HClO_4$ 中不形成配合物，所以在 $HClO_4$ 介质中 Ce^{4+}/Ce^{3+} 的电极电位值最高，因此应用也较多。

（2）方法特点

① $Ce(SO_4)_2$ 标准溶液可以用提纯的 $Ce(SO_4)_2 \cdot 2(NH_4)_2SO_4 \cdot 2H_2O$（该物质易提纯）配制，不必进行标定，溶液很稳定，放置较长时间或加热煮沸也不分解。

② $Ce(SO_4)_2$ 不会使 HCl 氧化，可在 HCl 溶液中直接用 Ce^{4+} 标准滴定溶液滴定还原剂。

③ Ce^{4+} 还原为 Ce^{3+} 时没有中间价态的产物，反应简单，副反应少。

④ $Ce(SO_4)_2$ 溶液为橙黄色，而 Ce^{3+} 无色，一般采用邻二氮菲亚铁作指示剂，终点变色敏锐。

⑤ Ce^{4+} 在酸度较低的溶液中易水解，所以 Ce^{4+} 不适宜在碱性或中性溶液中滴定。

（3）硫酸铈法的应用　可用硫酸铈滴定法测定的物质有 $[Fe(CN)_6]^{4-}$、NO_2^-、Sn^{2+} 等离子。由于铈盐价格高，实际工作中应用不多。

2. 溴酸钾法

$KBrO_3$ 是一种强氧化剂，在酸性溶液中其电对的半反应式为：

$$BrO_3^- + 6H^+ + 6e \longrightarrow Br^- + 3H_2O \quad \varphi^{\ominus}(BrO_3^-/Br^-) = 1.44V$$

$KBrO_3$ 容易提纯，在 180℃ 烘干后可以直接配制成标准滴定溶液，在酸性溶液中直接滴定一些还原性物质，如 As(Ⅲ)、Sb(Ⅲ)、Sn^{2+}、联氨（N_2H_4）等。

由于 $KBrO_3$ 本身与还原剂反应速率慢，实际上常是在 $KBrO_3$ 标准滴定溶液中加入过量 KBr，当溶液酸化时，BrO_3^- 即氧化 Br^- 析出 Br_2。

$$BrO_3^- + 5Br^- + 6H^+ \longrightarrow 3Br_2 + 3H_2O$$

定量析出的 Br_2 与待测还原性物质反应，反应达化学计量点后，稍过量的 Br_2 可使指示剂（如甲基橙或甲基红）变色，从而指示终点。

溴酸钾法常与碘量法配合使用，即在酸性溶液中加入一定量过量的 $KBrO_3$-KBr 标准滴定溶液，与被测物反应完全后，过量的 Br_2 与加入的 KI 反应，析出 I_2，再以淀粉为指示液，用 $Na_2S_2O_3$ 标准滴定溶液滴定。

$$Br_2(\text{过量}) + 2I^- \longrightarrow 2Br^- + I_2$$

$$I_2 + S_2O_3^{2-} \longrightarrow 2I^- + S_4O_6^{2-}$$

这种间接溴酸钾法在有机分析中应用较多。特别是利用 Br_2 的取代反应可测定许多芳香化合物，例如苯酚的测定就是利用苯酚与溴的反应：

$$C_6H_5OH + Br_2 \longrightarrow C_6H_2Br_3OH \downarrow + 3H^+ + 3Br^-$$

待反应完全后，使剩余的 Br_2 与过量的 KI 作用，析出相当量的 I_2，再用 $Na_2S_2O_3$ 标准滴定溶液进行滴定，从加入的 $KBrO_3$-KBr 标准滴定溶液的量中减去剩余量即可计算出试样中苯酚的含量。应用相同的方法还可测定甲酚、间苯二酚及苯胺等。

例如，要测定某生产工艺中的反应中间体高碘酸钾（KIO_4）和碘酸钾（KIO_3）的混合物中两组分的含量，可以在酸性条件下，在定量的试样溶液中加入 KI，这时 KIO_4 和 KIO_3 均氧化 I^- 生成 I_2，用淀粉溶液作指示液，以 $Na_2S_2O_3$ 标准滴定溶液滴定，计算出 KIO_4 与 KIO_3 的总量。计算时以碘酸钾计算总量。（要注意滴定过程中 KIO_3 与 KIO_4 的价态改变，从而正确判断其基本单元。）

再称取一定量试样，加水溶解，加入 KBr，加热，这时 KIO_4 氧化 KBr 生成 Br_2，Br_2 因加热而逸失，KIO_4 被还原成 KIO_3。冷却后调成酸性，加入 KI 与试液中的 KIO_3 发生反应生成 I_2。用淀粉溶液作指示剂，以 $Na_2S_2O_3$ 标准滴定溶液滴定，计算出 KIO_3 的总量。

根据两次测定的 KIO_3 含量之差，即可计算出 KIO_4 和 KIO_3 各自的含量。

思考题 6-4

1. 写出利用 $KMnO_4$ 法测定某溶液中 H_2O_2 和 Fe^{2+} 的步骤，并说明测定中的注意事项。

2. 用重铬酸钾法测定铁矿石中的全铁时：

(1) 滴定前为什么要加入 H_3PO_4？加入 H_3PO_4 后为什么要立即滴定？

(2) 为什么用 $SnCl_2$ 还原 Fe^{3+} 要在热溶液中进行，而在加 $HgCl_2$ 除去过量的 $SnCl_2$ 时反而要等溶液冷却后再加？

3. 为什么碘量法不适宜在高酸度或高碱度介质中进行？碘量法的主要误差来源是什么？有哪些防止措施？

4. 在直接碘量法和间接碘量法中，淀粉指示液的加入时间和终点颜色变化有何不同？

5. 如何配制 $KMnO_4$、$K_2Cr_2O_7$、$Na_2S_2O_3$、I_2 标准滴定溶液？

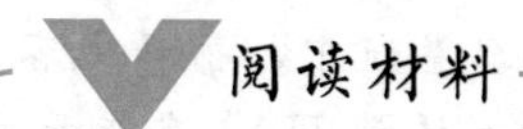

间接碘量法在高温超导体成分分析中的应用

新型节能材料高温超导体的最先突破是从新的钇钡铜氧材料的发现开始的。成分分析表明，其组成为 $YBa_2Cu_3O_7$，而其存在的价态为 $(Y^{3+})(Ba^{2+})_2(Cu^{2+})_2(Cu^{3+})(O^{2-})_7$，这里有三分之二的铜是以 Cu^{2+} 的形态存在的，而其余的三分之一是以罕见的 Cu^{3+} 形式存在。

在上述的成分分析中，确定铜的价态曾经是关键一环，却是通过间接碘量法得到解决的。具体的做法分为两步：

【实验 A】 将试样 $YBa_2Cu_3O_7$ 溶于稀酸，此时铜离子全部以二价的形态存在。

$$4YBa_2Cu_3O_7 + 52H^+ \longrightarrow 4Y^{3+} + 8Ba^{2+} + 12Cu^{2+} + 26H_2O + O_2\uparrow$$

加入过量 KI， $2Cu^{2+} + 4I^- \longrightarrow 2CuI\downarrow + I_2$ 再用 $Na_2S_2O_3$ 标准溶液滴定生成的 I_2。

【实验 B】 将试样 $YBa_2Cu_3O_7$ 溶于含有过量的稀酸中，除钇和钡仍分别以 Y^{3+}、Ba^{2+} 形式进入溶液外，有关铜的反应为

$$2Cu^{2+} + 4I^- \longrightarrow 2CuI\downarrow + I_2$$

$$2Cu^{3+} + 4I^- \longrightarrow CuI\downarrow + I_2$$

再用 $Na_2S_2O_3$ 标准溶液进行滴定。

显然，如果采用同样质量的 $YBa_2Cu_3O_7$ 试样，实验 B 消耗的 $Na_2S_2O_3$ 的量将大于实验 A。实验结果证实了这一点，这就表明在钇钡铜氧高温超导体中确实有一部分铜是以 Cu^{3+} 形式存在的。此外，不仅在实验 A 中可以测得试样中铜的总含量，而且由两次实验所消耗的 $Na_2S_2O_3$ 量之差还可以测出 Cu^{3+} 在试样中的质量分数。

这个例子突出地表明了传统的氧化还原滴定法是如何成功地应用于新兴的高科技研究领域的。

摘自百度文摘

第五节 氧化还原滴定计算示例

学习要点 掌握氧化还原反应中氧化剂和还原剂基本单元的确定；掌握氧化还原滴定结果计算。

氧化还原滴定中涉及的化学反应比较复杂，在进行氧化还原滴定计算时首先必须弄清楚滴定剂与待测物之间的计量关系，选择滴定剂的基本单元，确定被测组分的基本单元，然后按等物质的量规则列出计算式进行计算。

例 6-11 称取 NaClO 试液 5.8600g 于 250mL 容量瓶中，稀释定容后，移取 25.00mL 于碘量瓶中，加水稀释，并加入适量 HAc 溶液和 KI，盖紧碘量瓶塞子后静置片刻。以淀粉作指示液，用 $Na_2S_2O_3$ 标准滴定溶液（$T_{I_2/Na_2S_2O_3}=0.01335g/mL$）滴定至终点，用去 20.64mL。计算试样中 Cl 的质量分数。已知 $M(I_2)=253.8g/mol$，$M(Cl)=35.45g/mol$。

解 根据题意，测定中有关的反应式如下：

$$2ClO^- + 4H^+ + 2e \longrightarrow Cl_2\uparrow + 2H_2O$$

$$Cl_2 + 2I^- \longrightarrow 2Cl^- + I_2$$

$$I_2 + 2S_2O_3^{2-} \longrightarrow S_4O_6^{2-} + 2I^-$$

由以上反应可得出：I_2 的基本单元为$\frac{1}{2}I_2$；Cl 的基本单元为 Cl。

$$c(Na_2S_2O_3)=\frac{T_{I_2/Na_2S_2O_3}\times 10^3}{M\left(\frac{1}{2}I_2\right)}$$

$$=\frac{0.01335\times 1000}{126.9}mol/L=0.1052mol/L$$

所以 $$w(Cl)=\frac{c(Na_2S_2O_3)V(Na_2S_2O_3)M(Cl)}{m_s\times\frac{25.00}{250.0}\times 1000}\times 100\%$$

$$=\frac{0.1052\times 20.64\times 35.45}{5.8600\times\frac{25.00}{250}\times 1000}\times 100\%=13.14\%$$

答 试样中 Cl 的质量分数为 13.14%。

例 6-12 称取 $Na_2SO_3\cdot 5H_2O$ 试样 0.3878g，将其溶解，加入 50.00mL $c\left(\frac{1}{2}I_2\right)=0.09770mol/L$ 的 I_2 溶液处理，剩余的 I_2 需要用 $c(Na_2S_2O_3)=0.1008mol/L$ 的 $Na_2S_2O_3$ 标准滴定溶液 25.40mL 滴定至终点。计算试样中 Na_2SO_3 的质量分数。已知 $M(Na_2SO_3)=126.04g/mol$。

解 根据题意，有关反应式如下：

$$I_2 + SO_3^{2-} + H_2O \longrightarrow 2H^+ + 2I^- + SO_4^{2-}$$

$$2S_2O_3^{2-} + I_2 \longrightarrow S_4O_6^{2-} + 2I^-$$

$$Na_2SO_3 \cong I_2$$

故 Na_2SO_3 的基本单元为$\frac{1}{2}Na_2SO_3$。则

$$w(Na_2SO_3)$$

$$=\frac{\left[c\left(\frac{1}{2}I_2\right)V(I_2)-c(Na_2S_2O_3)V(Na_2S_2O_3)\right]M\left(\frac{1}{2}Na_2SO_3\right)}{m_s\times1000}\times100\%$$

$$=\frac{(0.09770\times50.00-0.1008\times25.40)\times63.02}{0.3878\times1000}\times100\%=37.78\%$$

答　样品中 Na_2SO_3 的质量分数为 37.78%。

例 6-13 称取含少量水的甲酸（HCOOH）试样 0.2040g，溶解于碱性溶液中后，加入 $c(KMnO_4)=0.02010mol/L$ 的 $KMnO_4$ 标准滴定溶液 25.00mL，待反应完全后酸化，加入过量的 KI 还原过剩的 MnO_4^- 以及 MnO_4^{2-} 歧化生成的 MnO_4^- 和 MnO_2，最后用 0.1002mol/L 的 $Na_2S_2O_3$ 标准滴定溶液滴定析出的 I_2，消耗 $Na_2S_2O_3$ 溶液 21.02mL。计算试样中甲酸的质量分数。已知 $M(HCOOH)=46.04g/mol$。

解　按题意，测定过程发生如下反应：

$$HCOOH+2MnO_4^-+4OH^-\longrightarrow CO_3^{2-}+2MnO_4^{2-}+3H_2O$$

$$3MnO_4^{2-}+4H^+\longrightarrow 2MnO_4^-+MnO_2\downarrow+2H_2O$$

然后 I^- 将 MnO_4^- 和 MnO_2 全部还原为 Mn^{2+}。

该测定中的氧化剂是 $KMnO_4$，还原剂有 HCOOH 与 $Na_2S_2O_3$。$KMnO_4$ 虽经多步反应，但最终产物为 Mn^{2+}，故 $KMnO_4$ 的基本单元为 $\frac{1}{5}KMnO_4$；HCOOH 因最终产物是 CO_3^{2-}，故 HCOOH 的基本单元为 $\frac{1}{2}HCOOH$；$Na_2S_2O_3$ 的基本单元为 $Na_2S_2O_3$。

按等物质的量规则：

$$n\left(\frac{1}{5}KMnO_4\right)=n\left(\frac{1}{2}HCOOH\right)+n(Na_2S_2O_3)$$

故

$$w(HCOOH)=\frac{n\left(\frac{1}{2}HCOOH\right)M\left(\frac{1}{2}HCOOH\right)}{m_s}$$

$$=\frac{[5c(KMnO_4)V(KMnO_4)-c(Na_2S_2O_3)V(Na_2S_2O_3)]M\left(\frac{1}{2}HCOOH\right)}{m_s\times1000}\times100\%$$

$$=\frac{(5\times0.02010\times25.00-0.1002\times21.02)\times23.02}{0.2040\times1000}\times100\%=4.58\%$$

答 试样中甲酸的质量分数为4.58%。

例6-14 化学耗氧量（chemical oxygen demand，常简称COD）是指每升水中的还原性物质（有机物和无机物）在一定条件下被强氧化剂氧化时所消耗的氧的质量。今取废水样100mL，用 H_2SO_4 酸化后，加25.00mL $c(K_2Cr_2O_7)=0.01667mol/L$ 的 $K_2Cr_2O_7$ 标准滴定溶液，以 Ag_2SO_4 为催化剂煮沸，待水样中还原性物质完全被氧化后，以邻二氮菲亚铁为指示剂，用 $c(FeSO_4)=0.1000mol/L$ 的 $FeSO_4$ 标准滴定溶液滴定剩余的 $Cr_2O_7^{2-}$，用去15.00mL。计算水样的化学耗氧量，以 ρ(g/L) 表示。

解 按题意：

$$6Fe^{2+}+Cr_2O_7^{2-}+14H^+\longrightarrow 6Fe^{3+}+2Cr^{3+}+7H_2O$$

$$6FeSO_4 \backsimeq K_2Cr_2O_7$$

$K_2Cr_2O_7$ 的基本单元为 $\frac{1}{6}K_2Cr_2O_7$；$FeSO_4$ 的基本单元为 $FeSO_4$。

由于 $K_2Cr_2O_7$ 与 O_2 的计量关系为：

$$\frac{1}{6}K_2Cr_2O_7 \backsimeq \frac{1}{4}O_2$$

所以 O_2 的基本单元为 $\frac{1}{4}O_2$。

根据题意得 $n\left(\frac{1}{4}O_2\right)=n\left(\frac{1}{6}K_2Cr_2O_7\right)-n(FeSO_4)$

所以
$$\rho(O_2)=\frac{m(O_2)}{V_{水样}}$$

$$=\left[c\left(\frac{1}{6}K_2Cr_2O_7\right)V(K_2Cr_2O_7)-c(FeSO_4)V(FeSO_4)\right]$$

$$\times\frac{M\left(\frac{1}{4}O_2\right)}{V_{水样}}$$

$$=(6\times0.01667\times25.00-0.1000\times15.00)\times\frac{8.000}{100}g/L$$

$$=0.0800g/L$$

答 水样的化学耗氧量为0.0800g/L。

例6-15 用 $KBrO_3$ 法测定苯酚。取苯酚试液10.00mL于250mL容量瓶中，加水稀释至标线。摇匀后准确移取25.00mL试液，加入 $c\left(\frac{1}{6}KBrO_3\right)=$

0.1102mol/L 的 $KBrO_3$-KBr 标准滴定溶液 35.00mL，再加 HCl 酸化，放置片刻后再加 KI 溶液，使未反应的 Br_2 还原并析出 I_2，然后用 $c(Na_2S_2O_3)=0.08730mol/L$ 的 $Na_2S_2O_3$ 标准滴定溶液滴定，用去 28.55mL。计算每升苯酚试液中含有苯酚多少克？已知 $M(C_6H_5OH)=94.68g/mol$。

解　根据以下测定反应：

$$KBrO_3+5KBr+6HCl \longrightarrow 3Br_2+6KCl+3H_2O$$

$$C_6H_5OH+3Br_2 \longrightarrow C_6H_2Br_3OH+3HBr$$

$$Br_2+2KI \longrightarrow 2KBr+I_2$$

$$I_2+2S_2O_3^{2-} \longrightarrow S_4O_6^{2-}+2I^-$$

得

$$C_6H_5OH \cong KBrO_3 \cong 3Br_2 \cong 3I_2 \cong 6Na_2S_2O_3$$

因此 C_6H_5OH 的基本单元为 $\frac{1}{6}C_6H_5OH$，得

$$n\left(\frac{1}{6}C_6H_5OH\right)=n\left(\frac{1}{6}KBrO_3\right)-n(Na_2S_2O_3)$$

则

$$\rho(C_6H_5OH)=\frac{\left[c\left(\frac{1}{6}KBrO_3\right)V(KBrO_3)-c(Na_2S_2O_3)V(Na_2S_2O_3)\right]M\left(\frac{1}{6}C_6H_5OH\right)}{V_s}$$

$$=\frac{(0.1102\times35.00-0.08730\times28.55)\times15.68}{10.00\times\frac{25.00}{250}}g/L=21.40g/L$$

答　苯酚试液中含苯酚 21.40g/L。

例 6-16　称取红丹试样 0.1000g，加盐酸处理成溶液后，铅全部转化为 Pb^{2+}，加入 K_2CrO_4，使 Pb^{2+} 转化为 $PbCrO_4$。将沉淀过滤、洗涤后，再溶于酸，并加入过量的 KI。以淀粉为指示剂，用 0.1000mol/L $Na_2S_2O_3$ 标准溶液滴定生成的 I_2，用去 13.00mL。求红丹中 Pb_3O_4 的质量分数。

解　此例为用间接碘量法测定 Pb^{2+} 含量。有关的反应式为：

$$Pb_3O_4+2Cl^-+8H^+ \longrightarrow 3Pb^{2+}+Cl_2+4H_2O$$

$$Pb^{2+}+CrO_4^{2-} \longrightarrow PbCrO_4\downarrow$$

$$2PbCrO_4+2H^+ \longrightarrow 2Pb^{2+}+Cr_2O_7^{2-}+H_2O$$

$$Cr_2O_7^{2-}+6I^-+14H^+\longrightarrow 2Cr^{3+}+3I_2+7H_2O$$

$$2S_2O_3^{2-}+I_2\longrightarrow 2I^-+S_4O_6^{2-}$$

由上述反应得各物质之间的计量关系为：

$$2Pb_3O_4\approx 6Pb^{2+}\approx 6CrO_4^{2-}\approx 3Cr_2O_7^{2-}\approx 9I_2\approx 18S_2O_3^{2-}$$

即
$$Pb_3O_4\approx 9S_2O_3^{2-}$$

故 Pb_3O_4 在试样中的质量分数为：

$$w(Pb_3O_4)=\frac{\frac{1}{9}c(Na_2S_2O_3)V(Na_2S_2O_3)M(Pb_3O_4)}{m_s}\times 100\%$$

$$=\frac{\frac{1}{9}\times 0.1000\times 13.00\times 10^{-1}\times 685.6}{0.1000}\times 100\%=99.03\%$$

答 红丹中 Pb_3O_4 的质量分数 99.03%。

例 6-17 取 25.00mL KI 试液，加入稀 HCl 溶液和 10.00mL 0.05000mol/L KIO_3 溶液，析出的 I_2 经煮沸挥发释出。冷却后，加入过量的 KI 与剩余的 KIO_3 反应，析出的 I_2 用 0.1008mol/L $Na_2S_2O_3$ 标准溶液滴定生成的 I_2，用去 21.14mL，试计算试液中 KI 的浓度。

解 挥发阶段和测定阶段均涉及同一反应：

$$IO_3^-+5I^-+6H^+\longrightarrow 3I_2+3H_2O$$

滴定反应为： $2S_2O_3^{2-}+I_2\longrightarrow 2I^-+S_4O_6^{2-}$

各物质间的计量关系为：$2IO_3^-\approx 5I^-$　　$IO_3^-\approx 3I_2\approx 6S_2O_3^{2-}$

故消耗于 KI 试液的物质的量为：

$$c(KIO_3)V(KIO_3)-\frac{1}{6}c(Na_2S_2O_3)V(Na_2S_2O_3)$$

即

$$c(KI)=\frac{\left[c(KIO_3)V(KIO_3)-\frac{1}{6}c(Na_2S_2O_3)V(Na_2S_2O_3)\right]\times 5}{V_{KI}}$$

$$=\frac{\left[0.05000\times 10.00\times 10^{-3}-\frac{1}{6}\times 0.1008\times 21.14\times 10^{-3}\right]\times 5}{25.00\times 10^{-1}}$$

$=0.02896\ (mol/L)$

答 试液中的 KI 的浓度为 0.02896mol/L。

思考题 6-5

1.配平下列反应式，指出下列反应中氧化剂和还原剂的基本单元，并分别列出它们的物质的量关系式。

(1) $KBrO_3 + KI + H_2SO_4 \longrightarrow I_2 + KBr + K_2SO_4 + H_2O$

(2) $NaBiO_3 + Mn(NO_3)_2 + HNO_3 \longrightarrow HMnO_4 + Bi(NO_3)_3 + NaNO_3 + H_2O$

(3) $K_2Cr_2O_7 + KI + HCl \longrightarrow CrCl_3 + KCl + I_2 + H_2O$

(4) $Ce^{4+} + HAsO_2 + H_2O \longrightarrow H_2AsO_4^- + Ce^{3+} + H^+$

2.用下列3种方法测定钢样中的锰含量，分别指出3种方法中锰的基本单元。

(1) 铋酸盐法：用铋酸盐将锰氧化为 $KMnO_4$，再用过量的 $FeSO_4$ 标准滴定溶液将 $KMnO_4$ 还原，多余的 $FeSO_4$ 用 $KMnO_4$ 标准滴定溶液滴定。反应为：

$$MnO_4^- + 5Fe^{2+} + 8H^+ \longrightarrow Mn^{2+} + 5Fe^{3+} + 4H_2O$$

(2) 氯酸盐法：用 $KClO_3$ 将锰氧化为 MnO_2，滤出 MnO_2 后与过量 $FeSO_4$ 标准滴定溶液反应，多余的 $FeSO_4$ 再用 $KMnO_4$ 标准滴定溶液滴定。反应为：

$$MnO_2 + 2Fe^{2+} + 4H^+ \longrightarrow Mn^{2+} + 2Fe^{3+} + 2H_2O$$

(3) 福尔哈德法：在用 ZnO 保持的中性溶液中，用 $KMnO_4$ 直接滴定 Mn^{2+}。反应为：

$$3Mn^{2+} + 2MnO_4^- + 2ZnO \longrightarrow 5MnO_2 + 2Zn^{2+}$$

3.碘量法中用的 $Na_2S_2O_3$ 标准溶液，在保存中吸收了空气中的 CO_2，发生了下列反应：

$$S_2O_3^{2-} + H_2CO_3 \longrightarrow HSO_3^- + HCO_3^- + S\downarrow$$

若用该 $Na_2S_2O_3$ 标定 I_2，测 I_2 的浓度与其实际浓度相比会有什么变化？

阅读材料

韦氏法测定动物油脂的碘值

有机化合物的分子中含有碳-碳双键或碳-碳三键的属于不饱和化合物。含碳-碳双键的称为烯烃化合物。有机化合物分子中的烯基具有较高的反应活性，容易发生亲电加成反应。通常用碘值表示烯烃化合物的不饱和度。

碘值是油脂的特征常数和衡量油脂质量的主要指标。所谓碘值是指在规定条件下每100g试样在反应中所加碘的质量（g）。它是用以表示物质不饱和度的一种量度。

测定动物油脂的碘值常用氯化碘加成法。氯化碘加成法也称为韦氏法，其原理为过量的氯化碘溶液和不饱和化合物分子中的双键进行定量的加成反应：

$$>C=C< + ICl \longrightarrow -\underset{I}{\overset{|}{C}}-\underset{Cl}{\overset{|}{C}}-$$

反应完全后，加入碘化钾溶液与剩余的氯化碘作用析出碘，析出的碘以淀粉作指示剂，用硫代硫酸钠标准滴定溶液滴定，反应为：

$$ICl + KI \longrightarrow I_2 + KCl$$

$$I_2 + 2Na_2S_2O_3 \longrightarrow 2NaI + Na_2S_4O_6$$

为了获得符合要求的结果，测定时应同时做空白试验。

第六节　应用实例和操作练习

学习要点　掌握氧化还原滴定法常用滴定剂 $KMnO_4$、$K_2Cr_2O_7$、I_2、$Na_2S_2O_4$、$KBrO_3$-KBr 等标准滴定溶液的配制及其浓度标定方法的步骤，掌握标定反应的酸度、温度等条件控制方法，能正确判断滴定终点；学习 $KMnO_4$ 返滴定测定水中化学耗氧量的基本原理，掌握测定水中化学耗氧量的操作技术和结果表示方法；学习 $SnCl_2$-$TiCl_3$- $K_2Cr_2O_7$ 测定铁矿石中铁含量的方法原理和操作步骤，掌握铁矿石试样的分解方法和操作技术；学习间接碘量法测定胆矾中 $CuSO_4 \cdot 5H_2O$ 含量的方法原理，掌握测定的操作技术，能根据实验数据正确计算测定结果；学习溴量法测定苯酚含量的基本原理，掌握测定的操作技术，能正确计算测定结果。

一、$KMnO_4$ 标准滴定溶液的配制与标定

1. 方法原理

固体 $KMnO_4$ 试剂常含少量杂质，主要有二氧化锰，其他杂质如氯化物、硫酸盐、硝酸盐、氯酸盐等。$KMnO_4$ 溶液不稳定，在放置过程中由于自身分解、见光分解、蒸馏水中微量还原性物质与 MnO_4^- 反应析出 $MnO(OH)_2$ 沉淀等作用致使溶液浓度发生改变。因此，不能用直接法制备 $KMnO_4$ 标准滴定溶液，而采用间接法（即标定法）。

在酸度为 0.5～1mol/L 的 H_2SO_4 酸性溶液中，以 $Na_2C_2O_4$ 为基准物标定 $KMnO_4$ 溶液，反应式为：

$$5C_2O_4^{2-} + 2MnO_4^- + 16H^+ \longrightarrow 2Mn^{2+} + 10CO_2\uparrow + 8H_2O$$

以 $KMnO_4$ 自身为指示剂。由标定反应式可知，$Na_2C_2O_4$ 和 $KMnO_4$ 的基本单元分别为$\frac{1}{2}Na_2C_2O_4$ 和$\frac{1}{5}KMnO_4$。

2. 试剂

（1）$KMnO_4$ 固体。

（2）基准试剂 $Na_2C_2O_4$，在 105～110℃烘至恒重。

（3）（8＋92）H_2SO_4 溶液。配制方法：在不断搅拌下缓慢将 8mL 浓 H_2SO_4 加入 92mL 水中。

3. 实例内容与操作步骤

（1）$c(\frac{1}{5}KMnO_4)=0.1mol/L$ 的 $KMnO_4$ 溶液的配制　称取 3.3g 高锰酸钾，溶于 1050mL 水中，缓缓煮沸 15min，冷却，于暗处放置两周，用已处理过的 P_{16} 微孔玻璃坩埚过滤。贮存于棕色瓶中。

过滤高锰酸钾溶液所使用的 P_{16} 微孔玻璃坩埚，事先应以同样的高锰酸钾溶液缓缓煮沸 5min。贮存高锰酸钾溶液的棕色试剂瓶也要用高锰酸钾溶液洗涤 2～3 次。

（2）$c(\frac{1}{5}KMnO_4)=0.1mol/L$ 的 $KMnO_4$ 溶液的标定　称取 0.25g 于 105～110℃ 电烘箱中干燥至恒重的工作基准试剂草酸钠，置于 250mL 锥形瓶中，加入 100mL 硫酸溶液（8＋92）使其溶解。用配制好的高锰酸钾溶液滴定，**注意！** *每加入一滴 $KMnO_4$ 溶液后，褪色较慢，要等粉红色褪去后才能加下一滴，滴定逐渐加快。*近终点时加热至 65～75℃，再缓慢滴定至溶液呈粉红色，并保持 30s 不褪即为终点。平行测定 4 次，同时做空白实验。

4. 数据处理

高锰酸钾标准滴定溶液的浓度按下式计算：

$$c(\frac{1}{5}KMnO_4)=\frac{m\times 1000}{(V_1-V_2)M\left(\frac{1}{2}Na_2C_2O_4\right)}$$

式中　$c(\frac{1}{5}KMnO_4)$——高锰酸钾标准滴定溶液的浓度，mol/L；

m——基准物草酸钠的质量，g；

V_1——滴定时消耗高锰酸钾标准滴定溶液的体积，mL；

V_2——空白试验时消耗高锰酸钾标准滴定溶液的体积，mL；

$M(\frac{1}{2}Na_2C_2O_4)$——以$\frac{1}{2}Na_2C_2O_4$为基本单元的草酸钠的摩尔质量，66.999g/mol。

5. 注意事项

（1）为使配制的高锰酸钾溶液浓度达到欲配制浓度，通常称取稍多于理论用量的固体$KMnO_4$。例如配制$c(\frac{1}{5}KMnO_4)=0.1mol/L$的高锰酸钾标准滴定溶液500mL，理论上应称取固体$KMnO_4$质量为1.58g，实际称取$KMnO_4$ 1.6～1.7g。

（2）标定好的$KMnO_4$溶液在放置一段时间后，若发现有沉淀析出，应重新过滤并标定。

（3）当滴定到稍微过量的$KMnO_4$在溶液中呈粉红色并保持30s不褪色时即为终点。放置时间较长时，空气中还原性物质及尘埃可能落入溶液中使$KMnO_4$缓慢分解，溶液颜色逐渐消失。$KMnO_4$可被觉察的最低浓度约为2×10^{-6}mol/L［相当于100mL溶液中加入$c\left(\frac{1}{5}KMnO_4\right)=0.1mol/L$的$KMnO_4$溶液0.01mL］。

（4）按照GB/T 601的要求，标定$c(\frac{1}{5}KMnO_4)=0.1mol/L$的$KMnO_4$溶液称取$Na_2C_2O_4$基准物0.25g，实际实验中，可称取$Na_2C_2O_4$基准物0.15～0.20g。

（5）高锰酸钾溶液易分解，洒落在实验台面及地面上的溶液要及时擦去。

6. 思考题

（1）配制$KMnO_4$溶液时，为什么要将$KMnO_4$溶液煮沸一定时间或放置数天？为什么要冷却放置后过滤，能否用滤纸过滤？

（2）$KMnO_4$溶液应装于哪种滴定管中，为什么？说明读取滴定管中$KMnO_4$溶液体积的正确方法。总结读取滴定管中溶液体积的两种方法，各适合什么情况？

（3）装$KMnO_4$溶液的锥形瓶、烧杯或滴定管，放置久后壁上常有棕色沉淀物，它是什么？怎样才能洗净？

（4）用 $Na_2C_2O_4$ 基准物质标定 $KMnO_4$ 溶液的浓度，其标定条件有哪些？为什么用 H_2SO_4 调节酸度？可否用 HCl 或 HNO_3？酸度过高、过低或温度过高、过低对标定结果有何影响？

（5）在酸性条件下，以 $KMnO_4$ 溶液滴定 $Na_2C_2O_4$ 时，开始紫色褪去较慢，后来褪去较快，为什么？

（6）$KMnO_4$ 滴定法中常用什么物质作指示剂，如何指示滴定终点？

（7）若用 $(NH_4)_2Fe(SO_4)_2 \cdot 6H_2O$ 为基准物质标定 $KMnO_4$ 溶液，试写出反应式和 $KMnO_4$ 溶液浓度的计算公式。

二、$K_2Cr_2O_7$ 标准滴定溶液的配制与标定

1. 方法原理

$K_2Cr_2O_7$ 标准滴定溶液可以用基准试剂 $K_2Cr_2O_7$ 直接配制。基准试剂 $K_2Cr_2O_7$ 经预处理后，用直接法配制标准滴定溶液。

当用非基准试剂 $K_2Cr_2O_7$ 时，必须用间接法配制。在一定量 $K_2Cr_2O_7$ 溶液中加入过量 KI 溶液及硫酸溶液，生成的 I_2 用 $Na_2S_2O_3$ 标准溶液滴定。反应式为：

$$Cr_2O_7^{2-} + 6I^- + 14H^+ \longrightarrow 2Cr^{3+} + 3I_2 + 7H_2O$$

$$I_2 + 2S_2O_3^{2-} \longrightarrow 2I^- + S_4O_6^{2-}$$

以淀粉指示液确定终点。由标定反应式可知，$K_2Cr_2O_7$ 和 $Na_2S_2O_3$ 的基本单元分别为 $\frac{1}{6}K_2Cr_2O_7$ 和 $Na_2S_2O_3$。

2. 试剂

（1）基准物质 $K_2Cr_2O_7$ 于 120℃烘干至恒重。

（2）$K_2Cr_2O_7$ 固体。

（3）KI 固体（分析纯）。

（4）H_2SO_4 溶液（20%）。

（5）$c(Na_2S_2O_3)=0.1mol/L$ 的 $Na_2S_2O_3$ 标准滴定溶液。

（6）淀粉指示液（10g/L）。

3. 实例内容与操作步骤

（1）直接法配制 $c\left(\frac{1}{6}K_2Cr_2O_7\right)=0.1mol/L$ 的 $K_2Cr_2O_7$ 标准滴定溶液　准确称取基准物质 $K_2Cr_2O_7$ 1.2～1.4g，放于小烧杯中，加入少量水，加热溶解，定量转入 250mL 容量瓶中，用水稀释至刻度，摇匀，

计算其准确浓度。

(2) 间接法配制 $c\left(\frac{1}{6}K_2Cr_2O_7\right)=0.1mol/L$ 的 $K_2Cr_2O_7$ 标准滴定溶液

① 配制　称取 2.5g 重铬酸钾于烧杯中，加 200mL 水溶解，转入 500mL 试剂瓶。每次用少量水冲洗烧杯多次，转入试剂瓶，稀释至 500mL。

② 标定　用滴定管准确量取 30.00～35.00mL 重铬酸钾溶液于碘量瓶中，加 2g KI 及 20mL H_2SO_4 溶液，立即盖好瓶塞，摇匀，用水封好瓶口，于暗处放置 10min。打开瓶塞，冲洗瓶塞及瓶颈，加 150mL 水，用 $c(Na_2S_2O_3)=0.1mol/L$ 的 $Na_2S_2O_3$ 标准滴定溶液滴定至浅黄色，加 3mL 淀粉指示液，继续滴定至溶液由蓝色变为亮绿色。记录消耗 $Na_2S_2O_3$ 标准滴定溶液的体积。平行测定 4 次，同时做空白试验。

4. 数据处理

用直接法配制 $K_2Cr_2O_7$ 溶液，浓度用下式计算：

$$c\left(\frac{1}{6}K_2Cr_2O_7\right)=\frac{m(K_2Cr_2O_7)}{M\left(\frac{1}{6}K_2Cr_2O_7\right)V(K_2Cr_2O_7)\times 10^{-3}}$$

式中　$c\left(\frac{1}{6}K_2Cr_2O_7\right)$——$K_2Cr_2O_7$ 标准滴定溶液的浓度，mol/L；

$m(K_2Cr_2O_7)$——称取基准试剂 $K_2Cr_2O_7$ 的质量，g；

$M\left(\frac{1}{6}K_2Cr_2O_7\right)$——$\frac{1}{6}K_2Cr_2O_7$ 的摩尔质量，g/mol $[M(\frac{1}{6}K_2CrO_7)=49.031]$；

$V(K_2Cr_2O_7)$——滴定消耗 $K_2Cr_2O_7$ 标准滴定溶液的体积，mL。

用间接法配制 $K_2Cr_2O_7$ 溶液，浓度用下式计算：

$$c\left(\frac{1}{6}K_2Cr_2O_7\right)=\frac{c(Na_2S_2O_3)V(Na_2S_2O_3)}{V(K_2Cr_2O_7)-V_0}$$

式中　$c\left(\frac{1}{6}K_2Cr_2O_7\right)$——$K_2Cr_2O_7$ 标准滴定溶液的浓度，mol/L；

$c(Na_2S_2O_3)$——$Na_2S_2O_3$ 标准滴定溶液的浓度，mol/L；

$V(Na_2S_2O_3)$——滴定消耗 $Na_2S_2O_3$ 标准滴定溶液的体积，mL；

$V(K_2Cr_2O_7)$——滴定消耗 $K_2Cr_2O_7$ 标准滴定溶液的体积，mL；

V_0——空白试验消耗 Na_2CO_3 标准滴定溶液的体积，mL。

5. 注意事项

用间接法配制 $K_2Cr_2O_7$ 标准滴定溶液中，$Na_2S_2O_3$ 标准溶液滴定至浅黄色，颜色应尽量浅，但注意不要过量。

6. 思考题

（1）什么规格的试剂可以用直接法配制 $K_2Cr_2O_7$ 标准溶液？如何配制 $c\left(\frac{1}{6}K_2Cr_2O_7\right)=0.1000mol/L$ 的 $K_2Cr_2O_7$ 标准溶液 200mL？

（2）用间接法配制 $K_2Cr_2O_7$ 标准滴定溶液，标定时用水封碘量瓶口的目的是什么？于暗处放置 10min 的目的是什么？

（3）用间接碘量法标定 $K_2Cr_2O_7$ 溶液的原理是什么？标定时，淀粉指示液何时加入？如果加入过早或过晚会产生哪些影响？

三、硫代硫酸钠标准滴定溶液的配制与标定

1. 方法原理

固体 $Na_2S_2O_3 \cdot 5H_2O$ 试剂一般都含有少量杂质，如 Na_2SO_3、Na_2SO_4、Na_2CO_3、NaCl 和 S 等，并且放置过程中易风化，因此不能用直接法配制标准滴定溶液。$Na_2S_2O_3$ 溶液由于受水中微生物的作用，或空气中二氧化碳的作用，或空气中 O_2 的氧化作用，以及光线及微量 Cu^{2+}、Fe^{3+} 等的作用，不稳定，容易分解。

以基准物 $K_2Cr_2O_7$ 标定 Na_2CO_3 的反应式为：

$$Cr_2O_7^{2-}+6I^-+14H^+ \longrightarrow 2Cr^{3+}+3I_2+7H_2O$$

$$I_2+2S_2O_3^{2-} \longrightarrow 2I^-+S_4O_6^{2-}$$

以淀粉指示液确定终点。由标定反应式可知，$K_2Cr_2O_7$ 和 $Na_2S_2O_3$ 的基本单元分别为 $\frac{1}{6}K_2Cr_2O_7$ 和 $Na_2S_2O_3$。

2. 试剂

（1）$Na_2S_2O_3 \cdot 5H_2O$ 或无水硫代硫酸钠（分析纯固体试剂）。

（2）$K_2Cr_2O_7$ 固体，工作基准试剂（基准物质），使用前在 120℃±2℃ 的电烘箱中干燥至恒重。

（3）$K_2Cr_2O_7$ 标准滴定溶液，$c(\frac{1}{6}K_2Cr_2O_7)=0.1mol/L$。

（4）KI（分析纯固体试剂）。

（5）H_2SO_4 溶液（20%）。

（6）淀粉指示液，10g/L。配制：称取 1.0g 可溶性淀粉放入小烧杯中，加水 10mL，使成糊状，在搅拌下倒入 90mL 沸水中，微沸 2min，冷却后转移至 100mL 试剂瓶中，贴好标签。

3. 实例内容与操作步骤

（1）$c(Na_2S_2O_3)=0.1mol/L$ 的硫代硫酸钠标准滴定溶液的配制。称取 26g 结晶硫代硫酸钠（$Na_2S_2O_3 \cdot 5H_2O$）（或 16g 无水硫代硫酸钠），加 0.2g 无水碳酸钠，溶于 1000mL 水中，缓缓煮沸 10min，冷却。放置两周后过滤，待标定。

（2）$c(Na_2S_2O_3)=0.1mol/L$ 的硫代硫酸钠标准滴定溶液的标定。称取 0.18g 于 120℃±2℃ 干燥至恒重的工作基准试剂重铬酸钾，置于碘量瓶中，加入 25mL 水，摇动使其全溶［或移取 $c(\frac{1}{6}K_2Cr_2O_7)=0.1mol/L$ 的 $K_2Cr_2O_7$ 标准溶液 25.00mL］，加 2g 碘化钾及 20mL 硫酸溶液（20%），盖上瓶塞轻轻摇匀，以少量水封住瓶口，于暗处放置 10min。取出用洗瓶冲洗瓶塞和瓶颈内壁，加 150mL 煮沸并冷却后的蒸馏水稀释，用待标定的 $Na_2S_2O_3$ 标准滴定溶液滴定，至溶液出现淡黄绿色时，加 2mL 10g/L 的淀粉溶液，继续滴定至溶液由蓝色变为亮绿色即为终点。记录消耗 $Na_2S_2O_3$ 标准滴定溶液的体积。平行测定 4 次，同时做空白试验。

4. 数据处理

$$c(Na_2S_2O_3)=\frac{m(K_2Cr_2O_7)}{M\left(\frac{1}{6}K_2Cr_2O_7\right)[V(Na_2S_2O_3)-V_0]\times 10^{-3}}$$

或

$$c(Na_2S_2O_3)=\frac{c\left(\frac{1}{6}K_2Cr_2O_7\right)V(K_2Cr_2O_7)}{V(Na_2S_2O_3)}$$

式中 $c(Na_2S_2O_3)$——硫代硫酸钠标准滴定溶液的浓度，mol/L；

$m(K_2Cr_2O_7)$——基准物质 $K_2Cr_2O_7$ 的质量，g；

$M\left(\frac{1}{6}K_2Cr_2O_7\right)$——以 $\frac{1}{6}K_2Cr_2O_7$ 为基本单元的 $K_2Cr_2O_7$ 的摩尔质量，49.03g/mol；

$V(Na_2S_2O_3)$——滴定消耗 $Na_2S_2O_3$ 标准滴定溶液的体积，mL；

$V(K_2Cr_2O_7)$——滴定消耗 $K_2Cr_2O_7$ 标准滴定溶液的体积，mL；

V_0——空白试验消耗 $Na_2S_2O_3$ 标准滴定溶液的体积，mL。

5. 注意事项

（1）配制 $Na_2S_2O_3$ 溶液时，需要用新煮沸（除去 CO_2 和杀死细菌）并冷却了的蒸馏水，或将 $Na_2S_2O_3$ 试剂溶于蒸馏水中，煮沸 10min 后冷却，加入少量 Na_2CO_3 使溶液呈碱性，以抑制细菌生长。

（2）配好的溶液贮存于棕色试剂瓶中，放置两周后进行标定。硫代硫酸钠标准溶液不宜长期贮存，使用一段时间后要重新标定，如果发现溶液变浑浊或析出硫，应过滤后重新标定，或弃去再重新配制溶液。

（3）用 $Na_2S_2O_3$ 滴定生成的 I_2 时应保持溶液呈中性或弱酸性。所以常在滴定前用蒸馏水稀释，降低酸度。通过稀释，还可以减少 Cr^{3+} 绿色对终点的影响。

（4）滴定至终点后，经过 5～10min，溶液又会出现蓝色，这是由于空气氧化 I^- 所引起的，属正常现象。若滴定到终点后，很快又转变为 I_2-淀粉的蓝色，则可能是由于酸度不足或放置时间不够使 $K_2Cr_2O_7$ 与 KI 的反应未完全，此时应弃去重做。

6. 思考题

（1）配制 $c(Na_2S_2O_3)=0.1mol/L$ 的硫代硫酸钠溶液 500mL，应称取多少克 $Na_2S_2O_3\cdot5H_2O$ 或 $Na_2S_2O_3$？

（2）配制 $Na_2S_2O_3$ 溶液时，为什么需用新煮沸的蒸馏水？为什么将溶液煮沸 10min？为什么常加入少量 Na_2CO_3？为什么放置两周后标定？

（3）在碘量法中为什么使用碘量瓶而不使用普通锥形瓶？

（4）标定 $Na_2S_2O_3$ 溶液时，每份应称取基准物 $K_2Cr_2O_7$ 多少克？

（5）标定 $Na_2S_2O_3$ 溶液时，滴定到终点时，溶液放置一会儿又重新变蓝，为什么？

（6）标定 $Na_2S_2O_3$ 溶液时，为什么淀粉指示剂要在临近终点时才加入？指示剂加入过早对标定结果有何影响？

（7）$Na_2S_2O_3$ 溶液受空气中 CO_2 作用发生什么变化？写出反应式。这种作用对该溶液浓度有何影响？

四、碘标准滴定溶液的配制与标定

1. 方法原理

碘可以通过升华法制得纯试剂，但因其升华及对天平有腐蚀性，故

不宜用直接法配制 I_2 标准溶液而采用间接法。

可以用基准物质 As_2O_3 来标定 I_2 溶液。As_2O_3 难溶于水，可溶于碱溶液中，与 NaOH 反应生成亚砷酸钠，用 I_2 溶液进行滴定。反应式为：

$$As_2O_3 + 6NaOH \longrightarrow 2Na_3AsO_3 + 3H_2O$$

$$Na_3AsO_3 + I_2 + H_2O \rightleftharpoons Na_3AsO_4 + 2HI$$

该反应为可逆反应，在中性或微碱性溶液中（pH≈8），反应能定量地向右进行，可加固体 $NaHCO_3$ 以中和反应生成的 H^+，保持 pH=8 左右。在酸性溶液中，反应向左进行，即 AsO_4^{3-} 氧化 I^- 析出 I_2。由标定反应式可知，As_2O_3 和 I_2 的基本单元分别为$\frac{1}{4}As_2O_3$ 和$\frac{1}{2}I_2$。

也可以用 $Na_2S_2O_3$ 标准溶液“比较”，用 I_2 溶液滴定一定体积的 $Na_2S_2O_3$ 标准溶液。反应为：

$$I_2 + 2S_2O_3^{2-} \longrightarrow 2I^- + S_4O_6^{2-}$$

以淀粉为指示液，终点由无色到蓝色。

2. 试剂

（1）固体试剂 I_2（分析纯）。

（2）固体试剂 KI（分析纯）。

（3）固体试剂 $NaHCO_3$（分析纯）。

（4）固体试剂 As_2O_3，基准物质，在硫酸干燥器中干燥至恒重。

（5）NaOH 溶液，$c(NaOH)=1mol/L$。

（6）H_2SO_4 溶液，$c\left(\frac{1}{2}H_2SO_4\right)=1mol/L$。

（7）淀粉指示液（10g/L）。

（8）酚酞指示液（10g/L）。

（9）硫代硫酸钠标准滴定溶液，$c(Na_2S_2O_3)=0.1mol/L$。

3. 实例内容与操作步骤

（1）配制 $c\left(\frac{1}{2}I_2\right)=0.1mol/L$ 的碘溶液 500mL。称取 6.5g I_2 放于小烧杯中，再称取 17g KI，准备蒸馏水 500mL，将 KI 分 4～5 次放入装有 I_2 的小烧杯中，每次加水 5～10mL，用玻璃棒轻轻研磨，使碘逐渐溶解，溶解部分转入棕色试剂瓶中，如此反复直至碘片全部溶解为止。用水多次清洗烧杯并转入试剂瓶中，剩余的水全部加入试剂瓶中稀释，盖好瓶盖，摇匀，待标定。

（2）标定。以下两种标定方法可以任选其一。由于 As_2O_3 为剧毒物，实际工作中常用已知浓度的 $Na_2S_2O_3$ 标准溶液标定 I_2。

① 用 As_2O_3 标定 I_2 溶液　称取 0.15g 基准物质 As_2O_3（称准至 0.0001g），放于 250mL 碘量瓶中，加入 4mL NaOH 溶液 [$c(NaOH)=1mol/L$] 溶解，加 50mL 水，加 2 滴酚酞指示液（10g/L），用硫酸溶液 [$c(\frac{1}{2}H_2SO_4)=1mol/L$] 滴定至恰好无色。加 3g $NaHCO_3$ 及 3mL 淀粉指示液（10g/L）。用配好的碘溶液滴定至呈浅蓝色。记录消耗 I_2 溶液的体积 V_1。平行标定 4 次，同时做空白试验。

由于 As_2O_3 为剧毒物，实际工作中常用已知浓度的 $Na_2S_2O_3$ 标准溶液标定 I_2。

② 用 $Na_2S_2O_3$ 标准溶液"比较"　用滴定管准确放出配制好的碘溶液 30～35mL，置于碘量瓶中，加水 150mL（15～20℃），用硫代硫酸钠标准滴定溶液 [$c(Na_2S_2O_3)=0.1mol/L$] 滴定，近终点时（此时溶液为浅黄色）加 2mL 淀粉指示液（10g/L），继续滴定至溶液蓝色刚好消失即为终点。记录消耗 I_2 标准滴定溶液的体积 V_2。平行标定 4 次。

同时做水消耗碘的空白试验：取 250mL 水（15～20℃），加 0.05～0.20mL 配制好的碘溶液及 2mL 淀粉指示液（10g/L），用硫代硫酸钠标准滴定溶液 [$c(Na_2S_2O_3)=0.1mol/L$] 滴定至溶液蓝色刚好消失即为终点。

4. 数据处理

$$c\left(\frac{1}{2}I_2\right)=\frac{m(As_2O_3)}{M\left(\frac{1}{4}As_2O_3\right)(V-V_0)\times10^{-3}}$$

式中　$c(\frac{1}{2}I_2)$——I_2 标准滴定溶液的浓度，mol/L；

$m(As_2O_3)$——称取基准物质 As_2O_3 的质量，g；

$M(\frac{1}{4}As_2O_3)$——以 $\frac{1}{4}As_2O_3$ 为基本单元的 As_2O_3 的摩尔质量，49.460g/mol；

V——滴定消耗 I_2 标准滴定溶液的体积，mL；

V_0——空白试验消耗 I_2 标准滴定溶液的体积，mL。

用 $Na_2S_2O_3$ 标准溶液"比较"时，碘标准滴定溶液浓度计算：

$$c\left(\frac{1}{2}I_2\right)=\frac{c(Na_2S_2O_3)(V_1-V_2)}{V_3-V_4}$$

式中　$c(Na_2S_2O_3)$——硫代硫酸钠标准滴定溶液的浓度，mol/L；

V_1——滴定消耗硫代硫酸钠标准滴定溶液的体积，mL；

V_2——空白试验消耗硫代硫酸钠标准滴定溶液的体积，mL；

V_3——量取碘溶液的体积，mL；

V_4——空白试验中加入的碘溶液的体积，mL。

5. 注意事项

按照 GB/T 601 的要求标定 $c(\frac{1}{2}I_2)=0.1$mol/L 的碘标准滴定溶液时，称取三氧化二砷基准物 0.18g，初学者在练习实验中，可称取三氧化二砷基准物 0.15g，也可使用硫代硫酸钠比较法标定碘溶液。

6. 思考题

（1）I_2 溶液应装在何种滴定管中？为什么？

（2）配制 I_2 溶液时，为什么要加 KI？

（3）配制 I_2 溶液时，为什么要在溶液非常浓的情况下将 I_2 与 KI 一起研磨，当 I_2 和 KI 溶解后才能用水稀释？如果过早地稀释会发生什么情况？

（4）以 As_2O_3 为基准物标定 I_2 溶液为什么加 NaOH？其后为什么用 H_2SO_4 中和？滴定前为什么加 $NaHCO_3$？

五、溴标准滴定溶液的制备

1. 方法原理

溴酸钾法是用 Br_2 作氧化剂测定物质含量的方法。因为 Br_2 极易挥发，溶液很不稳定，故常用 $KBrO_3$-KBr 标准滴定溶液代替 Br_2 标准滴定溶液，其中 $KBrO_3$ 是准确量，KBr 是过量的。$KBrO_3$-KBr 标准滴定溶液在酸性溶液中生成 Br_2，与过量的 KI 作用析出 I_2，用 $Na_2S_2O_3$ 标准滴定溶液滴定。反应式如下：

$$BrO_3^-+5Br^-+6H^+\longrightarrow 3Br_2+3H_2O$$

$$Br_2+2I^-\longrightarrow I_2+2Br^-$$

$$I_2+2S_2O_3^-\longrightarrow 2I^-+S_4O_6^{2-}$$

以淀粉指示液确定终点。由标定反应式可知，Br_2 和 $Na_2S_2O_3$ 的基本单元分别为$\frac{1}{2}Br_2$ 和 $Na_2S_2O_3$。

2. 试剂

（1）固体 $KBrO_3$（分析纯）。

（2）固体 KBr（分析纯）。

（3）固体 KI（分析纯）。

（4）盐酸溶液（20%）。

（5）$Na_2S_2O_3$ 标准滴定溶液，$c(Na_2S_2O_3)=0.1mol/L$。

（6）淀粉指示液（10g/L）。

3. 实例内容与操作步骤

（1）$c(\frac{1}{2}Br_2)=0.1mol/L$ 的溴溶液 500mL。称取 1.4～1.5g（称准至 0.1g）$KBrO_3$ 和 6g KBr 放于烧杯中，每次加入少量水溶解 $KBrO_3$ 和 KBr，溶液转入试剂瓶中，至全部溶解。用少量水冲洗烧杯，洗涤液一并转入试剂瓶中，最后稀释至 500mL，摇匀，备用。

（2）溴溶液的标定。用滴定管准确加入 $c(\frac{1}{2}Br_2)=0.1mol/L$ 的溴溶液 30.00～35.00mL 于 250mL 碘量瓶中，加入 2gKI 及 5mL 盐酸溶液（20%），立即盖紧碘量瓶瓶塞，摇匀，用水封好瓶口，于暗处放置 5～10min，打开瓶塞，冲洗瓶塞、瓶颈及瓶内壁，加入 150mL 水（15～20℃），立即用 $c(Na_2S_2O_3)=0.1mol/L$ 的 $Na_2S_2O_3$ 标准滴定溶液滴定，至溶液呈浅黄色时加淀粉指示液 2mL（10g/L），继续滴定至蓝色恰好消失即为终点。记录消耗 $Na_2S_2O_3$ 标准滴定溶液的体积。平行标定 4 次，同时做空白试验。

4. 数据处理

$$c\left(\frac{1}{2}Br_2\right)=\frac{c(Na_2S_2O_3)(V-V_0)}{V(Br_2)}$$

式中 $c(\frac{1}{2}Br_2)$——溴标准溶液的浓度，mol/L；

$c(Na_2S_2O_3)$——$Na_2S_2O_3$ 标准滴定溶液的浓度，mol/L；

V——滴定消耗 $Na_2S_2O_3$ 标准滴定溶液的体积，mL；

V_0——空白试验消耗 $Na_2S_2O_3$ 标准滴定溶液的体

积，mL；

$V(Br_2)$——量取的溴溶液的准确体积，mL。

5. 思考题

（1）配制 $c(\frac{1}{2}Br_2)=0.1mol/L$ 的溴溶液 500mL，称取 $KBrO_3$ 的质量如何计算？$KBrO_3$ 的基本单元是什么？

（2）说明实验过程中各阶段溶液颜色及溶液颜色产生的原因。

（3）淀粉指示液为什么要在滴定至溶液呈黄色时加入？

六、水中化学耗氧量的测定（$KMnO_4$ 法）

1. 方法原理

酸性介质中利用 $KMnO_4$ 氧化性氧化需氧有机物测定 COD 含量。实验中加入过量的 $KMnO_4$ 标准滴定溶液，与需氧有机物充分反应后，再加入过量 $Na_2C_2O_4$ 标准溶液，用 $KMnO_4$ 标准滴定溶液回滴。反应式为：

$$2MnO_4^- + 5C_2O_4^{2-} + 16H^+ \longrightarrow 2Mn^{2+} + 10CO_2\uparrow + 8H_2O$$

以高锰酸钾自身为指示剂。由标定反应式可知，$KMnO_4$ 和 $Na_2C_2O_4$ 的基本单元分别为$\frac{1}{5}KMnO_4$ 和$\frac{1}{2}Na_2C_2O_4$。

2. 试剂

（1）高锰酸钾标准滴定溶液，$c\left(\frac{1}{5}KMnO_4\right)=0.01mol/L$。

（2）硫酸溶液，1+3，配制时趁热滴加 $KMnO_4$ 溶液至微红色。

（3）基准物质 $Na_2C_2O_4$，在 105～110℃烘干。

3. 实例内容与操作步骤

（1）配制 $c\left(\frac{1}{2}Na_2C_2O_4\right)=0.01mol/L$ 的草酸钠标准溶液 250mL。准确称取基准物质 $Na_2C_2O_4$ 约 1.7g，放于小烧杯中，加少量水溶解，定量转移至 250mL 容量瓶中，用蒸馏水稀释定容，摇匀。移取上述溶液 25.00mL 放于 250mL 容量瓶中，用蒸馏水稀释定容，摇匀。

（2）化学耗氧量的测定。取水样 100.00mL，加 5mL(1+3) 的硫酸溶液，自滴定管准确加入$c\left(\frac{1}{5}KMnO_4\right)=0.01mol/L$ 的高锰酸钾溶液 10.00mL

(V_1)。立即放在沸水浴中加热 30min，趁热加 10.00mL $c\left(\frac{1}{2}Na_2C_2O_4\right)=$ 0.01mol/L 的草酸钠标准溶液，立即用高锰酸钾标准滴定溶液滴到浅粉色，保持 30s 不褪即为终点。记录消耗高锰酸钾标准滴定溶液的体积 (V_2)，则所用去的 $KMnO_4$ 标准滴定溶液总体积 $V(KMnO_4)=V_1+V_2$。

(3) $KMnO_4$ 校正系数 K 的测定。在上述滴定溶液中，加热至约 70℃，准确加入 10.00mL $c\left(\frac{1}{2}Na_2C_2O_4\right)=0.01$mol/L 的草酸钠标准溶液，立即用高锰酸钾标准滴定溶液滴到浅粉色，保持 30s 不褪色即为终点，记录消耗的 $KMnO_4$ 标准滴定溶液体积 V_3。则每毫升 $KMnO_4$ 标准滴定溶液相当于 $Na_2C_2O_4$ 标准溶液的体积（mL）为：

$$K=10.00/V_3$$

平行测定 2 次。

4. 数据处理

$$c\left(\frac{1}{2}Na_2C_2O_4\right)=\frac{m\left(\frac{1}{2}Na_2C_2O_4\right)\times\frac{25}{250}}{M\left(\frac{1}{2}Na_2C_2O_4\right)\times 250\times 10^{-3}}$$

式中 $c\left(\frac{1}{2}Na_2C_2O_4\right)$——草酸钠标准溶液的浓度，mol/L；

$m\left(\frac{1}{2}Na_2C_2O_4\right)$——称取基准物质 $Na_2C_2O_4$ 的质量，g；

$M\left(\frac{1}{2}Na_2C_2O_4\right)$——以 $\frac{1}{2}Na_2C_2O_4$ 为基本单元的 $Na_2C_2O_4$ 的摩尔质量，g/mol。

化学耗氧量 COD（O_2，mg/L）的计算：

$$COD=\frac{[(V_1+V_2)K-10.00]c\left(\frac{1}{2}Na_2C_2O_4\right)\times 8}{100}\times 1000$$

式中 V_1+V_2——测定水样时消耗 $KMnO_4$ 标准滴定溶液总体积，mL；

10.00——测定水样时加入 $Na_2C_2O_4$ 标准溶液的体积，mL；

$c\left(\frac{1}{2}Na_2C_2O_4\right)$——草酸钠标准溶液的浓度，mol/L；

8——以 $\frac{1}{4}O_2$ 为基本单元时 O_2 的摩尔质量，g/mol。

5. 思考题

(1) 水样中加入高锰酸钾溶液煮沸时，如果褪到无色，说明了什么？应如何进行处理？

(2) 为配制 $c\left(\frac{1}{2}Na_2C_2O_4\right)=0.01mol/L$ 的草酸钠标准溶液 250mL，计算需称取基准物质 $Na_2C_2O_4$ 0.1675g，本实验为何先称取 1.7g，配制成一定体积的溶液后再进行稀释？

(3) 按照本次实验步骤，在计算分析结果时，是否要已知高锰酸钾溶液的准确浓度？为什么？

(4) 如果已知 $KMnO_4$ 和 $Na_2C_2O_4$ 两种溶液的准确浓度而未做 K 值的测定，试总结 COD 的计算公式。

(5) 本实验中需用的 $KMnO_4$ 溶液可以用实验"$KMnO_4$ 标准滴定溶液的配制与标定"中配制的 $KMnO_4$ 标准滴定溶液稀释，如何稀释？

七、铁矿石中铁含量的测定（无汞法）

1. 方法原理

试样用盐酸加热溶解，在热溶液中，用 $SnCl_2$ 还原大部分 Fe^{3+}，然后以钨酸钠为指示剂，用 $TiCl_3$ 溶液定量还原剩余部分 Fe^{3+}，当 Fe^{3+} 全部还原为 Fe^{2+} 后，过量 1 滴 $TiCl_3$ 溶液使钨酸钠还原为蓝色的五价钨的化合物（俗称"钨蓝"），使溶液呈蓝色，滴加 $K_2Cr_2O_7$ 溶液使钨蓝刚好褪色。溶液中的 Fe^{2+} 在硫、磷混酸介质中，以二苯胺磺酸钠为指示剂，用 $K_2Cr_2O_7$ 标准溶液滴定至紫色为终点。主要反应如下：

试样溶解

$$Fe_2O_3+6HCl \longrightarrow 2FeCl_3+3H_2O$$

$$FeCl_3+Cl^- \longrightarrow [FeCl_4]^-$$

$$FeCl_3+3Cl^- \longrightarrow [FeCl_6]^{3-}$$

Fe^{3+} 的还原

$$2Fe^{3+}+Sn^{2+} \longrightarrow 2Fe^{2+}+Sn^{4+}$$

$$Fe^{3+}+Ti^{3+} \longrightarrow Fe^{2+}+Ti^{4+}$$

滴定

$$6Fe^{2+}+Cr_2O_7^{2-}+14H^+ \longrightarrow 6Fe^{3+}+2Cr^{3+}+7H_2O$$

由测定反应式可知，$K_2Cr_2O_7$ 和 Fe^{2+} 的基本单元分别为 $\frac{1}{6}K_2Cr_2O_7$

和 Fe^{2+}。

2. 试剂

（1）铁矿石试样。

（2）浓 HCl 溶液（1.19g/mL）。

（3）HCl 溶液（1+1 及 1+4）。

（4）$SnCl_2$ 溶液（10%，即 100g/L）。配制：取 10g $SnCl_2 \cdot 2H_2O$ 溶于 100mL 盐酸（1+1）中（临用前配制）。

（5）$TiCl_3$ 溶液（15g/L）。配制：取 10mL $TiCl_3$ 试剂溶液，用盐酸（1+4）稀释至 100mL，存放于棕色试剂瓶中（临用前配制）。

（6）Na_2WO_4 溶液（10%，即 100g/L）。配制：取 10g Na_2WO_4 溶于 95mL 水中，加 5mL 磷酸，混匀，存放于棕色试剂瓶中。

（7）硫、磷混酸溶液。配制：在搅拌下将 100mL 浓硫酸缓缓加入 250mL 水中，冷却后加入 150mL 磷酸，混匀。

（8）二苯胺磺酸钠指示液，2g/L。配制：称取 0.5g 二苯胺磺酸钠，溶于 100mL 水中，加入 2 滴浓硫酸，混匀，存放于棕色试剂瓶中。

（9）$K_2Cr_2O_7$ 标准滴定溶液，$c\left(\frac{1}{6}K_2Cr_2O_7\right)=0.1mol/L$。

3. 实例内容与操作步骤

铁矿石试样预先在 120℃烘箱中烘 1～2h，取出在干燥器中冷却至室温。准确称取 0.2～0.3g 试样于 250mL 锥形瓶中，加几滴蒸馏水，摇动使试样润湿，加 10mL 浓 HCl，盖上表面皿，缓缓加热使试样溶解（残渣为白色或近于白色 SiO_2），此时溶液为橙黄色，用少量水冲洗表面皿，加热近沸。

趁热小心滴加 $SnCl_2$ 溶液至溶液呈浅黄色（$SnCl_2$ 不宜过量），冲洗瓶内壁，加 10mL 水、1mL Na_2WO_4 溶液，滴加 $TiCl_3$ 溶液至刚好出现钨蓝。再加水约 60mL，放置 10～20s，用 $K_2Cr_2O_7$ 标准溶液滴至恰呈无色（不计读数）。加入 10mL 硫、磷混酸溶液和 4～5 滴二苯胺磺酸钠指示液，立即用 $K_2Cr_2O_7$ 标准滴定溶液滴定至溶液呈稳定的紫色即为终点。记录消耗 $K_2Cr_2O_7$ 标准滴定溶液的体积。平行测定 2 次。

平行试样可以同时溶解，但溶解完全后，应每还原一份试样，立即滴定，以免 Fe^{2+} 被空气中的氧氧化。

4. 数据处理

铁矿石中总铁含量为：

$$w(\mathrm{Fe})=\frac{c\left(\frac{1}{6}\mathrm{K_2Cr_2O_7}\right)V(\mathrm{K_2Cr_2O_7})\times10^{-3}\times M(\mathrm{Fe})}{m}\times100\%$$

式中　$w(\mathrm{Fe})$——铁矿石中铁的质量分数，%；

$c\left(\frac{1}{6}\mathrm{K_2Cr_2O_7}\right)$——$K_2Cr_2O_7$ 标准滴定溶液的浓度，mol/L；

$V(\mathrm{K_2Cr_2O_7})$——滴定消耗 $K_2Cr_2O_7$ 标准滴定溶液的体积，mL；

$M(\mathrm{Fe})$——Fe 的摩尔质量，55.85g/mol；

m——铁矿石试样的质量，g。

5. 注意事项

（1）加入 $SnCl_2$ 不能过量，否则使测定结果偏高。如不慎过量，可滴加 2%$KMnO_4$ 溶液使试液呈浅黄色。

（2）Fe^{2+} 在磷酸介质中极易被氧化，必须在"钨蓝"褪色后 1min 内立即滴定，否则测定结果偏低。

6. 思考题

（1）用 $SnCl_2$ 还原溶液中 Fe^{3+} 时，$SnCl_2$ 过量时溶液呈什么颜色，对分析结果有何影响？

（2）为什么不能直接使用 $TiCl_3$ 还原 Fe^{3+}，而先用 $SnCl_2$ 还原溶液中大部分 Fe^{3+}，然后再用 $TiCl_3$ 还原？能否只用 $SnCl_2$ 还原而不用 $TiCl_3$？

（3）用 $K_2Cr_2O_7$ 标准滴定溶液滴定 Fe^{2+} 之前，为什么要加硫、磷混酸？

八、维生素 C 片中抗坏血酸含量的测定

1. 方法原理

以煮沸过的冷蒸馏水溶解试样，用醋酸调节溶液酸度，用 I_2 标准滴定溶液直接滴定。

```
        HO—C═══C—OH                          O═C———C═O
           |    |                               |     |
H2C—CH—CH    C═O  +I2 ⟶  H2C—CH—CH     C═O  +2HI
 |   |    \  /              |   |    \  /
HO  OH     O                HO  OH     O
```

以淀粉指示液确定终点。由测定反应式可知，维生素 C（Vc，$C_6H_8O_6$）和 I_2 的基本单元分别为 $\frac{1}{2}C_6H_8O_6$ 和 $\frac{1}{2}I_2$。

2. 试剂

（1）维生素 C 试样。

（2）醋酸溶液，$c(HAc)=2mol/L$。配制：冰醋酸 60mL，用蒸馏水稀释至 500mL。

（3）I_2 标准溶液，$c\left(\frac{1}{2}I_2\right)=0.1mol/L$。

（4）淀粉指示液（5g/L）。

3. 实例内容与操作步骤

准确称取维生素 C 试样约 0.2g（若试样为粒状或片状各取 1 粒或 1 片），放于 250mL 锥形瓶中，加入新煮沸过的冷蒸馏水 100mL，醋酸溶液 10mL，轻摇使之溶解。加淀粉指示液 2mL，立即用 I_2 标准滴定溶液滴定至溶液恰呈蓝色不褪为终点。记录消耗 I_2 标准滴定溶液的体积。平行测定 3 次。

4. 数据处理

$$w(Vc)=\frac{c\left(\frac{1}{2}I_2\right)V(I_2)\times10^{-3}\times M\left(\frac{1}{2}Vc\right)}{m}\times100\%$$

式中　$w(Vc)$——试样中维生素 C 的质量分数，%；

$c\left(\frac{1}{2}I_2\right)$——$I_2$ 标准滴定溶液的浓度，mol/L；

$V(I_2)$——滴定消耗 I_2 标准滴定溶液的体积，mL；

m——称取维生素 C 试样的质量，g；

$M\left(\frac{1}{2}Vc\right)$——以 $\frac{1}{2}Vc$ 为基本单元的维生素 C 的摩尔质量，g/mol。

平行测定的相对平均偏差≤0.5%。

5. 思考题

（1）测定维生素 C 含量时，溶解试样为什么要用新煮沸并冷却的蒸馏水？

（2）测定维生素 C 含量时，为什么要在醋酸酸性溶液中进行？

九、胆矾中 $CuSO_4\cdot5H_2O$ 含量的测定

1. 方法原理

将胆矾试样溶解后，加入过量 KI，反应析出的 I_2 用 $Na_2S_2O_3$ 标准溶液滴定，反应为：

$$2Cu^{2+}+4I^-\longrightarrow2CuI\downarrow+I_2$$

$$2S_2O_3^{2-} + I_2 \longrightarrow S_4O_6^{2-} + 2I^-$$

以淀粉指示液确定终点。由测定反应式可知，$CuSO_4 \cdot 5H_2O$ 和 $Na_2S_2O_3$ 的基本单元分别为 $CuSO_4 \cdot 5H_2O$ 和 $Na_2S_2O_3$。

2. 试剂

(1) $c(H_2SO_4)=1mol/L$ 的 H_2SO_4 溶液。

(2) KI 溶液，$\rho(KI)=100g/L$（使用前配制）即 10%溶液。

(3) KSCN 溶液，$\rho(KSCN)=100g/L$ 即 10%溶液。

(4) NH_4HF_2 溶液，$\rho(NH_4HF_2)=200g/L$ 即 20%溶液。

(5) $c(Na_2S_2O_3)=0.1mol/L$ 的 $Na_2S_2O_3$ 标准滴定溶液。

(6) 淀粉指示液（5g/L）。

3. 实例内容与操作步骤

准确称取胆矾试样 0.5～0.6g，置于碘量瓶中，加 1mol/L H_2SO_4 溶液 5mL、蒸馏水 100mL 使其溶解，加 20%NH_4HF_2 溶液 10mL、10% KI 溶液 10 mL，迅速盖上瓶塞，摇匀。放置 3min，此时出现 CuI 白色沉淀。

打开碘量瓶塞，用少量水冲洗瓶塞及瓶内壁，立即用 $c(Na_2S_2O_3)=0.1mol/L$ 的 $Na_2S_2O_3$ 标准滴定溶液滴定至呈浅黄色，加 3mL 淀粉指示液，继续滴定至浅蓝色，再加 10%KSCN 溶液 10mL，继续用 $Na_2S_2O_3$ 标准滴定溶液滴定至蓝色刚好消失为终点。此时溶液为米色的 CuSCN 悬浮液。记录消耗 $Na_2S_2O_3$ 标准滴定溶液的体积。平行测定 2 次。

4. 数据处理

$$w(CuSO_4 \cdot 5H_2O)=\frac{c(Na_2S_2O_3)V(Na_2S_2O_3)\times 10^{-3}\times M(CuSO_4 \cdot 5H_2O)}{m}\times 100\%$$

式中 $w(CuSO_4 \cdot 5H_2O)$——试样中 $CuSO_4 \cdot 5H_2O$ 的质量分数，%；

$c(Na_2S_2O_3)$——$Na_2S_2O_3$ 标准滴定溶液的浓度，mol/L；

$V(Na_2S_2O_3)$——滴定消耗 $Na_2S_2O_3$ 标准滴定溶液的体积，mL；

$M(CuSO_4 \cdot 5H_2O)$——$CuSO_4 \cdot 5H_2O$ 的摩尔质量，g/mol；

m——称取胆矾试样的质量，g。

5. 注意事项

(1) 加 KI 必须过量，使生成 CuI 沉淀的反应更为完全，并使 I_2 形成 I_3^- 增大 I_2 的溶解性，提高滴定的准确度。

(2) 由于 CuI 沉淀表面吸附 I_3^-，使结果偏低。为了减少 CuI 对 I_3^-

的吸附，可在临近终点时加入 KSCN，使 CuI 沉淀转化为溶解度更小的 CuSCN 沉淀。使吸附的释放出来，以防结果偏低。SCN^- 只能在临近终点时加入，否则 SCN^- 有可能直接将 Cu^{2+} 还原成 Cu^+，使结果偏低。

$$CuI + KSCN \longrightarrow CuSCN\downarrow + KI$$

$$6Cu^{2+} + 7SCN^- + 4H_2O \longrightarrow 6CuSCN\downarrow + SO_4^{2-} + CN^- + 8H^+$$

（3）为防止铜盐水解，试液需加 H_2SO_4（不能加 HCl，避免形成 $[CuCl_3]^-$ 或 $[CuCl_4]^{2-}$ 配合物）。控制 pH 在 3.0～4.0 之间，酸度过高，则 I^- 易被空气中的氧氧化为 I_2（Cu^{2+} 催化此反应），使结果偏高。

（4）Fe^{3+} 对测定有干扰，因 Fe^{3+} 能将 I^- 氧化成 I_2，使结果偏高。

$$2Fe^{3+} + 2I^- \longrightarrow 2Fe^{2+} + I_2$$

可加入 NH_4HF_2 与 Fe^{3+} 形成稳定的 $[FeF_6]^{3-}$ 配离子，消除 Fe^{3+} 的干扰。

（5）用碘量法测定铜时，最好用纯铜标定 $Na_2S_2O_3$ 溶液，以抵消方法的系统误差。

6. 思考题

（1）已知 $\varphi^\ominus(Cu^{2+}/Cu^+)=0.159V$，$\varphi^\ominus(I_3^-/I^-)=0.545V$，为何本实验中 Cu^{2+} 却能氧化 I^- 成为 I_2？

（2）测定铜含量时，加入 KI 为何要过量？

（3）本实验中加入 KSCN 的作用是什么？应在何时加入？为什么？

（4）本实验中加入 NH_4HF_2 的作用是什么？

（5）间接碘量法一般选择中性或弱酸性条件。而本实验测定铜含量时，要加入 H_2SO_4，为什么？能否加 HCl？为什么？酸度过高对分析结果有何影响？

（6）间接碘量法误差的主要来源有哪些？应如何避免？

（7）利用 K_{sp} 值说明 $CuI \longrightarrow CuSCN$ 沉淀的转化原理。

十、苯酚含量的测定

1. 方法原理

试样中加入过量的溴标准溶液，在酸性介质中，$KBrO_3$ 与 KBr 反应生成 Br_2，Br_2 与苯酚作用生成三溴苯酚，过量的 Br_2 与 KI 作用析出 I_2，用 $Na_2S_2O_3$ 标准滴定溶液滴定。反应如下。

溴取代

$$BrO_3^- + 5Br^- + 6H^+ \longrightarrow 3Br_2 + 3H_2O$$

$$C_6H_5OH + 3Br_2 \longrightarrow C_6H_2Br_3OH + 3HBr$$

$$C_6H_5OH + 4Br_2 \longrightarrow C_6H_2Br_3OBr + 4HBr$$

$$C_6H_2Br_3OBr + 2I^- + H^+ \longrightarrow C_6H_2Br_3OH + I_2 + Br^-$$

剩余 Br_2 与 KI 作用

$$Br_2 + 2I^- \longrightarrow I_2 + 2Br^-$$

滴定

$$I_2 + 2S_2O_3^{2-} \longrightarrow 2I^- + S_4O_6^{2-}$$

以淀粉指示液确定终点。由测定反应式可知，苯酚 C_6H_5OH 和 $Na_2S_2O_3$ 的基本单元分别为$\frac{1}{6}C_6H_5OH$ 和 $Na_2S_2O_3$。

2. 试剂

（1）苯酚试样。

（2）NaOH 溶液（10%）。

（3）溴标准滴定溶液，$c\left(\frac{1}{2}Br_2\right)=0.1mol/L$。

（4）浓盐酸。

（5）KI 溶液［100g/L（10%）］。

（6）氯仿。

（7）$Na_2S_2O_3$ 标准滴定溶液，$c(Na_2S_2O_3)=0.1mol/L$。

（8）淀粉指示液（5g/L）。

3. 实例内容与操作步骤

准确称取苯酚试样 0.2～0.3g（称准至 0.0001g），放于盛有 5mL 10%NaOH 溶液的 250mL 烧杯中，加入少量蒸馏水溶解。仔细将溶液转入 250mL 容量瓶中，用少量水洗涤烧杯数次，定量移入容量瓶中，以水稀释至刻度，充分摇匀。

用移液管吸取试液25.00mL，放于250mL碘量瓶中，用滴定管准确加入$c\left(\frac{1}{2}Br_2\right)=0.1mol/L$的溴标准滴定溶液30.00～35.00mL，微开碘量瓶塞，加入浓盐酸5mL，立即盖紧瓶塞，振摇5～10min，用水封好瓶口，于暗处放置15min，此时生成白色三溴苯酚沉淀和Br_2。微开碘量瓶塞，加入10%的KI溶液10mL，盖紧瓶塞，充分振摇后，加氯仿2mL，摇匀。打开瓶塞，冲洗瓶塞、瓶颈及瓶内壁，立即用$c(Na_2S_2O_3)=0.1mol/L$的$Na_2S_2O_3$标准滴定溶液滴定，至溶液呈浅黄色时加淀粉指示液5mL，继续滴定至蓝色恰好消失即为终点。记录消耗$Na_2S_2O_3$标准滴定溶液的体积。

同时做空白试验：以蒸馏水25.00mL代替试液按上述步骤进行试验，记录消耗$Na_2S_2O_3$标准滴定溶液的体积。

4. 数据处理

$$w(C_6H_5OH)=\frac{c(Na_2S_2O_3)(V_0-V)M\left(\frac{1}{6}C_6H_5OH\right)\times 0.001}{m\times\frac{25}{250}}\times 100\%$$

式中　$w(C_6H_5OH)$——试样中苯酚的质量分数，%；

$c(Na_2S_2O_3)$——$Na_2S_2O_3$标准滴定溶液的浓度，mol/L；

V_0——空白试验消耗$Na_2S_2O_3$标准滴定溶液的体积，mL；

V——滴定苯酚试样时消耗$Na_2S_2O_3$标准滴定溶液的体积，mL；

$M\left(\frac{1}{6}C_6H_5OH\right)$——以$\frac{1}{6}C_6H_5OH$为基本单元时$C_6H_5OH$的摩尔质量，g/mol；

m——苯酚试样的质量，g。

5. 注意事项

(1) 苯酚在水中溶解度较小，加入NaOH溶液后，与苯酚生成易溶于水的苯酚钠。

(2) 实验操作中应尽量避免Br_2的挥发损失。$KBrO_3$-KBr标准溶液遇酸即迅速产生游离Br_2，Br_2易挥发，因此加HCl溶液和KI溶液时，应微开瓶塞使溶液沿瓶塞流入。

(3) 本实验加入的$KBrO_3$-KBr标准溶液是过量的，在酸性介质中生成Br_2，与苯酚反应后，剩余的Br_2不能用$Na_2S_2O_3$标准滴定溶液直接滴定。因为 $Na_2S_2O_3$ 易被 Br_2、Cl_2 等较强氧化剂非定量地氧化为 SO_4^{2-}。所以加过量 KI 与 Br_2 作用生成 I_2，再用 $Na_2S_2O_3$ 标准滴定溶液滴定。

6. 思考题

（1）空白试验有哪些作用？说明本实验中空白试验的作用。

（2）本实验中使用的 $KBrO_3$-KBr 标准溶液是否需要标定出准确浓度？为什么？

（3）本实验中先加试样，再加 $KBrO_3$-KBr 标准溶液，后加盐酸，为什么要这样做？

（4）实验中加入氯仿的作用是什么？氯仿层应是什么颜色？

（5）说明实验过程每一步应出现的现象。

自我测试题六

判断题

1. 氧化还原反应次序是电极电位相差最大的两电对先反应。（　）

2. 反应到达平衡时 $\varphi^{\ominus}1'-\varphi^{\ominus}2'\geqslant 0.4V$，则该反应可以用于氧化还原滴定分析。（　）

3. 影响氧化还原反应速率的主要因素有反应物的浓度、酸度、温度和催化剂。（　）

4. 高锰酸钾是一种强氧化剂，介质不同，其还原产物也不一样。（　）

5. 由于 $KMnO_4$ 具有很强的氧化性，所以 $KMnO_4$ 法只能用于测定还原性物质。（　）

6. 高锰酸钾在配制时要称量稍多于理论用量，原因是存在的还原性物质与高锰酸钾反应。（　）

7. 配制好的 $KMnO_4$ 溶液要盛放在棕色瓶中保护，如果没有棕色瓶应放在避光处保存。（　）

8. 由于 $K_2Cr_2O_7$ 容易提纯，干燥后可作为基准物直接配制标准液，不必标定。（　）

9. 直接碘量法以淀粉为指示液滴定时，指示液须在接近终点时加入，终点是从蓝色变为无色。（　）

10. 用间接碘量法测定试样时，最好在碘量瓶中进行，并应避免阳光照射，为减少 I^- 与空气接触，滴定时不宜过度摇动。（　）

11. 配制 I_2 标准溶液时，加入 KI 的目的是增大 I_2 的溶解度以降低 I_2 的挥发性和提高淀粉指示剂的灵敏度。（　）

12. $Na_2S_2O_3$ 标准滴定溶液是用 $K_2Cr_2O_7$ 直接标定的。（　）

选择题

1. 严格来说，根据能斯特方程电极电位与溶液中（　　）呈线性关系。

A. 离子浓度　　B. 离子浓度的对数　　C. 离子活度的对数　　D. 离子活度

2. 当增加反应酸度时，氧化剂的电极电位会增大的是（　　）。

A. Fe^{3+}　　B. I_2　　C. $K_2Cr_2O_7$　　D. Cu^{2+}

3. 利用电极电位可判断氧化还原反应的性质，但它不能判别（　　）。

A. 氧化-还原反应速度　　B. 氧化还原反应方向

C. 氧化还原能力大小　　D. 氧化还原的完全程度

4. 在 $2Cu^{2+}+4I^- \xlongequal{} 2CuI\downarrow+I_2$ 中，$\varphi^\ominus(I_2/2I^-)=0.54V$，$\varphi^\ominus(Cu^{2+}/CuI)=0.86V$，$\varphi^\ominus(Cu^{2+}/CuI)>\varphi^\ominus(I_2/2I^-)$ 则反应方向向（　　）。

A. 右　　B. 左

C. 不反应　　D. 反应达到平衡时不移动

5. 已知 $\varphi(Fe^{3+}/Fe^{2+})=0.72V$，$\varphi(Sn^{4+}/Sn^{2+})=0.14V$，在同一体系中，其反应的还原产物是（　　）。

A. Fe^{3+}　　B. Fe^{2+}　　C. Sn^{4+}　　D. Sn^{2+}

6. 当溶液的 $[H^+]=10^{-4}$ mol/L 时，下列反应 $AsO_4^{3-}+2I^-+2H^+ \longrightarrow AsO_3^{3-}+H_2O+I_2$ 的进行方向（　　）。[$\varphi^\ominus(I_2/2I^-)=0.54V$，$\varphi^\ominus(AsO_4^{3-}/AsO_3^{3-})=0.56V$]

A. 向左　　B. 向右　　C. 反应达到平衡　　D. 无法判断

7. 提高氧化还原反应的速率可采取的措施是（　　）。

A. 减少反应物浓度　　B. 增加温度

C. 加入指示剂　　D. 加入配位剂

8. 标定 $KMnO_4$ 时，第 1 滴加入没有褪色以前，不能加入第 2 滴，加入几滴后，方可加快滴定速度，原因是（　　）。

A. $KMnO_4$ 自身是指示剂，待有足够 $KMnO_4$ 时才能加快滴定速度

B. O_2 为该反应催化剂，待有足够氧时才能加快滴定速度

C. Mn^{2+} 为该反应催化剂，待有足够 Mn^{2+} 时才能加快滴定速度

D. MnO_2 为该反应催化剂，待有足够 MnO_2 时才能加快滴定速度

9. 用基准物 $Na_2C_2O_4$ 标定配制好的 $KMnO_4$ 溶液，其终点颜色是（　　）。

A. 蓝色　　B. 亮绿色　　C. 紫色变为纯蓝色　　D. 粉红色

10. 既可用来标定 NaOH 溶液，也可用作标定 $KMnO_4$ 的物质为（　　）。

A. $H_2C_2O_4\cdot 2H_2O$　　B. $Na_2C_2O_4$

C. HCl　　D. H_2SO_4

11. 在用 $Na_2C_2O_4$ 标定 $KMnO_4$ 时，终点颜色保持（　　）不变。

A. 1min　　B. 30s　　C. 2min　　D. 45s

12. 用 $H_2C_2O_4\cdot 2H_2O$ 标定 $KMnO_4$ 溶液时，溶液的温度一般不超过（　　），以防 $H_2C_2O_4$ 的分解。

A. 60℃　　B. 75℃　　C. 40℃　　D. 85℃

13. 以 $K_2Cr_2O_7$ 为基准物质标定 $Na_2S_2O_3$ 溶液，应选用的指示剂是（　　）。

A. 酚酞　　B. 二甲酚橙　　C. 淀粉　　D. 二苯胺磺酸钠

14. 氧化还原滴定中，硫代硫酸钠的基本单元是（　　）。

A. $Na_2S_2O_3$　　B. $\frac{1}{2}Na_2S_2O_3$　　C. $\frac{1}{3}Na_2S_2O_3$　　D. $\frac{1}{4}Na_2S_2O_3$

15. 标定 I_2 标准溶液的基准物是（　　）。

A. As_2O_3　　B. $K_2Cr_2O_7$　　C. Na_2CO_3　　D. $H_2C_2O_4$

16. 在含有少量 Sn^{2+} 的 $FeSO_4$ 溶液中，用 $K_2Cr_2O_7$ 法滴定 Fe^{2+}，应先消除 Sn^{2+} 的干扰，宜采用（　　）。

A. 控制酸度法　　B. 配合掩蔽法

C. 离子交换法　　D. 氧化还原掩蔽法

17. 重铬酸钾滴定法测铁，加入 H_3PO_4 的作用，主要是（　　）。

A. 防止沉淀　　B. 提高酸度

C. 降低 Fe^{3+}/Fe^{2+} 电位，使突跃范围增大　　D. 防止 Fe^{2+} 氧化

18. 在高锰酸钾法测铁中，一般使用硫酸而不是盐酸来调节酸度，其主要原因是（　　）。

A. 盐酸强度不足　　B. 硫酸可起催化作用

C. Cl^- 可能与高锰酸钾作用　　D. 以上均不对

19. 高锰酸钾法应在强酸性溶液中进行，所用强酸是（　　）。

A. H_2SO_4　　B. HNO_3　　C. HCl　　D. $HClO_4$

20. 用 $KMnO_4$ 标准溶液测定 H_2O_2 时，滴定至粉红色为终点。滴定完成后 5min 发现溶液粉红色消失，其原因是（　　）。

A. H_2O_2 未反应完全　　B. 实验室还原性气氛使之褪色

C. $KMnO_4$ 部分生成了 MnO_2　　D. $KMnO_4$ 标准溶液浓度太稀

21. 以 $K_2Cr_2O_7$ 法测定铁矿石中铁含量时，用 0.02mol/L $K_2Cr_2O_7$ 滴定。设试样含铁以 Fe_2O_3（其摩尔质量为 150.7g/mol）计约为 50%，则试样称取量应为（　　）。

A. 0.1g 左右　　B. 0.2g 左右　　C. 1g 左右　　D. 0.35g 左右

22. 在碘量法中，淀粉是专属指示剂，当溶液呈蓝色时，这是（　　）。

A. 碘的颜色　　B. I^- 的颜色

C. 游离碘与淀粉生成物的颜色　　D. I^- 与淀粉生成物的颜色

23. 直接碘量法应控制的条件是（　　）。

A. 强酸性条件　　B. 强碱性条件

C. 中性或弱酸性条件　　D. 什么条件都可以

24. 碘量法测定黄铜中的铜含量，为除去 Fe^{3+} 干扰，可加入（　　）。

A. 碘化钾　　B. 氟化氢铵　　C. HNO_3　　D. H_2O_2

25. 在间接碘量法测定中，下列操作正确的是（　　）。

A. 边滴定边快速摇动

B. 加入过量 KI，并在室温和避免阳光直射的条件下滴定

C. 在 70～80℃恒温条件下滴定

D. 滴定一开始就加入淀粉指示液

26. 在间接碘量法中，加入淀粉指示液的适宜时间是（　　）。

A. 滴定刚开始　　B. 反应接近 60％时　C. 滴定近终点时　D. 反应近 80％时

综合题

1. 指出下列氧化剂在所给氧化还原反应中的基本单元。

（1）$As_2O_3(AsO_3^{3-} \longrightarrow AsO_4^{3-})$；（2）$Fe_2O_3(Fe^{2+} \longrightarrow Fe^{3+})$；

（3）$MnO_2(MnO_2 \longrightarrow Mn^{2+})$；　（4）$CuO(Cu^{2+} \longrightarrow Cu^{+})$；

（5）$Cr_2O_3(Cr^{3+} \longrightarrow Cr_2O_7^{2-})$。

2. 指出下列还原剂在所给氧化还原反应中的基本单元。

（1）$SnCl_2(Sn^{2+} \longrightarrow Sn^{4+})$；　（2）$Na_2S_2O_3 \cdot 5H_2O(S_2O_3^{2-} \longrightarrow S_4O_6^{2-})$；

（3）$HNO_2(NO_2^{-} \longrightarrow NO_3^{-})$；　（4）$H_2SO_3(SO_3^{2-} \longrightarrow SO_4^{2-})$。

3. 计算 $Cr_2O_7^{2-}/2Cr^{3+}$ 电对的电极电位。

（1）$[Cr_2O_7^{2-}]=0.020mol/L$，$[Cr^{3+}]=1.0\times10^{-6}mol/L$，$[H^+]=0.10mol/L$；

（2）$[Cr_2O_7^{2-}]=0.023mol/L$，$[Cr^{3+}]=0.015mol/L$，$[H^+]=1.0mol/L$。

4. 用标准电极电位判断下列反应方向：

（1）$Fe^{3+}+Cu^{+} \rightleftharpoons Fe^{2+}+Cu^{2+}$

（2）$Br_2+2Fe^{2+} \rightleftharpoons 2Br^{-}+2Fe^{3+}$

（3）$2Fe^{3+}+Cd \rightleftharpoons 2Fe^{2+}+Cd^{2+}$

（4）$2MnO_4^{-}+5H_2O_2+6H^{+} \rightleftharpoons 2Mn^{2+}+5O_2\uparrow+8H_2O$

（5）$2Ce^{3+}+H_3AsO_4+2H^{+} \rightleftharpoons 2Ce^{4+}+H_3AsO_3+H_2O$

5. 已知 $K_2Cr_2O_7$ 溶液对 Fe 的滴定度为 0.00525g/mL，计算 $K_2Cr_2O_7$ 溶液的物质的量浓度 $c\left(\frac{1}{6}K_2Cr_2O_7\right)$。

6. 欲配制 500mL $c\left(\frac{1}{6}K_2Cr_2O_7\right)=0.5000mol/L$ 的 $K_2Cr_2O_7$ 溶液，问应称取 $K_2Cr_2O_7$ 多少克？

7. 制备 1L $c(Na_2S_2O_3)=0.2mol/L$ 的 $Na_2S_2O_3$ 溶液，需称取 $Na_2S_2O_3 \cdot 5H_2O$ 多少克？

8. 将 0.1500g 的铁矿样经处理后成为 Fe^{2+}，然后用 $c\left(\frac{1}{5}KMnO_4\right)=0.1000mol/L$ $KMnO_4$ 标准滴定溶液滴定，消耗 15.03mL，计算铁矿石中以 Fe、FeO、Fe_2O_3 表示的质量分数。

9. 在 250mL 容量瓶中将 1.0028g H_2O_2 溶液配制成 250mL 试液。准确移取此

试液 25.00mL，用$c\left(\frac{1}{5}KMnO_4\right)=0.1000mol/L$ 的 $KMnO_4$ 标准滴定溶液滴定，消耗 17.38mL，求 H_2O_2 试样中 H_2O_2 的质量分数。

10. 测定稀土中铈（Ce）的含量。称取试样量为 1.000g，用 H_2SO_4 溶解后，加过硫酸铵氧化（$AgNO_3$ 为催化剂），稀释至 100.0mL，取 25.00mL，用 $c(Fe^{2+})=0.05000mol/L$ 的 Fe^{2+} 标准滴定溶液滴定，用去 6.32mL，计算稀土中 $CeCl_4$ 的质量分数。（反应式：$Ce^{4+}+Fe^{2+}\longrightarrow Ce^{3+}+Fe^{3+}$）

11. 称取炼铜中所得渣粉 0.5000g，测其中锑的含量。用 HNO_3 溶解试样，经分离铜后，将 Sb^{5+} 还原为 Sb^{3+}，然后在 HCl 溶液中用 $c\left(\frac{1}{6}KBrO_3\right)=0.1000mol/L$ 的 $KBrO_3$ 标准滴定溶液滴定，消耗 $KBrO_3$ 溶液 22.20mL，计算渣粉中锑的质量分数。

12. 称取 0.4000g 软锰矿样，用 $c\left(\frac{1}{2}H_2C_2O_4\right)=0.2000mol/L$ 的 $H_2C_2O_4$ 溶液 50.00mL 处理，过量的 $H_2C_2O_4$ 用 $c\left(\frac{1}{2}KMnO_4\right)=0.1152mol/L$ 的 $KMnO_4$ 标准滴定溶液返滴定，消耗 $KMnO_4$ 溶液 10.55mL，求矿石中 MnO_2 的质量分数。

13. 称取甲醇试样 0.1000g，在 H_2SO_4 中与 25.00mL $c\left(\frac{1}{6}K_2Cr_2O_7\right)=0.1000mol/L$ 的 $K_2Cr_2O_7$ 溶液作用，反应后过量的 $K_2Cr_2O_7$ 用 0.1000mol/L 的 Fe^{2+} 标准滴定溶液返滴定，用去 Fe^{2+} 溶液 10.00mL，计算试样中甲醇的质量分数。（反应式：$CH_3OH+Cr_2O_7^{2-}+8H^+\longrightarrow 2Cr^{3+}+CO_2\uparrow+6H_2O$）

14. 试剂厂生产化学试剂 $FeCl_3\cdot 6H_2O$，按国家标准规定：二级含量不少于 $w=99.0\%$；三级含量不少于 $w=98.0\%$。为了检查本厂生产的一批产品，化验员进行了质量鉴定。称取 0.5000g 样品，加水溶解后，再加 HCl 和 KI，反应后，析出的 I_2 用 0.1000mol/L 的 $Na_2S_2O_3$ 标准滴定溶液滴定，消耗标准溶液 18.17mL，问本批产品符合哪一级标准？（主要反应：$2Fe^{3+}+2I^-\longrightarrow I_2+2Fe^{2+}$，$I_2+2S_2O_3^{2-}\longrightarrow 2I^-+S_4O_6^{2-}$）

15. 称取铜试样 0.4217g，用碘量法滴定。矿样经处理后，加入 H_2SO_4 和 KI，析出 I_2，然后用 $Na_2S_2O_3$ 标准滴定溶液滴定，消耗 35.16mL，而 41.22mL $Na_2S_2O_3$ 相当于 0.2121g $K_2Cr_2O_7$，求铜矿中 CuO 的质量分数。

16. 称取苯酚试样 0.5005g，用 NaOH 溶液溶解后，准确配制成 250mL 试液。移取 25.00mL 试液于碘量瓶中，加入 $KBrO_3$-KBr 标准溶液 25.00mL 及 HCl 溶液，使苯酚溴化为三溴苯酚，加入 KI 溶液，使未反应的 Br_2 还原并析出定量的 I_2，然后用 $c(Na_2S_2O_3)=0.1008mol/L$ 的 $Na_2S_2O_3$ 标准滴定溶液滴定，用去 15.05mL。另取 25.00mL $KBrO_3$-KBr 标准滴定溶液，加 HCl 和 KI 溶液，析出 I_2，用上述的 $Na_2S_2O_3$ 标准滴定溶液滴定，用去 40.20mL。计算试样中苯酚的质量分数。已知 $M(C_6H_5OH)=94.11g/mol$。

第七章 沉淀滴定法

07

|学习指南

基于沉淀反应的滴定法称为沉淀滴定法。由于能用于滴定分析的沉淀反应必须具备一定的条件，在实际工作中应用较多的沉淀滴定法主要是银量法。通过本章的学习，应了解沉淀滴定法对沉淀反应的要求，熟练掌握莫尔法、福尔哈德法、法扬司法三种沉淀滴定法确定理论终点的方法原理、滴定条件和应用范围及有关计算。在学习过程中应结合复习无机化学关于沉淀平衡的有关理论和实践知识，进一步理解分级沉淀及沉淀转化的概念。在对应用实例进行操作练习中，掌握三种沉淀滴定法的滴定条件的控制方法和滴定操作要点，掌握各方法滴定终点的判断。

第一节 概 述

学习要点 掌握沉淀滴定法对沉淀反应的要求；了解银量法的特点、滴定方式和测定对象。

沉淀滴定法（precipitation titrimetry）是以沉淀反应为基础的一种滴定分析方法。虽然沉淀反应很多，但是能用于滴定分析的沉淀反应必须符合下列几个条件：

① 沉淀反应必须迅速，并按一定的化学计量关系进行；

② 生成的沉淀应具有恒定的组成，而且溶解度必须很小；

③ 有确定化学计量点的简单方法；

④ 沉淀的吸附现象不影响滴定终点的确定。

由于上述条件的限制，能用于沉淀滴定法的反应并不多。目前有实用价值的主要是形成难溶性银盐的反应，例如：

$$Ag^+ + Cl^- \longrightarrow AgCl\downarrow\text{（白色）}$$
$$Ag^+ + SCN^- \longrightarrow AgSCN\downarrow\text{（白色）}$$

这种利用生成难溶银盐反应进行沉淀滴定的方法称为银量法（argentimetry)。银量法主要用于测定 Cl^-、Br^-、I^-、Ag^+、CN^-、SCN^- 等离子及含卤素的有机化合物。

除银量法外，沉淀滴定法中还有利用其他沉淀反应的方法。例如 $K_4[Fe(CN)_6]$ 与 Zn^{2+}、四苯硼酸钠与 K^+ 形成沉淀的反应：

$$2K_4[Fe(CN)_6] + 3Zn^{2+} \longrightarrow K_2Zn_3[Fe(CN)_6]_2\downarrow + 6K^+$$
$$NaB(C_6H_5)_4 + K^+ \longrightarrow KB(C_6H_5)_4\downarrow + Na^+$$

这些沉淀反应都可用于沉淀滴定法。

本章主要讨论银量法。根据滴定方式的不同，银量法可分为直接法和间接法。直接法是用 $AgNO_3$ 标准滴定溶液直接滴定待测组分的方法。间接法是先于待测试液中加入一定量的 $AgNO_3$ 标准滴定溶液，再用 NH_4SCN 标准滴定溶液滴定剩余的 $AgNO_3$ 溶液的方法。

思考题 7-1

1. 什么叫沉淀滴定法？用于沉淀滴定的反应必须符合哪些条件？
2. 何谓银量法？银量法主要用于测定哪些物质？
3. 沉淀滴定法中，除银量法外还可利用哪些沉淀反应进行滴定分析？

阅读材料

实验室含银废液中银的回收

在银量法中，要使用 $AgNO_3$ 标准溶液，在银量法的滴定废液中，含有大量的金属银，主要存在形式有 Ag^+、AgCl 沉淀、Ag_2CrO_4 沉淀及 AgSCN 沉淀等。银是贵重的金属之一，它属于重金属。如果将实验中产生的这些含银废液排放掉，不仅造成了浪费，而且也带来了重金属对环境的污染，严重危害人的身体健康，此外，银氨溶液在适当的条件下还可转变成氮化银引起爆炸。因此，将含银废液中的银回收或制备常用试剂硝酸银是极有意义的。

从含银废液中提取金属银有很多途径，选择途径的依据是废液中银含量、存在形式及杂质性质等，因此一般选择处理方法前应了解废液的来源及基本组成情况。在此，选择推荐以下方法，它具有仪器设备简单、成本低、效益高、无毒、不污染环境，操作简便等优点。

1. 实验方案

$$\text{废液}\xrightarrow{\text{盐酸或 NaCl+ }HNO_3}\begin{cases}\text{沉淀}\xrightarrow{NH_3\cdot H_2O}\begin{cases}\text{沉淀}\xrightarrow{\text{盐酸}}\begin{cases}\text{沉淀（AgCl）}\\ \text{滤液}\end{cases}\\ \text{滤液}\end{cases}\\ \text{滤液}\end{cases}$$

$$AgCl\xrightarrow{NH_3\cdot H_2O}Ag(NH_3)_2^+\xrightarrow{\text{甲醛}}Ag\ \text{粉}$$

$$Ag\ \text{粉}\xrightarrow{(1+1)\text{硝酸}}\text{蒸发}\longrightarrow\text{结晶}\longrightarrow\text{烘干}\longrightarrow AgNO_3$$

2. 具体操作

（1）分离干扰离子，Ag^+ 生成 AgCl 沉淀。含银废液中，还常含有 CrO_4^{2-}、Hg_2^{2+}、Pb^{2+} 等离子。向废液中加入盐酸酸化（也可加入 NaCl 同时加 HNO_3 酸化），此时，Ag_2CrO_4 沉淀溶解：

$$2Ag_2CrO_4 + 2H^+ \longrightarrow 4Ag^+ + Cr_2O_7^{2-} + H_2O$$

Ag^+、Hg_2^{2+} 生成相应的氯化物沉淀，$PbCl_2$ 溶解度较大，故 Pb^{2+} 部分沉淀：

$$Ag^+ + Cl^- \longrightarrow AgCl\downarrow$$

$$Hg_2^{2+} + 2Cl^- \longrightarrow Hg_2Cl_2\downarrow$$

$$Pb^{2+} + 2Cl^- \longrightarrow PbCl_2\downarrow$$

而 CrO_4^{2-} 在酸溶液中以 $Cr_2O_7^{2-}$ 形式存在。过滤洗涤后，沉淀转入烧杯中，加入过量的 1∶1 氨水，AgCl 沉淀溶解，Hg_2Cl_2 沉淀转化为 Hg 和 $HgNH_2Cl$ 沉淀，$PbCl_2$ 沉淀不溶：

$$AgCl + 2NH_3\cdot H_2O \longrightarrow Ag(NH_3)_2Cl + 2H_2O$$

$$Hg_2Cl_2 + 2NH_3\cdot H_2O \longrightarrow \underset{(\text{黑色})}{Hg\downarrow} + \underset{(\text{白色})}{HgNH_2Cl\downarrow} + NH_4Cl + 2H_2O$$

过滤除去沉淀，保留滤液，再向滤液中加入盐酸，使 Ag^+ 再次以 AgCl 沉淀形式析出，过滤、洗涤，保留沉淀。经过两次处理后，得到了较纯净的 AgCl 沉淀。

（2）单质银的制备。上述制得的 AgCl 沉淀中，加入（1+1）氨水使之全部溶解，再加入甲醛溶液使之有银灰色沉淀出现。加热搅拌，缓慢加入 40% NaOH 溶液至上层液面呈透明，停止加热搅拌。过滤，所得沉淀用 2% H_2SO_4 溶液洗涤，再用蒸馏水洗至中性，抽滤，得金属银粉末。

$$2Ag(NH_3)_2Cl + 2NaOH \longrightarrow Ag_2O\downarrow + 2NaCl + 4NH_3 + H_2O$$

$$Ag_2O + HCHO \longrightarrow 2Ag + HCOOH$$

（3）$AgNO_3$ 的制备。将上述金属银粉末转移至瓷蒸发皿中，加入（1+1）硝酸使粉末全部溶解。在电炉上加热蒸发至有晶形析出，停止加热，将瓷蒸发皿放在烘箱中，在 110℃ 下进行结晶，得 $AgNO_3$。

第二节　银量法滴定终点的确定

学习要点　理解分级沉淀和沉淀转化的概念；掌握莫尔法、福尔哈德法、法扬司法三种滴定法确定终点的方法原理、滴定条件、应用范围和有关计算。

根据确定滴定终点所采用的指示剂不同，银量法分为莫尔法（Mohr method)、福尔哈德法（Volhard method）和法扬司法（Fajans method）三种。

一、莫尔法——铬酸钾作指示剂法

莫尔法是以 K_2CrO_4 为指示剂，在中性或弱碱性介质中用 $AgNO_3$ 标准滴定溶液测定卤素混合物含量的方法。

1. 指示剂的作用原理

以测定 Cl^- 为例，K_2CrO_4 作指示剂，用 $AgNO_3$ 标准滴定溶液滴定，其反应为：

$$Ag^+ + Cl^- \longrightarrow AgCl\downarrow(\text{白色})$$
$$2Ag^+ + CrO_4^{2-} \longrightarrow Ag_2CrO_4\downarrow(\text{砖红色})$$

这种方法的依据是多级沉淀原理。由于 AgCl 的溶解度比 Ag_2CrO_4 的溶解度小，因此在用 $AgNO_3$ 标准滴定溶液滴定时，先析出 AgCl 沉淀，当滴定剂 Ag^+ 与 Cl^- 达到化学计量点时，微过量的 Ag^+ 与 CrO_4^{2-} 反应，析出砖红色的 Ag_2CrO_4 沉淀，指示滴定终点的到达。

2. 滴定条件

（1）指示剂作用量　用 $AgNO_3$ 标准滴定溶液滴定 Cl^-，指示剂 K_2CrO_4 的用量对于终点指示有较大的影响，CrO_4^{2-} 浓度过高或过低，Ag_2CrO_4 沉淀的析出就会过早或过迟，就会产生一定的终点误差。因此要求 Ag_2CrO_4 沉淀应该恰好在滴定反应的化学计量点时出现。化学计量点时 $[Ag^+]$ 为：

$$[Ag^+]=[Cl^-]=\sqrt{K_{sp,AgCl}}=\sqrt{3.2\times10^{-10}}\text{mol/L}=1.8\times10^{-5}\text{mol/L}$$

若此时恰有 Ag_2CrO_4 沉淀，则

$$[CrO_4^{2-}]=\frac{K_{sp,Ag_2CrO_4}}{[Ag^+]^2}=\frac{5.0\times10^{-12}}{(1.8\times10^{-5})^2}\text{mol/L}=1.5\times10^{-2}\text{mol/L}$$

在滴定时，由于 K_2CrO_4 显黄色，当其浓度较高时颜色较深，不易

判断砖红色的出现。为了能观察到明显的终点，指示剂的浓度以略低一些为好。实验证明，滴定溶液中$c(K_2CrO_4)$为5×10^{-3}mol/L 是确定滴定终点的适宜浓度。

显然，K_2CrO_4浓度降低后，要使Ag_2CrO_4析出沉淀，必须多加一些$AgNO_3$标准滴定溶液，这时滴定剂就过量了，终点将在化学计量点后出现，但由于产生的终点误差一般小于0.1%，不会影响分析结果的准确度。但是如果溶液较稀，如用0.01000mol/L 的$AgNO_3$标准滴定溶液滴定0.01000mol/L 的Cl^-溶液，滴定误差可达0.6%，影响分析结果的准确度，此时应做指示剂空白试验进行校正。

（2）滴定时的酸度　在酸性溶液中，CrO_4^{2-}有如下反应：

$$2CrO_4^{2-}+2H^+ \rightleftharpoons 2HCrO_4^- \rightleftharpoons Cr_2O_7^{2-}+H_2O$$

因而降低了CrO_4^{2-}的浓度，使Ag_2CrO_4沉淀出现过迟，甚至不会沉淀。

在强碱性溶液中，会有棕黑色Ag_2O沉淀析出：

$$2Ag^+ +2OH^- \rightleftharpoons Ag_2O\downarrow +H_2O$$

因此，莫尔法只能在中性或弱碱性（pH为6.5～10.5）的溶液中进行。若溶液酸性太强，可用$Na_2B_4O_7\cdot10H_2O$或$NaHCO_3$中和；若溶液碱性太强，可用稀HNO_3溶液中和；而在有NH_4^+存在时［$c(NH_4^+)<$0.05mol/L］，滴定的pH范围应控制在6.5～7.2之间。

3. 应用范围

莫尔法主要用于测定Cl^-、Br^-和Ag^+，如氯化物、溴化物纯度测定以及天然水中氯含量的测定。当试样中Cl^-和Br^-共存时，测得的结果是它们的总量。若测定Ag^+，应采用返滴定法，即向Ag^+的试液中加入过量的NaCl标准滴定溶液，然后再用$AgNO_3$标准滴定溶液滴定剩余的Cl^-（若直接滴定，先生成的Ag_2CrO_4转化为AgCl的速率缓慢，滴定终点难以确定）。莫尔法不宜测定I^-和SCN^-，因为滴定生成的AgI和AgSCN沉淀表面会强烈吸附I^-和SCN^-，使滴定终点过早出现，造成较大的滴定误差。

莫尔法的选择性较差，凡能与CrO_4^{2-}或Ag^+生成沉淀的阳、阴离子均干扰滴定。前者如Ba^{2+}、Pb^{2+}、Hg^{2+}等；后者如SO_3^{2-}、PO_4^{3-}、AsO_4^{3-}、S^{2-}、$C_2O_4^{2-}$等。

二、福尔哈德法——铁铵矾作指示剂法

福尔哈德法是在酸性介质中以铁铵矾［$NH_4Fe(SO_4)_2\cdot12H_2O$］

作指示剂确定滴定终点的一种银量法。根据滴定方式的不同，福尔哈德法分为直接滴定法和返滴定法两种。

1. 直接滴定法测定 Ag^+

在含有 Ag^+ 的 HNO_3 介质中，以铁铵矾作指示剂，用 NH_4SCN 标准滴定溶液直接滴定，当滴定到化学计量点时，微过量的 SCN^- 与 Fe^{3+} 结合，生成红色的 $[FeSCN]^{2+}$，即为滴定终点。其反应为：

$$Ag^+ + SCN^- \longrightarrow AgSCN\downarrow \text{（白色）} \quad K_{sp,AgSCN} = 2.0\times10^{-12}$$

$$Fe^{3+} + SCN^- \longrightarrow [FeSCN]^{2+} \text{（红色）} \quad K = 200$$

由于指示剂中的 Fe^{3+} 在中性或碱性溶液中将形成 $[Fe(OH)]^{2+}$、$[Fe(OH)_2]^+$ 等深色配合物，碱度再大还会产生 $Fe(OH)_3$ 沉淀，因此滴定应在酸性（0.3～1mol/L）溶液中进行。

用 NH_4SCN 溶液滴定 Ag^+ 溶液时，生成的 AgSCN 沉淀能吸附溶液中的 Ag^+，使 Ag^+ 浓度降低，以致红色的出现略早于化学计量点。因此在滴定过程中需剧烈摇动，使被吸附的 Ag^+ 释放出来。

此法的优点在于可用来直接测定 Ag^+，并可在酸性溶液中进行滴定。

2. 返滴定法测定卤素离子

福尔哈德法测定卤素离子（如 Cl^-、Br^-、I^-）和 SCN^- 时应采用返滴定法。即在酸性（HNO_3 介质）待测溶液中，先加入已知过量的 $AgNO_3$ 标准滴定溶液，再用铁铵矾作指示剂，用 NH_4SCN 标准滴定溶液回滴剩余的 Ag^+（HNO_3 介质）。反应如下：

$$\underset{\text{（过量）}}{Ag^+} + Cl^- \longrightarrow \underset{\text{（白色）}}{AgCl\downarrow}$$

$$\underset{\text{（剩余量）}}{Ag^+} + SCN^- \longrightarrow \underset{\text{（白色）}}{AgSCN\downarrow}$$

终点指示反应：

$$Fe^{3+} + SCN^- \longrightarrow \underset{\text{（红色）}}{[FeSCN]^{2+}}$$

用福尔哈德法测定 Cl^-，滴定到临近终点时，经摇动后形成的红色会褪去。这是因为 AgSCN 的溶解度小于 AgCl 的溶解度，加入的 NH_4SCN 将与 AgCl 发生沉淀转化反应：

$$AgCl + SCN^- \longrightarrow AgSCN\downarrow + Cl^-$$

沉淀的转化速率较慢，滴加 NH_4SCN 形成的红色随着溶液的摇动而消失。这种转化作用将继续进行到 Cl^- 与 SCN^- 浓度之间建立一定的平衡关系，才会出现持久的红色，无疑滴定已多消耗了 NH_4SCN 标准滴定溶液。

为了避免上述现象的发生，通常采用以下措施。

① 试液中加入一定量过量的 $AgNO_3$ 标准滴定溶液之后，将溶液煮沸，使 AgCl 沉淀凝聚，以减少 AgCl 沉淀对 Ag^+ 的吸附。滤去沉淀，并用稀 HNO_3 充分洗涤沉淀，然后用 NH_4SCN 标准滴定溶液回滴滤液中过量的 Ag^+。

② 在滴入 NH_4SCN 标准滴定溶液之前，加入有机溶剂硝基苯或邻苯二甲酸二丁酯或1,2-二氯乙烷。用力摇动后，有机溶剂将 AgCl 沉淀包住，使 AgCl 沉淀与外部溶液隔离，阻止 AgCl 沉淀与 NH_4SCN 发生转化反应。此法方便，但硝基苯有毒。

③ 提高 Fe^{3+} 的浓度，以减小终点时 SCN^- 的浓度，从而减小上述误差（实验证明，一般溶液中 Fe^{3+} 浓度为 0.2mol/L 时，终点误差将小于 0.1%）。

福尔哈德法在测定 Br^-、I^- 和 SCN^- 时，滴定终点十分明显，不会发生沉淀转化，因此不必采取上述措施。但是在测定碘化物时，必须加入过量 $AgNO_3$ 溶液，之后再加入铁铵矾指示剂，以免 I^- 对 Fe^{3+} 的还原作用而造成误差。强氧化剂和氮的氧化物以及铜盐、汞盐都与 SCN^- 作用，因而干扰测定，必须预先除去。

三、法扬司法——吸附指示剂法

法扬司法是以吸附指示剂（adsorption indicator）确定滴定终点的一种银量法。

1. 吸附指示剂的作用原理

吸附指示剂是一类有机染料，它的阴离子在溶液中易被带正电荷的胶状沉淀吸附，吸附后结构改变，从而引起颜色的变化，指示滴定终点的到达。

现以 $AgNO_3$ 标准滴定溶液滴定 Cl^- 为例，说明指示剂荧光黄的作用原理。

荧光黄是一种有机弱酸，用 HFI 表示，在水溶液中可离解为荧光黄阴离子 FI^-，呈黄绿色：

$$HFI \rightleftharpoons FI^- + H^+$$

在化学计量点前，生成的 AgCl 沉淀在过量的 Cl^- 溶液中，AgCl 沉淀

吸附 Cl^- 而带负电荷，形成的（AgCl）·Cl^- 不吸附指示剂阴离子 FI^-，溶液呈黄绿色。达化学计量点时，微过量的 $AgNO_3$ 可使 AgCl 沉淀吸附 Ag^+，形成（AgCl）·Ag^+ 而带正电荷，此带正电荷的（AgCl）·Ag^+ 吸附荧光黄阴离子 FI^-，结构发生变化，呈现粉红色，使整个溶液由黄绿色变成粉红色，指示终点的到达。

$$(AgCl)\cdot Ag^+ + FI^- \xrightarrow{\text{吸附}} (AgCl)\cdot AgFI$$

（黄绿色）　　　　（粉红色）

2. 使用吸附指示剂的注意事项

为了使终点变色敏锐，应用吸附指示剂时需要注意以下几点。

（1）保持沉淀呈胶体状态　由于吸附指示剂的颜色变化发生在沉淀微粒表面上，因此，应尽可能使卤化银沉淀呈胶体状态，以具有较大的比表面积。为此，在滴定前应将溶液稀释，并加糊精或淀粉等高分子化合物作为保护剂，以防止卤化银沉淀凝聚。

（2）控制溶液酸度　常用的吸附指示剂大多是有机弱酸，起指示剂作用的是它们的阴离子。酸度大时，H^+ 与指示剂阴离子结合成不被吸附的指示剂分子，无法指示终点。酸度的大小与指示剂的离解常数有关，离解常数大，酸度可以大一些。例如荧光黄的 $pK_a \approx 7$，适用于 pH 为 7～10 的条件下进行滴定。若 pH<7，荧光黄主要以 HFI 形式存在，不被吸附。

（3）避免强光照射　卤化银沉淀对光敏感，易分解析出银，使沉淀变为灰黑色，影响滴定终点的观察，因此在滴定过程中应避免强光照射。

（4）吸附指示剂的选择　沉淀胶体微粒对指示剂离子的吸附能力应略小于对待测离子的吸附能力，否则指示剂将在化学计量点前变色。但不能太小，否则终点出现过迟。卤化银对卤化物和几种吸附指示剂的吸附能力的次序如下：

$$I^- > SCN^- > Br^- > \text{曙红} > Cl^- > \text{荧光黄}$$

因此，滴定 Cl^- 不能选曙红，而应选荧光黄。表 7-1 列出了几种常用的吸附指示剂及其应用。

3. 应用范围

法扬司法可用于测定 Cl^-、Br^-、I^- 和 SCN^- 及生物碱盐类（如盐酸麻黄碱）等。测定 Cl^- 常用荧光黄或二氯荧光黄作指示剂，而测定 Br^-、I^- 和 SCN^- 常用曙红作指示剂。此法终点明显，方法简便，但反应条件要求较严，应注意溶液的酸度、浓度及胶体的保护等。

表 7-1　常用吸附指示剂及其应用

指示剂	被测离子	滴定剂	滴定条件	终点颜色变化
荧光黄	Cl^-,Br^-,I^-	$AgNO_3$	pH 7～10	黄绿→粉红
二氯荧光黄	Cl^-,Br^-,I^-	$AgNO_3$	pH 4～10	黄绿→红
曙红	Br^-,SCN^-,I^-	$AgNO_3$	pH 2～10	橙黄→红紫
溴酚蓝	生物碱盐类	$AgNO_3$	弱酸性	黄绿→灰紫
甲基紫	Ag^+	NaCl	酸性溶液	黄红→红紫

思考题 7-2

1. 莫尔法中 K_2CrO_4 指示剂用量对分析结果有何影响？

2. 为什么莫尔法只能在中性或弱碱性溶液中进行，而福尔哈德法只能在酸性溶液中进行？

3. 法扬司法使用吸附指示剂时，应注意哪些问题？

4. 用银量法测定下列试样中 Cl^- 含量时，应选用何种方法确定终点较为合适？

（1）KCl；（2）NH_4Cl；（3）Na_3PO_4+NaCl。

5. 在下列情况下，分析结果是偏低还是偏高，还是没影响？为什么？

（1）pH=4 时，用莫尔法测定 Cl^-；

（2）莫尔法测定 Cl^- 时，指示剂 K_2CrO_4 溶液浓度过稀；

（3）福尔哈德法测定 Cl^- 时，未加硝基苯；

（4）福尔哈德法测定 I^- 时，先加入铁铵矾指示剂，再加入过量 $AgNO_3$ 标准滴定溶液；

（5）法扬司法测定 Cl^- 时，用曙红作指示剂。

阅读材料

沉淀滴定法中常用的标准滴定溶液和基准物质

银量法中常用的标准滴定溶液有硝酸银、氯化钠、硫氰酸钾（或硫氰酸钠，或硫氰酸铵）等，它们可以用基准物质直接配制，也可以互相标定。

硝酸银标准滴定溶液：根据要求配制的硝酸银标准滴定溶液的浓度和体积，称取一定质量的分析纯硝酸银，溶于水中，稀释至所需体积，摇匀后贮于棕色瓶中，待标定。标定硝酸银标准滴定溶液浓度的基准物质是已在 550℃ ± 50℃的高温炉中灼烧至恒重的工作基准试剂氯化钠。按 GB/T 601 规定，标定硝酸银标准滴定溶液采用电位滴定法。

氯化钠标准滴定溶液：根据要求配制的氯化钠标准滴定溶液的浓度和体积，准确称取一定质量的已在 550℃ ± 50℃的高温炉中灼烧至恒重的工作基准试剂氯化钠，溶于水，定量移入所需体积的容量瓶中，稀释至刻度，摇匀。其浓度根据所称取的氯化钠的准确质量和所配氯化钠溶液的体积计算，数值以 mol/L 表示。

硫氰酸钾标准滴定溶液：根据要求配制的硫氰酸钾标准滴定溶液的浓度和体积，称取一定质量的分析纯硫氰酸钾（或硫氰酸钠，或硫氰酸铵）溶于水中，稀释至所需体积，摇匀后贮于棕色瓶中，待标定。标定硫氰酸钾标准滴定溶液浓度的基准物质是已在硫酸干燥器中干燥至恒重的工作基准试剂硝酸银。按 GB/T 601 规定，标定硫氰酸钾标准滴定溶液采用电位滴定法。

第三节　应用实例和操作练习

学习要点　学习 $AgNO_3$ 溶液的配制和贮存方法，理解以 NaCl 基准物质标定 $AgNO_3$ 溶液浓度的方法原理，掌握标定操作技术，能准确判断滴定终点，并正确计算标定结果；掌握 NH_4SCN 溶液的配制方法，理解用福尔哈德法标定 NH_4SCN 溶液的基本原理，掌握标定操作技术，并能准确判断滴定终点正确计算标定结果；理解莫尔法测定水中氯离子含量基本原理，掌握测定操作技术，能根据实际情况取用适量的 $K_2Cr_2O_7$ 指示液正确判断滴定终点；学习福尔哈德法测定酱油中 NaCl 含量的方法原理，掌握用福尔哈德法标定 $AgNO_3$ 和 NH_4SCN 标准溶液的原理和操作技术；学习法扬司法测定卤化物的方法，了解吸附指示剂的作用原理，掌握以曙红为指示剂判断滴定终点的方法。

一、$AgNO_3$ 标准滴定溶液的配制与标定

1. 方法原理

$AgNO_3$ 标准滴定溶液可以用经过预处理的基准试剂 $AgNO_3$ 直接配制。但非基准试剂 $AgNO_3$ 中常含有杂质。如金属银、氧化银、游离硝酸、亚硝酸盐等，因此用间接法配制。先配成近似浓度的溶液后，用基准物质 NaCl 标定。

以 NaCl 作为基准物质，溶样后，在中性或弱碱性溶液中，用 $AgNO_3$ 溶液滴定 Cl^-，以 K_2CrO_4 作为指示剂，反应式为：

$$Ag^+ + Cl^- \longrightarrow AgCl\downarrow \text{（白色，}K_{sp}=1.8\times10^{-10}\text{）}$$

$$2Ag^+ + CrO_4^{2-} \longrightarrow Ag_2CrO_4\downarrow \text{（砖红色，}K_{sp}=2.0\times10^{-12}\text{）}$$

达到化学计量点时，微过量的 Ag^+ 与 $CrO_4{}^{2-}$ 反应析出砖红色 Ag_2CrO_4

沉淀，指示滴定终点。

由标定反应式可知，$AgNO_3$ 和 NaCl 的基本单元分别为 $AgNO_3$ 和 NaCl。

2. 试剂

（1）固体试剂 $AgNO_3$（分析纯）。

（2）固体试剂 NaCl，基准物质，在 500～600℃灼烧至恒重。

（3）K_2CrO_4 指示液（50g/L，即 5%）。配制：称取 5g K_2CrO_4，溶于少量水中，滴加 $AgNO_3$ 溶液至红色不褪，混匀。放置过夜后过滤，将滤液稀释至 100mL。

3. 实例内容与操作步骤

（1）配制 $c(AgNO_3)=0.1$mol/L 溶液 500mL。称取 8.5g $AgNO_3$，溶于 500mL 不含 Cl^- 的蒸馏水中，贮存于带玻璃塞的棕色试剂瓶中，摇匀，置于暗处，待标定。

（2）$AgNO_3$ 溶液的标定。准确称取基准试剂 NaCl 0.12～0.15g，放于锥形瓶中，加 50mL 不含 Cl^- 的蒸馏水溶解，加 K_2CrO_4 指示液 1mL，在充分摇动下，用配好的 $AgNO_3$ 溶液滴定至溶液微呈红色即为终点。记录消耗 $AgNO_3$ 标准滴定溶液的体积。平行测定 4 次。

4. 数据处理

$$c(AgNO_3)=\frac{m(NaCl)}{M(NaCl)V(AgNO_3)\times 10^{-3}}$$

式中　$c(AgNO_3)$——$AgNO_3$ 标准滴定溶液的浓度，mol/mL；

$m(NaCl)$——称取基准试剂 NaCl 的质量，g；

$M(NaCl)$——NaCl 的摩尔质量，58.44g/mol；

$V(AgNO_3)$——滴定时消耗 $AgNO_3$ 标准滴定溶液的体积，mL。

5. 注意事项

（1）$AgNO_3$ 试剂及其溶液具有腐蚀性，会破坏皮肤组织，注意切勿接触皮肤及衣服。

（2）配制 $AgNO_3$ 标准溶液的蒸馏水应无 Cl^-，否则配成的 $AgNO_3$ 溶液会出现白色浑浊，不能使用。

（3）实验完毕后，盛装 $AgNO_3$ 溶液的滴定管应先用蒸馏水洗涤 2～3 次后，再用自来水洗净，以免 AgCl 沉淀残留于滴定管内壁。

6. 思考题

（1）莫尔法标定 $AgNO_3$ 溶液，用 $AgNO_3$ 滴定 NaCl 时，滴定过程中为什么要充分摇动溶液？如果不充分摇动溶液，对测定结果有何影响？

（2）莫尔法中，为什么溶液的 pH 需控制为 6.5～10.5？

（3）配制 K_2CrO_4 指示液时，为什么要先加 $AgNO_3$ 溶液？为什么放置后要进行过滤？K_2CrO_4 指示液的用量太大或太小对测定结果有何影响？

二、NH_4SCN 标准滴定溶液的配制与标定

1. 方法原理

NH_4SCN 试剂一般含有杂质，如硫酸盐、氯化物等，纯度仅在 98% 以上，因此，NH_4SCN 标准溶液要用间接法制备。即先配成近似浓度的溶液，再用基准物质 $AgNO_3$ 标定或用 $AgNO_3$ 标准溶液“比较”。标定方式可以采用佛尔哈德法的直接滴定法或返滴定法。直接滴定法以铁铵矾为指示剂，用配好的 NH_4SCN 溶液滴定一定体积的 $AgNO_3$ 标准溶液，由 $[Fe(SCN)]^{2+}$ 配离子的红色指示终点。反应式为：

$$Ag^+ + SCN^- \longrightarrow AgSCN\downarrow（白色）$$

$$Fe^{3+} + SCN^- \longrightarrow [Fe(SCN)]^{2+}（红色）$$

指示剂浓度对滴定有影响，一般控制浓度 0.015mol/L 为宜，滴定时，溶液酸度应保持在 0.1～1mol/L。由标定反应式可知，$AgNO_3$ 和 NH_4SCN 的基本单元分别为 $AgNO_3$ 和 NH_4SCN。

2. 试剂

（1）固体试剂 NH_4SCN（分析纯）。

（2）固体试剂 $AgNO_3$ 基准物质，于硫酸干燥器中干燥至恒重。

（3）$NH_4Fe(SO_4)_2$ 指示液（400g/L，即 40%）。配制：40g 硫酸高铁铵 $[NH_4Fe(SO_4)_2 \cdot 12H_2O]$ 溶于水中，加浓 HNO_3 至溶液几乎无色，稀释至 100mL，混匀。装入小试剂瓶中，贴上标签。

（4）硝酸溶液（1+3）。

（5）$AgNO_3$ 标准滴定溶液，$c(AgNO_3)=0.1mol/L$。

3. 实例内容与操作步骤

（1）配制 $c(NH_4SCN)=0.1mol/L$ 溶液 500mL。称取 3.8g 硫氰酸铵，溶于 500mL 蒸馏水中，摇匀，待标定。

（2）NH_4SCN 溶液的标定

① 用基准试剂 $AgNO_3$ 标定。准确称取基准试剂 $AgNO_3$ 0.5g（称准至 0.0001g），放于锥形瓶中，加 100mL 蒸馏水溶解，加 1mL 硫酸高铁铵指示液，10mL 硝酸溶液。在摇动下，用配好的 NH_4SCN 标准滴定溶液滴定。终点前摇动溶液至完全清亮后，继续滴定至溶液呈浅红色保持 30s

不褪即为终点。记录消耗 NH_4SCN 标准滴定溶液的体积。平行测定 4 次。

② 用 $AgNO_3$ 标准溶液“比较”。用滴定管准确量取 $c(AgNO_3)=0.1mol/L$ 的 $AgNO_3$ 标准溶液 30～35mL，放于锥形瓶中。加 70mL 水，1mL 硫酸高铁铵指示液和 10mL 硝酸溶液。在摇动下，用配好的 NH_4SCN 标准滴定溶液滴定。终点前摇动溶液至完全清亮后，继续滴定至溶液呈浅红色保持 30s 不褪即为终点。记录消耗 NH_4SCN 标准滴定溶液的体积。平行测定 4 次。

4. 数据处理

$$c(NH_4SCN)=\frac{m(AgNO_3)}{M(AgNO_3)V(NH_4SCN)\times 10^{-3}}$$

式中　$c(NH_4SCN)$——NH_4SCN 标准滴定溶液的浓度，mol/L；

$m(AgNO_3)$——称取基准试剂 $AgNO_3$ 的质量，g；

$M(AgNO_3)$——$AgNO_3$ 的摩尔质量，169.9g/mol；

$V(NH_4SCN)$——滴定基准试液时消耗 NH_4SCN 标准滴定溶液的体积，mL。

或

$$c(NH_4SCN)=\frac{c(AgNO_3)V_1(AgNO_3)}{V_2(NH_4SCN)}$$

式中　$c(AgNO_3)$——$AgNO_3$ 标准溶液的浓度，mol/L；

$V_1(AgNO_3)$——量取 $AgNO_3$ 标准溶液的体积，mL；

$V_2(NH_4SCN)$——滴定标准溶液时消耗 NH_4SCN 标准滴定溶液的体积，mL。

5. 注意事项

由于 AgCl 沉淀显著地吸附 Cl^-，导致 Ag_2CrO_4 沉淀过早的出现。因此，滴定时必须充分摇动，使被吸附的 Cl^- 释放出来，以获得准确的结果。

6. 思考题

(1) 配制硫酸高铁铵指示液为什么要加酸？标定 NH_4SCN 溶液时为什么还要加酸？

(2) 福尔哈德法的滴定酸度条件是什么？能否在碱性条件下进行？

(3) 盛装 $AgNO_3$ 标准溶液的滴定管，在使用完毕后应如何洗涤？

三、水中氯离子含量的测定（莫尔法）

1. 方法原理

在中性或弱碱性溶液中，以 K_2CrO_4 为指示剂，用 $AgNO_3$ 标准滴

定溶液直接滴定 Cl^-，其反应式为：

$$Ag^+ + Cl^- \longrightarrow AgCl\downarrow$$

$$2Ag^+ + CrO_4^{2-} \longrightarrow Ag_2CrO_4\downarrow$$

2. 试剂

（1）$AgNO_3$ 标准滴定溶液，$c(AgNO_3)=0.1mol/L$［可用 $c(AgNO_3)=0.1mol/L$ 的 $AgNO_3$ 标准溶液稀释］。

（2）K_2CrO_4 指示液，50g/L。

（3）水试样：自来水或天然水。

3. 实例内容与操作步骤

准确吸取水试样于100.00mL锥形瓶中，加入 K_2CrO_4 指示液2mL，在充分摇动下，以 $c(AgNO_3)=0.01mol/L$ 的 $AgNO_3$ 标准滴定溶液滴定至溶液呈微红色即为终点。记录消耗 $AgNO_3$ 标准滴定溶液的体积。平行测定3次。

4. 数据处理

$$\rho(Cl)=\frac{c(AgNO_3)V_1(AgNO_3)M(Cl)}{V_2}\times 1000$$

式中 $\rho(Cl)$——水试样中氯的质量浓度，mg/L；

$c(AgNO_3)$——$AgNO_3$ 标准滴定溶液的浓度，mol/L；

$V_1(AgNO_3)$——滴定时消耗 $AgNO_3$ 标准滴定溶液的体积，mL；

$M(Cl)$——Cl的摩尔质量，g/mol；

V_2——水试样的体积，mL。

5. 思考题

（1）莫尔法测定 Cl^- 的酸度条件是什么？为什么？

（2）说明莫尔法测定 Cl^- 的基本原理。

（3）在本实验中，可能有哪些离子干扰氯的测定？如何消除干扰？

（4）用莫尔法能否测定 I^-、SCN^-？为什么？

（5）K_2CrO_4 指示剂的加入量大小对测定结果会产生什么影响？

四、酱油中NaCl含量的测定（福尔哈德法）

1. 方法原理

在0.1～1mol/L的 HNO_3 介质中，加入过量的 $AgNO_3$ 标准溶液，加铁铵矾指示剂，用 NH_4SCN 标准滴定溶液返滴定过量的 $AgNO_3$ 至出现 $[Fe(SCN)]^{2+}$ 红色指示终点。

$$Cl^- + Ag^+ \longrightarrow AgCl\downarrow$$

$$Ag^+ + SCN^- \longrightarrow AgSCN\downarrow$$

$$Fe^{3+} + SCN^- \longrightarrow [Fe(SCN)]^{2+}$$

2. 试剂

（1）HNO_3 溶液，16mol/L（浓）和 6mol/L。

（2）$AgNO_3$ 标准滴定溶液，$c(AgNO_3)=0.02$mol/L。

（3）硝基苯或邻苯二甲酸二丁酯。

（4）NH_4SCN 标准滴定溶液，$c(NH_4SCN)=0.02$mol/L。

（5）铁铵矾指示液（80g/L）。配制：称取 8g 硫酸高铁铵，溶解于少许水中，滴加浓硝酸至溶液几乎无色，用水稀释至 100mL，摇匀，装入小试剂瓶中，贴好标签。

（6）固体试剂 NaCl，基准物质，在 500～600℃灼烧至恒重。

3. 实例内容与操作步骤

（1）配制 $c(AgNO_3)=0.02$mol/L 的 $AgNO_3$ 溶液。称取 1.7g $AgNO_3$ 溶于 500mL 不含 Cl^- 的蒸馏水中，也可以取 $c(AgNO_3)=0.1$mol/L 的 $AgNO_3$ 溶液 100mL 稀释至 500mL，将溶液贮存于带玻璃塞的棕色试剂瓶中，摇匀，放置于暗处，待标定。

（2）配制 $c(NH_4SCN)=0.02$mol/L 的 NH_4SCN 溶液。取 $c(NH_4SCN)=0.1$mol/L 的 NH_4SCN 溶液 100mL 稀释至 500mL，贮存于试剂瓶中，摇匀，待标定。

（3）福尔哈德法标定 $AgNO_3$ 溶液和 NH_4SCN 溶液

① 测定 $AgNO_3$ 溶液和 NH_4SCN 溶液的体积比 K。由滴定管准确放出 20～25mL（V_1）$AgNO_3$ 溶液于锥形瓶中，加入 5mL 6mol/L HNO_3 溶液，加 1mL 铁铵矾指示剂，在剧烈摇动下，用 NH_4SCN 标准滴定溶液滴定，直至出现淡红色并继续振荡不再消失为止，记录消耗 NH_4SCN 标准溶液的体积（V_2）。计算 1mL NH_4SCN 溶液相当于 $AgNO_3$ 溶液的毫升数（K）。

$$K=V_1/V_2$$

② 用福尔哈德法标定 $AgNO_3$ 溶液。准确称取 0.25～0.3g 基准物质 NaCl，用水溶解，移入 250mL 容量瓶中，稀释定容，摇匀。准确吸取 25.00mL 于锥形瓶中，加入 5mL 6mol/L HNO_3 溶液，在剧烈摇动下，由滴定管准确放出 45～50mL（V_3）$AgNO_3$ 溶液（此时生成 AgCl 沉淀），加入 1mL 铁铵矾指示剂，加入 5mL 硝基苯或邻苯二甲酸二丁

酯，用 NH_4SCN 溶液滴定至溶液出现淡红色，并在轻微振荡下不再消失为终点，记录消耗 NH_4SCN 溶液的体积 V_4，平行测定 3 次。

（4）测定酱油中 NaCl 含量。准确称取酱油样品 5.00g，定量移入 250mL 容量瓶中，加蒸馏水稀至刻度，摇匀。准确移取酱油样品稀释溶液 10.00mL 置于 250mL 锥形瓶中，加水 50mL，加 6mol/L HNO_3 15mL 及 0.02mol/L $AgNO_3$ 标准滴定溶液 25.00mL，再加邻苯二甲酸二丁酯 5mL，用力振荡摇匀。待 AgCl 沉淀凝聚后，加入铁铵矾指示剂 5mL，用 0.02mol/L NH_4SCN 标准滴定溶液滴定至血红色终点。记录消耗的 NH_4SCN 标准滴定溶液体积，平行测定 3 次。

4. 数据处理

（1）$AgNO_3$ 溶液的浓度计算

$$c(AgNO_3)=\frac{m(NaCl)\times\frac{25}{250}}{M(NaCl)(V_3-V_4K)\times10^{-3}}$$

式中　$c(AgNO_3)$——$AgNO_3$ 标准滴定溶液的浓度，mol/L；

$m(NaCl)$——基准物的称样量，g；

$M(NaCl)$——NaCl 的摩尔质量，g/mol；

V_3——标定 $AgNO_3$ 溶液时加入的 $AgNO_3$ 标准溶液的体积，mL；

V_4——标定 $AgNO_3$ 溶液时滴定消耗 NH_4SCN 标准溶液的体积，mL；

K——$AgNO_3$ 溶液和 NH_4SCN 溶液的体积比。

（2）NH_4SCN 溶液的浓度计算

$$c(NH_4SCN)=c(AgNO_3)K$$

式中　$c(NH_4SCN)$——NH_4SCN 标准溶液的浓度，mol/L；

$c(AgNO_3)$——$AgNO_3$ 标准滴定溶液的浓度，mol/L；

K——$AgNO_3$ 溶液和 NH_4SCN 溶液的体积比。

（3）酱油中 NaCl 含量计算式

$$w(NaCl)=\frac{[c(AgNO_3)V(AgNO_3)-c(NH_4SCN)V(NH_4SCN)]}{5.00\times\frac{10}{250}}\times 0.05845\times100\%$$

或

$$w(\text{NaCl})=\frac{[c(\text{AgNO}_3)V(\text{AgNO}_3)-KV(\text{NH}_4\text{SCN})]}{5.00\times\frac{10}{250}}\times 0.05845\times100\%$$

式中　w(NaCl)——NaCl 的质量分数，%；

$V(AgNO_3)$——测定试样时加入 $AgNO_3$ 标准滴定溶液的体积，mL；

$V(NH_4SCN)$——测定试样时滴定消耗 NH_4SCN 标准滴定溶液的体积，mL；

0.05845——NaCl 的毫摩尔质量，g/mmol；

$c(AgNO_3)$——$AgNO_3$ 标准滴定溶液的浓度，mol/L；

K——$AgNO_3$ 溶液和 NH_4SCN 溶液的体积比。

5. 注意事项

（1）操作过程应避免阳光直接照射。

（2）返滴定法测定 Cl^- 时，最好用返滴定法标定 $AgNO_3$ 溶液和 NH_4SCN 溶液的浓度，以减小指示剂误差。

6. 思考题

（1）用福尔哈德法标定 $AgNO_3$ 标准溶液和 NH_4SCN 标准溶液的原理是什么？

（2）用福尔哈德法测定酱油中 NaCl 含量的酸度条件是什么？能否在碱性溶液中进行测定？为什么？

（3）用福尔哈德法测定 Cl^- 时，加入邻苯二甲酸二丁酯或硝基苯有机溶剂的目的是什么？若测定 Br^-、I^- 时是否需要加入硝基苯？硝基苯可以用什么试剂取代？

注：酱油（soysauce）中 NaCl 的浓度一般不能少于 15%，太少起不到调味作用，且容易变质。如果太多，则味变苦，不鲜，感官指标不佳，影响产品质量。通常，酿造酱油中 NaCl 含量为 18%～20%。

五、碘化物纯度的测定（法扬司法）

1. 方法原理

在醋酸酸性溶液中，用 $AgNO_3$ 标准滴定溶液滴定碘化钠，以曙红作为指示剂，反应式为：

$$Ag^+ + I^- \longrightarrow AgI\downarrow \text{（黄色）}$$

达到化学计量点时，微过量的 Ag^+ 吸附到 AgI 沉淀的表面，进一步吸附指示剂阴离子使沉淀由黄色变为玫瑰红色指示滴定终点。

2. 试剂

（1）NaI 试样。

（2）$AgNO_3$ 标准溶液，$c(AgNO_3)=0.1mol/L$。

（3）醋酸溶液（1mol/L）。

（4）曙红指示液，2g/L 的 70%乙醇溶液或 5g/L 的钠盐水溶液。

3. 实验步骤

准确称取 NaI 试样 0.2g，放于锥形瓶中，加 50mL 蒸馏水溶解，加 1mol/L 醋酸溶液 10mL，曙红指示液 2～3 滴，用 $AgNO_3$ 标准滴定溶液滴定至溶液由黄色变为玫瑰红色即为终点。记录消耗 $AgNO_3$ 标准滴定溶液的体积。平行测定 3 次。

4. 数据处理

$$w(NaI)=\frac{c(AgNO_3)V(AgNO_3)\times 10^{-3}\times M(NaI)}{m}\times 100\%$$

式中 $w(NaI)$——碘化钠的质量分数，%；

$c(AgNO_3)$——$AgNO_3$ 标准滴定溶液的浓度，mol/L；

$V(AgNO_3)$——滴定时消耗 $AgNO_3$ 标准滴定溶液的体积，mL；

$M(NaI)$——NaI 的摩尔质量，g/mol；

m——称取 NaI 试样的质量，g。

5. 思考题

（1）举例说明吸附指示剂的变色原理。

（2）说明在法扬司法中，选择吸附指示剂的原则。

自我测试题七

判断题

1. 在分步沉淀中 K_{sp} 小的物质总是比 K_{sp} 大的物质先沉淀。（　　）

2. 在含有 0.01mol/L 的 I^-、Br^-、Cl^- 溶液中，逐渐加入 $AgNO_3$ 试剂，先出现的沉淀是 AgI。[$K_{sp}(AgCl)>K_{sp}(AgBr)>K_{sp}(AgI)$]（　　）

3. 已知 25℃时 $K^{\ominus}_{sp}(Ag_2CrO_4)=2.0\times 10^{-12}$，$K^{\ominus}_{sp}(AgCl)=1.8\times 10^{-10}$，则该温度下 AgCl 的溶解度大于 Ag_2CrO_4 的溶解度。（　　）

4. 福尔哈德法是以 NH_4SCN 为标准滴定溶液，铁铵矾为指示剂，在稀硝酸溶液中进行滴定。（　　）

5. 相同浓度的 CrO_4^{2-} 的试液中滴加硝酸银溶液时，首先生成 Ag_2CrO_4 沉淀。

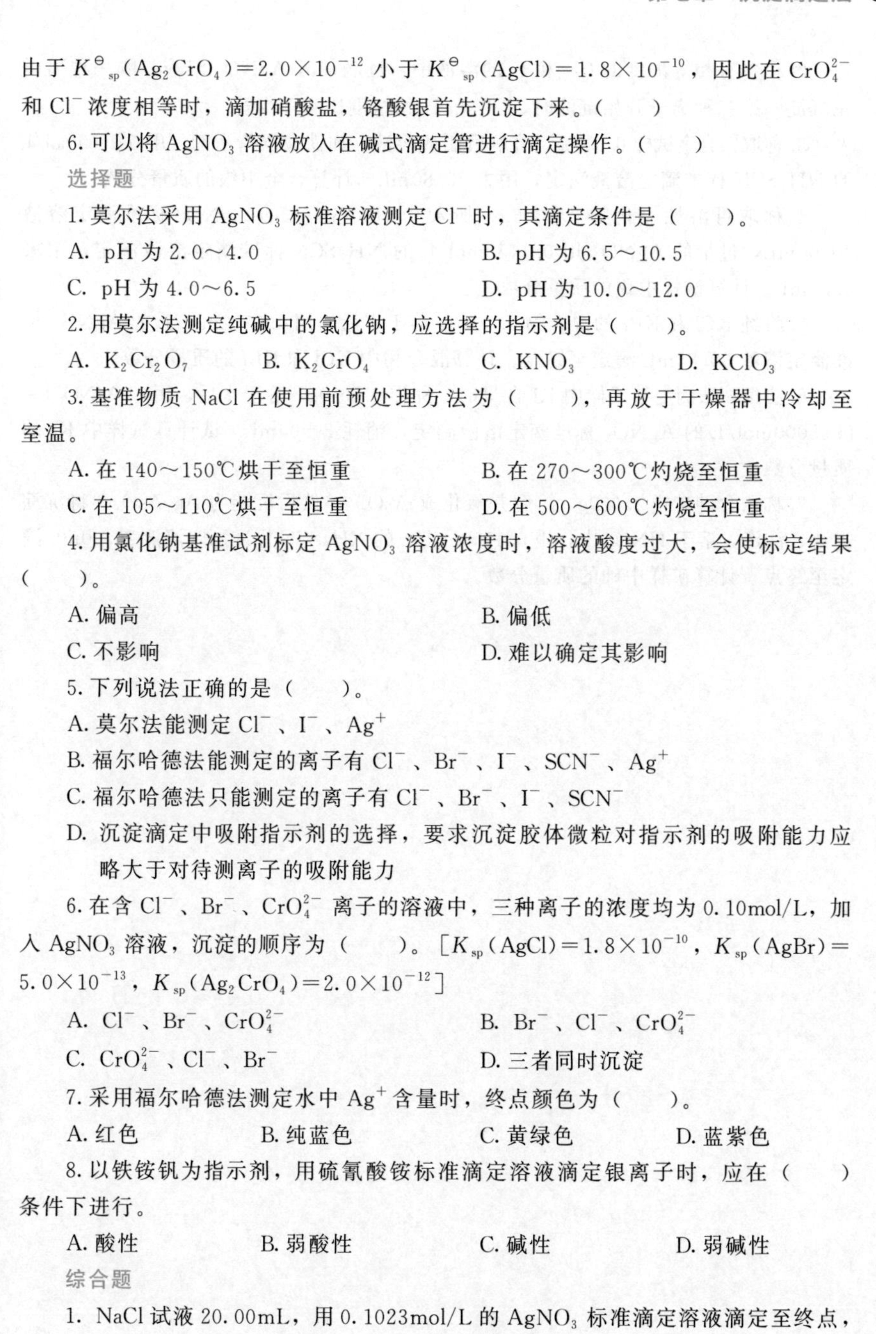

由于 $K^{\ominus}_{sp}(Ag_2CrO_4)=2.0\times10^{-12}$ 小于 $K^{\ominus}_{sp}(AgCl)=1.8\times10^{-10}$，因此在 CrO_4^{2-} 和 Cl^- 浓度相等时，滴加硝酸盐，铬酸银首先沉淀下来。（　）

6. 可以将 $AgNO_3$ 溶液放入在碱式滴定管进行滴定操作。（　）

选择题

1. 莫尔法采用 $AgNO_3$ 标准溶液测定 Cl^- 时，其滴定条件是（　）。

A. pH 为 2.0～4.0　　B. pH 为 6.5～10.5

C. pH 为 4.0～6.5　　D. pH 为 10.0～12.0

2. 用莫尔法测定纯碱中的氯化钠，应选择的指示剂是（　）。

A. $K_2Cr_2O_7$　　B. K_2CrO_4　　C. KNO_3　　D. $KClO_3$

3. 基准物质 NaCl 在使用前预处理方法为（　），再放于干燥器中冷却至室温。

A. 在 140～150℃烘干至恒重　　B. 在 270～300℃灼烧至恒重

C. 在 105～110℃烘干至恒重　　D. 在 500～600℃灼烧至恒重

4. 用氯化钠基准试剂标定 $AgNO_3$ 溶液浓度时，溶液酸度过大，会使标定结果（　）。

A. 偏高　　B. 偏低

C. 不影响　　D. 难以确定其影响

5. 下列说法正确的是（　）。

A. 莫尔法能测定 Cl^-、I^-、Ag^+

B. 福尔哈德法能测定的离子有 Cl^-、Br^-、I^-、SCN^-、Ag^+

C. 福尔哈德法只能测定的离子有 Cl^-、Br^-、I^-、SCN^-

D. 沉淀滴定中吸附指示剂的选择，要求沉淀胶体微粒对指示剂的吸附能力应略大于对待测离子的吸附能力

6. 在含 Cl^-、Br^-、CrO_4^{2-} 离子的溶液中，三种离子的浓度均为 0.10mol/L，加入 $AgNO_3$ 溶液，沉淀的顺序为（　）。[$K_{sp}(AgCl)=1.8\times10^{-10}$，$K_{sp}(AgBr)=5.0\times10^{-13}$，$K_{sp}(Ag_2CrO_4)=2.0\times10^{-12}$]

A. Cl^-、Br^-、CrO_4^{2-}　　B. Br^-、Cl^-、CrO_4^{2-}

C. CrO_4^{2-}、Cl^-、Br^-　　D. 三者同时沉淀

7. 采用福尔哈德法测定水中 Ag^+ 含量时，终点颜色为（　）。

A. 红色　　B. 纯蓝色　　C. 黄绿色　　D. 蓝紫色

8. 以铁铵钒为指示剂，用硫氰酸铵标准滴定溶液滴定银离子时，应在（　）条件下进行。

A. 酸性　　B. 弱酸性　　C. 碱性　　D. 弱碱性

综合题

1. NaCl 试液 20.00mL，用 0.1023mol/L 的 $AgNO_3$ 标准滴定溶液滴定至终点，消耗了 27.00mL。求 NaCl 试液中 NaCl 的质量浓度（g/L）。

2.在含有相等浓度的Cl^-和I^-的溶液中，逐滴加入$AgNO_3$溶液，哪一种离子先沉淀？第二种离子开始沉淀时，Cl^-和I^-的浓度比为多少？

3.称取银合金试样0.3000g，溶解后制成溶液，加铁铵矾指示剂，用0.1000mol/L的NH_4SCN标准滴定溶液滴定，用去23.80mL。计算合金中银的质量分数。

4.称取可溶性氯化物0.2266g，加入0.1120mol/L的$AgNO_3$标准滴定溶液30.00mL，过量的$AgNO_3$用0.1158mol/L的NH_4SCN标准滴定溶液滴定，用去6.50mL。计算试样中氯的质量分数。

5.将纯KCl和KBr的混合物0.3000g溶于水后，用0.1002mol/L的$AgNO_3$标准滴定溶液30.85mL滴定至终点。计算混合物中KCl和KBr的质量分数。

6.法扬司法测定某试样中KI含量时，称样1.6520g，溶于水后，用$c(AgNO_3)=0.05000mol/L$的$AgNO_3$标准滴定溶液滴定，消耗20.00mL。试计算试样中KI的质量分数。

7.称取含砷矿样1.000g，溶解并氧化成AsO_4^{3-}，然后沉淀为Ag_3AsO_4。将沉淀过滤、洗涤，溶于HNO_3中，用0.1100mol/L的NH_4SCN标准滴定溶液25.00mL滴定至终点。计算矿样中砷的质量分数。

第八章 重量分析法

08

|学习指南

重量分析法是经典的化学分析方法之一，它是根据生成物的质量确定被测组分含量的方法。通常有沉淀法、气化法和电解法，本章重点介绍沉淀重量法。通过本章的学习，应理解沉淀形成的有关理论和知识；掌握沉淀的条件；掌握重量分析法的原理和测定过程及结果计算；熟练掌握重量分析法常用仪器设备的使用方法和使用注意事项；通过练习熟练掌握沉淀重量法中沉淀、过滤、洗涤、烘干、灼烧等各环节的基本操作。

第一节 概 述

学习要点 了解重量分析法的分类和方法特点；理解沉淀形和称量形的意义，掌握沉淀重量法对沉淀形和称量形的要求；掌握选择沉淀剂的原则。

一、重量分析法的分类和特点

重量分析法是用适当的方法先将试样中待测组分与其他组分分离，然后用称量的方法测定该组分的含量。根据分离方法的不同，重量分析法常分为三类。

1. 沉淀法

沉淀法是重量分析法中的主要方法，这种方法是利用试剂与待测组分生成溶解度很小的沉淀，经过滤、洗涤、烘干或灼烧成为组成一定的物质，然后称其质量，再计算待测组分的含量。例如，测定试样中SO_4^{2-}的含量时，在试液中加入过量$BaCl_2$溶液，使SO_4^{2-}完全生成难溶的$BaSO_4$沉淀，经过滤、洗涤、烘干、灼烧后，称量$BaSO_4$的质量，再计算试样中SO_4^{2-}的含量。

2. 气化法（又称为挥发法）

利用物质的挥发性质，通过加热或其他方法使试样中的待测组分挥发逸出，然后根据试样质量的减少计算该组分的含量；或者用吸收剂吸收逸出的组分，根据吸收剂质量的增加计算该组分的含量。例如，测定氯化钡晶体（$BaCl_2 \cdot 2H_2O$）中结晶水的含量，可将一定质量的氯化钡试样加热，使水分逸出，根据氯化钡质量的减轻计算出试样中水分的含量。也可以用吸湿剂（高氯酸镁）吸收逸出的水分，根据吸湿剂质量的增加计算水分的含量。

3. 电解法

利用电解的方法使待测金属离子在电极上还原析出，然后称量，根据电极增加的质量求得其含量。

重量分析法是经典的化学分析法，它通过直接称量得到分析结果，不需要从容量器皿中引入许多数据，也不需要标准试样或基准物质做比较。对高含量组分的测定，重量分析法比较准确，一般测定的相对误差不大于0.1%。对高含量的硅、磷、钨、镍、稀土元素等试样的精确分析至今仍常使用重量分析法。但重量分析法的不足之处是操作较烦琐，耗时多，不适于生产中的控制分析；对低含量组分的测定误差较大。

二、沉淀重量法对沉淀形和称量形的要求

利用沉淀重量法进行分析时，首先将试样分解为试液，然后加入适当的沉淀剂，使其与被测组分发生沉淀反应，并以“沉淀形”（precipitation form）沉淀出来。沉淀经过过滤、洗涤，在适当的温度下烘干或灼烧，转化为“称量形”（weighing form），再进行称量。根据称量形的化学式计算被测组分在试样中的含量。沉淀形和称量形可能相同，也可能不同，例如：

$$\underset{\text{被测组分}}{Ba^{2+}} \xrightarrow{\text{沉淀}} \underset{\text{沉淀形}}{BaSO_4} \xrightarrow{\text{灼烧}} \underset{\text{称量形}}{BaSO_4}$$

$$Fe^{3+} \xrightarrow{\text{沉淀}} Fe(OH)_3 \xrightarrow{\text{灼烧}} Fe_2O_3$$

被测组分　　沉淀形　　称量形

在重量分析法中，为获得准确的分析结果，沉淀形和称量形必须满足以下要求。

1. 对沉淀形的要求

① 沉淀要完全，沉淀的溶解度要小，要求测定过程中沉淀的溶解损失不应超过分析天平的称量误差。一般要求溶解损失应小于0.1mg。例如，测定Ca^{2+}时，以形成$CaSO_4$和CaC_2O_4两种沉淀形式做比较，$CaSO_4$的溶解度较大（$K_{sp}=2.45\times10^{-5}$），CaC_2O_4的溶解度较小（$K_{sp}=1.78\times10^{-9}$）。显然，用$(NH_4)_2C_2O_4$作沉淀剂比用硫酸作沉淀剂沉淀得更完全。

② 沉淀必须纯净，并易于过滤和洗涤。沉淀纯净是获得准确分析结果的重要因素之一。颗粒较大的晶体沉淀（如$MgNH_4PO_4\cdot6H_2O$）比表面积较小，吸附杂质的机会较少，因此沉淀较纯净，易于过滤和洗涤。颗粒细小的晶形沉淀（如CaC_2O_4、$BaSO_4$），由于某种原因其比表面积大，吸附杂质多，洗涤次数也相应增多。非晶形沉淀［如$Al(OH)_3$、$Fe(OH)_3$］体积庞大疏松，吸附杂质较多，过滤费时且不易洗净，对于这类沉淀必须选择适当的沉淀条件，以满足对沉淀形的要求。

③ 沉淀形应易于转化为称量形。沉淀经烘干、灼烧时，应易于转化为称量形。例如Al^{3+}的测定，若沉淀为8-羟基喹啉铝［$Al(C_9H_6NO)_3$］，在130℃烘干后即可称量；而沉淀为$Al(OH)_3$，则必须在1200℃灼烧才能转变为无吸湿性的Al_2O_3，方可称量。因此，测定Al^{3+}时选用前法比后法好。

2. 对称量形的要求

① 称量形的组成必须与化学式相符，这是定量计算的基本依据。例如测定PO_4^{3-}，可以形成磷钼酸铵沉淀，但组成不固定，无法利用它作为测定PO_4^{3-}的称量形。若采用磷钼酸喹啉法测定PO_4^{3-}，则可得到组成与化学式相符的称量形。

② 称量形要有足够的稳定性，不易吸收空气中的CO_2、H_2O。例如，测定Ca^{2+}时，若将Ca^{2+}沉淀为$CaC_2O_4\cdot H_2O$，灼烧后得到CaO，易吸收空气中的H_2O和CO_2，因此，CaO不宜作为称量形。

③ 称量形的摩尔质量应尽可能大，这样可增大称量形的质量，以

减小称量误差。例如，在铝的测定中，分别用 Al_2O_3 和 8-羟基喹啉铝［$Al(C_9H_6NO)_3$］两种称量形进行测定，若被测组分铝的质量为 0.1000g，则可分别得到 0.1888g Al_2O_3 和 1.7040g $Al(C_9H_6NO)_3$。两种称量形由称量误差所引起的相对误差分别为±1%和±0.1%。显然，以 $Al(C_9H_6NO)_3$ 作为称量形比用 Al_2O_3 作为称量形测定铝的准确度高。

三、沉淀剂的选择

根据上述对沉淀形和称量形的要求，选择沉淀剂（precipitant）时应考虑以下几点。

1. 选用具有较好选择性的沉淀剂

所选的沉淀剂只能和待测组分生成沉淀，而与试液中的其他组分不起作用。例如，丁二酮肟和 H_2S 都可以沉淀 Ni^{2+}，但在测定 Ni^{2+} 时常选用前者。又如，沉淀锆离子时，选用在盐酸溶液中与锆有特效反应的苦杏仁酸作沉淀剂，这时即使有钛、铁、钡、铝、铬等十几种离子存在，也不发生干扰。

2. 选用能与待测离子生成溶解度最小的沉淀的沉淀剂

所选的沉淀剂应能使待测组分沉淀完全。例如，生成的难溶的钡化合物有 $BaCO_3$、$BaCrO_4$、BaC_2O_4 和 $BaSO_4$，根据其溶解度可知 $BaSO_4$ 溶解度最小，因此以 $BaSO_4$ 的形式沉淀 Ba^{2+} 比生成其他难溶化合物好。

3. 尽可能选用易挥发或经灼烧易除去的沉淀剂

这样沉淀中带有的沉淀剂即便未洗净，也可以借烘干或灼烧除去。一些铵盐和有机沉淀剂都能满足这项要求。例如，用氯化物沉淀 Fe^{3+} 时，选用氨水而不用 NaOH 作沉淀剂。

4. 选用溶解度较大的沉淀剂

用此类沉淀剂可以减少沉淀对沉淀剂的吸附作用。例如，利用生成难溶钡化合物沉淀 SO_4^{2-} 时，应选 $BaCl_2$ 作沉淀剂，而不用 $Ba(NO_3)_2$。这是因为 $Ba(NO_3)_2$ 的溶解度比 $BaCl_2$ 小，$BaSO_4$ 吸附 $Ba(NO_3)_2$ 比吸附 $BaCl_2$ 严重。

思考题 8-1

1. 重量分析有几种方法？各自的特点是什么？
2. 沉淀形与称量形有何区别？试举例说明。
3. 重量分析中对沉淀形与称量形各有什么要求？
4. 如何选择沉淀剂？

电重量法

重量法除了有沉淀法、气化法外，还有另外一种方法，即电解分析法（electrolytic analysis），也称为电重量法。

电重量法是将被测试液置于电解装置中进行电解，使被测离子在电极上以金属或其他形式析出，由电极增加的质量求算出其含量的方法。例如，在盛有硫酸铜溶液的烧杯中浸入两个铂电极，加上足够大的直流电压进行电解，此时阳极上有氧气析出，阴极上有铜析出。其电极反应如下：

阴极反应　　$Cu^{2+} + 2e \longrightarrow Cu\downarrow$

阳极反应　　$2H_2O \longrightarrow 4H^+ + O_2\uparrow + 4e$

通过称量阴极上析出的铜的质量，就可以对硫酸铜溶液中的铜含量进行测定。

电重量法的优点是准确度高，可对高含量物质进行分析测定。不足之处是不能对微量物质进行分析，而且费时。目前逐渐被库仑分析法替代。

第二节　影响沉淀溶解度的因素

学习要点　复习无机化学关于溶度积的理论知识，掌握同离子效应、盐效应、酸效应、配位效应及其他因素对沉淀溶解度的影响。

一、溶解度与固有溶解度、溶度积与条件溶度积

1. 溶解度与固有溶解度（intrinsic solubility）

当水中存在1∶1型微溶化合物MA时，MA溶解并达到饱和状态后，有下列平衡关系：

$$MA(固) \rightleftharpoons MA(水) \rightleftharpoons M^+ + A^-$$

在水溶液中，除了M^+、A^-外，还有未离解的分子状态的MA。例如，AgCl溶于水中：

$$AgCl(固) \rightleftharpoons AgCl(水) \rightleftharpoons Ag^+ + Cl^-$$

有些物质可能是离子化合物（M^+A^-），如$CaSO_4$溶于水中：

$$CaSO_4(固) \rightleftharpoons CaSO_4(水) \rightleftharpoons Ca^{2+} + SO_4^{2-}$$

根据MA(固)和MA(水)之间的溶解平衡可得

$$K'(平衡常数) = \frac{a_{MA(水)}}{a_{MA(固)}}$$

因固体物质的活度等于1，若用s^0表示K'，则

$$a_{MA(水)} = s^0 \tag{8-1}$$

s^0称为MA的固有溶解度，当温度一定时s^0为常数。

若溶液中不存在其他副反应，微溶化合物MA的溶解度s等于固有溶解度和M^+（或A^-）的浓度之和，即

$$s = s^0 + [M^+] = s^0 + [A^-] \tag{8-2}$$

如果MA(水）几乎完全离解或$s^0 \ll [M^+]$时（大多数的电解质属此类情况)，则s^0可以忽略不计，则

$$s = [M^+] = [A^-] \tag{8-3}$$

对于M_mA_n型微溶化合物，溶解度s可按下式计算：

$$s = s^0 + \frac{[M^{n+}]}{m} = s^0 + \frac{[A^{m-}]}{n} \tag{8-4}$$

或

$$s = \frac{[M^{n+}]}{m} = \frac{[A^{m-}]}{n} \tag{8-5}$$

2. 溶度积（solubility product）与条件溶度积（conditional solubility product）

（1）活度积与溶度积　当微溶化合物MA溶解于水中时，如果除简单的水合离子外其他各种形式的化合物均可忽略，则根据MA在水溶液中的平衡关系，得到

$$K = \frac{a_{M^+} \cdot a_{A^-}}{a_{MA(水)}}$$

中性分子的活度系数视为1，则根据式（8-1)，$a_{MA(水)} = s^0$，故

$$a_{M^+} \cdot a_{A^-} = Ks^0 = K^{\ominus}_{sp} \tag{8-6}$$

$K^{\ominus}_{sp}$为离子的活度积常数（简称活度积)。$K^{\ominus}_{sp}$仅随温度变化。若引入活度系数，则由式(8-6）可得

$$a_{M^+} \cdot a_{A^-} = \gamma_{M^+}[M^+] \cdot \gamma_{A^-}[A^-] = K^{\ominus}_{sp}$$

即

$$[M^+][A^-] = \frac{K^{\ominus}_{sp}}{\gamma_{M^+}\gamma_{A^-}} = K_{sp} \tag{8-7}$$

式中，K_{sp}为溶度积常数（简称溶度积)，它是微溶化合物饱和溶液中各种离子浓度的乘积。K_{sp}的大小不仅与温度有关，而且与溶液的离子强度大小有关。在重量分析中大多是加入过量沉淀剂，一般离子强度较大，引用溶度积[1]计算比较符合实际，仅在计算水中的溶解度时才

[1] 本章有关计算中引用的多是离子强度为0.1时的溶度积。

用活度积。

对于 M_mA_n 型微溶化合物，其溶解平衡如下：

$$M_mA_n(固) \rightleftharpoons mM^{n+} + nA^{m-}$$

因此其溶度积表达式为：

$$K_{sp} = [M^{n+}]^m[A^{m-}]^n \tag{8-8}$$

(2) 条件溶度积　在沉淀溶解平衡中，除了主反应外，还可能存在多种副反应。例如对于 1∶1 型沉淀 MA，除了溶解为 M^+ 和 A^- 这个主反应外，阳离子 M^+ 还可能与溶液中的配位剂 L 形成配合物 ML、ML_2、…（略去电荷，下同），也可能与 OH^- 生成各级羟基配合物；阴离子 A^- 还可能与 H^+ 形成 HA、H_2A、…、H_nA。可表示为：

主反应　MA(固) ⇌ M + A

M —L→ ML … ML_n；M —OH^-→ MOH … $M(OH)_n$；A —H^+→ HA … H_nA

副反应　ML　MOH　HA
⋮　⋮　⋮
ML_n　$M(OH)_n$　H_nA

此时，溶液中金属离子总浓度 [M′] 和沉淀剂总浓度 [A′] 分别为：

$$[M'] = [M] + [ML] + [ML_2] + \cdots + [M(OH)] + [M(OH)_2] + \cdots$$

$$[A'] = [A] + [HA] + [H_2A] + \cdots$$

同配位平衡的副反应计算相似，引入相应的副反应系数 α_M、α_A，则

$$K_{sp} = [M][A] = \frac{[M'][A']}{\alpha_M\alpha_A} = \frac{K'_{sp}}{\alpha_M\alpha_A}$$

即

$$K'_{sp} = [M'][A'] = K_{sp}\alpha_M\alpha_A \tag{8-9}$$

K'_{sp}只有在温度、离子强度、酸度、配位剂浓度等一定时才是常数，即 K'_{sp}只有在反应条件一定时才是常数，故称为条件溶度积常数，简称条件溶度积。因为 $\alpha_M>1$、$\alpha_A>1$，所以 $K'_{sp}>K_{sp}$，即副反应的发生使溶度积常数增大。

对于 $m:n$ 型的沉淀 M_mA_n，则

$$K'_{sp} = K_{sp}\alpha_M^m\alpha_A^n \tag{8-10}$$

由于条件溶度积 K'_{sp}的引入，使得在有副反应发生时的溶解度计算大为简化。

二、影响沉淀溶解度的因素

影响沉淀溶解度的因素很多，如同离子效应、盐效应、酸效应、配

位效应等。此外，温度、介质、沉淀结构和颗粒大小等对沉淀的溶解度也有影响。现分别进行讨论。

1. 同离子效应

组成沉淀晶体的离子称为构晶离子。当沉淀反应达到平衡后，如果向溶液中加入适当过量的含有某一构晶离子的试剂或溶液，则沉淀的溶解度减小，这种现象称为同离子效应。

例如，25℃时，$BaSO_4$ 在水中的溶解度为：

$$s=[Ba^{2+}]=[SO_4^{2-}]=\sqrt{K_{sp}}=\sqrt{6\times10^{-10}}=2.4\times10^{-5}(mol/L)$$

如果使溶液中的 $[SO_4^{2-}]$ 增至 0.10mol/L，此时 $BaSO_4$ 的溶解度为：

$$s=[Ba^{2+}]=K_{sp}/[SO_4^{2-}]=6\times10^{-10}/0.10=6\times10^{-9}(mol/L)$$

即 $BaSO_4$ 的溶解度减少至 1/10000。

因此，在实际分析中，常加入过量沉淀剂，利用同离子效应使被测组分沉淀完全。但沉淀剂过量太多，可能引起盐效应、酸效应及配位效应等副反应，反而使沉淀的溶解度增大。一般情况下，沉淀剂过量 50%～100% 是合适的，如果沉淀剂是不易挥发的，则以过量 20%～30%为宜。

2. 盐效应

沉淀反应达到平衡时，由于强电解质的存在或加入其他强电解质，使沉淀的溶解度增大，这种现象称为盐效应。例如，AgCl、$BaSO_4$ 在 KNO_3 溶液中的溶解度比在纯水中大，而且溶解度随 KNO_3 浓度的增大而增大。

产生盐效应的原因是由于离子的活度系数 γ 与溶液中加入的强电解质的浓度有关，当强电解质的浓度增大到一定程度时，离子强度增大，因而使离子活度系数明显减小。而在一定温度下 K_{sp} 为一常数，致使沉淀的溶解度增大。因此，利用同离子效应降低沉淀的溶解度时应考虑盐效应的影响，即沉淀剂不能过量太多。

应该指出，如果沉淀本身的溶解度很小，一般来讲，盐效应的影响很小，可以不予考虑。只有当沉淀的溶解度比较大，而且溶液的离子强度很高时，才考虑盐效应的影响。

3. 酸效应

溶液酸度对沉淀溶解度的影响称为酸效应。酸效应的发生主要是由于溶液中 H^+ 浓度的大小对弱酸、多元酸或难溶酸离解平衡的影响。因此，酸效应对于不同类型沉淀的影响情况不一样，若沉淀是强酸盐（如 $BaSO_4$、AgCl 等)，其溶解度受酸度影响不大，但对弱酸盐（如 CaC_2O_4）

则酸效应影响就很显著。如 CaC_2O_4 沉淀在溶液中有下列平衡：

$$CaC_2O_4 \rightleftharpoons Ca^{2+} + C_2O_4^{2-}$$

$$-H^+ \Big\Updownarrow +H^+$$

$$HC_2O_4^- \underset{-H^+}{\overset{+H^+}{\rightleftharpoons}} H_2C_2O_4$$

当酸度较高时，沉淀溶解平衡向右移动，从而增加了沉淀的溶解度。若知平衡时溶液的 pH，就可以计算酸效应系数，得到条件溶度积，从而计算溶解度。

例 8-1 计算沉淀 CaC_2O_4 在 pH＝5 和 pH＝2 溶液中的溶解度。已知 $H_2C_2O_4$ 的$K_{a1}=5.9\times10^{-2}$，$K_{a2}=6.4\times10^{-5}$，$K_{sp,CaC_2O_4}=1.6\times10^{-8}$。

解 pH＝5 时，$H_2C_2O_4$ 的酸效应系数[1]为：

$$\alpha_{C_2O_4(H)}=1+\frac{[H^+]}{K_2}+\frac{[H^+]^2}{K_1K_2}$$

$$=\frac{1+1.0\times10^{-5}}{6.4\times10^{-5}}+\frac{(1.0\times10^{-5})^2}{6.4\times10^{-5}\times5.9\times10^{-2}}=1.16$$

根据式(8-9) 得

$$K'_{sp,CaC_2O_4}=K_{sp,CaC_2O_4}\times\alpha_{C_2O_4(H)}=1.6\times10^{-8}\times1.16$$

因此

$$s=[Ca^{2+}]=[C_2O_4^{2-}]=\sqrt{K'_{sp}}$$

$$=\sqrt{1.6\times10^{-8}\times1.16}\ \text{mol/L}=1.4\times10^{-4}\ \text{mol/L}$$

同理可求出 pH＝2 时 CaC_2O_4 的溶解度为 1.7×10^{-3} mol/L。

由上述计算可知 CaC_2O_4 在 pH＝2 的溶液中的溶解度比在 pH＝5 的溶液中的溶解度约大 12 倍。

为了防止沉淀溶解损失，对于弱酸盐沉淀，如碳酸盐、草酸盐、磷酸盐等，通常应在较低的酸度下进行沉淀。如果沉淀本身是弱酸，如硅酸（$SiO_2\cdot nH_2O$）、钨酸（$WO_3\cdot nH_2O$）等，易溶于碱，则应在强酸性介质中进行沉淀。如果沉淀是强酸盐，如 AgCl 等，在酸性溶液中进行沉淀时，溶液的酸度对沉淀的溶解度影响不大。对于硫酸盐沉淀，例如 $BaSO_4$、$SrSO_4$ 等，由于 H_2SO_4 的 K_{a2} 不大，当溶液的酸度太高时，沉淀的溶解度也随之增大。

---

[1] 可参阅第五章式(5-10) $\alpha_{Y(H)}$ 的求法。

4. 配位效应

进行沉淀反应时，若溶液中存在能与构晶离子生成可溶性配合物的配位剂，则可使沉淀溶解度增大，这种现象称为配位效应。

配位剂主要来自两方面：一是沉淀剂本身就是配位剂，二是加入的其他试剂。

例如，用 Cl^- 沉淀 Ag^+ 时，得到 AgCl 白色沉淀，若向此溶液中加入氨水，则因 NH_3 配位形成 $[Ag(NH_3)_2]^+$，使 AgCl 的溶解度增大，甚至全部溶解。如果在沉淀 Ag^+ 时加入过量的 Cl^-，则 Cl^- 能与 AgCl 沉淀进一步形成 $[AgCl_2]^-$ 和 $[AgCl_3]^{2-}$ 等配离子，也使 AgCl 沉淀逐渐溶解，这时 Cl^- 沉淀剂本身就是配位剂。由此可见，在用沉淀剂进行沉淀时，应严格控制沉淀剂的用量，同时注意外加试剂的影响。

配位效应使沉淀的溶解度增大的程度与沉淀的溶度积、配位剂的浓度和形成配合物的稳定常数有关。沉淀的溶度积越大，配位剂的浓度越大，形成的配合物越稳定，沉淀就越容易溶解。

综上所述，在实际工作中应根据具体情况考虑哪种效应是主要的。对无配位反应的强酸盐沉淀，主要考虑同离子效应和盐效应。对弱酸盐或难溶盐的沉淀，多数情况主要考虑酸效应。对于有配位反应且沉淀的溶度积又较大，易形成稳定配合物时，应主要考虑配位效应。

5. 其他影响因素

除上述因素外，温度和其他溶剂的存在、沉淀颗粒大小和结构等，都对沉淀的溶解度有影响。

（1）温度的影响　沉淀的溶解一般是吸热过程，其溶解度随温度升高而增大。因此，对于一些在热溶液中溶解度较大的沉淀，在过滤洗涤时必须在室温下进行，如 $MgNH_4PO_4$、CaC_2O_4 等。对于一些溶解度小、冷时又较难过滤和洗涤的沉淀，则采用趁热过滤，并用热的洗涤液进行洗涤，如 $Fe(OH)_3$、$Al(OH)_3$ 等。

（2）溶剂的影响　无机物沉淀大部分是离子型晶体，它们在有机溶剂中的溶解度一般比在纯水中小。例如，$PbSO_4$ 沉淀在水中的溶解度为 1.5×10^{-4} mol/L，而在 50%乙醇溶液中的溶解度为 7.6×10^{-6} mol/L。

（3）沉淀颗粒大小和结构的影响　同一种沉淀，在质量相同时，颗粒越小，其总比表面积越大，溶解度越大。由于小晶体比大晶体有更多的角、边和表面，处于这些位置的离子受晶体内离子的吸引力小，又受到溶剂分子的作用，容易进入溶液中。因此，小颗粒沉淀的溶解度比大颗粒沉淀的溶解度大。所以，在实际分析中，要尽量创造条件，以利于形成大颗粒晶体。

思考题 8-2

1. 什么是固有溶解度？与溶解度的关系是什么？

2. 什么是条件溶度积？与溶度积的区别是什么？

3. 影响溶解度的因素有哪些？其中哪些因素可以使溶解度增大？哪些因素又能使溶解度减小？

阅读材料

利用溶度积原理判断沉淀的生成与溶解

溶度积原理告诉人们，在一定温度下微溶化合物的饱和溶液中各离子浓度的乘积为一常数，即对以下沉淀平衡有下列关系：

$$A_nB_m(固体) \rightleftharpoons nA^{m+} + mB^{n-}$$

$$K_{sp} = [A^{m+}]^n[B^{n-}]^m$$

可见，离子积与溶度积之间的关系决定了溶液的饱和关系。一般规律如下：

离子积= K_{sp}，溶液为饱和溶液，并与沉淀建立了平衡关系；

离子积> K_{sp}，从溶液中继续析出沉淀，直至建立新的平衡关系；

离子积< K_{sp}，溶液为不饱和溶液，沉淀继续溶解。

例　在25℃时，某溶液中 $[SO_4^{2-}]=6.0\times10^{-4}$ mol/L，在40mL该溶液中加入0.01mol/L的 $BaCl_2$ 溶液10mL，问是否能生成 $BaSO_4$ 沉淀？已知 $BaSO_4$ 的 $K_{sp}=1.1\times10^{-10}$。

解　在40mL溶液中加入0.01mol/L的 $BaCl_2$ 溶液10mL后，可以认为混合溶液为50mL，此时各离子浓度如下：

$$[SO_4^{2-}]=6.0\times10^{-4}\times40/50=4.8\times10^{-4}\ (mol/L)$$

$$[Ba^{2+}]=0.01\times10/50=2.0\times10^{-3}\ (mol/L)$$

离子积 $=[SO_4^{2-}][Ba^{2+}]=4.8\times10^{-4}\times2.0\times10^{-3}=9.6\times10^{-7}>1.1\times10^{-10}$

所以，加入 $BaCl_2$ 后，应有 $BaSO_4$ 沉淀生成。

第三节　影响沉淀纯度的因素

学习要点　了解沉淀的类型和形成过程，掌握影响沉淀纯净的因素和提高沉淀纯度的措施。

研究沉淀的类型和沉淀的形成过程，主要是为了选择适宜的沉淀条件，以获得纯净且易于分离和洗涤的沉淀。

一、沉淀的类型

沉淀按其物理性质的不同，可粗略地分为晶形沉淀和无定形沉淀两大类。

1. 晶形沉淀（crystalline precipitate）

晶形沉淀是指具有一定形状的晶体，其内部排列规则有序，颗粒直径为 0.1～1μm。这类沉淀的特点是：结构紧密，具有明显的晶面，沉淀所占体积小、沾污少、易沉降、易过滤和洗涤。例如 $MgNH_4PO_4$、$BaSO_4$ 等典型的晶形沉淀。

2. 无定形沉淀（amorphous precipitate）

无定形沉淀是指无晶体结构特征的一类沉淀。例如 $Fe_2O_3 \cdot nH_2O$、$P_2O_3 \cdot nH_2O$ 是典型的无定形沉淀。无定形沉淀是由许多聚集在一起的微小颗粒（直径小于 0.02μm）组成的，内部排列杂乱无章，结构疏松，体积庞大，吸附杂质多，不能很好地沉降，无明显的晶面，难于过滤和洗涤。它与晶形沉淀的主要差别在于颗粒大小不同。

介于晶形沉淀与无定形沉淀之间，颗粒直径在 0.02～0.1μm 的沉淀（如 AgCl）称为凝乳状沉淀，其性质也介于两者之间。

在沉淀过程中，究竟生成的沉淀属于哪一种类型，主要取决于沉淀本身的性质和沉淀的条件。

二、沉淀形成过程

沉淀的形成是一个复杂的过程。一般来讲，沉淀的形成要经过晶核形成和晶核长大两个过程，简单表示如下：

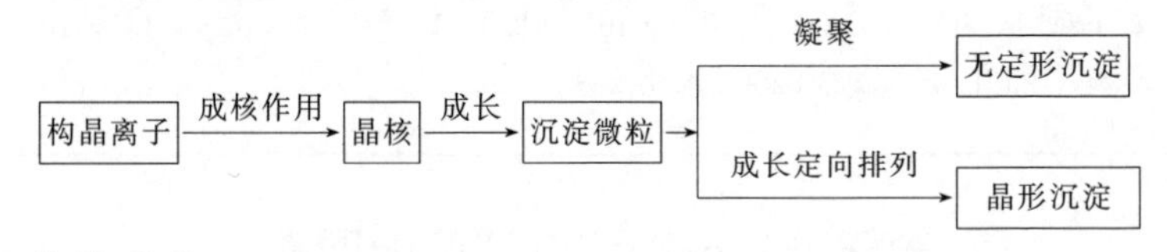

1. 晶核的形成

将沉淀剂加入待测组分的试液中，溶液是过饱和状态时，构晶离子由于静电作用而形成微小的晶核。晶核的形成可以分为均相成核和异相成核。

均相成核是指过饱和溶液中构晶离子通过缔合作用自发地形成晶核的过程。不同的沉淀组成晶核的离子数目不同。例如，$BaSO_4$ 的晶核由 8 个构晶离子组成，Ag_2CrO_4 的晶核由 6 个构晶离子组成。

异相成核是指在过饱和溶液中构晶离子在外来固体微粒的诱导下聚合在固体微粒周围形成晶核的过程。溶液中的“晶核”数目取决于溶液中混入固体微粒的数目。随着构晶离子浓度的增加，晶体将成长得大一些。

当溶液的相对过饱和程度较大时，异相成核与均相成核同时作用，形成的晶核数目多，沉淀颗粒小。

2. 晶形沉淀和无定形沉淀的生成

晶核形成时，溶液中的构晶离子向晶核表面扩散，并沉积在晶核上，晶核逐渐长大形成沉淀微粒。在沉淀过程中，由构晶离子聚集成晶核的速度称为聚集速度，构晶离子按一定晶格定向排列的速度称为定向速度。如果定向速度大于聚集速度较多，溶液中最初生成的晶核不很多，有更多的离子以晶核为中心，并有足够的时间依次定向排列长大，形成颗粒较大的晶形沉淀；反之，如果聚集速度大于定向速度，则很多离子聚集成大量晶核，溶液中没有更多的离子定向排列到晶核上，于是沉淀就迅速聚集成许多微小的颗粒，因而得到无定形沉淀。

定向速度主要取决于沉淀物质的本性。极性较强的物质，如 $BaSO_4$、$MgNH_4PO_4$ 和 CaC_2O_4 等，一般具有较大的定向速度，易形成晶形沉淀。AgCl 的极性较弱，逐步生成凝乳状沉淀。氢氧化物，特别是高价金属离子的氢氧化物，如 $Fe(OH)_3$、$Al(OH)_3$ 等，由于含有大量水分子，阻碍离子的定向排列，一般生成无定形胶状沉淀。

聚集速度不仅与物质的性质有关，同时主要由沉淀的条件决定，其中最重要的是溶液中生成沉淀时的相对过饱和度[1]。聚集速度与溶液的相对过饱和度成正比，溶液相对过饱和度大，聚集速度大，晶核生成多，易形成无定形沉淀；反之，溶液相对过饱和度小，聚集速度小，晶核生成少，有利于生成颗粒较大的晶形沉淀。因此，通过控制溶液的相对过饱和度可以改变形成沉淀颗粒的大小，有可能改变沉淀的类型。

三、影响沉淀纯度的因素

在重量分析中，要求获得的沉淀是纯净的。但是，沉淀从溶液中析

---

[1] 相对过饱和度$=(Q-s)/s$。式中，Q 为加入沉淀剂瞬间沉淀的浓度，s 为沉淀的溶解度。

出时总会或多或少地夹杂溶液中的其他组分。因此必须了解影响沉淀纯度（purity）的各种因素，找出减少杂质混入的方法，以获得符合重量分析要求的沉淀。

影响沉淀纯度的主要因素有共沉淀现象和继沉淀现象。

1. 共沉淀（coprecipitation）

当沉淀从溶液中析出时溶液中的某些可溶性组分也同时沉淀下来的现象称为共沉淀。共沉淀是引起沉淀不纯的主要原因，也是重量分析误差的主要来源之一。共沉淀现象主要有以下三类。

（1）表面吸附　由于沉淀表面离子电荷的作用力未达到平衡，因而产生自由静电力场。由于沉淀表面静电引力作用吸引了溶液中带相反电荷的离子，使沉淀微粒带有电荷，形成吸附层。带电荷的微粒又吸引溶液中带相反电荷的离子，构成电中性的分子。因此，沉淀表面吸附了杂质分子。例如，加过量 $BaCl_2$ 到 H_2SO_4 的溶液中，生成 $BaSO_4$ 晶体沉淀，沉淀表面上的 SO_4^{2-} 由于静电引力强烈地吸引溶液中的 Ba^{2+}，形成第一吸附层，使沉淀表面带正电荷，然后它又吸引溶液中带负电荷的离子，如 Cl^-，构成电中性的双电层，如图 8-1 所示。双电层能随颗粒一起下沉，因而使沉淀被污染。

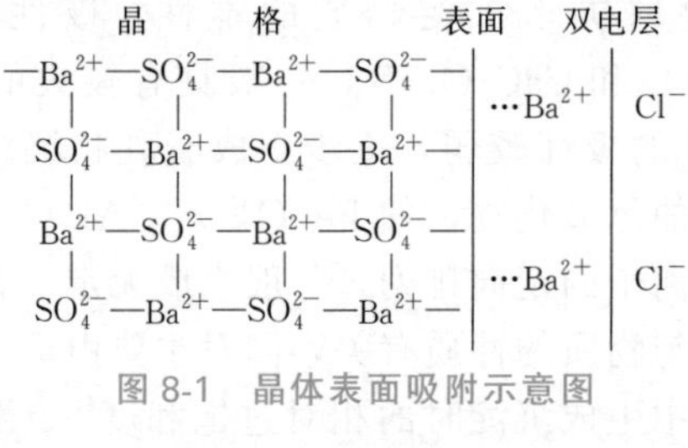

晶　格　　　　表面　双电层

$—Ba^{2+}—SO_4^{2-}—Ba^{2+}—SO_4^{2-}—$ | $\cdots Ba^{2+}$ | Cl^-

$SO_4^{2-}—Ba^{2+}—SO_4^{2-}—Ba^{2+}—$ |

$Ba^{2+}—SO_4^{2-}—Ba^{2+}—SO_4^{2-}—$ | $\cdots Ba^{2+}$ | Cl^-

$SO_4^{2-}—Ba^{2+}—SO_4^{2-}—Ba^{2+}—$ |

图 8-1　晶体表面吸附示意图

显然，沉淀的总表面积越大，吸附杂质就越多；溶液中杂质离子的浓度越高，价态越高，越易被吸附。吸附作用是一个放热反应，升高溶液的温度可减少杂质的吸附。

（2）吸留和包藏　吸留是被吸附的杂质机械地嵌入沉淀中。包藏常指母液机械地被包裹在沉淀中。这些现象的发生，是由于沉淀剂加入太快，使沉淀急速生长，沉淀表面吸附的杂质来不及离开就被随后生成的沉淀所覆盖，使杂质离子或母液被吸留或包藏在沉淀内部。这类共沉淀不能用洗涤的方法将杂质除去，可以用改变沉淀条件或重结晶的方法来减免。

（3）混晶 当溶液杂质离子与构晶离子半径相近、晶体结构相同时，杂质离子进入晶核排列中，形成混晶。例如 Pb^{2+} 和 Ba^{2+} 半径相近、电荷相同，在用 H_2SO_4 沉淀 Ba^{2+} 时，Pb^{2+} 能够取代 $BaSO_4$ 中的 Ba^{2+} 进入晶核，形成 $PbSO_4$ 与 $BaSO_4$ 的混晶共沉淀。又如 AgCl 和 AgBr、$MgNH_4PO_4 \cdot 6H_2O$ 和 $MgNH_4AsO_4$ 等都易形成混晶。为了减免混晶的生成，最好在沉淀前先将杂质分离出去。

2. 继沉淀（postprecipitation）

在沉淀析出后，当沉淀与母液一起放置时，溶液中某些杂质离子可能慢慢地沉积到原沉淀上，放置时间越长，杂质析出的量越多，这种现象称为继沉淀。例如，Mg^{2+} 存在时以 $(NH_4)_2C_2O_4$ 沉淀 Ca^{2+}，Mg^{2+} 易形成稳定的草酸盐过饱和溶液而不立即析出。如果把形成的 CaC_2O_4 沉淀过滤，则发现沉淀表面上吸附有少量镁。若将含有 Mg^{2+} 的母液与 CaC_2O_4 沉淀一起放置一段时间，则 MgC_2O_4 沉淀的量将会增多。

由继沉淀引入杂质的量比共沉淀多，且随沉淀在溶液中放置时间的延长而增多。因此，为防止继沉淀的发生，某些沉淀的陈化时间不宜过长。

四、减少沉淀沾污的方法

为了提高沉淀的纯度，可采用下列措施。

1. 采用适当的分析程序

当试液中含有几种组分时，首先应沉淀低含量组分，再沉淀高含量组分。反之，由于大量沉淀析出，会使部分低含量组分掺入沉淀，产生测定误差。

2. 降低易被吸附杂质离子的浓度

对于易被吸附的杂质离子，可采用适当的掩蔽方法或改变杂质离子价态来降低其浓度。例如，将 SO_4^{2-} 沉淀为 $BaSO_4$ 时，Fe^{3+} 易被吸附，可把 Fe^{3+} 还原为不易被吸附的 Fe^{2+}，或加酒石酸、EDTA 等使 Fe^{3+} 生成稳定的配离子，以减小沉淀对 Fe^{3+} 的吸附。

3. 选择沉淀条件

沉淀条件包括溶液浓度、温度、试剂的加入次序和速度、陈化与否等，对不同类型的沉淀应选用不同的沉淀条件，以获得符合重量分析要求的沉淀。

4. 再沉淀

必要时将沉淀过滤、洗涤、溶解后，再进行一次沉淀。再沉淀时，溶液中杂质的量大为降低，共沉淀和继沉淀现象自然减小。

5. 选择适当的洗涤液洗涤沉淀

吸附作用是可逆过程，用适当的洗涤液通过洗涤交换的方法可洗去沉淀表面吸附的杂质离子。例如，$Fe(OH)_3$ 吸附 Mg^{2+}，用 NH_4NO_3 稀溶液洗涤时，被吸附在表面的 Mg^{2+} 与洗涤液的 NH_4^+ 发生交换，吸附在沉淀表面的 NH_4^+ 可在燃烧沉淀时分解除去。

为了提高洗涤沉淀的效率，同体积的洗涤液应尽可能分多次洗涤，通常称为“少量多次”的洗涤原则。

6. 选择合适的沉淀剂

无机沉淀剂选择性差，易形成胶状沉淀，吸附杂质多，难于过滤和洗涤。有机沉淀剂选择性高，常能形成结构较好的晶形沉淀，吸附杂质少，易于过滤和洗涤。因此，在可能的情况下，应尽量选择有机试剂作沉淀剂。

思考题 8-3

1. 什么是晶形沉淀和非晶形沉淀？
2. 晶形沉淀的生成与否对重量分析有什么影响？
3. 什么是聚集速度和定向速度？怎样影响生成沉淀的类型？
4. 共沉淀现象是怎样发生的？如何减少共沉淀现象？
5. 共沉淀与继沉淀有什么区别？

阅读材料

重量分析中试样的称取量

在重量分析中，试样称取量的多少直接影响到后续步骤的操作与分析结果的准确度。称样量太多，则在下一步中将产生大量的沉淀，使过滤、洗涤等操作都发生困难；称样量太少，则称量误差以及其他各个步骤中不可避免的误差将在测定数值中占据较大的比重，致使分析结果的准确度下降。

重量分析中称取试样量的多少主要取决于沉淀类型。对于生成体积小、易过滤和易洗涤的晶形沉淀，可多称取一些试样。对于生成体积大、不易过滤和不易洗涤的非晶形沉淀，称取的量要少一些。一般来讲，晶形沉淀的质量应在 0.3~0.5g 之间，非晶形沉淀的质量在 0.1~0.2g 之间为宜。可根据不同类型沉淀的质量范围计算出试样的称取量。

例　以 $BaSO_4$ 形式测定不纯的氯化钡的含量，试问应该称取多少克氯化钡试样？

解　$BaSO_4$ 是晶形沉淀，因此可以采用较多的试样，使沉淀的质量在 0.3～0.5g 之间。假设生成的 $BaSO_4$ 沉淀为 0.4g，需 $BaCl_2 \cdot 2H_2O$ 试样 x(g)，则

$$BaCl_2 \cdot 2H_2O \longrightarrow BaSO_4$$

$$244.3 \qquad 233.4$$

$$x \qquad 0.4$$

$$x=\frac{244.3\times 0.4}{233.4}=0.42(\mathrm{g})$$

所以应称取 $BaCl_2 \cdot 2H_2O$ 试样的质量为 0.42g。

第四节　沉淀的条件和称量形的获得

学习要点　熟练掌握晶形沉淀和无定形沉淀的沉淀条件；熟练掌握沉淀过滤、洗涤和灼烧的原则及方法。

一、沉淀的条件

在重量分析中，为了获得准确的分析结果，要求沉淀完全、纯净、易于过滤和洗涤，并减小沉淀的溶解损失。因此，对于不同类型的沉淀，应当选用不同的沉淀条件。

1. 晶形沉淀

为了形成颗粒较大的晶形沉淀，采取以下沉淀条件。

（1）在适当稀、热溶液中进行　在稀、热溶液中进行沉淀，可使溶液中相对过饱和度保持较低，以利于生成晶形沉淀，同时也有利于得到纯净的沉淀。对于溶解度较大的沉淀，溶液不能太稀，否则沉淀溶解损失较多，影响结果的准确度。在沉淀完全后，应将溶液冷却后再进行过滤。

（2）快搅慢加　在不断搅拌的同时缓慢滴加沉淀剂，可使沉淀剂迅速扩散，防止局部相对过饱和度过大而产生大量小晶粒。

（3）陈化　陈化是指沉淀完全后，将沉淀连同母液放置一段时间，使小晶粒变为大晶粒，不纯净的沉淀转变为纯净沉淀的过程。因为在同样条件下小晶粒的溶解度比大晶粒大，在同一溶液中，对大晶粒为饱和溶液时，对小晶粒则为未饱和，小晶粒就要溶解。这样，溶液中的构晶离子就在大晶粒上沉积，直至达到饱和。这时，小晶粒又为未饱和，又要溶解。如此反复进行，小晶粒逐渐消失，大晶粒不断长大。

陈化过程不仅能使晶粒变大，而且能使沉淀变得更纯净。

加热和搅拌可以缩短陈化时间。但是陈化作用对伴随有混晶共沉淀的沉淀不一定能提高纯度；对伴随有继沉淀的沉淀不仅不能提高纯度，有时反而会降低纯度。

2. 无定形沉淀

无定形沉淀的特点是结构疏松，比表面积大，吸附杂质多，溶解度小，易形成胶体，不易过滤和洗涤。对于这类沉淀，关键问题是创造适宜的沉淀条件来改善沉淀的结构，使之不致形成胶体，并且有较紧密的结构，便于过滤和减小杂质吸附。因此，无定形沉淀的沉淀条件如下。

（1）在较浓的溶液中进行沉淀　在浓溶液中进行沉淀，离子水化程度小，结构较紧密，体积较小，容易过滤和洗涤。但在浓溶液中杂质的浓度也较高，沉淀吸附杂质的量也较多。因此，在沉淀完毕后，应立即加入热水稀释搅拌，使被吸附的杂质离子转移到溶液中。

（2）在热溶液中及电解质存在下进行沉淀　在热溶液中进行沉淀可防止生成胶体，并减少杂质的吸附。电解质的存在可促使带电荷的胶体粒子相互凝聚沉降，加快沉降速度，因此，电解质一般选用易挥发性的铵盐如 NH_4NO_3 或 NH_4Cl 等，它们在灼烧时均可挥发除去。有时在溶液中加入与胶体带相反电荷的另一种胶体代替电解质，可使被测组分沉淀完全。例如，测定 SiO_2 时，加入带正电荷的动物胶，与带负电荷的硅酸胶体凝聚而沉降下来。

（3）趁热过滤洗涤，不需陈化　沉淀完毕后，趁热过滤，不要陈化。这是因为沉淀放置后逐渐失去水分，聚集得更为紧密，使吸附的杂质更难洗去。

洗涤无定形沉淀时，一般选用热、稀的电解质溶液作洗涤液，主要是防止沉淀重新变为胶体，难于过滤和洗涤。常用的洗涤液有 NH_4NO_3、NH_4Cl 或氨水。

无定形沉淀吸附杂质较严重，一次沉淀很难保证纯净，必要时须进行再沉淀。

3. 均匀沉淀法

为改善沉淀条件，避免因加入沉淀剂所引起的溶液局部相对过饱和的现象发生，可采用均匀沉淀法。这种方法是通过某一化学反应使沉淀剂从溶液中缓慢地、均匀地产生出来，使沉淀在整个溶液中缓慢地、均匀地析出，获得颗粒较大、结构紧密、纯净、易于过滤和洗涤的沉淀。

例如，沉淀 Ca^{2+} 时，如果直接加入 $(NH_4)_2C_2O_4$，尽管按晶形沉淀条件进行沉淀，仍得到颗粒细小的 CaC_2O_4 沉淀。若在含有 Ca^{2+} 的溶液中以 HCl 酸化，之后加入 $(NH_4)_2C_2O_4$，溶液中主要存在的是 $HC_2O_4^-$ 和 $H_2C_2O_4$，此时向溶液中加入尿素，并加热至 90℃，尿素逐渐水解产生 NH_3。

$$CO(NH_2)_2 + H_2O \rightleftharpoons 2NH_3 + CO_2 \uparrow$$

水解产生的 NH_3 均匀地分布在溶液的各个部分，溶液的酸度逐渐降低，$C_2O_4^{2-}$ 浓度渐渐增大，CaC_2O_4 均匀而缓慢地析出，形成颗粒较大的晶形沉淀。

均匀沉淀法还可以利用有机化合物的水解（如酯类水解）、配合物的分解、氧化还原反应等方式进行，如表 8-1 所示。

表 8-1　某些均匀沉淀法的应用

沉淀剂	加入试剂	反　应	被测组分
OH^-	尿素	$CO(NH_2)_2 + H_2O \rightleftharpoons CO_2 \uparrow + 2NH_3$	Al^{3+},Fe^{3+},Bi^{3+}
OH^-	六亚甲基四胺	$(CH_2)_6N_4 + 6H_2O \longrightarrow 6HCHO + 4NH_3$	Th^{4+}
PO_4^{3-}	磷酸三甲酯	$(CH_3)_3PO_4 + 3H_2O \longrightarrow 3CH_3OH + H_3PO_4$	Zr^{4+},Hf^{4+}
S^{2-}	硫代乙酰胺	$CH_3CSNH_2 + H_2O \longrightarrow CH_3CONH_2 + H_2S$	金属离子
SO_4^{2-}	硫酸二甲酯	$(CH_3)_2SO_4 + 2H_2O \longrightarrow 2CH_3OH + SO_4^{2-} + 2H^+$	Ba^{2+},Sr^{2+},Pb^{2+}
$C_2O_4^{2-}$	草酸二甲酯	$(CH_3)_2C_2O_4 + 2H_2O \longrightarrow 2CH_3OH + H_2C_2O_4$	Ca^{2+},Th^{4+},稀土
Ba^{2+}	Ba-EDTA	$BaY^{2-} + 4H^+ \longrightarrow H_4Y + Ba^{2+}$	SO_4^{2-}

二、称量形的获得

沉淀完毕后，还需经过滤、洗涤、烘干或灼烧，最后得到符合要求的称量形。

1. 沉淀的过滤和洗涤

沉淀常用定量滤纸（也称为无灰滤纸）或玻璃砂芯坩埚过滤。对于需要灼烧的沉淀，应根据沉淀的性状选用紧密程度不同的滤纸。一般无定形沉淀如 $Al(OH)_3$、$Fe(OH)_3$ 等选用疏松的快速滤纸，粗粒的晶形沉淀如 $MgNH_4PO_4 \cdot 6H_2O$ 等选用较紧密的中速滤纸，颗粒较小的晶形沉淀如 $BaSO_4$ 等选用紧密的慢速滤纸。

对于只需烘干即可作为称量形的沉淀，应选用玻璃砂芯坩埚过滤。

洗涤沉淀是为了洗去沉淀表面吸附的杂质和混杂在沉淀中的母液。

洗涤时要尽量减小沉淀的溶解损失和避免形成胶体，因此需选择合适的洗涤液。选择洗涤液的原则是：对于溶解度很小又不易形成胶体的沉淀，可用蒸馏水洗涤；对于溶解度较大的晶形沉淀，可用沉淀剂的稀溶液洗涤，但沉淀剂必须在烘干或灼烧时易挥发或易分解除去，例如用 $(NH_4)_2C_2O_4$ 稀溶液洗涤 CaC_2O_4 沉淀；对于溶解度较小而又能形成胶体的沉淀，应用易挥发的电解质稀溶液洗涤，例如用 NH_4NO_3 稀溶液洗涤 $Fe(OH)_3$ 沉淀。

用热洗涤液洗涤，则过滤较快，且能防止形成胶体，但溶解度随温度升高而增大较快的沉淀不能用热洗涤液洗涤。

洗涤必须连续进行，一次完成，不能将沉淀放置太久，尤其是一些非晶形沉淀，放置凝聚后，不易洗净。

洗涤沉淀时，既要将沉淀洗净，又不能增加沉淀的溶解损失。同体积的洗涤液，采用“少量多次”“尽量沥干”的洗涤原则，用适当少的洗涤液分多次洗涤，每次加洗涤液前使前次洗涤液尽量流尽，这样可以提高洗涤效果。

在沉淀的过滤和洗涤操作中，为缩短分析时间和提高洗涤效率，都应采用倾泻法。

2. 沉淀的烘干和灼烧

沉淀的烘干或灼烧是为了除去沉淀中的水分和挥发性物质，并转化为组成固定的称量形。烘干或灼烧的温度和时间随沉淀的性质而定。

灼烧温度一般在800℃以上，常用瓷坩埚盛放沉淀。若需用氢氟酸处理沉淀，则应用铂坩埚。灼烧沉淀前，应用滤纸包好沉淀，放入已灼烧至恒重的瓷坩埚中，先加热烘干、炭化后，再进行灼烧。

沉淀经烘干或灼烧至恒重后，由其质量即可计算测定结果。

思考题 8-4

1. 什么是相对过饱和度？试利用相对过饱和度的大小说明如何选择晶形沉淀的条件。

2. 陈化的作用是什么？如何缩短陈化的时间？

3. 什么叫均匀沉淀法？其优点是什么？试举例说明。

4. “少量多次”的洗涤方法有什么优点？为什么？

5. 为什么在灼烧沉淀前要将滤纸灰化？

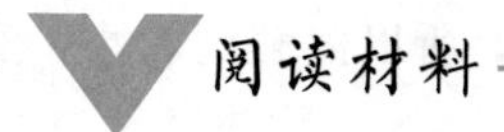

胶体的凝聚

在重量分析中，胶体溶液不仅使沉淀因胶溶而损失，而且会造成沉淀不纯净。所以在重量分析中常常需要破坏胶体，即希望胶体凝聚成较大的聚集体而析出沉淀，以便于过滤、分离，这就是胶体的凝聚作用。所得到的沉淀称为胶状沉淀。欲破坏胶体使其凝聚，有下列几种方法。

（1）加热　加热可以减少离子的吸附作用，从而减小胶粒所带的电荷，降低溶剂化程度。加热也能加速胶粒的运动，增加胶粒相互碰撞的机会。所以加热可促使胶体溶液聚沉。

（2）加入电解质　加入电解质可以使胶粒发生聚沉。这是因为电解质电离生成的阳离子或阴离子部分或全部中和了胶粒所带的电荷，因而降低了胶体溶液的稳定性，再加上布朗运动，胶粒相互碰撞，胶体微粒聚集成较大的颗粒而聚沉下来。

（3）加入带相反电荷的溶胶　加入带相反电荷的溶胶后，可中和胶粒所带的电荷，使胶体聚沉。

当胶体聚沉后进行过滤时，若用水洗涤胶体沉淀，沉淀会因洗去电解质而使胶体沉淀重新变成溶胶，这一现象叫胶溶作用。因此，在重量分析中，对胶体沉淀的洗涤要用含电解质的洗涤液，目的就是防止胶溶现象的发生。

常用的电解质洗涤液有强酸（如盐酸）、铵盐等。如沉淀的溶解度不大，可用热的稀电解质溶液洗涤沉淀，效果较好。

第五节　有机沉淀剂

学习要点　了解有机沉淀剂的特点和分类，掌握常用的有机沉淀剂在重量分析中的应用。

前面重点讨论了利用无机沉淀剂进行沉淀的情况。总的看来，无机沉淀剂的选择性较差，产生的沉淀溶解度较大，吸附杂质较多。当生成的是无定形沉淀时，不仅吸附杂质多，而且不易过滤和洗涤。因此，近年来有机沉淀剂的应用非常广泛。

一、有机沉淀剂的特点

有机沉淀剂较无机沉淀剂具有下列优点：

① 选择性高。有机沉淀剂在一定条件下，一般只与少数离子发生沉淀反应。

② 沉淀的溶解度小。有机沉淀疏水性强，所以溶解度较小，有利于沉淀完全。

③ 沉淀吸附杂质少。沉淀表面不带电荷，所以吸附杂质离子少，易获得纯净的沉淀。

④ 沉淀的摩尔质量大。被测组分在称量形中占的百分比小，有利于提高分析结果的准确度。

⑤ 多数有机沉淀物组成恒定，经烘干后即可称量，简化了重量分析的操作。

但是，有机沉淀剂一般在水中的溶解度较小，有些沉淀的组成不恒定，这些缺点还有待于今后继续改进。

二、有机沉淀剂的分类

有机沉淀剂和金属离子通常生成微溶性的螯合物或离子缔合物。因此，有机沉淀剂也可分为生成螯合物的沉淀剂和生成离子缔合物的沉淀剂两类。

1. 生成螯合物的沉淀剂

作为沉淀剂的螯合剂，绝大部分是 HL 型或 H_2L 型（H_3L 型的较少）。能形成螯合物沉淀的有机沉淀剂至少应有下列两种官能团：一种是酸性官能团，如—COOH、—OH、═NOH、—SH、$—SO_3H$ 等，这些官能团中的 H^+ 可被金属离子置换；另一种是碱性官能团，如$—NH_2$、—NH═、$═N^+═$、═C═O 及═C═S 等，这些官能团具有未共用电子对，可以与金属离子形成配位键而成为配位化合物。金属离子与有机螯合物沉淀剂反应，通过酸性基团和碱性基团的共同作用生成微溶性的螯合物。

例如，8-羟基喹啉与 Al^{3+} 配位时，酸性基团—OH 的氢被 Al^{3+} 置换，同时 Al^{3+} 又与碱性基团═N—以配位键相结合，形成五元环结构的微溶性螯合物，生成的 8-羟基喹啉铝不带电荷，所以不易吸附其他离子，沉淀比较纯净，而且溶解度很小（$K_{sp}=1.0\times10^{-29}$）。

2. 生成离子缔合物的沉淀剂

有些摩尔质量较大的有机试剂在水溶液中以阳离子和阴离子形式存在，它们与带相反电荷的离子反应后，可生成微溶性的离子缔合物（或称为正盐沉淀）。

例如，四苯硼酸钠［$NaB(C_6H_5)_4$］与 K^+ 有下列沉淀反应：

$$B(C_6H_5)_4^- + K^+ \longrightarrow KB(C_6H_5)_4 \downarrow$$

$KB(C_6H_5)_4$ 溶解度小，组成恒定，烘干后即可直接称量，所以四苯硼酸钠是测定 K^+ 的较好沉淀剂。

三、有机沉淀剂应用实例

1. 丁二酮肟

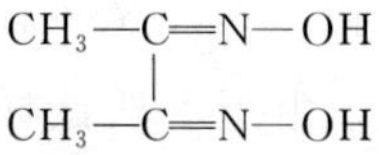

$$\begin{array}{l} CH_3-C=N-OH \\ \quad\quad\ \ | \\ CH_3-C=N-OH \end{array}$$

白色粉末，微溶于水，通常使用它的乙醇溶液或氢氧化钠溶液，是选择性较高的生成螯合物的沉淀剂。在金属离子中只有 Ni^{2+}、Pd^{2+}、Pt^{2+}、Fe^{2+} 能与它生成沉淀。

在氨性溶液中，丁二酮肟与 Ni^{2+} 生成鲜红色的螯合物沉淀，沉淀组成恒定，可烘干后直接称量，常用于重量法测定镍。Fe^{3+}、Al^{3+}、Cr^{3+} 等在氨性溶液中能生成水合氧化物沉淀，干扰测定，可加入柠檬酸或酒石酸进行掩蔽。

2. 8-羟基喹啉

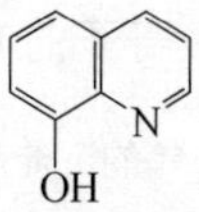

N
OH

白色针状晶体，微溶于水，一般使用它的乙醇溶液或丙酮溶液，是生成螯合物的沉淀剂。在弱酸性或碱性溶液中（pH 为 3～9），8-羟基喹啉与许多金属离子发生沉淀反应。例如，Al^{3+} 与 8-羟基喹啉的反应：

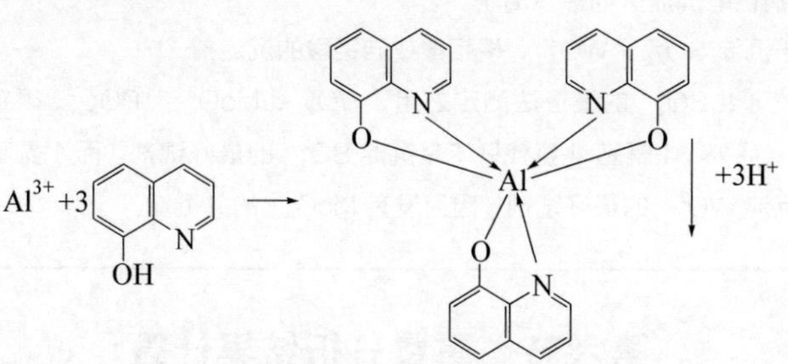

Al^{3+} +3 (8-羟基喹啉, N, OH) ⟶ Al(O, N)₃ 螯合物 ↓ $+3H^+$

生成的沉淀恒定，可烘干后直接称量。8-羟基喹啉的最大缺点是选择性较差，采用适当的掩蔽剂可以提高反应的选择性。例如，用 KCN、EDTA 掩蔽 Cu^{2+}、Fe^{3+} 等离子后，可在氨性溶液中沉淀 Al^{3+}，并用于重量法。

目前已经合成了一些选择性较高的8-羟基喹啉衍生物。如2-甲基-8-羟基喹啉，在pH=5.5时沉淀Zn^{2+}，pH=9时沉淀Mg^{2+}，而不与Al^{3+}发生沉淀反应。

3. 四苯硼酸钠

白色粉末状结晶，易溶于水，是生成离子缔合物的沉淀剂。能与K^+、NH_4^+、Rb^+、Cs^+、Tl^+、Ag^+等生成离子缔合物沉淀。易溶于水，是测K^+的良好沉淀剂。由于一般试样中Rb^+、Cs^+、Tl^+、Ag^+的含量极微，故此试剂常用于K^+的测定。沉淀组成恒定，可烘干后直接称量。

有机沉淀剂的应用实例不胜枚举，可参考有关专著。

思考题8-5

1. 有机沉淀剂与无机沉淀剂相比有什么优点？
2. 螯合剂能作为沉淀剂的条件是什么？

阅读材料

用于沉淀阴离子的有机沉淀剂

1. 用于沉淀NO_3^-、ReO_4^-、BF_4^-等的沉淀剂

（1）硝酸试剂　溶于有机试剂和稀醋酸，不溶于水，黄色。用于NO_3^-、ReO_4^-、BF_4^-的重量法测定。也能沉淀ClO_4^-、Br^-、I^-、ClO_3^-、SCN^-、$C_2O_4^{2-}$等。

（2）亚甲基蓝　与BF_4^-形成带色配合物，后者在用CH_2Cl_2萃取之后能被测量。此试剂也能沉淀其他许多离子。

2. 用于沉淀SO_4^{2-}、WO_4^{2-}、磷钼酸或硅钼酸的沉淀剂

联苯胺可供SO_4^{2-}的重量法测定之用，WO_4^{2-}、MoO_4^{2-}、PO_4^{3-}、磷钼酸铵等也能被沉淀。另外，4-氨基-4-氯代联苯是沉淀SO_4^{2-}的最好试剂。而1-氨基-4-对氨基苯基萘是沉淀WO_4^{2-}的最好试剂，因为没有MoO_4^{2-}的共沉淀。

第六节　重量分析结果计算

学习要点　复习常用的溶液浓度运算，掌握换算因数的概念和计算方法；掌握重量分析结果计算。

一、重量分析中的换算因数

重量分析中，当最后称量形与被测组分形式一致时，计算其分析结果就比较简单了。例如，测定要求计算 SiO_2 的含量，重量分析最后称量形也是 SiO_2，其分析结果按下式计算：

$$w(SiO_2)=\frac{m(SiO_2)}{m_s}\times 100\%$$

式中　$w(SiO_2)$——SiO_2 的质量分数（数值以%表示）；

$m(SiO_2)$——SiO_2 沉淀的质量，g；

m_s——试样的质量，g。

如果最后称量形与被测组分形式不一致，分析结果就要进行适当的换算。例如，测定钡时，得到 $BaSO_4$ 沉淀 0.5051g，可按下列方法换算成被测组分钡的质量：

$$\begin{array}{cc} BaSO_4 & \longrightarrow Ba \\ 233.4 & 137.4 \\ 0.5051g & m(Ba) \end{array}$$

$$m(Ba)=0.5051\times 137.4/233.4g=0.2973g$$

即

$$m(Ba)=m(BaSO_4)\times\frac{M(Ba)}{M(BaSO_4)}$$

式中，$m(BaSO_4)$ 为称量形 $BaSO_4$ 的质量，g；$\frac{M(Ba)}{M(BaSO_4)}$是将 $BaSO_4$ 的质量换算成 Ba 的质量的分式，此分式是一个常数，与试样质量无关，这一比值通常称为换算因数或化学因数（即欲测组分的摩尔质量与称量形的摩尔质量之比，常用 F 表示）。将称量形的质量换算成所要测定组分的质量后，即可按前面计算 SiO_2 分析结果的方法进行计算。

求算换算因数时，一定要注意使分子和分母所含被测组分的原子或分子数目相等，所以在待测组分的摩尔质量和称量形的摩尔质量之前有时需要乘以适当的系数。分析化学手册中可查到常见物质的换算因数。表 8-2 列出了几种常见物质的换算因数。

二、结果计算示例

例 8-2 用 $BaSO_4$ 重量法测定黄铁矿中硫的含量时，称取试样 0.1819g，最后得到 $BaSO_4$ 沉淀 0.4821g，计算试样中硫的质量分数。

表 8-2 几种常见物质的换算因数

被测组分	沉淀形	称量形	换算因数
Fe	$Fe_2O_3 \cdot nH_2O$	Fe_2O_3	$2M(Fe)/M(Fe_2O_3)=0.6994$
Fe_3O_4	$Fe_2O_3 \cdot nH_2O$	Fe_2O_3	$2M(Fe_3O_4)/3M(Fe_2O_3)=0.9666$
P	$MgNH_4PO_4 \cdot 6H_2O$	$Mg_2P_2O_7$	$2M(P)/M(Mg_2P_2O_7)=0.2783$
P_2O_5	$MgNH_4PO_4 \cdot 6H_2O$	$Mg_2P_2O_7$	$M(P_2O_5)/M(Mg_2P_2O_7)=0.6377$
MgO	$MgNH_4PO_4 \cdot 6H_2O$	$Mg_2P_2O_7$	$2M(MgO)/M(Mg_2P_2O_7)=0.3621$
S	$BaSO_4$	$BaSO_4$	$M(S)/M(BaSO_4)=0.1374$

解 沉淀形为 $BaSO_4$，称量形也是 $BaSO_4$，但被测组分是 S，所以必须把称量组分利用换算因数换算为被测组分，才能算出被测组分的含量。已知 $BaSO_4$ 的分子量为 233.4，S 的原子量为 32.06。所以

$$w(S)=\frac{m(S)}{m_s}\times 100\%=\frac{m(BaSO_4)\times \dfrac{M(S)}{M(BaSO_4)}}{m_s}\times 100\%$$

$$=\frac{0.4821\times 32.06/233.4}{0.1819}\times 100\%=36.41\%$$

答 该试样中硫的质量分数为 36.41%。

例 8-3 测定磁铁矿(不纯的 Fe_3O_4)中铁的含量时，称取试样 0.1666g，经溶解、氧化，使 Fe^{3+} 沉淀为 $Fe(OH)_3$，灼烧后得 Fe_2O_3 质量为 0.1370g，计算试样中：(1) Fe 的质量分数；(2) Fe_3O_4 的质量分数。

解 (1) 已知 $M(Fe)=55.85g/mol$，$M(Fe_3O_4)=231.5g/mol$，$M(Fe_2O_3)=159.7g/mol$。所以

$$w(Fe)=\frac{m(Fe)}{m_s}\times 100\%$$

$$=\frac{m(Fe_2O_3)\times \dfrac{2M(Fe)}{M(Fe_2O_3)}}{m_s}\times 100\%$$

$$=\frac{0.1370\times 2\times 55.85/159.7}{0.1666}\times 100\%$$

$$=57.52\%$$

(2) 按题意

$$w(Fe_3O_4)=\frac{m(Fe_3O_4)}{m_s}\times 100\%$$

$$=\frac{m(Fe_2O_3)\times\frac{2M(Fe_3O_4)}{3M(Fe_2O_3)}}{m_s}\times 100\%$$

$$=\frac{0.1370\times 2\times 231.5/(3\times 159.7)}{0.1666}\times 100\%$$

$$=79.47\%$$

答 该磁铁矿试样中 Fe 的质量分数为 57.52%，Fe_3O_4 的质量分数为 79.47%。

例 8-4 分析某一化学纯 $AlPO_4$ 的试样，得到 0.1126g $Mg_2P_2O_7$，计算可以得到多少 Al_2O_3？

解 已知 $M(Mg_2P_2O_7)=222.6g/mol$，$M(Al_2O_3)=102.0g/mol$。

按题意：$Mg_2P_2O_7 \longrightarrow 2P \longrightarrow 2Al \longrightarrow Al_2O_3$。因此

$$m(Al_2O_3)=m(Mg_2P_2O_7)\times\frac{M(Al_2O_3)}{M(Mg_2P_2O_7)}$$

$$=0.1126\times\frac{102.0}{222.6}g$$

$$=0.05160g$$

答 该 $AlPO_4$ 试样可得 0.05160g Al_2O_3。

例 8-5 铵离子可用 H_2PtCl_6 沉淀为 $(NH_4)_2PtCl_6$，再灼烧为金属 Pt 后称量，反应式如下：

$$(NH_4)_2PtCl_6 \longrightarrow Pt+2NH_4Cl+2Cl_2\uparrow$$

若分析得到 0.1032g Pt，求试样中含 NH_3 的质量(g)。

解 已知 $M(NH_3)=17.03g/mol$，$M(Pt)=195.1g/mol$。

按题意：$(NH_4)_2PtCl_6 \longrightarrow Pt \longrightarrow 2NH_3$。因此

$$m(NH_3)=m(Pt)\times\frac{2M(NH_3)}{M(Pt)}$$

$$=0.1032\times\frac{2\times 17.03}{195.1}g$$

$$=0.01802g$$

答 该试样中含 NH_3 的质量为 0.01802g。

思考题 8-6

1. 什么叫换算因数？
2. 计算下列计算的换算因数

(1) 从 $BaSO_4$ 的质量计算 S 的质量；

(2) 从 $Mg_2P_2O_7$ 的质量计算 MgO 质量；

(3) 从 $PbCrO_4$ 的质量计算 Cr_2O_3 质量；

(4) 从 $(NH_4)_3PO_4 \cdot 12MoO_3$ 的质量计算 $Ca_3(PO_4)_2$ 的质量；

(5) 从 $Mg_2P_2O_7$ 的质量计算 $MgSO_4 \cdot 7H_2O$ 的质量。

第七节　沉淀重量分析仪器和基本操作

学习要点　掌握样品溶解、试样沉淀和沉淀过滤、洗涤、烘干及灼烧的等沉淀重量分析基本操作方法；了解滤纸和滤器的种类、规格和适用范围；掌握滤纸、滤器、坩埚钳、高温电炉、干燥器等设备使用方法和安全注意事项。

重量分析法可分为气化法和沉淀法，本节主要介绍沉淀重量法的基本操作和所用的仪器。沉淀重量法的基本操作包括样品溶解、沉淀、过滤、洗涤、烘干和灼烧等步骤。

一、样品的溶解

准备好洁净的烧杯，配以合适的玻璃棒（其长度约为烧杯高度的 1.5 倍）及直径略大于烧杯口的表面皿。称取一定量的样品，放入烧杯后，将溶剂沿烧杯内壁倒入或沿下端紧靠烧杯内壁的玻璃棒流下，防止溶液飞溅。如溶样时有气体产生，可将样品用少量水润湿，通过烧杯嘴和表面皿间的缝隙慢慢注入溶剂，作用完后用洗瓶吹水冲洗表面皿，水流沿壁流下。如果溶样必须加热煮沸，可在烧杯口上放玻璃三角，再在上面放表面皿。搅拌可加速溶解，搅拌时玻璃棒不要触碰烧杯内壁及杯底。

二、试样的沉淀

重量分析对沉淀的要求是尽可能地完全和纯净，为了达到这个要求，应该按照沉淀的不同类型选择不同的沉淀条件，如沉淀时溶液的体积、温度，加入沉淀剂的浓度、数量、加入速度、搅拌速度、放置时间等。因此，必须按照规定的操作手续进行。

进行沉淀操作时，一般左手拿滴管，滴加沉淀剂，右手持玻璃棒不断搅动溶液，搅动时玻璃棒不要碰烧杯壁或烧杯底，以免划损烧杯。溶液需要加热时，一般在水浴或电热板上进行，沉淀后应检查沉淀是否完全，检查的方法是：待沉淀下沉后，在上层澄清液中，沿杯壁加 1 滴沉淀剂，观察滴落处是否出现浑浊，无浑浊出现表明已沉淀完全，如出现浑浊，需再补加沉淀剂，直至再次检查时上层清液中不再出现浑浊为止。然后盖上表面皿，玻璃棒放于烧杯尖嘴处。

三、沉淀的过滤和洗涤

1. 用滤纸过滤

（1）滤纸的选择。滤纸分定性和定量滤纸两种，重量分析中应当用定量滤纸（或称无灰滤纸）进行过滤。定量滤纸灼烧后灰分极少，其质量为 0.1mg 以下时可忽略不计，如果灰分较重，应扣除空白。滤纸的选择应根据沉淀的类型和沉淀的量的多少来进行。非晶形沉淀和粗大晶形的沉淀如 $Fe(OH)_3$、$Al(OH)_3$ 等不易过滤，应选用孔隙较大的快速滤纸，以免过滤太慢；中等粒度的晶形沉淀如 $ZnCO_3$ 等，可用中速滤纸；细晶形的沉淀如 $BaSO_4$、CaC_2O_4 等因易穿透滤纸，应选用最紧密的慢速滤纸。选择滤纸的直径大小应与沉淀的量相适应，沉淀的量应不超过滤纸圆锥的一半，同时滤纸上边缘应低于漏斗边缘 0.5～1cm，以免沉淀爬出。表 8-3 和表 8-4 分别是常用定量滤纸的类型和灰分质量。

表 8-3　常用定量滤纸的类型与性质

类型	滤纸盒上带标志	滤速/(s/100mL)	适用范围
快速	白色	60～100	粗粒结晶及无定形沉淀，如 $Fe(OH)_3$
中速	蓝色	100～160	中等粒度沉淀，如 $ZnCO_3$，大部分硫化物
慢速	红色	160～200	细粒状沉淀，如 $BaSO_4$、CaC_2O_4 等

表 8-4　常用定量滤纸的灰分质量

直径/cm	7	9	11	12.5
灰分/(g/张)	3.5×10^{-5}	5.5×10^{-5}	8.5×10^{-5}	1.0×10^{-4}

（2）漏斗的选择。用于重量分析中的漏斗应该是长颈漏斗，颈长为 15～20cm，漏斗锥体角应为 60°，颈的直径要小些，一般为 3～5mm，以便在颈内容易保留水柱，出口处磨成 45°角，如图 8-2 所示。其大小可根据滤纸的大小来选择。漏斗在使用前应洗净。

（3）滤纸的折叠。折叠滤纸的手要洗净擦干。滤纸的折叠如图 8-3 所示。先把滤纸对折并将折边按紧，然后再对折成一直角，锥顶不能有明显的折痕。把折成圆锥形的滤纸放入漏斗中。此时滤纸的上边缘应低于漏斗边缘 0.5～1cm，若高出漏斗边缘，可剪去一圈；滤纸也应与漏斗

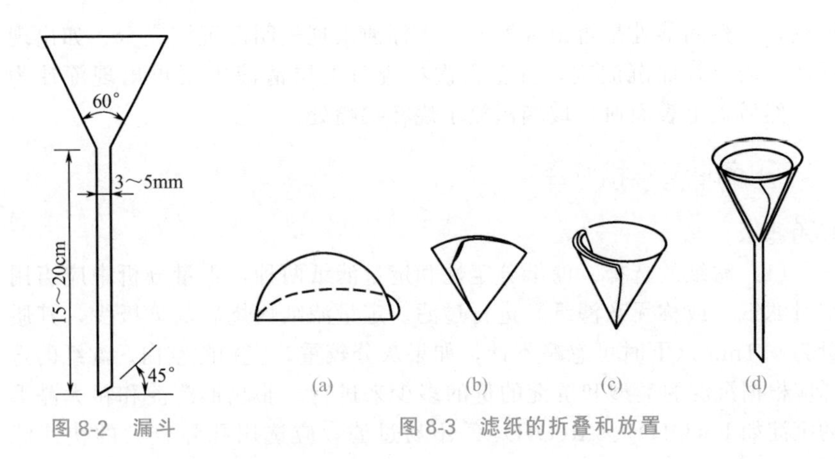

图 8-2　漏斗　　图 8-3　滤纸的折叠和放置

贴合紧密。为了保证贴合紧密，第二次折叠时折边不要按紧，先放入漏斗中试，若折叠角度不合适，可以稍稍改变滤纸折叠角度，直至与漏斗贴合紧密，把第二次的折边折紧（滤纸尖角不要重折，以免破裂）。取出圆锥形滤纸，将半边为三层滤纸的外层折角撕下一块，这样可以使内层滤纸紧密贴在漏斗内壁上，撕下来的那一小块滤纸，不能弃去，留作擦拭烧杯内残留的沉淀用。

（4）做水柱。滤纸放入漏斗中，应使滤纸三层的一边放在漏斗出口短的一边，用手按紧使之密合，然后用洗瓶加水润湿全部滤纸。用干净手指轻压滤纸赶去滤纸与漏斗壁间的气泡，然后加水至滤纸边缘，此时漏斗颈内应全部充满水，形成水柱。滤纸上的水全部流尽后，漏斗颈内的水柱应仍能保住，这样过滤时漏斗颈内才能充满滤液，使过滤速度加快（为什么?）。

若水柱做不成，可用手指堵住漏斗下口，稍掀起滤纸多层的一边，用洗瓶向滤纸和漏斗间的空隙内加水，直到漏斗颈及锥体的一部分被水充满，然后边按紧滤纸边慢慢松开下面堵住出口的手指，此时水柱应该形成。如仍不能形成水柱，或水柱不能保持，则表示滤纸没有完全贴紧漏斗壁，或是因为漏斗颈不干净，必须重新放置滤纸或重新清洗漏斗；若漏斗颈确已洗净，则是因为漏斗颈太大。实践证明，漏斗颈太大的漏斗做不出水柱，应更换漏斗。

做好水柱的漏斗应放在漏斗架上，下面用一个洁净的烧杯承接滤液，滤液可用于其他组分的测定。滤液有时是不需要的，但考虑到过滤过程中可能有沉淀渗滤，或滤纸意外破裂，需要重滤，所以要用洗净的烧杯来承接滤液。为了防止滤液外溅，一般都将漏斗颈出口斜口长的一侧贴紧烧杯内壁。漏斗位置的高低，以过滤过程中漏斗颈的出口不接触滤液为度。

（5）倾泻法过滤和初步洗涤。首先要强调，过滤和洗涤一定要一次完成，不能间断，否则沉淀干涸黏结后，很难完全洗净。因此必须事先计划好时间，不能间断，特别是过滤胶状沉淀。

过滤一般分三个阶段进行：第一阶段采用倾泻法把尽可能多的清液先过滤掉，并将烧杯中的沉淀作初步洗涤；第二阶段把沉淀转移到漏斗上；第三阶段清洗烧杯和洗涤漏斗上的沉淀。

过滤时，为了避免沉淀堵塞滤纸的空隙，影响过滤速度，一般先采用倾泻法过滤，即倾斜静置烧杯，待沉淀下降后，先将上层清液倾入漏斗中，而不是一开始过滤就将沉淀和溶液搅混后过滤。

过滤操作如图 8-4 所示，将烧杯移到漏斗上方，轻轻提起玻璃棒，将玻璃棒下端轻碰一下烧杯内壁使悬挂的液滴流回烧杯中，将烧杯嘴与玻璃棒贴紧（烧杯离漏斗要近一些，不要太高，否则烧杯上移的高度超过烧杯的高度而使沉淀损失），玻璃棒直立，下端对着 3 层滤纸的一边，并应尽可能接近，但不能接触滤纸或滤液，慢慢倾斜烧杯，使上层清液沿玻璃棒流入漏斗中，漏斗中的液面不要超过滤纸高度的 2/3，或使液面离滤纸上边缘约 5mm，以免少量沉淀因毛细管作用越过滤纸上缘，造成损失。

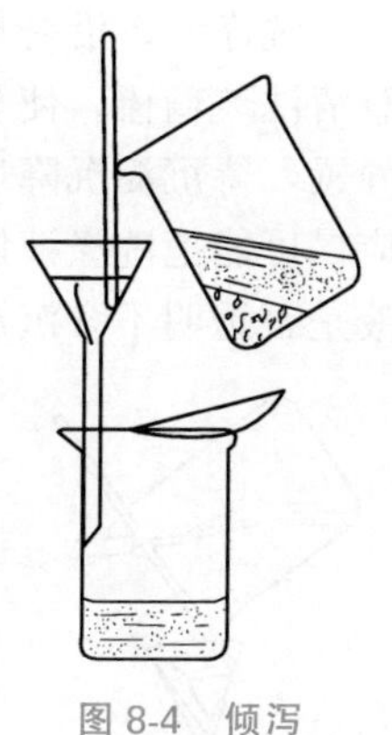

图 8-4　倾泻法过滤

暂停倾注时，应沿玻璃棒将烧杯嘴往上提，逐渐使烧杯直立，等玻璃棒和烧杯由相互垂直变为几乎平行时，将玻璃棒离开烧杯嘴而移入烧杯中。这样才能避免留在棒端及烧杯嘴上的液体流到烧杯外壁上去。玻璃棒放回原烧杯时，勿将清液搅混，也不能靠在烧杯嘴处，因嘴处沾有少量沉淀，如此重复操作，直至上层清液倾完为止。过滤过程中，带有沉淀和溶液的烧杯放置方法如图 8-5 所示。当烧杯内的液体较少而不便倾出时，可将玻璃棒稍稍倾斜，使烧杯倾斜角度更大些，以便清液尽量流出。在过滤过程中，要

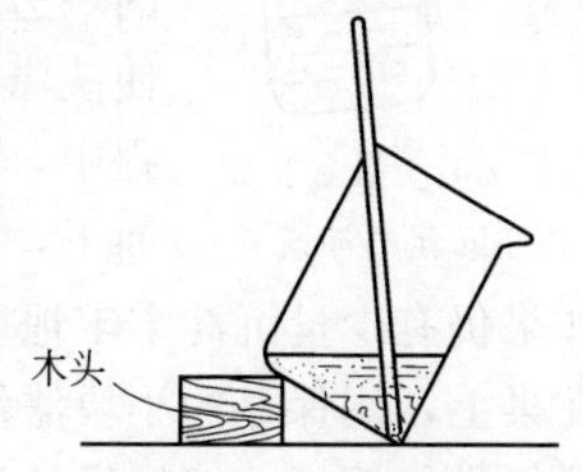

图 8-5　过滤时带沉淀和溶液的烧杯放置方法

注意检查滤液是否透明，如有浑浊，说明有穿滤现象。这时必须换另一洁净烧杯承接滤液，在原漏斗上将穿滤的滤液进行第二次过滤。如发现滤纸穿孔，则应更换滤纸重新过滤。而第一次用过的滤纸应保留。

在上层清液倾注完了以后，应在烧杯中进行初步洗涤。选用什么洗涤液洗沉淀，应据沉淀的类型而定。

晶形沉淀：可用冷的、稀的沉淀剂进行洗涤，由于同离子效应，可以减少沉淀的溶解损失。但是如沉淀剂为不挥发的物质，就不能用作洗涤液，此时可改用蒸馏水或其他合适的溶液洗涤沉淀。

无定形沉淀：用热的电解质溶液作洗涤液，以防止产生胶溶现象，大多采用易挥发的铵盐溶液作洗涤液。

对于溶解度较大的沉淀，采用沉淀剂加有机溶剂洗涤沉淀，可降低其溶解度。

洗涤时，沿烧杯内壁四周注入少量洗涤液，每次 10～20mL，并注意清洗玻璃棒，使黏附着的沉淀集中在烧杯底部。用玻璃棒充分搅拌，静置，待沉淀沉降后，按上法倾注过滤，如此洗涤沉淀 3～4 次，每次应尽可能把洗涤液倾倒尽（为什么?），再加第二份洗涤液。随时检查滤液是否透明不含沉淀颗粒，否则应重新过滤，或重做实验。

图 8-6 最后少量沉淀的冲洗

（6）沉淀的转移。沉淀用倾泻法洗涤后，在盛有沉淀的烧杯中加入 10～15mL 洗涤液，搅拌混匀后，全部倾入漏斗中。如此重复 2～3 次，使大部分沉淀转移至漏斗中。然后按图 8-6 所示吹洗方法将沉淀洗至漏斗中，将玻璃棒横放在烧杯口上，玻璃棒下端比烧杯口长出 2～3cm，左手食指按住玻璃棒的较高地方，大拇指在前，其余手指在后，拿起烧杯，放在漏斗上方，倾斜烧杯使玻璃棒仍指向 3 层滤纸的一边，用右手以洗瓶冲洗烧杯壁上附着的沉淀，使洗涤液和沉淀沿玻璃棒全部流入漏斗中。吹洗过程中，应注意将烧杯底部高高翘起，吹洗动作自上而下，否则因毛细作用，又使沉淀爬上烧杯内壁。如果仍有少量沉淀牢牢地黏在烧杯内壁上而吹洗不下来时，可将烧杯放在桌上，用保存的小块滤纸擦拭玻璃棒，再放入烧杯中，用玻璃棒压住滤纸进行擦拭。擦拭后的滤纸块，用玻璃棒拨入漏斗中，用洗涤液再冲洗烧杯将残存的沉淀全部转入漏斗中。有时也可用淀帚（如图 8-7 所示）擦洗烧杯上的沉淀，然后洗净淀帚。淀帚一般可自制，剪一小段乳胶管，然后套在玻璃棒的一端，再用橡胶胶水黏合乳胶管的一端，将其封死，用夹子夹扁晾干即成。

经吹洗、擦拭后的烧杯内壁，应在明亮处仔细检查是否已经吹洗、擦拭干净，包括玻璃棒、表面皿、淀帚和烧杯壁都要认真检查。若稍有沉淀痕迹，应再次擦拭、转移、吹洗，直到丝毫不附着沉淀为止。

（7）洗涤。沉淀全部转移到滤纸上后，再在滤纸上进行最后的洗涤。这时要用洗瓶由滤纸边缘稍下一些地方螺旋形由上向下移动冲洗沉淀，如图 8-8 所示。这样可使沉淀洗得干净且可将沉淀集中到滤纸锥体的底部，不可将洗涤液直接冲到滤纸中央沉淀上，以免沉淀外溅。

为了提高洗涤效果，洗涤沉淀采用“少量多次，尽量沥干”的方法，即每次加少量洗涤液，洗涤液尽量流干后，再加第二次洗涤液，这样可提高洗涤效率。洗涤次数一般都有规定，例如洗涤 8～10 次，或规定洗至流出液无 Cl^- 为止等。如果要求洗至无 Cl^- 为止，则洗几次以后，用小试管接取少量滤液，用硝酸酸化的 $AgNO_3$ 溶液检查滤液中是否还有 Cl^-，若无白色浑浊，即可认为已洗涤干净，否则需进一步洗涤。

2. 用微孔玻璃坩埚（或漏斗）过滤

有些沉淀不能与滤纸一起包烧，因其易被还原，如 AgCl 沉淀。有些沉淀不能高温灼烧，只需烘干即可称量，如丁二肟镍沉淀、磷钼酸喹啉沉淀等，因而也不能用滤纸过滤，因为滤纸烘干后，质量改变很多，在这种情况下，应该用微孔玻璃坩埚（或微孔玻璃漏斗）过滤，如图 8-9 所示。

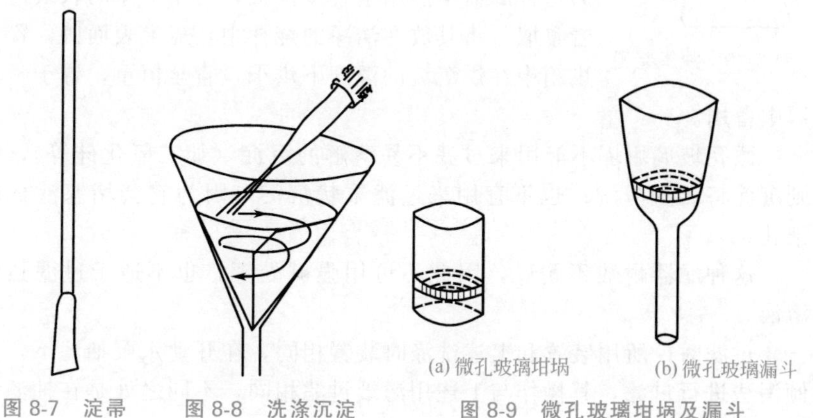

(a) 微孔玻璃坩埚　(b) 微孔玻璃漏斗

图 8-7　淀帚　图 8-8　洗涤沉淀　图 8-9　微孔玻璃坩埚及漏斗

这种滤器的滤板是用玻璃粉末在高温熔结而成的。这类滤器的选用可参见表 8-5。

表 8-5　微孔玻璃坩埚规格及用途

坩埚代号	滤孔大小/μm	一般用途
$P_{1.6}$	<1.6	滤除细菌
P_4	1.6～4	过滤极细颗粒沉淀
P_{10}	4～10	过滤细颗粒沉淀
P_{16}	10～16	过滤较细颗粒沉淀
P_{40}	16～40	过滤一般晶形沉淀
P_{100}	40～100	过滤较粗颗粒沉淀
P_{160}	100～160	过滤粗晶形颗粒沉淀
P_{250}	160～250	

在使用这种滤器前，先用强酸（HCl 或 HNO_3）处理，然后再用水洗净。洗涤时通常采用抽滤法。如图 8-10 所示，在抽滤瓶口配一块稍厚的橡胶垫，垫上挖一孔，将微孔玻璃坩埚（或漏斗）插入圆孔中（市场上有这种橡皮垫出售），抽滤瓶的支管与水泵相连接。先将强酸倒入微孔玻璃坩埚（或漏斗）中，然后开水泵抽滤，当结束抽滤时，应先拔掉抽滤瓶支管上的胶管，再关闭水泵，否则水泵中的水会倒吸入抽滤瓶中。待酸抽洗结束后，直接用蒸馏水抽洗，不能先用自来水抽洗再用蒸馏水抽洗，否则自来水中的杂质会进入滤板。抽洗干净的这种滤器不能用手直接接触，可用洁净的软纸衬垫着拿取，将其放在洁净的烧杯中，盖上表面皿，置于烘箱中在烘沉淀的温度下烘干，直至恒重，置于干燥器中备用。

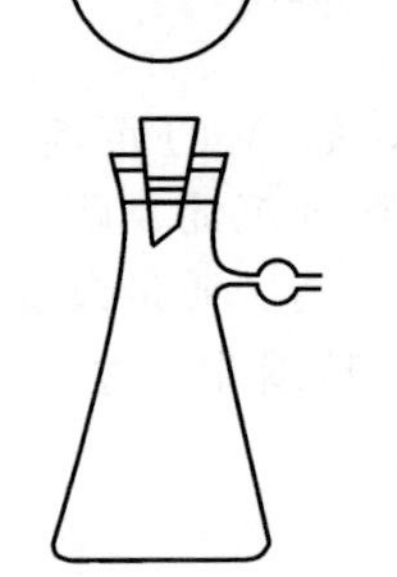

图 8-10　抽滤装置

微孔玻璃坩埚不能用来过滤不易溶解的沉淀（如二氧化硅等），否则沉淀将无法清洗；也不宜用来过滤浆状沉淀，因为它会堵塞滤板的细孔。

这种滤器耐酸不耐碱，因此不可用强碱处理，也不适于过滤强碱溶液。

过滤时，所用装置和上述洗涤时装置相同，在开动水泵抽滤下，用倾泻法进行过滤，其操作与上述用滤纸过滤相同，不同之处是在抽滤下进行。

微孔玻璃坩埚用过后，先尽量倒出其中沉淀，再用适当的清洗剂清洗（参见表 8-6）。不能用去污粉洗涤，也不要用坚硬的物体擦划滤板。

表 8-6 微孔玻璃坩埚常用清洗剂

沉淀物	清洗剂
油脂等各种有机物	先用四氯化碳等适当的有机溶剂洗涤，继用铬酸洗液洗
氯化亚铜、铁斑	含 $KClO_4$ 的热浓盐酸
汞渣	热浓 HNO_3
氯化银	氨水或 $Na_2S_2O_3$ 溶液
铝质、硅质残渣	先用 HF，继用浓 H_2SO_4 洗涤，随即用蒸馏水反复漂洗几次
二氧化锰	HNO_3-H_2O_2

3. 古氏坩埚

除了滤纸和微孔玻璃坩埚（或漏斗）以外，还有一种滤器是古氏坩埚，又称布氏坩埚。它是用陶瓷烧制的，其外形类似普通坩埚，有盖，但底部有许多小孔，还有一块陶瓷筛板。其过滤物质是酸洗石棉。它适用于过滤对玻璃有腐蚀作用的物质。

市售的酸洗石棉使用前要做处理。可先用手将石棉稍做分散，再放在盐酸（1＋3）溶液中浸泡，搅拌片刻后，再煮沸 20min；用布氏漏斗抽滤；并用纯水洗至中性。再用 100g/L 的碳酸钠溶液浸泡，并煮沸 20min，用布氏漏斗过滤，再用纯水洗涤。用酚酞检验到中性即可。

处理好的石棉用水调成糊状，如石棉中有分散不开的块状物，应拣出来，利用其沉降速度不一，将上层细纤维和水一起倾入另一烧杯中。

粗纤维用作底部铺垫，细纤维铺在表面。目前市售的酸洗石棉，其纤维长短、粗细各异，最好搭配使用。

铺设的厚度要适中，不能有可见的漏隙，抽滤的流速要适中，如铺得太厚会使流速太慢，浪费分析时间。

铺好后的坩埚，石棉层的表面应均匀平整，再用水洗涤，洗到流出液中无可见的细纤维即可。

转移和洗涤沉淀的方法与用滤纸过滤法相同。

四、沉淀的烘干和灼烧

沉淀的烘干和灼烧是在一个预先灼烧至质量恒定的坩埚中进行。因此，在沉淀的烘干和灼烧前，必须预先准备好坩埚。

1. 坩埚的准备

先将瓷坩埚洗净，小火烤干或烘干，编号（可用含 Fe^{3+} 或 Co^{2+} 的蓝墨水在坩埚外壁上编号），然后在所需温度下加热灼烧。灼烧可在高温电炉中进行。由于温度骤升或骤降常使坩埚破裂。最好将坩埚放入冷的炉膛中、逐渐升高温度，或者将坩埚在已升至较高温度的炉膛口预热一下，再放进炉膛中。一般在 800～950℃灼烧 0.5h（新坩埚需灼烧 1h）。从高温炉中取出坩埚时，应待坩埚红热退去后将坩埚移入干燥器中，将干燥器连同坩埚一起移至天平室，冷却至室温（约需 30min），取出称量。随后第二次灼烧，15～20min，冷却后称量。如果前后两次质量之差不大于 0.2mg，即可认为坩埚已达质量恒定（恒重），否则还需再灼烧，直至质量恒定为止。灼烧空坩埚时，灼烧的温度必须与以后灼烧沉淀的温度一致；在高温炉或烘箱中的位置必须每次一致；冷却的时间每次一致。这样才有利于恒重。

2. 沉淀的烘干和灼烧

坩埚准备好后即可开始沉淀的烘干和灼烧。利用玻璃棒把滤纸和沉淀从漏斗中取出，按图 8-11 所示，折卷成小包，把沉淀包卷在里。此时应特别注意，勿使沉淀有任何损失。将滤纸装进已质量恒定的坩埚内，使滤纸层较多的一边向上，可使滤纸灰化较易。按图 8-12 所示，斜置坩埚于泥三角上，盖上坩埚盖，然后如图 8-13 所示，将滤纸烘干并炭化，在此过程中必须防止滤纸着火，否则会使沉淀飞散而损失。若已着火，应立刻移开煤气灯，并将坩埚盖盖上，让火焰自熄。

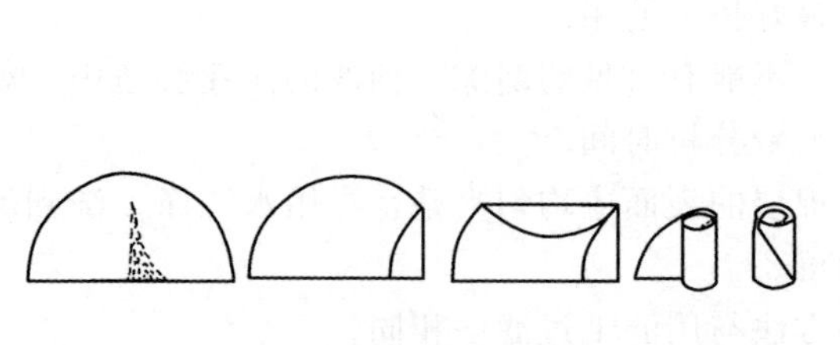

(a) 晶形沉淀的包裹

(b) 无定形沉淀的包裹

图 8-11 沉淀的包裹

当滤纸炭化后，可逐渐提高温度，并随时用坩埚钳转动坩埚，把坩埚内壁上的黑炭完全烧去，将炭烧成 CO_2 而除去的过程叫灰化。待滤纸

图 8-12 坩埚侧放于泥三角上

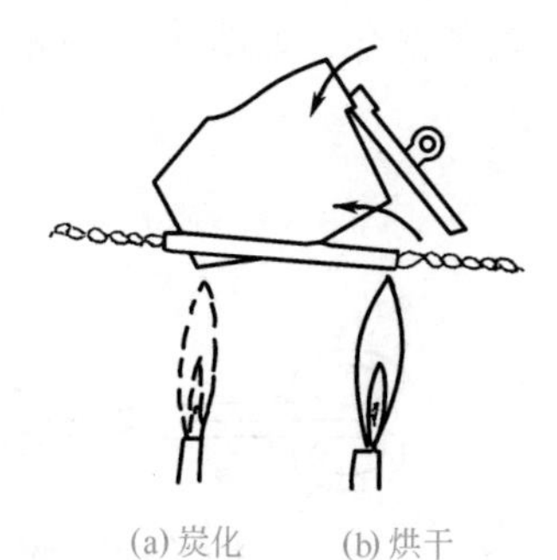

图 8-13 炭化和烘干

灰化后，将坩埚放在高温电炉中于指定温度下灼烧。一般第一次灼烧时间为 30～45min，第二次灼烧 15～20min。每次灼烧完毕从炉内取出后，都需要在空气中稍冷，再移入干燥器中。沉淀冷却到室温后称量，然后再灼烧、冷却、称量，直至质量恒定。

微孔玻璃坩埚（或漏斗）只需烘干即可称量，一般将微孔玻璃坩埚（或漏斗）连同沉淀放在表面皿上，然后放入烘箱中，根据沉淀性质确定烘干温度。一般第一次烘干时间要长些，约 2h，第二次烘干时间可短些，为 45min～1h，根据沉淀的性质具体处理。沉淀烘干后，取出坩埚（或漏斗），置干燥器中冷却至室温后称量。反复烘干、称量，直至质量恒定为止。

3. 仪器设备

（1）坩埚和坩埚钳。用滤纸过滤的沉淀，通常在坩埚中烘干、炭化、灼烧后进行称量。应用得最多的是瓷坩埚。重量分析中常用 30mL 的瓷坩埚灼烧沉淀。不能高温灼烧的沉淀，应用微孔玻璃坩埚或微孔玻璃漏斗。

坩埚钳（如图 8-14 所示）常用铁或铜合金制作，表面镀镍或铬，用来夹持热的坩埚和坩埚盖。使用坩埚钳前，要检查钳尖是否洗净，如有沾污必须处理（用细砂纸磨光）后才能使用。用坩埚钳夹取灼热坩埚时，必须预热。不用时坩埚钳要平放在台上，钳尖朝上，以免弄脏。

夹持铂坩埚的坩埚钳尖端应包有铂片，以防高温时钳子的金属材料与铂形成合金，使铂变脆。

（2）干燥器。干燥器是具有磨口盖子的密闭厚壁玻璃器皿，常用以保存干坩埚、称量瓶、试样等物。它的磨口边缘涂一薄层凡士林，使之能与盖子密合，如图 8-15 所示。

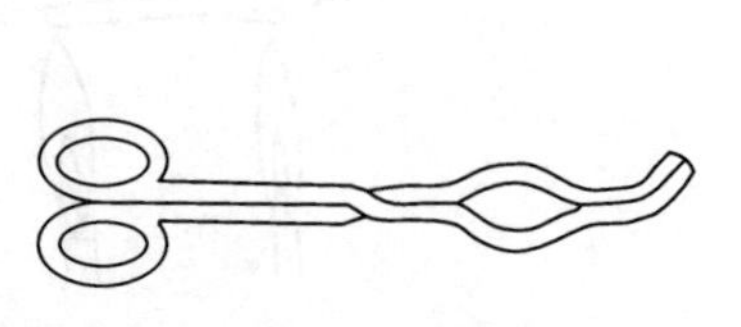

图 8-14　坩埚钳

图 8-15　干燥器

干燥器的底部应盛放干燥剂，最常用的干燥剂是变色硅胶和无水氯化钙，其上搁置洁净的带孔瓷板。坩埚等可放在瓷板上。

干燥剂吸收水分的能力有一定的限度。例如：硅胶，20℃时，被其干燥过的 1L 空气中残留水分为 6×10^{-3}mg；无水氯化钙，25℃时，被其干燥过的 1L 空气中残留水分为 0.14～0.25mg。因此，干燥器中的空气并不是绝对干燥的，只是湿度较低而已。

使用干燥器时应注意下列事项。

① 干燥剂不可放得太多，装到下室的一半即可，以免玷污坩埚底部。装入干燥剂时，按图 8-16 所示方法进行，即把干燥剂筛去粉尘后，用纸筒装入干燥器的底部，可使器壁不受玷污。

② 搬移干燥器时，要用双手拿着，用大拇指紧紧按住盖子，其他手指托住下沿（如图 8-17 所示），绝对禁止用单手捧其下部，以防盖子滑落。

③ 打开干燥器时，不能往上掀盖，应用左手按住干燥器，右手小心地把盖子稍微推开（如图 8-18 所示），等冷空气徐徐进入后，才能完全推开，盖子必须仰放在桌子上。

图 8-16　装干燥剂

图 8-17　干燥器的搬移

图 8-18　干燥器的开启与关闭

④ 不可将太热的物体放入干燥器中。

⑤ 有时较热的物体放入干燥器中后，空气受热膨胀会把盖子顶起来，为了防止盖子被打翻，应当用手按住，不时把盖子稍微推开（不到 1s），以放出热空气。

⑥ 灼烧或烘干后的坩埚和沉淀，在干燥器内不宜放置过久，否则会因吸收一些水分而使质量略有增加。

⑦ 干燥剂一般为变色硅胶，变色硅胶干燥时为蓝色（含无水 Co^{2+} 色），受潮后变粉红色（水合 Co^{2+} 色），可以在 120℃ 烘受潮的硅胶待其变蓝色后反复使用，直至破碎不能用为止。常用的干燥剂见表 8-7。

表 8-7　常用干燥剂

干燥剂	25℃时，1L 干燥后的空气中残留的水分/mg	再生方法
$CaCl_2$(无水)	0.14～0.25	烘干
CaO	3×10^{-3}	烘干
NaOH(熔融)	0.16	熔融
MgO	8×10^{-3}	再生困难
$CaSO_4$(无水)	5×10^{-3}	于 230～250℃加热
H_2SO_4(95%～100%)	3×10^{-3}～0.30	蒸发浓缩
$Mg(ClO_4)_2$(无水)	5×10^{-4}	减压下，于 220℃加热
P_2O_5	$<2.5\times10^{-5}$	不能再生
硅胶	约 1×10^{-3}	于 110℃烘干

（3）电热干燥箱（又称烘箱）。对于不能和滤纸一起灼烧的沉淀，以及不能在高温下灼烧，只能在不太高的温度烘干后就称量的沉淀，可用已恒重的微孔玻璃坩埚过滤后，置于电热干燥箱中在一定温度下烘干。

实验室常用的电热鼓风干燥箱可控温 50～300℃，在此温度范围内可任意选定温度，并利用箱内的自动控制系统使温度恒定。

使用时应注意的事项如下。

① 为保证安全操作，通电前必须检查是否断路或短路，箱体接地是否良好。

② 使用时，烘箱顶的排气孔应打开。

③ 加热温度不可超过烘箱的极限温度。

④ 不要经常打开烘箱，以免影响恒温。

⑤ 易挥发物（如苯、汽油、石油醚）和易燃物（如手帕、手套等）不能放入干燥箱中干燥。

（4）高温电炉（俗称马弗炉）。高温电炉常用于重量分析中灼烧沉淀和测定灰分等工作。其最高使用温度为950℃，短时间可以用1000℃，炉内的温度由带有继电器或温度自动控制器来控制。温度的测量采用热电偶高温计，它从炉后孔伸入炉腔内。

实验室中常用的温度控制器测温范围在0～1100℃之间，不同沉淀所需灼烧温度及时间各不相同。

使用高温电炉应注意以下事项。

① 为保证安全操作，通电前应检查导线及接头是否良好，电炉与控制器必须接地可靠。

② 检查炉膛是否洁净和有无破损。

③ 欲进行灼烧的物质（包括金属及矿物）必须置于完好的坩埚或瓷皿内，用长坩埚钳送入（或取出），应尽量放在炉膛中间位置，切勿触及热电偶，以免将其折断。

④ 含有酸性、碱性挥发物质或为强烈氧化剂的化学药品应预先处理（用煤气灯或电炉预先灼烧），待其中挥发物逸尽后，才能置入炉内加热。

⑤ 旋转温度控制器的旋钮使指针指向所需温度，温度控制器的开关指向关。

⑥ 快速合上电闸，检查配电盘上指示灯是否已亮。

⑦ 打开温度指示器的开关，温度控制器的红灯即亮，表示高温电炉处于升温状态。当温度升到预定温度时，红灯、绿灯交替变换，表示电炉处于恒温状态。

⑧ 在加热过程中，切勿打开炉门；电炉使用过程中，切勿超过最高温度，以免烧毁电热丝。

⑨ 灼烧完毕，切断电源（拉闸），不能立即打开炉门。待温度降低至200℃左右时，才能打开炉门，取出灼烧物品，冷至60℃左右后，放入干燥器内冷至室温。

⑩ 长期搁置未使用的高温电炉，在使用前必须进行一次烘干处理，烘炉时间：从室温到200℃，4h；400～600℃，4h。

第八节　应用实例和操作练习

学习要点　通过反复练习，熟练掌握样品溶解、试样沉淀和沉淀过滤、洗涤、烘干及灼烧的等沉淀重量分析基本操作；能根据分析要求和沉淀类型选择合适的滤纸、滤器对沉淀进行规范的过滤、洗涤、烘干和灼烧等操作；能熟练安全地使用抽滤装置、坩埚钳、高温电炉、干燥器等设备；通过应用实例了解氯化钡结晶水、氯化钡含量、面粉灰分含量和铝盐中铝含量的测定原理、操作步骤和操作注意事项。

一、氯化钡含量的测定

1. 方法原理

$BaSO_4$ 重量法既可用于测定 Ba^{2+} 的含量，也可用于测定 SO_4^{2-} 的含量。称取一定量的 $BaCl_2 \cdot 2H_2O$，加水溶解，加稀 HCl 溶液酸化，加热至微沸，在不断搅动的条件下，慢慢地加入稀、热的 H_2SO_4，Ba^{2+} 与 SO_4^{2-} 反应，形成晶形沉淀。沉淀经陈化、过滤、洗涤、烘干、炭化、灰化、灼烧后，以 $BaSO_4$ 形式称量。可求出 $BaCl_2 \cdot 2H_2O$ 中氯化钡含量。

Ba^{2+} 可生成一系列微溶化合物，如 $BaCO_3$、BaC_2O_4、$BaCrO_4$、$BaHPO_4$、$BaSO_4$ 等，其中以 $BaSO_4$ 溶解度最小，100mL 溶液中，100℃时溶解 0.4mg，25℃时仅溶解 0.25mg。当过量沉淀剂存在时，溶解度大为减小，一般可以忽略不计。

$BaSO_4$ 重量法一般在 0.05mol/L 左右的盐酸介质中进行沉淀，这是为了防止产生如 $BaCO_3$、$BaHPO_4$、$BaHAsO_4$ 沉淀以及防止生成 $Ba(OH)_2$ 共沉淀。同时，适当提高酸度，增加 $BaSO_4$ 在沉淀过程中的溶解度，以降低其相对过饱和度，有利于获得较好的晶形沉淀。

用 $BaSO_4$ 重量法测定 Ba^{2+} 时，一般用稀 H_2SO_4 作沉淀剂。为了使 $BaSO_4$ 沉淀完全，H_2SO_4 必须过量。由于 H_2SO_4 在高温下可挥发除去，故沉淀带下的 H_2SO_4 不会引起误差，因此沉淀剂可过量 50%～100%。如果用 $BaSO_4$ 重量法测定 SO_4^{2-}，沉淀剂 $BaCl_2$ 只允许过量 20%～30%，因为 $BaCl_2$ 灼烧时不易挥发除去。

$PbSO_4$、$SrSO_4$ 的溶解度均较小，Pb^{2+}、Sr^{2+} 对氯化钡的测定有干扰。NO_3^-、ClO_3^-、Cl^- 等阴离子和 K^+、Ca^{2+}、Fe^{3+} 等阳离子均可以引起共沉淀现象，故应严格控制沉淀条件，减少共沉淀现象，以获得纯净的 $BaSO_4$ 晶形沉淀。

2. 仪器试剂

（1）马弗炉。

（2）瓷坩埚 25mL。

（3）玻璃漏斗。

（4）定量滤纸（慢速或中速）。

（5）淀帚。

（6）H_2SO_4 溶液（1mol/L，0.1mol/L）。

（7）HCl 溶液（2mol/L）。

（8）HNO_3 溶液（2mol/L）。

（9）$AgNO_3$ 溶液（0.1mol/L）。

（10）$BaCl_2 \cdot 2H_2O$（分析纯）。

3. 实例内容与操作步骤

（1）称样及沉淀的制备。准确称取两份 0.4～0.6g $BaCl_2 \cdot 2H_2O$ 试样，分别置于400mL 烧杯中，加入 100mL 水、3mL 2mol/L HCl 溶液，搅拌溶解，加热近沸。

另取 4mL 1mol/L H_2SO_4 溶液两份于两个 100mL 烧杯中，加水30mL，加热至近沸，趁热将两份 H_2SO_4 溶液分别用小滴管逐滴地加入两份热的氯化钡溶液中，并用玻璃棒不断搅拌，直至两份 H_2SO_4 溶液加完为止。待 $BaSO_4$ 沉淀下沉后，于上层清液中加入 1～2 滴 0.1mol/L H_2SO_4 溶液，仔细观察沉淀是否完全。沉淀完全后，盖上表面皿（切勿将玻璃棒拿出杯外），放置过夜陈化。也可将沉淀放在水浴或砂浴上，保温 40min 陈化，其间要搅动几次。

（2）沉淀的过滤和洗涤。用慢速或中速滤纸倾泻法过滤。用稀 H_2SO_4（用 1mol/L H_2SO_4 溶液加 100mL 水配成）洗涤 3～4 次，每次约 10mL。然后将沉淀定量转移到滤纸上，用淀帚由上到下擦拭烧杯内壁，并用折叠滤纸时撕下的小片滤纸擦拭杯壁，并将此小滤纸片放入漏斗中，再用稀 H_2SO_4 洗涤 4～6 次，直至洗涤液中不含 Cl^- 为止（检查方法：用试管收集 2mL 滤液，加 1 滴 2mol/L HNO_3 溶液酸化，加入 2 滴 $AgNO_3$ 溶液，若无白色浑浊产生，表示 Cl^- 已洗净）。

（3）空坩埚的恒重。将两只洁净的瓷坩埚放在 850℃±20℃的马弗炉中灼烧至恒重。第一次灼烧 40min，第二次后每次灼烧 20min。灼烧也可在煤气灯上进行。

（4）沉淀的灼烧和恒重。将折叠好的沉淀滤纸包置于已恒重的瓷坩埚中，经烘干、炭化、灰化后，于（850±20)℃的马弗炉中灼烧至恒重。

（5）计算公式

$$w(BaCl_2)=\frac{(m_2-m_1)\times\dfrac{M(BaCl_2)}{M(BaSO_4)}}{m_{样}}\times 100\%$$

式中　$w(BaCl_2)$——$BaCl_2$ 的质量分数，%；

m_1——空坩埚的质量，g；

$M(BaCl_2)$——$BaCl_2$ 的摩尔质量，g/mol；

$M(BaSO_4)$——$BaSO_4$ 的摩尔质量，g/mol；

m_2——坩埚加 $BaSO_4$ 的质量，g；

$m_{样}$——试样的质量，g。

4. 注意事项

（1）玻璃棒一旦放入 $BaCl_2$ 溶液中，就不能拿出。

（2）稀硫酸和样品溶液都必须加热至沸，并趁热加入硫酸，最好在断电的热电炉上加入，加入硫酸的速度要慢并不断搅拌，否则形成的沉淀太细会穿透滤纸。

（3）搅拌时玻璃棒不要碰烧杯底及内壁，以免划破烧杯壁，使沉淀黏附在烧杯壁上。

（4）表面皿取下时要冲洗。

（5）陈化时要盖表面皿。

（6）洗净的坩埚放取或移动都应依靠坩埚钳，不得用手直接拿。

（7）放置坩埚钳时，要将钳尖向上，以免沾污。

（8）恒重时要注意三个一致性。

5. 思考题

（1）为什么要在稀热 HCl 溶液中且不断搅拌条件下逐滴加入沉淀剂沉淀 $BaSO_4$？HCl 加入太多有何影响？

（2）为什么要在热溶液中沉淀 $BaSO_4$，但要在冷却后过滤？晶形沉淀为何要陈化？

（3）什么叫倾泻法过滤？洗涤沉淀时，为什么用洗涤液或水时都要少量多次？

（4）恒重的标志是什么？

二、氯化钡中结晶水含量的测定

1. 方法原理

汽化法是通过加热或其他方法使试样中某种挥发组分逸出后，根据试样减轻的质量计算该组分的含量。例如：测定试样中湿存水或结晶水时，可将一定质量的试样在电热烘箱中加热烘干除去水分，试样减少的质量即为所含水分的质量。

2. 仪器试剂

（1）扁形称量瓶。

（2）电热烘箱。

（3）干燥器。

（4）$BaCl_2 \cdot 2H_2O$ 试样。

3. 实例内容与操作步骤

取洗净的称量瓶，将瓶盖横放在瓶口上并留有缝隙，置于电热烘箱中，在125℃下烘干1.5～2h，取出放入干燥器中冷却至室温（约30min），称量。再烘干一次（约15min），冷却、称重。重复进行直至恒重（两次称量质量之差小于0.2mg）。

在已恒重的称量瓶中放入氯化钡试样1～2g，盖上瓶盖，准确称量。然后将瓶盖斜立在瓶口上，于125℃下烘干2h，取出，稍冷后放入干燥器中冷却至室温，称量。再烘干一次，冷却、称重，直至恒重。

4. 数据处理

$$w(H_2O)=\frac{m_1-m_2}{m_{样}}\times 100\%$$

式中 $w(H_2O)$——水的质量分数，%；

m_1——烘干前氯化钡试样与称量瓶的质量，g；

m_2——烘干后氯化钡试样与称量瓶的质量，g；

$m_{样}$——试样的质量（烘干前氯化钡试样与称量瓶的质量减去称量瓶质量），g。

5. 注意事项

（1）温度不要高于125℃，否则 $BaCl_2$ 可能有部分挥发。

（2）在热的情况下，称量瓶盖子不要盖严，以免冷却后盖子不易打开。

（3）加热时间不能少于1h。

6. 思考题

（1）称量瓶为什么事先应烘干至恒重？若没有烘干至恒重对测定结果有何影响？

（2）试样烘干为什么也要恒重？

（3）重量分析中，如何进行恒重操作？

三、面粉中灰分含量的测定

1. 方法原理

一定质量的面粉在高温灰化时，去除了有机质，保留面粉中原有的无机盐及少量有机化合物经燃烧后生成的无机物，样品质量发生改变，根据样品的失重，可计算面粉中的灰分含量。

2. 仪器试剂

（1）马弗炉。

（2）瓷坩埚。

（3）干燥器。

（4）恒温水浴。

（5）HCl 溶液（1＋4）。

（6）醋酸镁乙醇溶液（20g/L）。

3. 实验内容与操作步骤

（1）坩埚的准备。将瓷坩埚用（1＋4）HCl 溶液煮沸 1～2h，洗净晾干后，置于 550℃马弗炉中灼烧至恒重。

（2）测定

① 准确称取约 2g 面粉于事先恒重的瓷坩埚中，准确加入 3.00mL 20g/L 醋酸镁乙醇溶液，使样品湿润，于水浴上蒸发过剩的乙醇。

② 将坩埚移放在电炉上，坩埚盖斜倚在坩埚口，进行炭化。注意控制电炉温度，避免样品着火燃烧，气流带走样品炭粒。

③ 炭化至无烟后，移入 550℃马弗炉炉口处，稍待片刻，再慢慢移入炉膛内，坩埚盖仍斜倚在坩埚口，关闭炉门。灼烧约 2h，将坩埚移至炉口，冷却至红热褪去，移入干燥器中冷却至室温，称量。灰分应呈白色或浅灰色。

④ 再将坩埚置于马弗炉中灼烧 30min，取出冷却、称量，如此反复直至恒重。

⑤ 同时做一空白试验。取另一已知准确质量的坩埚，准确加入 3.00mL 20g/L 醋酸镁乙醇溶液，于水浴上蒸干，电炉上炭化，再移入 550℃马弗炉中灼烧至恒重。计算 3.00mL 20g/L 醋酸镁乙醇溶液带来的灰分质量。

4. 数据处理

$$w(\text{灰分})=\frac{(m_3-m_1)-(m_5-m_4)}{m_2-m_1}\times 100\%$$

式中 w(灰分)——灰分的质量分数，%；

m_1——盛样品的空坩埚质量，g；

m_2——样品加空坩埚质量，g；

m_3——灼烧后样品残灰加空坩埚质量，g；

m_4——空白试验的空坩埚质量，g；

m_5——灼烧后空白残灰加空坩埚质量，g。

5. 注意事项

（1）空坩埚恒重时，应连同盖子一起恒重。

（2）蒸发时应在水浴上加热，不能明火加热，否则样品会着火。

（3）注意避免样品着火燃烧。

（4）炭化灼烧时，应将坩埚盖斜倚在坩埚口。

6. 思考题

（1）本实验中应如何准备空坩埚？

（2）为什么蒸发过程要在水浴上进行？

四、铝盐中铝含量的测定

1. 方法原理

试样溶解后，在 HAc-NH_4Ac 缓冲溶液中，以 8-羟基喹啉将铝定量沉淀。

$$3\,C_9H_7NO\text{(8-羟基喹啉)} + Al^{3+} \longrightarrow Al(C_9H_6NO)_3 + 3H^+$$

此沉淀具有固定组成，经微孔玻璃坩埚过滤，在 120～140℃ 烘干后直接称量。

2. 仪器试剂

（1）烘箱。

（2）P_{16} 号微孔玻璃坩埚。

（3）HCl 溶液（6mol/L）。

（4）NH_4Ac 溶液（2mol/L）。

（5）40g/L 8-羟基喹啉溶液。配制：将 4g 8-羟基喹啉溶于 5～6mL 冰醋酸中，加水稀释至 100mL，滴加氨水至出现浑浊，然后滴入醋酸使浑浊恰好溶解。

3. 实例内容与操作步骤

（1）空坩埚的准备。用水洗净两个坩埚，用真空泵抽 2min 以除去玻璃砂板中的水分，便于干燥。放进烘箱中，第一次干燥 1.5h，冷却 0.5h，以后每次干燥 1h，直至恒重。

（2）试样的溶解。准确称取一定质量的铝盐（含铝 0.15～0.20g），加水溶解后定容于 100mL 容量瓶中。

（3）沉淀及过滤。吸取上述溶液 25.00mL 于 400mL 烧杯中，加水稀释至 100mL，加入 5mL 6mol/L HCl 溶液，加入 30mL 40g/L 8-羟基喹啉溶液，加热至 70～80℃，在不断搅拌下滴加 2mol/L NH_4Ac 溶液至沉淀不再析出，再过量 20mL（每份共用 NH_4Ac 溶液约 40mL），此时沉淀上层清液应呈橙黄色。在水浴上陈化 30min 后趁热用倾泻法将沉淀过滤于微孔玻璃坩埚中，用热水洗涤 2 次，后用冷水洗涤至无 Cl^-。

（4）干燥。将盛有沉淀的坩埚置于烘箱中，120～140℃ 干燥直至恒重。

4. 数据处理

$$w(\mathrm{Al})=\frac{(m_2-m_1)\dfrac{M(\mathrm{Al})}{M[\mathrm{Al}(\mathrm{C_9H_6NO})_3]}}{m_{样}}\times 100\%$$

式中　$w(\mathrm{Al})$——Al 的质量分数，%；

m_1——空坩埚的质量，g；

m_2——盛有沉淀的坩埚质量，g；

$M(\mathrm{Al})$——Al 的摩尔质量，g/mol；

$M[\mathrm{Al}(\mathrm{C_9H_6NO})_3]$——$\mathrm{Al}(\mathrm{C_9H_6NO})_3$ 的摩尔质量，g/mol；

$m_{样}$——试样的质量，g。

5. 注意事项

（1）过滤时溶液的量不要超过坩埚高度的一半。

（2）应注意趁热过滤并用热水洗涤。

6. 思考题

（1）试比较用氨水、8-羟基喹啉作沉淀剂测定铝含量的优缺点。

（2）为了得到纯净的 8-羟基喹啉铝沉淀，应注意控制好哪些条件？

自我测试题八

判断题

1. 无定形沉淀要在较浓的热溶液中进行沉淀，加入沉淀剂速度适当快。（　　）
2. 沉淀重量法测定中，要求沉淀式和称量式相同。（　　）
3. 共沉淀引入的杂质量，随陈化时间的增大而增多。（　　）
4. 由于混晶而带入沉淀中的杂质通过洗涤是不能除掉的。（　　）
5. 重量分析中对形成胶体的溶液进行沉淀时，可放置一段时间，以促使胶体微

粒的胶凝，然后再过滤。(　　)

6. 沉淀重量法中的称量式必须具有确定的化学组成。(　　)

7. 向含 AgCl 固体的溶液中加适量的水使 AgCl 溶解又达平衡时，AgCl 溶度积不变，其溶解度也不变。(　　)

8. 难溶电解质的溶度积常数越大，其溶解度就越大。(　　)

9. 当溶液中 $[Ag^+][Cl^-] \geqslant K_{sp}(AgCl)$ 时，反应向着生成沉淀的方向进行。(　　)

10. 用洗涤液洗涤沉淀时，要少量、多次，为保证 $BaSO_4$ 沉淀的溶解损失不超过 0.1%，洗涤沉淀每次用 15～20mL 洗涤液。(　　)

11. 重量分析中使用的“无灰滤纸”，指每张滤纸的灰分重量小于 0.2mg。(　　)

12. 布氏漏斗常用于抽滤法过滤。(　　)

选择题

1. 有关影响沉淀完全的因素叙述错误的是（　　）。

A. 利用同离子效应，可使被测组分沉淀更完全

B. 异离子效应的存在，可使被测组分沉淀完全

C. 配合效应的存在，将使被测离子沉淀不完全

D. 温度升高，会增加沉淀的溶解损失

2. 在下列杂质离子存在下，以 Ba^{2+} 沉淀 SO_4^{2-} 时，沉淀首先吸附（　　）。

A. Fe^{3+}　　B. Cl^-　　C. Ba^{2+}　　D. NO_3^-

3. 下列各条件中何者是晶形沉淀所要求的沉淀条件？(　　)

A. 沉淀作用在较浓溶液中进行　　B. 在不断搅拌下加入沉淀剂

C. 沉淀在冷溶液中进行　　D. 沉淀后立即过滤

4. 对于一难溶电解质 $A_nB_m(s) \rightleftharpoons nA^{m+} + mB^{n-}$ 要使沉淀从溶液中析出，则必须（　　）。

A. $[A^{m+}]^n[B^{n-}]^m = K_{sp}$　　B. $[A^{m+}]^n[B^{n-}]^m > K_{sp}$

C. $[A^{m+}]^n[B^{n-}]^m < K_{sp}$　　D. $[A^{m+1}] > [B^{n-1}]$

5. 已知 25℃时 $K_{sp}(BaSO_4) = 1.8 \times 10^{-10}$，计算在 400mL 的该溶液中由于沉淀的溶解而造成的损失为（　　）g。

A. 6.5×10^{-4}　　B. 1.2×10^{-3}　　C. 3.2×10^{-4}　　D. 1.8×10^{-7}

6. 若将 0.002mol/L 硝酸银溶液与 0.005mol/L 氯化钠溶液等体积混合则（　　）。($K_{sp} = 1.8 \times 10^{-10}$)

A. 无沉淀析出　　B. 有沉淀析出　　C. 难以判断

7. 在重量分析中，下列叙述不正确的是（　　）。

A. 当定向速度大于聚集速度时，易形成晶形沉淀

B. 当定向速度大于聚集速度时，易形成非晶形沉淀

C. 定向速度是由沉淀物质的性质所决定

D. 聚集速度是由沉淀的条件所决定

8. 在重量分析中，影响弱酸盐沉淀溶解度的主要因素为（ ）。

A. 水解效应　B. 酸效应　C. 盐效应　D. 同离子效应

9. 往 AgCl 沉淀中加入浓氨水，沉淀消失，这是因为（ ）。

A. 盐效应　B. 同离子效应　C. 酸效应　D. 配位效应

10. 下列叙述中，哪种情况适于沉淀 $BaSO_4$？（ ）

A. 在较浓的溶液中进行沉淀

B. 在热溶液中及电解质存在的条件下沉淀

C. 进行陈化

D. 趁热过滤、洗涤、不必陈化

11. 需要烘干的沉淀用（ ）过滤。

A. 定性滤纸　B. 定量滤纸　C. 玻璃砂芯漏斗　D. 分液漏斗

12. 过滤 $BaSO_4$ 沉淀应选用（ ）。

A. 快速滤纸　B. 中速滤纸

C. 慢速滤纸　D. $4^{\#}$ 玻璃砂芯坩埚

13. 过滤大颗粒晶体沉淀应选用（ ）。

A. 快速滤纸　B. 中速滤纸

C. 慢速滤纸　D. $4^{\#}$ 玻璃砂芯坩埚

14. 如果吸附的杂质和沉淀具有相同的晶格，这就形成（ ）。

A. 后沉淀　B. 机械吸留　C. 包藏　D. 混晶

15. 用重量法测定 $C_2O_4^{2-}$ 含量，在 CaC_2O_4 沉淀中有少量草酸镁（MgC_2O_4）沉淀，会对测定结果（ ）。

A. 产生正误差　B. 产生负误差　C. 无法判断　D. 对结果无影响

16. 下列关于布氏漏斗的说法错误的是（ ）。

A. 不能直接用火加热　B. 滤纸直径要略大于漏斗内径

C. 漏斗和吸滤瓶的大小要配套　D. 漏斗下端的斜面要对着吸滤瓶侧面的支管

17. 只需烘干就可称量的沉淀，选用（ ）过滤。

A. 玻璃砂芯坩埚　B. 定性滤纸　C. 无灰滤纸　D. 定量滤纸

18. 下列可以用于重量分析中灼烧和称量沉淀使用的坩埚是（ ）。

A. 铂坩埚　B. 银坩埚　C. 镍坩埚　D. 蒸发皿

19. 欲测定 SiO_2 的准确含量，需将灼烧称重后的 SiO_2 以 HF 处理，宜用下列何种坩埚（ ）。

A. 瓷坩埚　B. 铂坩埚　C. 镍坩埚　D. 刚玉坩埚

综合题

1. 计算 Ag_2CrO_4 在 0.0010mol/L 的 $AgNO_3$ 溶液中的溶解度。

2. 计算 AgI 的 K_{sp}。已知其溶解度 $s=1.40\mu g/500mL$。

3. 等体积的 4×10^{-5} mol/L 的 $AgNO_3$ 溶液和 4×10^{-5} mol/L 的 K_2CrO_4 溶液混合时，有无 Ag_2CrO_4 沉淀析出？

4. 重量法测定 $BaCl_2\cdot H_2O$ 中钡的含量，纯度约 90%，要求得到 0.5g $BaSO_4$，问应称取试样多少克？

5. 称取 0.6531g 纯 NaCl，溶于水后，沉淀为 AgCl，得到 1.6029g AgCl，计算 Na 的原子量。已知 Ag 和 Cl 的原子量分别为 107.87 和 35.453。

6. 称取含银的试样 0.2500g，用重量法测定时得 AgCl 0.2991g，问：

(1) 若沉淀为 AgI，可得此沉淀多少克？

(2) 试样中银的质量分数为多少？

7. 称取某试样 0.5000g，经一系列分析步骤后得 NaCl 和 KCl 共 0.1803g，将此混合氯化物溶于水后，加入 $AgNO_3$，得 0.3904g AgCl，计算试样中 Na_2O 和 K_2O 的质量分数。

8. 测定硅酸盐中的 SiO_2 时，0.5000g 试样得 0.2835g 不纯的 SiO_2，将不纯的 SiO_2 用 HF-H_2SO_4 处理，使 SiO_2 以 SiF_4 的形式逸出，残渣经灼烧后称得质量为 0.0015g，计算试样中 SiO_2 的质量分数。若不用 HF-H_2SO_4 处理，分析误差有多大？

9. 称取合金钢试样 0.4289g，将镍离子沉淀为丁二酮肟镍（$NiC_8H_{14}O_4N_4$），烘干后的质量为 0.2671g，计算合金钢中镍的质量分数。

10. 分析一磁铁矿试样 0.5000g，得 Fe_2O_3 质量 0.4980g，计算磁铁矿中：(1) Fe 的质量分数；(2) Fe_3O_4 的质量分数。

第九章 定量化学分析中常用的分离和富集方法

学习指南

分离和富集是进行准确测定的必要手段，是定量化学分析中的重要组成部分。通过本章的学习，应了解定量化学分析中分离和富集的基本概念、目的、要求和常用方法；掌握沉淀分离法、溶剂萃取分离法的原理、类型和方法，并熟练运用所学方法解决实际问题；理解离子交换分离法的原理、离子交换树脂的种类和性质，熟悉离子交换分离技术和应用；了解色谱分离法的分类，理解柱色谱、纸色谱、薄层色谱的原理，掌握色谱分离条件和方法；了解膜分离法原理；理解渗析、电渗析、微孔过滤、反渗透等分离技术的基本原理和分离方法；了解挥发和蒸馏分离法的原理以及在定量化学分析中的运用。通过实例操作练习，熟练掌握沉淀分离法、萃取分离法和色谱分离法的基本分离操作技术。

第一节 概　　述

学习要点　了解分离和富集的目的和任务；掌握分离和富集的一般要求和回收率的概念；熟悉分离和富集的常用方法。

一、分离和富集的目的

在定量化学分析中，如果试样比较单纯，一般可以直接进行测定。但在实际分析工作中，大多数试样都是由多种物质组合而成的混合物，且成分复杂，其他组分的存在往往干扰并影响测定的准确度，甚至无法进行测定。前面章节也介绍了一些消除干扰的简便方法，如控制反应条件，提高分析方法的选择性，利用配位剂、氧化剂或还原剂进行掩蔽等。但有时只用这些方法还不能消除干扰，这就需要事先将被测组分与干扰组分分离（separation）。另外，有时试样中被测组分含量极微，测定方法的灵敏度不够高，就需要事先将被测组分分离并富集（enrichment）于少量溶液中，既消除干扰，又能提高浓度。可见，分离和富集对定量化学分析是至关重要的。

总体来说，定量分离和富集的任务一是将待测组分从试液中定量分离出来（或将干扰组分从试液中分离除去），二是通过分离使待测的痕量组分达到浓缩和富集的目的，以满足测定方法灵敏度的要求。

二、对分离和富集的一般要求

在定量化学分析中，对分离和富集的一般要求是：分离和富集要完全，干扰组分应减少到不干扰测定；在操作过程中不能引入新的干扰，且操作要简单、快速；被测组分在分离过程中的损失量要小到可以忽略不计。

实际工作中通常用回收率（recovery）衡量分离效果。所谓欲测组分的回收率是指欲测组分经分离或富集后所得的含量与它在试样中的原始含量的比值（数值以%表示）。

$$回收率=\frac{分离后测得量}{原始含量}\times 100\%$$

显然，回收率越高，分离效果越好，说明待测组分在分离过程中的损失量越小。在实际分析中，按待测组分含量的不同，对回收率的要求也不同。对常量组分的测定，要求回收率大于99.9%；对微量组分的测定，回收率可为95%，甚至更低。

三、分离和富集的方法

在定量化学分析中，为使试样中某一待测组分和其他组分分离，并使微量组分达到浓缩、富集的目的，可通过它们某些物理或化学性质的差异，使其分别存在于不同的两相中，再通过机械的方法把两相完全分开。常用的分离和富集方法介绍如下。

1. 沉淀（precipitation）分离法

在被测试样中加入某种沉淀剂，使与被测离子或干扰离子反应，生成难溶于水的沉淀，从而达到分离的目的。该法在常量组分的分离和微量组分的分离中皆可采用。常用的沉淀剂有无机沉淀剂和有机沉淀剂。

2. 溶剂萃取（solvent extraction）分离法

将与水不混溶的有机溶剂与试样的水溶液一起充分振荡，使某些物质进入有机溶剂，而另一些物质则仍留在水溶液中，从而达到相互分离的目的。该法在常量组分的分离和微量组分的分离中皆可采用，使用时应根据相似相溶原理选择适宜的萃取剂。

3. 离子交换（ion-exchange）分离法

利用离子交换树脂对阳离子和阴离子进行交换反应而进行分离。常用于性质相近或带有相同电荷的离子的分离、微量组分的富集以及高纯物质的制备。通常选用强酸性的阳离子交换树脂和强碱性的阴离子交换树脂进行离子交换分离。

4. 色谱（chromatography）分离法

色谱分离法实质上是一种物理化学分离方法，即利用不同物质在两相（固定相和流动相）中具有不同的分配系数（或吸附系数），当两相作相对运动时，这些物质在两相中反复多次分配（即组分在两相之间进行反复多次的吸附、脱附或溶解、挥发过程），从而使各物质得到完全分离。

在玻璃或金属柱中进行操作的色谱分离称为柱色谱（column chromatography）；以滤纸作为固定相，在其上展开分离的称为纸色谱（paper chromatography）；将吸附剂研成粉末，再压成或涂成薄膜，在其上展开分离的称为薄层色谱（thin layer chromatography）。

5. 膜（membrane）分离法

膜分离是对液-液、气-气、液-固、气-固体系中不同组分进行分离、纯化与富集的一门高新技术。膜分离技术是用一种特殊的半渗透膜作为分离介质，当膜的两侧存在某种推动力（如压力差、浓度差、电位差等）时，半透膜有选择性地允许某些组分透过，同时，阻止或保留混合物中的其他组分，从而达到分离、提纯的目的。膜分为固膜、液膜和气膜三类。反渗透、超滤、微滤、电渗析为四大已开发应用的膜分离技术。

6. 挥发（volatilzation）和蒸馏（distillation）分离法

挥发是利用物质的挥发性不同而将物质彼此分离；蒸馏是将被分离的组分从液体或溶液中挥发出来，然后冷凝为液体，或者将挥发的气体吸收。

思考题 9-1

1. 分离和富集在定量分析中有什么重要意义？
2. 何谓回收率？分离时对常量和微量组分的回收率要求如何？

3. 对分离和富集有哪些要求?

4. 简述分离和富集的方法以及各自的适用范围。

阅读材料

分离技术的发展趋势

混合物中各组分的分离是分析化学要解决的课题。随着分析方法朝快速、微量、仪器化的方向发展，面临着石油、化工、地质、煤炭、冶金、空间科学等行业诸领域以及水文、气象、农业、医学、卫生学、食品化学、环境科学等相关学科不断提出的分析的课题，某些经典的化学分离方法如蒸馏、重结晶、萃取等已远不能适应现代分析的需要。尤其是在生物科学领域，许多需保存生理活性的微量成分（如蛋白质、肽、酶、核酸等）存在于组成复杂的生物样品中，需要进行分离分析。这些都有力地推动着经典分离技术向现代分离技术发展。

分析工作面临的样品千差万别，尤其是生物样品组成复杂，没有一种分离纯化方法可适用于所有样品的分离、分析。在选择具体分离方法时，主要根据该物质的物理化学性质和具体实验室条件而定。如离子交换树脂分离、DEAE-纤维素和羟基磷灰石色谱常用于多肽、酶等物质从生物样品中的早期纯化。其他方法，如连续流动电泳、连续流动等电聚焦等现代分离方法，在一定条件下用于早期从生物样品的粗抽提液中分离制备小量物质，但目前仍处于探索发展阶段。总的来说，早期分离提纯的原则从低分辨能力到高分辨能力尽量采用特异性高的分离方法。

液相色谱法是生物技术中分离纯化的一种重要方法，在多肽、蛋白质的分离纯化工艺研究中早已获得应用，并已走出实验室，投入到大规模的工业化生产中。

毛细管电泳是近几十年发展起来的一种新的液相色谱技术，已经研究出 6 种不同的分离形式，在生物大分子、天然有机物、医学化学、高分子化学等领域得到广泛应用。

摘自张正奇主编《分析化学》

第二节　沉淀分离法

学习要点　了解沉淀分离法的基本概念和基本知识；掌握利用无机沉淀剂和有机沉淀剂进行分离的原理和方法；学会共沉淀分离和富集的方法；正确运用沉淀分离法解决实际分析问题，并在工作中提高沉淀分离的选择性。

在定量化学分析中常常通过沉淀反应把待测组分沉淀分离出来，或将共存的干扰组分沉淀除去，这种利用沉淀反应使待测组分与干扰组分分离的方法称为沉淀分离法。

沉淀分离法是根据溶度积原理，利用各类沉淀剂将组分从分析的样品体系中沉淀分离出来。因此，沉淀分离法需要经过沉淀、过滤、洗涤等操作，比较费时，操作烦琐，而且某些组分的沉淀分离选择性较差，因而沉淀分离不易达到定量完全。但如能很好地运用沉淀原理，掌握分离操作特点，并使用选择性较好的有机沉淀剂，提高分离效率，尽管方法古老，但沉淀分离法仍是定量化学分析中常用的一种分离技术。沉淀分离法可分为用无机沉淀剂的分离法和用有机沉淀剂的分离法。

一、用无机沉淀剂的分离法

无机沉淀剂有很多，形成的沉淀类型也很多。最常用的是氢氧化物沉淀分离法和硫化物沉淀分离法，此外还有形成硫酸盐、碳酸盐、草酸盐、磷酸盐、铬酸盐等沉淀分离法。本节着重讨论氢氧化物沉淀分离法和硫化物沉淀分离法。

1. 氢氧化物沉淀分离法

（1）氢氧化物沉淀与溶液 pH 的关系　可以形成氢氧化物沉淀的离子种类很多，除碱金属与碱土金属离子外，其他金属离子的氢氧化物的溶解度都很小。根据溶度积原理，溶度积 K_{sp} 越小，沉淀时所需的沉淀剂浓度越低。因此，只要控制好溶液中的氢氧根离子浓度，即控制合适的 pH，就可以达到分离的目的。

根据各种氢氧化物的溶度积可以大致计算出各种金属离子开始析出沉淀时的 pH。例如，$Fe(OH)_3$ 的 $K_{sp}=3.5\times10^{-38}$，若 $[Fe^{3+}]=0.01mol/L$，则 $Fe(OH)_3$ 开始沉淀时的 pH 为：

$$[Fe^{3+}][OH^-]^3\geqslant3.5\times10^{-38}$$

即
$$[OH^-]\geqslant\sqrt[3]{\frac{3.5\times10^{-38}}{0.01}}mol/L=1.5\times10^{-12}mol/L$$

所以
$$pOH\leqslant11.8\qquad pH\geqslant2.2$$

当沉淀作用进行到溶液中残留的 $[Fe^{3+}]=10^{-6}mol/L$ 时，即已沉淀的 Fe^{3+} 已达 99.99%时，沉淀作用可以认为已进行完全，这时溶液的 pH 为：

$$[OH^-]=\sqrt[3]{\frac{3.5\times10^{-38}}{10^{-6}}}mol/L=3.3\times10^{-11}mol/L$$

$$pOH=10.5\qquad pH=3.5$$

同理，可以得到各种氢氧化物开始沉淀和沉淀完全时的 pH，见表 9-1。

表 9-1 各种金属离子氢氧化物开始沉淀和沉淀完全时的 pH

氢氧化物	溶度积 K_{sp}	开始沉淀时的 pH	沉淀完全时的 pH
$Sn(OH)_4$	1×10^{-57}	0.5	1.3
$TiO(OH)_2$	1×10^{-29}	0.5	2.0
$Sn(OH)_2$	3×10^{-27}	1.7	3.7
$Fe(OH)_3$	3.5×10^{-38}	2.2	3.5
$Al(OH)_3$	2×10^{-32}	4.1	5.4
$Cr(OH)_3$	5.4×10^{-31}	4.6	5.9
$Ni(OH)_2$	6.5×10^{-18}	6.4	8.4
$Zn(OH)_2$	1.2×10^{-17}	6.5	8.5
$Fe(OH)_2$	1×10^{-15}	7.5	9.5
$Mn(OH)_2$	4.5×10^{-13}	8.8	10.8
$Mg(OH)_2$	1.8×10^{-11}	9.6	11.6

应该指出，表 9-1 中所列出的各种 pH 只是近似值，与实际进行氢氧化物沉淀分离所需控制的 pH 往往还存在一定差距，其原因主要是：

① 沉淀的溶解度和析出沉淀的形态、颗粒大小等与条件有关，也随陈化时间的不同而改变。因此实际获得的沉淀的溶度积数值与文献上记载的 K_{sp} 值往往有一定的差距。

② 计算 pH 时是假定金属离子只以一种阳离子形式存在于溶液中，实际上金属阳离子在溶液中可能和 OH^- 结合生成各种羟基配离子，又可能和溶液中的阴离子结合成各种配离子，如 Fe^{3+} 在 HCl 溶液中就存在有 $[Fe(OH)]^{2+}$、$[FeCl]^{2+}$、$[FeCl_6]^{3-}$ 等形式。因此实际的溶解度要比由 K_{sp} 计算所得值大得多。

③ 一般文献记载的 K_{sp} 值是指稀溶液中没有其他离子存在时难溶化合物的溶度积。实际上，由于溶液中其他离子的存在影响离子的活度系数和活度，离子的活度积和 K_{sp} 之间存在一定的差距。

总之，金属离子分离的最适宜的 pH 范围与计算值常会有出入，必须通过实验确定。

(2) 控制 pH 的方法　通常在某一 pH 范围内同时有几种金属离子沉淀，但如果适当控制溶液的 pH，可以达到一定程度的分离效果。下面介绍几种控制 pH 的方法。

① 氢氧化钠法。NaOH 是强碱，用它作沉淀剂，可使两性元素和

非两性元素分离，两性元素以含氧酸阴离子形态保留在溶液中，非两性元素则生成氢氧化物沉淀。常见元素用 NaOH 进行沉淀分离的情况见表 9-2。

表 9-2　用 NaOH 进行沉淀分离的情况

定量沉淀的离子	部分沉淀的离子	留在溶液中的离子
Mg^{2+}，Cu^{2+}，Ag^{+}，Au^{+}，Cd^{2+}，Hg^{2+}，Ti^{4+}，Zr^{4+}，Hf^{4+}，Th^{4+}，Bi^{3+}，Fe^{3+}，Co^{2+}，Ni^{2+}，Mn^{4+}，稀土元素离子等	Ca^{2+}，Sr^{2+}，Ba^{2+}，Nb(Ⅴ)，Ta(Ⅴ)	AlO_2^-，CrO_2^-，ZnO_2^{2-}，PbO_2^{2-}，SnO_2^{2-}，GeO_3^{2-}，GaO_2^-，BeO_2^{2-}，SiO_3^{2-}，WO_4^{2-}，MoO_4^{2-}，VO_3^-

② 氨水-铵盐法。氨水-铵盐法是利用氨水和铵盐控制溶液的 pH 在 8～9 之间，使 1 价、2 价与高价金属离子分离的方法。由于溶液 pH 并不太高，可防止析出 $Mg(OH)_2$ 沉淀和 $Al(OH)_3$ 等酸性氢氧化物溶解。氨与 Ag^+、Co^{2+}、Ni^{2+}、Zn^{2+}、Cd^{2+} 和 Cu^{2+} 等离子形成配合物，使它们留在溶液中而与其他离子分离。由于氢氧化物是胶状沉淀，加入铵盐电解质有利于胶体凝聚，同时氢氧化物沉淀吸附的 NH_4^+ 可以减少沉淀对其他离子的吸附。另外，氢氧化物沉淀会吸附一些杂质，应将沉淀用酸溶解后，用氨水-铵盐再沉淀一次。用氨水-铵盐沉淀分离金属离子的情况见表 9-3。

表 9-3　用氨水-铵盐沉淀分离金属离子的情况

定量沉淀的离子	部分沉淀的离子	留在溶液中的离子
Hg^{2+}，Be^{2+}，Fe^{3+}，Al^{3+}，Cr^{3+}，Bi^{3+}，Sb^{3+}，Sn^{4+}，Ti^{4+}，Zr^{4+}，Hf^{4+}，Th^{4+}，Ga^{3+}，In^{3+}，Tl^{3+}，Mn^{4+}，Nb(Ⅴ)，U(Ⅵ)，稀土元素离子等	Mn^{2+}，Fe^{2+}，Pb^{2+}	$[Ag(NH_3)_2]^+$，$[Cu(NH_3)_4]^{2+}$，$[Cd(NH_3)_4]^{2+}$，$[Co(NH_3)_6]^{3+}$，$[Ni(NH_3)_4]^{2+}$，$[Zn(NH_3)_4]^{2+}$，Ca^{2+}，Sr^{2+}，Ba^{2+}，Mg^{2+} 等

若采用氨水（加入大量 NH_4Cl）小体积沉淀分离法，可以改善分离效果。小体积沉淀分离法常用于 Cu^{2+}、Co^{2+}、Ni^{2+} 与 Fe^{3+}、Al^{3+}、Ti^{4+} 等的定量分离。

③ 金属氧化物和碳酸盐悬浊液法。以 ZnO 为例，ZnO 为难溶弱碱，用水调成悬浊液，加于微酸性的试液中，可将 pH 控制为 5.5～6.5。此时，Fe^{3+}、Al^{3+}、Cr^{3+}、Bi^{3+}、Ti^{4+}、Zr^{4+} 和 Th^{4+} 等析出氢氧

化物沉淀，而 Zn^{2+}、Mn^{2+}、Co^{2+}、Ni^{2+}、碱金属和碱土金属离子留在溶液中。

ZnO 在水溶液中存在下列平衡：

$$ZnO + H_2O \rightleftharpoons Zn(OH)_2 \rightleftharpoons Zn^{2+} + 2OH^-$$

由于 $$[Zn^{2+}][OH^-]^2 = K_{sp} = 1.2\times10^{-17}$$

因此 $$[OH^-] = \sqrt{\frac{1.2\times10^{-17}}{[Zn^{2+}]}}$$

当 ZnO 悬浊液加到酸性溶液中时，$[Zn^{2+}]$ 可达到 0.1mol/L 左右，此时

$$[OH^-] = \sqrt{\frac{1.2\times10^{-17}}{0.1}}\ \text{mol/L} = 1.1\times10^{-8}\ \text{mol/L}$$

即 $$pOH\approx8 \qquad pH\approx6$$

ZnO 悬浊液适用于 Fe^{3+}、Al^{3+}、Cr^{3+} 与 Mn^{2+}、Co^{2+}、Ni^{2+} 等的分离。例如，合金钢中钴的测定，可用 ZnO 悬浊液法分离除掉干扰元素，然后用比色法测定钴。表 9-4 列出了几种悬浊液可控制的 pH。

表 9-4 用金属氧化物和碳酸盐悬浊液控制 pH

悬浊液	近似 pH	悬浊液	近似 pH
ZnO	6	$PbCO_3$	6.2
HgO	7.4	$CdCO_3$	6.5
MgO	10.5	$BaCO_3$	7.3
$CaCO_3$	7.4		

利用悬浊液控制 pH 时会引入大量相应的阳离子，因此，只有在这些阳离子不干扰测定时才可使用。

④ 有机碱法。吡啶、六亚甲基四胺、苯胺、苯肼和尿素等有机碱都能控制溶液的 pH，使金属离子生成氢氧化物沉淀。例如，吡啶与溶液中的酸作用，生成相应的盐：

$$C_5H_5N + HCl \longrightarrow C_5H_5N\cdot HCl$$

吡啶和吡啶盐组成 pH 为 5.5～6.5 的缓冲溶液，可使 Fe^{3+}、Al^{3+}、Ti^{3+}、Zr^{4+} 和 Cr^{3+} 等形成氢氧化物沉淀，Mn^{2+}、Co^{2+}、Ni^{2+}、Cu^{2+}、Zn^{2+} 和 Cd^{2+} 形成可溶性吡啶配合物而留在溶液中。

2. 硫化物沉淀分离法

硫化物沉淀分离法与氢氧化物沉淀分离法相似，不少金属离子（大

约有40种金属离子）可以生成溶度积相差很大的硫化物沉淀，可以借控制硫离子的浓度使金属离子彼此分离。H_2S是硫化物沉淀分离法常用的沉淀剂，溶液中［S^{2-}］与［H^+］的关系是：

$$[S^{2-}] \approx c(H_2S)K_{a1}K_{a2}/[H^+]^2$$

可见［S^{2-}］与溶液的酸度有关，控制适当的酸度，也就控制了［S^{2-}］，从而就可达到沉淀分离硫化物的目的。在常温常压下H_2S饱和溶液的浓度大约是0.1mol/L。

在利用硫化物时，大多用缓冲溶液控制酸度。例如，往氯代乙酸缓冲溶液（pH≈2）中通入H_2S，则使Zn^{2+}沉淀为ZnS，而与Mn^{2+}、Co^{2+}、Ni^{2+}分离；往六亚甲基四胺（pH为5～6）中通入H_2S，则ZnS、CoS、FeS、NiS等会定量沉淀，而与Mn^{2+}分离。

硫化物沉淀分离法的选择性不高，它主要用于分离除去某些重金属离子。硫化物沉淀大都是胶状沉淀，共沉淀现象严重，而且还有继沉淀现象，使其受到限制。如果改用硫代乙酰胺作沉淀剂，利用它在酸性或碱性溶液中加热煮沸发生水解而产生H_2S或S^{2-}进行沉淀，则可改善沉淀性能，易于过滤、洗涤，分离效果好。

二、用有机沉淀剂的分离法

近年来有机沉淀剂以其独特的优越性得到广泛的应用。有机沉淀剂与金属离子形成的沉淀主要有螯合物沉淀、缔合物沉淀和三元配合物沉淀。螯合物沉淀和缔合物沉淀在第八章第五节已详细介绍，此处不再重复。下面仅就形成三元配合物的沉淀做简要的介绍。

三元配合物的沉淀主要指被沉淀的组分与两种不同的配位体形成三元混配合物和三元离子缔合物。例如，在HF溶液中硼与F^-和二氨基比林甲烷及其衍生物所形成的三元离子缔合物就属于这一类。二氨基比林甲烷及其衍生物在酸性溶液中形成阳离子，与［BF_4］$^-$配阴离子缔合成三元离子缔合物沉淀。

近年来三元配合物的应用发展较快，主要是因为形成三元配合物的沉淀反应不仅选择性好、灵敏度高，而且具有生成的沉淀组成稳定、摩尔质量大等优点，使其不仅应用于沉淀分离，也应用于如分光光度法等定量分析的其他方面。

三、共沉淀分离和富集

共沉淀现象是由于沉淀的表面吸附作用、混晶或固溶体的形成、吸留和包藏等原因引起的。尽管在重量分析中要设法消除共沉淀现象，但在沉淀分离方法中却可以利用共沉淀作用将痕量组分分离或富集。例如，自来水中含有痕量的 Pb^{2+}，加入 Na_2CO_3 使水中的 Ca^{2+} 以 $CaCO_3$ 沉淀下来，利用共沉淀作用使 Pb^{2+} 也全部沉淀下来，所得沉淀溶于尽可能少的酸中，Pb^{2+} 的浓度明显提高，使其与其他元素分离并得到富集。在此 $CaCO_3$ 称为共沉淀剂（或载体，或聚集剂）。

共沉淀法是利用共沉淀剂分离和富集微量组分的一种方法。共沉淀剂的种类很多，可分为无机共沉淀剂和有机共沉淀剂两类。常用的无机共沉淀剂有 $Al(OH)_3$、$Fe(OH)_3$、$MnO(OH)_2$、$Mg(OH)_2$、$CaCO_3$ 以及某些金属硫化物等。这些无机共沉淀剂的作用机理主要是表面吸附或形成混晶把微量组分载带下来。这类共沉淀剂的选择性都不高，而且往往还会干扰下一步微量元素的测定。

目前分析工作经常用的是有机共沉淀剂，它的特点是选择性高，分离效果好，共沉淀剂经灼烧后就能除去，不干扰微量元素的测定。它的作用原理与无机共沉淀剂不同，不是依靠表面吸附或形成混晶载带下来，而是先把无机离子转化为疏水化合物，然后用与其结构相似的有机共沉淀剂载带下来。例如，微量镍与丁二酮肟在氨性溶液中形成难溶的配合物，若加入与其结构相似的丁二酮肟二烷酯乙醇溶液，由于丁二酮肟二烷酯不溶于水，可把镍的丁二酮肟配合物载带下来，而不能形成配合物的其他离子仍留在溶液中，因此，沾污少、选择性高。这类共沉淀剂又称为惰性共沉淀剂。常用的惰性共沉淀剂还有酚酞、β-萘酚、间硝基苯甲酸及 β-羟基萘甲酸等。

四、提高沉淀分离选择性的方法

为了提高沉淀分离的选择性，首先应寻找新的、选择性更好的沉淀剂；其次控制好溶液的酸度，利用配位掩蔽作用和氧化还原反应进行控制。

1. 控制溶液的酸度

无论是无机沉淀剂还是有机沉淀剂，大多呈弱酸或弱碱，沉淀时溶液的 pH 对于提高沉淀分离的选择性和富集效率都有影响；同时，酸度对成盐和配位反应也有很大影响，此外还影响离子存在的状态和沉淀剂本身存在的状态。因此，必须控制好溶液的酸度，以提高沉淀分离的选择性。

2. 利用配位掩蔽作用

利用掩蔽剂提高分离的选择性是经常采用的手段。例如 Ca^{2+} 和 Mg^{2+} 的分离，若用 $(NH_4)_2C_2O_4$ 作沉淀剂沉淀 Ca^{2+}，部分 MgC_2O_4 也将沉淀下来，但若加过量的 $(NH_4)_2C_2O_4$，则 Mg^{2+} 与过量的 $C_2O_4^{2-}$ 会形成 $[Mg(C_2O_4)_2]^{2-}$ 配合物而被掩蔽，这样便可使 Ca^{2+} 和 Mg^{2+} 分离。

近年来在沉淀分离中常用 EDTA 作掩蔽剂，有效地提高了分离效果。如在醋酸盐缓冲溶液中，若有 EDTA 存在，以 8-羟基喹啉作沉淀剂时，只有 Mo(Ⅵ)、W(Ⅵ)、V(Ⅴ) 沉淀，而 Al^{3+}、Ni^{2+}、Fe^{3+}、Zn^{2+}、Co^{2+}、Mn^{2+}、Pb^{2+}、Bi^{3+}、Cu^{2+}、Cd^{2+}、Hg^{2+} 等离子则留在溶液中。可见，把使用掩蔽剂和控制酸度两种手段结合起来，能有效地提高分离效果。

3. 利用氧化还原反应

在沉淀分离过程中可利用加入氧化剂或还原剂改变干扰离子价态的办法消除干扰。例如对微量铊的富集，可使 $[TlCl_4]^-$ 与甲基橙阳离子缔合，以二甲氨基偶氮苯为载体共沉淀。但选择性不好，试液中如有 $[SbCl_6]^-$、$[AuCl_4]^-$ 等存在，都可以共沉淀下来。如果先把 Tl^{3+} 还原为 Tl^+，再加入甲基橙和二甲氨基偶氮苯，则可使干扰离子共沉淀分离，Tl^+ 留于溶液中。然后把 Tl^+ 氧化为 Tl^{3+} 或转变为 $[TlCl_4]^-$，再用上述共沉淀剂使 $[TlCl_4]^-$ 共沉淀，与其他组分分离。

五、沉淀分离法的应用

1. 合金钢中镍的分离

镍是合金钢中的主要组分之一，钢中加入镍可以增强钢的强度、韧性、耐热性和抗蚀性。镍在钢中主要以固熔体和碳化物形式存在，含镍钢大多数溶于酸。合金钢中的镍可在氨性溶液中用丁二酮肟为沉淀剂使之沉淀析出。沉淀用玻璃砂芯坩埚过滤后，洗涤、烘干。铁、铬的干扰可用酒石酸或柠檬酸配合掩蔽；铜、钴可与丁二酮肟形成可溶性配合物。为了获得纯净的沉淀，把丁二酮肟镍沉淀溶解后再一次进行沉淀。

2. 试液中微量锑的共沉淀分离

微量锑（含量在 0.0001%左右）可在酸性溶液中用 $MnO(OH)_2$ 为载体进行共沉淀分离和富集。载体 $MnO(OH)_2$ 是在 $MnSO_4$ 的热溶液中加入 $KMnO_4$ 溶液加热煮沸后生成的。共沉淀时溶液的酸度为 1～1.5mol/L，这时 Fe^{3+}、Cu^{2+}、As(Ⅲ)、Pb^{2+}、Tl^{3+} 等不沉淀，只有锡和锑可以完全沉淀下来。其中能够与Sb(Ⅴ)形成配合物的组分干扰锑的测定，所得沉淀溶解于H_2O_2和HCl混合溶剂中。

思考题 9-2

1. 进行氢氧化物沉淀分离时，为什么不能完全根据氢氧化物的K_{sp}选择和控制溶液的pH?
2. 试以ZnO悬浊液为例，说明难溶化合物的悬浊液为什么可用来控制溶液的pH。
3. 试比较无机沉淀剂分离与有机沉淀剂分离的优缺点，举例说明。
4. 试分别说明无机共沉淀剂和有机共沉淀剂的作用原理，并比较它们的优缺点。
5. 举例说明共沉淀现象对分析工作的不利因素和有利因素。
6. 提高沉淀分离选择性的方法有哪些?

第三节 溶剂萃取分离法

学习要点 理解分配系数、分配比、萃取率和反萃取的基本概念和意义；了解溶剂萃取分离法的原理、萃取体系的主要类型；了解萃取操作技术及其在定量化学分析中的应用，根据分离任务选择合适的萃取条件。

溶剂萃取分离法是根据物质在两种互不混溶的溶剂中分配特性不同进行分离的方法。这种方法设备简单，操作简易快速，既可用于分离主体组分，也可用于分离、富集痕量组分，特别适用于分离性质非常相似的元素，是分析化学中应用广泛的分离方法。

一、溶剂萃取分离的基本原理

1. 溶剂萃取分离（solvent extraction separation）的机理

当有机溶剂（有机相，organic phase）与水溶液（水相，aqueous phase）混合振荡时，一些组分由于具有疏水性而从水相转入有机相，而亲水性的组分则留在水相中，这样就实现了提取和分离。某些组分本身是亲水性的，如大多数带电荷无机离子或有机物，欲将它们萃取到有机相中，就要采取措施，使它们转变为疏水的形式。例如，Ni^{2+}在水溶液中以$[Ni(H_2O)_6]^{2+}$的形式存在，是亲水的，要转化为疏水性必须中和其电荷，引入疏水基团取代水分子。为此，可在pH=9的氨性溶液中加入丁二酮肟，与Ni^{2+}生成不带电荷、难溶于水的丁二酮肟镍螯合物。这里丁二酮肟称为萃取剂。生成的丁二酮肟镍螯合物易被有机溶剂如$CHCl_3$等萃取。

实际工作中，有时需要把有机相中的物质再转入水相，例如前例中的丁二酮肟镍螯合物，若加入 HCl 于有机相中，当酸的浓度为 0.5～1mol/L 时，螯合物被破坏，Ni^{2+} 又恢复了它的亲水性，可从有机相返回到水相中。这一过程称为反萃取。萃取和反萃取配合使用，能提高萃取分离的选择性。

2. 分配系数（distribution coefficient）与分配比（distribution ratio）

当用有机溶剂从水溶液中萃取溶质 A 时，物质 A 在两相中的浓度分布服从分配定律，即物质 A 在有机相与水相中分配达到平衡时其浓度比为一常数，这个常数称为分配系数 K_D。

$$A_{水} \rightleftharpoons A_{有}$$

$$K_D = \frac{[A]_{有}}{[A]_{水}} \tag{9-1}$$

式(9-1) 只适合于溶质在两相中以相同的单一形式存在且其形式不随浓度而变化的情况。当溶质 A 在水相或有机相中发生电离、聚合等作用时，就会存在多种化学形式，由于不同形式在两相中的分配行为不同，故总的浓度比就不是常数。在实际工作中，通常需要知道的是溶质在每一相中的总浓度，如 $c_{有}$、$c_{水}$，因此引入另一参数 D，称为分配比。

$$D = \frac{c_{有}}{c_{水}} = \frac{物质在有机相中的总浓度}{物质在水相中的总浓度} \tag{9-2}$$

显然，只有在简单的体系中溶质在两相中的存在形式才相同，且低浓度时 $D = K_D$；但当溶质在两相中有多种存在形式时，$D \neq K_D$。K_D 在一定的温度和压力下为一常数，而 D 的大小与萃取条件（如酸度等）、萃取体系及物质性质有关，随实验条件而变。例如，用 CCl_4 萃取 I_2 时，在水相中 I_2 以 I_2 及 I_3^- 形式存在，而在有机相中只有 I_2 一种形式。

$$I_2 + I^- \rightleftharpoons I_3^-$$

$$K = \frac{[I_3^-]}{[I_2][I^-]}$$

I_2 分配在两种溶剂中，则有如下平衡：

$$I_{2水} \rightleftharpoons I_{2有}$$

因此

$$K_D = \frac{[I_2]_{有}}{[I_2]_{水}}$$

分配比 D 为：

$$D = \frac{[I_2]_{有}}{[I_2]_{水} + [I_3^-]} = \frac{K_D}{1 + K[I^-]}$$

从上式可以看出，D 随 $[I^-]$ 的改变而改变，当 $[I^-]=0$ 时 $D=K_D$。

3. 萃取率（extraction rate）

萃取率指物质在有机相中的总物质的量占两相中的总物质的量的百分率（数值以%表示）。它表示萃取的完全程度。萃取率以 E 表示。

$$E=\frac{\text{被萃取物质在有机相中的总量}}{\text{被萃取物质的总量}}$$

所以

$$E=\frac{c_{有} V_{有}}{c_{有} V_{有}+c_{水} V_{水}}=\frac{D}{D+\dfrac{V_{水}}{V_{有}}} \tag{9-3}$$

式中 $c_{有}$——物质在有机相中的物质的量浓度，mol/L；

$c_{水}$——物质在水相中的物质的量浓度，mol/L；

$V_{有}$——有机相的体积，mL；

$V_{水}$——水相的体积，mL。

萃取率的大小与分配比 D 和体积比 $V_{水}/V_{有}$ 有关。D 越大，体积比越小，萃取率越高，也就说明物质进入有机相中的量越多，萃取越完全。

当等体积（$V_{水}=V_{有}$）一次萃取时

$$E=\frac{D}{D+1}$$

由上式可知，对于等体积一次萃取，$D=1$ 时 $E=50\%$，$D=10$ 时 $E=90\%$，$D=1000$ 时 $E=99.9\%$。说明当 D 不高时一次萃取不能满足分离或测定的要求，此时可采用多次连续萃取的方法，以提高萃取率。

设体积为 $V_{水}$ 的水溶液中含有待萃取物质的质量为 m_0(g)，用体积为 $V_{有}$ 的有机溶剂萃取一次，水相中剩余的待萃取物质的质量为 m_1(g)，进入有机相中的该物质的质量则为 m_0-m_1(g)。此时分配比 D 为：

$$D=\frac{c_{有}}{c_{水}}=\frac{m_0-m_1}{V_{有}}\Bigg/\frac{m_1}{V_{水}}$$

整理得

$$m_1=m_0\times\frac{V_{水}}{DV_{有}+V_{水}}$$

如用体积为 $V_{有}$ 的有机溶剂再萃取一次，则留在水相中的待萃取物质的质量为 m_2(g)，则有

$$m_2=m_1\times\frac{V_{水}}{DV_{有}+V_{水}}=m_0\left(\frac{V_{水}}{DV_{有}+V_{水}}\right)^2$$

如果每次用体积为 $V_{有}$ 的有机溶剂萃取，萃取 n 次，水相中剩余被

萃取物质 m_n(g)，则

$$m_n=m_0\left(\frac{V_{水}}{DV_{有}+V_{水}}\right)^n \tag{9-4}$$

则

$$E=\frac{m_0-m_0\left(\dfrac{V_{水}}{DV_{有}+V_{水}}\right)^n}{m_0}$$

所以

$$E=1-\left(\frac{V_{水}}{DV_{有}+V_{水}}\right)^n \tag{9-5}$$

例 9-1 有含碘的水溶液 10mL，其中含碘 1mg，用 9mL CCl_4 按下列两种方式萃取：(1) 9mL 一次萃取；(2) 每次用 3mL，分 3 次萃取。分别求出水溶液中剩余的碘量，并比较其萃取率。已知 $D=85$。

解 按题意，一次萃取时，根据式(9-3) 和式(9-4)，得

$$m_1=1\times\frac{10}{85\times9+10}\text{mg}=0.013\text{mg}$$

因此

$$E=\frac{1-0.013}{1}=98.7\%$$

若用 9mL 溶剂，分 3 次萃取，则

$$m_3=1\times\left(\frac{10}{85\times3+10}\right)^3\text{mg}=0.00006\text{mg}$$

$$E=\frac{1-0.00006}{1}=99.99\%$$

计算结果表明，相同量的萃取溶剂采用少量多次比一次萃取的效率高，但增加萃取次数会增加萃取操作的工作量和操作中引起的误差。

4. 分离系数 (separation factor)

在定量化学分析中，为了达到分离的目的，不仅要求被萃取物质的 D 比较大，萃取的效率高，而且还要求溶液中共存组分间的分离效果好。分离效果的好坏一般用分离系数 β 表示，它表示两种不同组分分配比的比值。

$$\beta=\frac{D_A}{D_B} \tag{9-6}$$

如果 D_A 与 D_B 数值相差很大，则两物质可以定量分离；如 D_A 与 D_B 数值相近，β 值接近于 1，此时两物质以相差不多的萃取率进入有机相，就难于定量分离。

二、主要的溶剂萃取体系

根据萃取反应的类型和所形成的可萃取物质的不同，可把萃取体系分为螯合物萃取体系、离子缔合物萃取体系和协同萃取体系等。

1. 螯合物萃取（chelate extraction）体系

螯合物萃取在定量化学分析中应用最为广泛，它是利用萃取剂与金属离子作用形成难溶于水、易溶于有机溶剂的螯合物进行萃取分离。所用的萃取剂一般是有机弱酸，也是螯合剂。例如，Cu^{2+} 在 pH≈9 的氨性溶液中与铜试剂生成稳定的疏水性的螯合物，加入 $CHCl_3$ 振荡，螯合物就被萃取于有机层中，把有机层分出即可达到分离的目的。常用的萃取剂有双硫腙，它可与 Ag^+、Bi^{3+}、Cd^{2+}、Hg^{2+}、Cu^{2+}、Co^{2+}、Mn^{2+}、Ni^{2+}、Pb^{2+} 等离子形成螯合物，易被 CCl_4 萃取；二乙基胺二硫代甲酸钠可与 Ag^+、Hg^{2+}、Cu^{2+}、Cd^{2+}、Co^{2+}、Ni^{2+}、Mn^{2+}、Fe^{3+} 等离子形成螯合物，易被 CCl_4 或乙酸乙酯萃取等。

不是任何螯合剂都可以进行螯合萃取。例如 EDTA 或 1,10-邻二氮菲都是螯合剂，但它们与金属离子反应形成亲水性的带电配离子，不便于有机溶剂萃取。

2. 离子缔合物萃取（ion association extraction）体系

阳离子和阴离子通过较强的静电引力相结合形成的化合物叫做离子缔合物。利用萃取剂在水溶液中离解出来的大体积离子，通过静电引力与待分离离子结合成电中性的离子缔合物。这种离子缔合物具有显著的疏水性，易被有机溶剂萃取，从而达到分离的目的。例如，Cu^{2+} 与新亚铜灵的螯合物带正电荷，能与 Cl^- 生成离子缔合物，可用 $CHCl_3$ 萃取；氯化四苯钾在水溶液中离解成大体积的阳离子，可与 MnO_4^-、ReO_4^-、$[HgCl_4]^{2-}$、$[SnCl_6]^{2-}$、$[CdCl_4]^{2-}$ 和 $[ZnCl_4]^{2-}$ 等阴离子缔合成难溶于水的缔合物，易被 $CHCl_3$ 萃取，这里氯化四苯钾是萃取剂。常用萃取剂有醚、酮、酯等含氧有机溶剂（与金属离子生成镁盐而被萃取），还有甲基紫染料的阳离子与 $[SbCl_6]^-$ 作用，生成的缔合物可被苯、甲苯等萃取。萃取剂的选择往往由实验确定。

近年来发展了三元配合物的萃取体系，其选择性好、萃取效率高，已被广泛采用。例如萃取 Ag^+，首先向含 Ag^+ 的溶液中加入 1,10-邻二氮菲，使之形成配阳离子，然后再与溴邻苯三酚红的阴离子进一步缔合成三元配合物，易被有机溶剂萃取。

3. 协同萃取体系

在萃取体系中，用混合萃取剂往往比用它们分别进行萃取时的效率的总和大得多，主要是因为混合萃取剂分配比 D 比单个萃取剂的分配比的总和大得多。这种现象称为协同萃取，所组成的萃取体系称为协同萃取体系。在碱土金属、镧系和锕系元素等含量低而难分离物质的萃取分离中，协同萃取体系的应用取得了很大的成功。例如，用 0.02mol/L 噻吩甲酰三氟丙酮（TTA）在环已烷和 0.01mol/L HNO_3 存在下萃取 $UO_2(NO_3)_2$，分配比只有 0.063；用 0.02mol/L 三丁基磷氧（TBPO）在同样条件下萃取，分配比为 38.5；若用 0.01mol/L TTA 和 0.01mol/L TBPO 混合萃取剂，则分配比达 95.5，萃取效率高。

三、溶剂萃取分离的操作技术和应用

1. 溶剂萃取分离的操作技术

应用最普遍的溶剂萃取操作是分批萃取，即将一定体积的试液放在分液漏斗中（通常用 60～125mL 容积的梨形分液漏斗），加入一定体积有机溶剂，不断振荡平衡，静置，待混合物分层后，轻转分液漏斗下面的旋塞，使下层（水相或有机相）流入另一容器中，两相便得到分离。若需要进行多次萃取，则两相分开后，再在萃取液中加入新鲜溶剂并重复操作。该法简单、速度快。

此外，还有需使用特殊装置的连续萃取法。如果溶质的分配比比较小，应用分批萃取难以达到定量分离的目的，此时可采用连续萃取技术。即使用赫伯林（Herberling）萃取器使溶剂达到平衡后蒸发，再冷凝为新鲜溶剂，回滴到被萃液中；或用施玛尔（Schmall）萃取器连续从储液器中加入新鲜溶剂，使多级萃取得以连续进行。逆流萃取技术则适用于试样中 A、B 两组分均在两相中分配而分配比不同，希望通过萃取使 A、B 分离的情况。这种方法是两相接触达到平衡并分开后，分别再与新鲜的另一相接触，如此连续多次，直至 A 集中在一相，B 集中在另一相，而获得分离。逆流萃取可用专门的装置如克雷格（Craig）萃取器进行。连续萃取与逆流萃取方法的详细论述可参阅有关专著。

2. 溶剂萃取分离法的应用

利用溶剂萃取法可将待测元素分离或富集，从而消除干扰，提高了分析方法的灵敏度。基于萃取建立起来的分析方法的特点是简便快速，因此发展较快，现已把萃取技术与某些仪器分析方法（如吸光光度法、原子吸收法等）结合起来，促进了微量分析的发展。

（1）应用溶剂萃取分离干扰物质　用溶剂萃取法分离干扰物质，可以通过两个途径：一是将干扰物质从试液中萃取除去；二是用有机溶剂将欲测定组分萃取出来而与干扰物质分离。例如，欲测定铜铁合金中微量的稀土元素含量时，应先将主体元素铁及可能存在的其他一些元素如铬、锰、钴、镍、铜、钒、钼等除去。为此，向溶解后的试液中（弱酸性）加入萃取剂铜铁试剂，用氯仿萃取，铁和可能存在的其他元素都被萃取到氯仿中，分离氯仿后，水相中的稀土元素可用偶氮胂作为显色剂，用分光光度法测定。

（2）应用溶剂萃取光度分析　这是将萃取分离与光度分析两者结合在一起进行。由于不少萃取剂同时也是一种显色剂，萃取剂与被萃取离子间的配位或缔合反应实质上也是一种显色反应，使所生成的被萃取物质呈现明显的颜色，溶于有机相后可直接进行分光光度法测定。此法简单、快速、灵敏度高。

（3）应用溶剂萃取富集痕量组分　测定试样中的微量或痕量组分时，可用萃取分离法使待测组分得到富集，以提高测定的灵敏度。例如，工业废水中微量有害物质的测定，可在一定萃取条件下取大量的水样，用少量的有机溶剂将待测组分萃取出来，从而使微量组分得到富集，用适当的方法进行测定。若将分层后的萃取液再经加热挥发除掉溶剂，剩余的残渣再用更少量的溶剂溶解，可达进一步富集的目的。

思考题 9-3

1. 分配系数与分配比有何不同？在溶剂萃取分离中为什么要引入分配比？
2. 萃取体系是根据什么划分的？常用的萃取体系有几类？分别举例说明。
3. 溶剂萃取分离法有哪些常用的操作技术？

阅读材料

超临界流体萃取分离法

超临界流体（supercritical fluid）是指高于临界压力和临界温度时的一种物质状态，它既不是气体也不是液体，但它兼具气体的低黏度和液体的高密度，以及介于气体和液体之间的较高扩散系数等特征。如超临界状态下的 CO_2。早在 1897 年就已发现超临界状态的压缩气体对于固体有特殊的溶解作用。

超临界流体萃取（supercritical fluid extraction,缩写 SFE）分离法是利用超临界流体作萃取剂直接从固体和液体样品中萃取出某种或某类目标化合物的方法。超临界流体萃取中萃取剂的选择随萃取对象的不同而改变，通常用 CO_2 作超临界流体萃取剂分离萃取极性和非极性的化合物，用氨或氧化亚氮作超临界流体萃取剂分离萃取极性较大的化合物。超临界流体萃取的实验装置与超临界流体色谱仪类似，只是用萃取容器代替了色谱柱，在仪器后有一个馏分收集器用于收集萃取出来的样品。

超临界流体萃取分离法具有高效、快速、后处理简单等特点，特别适合于处理烃类及非极性脂溶性化合物，如醚、酯、酮等。此法既有从原料中提取和纯化少量有效成分的功能，又能从粗品中除去少量杂质，达到深度纯化的效果。超临界流体萃取分离法广泛用于从各种香料、草本植物、中草药中提取有效成分。

第四节　离子交换分离法

学习要点　了解离子交换分离法的基本原理和方法特点；了解离子交换树脂的种类和结构特点；理解离子交换树脂交联度、交换速率、交换容量和离子交换亲和力的意义；掌握离子交换树脂的选择、前处理、装柱、分离、洗脱和再生的方法及离子交换树脂在定量分析中的应用。

离子交换分离法是利用离子交换树脂（ion exchange resin）与试样溶液中的离子发生交换反应而使离子分离的方法。各种离子与离子交换树脂的交换能力不同，被交换到离子交换树脂上的离子可选用适当的洗脱剂依次洗脱，从而达到彼此之间的分离。与溶剂萃取不同，离子交换分离是基于物质在固相和液相之间的分配。离子交换分离法分离效率高，既能用于带相反电荷的离子间的分离，也能实现带相同电荷的离子间的分离，某些性质极其相近的物质如 Nb 和 Ta、Zr 和 Hf 的分离及稀土元素之间的分离都可用离子交换分离法完成。离子交换分离法还可以用于微量元素、痕量物质的富集和提取，蛋白质、核酸、酶等生物活性物质的纯化等。离子交换分离法所用设备简单，操作也不复杂，交换容量可大可小，树脂还可反复再生使用，因此在工业生产及分析研究上应用广泛。

一、离子交换树脂的种类

离子交换剂（ion exchanger）的种类很多，主要分为无机离子交换剂和有机离子交换剂两大类。目前分析化学中应用较多是有机离子交换剂，又称为离子交换树脂。离子交换树脂是一种高分子聚合物，具有网状结构的骨架部分。在水、酸、碱中难溶，对有机溶剂、氧化剂、还原剂和其他化学试剂具有一定的稳定性，对热也比较稳定。在骨架上连接有可以与溶液中的离子起交换作用的活性基团，如$—SO_3H$、—COOH等。根据可以被交换的活性基团的不同，离子交换树脂分为阳离子交换树脂、阴离子交换树脂和螯合树脂等类型。

1. 阳离子交换树脂

这类树脂的活性基团为酸性，如$—SO_3H$、$—PO_3H_2$、—COOH、—OH等。根据活性基团离解出H^+能力的大小，阳离子交换树脂分为强酸型和弱酸型两种。强酸型树脂含有磺酸基（$—SO_3H$），用RSO_3H表示；弱酸型树脂含有羧基（—COOH）或酚羟基（—OH），用RCOOH或ROH表示。RSO_3H在酸性、碱性和中性溶液中都可应用，其交换反应速率快，与简单的、复杂的、无机的和有机的阳离子都可以交换，应用广泛。RCOOH在pH＞4、ROH在pH＞9.5时才具有离子交换能力，但选择性较好，可用于分离不同强度的有机碱。

阳离子交换树脂酸性基团上可交换的离子为H^+（故又称为H型阳离子交换树脂），可被溶液中的阳离子交换。它与阳离子进行交换的反应可简单地表示如下：

$$nRSO_3H+M^{n+}\underset{再生}{\overset{交换}{\rightleftharpoons}}(RSO_3)_nM+nH^+$$

式中，M^{n+}为阳离子。交换后M^{n+}留在树脂上。交换反应是可逆的，已经交换的树脂如果再以酸进行处理，树脂又恢复原状，又可再次使用。

2. 阴离子交换树脂

这类树脂的活性基团为碱性，如它的阴离子可被溶液中的其他阴离子交换。根据活性基团的强弱，可分为强碱型和弱碱型两类。强碱型树脂含季氨基[$—N^+(CH_3)_3Cl$]，用$RN^+(CH_3)_3Cl$表示；弱碱型树脂含伯氨基（$—NH_2$）、仲氨基（$>NH$）及叔氨基（$—N<$）。这些树脂水化后，其中的OH^-能被阴离子交换，故此类树脂又称为OH型阴离子交换树脂。其交换过程可简单表示如下：

$$nRN(CH_3)_3OH+X^{n-}\underset{再生}{\overset{交换}{\rightleftharpoons}}[RN(CH_3)_3]_nX+nOH^-$$

式中，X^{n-}为阴离子。各种阴离子交换树脂中以强碱性阴离子交换树脂的应用最广，它在酸性、中性和碱性溶液中都能应用，对强酸根和弱酸根离子也能交换。弱碱性阴离子交换树脂的交换能力受酸度影响较大，在碱性溶液中失去交换能力，故应用较少。交换后的树脂用适当浓度的碱处理，又可再生使用。

3. 螯合树脂

这类树脂含有特殊的活性基团，可与某些金属离子形成螯合物，在交换过程中能有选择性地交换某种金属离子。例如，含有氨基二乙酸基的树脂对 Cu^{2+}、Co^{2+}、Ni^{2+} 有很高的选择性，含有亚硝基间苯二酚活性基团的树脂又对 Cu^{2+}、Fe^{2+}、Co^{2+} 具有选择性等。所以，螯合型离子交换树脂对化学分离有重要意义。目前已合成了许多类型的螯合树脂，如#401是属于氨羧基［$—N(CH_2COOH)_2$］螯合树脂。利用这种方法，可以制备含某一金属离子的树脂，用来分离含有某些官能团的有机化合物。如含汞的树脂可分离含巯基的化合物（如胱氨酸、谷胱甘肽）等，这对生物化学的研究有一定的意义。

4. 对离子交换树脂的要求

化学分离中对离子交换树脂有如下几点要求：

① 不溶于水，对酸、碱、氧化剂、还原剂及加热具有化学稳定性；

② 具有较大的交换容量；

③ 对不同离子具有良好的交换选择性；

④ 交换速率大；

⑤ 树脂易再生。

表9-5列出了目前定量分析中较常用的离子交换树脂的类型和牌号，供选择时参考。

表9-5　常用离子交换树脂的类型和牌号

类别	交换基	树脂牌号	交换容量/(mg·mol/g)	国外对照产品
阳离子交换树脂	$—SO_3H$	强酸型#1阳离子交换树脂	4.5	
	$—SO_3H$	732(强酸 1×7)	≥4.5	Amberlite IR-100(美)
	$—SO_3H$ $—OH$	华东强酸#45	2.0～2.2	Zerolit 225(英) Amberlite IR-100(美)
	$—COOH$ $—OH$	华东弱酸-122 弱酸性#101	3～4 8.5	Zerolit 216(英)

续表

类别	交换基	树脂牌号	交换容量/(mg·mol/g)	国外对照产品
阴离子交换树脂	$-N^+(CII_3)_3$	强碱型# 201 阴离子交换树脂	2.7	
	$-N^+(CH_3)_3$	711(强碱 201×4)	≥3.5	Amberlite IRA-400(美)
	$-N^+(CH_3)_3$	717(强碱 201×7)	≥3	Amberlite IRA-400(美)
	$>N-$ $-NH_2$	701(强碱 330)	≥9	Zerolit FF(英) Doolite A-3013(美)
	$>N-$	330(弱碱性阴离子交换树脂)	8.5	

二、离子交换树脂的结构和性质

1. 离子交换树脂的结构和交联度

离子交换树脂为具有网状结构的高聚物。例如，常用的磺酸型阳离子交换树脂是由苯乙烯和二乙烯苯聚合所得的聚合物经浓 H_2SO_4 磺化制得，其反应式如下：

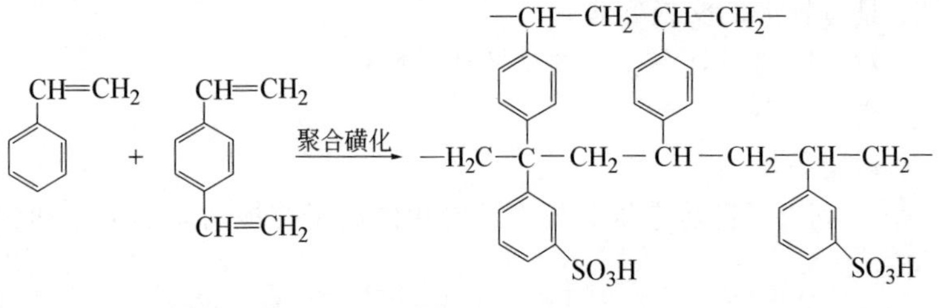

$$C_6H_5-CH{=}CH_2 + CH_2{=}CH-C_6H_4-CH{=}CH_2 \xrightarrow{\text{聚合磺化}} \text{(磺化交联聚苯乙烯)}$$

所得的聚苯乙烯的长链状结构间存在着交联，形成了如图 9-1 所示的网状结构，在网状结构的骨架上分布着磺酸基团。网状结构的骨架有一定大小的孔隙，即离子交换树脂的孔结构，可允许离子自由通过。显然，在合成树脂时，二乙烯苯的用量越多，交联越多，反之交联就少。能将链状分子联成网状结构的试剂称为交联剂，所以二乙烯苯是交联剂，在树脂中含有交联剂二乙烯苯的质量分数称为交联度（extent of crosslinking）。例如用 90 份苯乙烯和 10 份二乙烯苯合成制得的树脂交联度为 10%。

交联度的大小直接影响树脂的孔隙度。交联度越大，形成的网状结构越致密，孔隙越小，交换反应速率越慢，大体积离子难以进入树脂中，

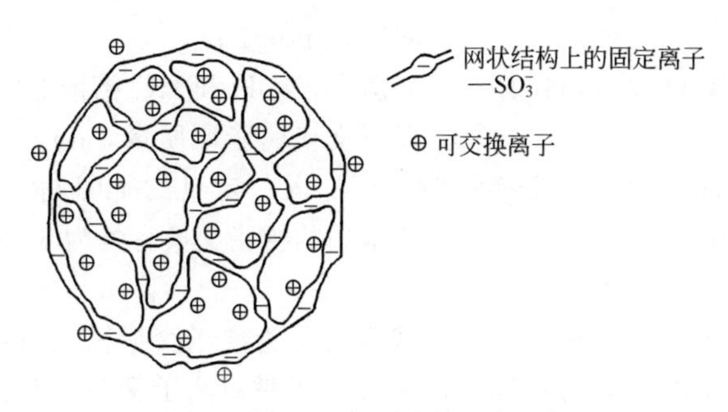

图 9-1　离子交换树脂的网状结构

选择性好；反之，当交联度小时，网状结构的孔隙大，交换反应速率快，但选择性差。交联度的大小对离子交换树脂性质的影响见表 9-6。

表 9-6　交联度的大小对离子交换树脂性质的影响

性质	交联度大	交联度小
磺化反应	困难	容易
交换反应速率	慢	快
大体积离子进入树脂	难	易
交换的选择性	好	差
溶胀程度	小	大

将干燥树脂浸泡于水中时，由于亲水性基团的存在，树脂要吸收水分而溶胀。溶胀的程度与交联度有关，交联度越大，溶胀越少。

2. 离子交换树脂的交换容量（exchange capacity）

离子交换树脂交换离子量的多少可用交换容量表示。交换容量是指每克干树脂所能交换的离子的物质的量，以 mmol/g 表示。交换容量的大小取决于网状结构中活性基团的数目，含有活性基团越多，交换容量越大。交换容量一般由实验方法测得。例如，H 型阳离子交换树脂的交换容量测定如下：称取干燥的 H 型阳离子交换树脂 1.000g，放于 250mL 干燥的锥形瓶中，准确加入 0.1mol/L 的 NaOH 标准滴定溶液 100mL，塞紧放置过夜，移取上层清液 25mL，加酚酞溶液数滴，用 0.1mol/L 的 HCl 标准滴定溶液滴定至红色褪去。

$$\text{交换容量(mmol/g)}=\frac{c(\text{NaOH})V(\text{NaOH})-c(\text{HCl})V(\text{HCl})}{m\times\frac{25}{100}}$$

式中　$c(\text{NaOH})$，$c(\text{HCl})$——分别为 NaOH 和 HCl 溶液的物质的量

浓度，mol/L；

$V(NaOH)$，$V(HCl)$——分别为 NaOH 和 HCl 溶液的体积，mL；

m——离子交换树脂原质量，g。

若是 OH 型阴离子交换树脂，可加入一定量的 HCl 标准滴定溶液，用 NaOH 标准滴定溶液滴定。一般常用的树脂交换容量为 3～6mmol/g。

3. 离子交换的亲和力

离子在离子交换树脂上的交换能力称为离子交换树脂对离子的亲和力。不同离子的亲和力不同。离子交换树脂对离子交换亲和力的大小与水合离子的半径大小和所带电荷的多少有关。在低浓度、常温下，离子交换树脂对不同离子的交换亲和力一般有如下规律。

（1）强酸性阳离子交换树脂

① 不同价态的离子，电荷越高，交换亲和力越大，如

$Th^{4+} > Al^{3+} > Ca^{2+} > Na^{+}$

② 相同价态离子的交换亲和力顺序：

$As^{+} > Cs^{+} > Rb^{+} > K^{+} > NH_4^{+} > Na^{+} > H^{+} > Li^{+}$

$Ba^{2+} > Pb^{2+} > Sr^{2+} > Ca^{2+} > Ni^{2+} > Cd^{2+} > Cu^{2+} > Co^{2+} > Zn^{2+} > Mg^{2+} > UO_2^{2+}$

③ 稀土元素的交换亲和力随原子序数的增大而减小，即

$Lu^{3+} < Yb^{3+} < Er^{3+} < Ho^{3+} < Dy^{3+} < Tb^{3+} < Gd^{3+} < Eu^{3+} < Sm^{3+} < Nd^{3+} < Pr^{3+} < Ce^{3+} < La^{3+}$

（2）弱酸性阳离子交换树脂

对 H^{+} 的亲和力比其他阳离子大，其余与上面顺序相同。

（3）强碱性阴离子交换树脂

$Cr_2O_7^{2-} > SO_4^{2-} > I^{-} > NO_3^{-} > CrO_4^{2-} > Br^{-} > CN^{-} > Cl^{-} > OH^{-} > F^{-} > Ac^{-}$

（4）弱碱性阴离子交换树脂

$OH^{-} > SO_4^{2-} > CrO_4^{2-} >$ 柠檬酸离子 $>$ 酒石酸离子 $> NO_3^{-} > AsO_4^{3-} > PO_4^{3-} > MoO_4^{2-} > CH_3COO^{-} > I^{-} > Br^{-} > Cl^{-} > F^{-}$

同一树脂对各种离子的交换亲和力不同，这就是带相同电荷的离子能实现离子交换分离的依据。在进行交换时，交换亲和力较大的离子先交换到树脂上，交换亲和力较小的离子后交换到树脂上。离子交换作用是可逆的，如果用酸或碱处理已交换后的树脂，树脂又回到原来的状态，这一过程称为洗脱或再生过程。在进行洗脱时，交换亲和力较小的

先被洗脱，交换亲和力较大的后被洗脱，这样就可使各种交换亲和力不同的离子彼此分离。

三、离子交换分离操作技术

1. 树脂的选择和处理

根据分离的对象和要求选择适当类型和粒度，表 9-7 列出了不同粒度树脂的部分分离对象，以供参考。

表 9-7　交换树脂粒度选择

用　途	筛　孔
制备分离	50～100 目
分析中离子交换分离	80～120 目
离子交换色谱法分离常量元素	100～200 目
离子交换色谱法分离微量元素	200～400 目

确定后，树脂先用 3～4mol/L HCl 浸泡 1～2 天，然后用蒸馏水洗至中性。经过处理后的阳离子交换树脂已转化为 H 型，阴离子交换树脂用 NaOH 或 NaCl 溶液处理转化为 OH 或 Cl 型。转化后的树脂应浸泡在去离子水中备用。

2. 装柱

离子交换柱多用有机玻璃或聚乙烯塑料管加工成的圆柱，亦可用滴定管代替，见图 9-2。在装柱前先在柱中充以水，在柱下端铺一层玻璃纤维，将柱下端旋塞稍打开一些，将已处理的树脂带水慢慢装入柱中，让树脂自动沉下，构成交换层。待树脂层达到一定高度后（树脂高度与分

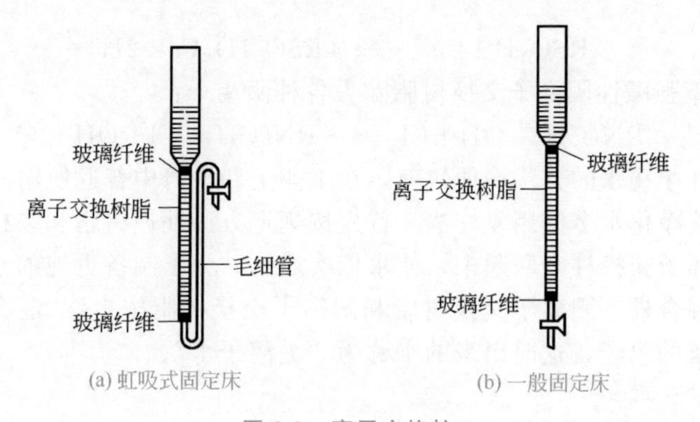

图 9-2　离子交换柱

离的要求有关，树脂层越高，分离效果越好)，再盖一层玻璃纤维。操作过程中应注意树脂层不能暴露于空气中，否则树脂干枯并混有气泡，使交换、洗脱不完全，影响分离效果，若发现柱内有气泡应重装。

3. 交换

加入待分离试液，调节适当流速，使试液按一定的流速流过树脂层。经过一段时间后，试液中与树脂发生交换反应的离子吸附在树脂上，不发生交换反应的物质留在流出液中，达到分离目的。

4. 洗脱

交换完毕后，用洗涤液将树脂上残留的试液和被交换下来的离子洗下来，洗涤液一般用蒸馏水。洗净后，用适当的洗脱液将被交换的离子洗脱下来。选择洗脱液的原则是洗脱液离子的亲和力大于已交换离子的亲和力。对于阳离子交换树脂，常用 3～4mol/L 的 HCl 溶液作为洗脱液；对于阴离子交换树脂，常用 HCl、NaCl 或 NaOH 溶液作洗脱液。

5. 树脂再生

树脂经洗脱以后，在大多数情况下树脂已得到再生，再用去离子水洗涤后，即可以重复使用。若需把离子交换树脂换型，在洗脱后用适当溶液处理。

四、离子交换分离法的应用

1. 水的净化

天然水中含有许多杂质，可用离子交换法净化，除去可溶性无机盐和一些有机物。例如，用 H 型强酸性阳离子交换树脂除去 Ca^{2+}、Mg^{2+} 等阳离子：

$$2RSO_3H + Ca^{2+} \longrightarrow (RSO_3H)_2Ca + 2H^+$$

用 OH 型强碱性阴离子交换树脂除去各种阴离子：

$$RN(CH_3)_3OH + Cl^- \longrightarrow RN(CH_3)_3Cl + OH^-$$

这种净化水的方法简便快速，在工业上和科研中普遍使用。

目前净化水多使用复柱法。首先按规定方法处理树脂和装柱，再把阴、阳离子交换柱串联起来，使水依次通过。为了制备更纯的水，再串联一根混合柱（阳离子交换树脂和阴离子交换树脂按 1∶2 混合装柱），除去残留的离子，这时出来的水称为“去离子水”。

2. 离子的分离

根据离子亲和力的差别，选用适当的洗脱剂可将性质相近的离子分离。例如，用强酸性阳离子交换树脂柱分离 K^+、Na^+、Li^+，由于在树脂上 3 种离子的亲和力大小顺序是 $K^+ > Na^+ > Li^+$，当用 0.1mol/L 的 HCl 溶液淋洗时，最先洗脱下来的是 Li^+，其次是 Na^+，最后是 K^+。

3. 微量组分的富集

试样中微量组分的测定常常是一种比较困难的工作，利用离子交换法可以富集微量组分。例如，测定天然水中 K^+、Na^+、Ca^{2+}、Mg^{2+}、SO_4^{2-}、Cl^- 等组分时，可取数升水样，使其流过阳离子交换柱，再流过阴离子交换柱，然后用稀 HCl 溶液把交换在柱上的阳离子洗脱，另用稀氨水慢慢洗脱各种阴离子。经过这样的交换、洗脱处理，组分的浓度就增加数十倍至 100 倍，达到富集的目的。

4. 氨基酸的分离

用离子交换树脂分离有机物质目前获得了迅速发展和日益广泛的应用，尤其在药物分析和生物化学分析方面应用更多。

例如分离氨基酸，用交联度为 8% 的磺酸基苯乙烯树脂，球状微粒，直径为 50μm 或更细一些。用柠檬酸钠溶液洗脱，控制适当的浓度和酸度梯度，可在一根交换柱上把各种氨基酸分离。首先流出的是“酸性”氨基酸（其分子中含有 2 个羧基和 1 个氨基，如天冬氨酸、谷氨酸）；接着是“中性”氨基酸（其分子中含有氨基和 1 个羧基，如丙氨酸、缬氨酸）；若分子中同时含有芳环时，则处于这一类型的最后（如酪氨酸、苯丙氨酸）；最后流出的是“碱性”氨基酸（其分子中含有 2 个或 2 个以上的氨基和 1 个羧基，如色氨酸、赖氨酸）。

思考题 9-4

1. 举例说明离子交换树脂的分类。
2. 什么是离子交换树脂的交联度？它对树脂的性能有何影响？交联度如何表示？
3. 阳离子交换亲和力的顺序在弱酸性阳离子交换树脂和强酸性阳离子交换树脂上是否相同？如何解释？
4. 如果要在盐酸溶液中分离 Fe^{3+}、Al^{3+}，应选择什么树脂？分离后 Fe^{3+}、Al^{3+} 的位置是怎样的？
5. 怎样处理树脂？如何装柱？
6. 如果试样中含有 CO_3^{2-}，用 H 型阳离子交换树脂进行分离有无问题？若有，如何处理？

阅读材料

微波萃取分离法

微波萃取分离（microwave extraction separation）是利用微波能强化溶剂萃取，使固体或半固体试样中的某些有机成分与基体有效地分离，并能保持分析对象的原本化合物状态的分离、富集方法。微波萃取分离法包括试样粉碎、与溶剂混合、微波辐射及分离萃取液等步骤，萃取过程一般在特定的密闭容器中进行。由于微波能是通过物质内部均匀加热，热效率高，可实现时间、温度、压力的控制，故能使萃取分离过程中有机物不会分解，有利于萃取热不稳定的物质。近年来，微波萃取分离法已广泛用于土壤中多环芳烃、杀虫剂、除草剂等污染物分离，食物中的有机成分分离，植物中的某些生物活性物质分离，天然产物中有效成分如中草药中有效成分提取等。与传统萃取（如索氏、超声萃取）法相比，微波萃取法的主要优点是快速、回收率高、能耗少、溶剂用量少，而且避免了长时间加热引起的热分解，有利于极性和热不稳定化合物的萃取。萃取溶剂选择的最基本原则是能溶解被测物，但要进行微波萃取，样品或溶剂二者中至少有一种吸收微波。所以，为了提高微波萃取效率，应在非极性溶剂中加入一些溶剂或在样品中加入一些水。

摘自邓勃主编《分析化学辞典》

第五节 色谱分离法

学习要点 了解色谱分离法的依据、方法特点和方法分类；掌握柱色谱、纸色谱、薄层色谱的基本原理和分离方法；熟练运用各种色谱分离法解决分离实际问题。

色谱法（chromatography）亦称为色层分析法，是以物质在不同的两相（固定相[1]和流动相[2]）中的吸附作用或分配系数的差异为依据的一种物理分离法。该法的特点是分离效率高，可以把各种性质极为相似的物质彼此分离，是物质分离、提纯和鉴定的常用手段。

一、色谱分离法的分类

色谱分离法的类型很多，主要有以下三种分类方法。

---

[1] 色谱固定相是指柱色谱或薄层色谱中既起分离作用又不移动的那一相。
[2] 色谱流动相是指在色谱过程中载带样品（组分）向前移动的那一相。

1. 按分离原理的不同进行分类

（1）吸附色谱法　利用混合物中各组分对固定相（stationary phase）吸附能力强弱的差异进行分离。

（2）分配色谱法　利用混合物中各组分在固定相和流动相（mobile phase）两相间分配系数的不同进行分离。

（3）离子交换色谱法　利用混合物中各组分在离子交换剂上交换亲和力的差异进行分离。

（4）凝胶色谱（排阻色谱）法　利用凝胶混合物中各组分分子的大小所产生的阻滞作用的差异进行分离。

2. 按流动相所处的状态不同进行分类

（1）液相色谱法　以液体为流动相的色谱法。

（2）气相色谱法　以气体为流动相的色谱法。

3. 按固定相所处的状态不同进行分类

（1）柱色谱　将固定相装填在金属或玻璃制成的柱中，做成色谱柱，以进行分离。把固定相附着在毛细管内壁，做成色谱柱，称为毛细管色谱。

（2）纸色谱　利用滤纸作为固定相进行色谱分离。

（3）薄层色谱　将固定相于玻璃板或塑料板上铺成薄层，进行色谱分离。

本节主要学习柱色谱、纸色谱和薄层色谱。

二、柱色谱

1. 吸附柱色谱法

吸附柱色谱法是液-固色谱法的一种。方法是将固体吸附剂（如氧化铝、硅胶、活性炭等）装在管柱中［见图 9-3(a)］，将待分离组分 A 和 B 溶液倒入柱中，则 A 和 B 被吸附剂吸附于管上端［见图 9-3(b)］。加入已选好的有机溶剂，从上而下进行洗脱，A 和 B 遇纯溶剂后从吸附剂上被洗脱下来，但遇到新吸附剂时又重新被吸附上去，因而在洗脱过程中 A 和 B 在柱中反复地进行着解吸、吸附、再解吸、再吸附过程。由于 A 和 B 随着溶剂下移速度不同，因而 A 和 B 就可以完全分开［见图 9-3(c)］，形成两处环带，每一环带内是一纯净物质，如果 A、B 两组分有颜色，则能清楚地看到色环。若继续冲洗，则 A 先被洗出，B 后被洗出，用适当容器接收，再进行分析测定。

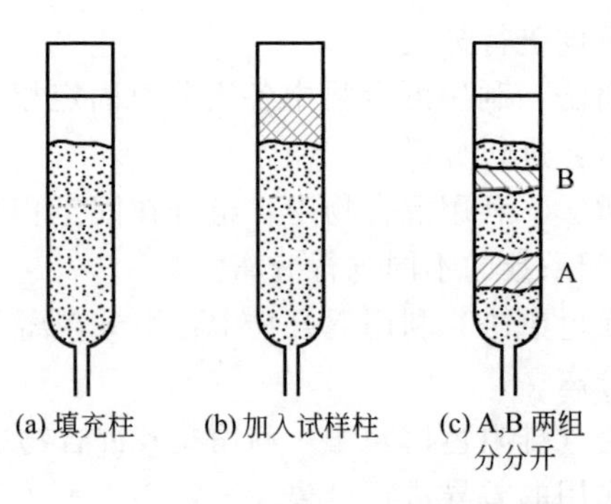

图 9-3 二元混合物柱色谱分离示意图

2. 分配柱色谱法

分配柱色谱法是液-液色谱法，它是根据物质在两种互相不混溶的溶剂间分配系数不同实现分离的方法。其固定相是强极性的活性液体，如水、缓冲溶液、酸溶液、甲酰胺、丙二醇或甲醇。使用时将液体固定相涂渍在载体（纤维素、硅藻土等）上，装入管中，将试样加入管的上端，然后再以与固定相不相混的极性较小的有机溶剂作流动相进行洗脱。当流动相自上而下移动时，被分离物就在固定相和流动相之间反复进行分配，因各组分的分配系数不同而得以分离。此法多用于有机物的分离。如果固定相为低极性的有机溶剂、流动相为强极性的水或水溶液，此时称为反相分配色谱法，简称反相色谱法，或称为萃取色谱法。在反相分配色谱法中，疏水性组分移动慢，亲水性组分移动快。反相分配色谱中常用的载体有微孔聚乙烯球珠、聚氨酯泡沫塑料等。

3. 柱色谱的操作方法

（1）柱色谱装置

① 色谱柱。色谱柱一般用带有下旋塞或没有下旋塞的玻璃管或塑料管柱制成。柱的直径与长度比为（1∶10）～（1∶60），吸附剂的质量是待分离物质质量的 25～30 倍。

② 吸附剂。为了使样品中各种吸附能力差异较小的组分能够分离，必须选择合适的吸附剂（固定相）和洗脱剂（流动相）。吸附柱色谱常用的吸附剂有氧化铝、硅胶、氧化镁、碳酸钙和活性炭等。氧化铝具有吸附能力强、分离能力强等优点，它是用 $w(HCl)=1\%$ 的盐酸溶液浸泡后，用蒸馏水洗至悬浮液的 pH 为 4～4.5。酸性氧化铝适用于分离酸性有机物质，如氨基酸等；碱性氧化铝适用于分离碱性有机物质，如生

物碱、醇等；中性氧化铝的应用最为广泛，适用于中性物质的分离，如醛、酮等类有机物质。

吸附剂应颗粒均匀，具有较大的比表面积和一定的吸附能力。比表面积大的吸附剂分离效率好。因为比表面积越大，组分在流动相和固定相之间达到平衡越快，形成的色带就越窄。一般吸附剂颗粒大小以100～150目为宜。另外，吸附剂应与欲分离的试样及所用的洗脱溶剂不起化学反应。

吸附剂的活性取决于吸附剂的含水量。含水量越高，活性越低，吸附能力越弱，反之吸附能力越强。按吸附能力的强弱可分为强极性吸附剂（如低水含量的氧化铝、活性炭）、中等极性吸附剂（如氧化镁、碳酸钙等）和弱极性吸附剂（如滑石、淀粉等）。一般分离弱极性组分时可选用吸附性强的吸附剂，分离极性较强的组分时应选用活性弱的吸附剂。

吸附剂在使用之前需进行“活化”。因为吸附剂吸附能力的强弱主要决定于吸附剂吸附中心的数量多少，如果吸附剂表面的吸附中心被水分子占据，则吸附能力会减弱。通过加热活化可提高吸附剂活性。相反，加入一定的水分也可使吸附剂“脱活”。表9-8列出了氧化铝和硅胶的活性与含水量的关系。

表9-8　氧化铝和硅胶的活性与含水量的关系

吸附剂活性	Ⅰ	Ⅱ	Ⅲ	Ⅳ	Ⅴ
氧化铝含水量/%	0	3	6	10	15
硅胶含水量/%	0	5	15	25	38

③ 洗脱剂。洗脱剂（流动相）的选择是否合适，直接影响色谱的分离效果。流动相的洗脱作用实质上是流动相分子与被分离的溶质分子竞争占据吸附表面活性中心的过程。在分离洗脱过程中，若是流动相占据吸附剂表面活性中心的能力比被分离的溶质分子强，则溶剂的洗脱能力就强，反之洗脱作用就弱。因此，流动相必须根据试样的极性和吸附剂吸附能力的强弱选择。一般原则是：洗脱剂的极性不能大于样品中各组分的极性，否则会由于洗脱剂在固定相上被吸附，使样品一直保留在流动相中，而影响分离。色谱展开首先使用极性最小的溶剂，然后再加大洗脱液的极性，使极性不同的化合物按极性由小到大的顺序从色谱柱中洗脱下来。

在选择洗脱剂时，还应注意洗脱剂必须能够将样品中各组分溶解，但不应与组分竞争与固定相的吸附。如果被分离的样品不溶于洗脱剂，则组分会牢固地吸附在固定相上，而不随流动相移动或移动很慢。

常用的流动相按其极性强弱的排列次序为：石油醚＜环己烷＜四氯化碳＜二氯乙烯＜苯＜甲苯＜二氯甲烷＜氯仿＜乙醚＜乙酸乙酯＜丙酮＜乙醇＜甲醇＜水＜吡啶＜乙酸。

为了得到好的分离效果，单一洗脱剂达不到所要求的分离效果时，也可以将各种溶剂按不同的配比配成混合溶剂作为流动相。总之，洗脱剂的种类很多，至于选用哪种洗脱剂为最佳，应通过实验确定。

（2）操作方法

① 装柱。在一洗净、干燥的色谱柱的底部铺少量玻璃棉或脱脂棉，于玻璃棉上放一层直径略小于色谱柱的滤纸，然后将吸附剂装入柱内。装柱的方式有干法和湿法。

a. 干法装柱。在色谱柱上端放一个干燥的玻璃漏斗，将活化好的吸附剂通过漏斗装入柱内，边装边轻轻敲打柱管，以便填装均匀。填装完毕后，在吸附剂表面再放一层滤纸，从管口慢慢加入洗脱剂，开启下端活塞，使液体慢慢流出，流速控制在 1～2 滴/s。干法装柱的缺点是容易在柱内产生气泡，分离时有“沟流”现象。

b. 湿法装柱。在柱内先加入 3/4 已选定的洗脱剂，将一定量的吸附剂（氧化铝或硅胶）用溶剂调成糊状，慢慢倒入柱内，开启下端活塞，使溶剂以 1 滴/s 的速度流出。在装柱的过程中应不断地轻敲色谱柱，使其填装均匀、无气泡。

柱子填充完后，在吸附剂上端覆盖一层石英砂，使样品能够均匀地流入吸附剂表面，并可防止加入洗脱剂时被洗脱剂冲坏。在整个装柱（干法或湿法）过程中，溶剂应覆盖住吸附剂，并保持一定的液面高度，否则柱内会出现裂痕及气泡。

② 洗脱。液体试样可以直接加入到色谱柱中，试样要适当浓。固体样品先用最少量的溶剂溶解后，再加入色谱柱中。样品加入时，应将溶剂降至吸附剂表面，样品滴管尽量接近石英砂表面，以便使试样集中在色谱柱顶部尽可能小的范围内，以利于样品展开。

将选定的洗脱剂小心地从管柱顶端加入色谱柱（切勿冲动吸附层），洗脱剂应始终覆盖住吸附剂上面，并保持一定的液面高度，控制流速为 0.5～2mL/min，不可太快，以免交换达不到平衡，造成分离不理想。

有颜色的组分可直接观察，收集，然后分别将洗脱剂蒸除，即可得到纯组分，然后再选用适当的方法对各组分进行定量。

所收集流出部分的体积的多少取决于柱的大小和分离的难易程度，即根据使用吸附剂的量和样品分离情况进行收集。一般为 50mL。若洗脱剂的极性相近或样品中组分的结构相近，可适当减少收集量。

4. 柱色谱分离法的应用

柱色谱分离虽然费时，相对于仪器化的高效液相色谱法柱效低，但由于设备简单，容易操作，从洗脱液中获得的分离样品量大等特点，应用仍然较多。对于简单的样品，用此法可直接获得纯物质；对于复杂组分的样品，此法可作为初步分离手段，粗分为几类组分，然后再用其他分析手段将各组分进行分离分析。在天然产物的分析中此法常作为除去干扰成分的预处理手段。

例如页岩油组成的定性测定。页岩油组成复杂，直接分析有困难，需要进行预分离，这时可用柱色谱作为分离手段。用在一定温度下活化的硅胶为吸附剂，和溶剂一起装入柱中。装柱完毕，加入页岩油试样，用不同极性的溶剂淋洗。先用非极性的溶剂正己烷淋洗，这时最先流出的是非极性组分脂肪烃类，接着流出的是稍带极性的组分芳香烃类，这两类组分间常因颜色不同，可以分别收集。然后以弱极性的甲苯淋洗，这时流出的是极性稍强的组分，如杂环类化合物，常常带棕色。最后以强极性溶剂甲醇淋洗，这时流出的是较强极性的酚类等酸性或碱性化合物，一般带棕黑色。流出的各流分间有明显的界限，易于收集。收集后的各流分可用仪器法分析。

三、纸色谱

1. 纸色谱法的原理

纸色谱法又称为纸上色谱法（简称 PC），属于分配色谱，是在滤纸上进行的色谱分析方法。滤纸是一种惰性载体，滤纸纤维素中吸附着的水分为固定相。由于吸附水有部分是以氢键缔合形式与纤维素的羟基结合在一起，一般情况下难以脱去，因而纸色谱不但可用与水不相混溶的溶剂作流动相，而且也可以用丙醇、乙醇、丙酮等与水混溶的溶剂作流动相。

选取一定规格的色谱滤纸，在接近纸条的一端点上欲分离的试样，把纸条悬挂于展开槽内，如图 9-4 所示。让纸条下端浸入流动相（展开剂）中，由于色谱滤纸的毛细管作用，展开剂沿着纸条不断上升。当流动相接触到点在滤纸上的试样点（原点）时，试样中的各组分就不断地在固定相和展开剂之间分配，从而使试样中分配系数不同的各种组分得以分离。当分离进行一定时间后，溶剂前沿上升到接近滤纸条的上沿。取出纸条，晾干，找出纸上各组分的斑点，记下溶剂前沿的位置。

各组分在纸色谱中的位置可用比移值 R_f 表示：

$$R_f=\frac{\text{原点中心至溶质最高浓度中心的距离}}{\text{原点中心至溶剂前沿间的距离}}$$

如图 9-5 所示，对组分 A，$R_f=a/l$；对组分 B，$R_f=b/l$。R_f 在 0～1 之间。若 $R_f\approx0$，表明该组分基本留在原点未动，即没有被展开；若 $R_f\approx1$，表明该组分随溶剂一起上升，即待分离组分在固定相中的浓度接近零。

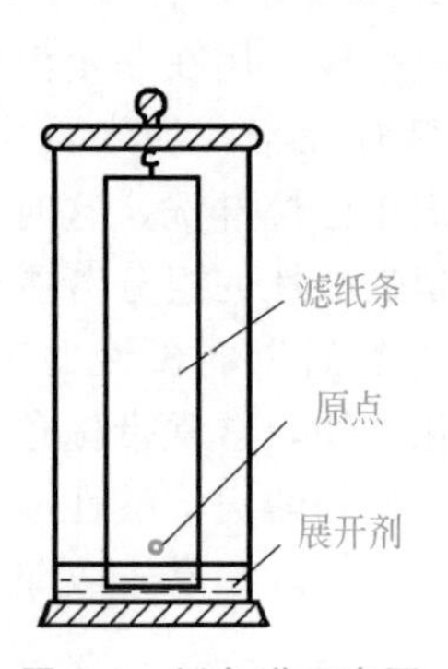

图 9-4　纸色谱示意图

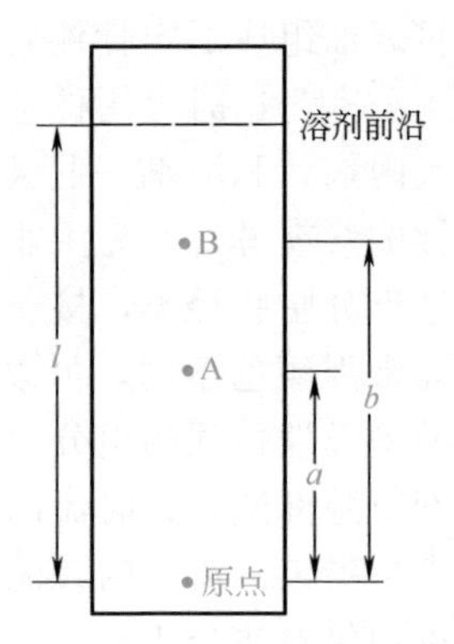

图 9-5　R_f 值测量示意图

在一定的条件下，R_f 值是物质的特征值，可以利用 R_f 鉴定各种物质，但影响 R_f 的因素很多，最好用已知的标准样品对照。根据各物质的 R_f 值，可以判断彼此能否用色谱法分离。一般来说，两组分的 R_f 只要相差 0.02 以上，就能彼此分离。

2. 纸色谱的操作方法

（1）色谱滤纸　要选用厚度均匀、无折痕、边缘整齐的色谱滤纸，以保证展开速度均匀。色谱滤纸的纤维素要松紧合适，过于疏松会使斑点扩散，过于紧密则色谱分离速度太慢。色谱滤纸的纸条一般有 3cm×20cm、5cm×30cm、8cm×50cm 等规格。

（2）点样　若样品是液体，可直接点样。固体样品应先溶解在溶剂中，溶剂最好采用与展开剂极性相似且易于挥发的溶剂，如乙醇、丙酮、氯仿等。水溶液的斑点易扩散，且不易挥发，一般不用，但无机试样可以用水作溶剂。

点样时，用管口平整的毛细管（内径约 0.5mm）或微量注射器吸取少量试液，点于距滤纸条一端 3～4cm 处。可并排点数个样品，两点间相距 2cm 左右。原点越小越好，一般控制直径以 2～3mm 为宜。若试液较稀，可反复点样，每次点后应待溶剂挥发后再点，以免原点扩散。促使溶剂挥发的办法有红外灯照射烘干或用电吹风吹干。

（3）展开　纸色谱在展开样品时，常采用上行法、下行法和环行法等。一般采用上行法，见图 9-4。上行法设备简单，应用较广，但展开速度慢。上行法的操作方法是：展开槽盖应密闭不漏气，槽内用配制好的展开剂蒸气饱和，将点有试样的一端放入展开剂液面下约 1cm 处，但展开剂液面的高度应低于样品斑点。展开剂沿滤纸上升，样品中各组分随之展开，当展开结束后，记下溶剂前沿位置，进行溶剂的挥发。

对于比移值较小的试样，可用下行法得到好的分离效果。下行法的操作方法是：将试液点在滤纸条的上端处，把纸条的上端浸入盛有展开剂的玻璃槽中，将玻璃槽放在架子上，玻璃槽和架子一同放入展开槽中，展开时，展开剂沿着滤纸条向下移动。

（4）显色　对于有色物质，当样品展开后，即可直接观察各个色斑。而对于无色物质，需采用各种物理、化学方法使其显色。常用的显色方法是用紫外灯照射。凡能吸收紫外光或吸收紫外光后能发射出各种不同颜色的荧光的组分均可用此方法显色。用笔记录下各组分的颜色、位置、形状、大小。借助斑点的位置可以进行定性鉴定。也可喷洒各种显色剂，例如对于氨基酸可喷洒茚三酮试剂，多数氨基酸呈紫色，个别呈蓝色、紫红色或橙色。根据斑点的大小、颜色的深浅可做半定量测定。

3. 纸色谱分离法的应用

纸色谱法设备简单、操作方便、分离效果好，多用于无机离子和各种有机物的分离。

例如，铁、铜、钴、镍的纸色谱分离：将离子混合试液点在慢速滤纸上（色谱滤纸），以丙酮-浓盐酸-水作展开剂，用上行法进行展开。1h 后从展开槽中取出，用氨水熏 5min，晾干后，用二硫代乙酰胺溶液喷雾显色，就会得到一个良好的色层分离谱图，见图 9-6。亚铁离子呈黄色斑点，比移值为 1.0；铜离子呈绿色斑点，比移值为 0.70；钴离子呈深黄色斑点，比移值为 0.46；镍离子呈蓝色斑点，比移值为 0.17。若将斑点分别剪下，经灰化或用 $HClO_4$ 和 HNO_3 处理后，可测得各组分的含量。

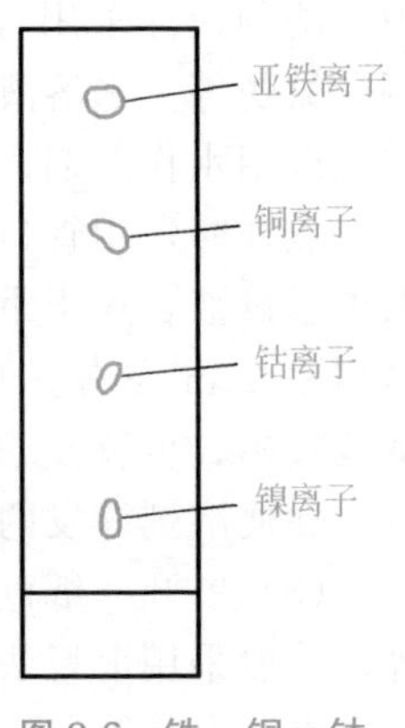

图 9-6 铁、铜、钴、镍的纸色谱

四、薄层色谱

1. 薄层色谱法的原理

薄层色谱法（过去又称为薄层层析法）是在柱色谱和纸色谱基础上发展起来的。薄层色谱法是把固定相吸附剂（如中性氧化铝）铺在玻璃板或塑料板上，铺成均匀的薄层，色谱分离就在板上的薄层中进行。把试样点在层板（薄层）的一端离边缘一定距离处，试样中各组分就被吸附剂所吸附。把薄层板放入展开槽中，使点样的一端浸入流动相展开剂中，由于薄层的毛细管作用，展开剂将沿着吸附剂薄层渐渐上升，遇到试样时，试样就溶解在展开剂中，随着展开剂沿着薄层上升，于是试样中的各种组分就沿着薄层在固定相和流动相之间不断地发生溶解、吸附、再溶解、再吸附的分配过程。经一段时间的展开，试样中的各组分按其吸附能力强弱不同而被分离廾。各组分在薄层中的位置可用比移值 R_f 表示（见纸色谱）。

2. 薄层色谱法的操作方法

（1）吸附剂　薄层色谱法的固定相吸附剂颗粒比柱色谱法细得多，其直径一般为 10～40μm。由于被分离对象及所用展开剂极性不同，应选用活性不同的吸附剂作固定相。吸附剂的活性可分Ⅰ～Ⅴ级，Ⅰ级的活性最强，Ⅴ级的活性最弱。薄层色谱法固定相吸附剂类型与柱色谱相似，有硅胶、氧化铝、纤维素等。最常用的是硅胶和氧化铝，它们的吸附能力强，可分离的试样种类多。

① 硅胶。硅胶是无定形多孔物质，略显酸性，机械性能差，一般需要加入黏合剂制成“硬板”。常用的黏合剂有煅石膏（$CaSO_4 \cdot H_2O$）、聚乙烯醇、淀粉、羧甲基纤维素钠（CMC）等。薄层色谱所用的硅胶的粒度为 250～300 目，较柱色谱粒度细，适用于中性或酸性物质的分离。薄层色谱所用的硅胶有硅胶 H（不含黏合剂和其他添加剂）、硅胶 G（含 13%～15%煅石膏）、硅胶 GF_{254}（含煅石膏和荧光指示剂，可在波长 254nm 紫外光照射下呈黄绿色荧光）和硅胶 HF_{254}（只含荧光指示剂

的硅胶)。

② 氧化铝。氧化铝铺层时一般不加黏合剂，可用氧化铝干粉直接铺层，这样得到的层析板称为“干板”或“软板”。干法铺层的氧化铝用150～200目，湿法铺层为250～300目。氧化铝也可因加黏合剂或荧光剂而分为氧化铝G（含煅石膏）、氧化铝GF_{254}和氧化铝HF_{254}。氧化铝的极性较硅胶稍强，适合分离极性较小的化合物。

薄层色谱的分离效果取决于吸附剂、展开剂的选择。要根据样品中各个组分的性质选择合适的吸附剂和展开剂。吸附剂和展开剂选择的一般原则是：非极性组分的分离，选用活性强的吸附剂，用非极性展开剂；极性组分的分离，选用活性弱的吸附剂，用极性展开剂。实际工作中要经过多次试验确定。

(2) 薄层板的制备　薄层板可以购买商品的预制板（有普通薄层板和高效薄层板），也可以自行制备。制备方法有干法制板、湿法制板两种。湿法铺层较为常用，即将吸附剂加水调成糊状，倒在层板上，用适当的方法（具体操作方法见配套实验教材）铺匀，晾干。薄层板要用自来水洗净后烘干，否则会使吸附剂不能均匀分布和黏附在玻璃板上，干燥后易起壳、开裂、剥落。

(3) 活化　先将铺好薄层的薄层板水平放置。待糊状物凝固后，放入烘箱，于60～70℃初步干燥。然后逐渐升温到105～110℃，使之活化，一般活化时间为10～30min。但对于某些实验，薄层板铺好后阴干即可，不必活化（有时要通过实验，由分离效果决定）。活化后，将薄层板置于干燥器中备用。

(4) 点样　在经过活化处理的薄层板的一端距边沿一定距离处（一般约1cm），用毛细管或微量注射器把试液0.05～0.10mL（含样品10～100μg）[1]点在薄层板上，点样动作力求快速。为使样点尽量小，可分多次点样，这样不致使原点分散而使色谱分离后斑点分散，影响鉴定，其方法与纸色谱相似。一般将试样制成质量浓度为5～10g/L的样品溶液，溶解样品的溶剂应易于挥发，溶剂的极性和展开剂相似。当溶剂与展开剂的极性相差较大时，应在点样后，待溶剂挥发了再进行展开。点样量应根据薄层厚度、试样和吸附剂的性质、显色剂的灵敏度、定量测

---

[1] 点样量的多少会影响检出效果。点样量少，会使微量组分检测不出来；点样量太大，斑点拖尾、重叠，组分不能分离。点样量需通过实验确定。对于较厚的薄层板，点样量可适当增加。若样品溶液太稀，则可分几次点。

定的方法而定。每个样品原点间距应在 2cm 左右，距薄层板一端约 1cm。

（5）展开　薄层板的展开需在展开槽（见图 9-7）中进行。但应注意的是：这种展开槽必须是密闭而不漏气的，否则在色谱展开过程中会因展开剂的挥发而影响分离效果。

色谱展开方式常采用上行法。但对于干板，应近水平方向放置，薄层的倾斜角不宜过大（10°～20°），倾斜角过大则薄层板上的薄层易脱落。而对于硬板，可采用近于垂直的方向展开，如图 9-8 所示。

图 9-7　薄层色谱示意图

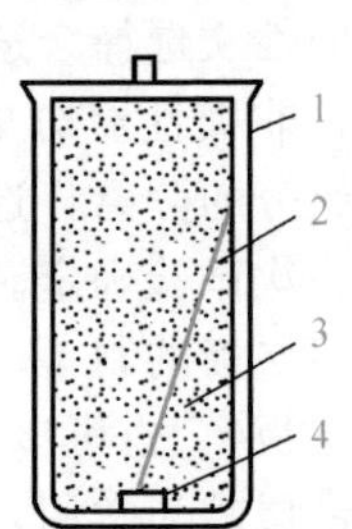

图 9-8　近垂直方向展开

1—展开槽；2—薄层板；
3—蒸气展开剂；4—盛有溶剂的器皿

展开时，应先将展开剂放入展开槽内，液层厚度为 5～7mm。为使槽内展开剂蒸气很快达到平衡，可在槽内放入一张滤纸。然后将已点好试液的薄层板放入槽内，薄层板下端浸入展开剂约为 5mm，切勿使样品原点浸入展开剂中。盖紧槽盖，待展开剂前缘上升到薄层板顶端时（预定的高度），立即取出薄层板，计算比移值 R_f。

（6）显色　样品展开后，若本身带有颜色，可直接看到斑点的位置。若样品是无色的，就需要对薄层板进行显色。常用的显色方法有紫外光下观察、碘蒸气熏蒸显色和喷以各种显色剂。

① 显色剂。对不同的化合物需采用不同的显色剂。常用的显色剂种类很多，有通用显色剂和专属显色剂。若对未知化合物，可以考虑先用通用显色剂，这种显色剂是利用它与被测组分的氧化还原反应、脱水反应及酸碱反应等而显色的。如浓硫酸或 50％的硫酸溶液，由于多数有机物质用硫酸炭化而使它们显色，一般在喷此溶剂后数分钟即会出现棕色到黑色斑点，这种焦化斑点常常显现荧光。

喷雾显色时，应将显色剂配成一定浓度的溶液，然后用喷雾器均匀地喷洒到薄层上。对于未加黏合剂的干板，应在展开剂尚未挥发尽时喷雾，否则会将薄层吹散。

显色剂种类繁多，需要时可参阅有关专著。表 9-9 列出了部分常用的显色剂。

表 9-9　常用的显色剂

显色剂	检测对象
浓硫酸或 $w(H_2SO_4)=50\%$硫酸	大多数有机化合物显出黑色斑点
3g/L 溴甲酚绿+80%甲醇溶液	脂肪族羧酸于绿色背景下显黄色
$w(H_3PO_4)=5\%$磷酸乙醇溶液	喷后在 120℃烘烤，还原性物质显蓝色斑点；再用氨气熏，背景变为无色
0.1mol/L 氯化铁-0.1mol/L 铁氰化钾溶液	酚类、芳香族胺类、甾族化合物
含 3g/L 醋酸的 3g/L 茚三酮丁醇溶液	氨基酸及脂肪族伯胺类化合物，背景出现红色或紫红色
碘蒸气	有机化合物，显黄棕色
5g/L 碘的氯仿溶液	有机化合物，显黄棕色
1g/L 桑色素乙醇溶液	有机化合物，背景显黑色或其他颜色

② 紫外光显色。把展开后的薄层放在紫外灯下观察，含有共轭双键的有机物质能吸收紫外光，呈暗色斑点即为样品点。含有荧光指示剂铺成的薄层板（如硅胶 GF_{254}）在紫外光（254nm）下观察，整个薄层呈现黄绿色荧光，斑点部分呈现暗色更为明显。有些物质在吸收紫外光后呈现不同颜色的荧光，或需喷某种显色剂作用后显出荧光。由于这些物质只在紫外灯照射下显色，紫外光消失后荧光随之消失，因而需要用针沿斑点周围刺孔，标出该项物质的位置。

③ 碘蒸气熏蒸显色。将易挥发的碘试剂放在密闭的容器中，使它们的蒸气充满整个容器，再将已展开、挥发尽溶剂的薄层板放入容器中，使之显色，其显色速度和灵敏度随化合物不同而异。当斑点的颜色足够强时，将薄层板从容器中取出，用铅笔画出斑点的轮廓。斑点是不能持久显色的，因颜色是碘和有机物形成的配合物，当碘从板上升华逸出时，斑点即褪色。

除饱和烃和卤代烃外，几乎所有的化合物均能与碘形成配合物。另外，斑点的强度并不代表存在的物料量，只是一粗略的指示而已。

常见的熏蒸溶剂除固体碘外，还有浓氨水、液体溴等。

3. 薄层色谱分离法的应用

（1）痕量组分的检测　用薄层色谱法检测痕量组分既简便又灵敏。例如，3,4-苯并芘是致癌物质，在多环芳烃中含量很低。可将试样用环己酮萃取，并浓缩到数毫升，点在含有 20g/L 咖啡因的硅胶 G 板上，用异辛烷-氯仿（1+2）展开后，置紫外灯下观察，板上呈现紫色至橘黄色斑点。将斑点刮下，用适当的方法进行测定。

（2）同系物或异构体的分离　用一般的分离方法很难将同系物或同分异构体分开，但用薄层色谱法可将它们分开。例如，C_3～C_{10} 的二元酸混合物在硅胶 G 板上，以苯-甲醇-乙酸（45+8+4）展开 10cm，就可以完全分离。

（3）无机离子的分离　例如，对于 H_2S 组阳离子，可以在硅胶 G 薄层上，用丙酮-苯（3+1）混合溶剂 100mL，以酒石酸饱和后，再加入 6mL $w(HNO_3)=10\%$ 硝酸溶液作为展开剂色谱分离，然后用硫化物或酸性、碱性的双硫腙溶液作显色剂，得到各组分 R_f 值的次序如下：汞＞铋＞锑＞镉＞砷＞铅＞铜＞铊。利用比较色斑大小以进行半定量的方法可测定面粉中的砷、血液中的铊、小便中的汞、茶叶中的砷和镉。又如，对于 $(NH_4)_2S$ 组阳离子，可在硅胶 G 薄层上用丙酮-浓盐酸-己二酮（100+1+0.5）混合溶剂作展开剂，展开 10cm 后，用氨熏，再以 5g/L 8-羟基喹啉的 $\varphi(乙醇)=60\%$ 乙醇溶液喷雾显色，得到各组分的 R_f 值顺序如下：铁＞锌＞钴＞锰＞铬＞镍＞铝。此外还有卤素的分离和鉴定，硒、碲的分离和鉴定，贵金属的分离和鉴定，稀土元素铈、镧、镨、钕的分离等，均可采用薄层色谱法进行。

思考题 9-5

1. 色谱分离法分为哪几种？各自的特点是什么？
2. 纸色谱法和薄层色谱法的基本原理是什么？
3. 对于无色试样，应怎样把各组分的斑点显现出来？
4. 何谓比移值？如何求得？
5. 选择薄层色谱的吸附剂和展开剂的原则是什么？

阅读材料

毛细管电泳分离法

电泳（capillary electrophoresis，CE）是近年来发展最为迅速的分离、分析方法之一。它是由 Jorgenson 和 Lukace 于 1981 年首先提出的，短短 27 年中已取得了重大进展，充分展示了其高灵敏度（检测限可达 10^{-13}～10^{-15}mol）、高分辨率、高速度（最快可在 1min 内完成一个样品的分析）及样品用量少（一次进样只需数纳升）等特点，因此受到了普遍欢迎。由于 CE 符合以生物工程为代表的生命科学各领域中对生物大分子（如肽、蛋白质、DNA 等）的高度分离要求，得到了迅速发展，正逐步成为生命科学及其他学科实验室中一种常用的分离分析手段。

毛细管电泳是以高压电场为驱动力，以毛细管为分离柱，依据样品中组分之间浓度和分配容量的差异进行分离的一种液相色谱技术。目前，有 6 种不同的分离方法：

① 以高压电场为驱动力，在毛细管色谱柱中按样品各组分之间淌度和分配行为的不同实现分离；

② 胶束电动毛细管色谱，中性粒子在水相和胶束相之间因其疏水性不同而具有不同的分配能力，得以实现分离；

③ 毛细管凝胶电泳，将凝胶物质填入毛细管中作支持物，以实现组分的电泳分离；

④ 毛细管等电聚焦，将一般使用的等电聚焦电泳放到毛细管色谱柱内进行的一种分离技术；

⑤ 毛细管电色谱，以高效液相色谱微粒填充剂为固定相，各组分与固定相作用不同，用电渗流为流动相进行分离；

⑥ 毛细管等速电泳，利用溶质在先导电解质与后继电解质之间的电泳淌度不同实现分离。

摘自汪尔康主编《21 世纪的分析化学》

第六节　膜分离技术

学习要点　了解膜分离法的原理；理解渗析、电渗析、微孔过滤、反渗透、超滤、液膜分离技术的基本概念和基本原理；掌握膜分离方法；了解膜分离技术的主要应用。

膜分离技术是对液-液、气-气、液-固、气-固体系中不同组分进行分离、纯化与富集的一门高新技术。这种技术与常规分离方法相比，具有能耗低、分离效率高、设备过程简单、易于操作、无相变和化学变化、不污染环境等优点，是解决当代能源、资源和环境问题的重要高新技术，对未来工业的改造有着深远的影响。

膜分离技术是用一种特殊的半渗透膜作为分离介质，当膜的两侧存在某种推动力（如压力差、浓度差、电位差等）时，半透膜有选择性地允许某些组分透过，同时，阻止或保留混合物中的其他组分，从而达到分离、提纯的目的。用于过滤的膜一般是用具有多孔的物质作为支撑体，其表面由只有几十微米厚的膜层组成。膜分为固膜、液膜和气膜三类，其中固膜应用最多，固膜又可分为无机膜和有机膜。对新材料、新的膜分离方法不断开发研究，使膜分离技术迅猛发展。反渗透、超滤、微滤、电渗析为四大已开发应用的膜分离技术。其中反渗透、超滤、微滤相当于过滤技术，用以分离含溶解的溶质或悬浮微粒的液体。电渗析用的是荷电膜，在电场的推动下，用以从水溶液中脱除离子，主要用于苦咸水的脱盐。

一、渗析法

渗析也称透析，是最早发现和研究的膜现象。这种半透膜只允许水中或溶液中的溶质通过，溶质从高浓度一侧透过膜扩散到低浓度一侧的现象称为渗析作用，也称扩散渗析或扩散渗透。渗透作用的推动力是浓度差，由于膜两侧溶液的浓度差而使溶液进行扩散分离。浓度高的一侧向浓度低的一侧扩散，当膜两侧溶液达到平衡时，渗透过程停止。由于渗析过程的传质推动力是膜两侧物料中组分的浓度差，渗透扩散速度慢，膜的选择性差。渗透所用的膜多为离子交换膜，此方法用于血液渗析、处理废水中移动速度较快的 H^+ 和 OH^-，用于酸碱的回收，回收率达到 70%～90%，但这种膜不能使回收的酸碱浓缩。

二、电渗析法

电渗析是在直流电场作用下，以电位差为推动力，利用离子交换膜的选择性，把电解质从溶液中分离出来，从而实现溶液的淡化、浓缩、精制或纯化目的的一种分离方法，电渗析是电解和透析过程的结合。广泛用于苦咸水脱盐、饮用水、食品、医药和化工等领域。

电渗析法是 1975 年提出来的，是利用离子交换膜选择性透过离子的特殊性能，在直流电场作用下，产生离子迁移，阴阳离子分别通过阴阳离子交换膜进入到另一种溶液，从而达到分离、提纯、回收的目的。其分离装置如图 9-9 所示。在阳极池与料液池之间有一个常压下不透水的阴离子交换膜 A 将它们隔开，它阻挡阳离子，只允许阴离子通过；在料液池和阴极池之间，有阳离子交换膜 B 将它们隔开，它阻挡阴离子，只允许阳离子通过。当阴阳电极加上电压时，料液池中阳离子通过阳离子交换膜迁移到阴极池中；阴离子通过阴离子交换膜迁移到阳极池

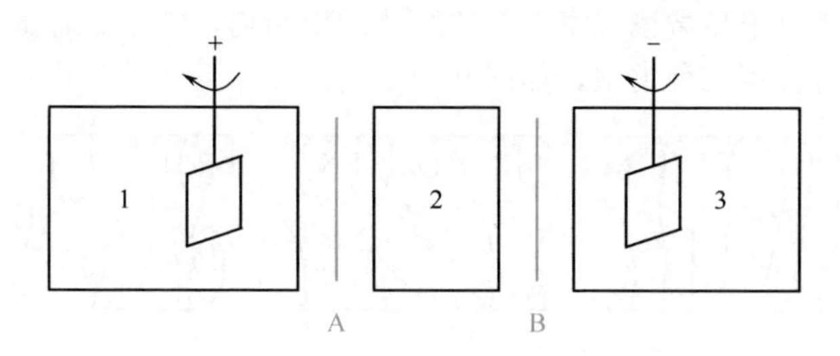

图 9-9 电渗析分离装置示意图

1—阳极池； 2—料液池； 3—阴极池； A—阴离子交换膜； B—阳离子交换膜

中，当料液中有沉淀颗粒或胶体时，它们不能通过阴、阳离子交换膜，留在料液中。这样，阴阳离子、沉淀颗粒得以分离。

图 9-10 是 NaCl 电渗析分离示意图，在电流的作用下，Na^+ 向阴极移动，易通过阳离子交换膜，却不能通过阴离子交换膜。同理，Cl^- 易通过阴离子交换膜而受到阳离子交换膜的阻挡，结果使两旁隔离室离子浓度上升，形成浓水室，而中间隔离室离子浓度下降，形成淡水室。

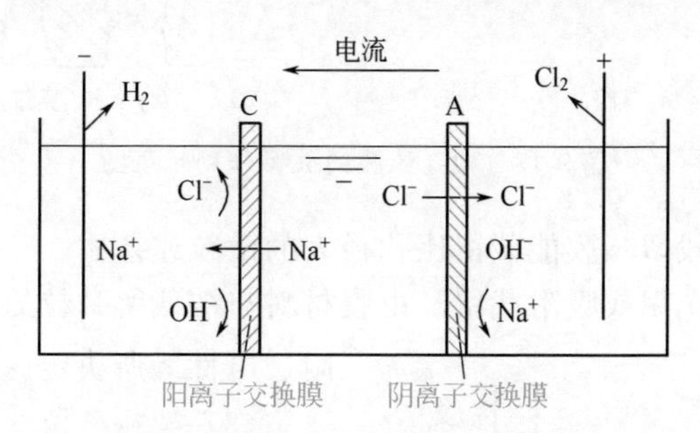

图 9-10 NaCl 电渗析分离示意图

三、微孔过滤法

微孔过滤是以压力差为推动力的膜分离方法，主要用于气相和液相中截留分离微粒、细菌、污染物等。微孔滤膜起决定性作用，是用特种纤维酯或高分子聚合物制成的孔径均一的薄膜。滤膜种类有硝酸纤维膜（CN 膜）、醋酸纤维膜（CA 膜）、混合纤维膜（CN/CA 膜）、聚酰胺滤膜、聚氯乙烯疏水性滤膜、再生纤维滤膜、聚四氟乙烯强憎水性滤膜等。用厚度、过滤速度、孔隙率、灰分及滤膜孔径来表示微孔滤膜的性能。

用扫描电子显微镜观察微孔滤膜的断面结构，常见的有微孔型、网络型、非对称型三种类型，如图 9-11 所示。

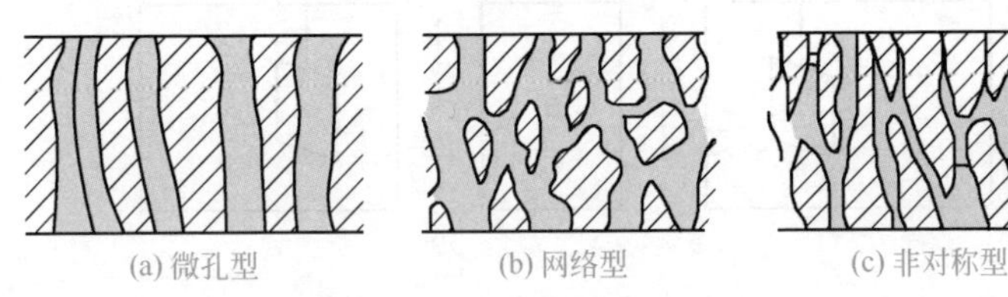

图 9-11 微孔滤膜的断面结构

通过电镜观察，微孔滤膜的截留机理有以下四种，见图 9-12。

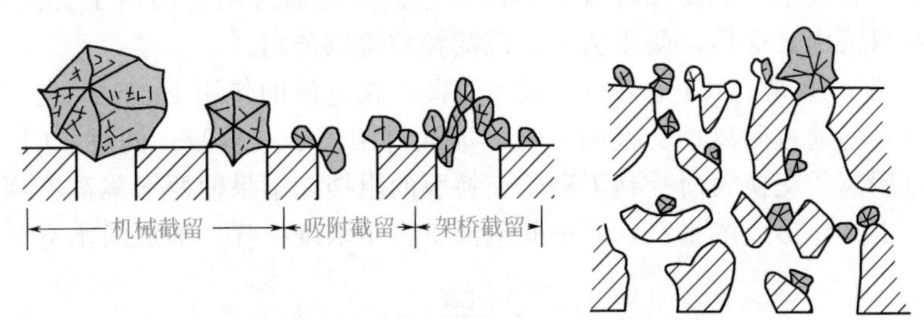

图 9-12 微孔滤膜的截留作用示意图

（1）机械截留　膜能截留比孔径大的微粒或杂质。

（2）物理作用或吸附截留　由膜材料与被截留微粒的物理性能如吸附、电性等所决定。

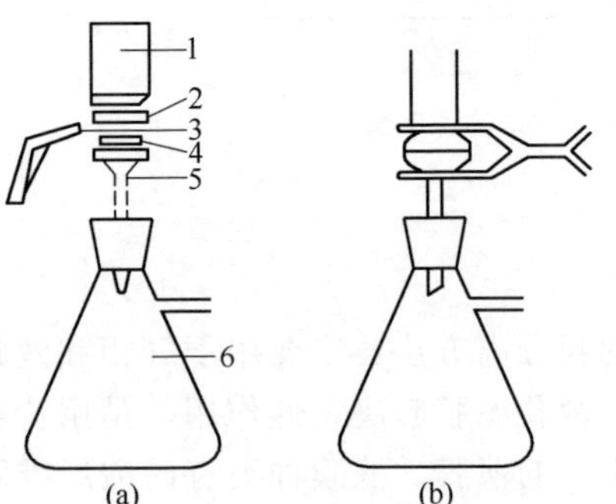

图 9-13 小型微孔过滤器

1—滤筒上半部；2—聚四氟乙烯O形圈；3—微孔滤膜；4—支撑片；5—滤筒下半部；6—吸滤瓶

（3）架桥截留　微粒构成桥形被截留。

（4）网络型膜网络内部截留　此时微粒被截留在膜的内部。

用特种纤维素酯或高分子聚合物制成的微孔滤膜，机械强度较差，故实际应用中要将膜材料贴附在平滑多孔的支撑体上。支撑体可用不锈钢或其他耐腐蚀的塑料及尼龙布组成。作为实验室用的小型微孔过滤装置可参照图 9-13。在吸滤瓶上方设置一个滤筒，滤筒的上下两部分可用不锈钢或塑料制成，中间设置一个聚四氟乙烯O形圈，将微孔滤膜放置在带孔的支撑片上，与O形圈配合后联结成一个整体。要先将滤膜放在溶液中充分浸润，使滤膜孔穴中的空气赶尽，增加滤膜的有效过滤面积。

作为工艺使用的微孔过滤组件，通常可分为板框式、管式、螺旋卷式和中空纤维式。

四、反渗透法

反渗透是与渗透紧密相关的，与渗透现象相反的过程。反渗透膜只允许溶剂通过而不允许溶质通过。反渗透在海水淡化、化工、医药、废水处理、食品等方面应用广泛。

用半透膜将纯水和盐水隔离时，水将自然地穿过半透膜向盐水扩散渗透，见图9-14(a)，而当纯水的扩散渗透达动态平衡时，在盐水一侧会产生一个高度为h的液面差，见图9-14(b)，该液柱的压力等于水向盐水渗透的渗透压。此时若在盐水一侧施加一个比渗透压大的外界压力p时，盐水中的水将通过半透膜反向扩散渗透到纯水中去，这一现象称为反渗透，见图9-14(c)。基于此现象所进行的纯化或浓缩溶液的分离方法称为反渗透分离法。

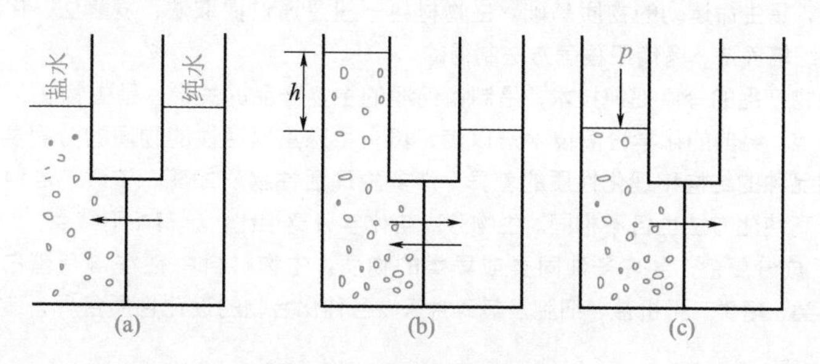

图9-14　渗透和反渗透

反渗透是渗透的一种反向迁移运动，它主要是在压力推动下，借助半透膜的截留作用，迫使溶液中的溶剂与溶质分开，溶液浓度越高，反渗透进行所需施加的压力越大。

反渗透膜是反渗透装置的心脏部分，其基本性能一般包括透水率、盐透率和抗压实性等。根据渗透膜的物理结构，反渗透膜可分为非对称膜、均质膜、复合膜、动态膜；根据膜的材质分类，则可分为乙酸纤维膜、芳香聚酰胺膜、高分子电解膜、无机质膜等。

膜的分离装置主要包括膜组件和泵。膜组件是将膜以某种形式组装在一个基本单元设备内，在外界压力作用下，能实现对溶质和溶剂分离的单元设备。工业上常用的反渗透装置主要有板框式、管式、螺旋卷式及中空纤维式四种类型。

思考题 9-6

1. 膜分离法分为哪几种？简述各自的基本原理。
2. 简述微孔过滤法和反渗透法的相同点和不同点。

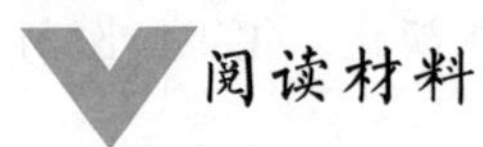

阅读材料

生化分离技术

生化技术是指在生物化学及其相关学科中应用的各种技术，其发展过程可以追溯到半个多世纪以前。色谱、电泳等分离检测技术的逐步建立，促进了生物化学的进展，使生物化学的研究工作从整体水平、细胞水平提高到分子水平。现代生化技术与生物化工、生化工程、生物制药、食品工程等息息相关。

生物大分子是指在生物体内存在的具有特殊生物功能的高分子化合物，主要包括蛋白质、酶、核酸、多糖和脂类，其中蛋白质（包括酶）和核酸是生命现象的基本体现者，是生命运动的物质基础。生物材料一般是通过提取法、发酵法、化学合成法、组织培养法、遗传工程等方法制得的。

生物产品的分离提纯技术，是制备纯净的生物产品的关键，是生物化工技术开发的重点。经典的化学分离技术难以满足具有特殊生理活性的物质的分离要求。由于生物品种的结构和理化性质的差异，许多生理活性物质如酶、核酸、各种氨基酸等的分离纯化方法也各不相同。生物分离与化学分离相比，具有如下特点：

① 成分复杂，含有多种同类或异类的物质。生物材料中往往含有蛋白质、核酸、脂类、糖类、无机盐、细胞及其碎片等，各种化合物的理化性质各异，造成分离困难。

② 目标产物浓度低、含量极微、混乱，含有大量的水和培养基、残留组分以及大量未知物质。

③ 蛋白质、酶、核酸的结构及性质对外界条件非常敏感，过酸、过碱、高温和剧烈的机械作用都可能造成产物变性失活。

因此，在整个分离纯化过程中，为了防止产品随时间变化、被空气氧化及其他影响，分离应选择在温和、低温的条件下进行。还应注意防止体系中重金属离子的影响，控制好操作的 pH、离子强度等。

第七节　挥发和蒸馏分离法

学习要点　了解挥发和蒸馏分离法的基本原理和应用。

挥发和蒸馏分离法是利用物质挥发性的差异进行分离的一种方法。可以用于除去干扰组分，也可以使待测组分定量地挥发出来后再测定。无机物中具有挥发性的物质不多，因此这种方法选择性较高。砷的氢化物，硅的氟化物，锗、砷、锑、锡等的氯化物都具有挥发性，可借控制蒸馏温度的办法把它们蒸馏出来，再用一合适的吸收液吸收，然后选用适宜的方法进行测定。最常用的例子是氮的测定：首先将各种含氮化合物中的氮经适当处理转化为 NH_4^+，在浓碱存在下利用 NH_3 的挥发性把它蒸馏出来，并用酸溶液吸收，再根据氨的含量多少选用适宜的测定方法。又如，测定水或食品等试样中的微量砷时，先用锌粒和稀硫酸将试样中的砷还原为 AsH_3，经挥发和收集后，可用比色等方法进行测定。

蒸馏分离法在有机化合物的分离中应用很广，不少有机物是利用各自沸点的不同而得到分离和提纯，例如 C、H、O、N、S 等元素的测定即采用这种方法。

在环境监测中不少有毒物质如 Hg、CN^-、SO_2、S^{2-}、F^- 酚类等都能用蒸馏分离法分离富集，然后选用适当的方法测定。表 9-10 列出了部分元素的挥发和蒸馏分离条件。

表 9-10　挥发和蒸馏分离法的应用实例

组分	挥发形式	条件	应用
砷	$AsCl_3$,$AsBr_3$,$AsBr_5$	HCl 或 $HBr+H_2SO_4$	除去砷
	AsH_3	$Zn+H_2SO_4$ 或 Al+NaOH	微量砷的测定
硼	$B(OCH_3)_3$	酸性溶液加甲醇	去硼或测定硼
	BF_3	加氟化物溶液	去硼或测定硼
碳	CO_2	1100℃通氧燃烧	碳的测定
CN^-	HCN	加 H_2SO_4 或酒石酸，用稀碱吸收	CN^- 的测定
铬	CrO_2Cl_2	$HCl+HClO_4$	除去铬
铵盐、含氮有机化合物	NH_3	NaOH	氨态氮测定，含氮有机化合物转化成铵盐后测定
硫	SO_2	1300℃通氧燃烧	硫的测定
硅	SiF_4	$HF+H_2SO_4$	测定硅酸盐中的硅，去硅，测定纯硅中的杂质

续表

组分	挥发形式	条件	应用
硒、碲	$SeBr_4$, $TeBr_4$	$HBr+H_2SO_4$	硒、碲的测定或去硒、碲
锗	$GeCl_4$	HCl	锗的测定
锑	$SbCl_3$, $SbBr_3$, $SbBr_5$	HCl 或 $HBr+H_2SO_4$	去锑
锡	$SnBr_4$	$HBr+H_2SO_4$	去锡
锇、钌	OsO_4, RuO_4	$KMnO_4+H_2SO_4$	痕量锇、钌的测定
铊	$TlBr_3$	$HBr+H_2SO_4$	去铊

挥发和蒸馏的操作方法可参阅有关资料。

思考题 9-7

挥发和蒸馏分离法依据什么进行分离？举例说明它们在物质分离中的应用。

激光分离法

近几十年来，随着激光技术的应用与发展，在物理和化学领域中出现了一门崭新的边缘学科——激光化学。它和经典的光化学一样，是研究光子与物质相互作用过程中物质激发态的产生、结构、性能及其相互转化的一门科学。但是，由于激光与普通光相比具有亮度高、单色性好、相干性好和方向性好等突出优点，因而激光与物质相互作用，特别是在引发化学反应过程中，就能产生经典光化学不能得到的许多新的实验现象，如红外多光子吸收、选择性共振激发等。这些新的实验现象不但在理论上具有很大意义，而且在许多实际应用方面开创了崭新的领域，创立了一些新的分析方法，如高纯材料中杂质的分离、稀土元素的分离以及同位素分离等激光分离法。

1. 激光光解纯化硅烷

美国洛斯阿拉莫斯实验室用激光光解纯化半导体与太阳能电池中常用的硅材料，收到了良好的效果。研究人员用波长 193nm 的氟化氩紫外激光照射含有砷、磷、硼杂质的硅烷气体，使杂质优先分解，形成固态多体化合物，剩下的是纯化了的硅烷气体。因大量硅烷气体基本上不消耗能量，因此效率高，成本可降至 1/6。

2. 激光引发分离稀土元素

近年来，把具有良好选择性的激光用于分离稀土元素收到了明显的效果。美国海军研究所的多诺霍等人用氟化氩、氟化氪和氯化氙等准分子激光器的紫外输出引发液相反应中的稀土元素，已成功地分离了铕和铈。分离过程的基本原理是利用液相体系中稀土元素之间吸收峰的形状比较窄，当稀土元素的电荷传送带受到激光照射时，就会产生光氧化还原反应，由于氧化还原态的变化，就引起诸如溶解度、可萃性或反应性等化学性质的改变，因而可利用适当化学方法（如沉淀、萃取等）加以分离。

3. 激光分离同位素

激光分离同位素的主要依据是：由于同位素的原子核质量不同或核的核电荷分布不同，引起同位素在光谱中的位移效应，借此进行分离。激光分离同位素的具体方法有光分解法、光化学法、光电离法等。

激光分离同位素具有效率高、能耗少、成本低、较灵活等优点。

激光分离有两个明显的优点：一是选择性高，能耗少；二是用光子代替化学试剂，可不用或少用化学试剂，有利于减少“三废”污染。

摘自张正奇主编《分析化学》

第八节　应用实例和操作练习

学习要点　通过对四个实例的学习，了解共沉淀分离铜中铋、双硫腙萃取分离环境水样中铅、离子交换法制备纯水和纸上色谱分离氨基酸的方法原理；掌握分光光度计使用方法和操作技术，学会标准曲线的绘制；掌握非晶型沉淀的沉淀条件；能熟练利用分液漏斗进行萃取分离操作；学习离子交换树脂漂洗、装柱和再生等操作方法；掌握纸色谱的基本操作技术和比移值的测量方法，能根据组分的比移值分离、鉴别试样中被测组分。

定量分析的试样通常是复杂物质，试样中其他组分的存在常常影响某些组分的定量测定，干扰严重时甚至使分析工作无法进行。这时必须根据试样的具体情况，采用适当的分离方法，把干扰组分分离除去，然后分别加以测定。而对于试样中的某些痕量组分，在进行分离的同时往往也就进行了必要的浓缩和富集，于是就便于进行测定。因此对于复杂物质的分析，分离和测定具有同样重要的意义。

一、纯铜中铋的共沉淀分离与测定

1. 方法原理

以水合二氧化锰作载体共沉淀铋，与基体铜分离。

$MnO(OH)_2$ 是由 $MnSO_4$ 与 $KMnO_4$ 反应生成的：

$$2MnO_4^- + 3Mn^{2+} + 7H_2O \longrightarrow 5MnO(OH)_2\downarrow + 4H^+$$

过滤分离之后，用 H_2SO_4-H_2O_2 溶液溶解载体 $MnO(OH)_2$：

$$MnO(OH)_2+H_2O_2+2H^+ \longrightarrow Mn^{2+}+O_2+3H_2O$$

在 1～2mol/L H_2SO_4 介质中，Bi^{3+} 与 KI 及马钱子碱形成三元配合物 BHI·BiI_3（B 代表马钱子碱），被 $CHCl_3$ 萃取呈黄色进行光度测定或目视比色法测定。

Cu^{2+}、Fe^{3+} 与 KI 作用析出 I_2 影响测定，可加入硫脲或酒石酸消除干扰。

2. 仪器试剂

（1）分光光度计或目视比色管一套。

（2）分液漏斗 250mL。

（3）普通漏斗。

（4）定量滤纸。

（5）HNO_3 溶液（1+1）。

（6）$MnSO_4$ 溶液（50g/L）。

（7）$KMnO_4$ 溶液（10g/L）。

（8）酒石酸溶液（200g/L）。

（9）H_2SO_4 溶液（1mol/L）。

（10）硫脲溶液（100g/L）。

（11）KI 溶液（200g/L）。

（12）10g/L 马钱子碱溶液。配制：用 250g/L 柠檬酸溶液配制。

（13）$CHCl_3$（分析纯）。

（14）H_2SO_4-H_2O_2 溶液。配制：取浓 H_2SO_4 35mL 慢慢加入 465mL 水中，冷却后加入 15mL H_2O_2[$w(H_2O_2)=30\%$]。

（15）无水硫酸钠固体。

（16）5μg/mL 铋标准溶液。配制：用优级铋盐配制，溶于（1+9）的硫酸介质中。

3. 实例内容与操作步骤

（1）溶解试样。准确称取试样 1g 左右，置于 400mL 烧杯中，加硝酸（1+1)20mL，加热溶解，用水稀释至 200mL。

（2）共沉淀分离铋。将试液加热至沸，加入 50g/L $MnSO_4$ 溶液 4mL、10g/L $KMnO_4$ 溶液 3mL，煮沸 5min，静置澄清后用定量滤纸过滤，沉淀用热水洗涤数次，将沉淀冲洗于原烧杯中，用 10mL H_2SO_4-H_2O_2 热溶液洗涤滤纸，溶液合并于原烧杯中，加热近沸，冷却，加 200g/L 酒石酸溶液 7mL，微热溶解其残渣，备作铋的测定之用。

（3）萃取比色测定铋。将所得铋溶液，以 15mL 1mol/L H_2SO_4 溶液洗入分液漏斗中，加 100g/L 硫脲溶液 5mL、200g/L KI 溶液 4mL、10g/L 马钱子碱溶液 4mL，每加入一种试剂均需摇匀。准确地加入 10mL $CHCl_3$，振荡 1min，分层后将有机相分离于干烧杯中，加少许无水硫酸钠以除去水分，在 460nm 波长测定吸光度。同时做空白试验。

（4）标准曲线的绘制。取 5μg/mL 铋标准溶液 0mL、1.00mL、2.00mL、3.00mL、4.00mL、5.00mL 分别置于 100mL 烧杯中，蒸发至近干，加 200g/L 酒石酸溶液 7mL，按照以上萃取光度实验步骤，测定吸光度，并绘制标准曲线（亦可用目视比色法代替标准曲线法）。

注：标准曲线的绘制和分光光度计的使用及操作方法可参阅《化验员必读　仪器分析入门　提高　拓展》中“紫外-可见分光光度法”。

4. 数据处理

$$w(\mathrm{Bi})=\frac{m\times 10^{-6}}{m_{样}}\times 100\%$$

式中　$w(\mathrm{Bi})$——铋的质量分数，%；

m——从标准曲线上查出铋的质量，μg；

$m_{样}$——试样的质量，g。

5. 注意事项

（1）需用热水洗涤二氧化锰载体。

（2）马钱子碱有毒，注意安全。

（3）振荡过程中注意排气，排气时不要对准别人。

（4）有机相用于测定铋。

（5）一般纯铜含铋量规定在 0.002%以下，所称样品中含铋量以在 10～20μg 为宜。

6. 思考题

（1）什么叫共沉淀？共沉淀有什么用途？

（2）水合二氧化锰是晶形沉淀还是无定形沉淀？沉淀时应注意哪些条件？

（3）加入酒石酸的目的是什么？

二、光度法测定环境水样中微量铅——萃取分离

1. 方法原理

铅是可在人体和动物组织中积蓄的有毒金属，其主要毒害效应是贫

血症，神经机能失调和肾损伤，淡水中含铅 0.06～120μg/L。世界卫生组织规定饮用水中铅最高含量不得超过 100μg/L。

测定水质中铅有原子吸收法和双硫腙萃取吸光光度法，后者经萃取分离富集，选择性和灵敏度较高。该法基于在 pH 为 8.5～9.5 的氨性柠檬酸盐-氰化物-盐酸羟胺的还原性介质中，铅与双硫腙形成可被三氯甲烷（或四氯化碳）萃取的淡红色双硫腙铅螯合物：

$$C_6H_5-N=N-\underset{\displaystyle SH}{\underset{|}{C}}=N-NH-C_6H_5+\frac{1}{2}Pb^{2+}\longrightarrow \text{铅-双硫腙螯合物}+H^+$$

双硫腙（绿色）　　　　铅-双硫腙螯合物（淡红色）

有机相最大吸收波长为 510nm，摩尔吸光系数为 6.7×10^4 L/(mol·cm)。加入盐酸羟胺是为了还原 Fe^{3+} 及可能存在的其他氧化性物质，以免双硫腙被氧化。氰化物可掩蔽 Ag^+、Hg^{2+}、Cu^{2+}、Zn^{2+}、Cd^{2+}、Ni^{2+}、Co^{2+} 等。柠檬酸盐配位 Al^{3+}、Cr^{3+}、Fe^{3+}、Ca^{2+}、Mg^{2+} 等，可防止它们在碱性溶液中水解沉淀。本法测定铅时，有 0.1mg 下列金属离子：银、汞、铋、铜、锌、砷、锑、锡、铝、铁、镍、钴、铬、锰、碱土金属等离子存在时，不存在干扰。本法适于测定地表水和废水中微量铅。

2. 试剂

（1）分光光度计。

（2）分液漏斗 250mL。

（3）铅标准溶液。配制：称取 0.1599g$Pb(NO_3)_2$（纯度≥99.5%）溶于约 200mL 水中，加入 10mLHNO_3，移入 1000mL 容量瓶中，以水稀释至刻度，此溶液含铅 100.0μg/mL。取此溶液 10.00mL 置于 500mL 容量瓶中，用水稀释至刻度，此溶液含铅 2.0μg/mL。

（4）0.1g/L 双硫腙贮备液。配制：称取 100mg 纯净双硫腙溶于 1000mL 三氯甲烷中，贮于棕色瓶中，放置于冰箱内备用。

注意： 双硫腙试剂不纯时应提纯。称取 0.5g 双硫腙溶于 100mL 三氯甲烷中，滤去不溶物，滤液置于 250mL 分液漏斗中，每次用 20mL 氨水（1+100）萃取，此时杂质留于有机相，双硫腙进入水相，放出水相，重复萃取 5 次。合并水相，然后用 6mol/L 盐酸中和至 pH＝3～5，再用 250mL 三氯甲烷分 3 次萃取，合并三氯甲烷，此时双硫腙进入有机相，含双硫腙 2g/L。放于棕色瓶，保存于冰箱内。

（5）0.04g/L 双硫腙工作液。配制：取 100mL 双硫腙贮备液置于 250mL 容量瓶中，用三氯甲烷稀释至刻度。

（6）双硫腙专用液。配制：将 250mg 双硫腙溶于 250mL 三氯甲烷中，此溶液不必纯化，专用于萃取提纯试剂。

（7）柠檬酸盐-氰化钾还原性溶液。配制：将 100g 柠檬酸氢二铵、5g 无水 Na_2SO_3、2.5g 盐酸羟胺、10g KCN（注意剧毒!）溶于水，用水稀释至 250mL，加入 500mL 氨水混合（此溶液不可用嘴吸）。

注意： 若此溶液含有微量铅，应用双硫腙专用液萃取，直至有机相为绿色，再用三氯甲烷萃取 2～3 次，除去残留于水相的双硫腙。

3. 实例内容与操作步骤

（1）水样预处理　除非证明水样的消化处理是不必要的，例如，不含悬浮物的地下水、清洁地面水可直接测定外，否则应按下面的方法进行预处理。

① 比较浑浊的地面水　取 250mL 水样加入 2.5mL HNO_3，于电热板上微沸消解 10min，冷却后用快速滤纸过滤入 250mL 容量瓶，滤纸用 0.2% HNO_3 洗涤数次至容量瓶满刻度。

② 含悬浮物和有机物较多的水样　取 200mL 水样加入 10mL HNO_3，煮沸消解至 10mL 左右，稍冷却，补加 10mL HNO_3 和 4mL $HClO_4$，继续消解蒸至近干。冷却后用 0.2%HNO_3 温热溶解残渣，冷却后用快速滤纸过滤入 200mL 容量瓶，用 0.2%HNO_3 洗涤滤纸并定容至 200mL。

（2）试样测定　准确量取含铅量不超过 30μg 的适量试样放入 250mL 分液漏斗中，用水补充至 100mL，加入 10mL 20%（体积分数）HNO_3 和 50mL 柠檬酸盐-氰化钾还原性氨性溶液，混匀。再加入 10.00mL 双硫腙工作液，塞紧后剧烈振荡 30s，静置分层。在分液漏斗的颈管内塞入一小团无铅脱脂棉，然后放出下层有机相，弃去 1～2mL 流出液，再注入 1cm 比色皿，以三氯甲烷为参比，在 510nm 处测量吸光度。

注意： 若试剂未经提纯，应做试剂空白，即用无铅水代替水样，其他试剂用量相同，按实验步骤进行，测定空白值。水样测定值扣除空白值再从标准曲线上查出铅的质量。

（3）标准曲线　向 8 支 250mL 分液漏斗中分别加入 0mL，0.50mL，1.00mL，5.00mL，7.50mL，10.00mL，12.50mL，15.00mL 铅的标准溶

液，补加去离子水至100mL，以下按试样测定步骤进行（亦可用目视比色法代替标准曲线法）。

4. 数据处理

$$\rho(\mathrm{Pb})=\frac{m}{V}$$

式中 $\rho(\mathrm{Pb})$——铅的质量浓度，μg/mL；

m——从标准曲线上查出铅的质量，μg；

V——水样的体积，mL。

5. 注意事项

（1）消解水样时注意不能蒸干。

（2）用分液漏斗萃取的过程中，在振荡时要注意塞子上小孔的位置，以防漏液。

（3）双硫腙工作液要准确加入。

（4）氰化钾是剧毒物质，使用时应注意安全。

（5）一般纯铜含铋量规定在0.002%以下，所称样品中含铋量以在10～20μg为宜。

6. 思考题

（1）加入柠檬酸-氰化钾的作用是什么？

（2）能否改用HCl预处理水样？

（3）为什么光度法测定环境水样中的铅要采取萃取方法？

（4）双硫腙工作液为什么要很准确加入？

三、离子交换法制备纯水

1. 方法原理

离子交换剂的基本反应，是用可允许的或者无影响的离子取代水中不需要的或有害离子。在除去水中离子的交换中，一般使用的均是苯乙烯型强碱性阴离子交换树脂和强酸性阳离子交换树脂。这两类树脂是合成的有机高分子化合物，带有可交换的离子性基团，是一种几乎在所有溶剂中都不溶解的固体颗粒，而且，任何能形成离子的物质几乎都能被离子交换树脂吸去或取代。由于水中含有阴离子和阳离子，故在除去水中离子的过程中必须同时使用阴离子交换树脂和阳离子交换树脂。

设 R—H代表氢型阳离子交换树脂（简称阳树脂）；

R—OH 代表氢氧基型阴离子交换树脂（简称阴树脂）；

M^+ 和 X^- 分别代表水中阳、阴离子。

当水通过氢型阳离子交换树脂时便发生如下反应：

$$R—H + MX \longrightarrow R—M + HX$$

流经氢型阳离子交换树脂的水，再通过氢氧基型阴离子交换树脂时，以发生如下反应：

$$R—OH + HX \longrightarrow R—X + H_2O$$

在上述反应中，氢型阳离子交换树脂，以其可交换的氢离子取代或者交换了水中的阳离子，同时释放出的氢离子和水中剩下的阴离子相结合，生成相应的酸。上述流出液通过氢氧基型阴离子交换树脂时，其氢氧基离子取代或者交换了水中的阴离子，并和剩下的氢离子迅速结合生成水。从而除去了水中的全部离子。

经过转型（或再生）处理的阳、阴离子交换树脂，在使用一段时间之后，就失去了交换能力（亦称“老化”）。为了恢复其交换能力，必须用酸（如盐酸）和碱（如氢氧化钠）对阳、阴离子交换树脂进行再生。

用盐酸对阳离子交换树脂再生时的反应是：

$$R—M + HCl \longrightarrow R—H + MCl$$

用氢氧化钠对阴离子交换树脂再生时的反应是：

$$R—X + NaOH \longrightarrow R—OH + NaX$$

这样，经过再生使失去交换能力的离子交换树脂重新恢复交换能力。因此，离子交换是固体和液体之间的离子的可逆交换，而在交换中固体的结构不发生实质的变化。

2. 试剂

(1) 离子交换柱，1cm×30cm($\phi \times l$)。

(2) 732 苯乙烯型强酸性阳离子交换树脂。

(3) 711（或 717）苯乙烯型强碱性阴离子交换树脂。

(4) 95%（体积分数 φ）乙醇。

(5) 盐酸（1+4）。

(6) 氢氧化钠溶液（80g/L）。

3. 实例内容与操作步骤

(1) 新树脂处理

① 漂洗　将 20g 新阴、阳树脂分别放于两个烧杯中用常水反复漂洗，除去其中的色素、水溶性物质及灰尘。再浸泡 24h，再反复用常水

洗至无明显混悬物时，将水倒尽。

② 用乙醇浸泡　加入95%的乙醇溶液浸泡24h，以除去醇溶性杂质。倒去醇溶液后，再用常水洗至无醇味为止。

(2) 装柱。将两根交换柱涂好凡士林并洗净。装入蒸馏水，赶掉交换柱下端气泡（与酸式滴定管相同），留下约10mL蒸馏水。从上口放入少许脱脂棉或玻璃棉，用长玻璃棒将脱脂棉塞在交换柱下端，按实（不能有气泡）但不能太紧，否则会影响溶液流出速度。用药匙将阴、阳树脂连水分别装入上述两根交换柱中，装完后在树脂上方再铺一层脱脂棉，以防止加液时将树脂冲起。

(3) 转型（再生）。阳离子交换树脂加盐酸（1+4）溶液，待水替换出后，放置2～3h，用水洗至pH为3～4止，再用约60mL的盐酸（1+4）溶液以约3～4mL/min的流速进行动态转型，酸加完后用去离子水洗至pH约为4。

阴离子交换树脂加80g/L氢氧化钠溶液，待水替换出后，放置2～3h，用水洗至pH为9～10止，再用约60mL的80g/L氢氧化钠溶液以3～4mL/min的流速进行动态转型，碱加完后用去离子水洗至pH为8～9。

(4) 交换制水。先加水至阳离子交换柱中，控制流速为5mL/min，流出液再加入至阴离子交换柱中，控制流速为5mL/min，待流出约50mL后，收集流出液，留作检验。

4. 检验水是否合格

检查阴、阳离子是否合格。

5. 注意事项

(1) 交换制水过程中，出水的质量先是由低到高，经过一个平衡阶段后又由高到低，当出水不合格，说明树脂已“老化”，需进行再生处理。

(2) 酸碱再生或转型时，酸碱液与树脂的接触时间不得少于1h。

(3) 离子交换树脂可反复使用。

(4) 树脂的温度不要超过50℃，也不宜长时间与高浓度的强氧化剂接触。

6. 思考题

(1) 如何处理新树脂？

(2) 如何检查水中阴、阳离子是否合格？

四、纸色谱法分离氨基酸

1. 方法原理

本实验是分离、鉴定 3 组分氨基酸混合物：异亮氨酸、赖氨酸和谷氨酸。

氨基酸无色，利用它们与茚三酮显现蓝紫色（除脯氨酸黄色外），可将分离的氨基酸斑点显色。其显色反应机理如下：

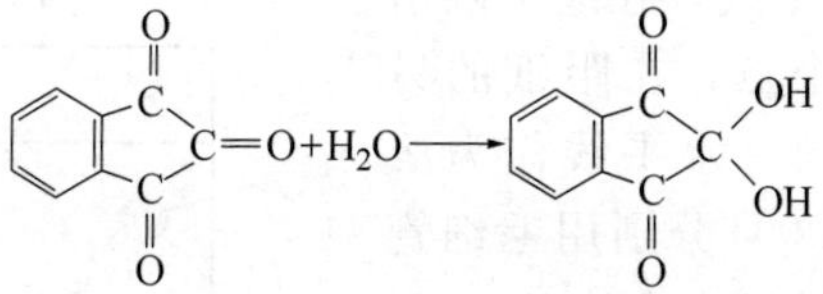

$$\text{茚三酮} + H_2O \longrightarrow \text{水化茚三酮}$$

茚三酮　　　　水化茚三酮

氨基酸被水化茚三酮氧化，分解出醛、氨、二氧化碳，而水化茚三酮本身则被还原为还原茚三酮：

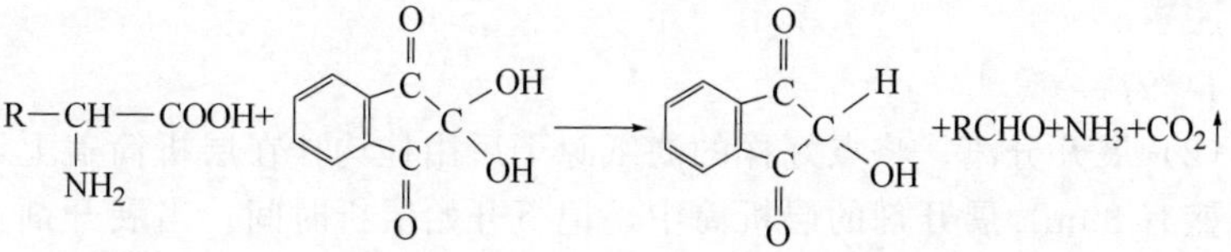

$$R-CH(NH_2)-COOH + \text{水化茚三酮} \longrightarrow \text{还原茚三酮} + RCHO + NH_3 + CO_2\uparrow$$

氨基酸

与此同时，还原茚三酮和 NH_3、茚三酮缩合成新的有色化合物而使斑点显色：

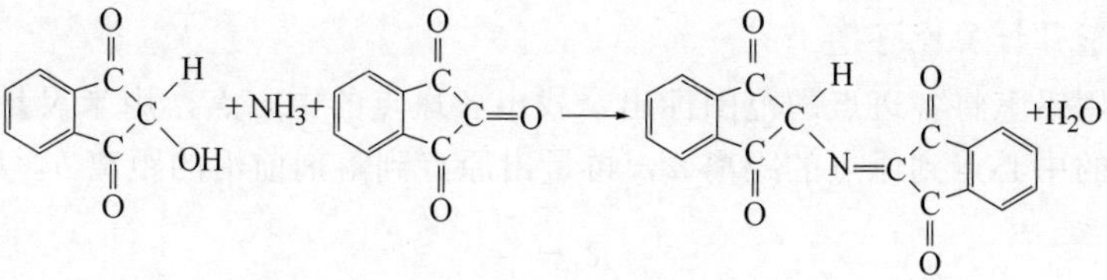

$$\text{还原茚三酮} + NH_3 + \text{茚三酮} \longrightarrow \text{有色缩合物}(C{-}N{=}C) + H_2O$$

2. 试剂

（1）玻璃层析筒，150mm×300mm($\phi \times h$)。

（2）层析纸（纸条），98mm×240mm（也可用大张定性滤纸代替）。

（3）毛细管，直径 1mm 左右，自制或市场购买。

（4）喷雾器，盛显色剂用。

（5）展开剂［正丁醇＋市售甲酸（80％～880g/L）＋水＝60＋12＋8］。

（6）2g/L 氨基酸标准溶液。将异亮氨酸、赖氨酸和谷氨酸分别配成 2g/L 的水溶液。

（7）茚三酮（1g/L 乙醇溶液）。

（8）异亮氨酸、赖氨酸和谷氨酸混合试液。将三种氨基酸等量混合。

3. 实例内容与操作步骤

（1）点样。取纸条于下端 3cm 处，用铅笔画一水平线，在线上画出 1，2，3，4 号 4 个点，在距纸的另一端约 1cm 处也画一水平线作为溶剂前沿线。1，2，3 号分别用毛细管将 3 种氨基酸标准溶液点出约 2mm 直径大小的扩散原点，4 号点混合试液原点，如图 9-15 所示。图中还示意出 3 个组分的分离，显色斑点和溶剂前沿（**注意：** 皮肤分泌有氨基酸，不要用手指直接接触纸条）。

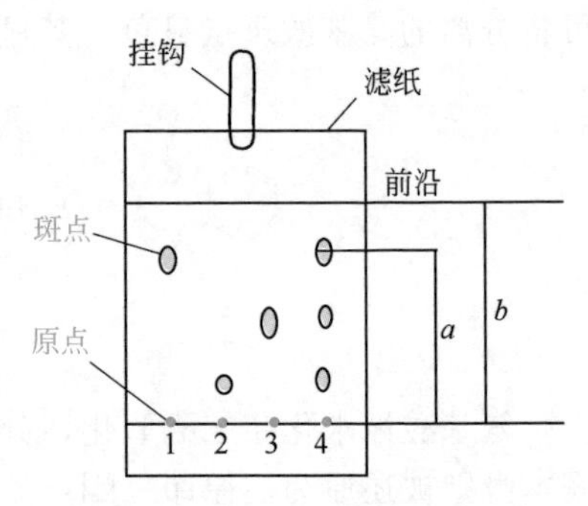

图 9-15 纸条点样和展开后示意

（2）展开分离。将点好样的滤纸晾干后用挂钩挂在层析筒盖上，放入已盛有 80mL 展开剂的层析筒中，记下开始层析时间。当展开剂上升至前沿线时，取出层析纸，记下展开停止时间。将滤纸晾干或烘干。

（3）显色。展开剂晾干或烘干后，用喷雾器在层析纸上均匀喷上 1g/L 茚三酮溶液，放入 100℃干燥箱中烘 3～5min，滤纸干后，即可显出红色的层析斑点。

4. 测量并计算比移值 R_f

用铅笔将各斑点的范围标出，找出各斑点的中心点，用米尺量出各斑点的中心点到原点的距离 a，再量出原点到溶剂前沿的距离 b，则

$$R_f=\frac{a}{b}$$

5. 注意事项

（1）层析纸应先在展开剂饱和的空气中放置 24h 以上，方法是：取少量展开剂置于一小烧杯中，然后放入干燥器中，并把层析纸放在干燥器中，盖严之后，放置即可。

（2）纸条应挂得平直，原点应离开液面，纸条应与展开剂接触。

6. 思考题

（1）为什么在纸色谱法中要采用标准品对照鉴别？

（2）纸上色谱法分离氨基酸的固定相和流动相分别是什么？

自我测试题九

判断题

1. 分配定律不适用于溶质在水相和有机相中有多种存在形式，或在萃取过程中发生离解、缔合等反应的情况。（　　）

2. 分配系数越大，萃取百分率越小。（　　）

3. 萃取分离的依据是“相似相溶”原理。（　　）

4. 一定量的萃取溶剂，分作几次萃取，比使用同样数量溶剂萃取一次有利得多，这是分配定律的原理应用。（　　）

5. 使用分液漏斗进行液-液萃取时，先将上层液体通过上口倒出，再将下层液体由下口活塞放出。（　　）

选择题

1. 通常用（　　）来进行溶液中物质的萃取。

A. 离子交换柱　　B. 分液漏斗　　C. 滴定管　　D. 柱色谱

2. 提纯固体有机化合物适宜的方法是（　　）。

A. 溶解后蒸馏分离　　B. 溶解后萃取分离

C. 溶解后重结晶分离　　D. 溶解后洗涤分离

3. 某萃取体系的萃取百分率为98%，$V_{有}=V_{水}$，则分配系数为（　　）。

A. 98　　B. 94　　C. 49　　D. 24.5

4. 在薄层分析展开操作中，下列方法正确的是（　　）。

A. 将板放入展开剂中　　B. 将板基线一端浸入展开剂中的厚度约0.5cm

C. 将板浸入展开剂中泡1～2h　　D. 将板悬挂在层析缸中

5. 用纸色谱法分离混合物中的物质A和B，已知两者的比移值分别为0.45和0.67。欲使分离后两斑点中心相距3.0cm，滤纸条至少应长（　　）厘米。

A. 13　　B. 14　　C. 15　　D. 16

6. 衡量萃取效率的参数以下除外的是（　　）。

A. 分配比　　B. 分配系数　　C. 萃取效率　　D. 两相体积比

7. 螯合物萃取体系主要用于金属阳离子的萃取，以下不适合作为萃取剂的是（　　）。

A. 丁二酮肟　　B. 双硫腙　　C. 8-羟基喹啉　　D. EDTA

8. 将有的混合溶液通入氢型阳离子交换树脂，若将流出液中加入酚酞，则呈现（　　）。

A. 红色　　B. 粉红色　　C. 无色　　D. 黄色

9. 离子交换树脂对各离子的亲和力最大的是（　　）。

A. Na^{+}　　B. Ca^{2+}　　C. Al^{3+}　　D. Th(Ⅵ)

综合题

1. 已知 $Fe(OH)_2$ 的 $pK_{sp}=15.1$，$Cu(OH)_2$ 的 $pK_{sp}=19.66$，$Al(OH)_3$ 的 $pK_{sp}=32.9$，$Mn(OH)_2$ 的 $pK_{sp}=12.72$。金属离子浓度均为 0.01mol/L，求它们开始沉淀和沉淀完全时的 pH 是多少？

2. 25℃时，Br_2 在 CCl_4 和水中的 $K_D=2.90$。水溶液中的溴分别用（1）等体积的 CCl_4，（2）1/2 体积的 CCl_4 萃取一次时，萃取效率各为多少？

3. 100mL 水溶液中含有溶质 B 0.120g，在给定温度下 B 在 CCl_4 与水中的 $K_D=85$。如果用 25mL CCl_4 萃取一次，则还有多少克的 B 遗留在水相中？

4. 某一含有烃的水溶液 50mL，用 $CHCl_3$ 萃取，每次用 5mL，要求萃取率达 99.8%，需萃取多少次？已知 $D=19.1$。

5. 18℃时，I_2 在 CS_2 和水中的分配系数为 420。

（1）如果 100mL 水溶液中含有 I_2 0.018g，以 100mL CS_2 萃取，将有多少克 I_2 留在水溶液中？

（2）如果改用两份 50mL 的 CS_2 萃取，留于水中的 I_2 将是多少？

6. 现欲用离子交换法分离以下组分，应如何进行？

（1）Al^{3+}，Ca^{2+}，Fe^{3+}；

（2）Ca^{2+}，Ni^{2+}，Cu^{2+}。

7. 用纸色谱上行法分离 A 和 B 两个组分，已知 $R_{f,A}=0.45$，$R_{f,B}=0.63$。欲使分离后 A 和 B 两组分的斑点中心之间距离为 2.0cm，问色谱用纸的长度应为多少厘米？

8. 含有 A、B 的混合液，已知 $R_{f,A}=0.40$，$R_{f,B}=0.60$，原点中心至溶剂前沿的距离为 20cm，分离后 A、B 两斑点中心之间最大距离是多少？

第十章 复杂物质的分析

10

学习指南

复杂物质的分析不仅要选择合适的分析方法，还应采集具有代表性的试样，并将其制备和处理成适合测定的状态和形态等。通过本章的学习，重点掌握采样的基本原则，了解制样的一般步骤；了解常见的试样分解方法如溶解法、熔融法、半熔法和干法灰化法等的原理和操作方法；明确测定方法的选择原则，以便在进行复杂物质分析时选择合适的测定方法；运用所学知识对水泥熟料中的组分进行全分析，达到学以致用的目的。

复杂物质的分析一般包括试样的采集、试样的制备、试样的分解、干扰组分的分离、测定方法的选择、测定、数据处理以及报告分析结果等。本章主要学习试样的采集、制备、分解，测定方法的选择，以及复杂试样的分析实例。

第一节 分析试样的制备

学习要点 了解采样的意义和相关术语；掌握固体试样和液体试样的采集方法；掌握破碎、筛分、掺和和缩分等试样制备程序的操作方法。

在定量化学分析中取得具有代表性（即分析试样的组成代表整批物料的平均组成）的试样是获得准确、可靠分析结果的关键，试样的采集和制备是至关重要的第一步。

由于实际分析对象种类繁多，形态各异，有固体、液体和气体，试样的性质和均匀程度也各不相同，因此取样和处理的各步细节也存在较大的差异。关于采集有代表性的平均试样和制成分析试样的具体方法，国家标准有严格规定，可参阅有关的资料[1]。本节仅以组成不均匀的物料（如煤炭、矿石、土壤等）为例说明试样的采集和制备过程。

一、试样的采集

为了使所采集的试样能够代表分析对象的平均组成，应根据试样堆放的情况和颗粒的大小从不同部位和深度选取多个取样点。根据经验，试样的采集量可按下述采样经验公式计算：

$$Q=Kd^2$$

式中　Q——采取平均试样的最小量，kg；

d——物料中最大颗粒的直径，mm；

K——经验常数（可由实验求得，一般在0.02～0.15之间。样品越不均匀，其 K 值就越大）。

例如，有一铁矿石最大颗粒直径为10mm，$K\approx0.1$，则应采集的原始试样最低质量为：

$$Q\geqslant0.1\times10^2=10(\text{kg})$$

二、试样的制备

按上述方法采集的试样不仅量大，且颗粒不均匀，必须通过多次破碎、过筛、混匀、缩分等步骤制成少量[2]均匀且有代表性的分析试样。

破碎是按规定用适当的机械或人工减小样品粒度。一般先用破碎机对试样进行粗碎，再用圆盘粉碎机等进行中碎，然后用压磨锤、瓷研钵、玛瑙研钵等进行细碎。不同性质的样品要求磨细的程度不同。为了控制试样的粒度，常采用过筛的方法，即使破碎后的试样通过一定筛孔的筛子。一般要求分析试样能通过100～200号筛。筛子具有一定的孔径，几种筛号及其孔径的大小见表10-1。

---

❶ 有关采样、制样的标准有GB/T 4650、GB/T 6678、GB/T 6679、GB/T 6680、GB/T 6681、GB/T 3723等。

❷ 在满足需要的前提下，样品量越少越好。一般情况下，样品量至少满足3次全项重复检测的需要，满足保留样品的需要和制样预处理的需要。

表 10-1　筛号（网目）及其规格

筛号(网目)	20	40	60	80	100	120	200
筛孔(即每孔的长度)/mm	0.83	0.42	0.25	0.18	0.15	0.125	0.074

注意： 每次粉碎后都要通过相应的筛子，未通过筛孔的粗粒不可抛弃，需要进一步粉碎，直至全部通过，以保证所得样品能代表整个被测物料的平均组成。

试样每经破碎至所需的粒度后，要将试样仔细混匀后再进行缩分。混匀的方法是把已破碎、过筛的试样用平板铁铲铲起，堆成圆锥体，再交互地从试样堆两边对角贴底逐锹铲起，堆成另一个圆锥，每锹铲起的试样不应过多，并分两三次撒落在新锥顶端，使之均匀地落在锥四周。如此反复堆掺 3 次后即可进行缩分。

按规定减少样品质量的过程称为缩分。在条件允许时，最好使用分样器进行缩分。如果没有分样器，通常用“四分法”进行人工缩分。“四分法”是将物料堆成圆锥体，然后压成厚度均匀的圆饼，通过中心将其平均分成 4 个相等的扇形体，弃去对角的两份，保留余下的两份。保留的试样是否继续缩分取决于试样的粒度与保留试样量之间的关系，它们应符合采样公式 $Q=Kd^2$，否则应进一步破碎后再进行缩分。例如，某试样 1.2kg（$K\approx0.1$）经破碎后全部通过 40 号筛孔（最大粒度直径为 0.42mm），应保留的试样最小质量为：

$$Q\geqslant 0.1\times0.42^2\,\text{kg}=0.018\text{kg}$$

计算结果说明试样经 6 次连续缩分后，可使保留试样质量为：

$$1.2\times(1/2)^6\,\text{kg}=0.0187\text{kg}$$

若要进一步缩分，必须经研磨，并通过较小筛孔的筛子后才行，否则影响试样的代表性。

制好的试样分装在两个试剂瓶中，贴上标签，注明试样的名称、来源和采样日期。一瓶作正样供分析用，另一瓶备查用。试样收到后一般应尽快分析，以避免试样受潮、风干或变质。

思考题 10-1

1. 采样应遵守什么原则？如何确定采样量？

2. 在制备样品时，将大块矿样锤碎，用很细的分样筛筛出一部分拿来分析，这样做对不对？为什么？

3. 采集固体样品后制备试料要经过哪几步处理？简述各个步骤的目的。

阅读材料

微波溶样

微波在化学中应用最广泛的领域是分析化学，除微波吸收光谱分析、等离子体原子光谱分析外，还可应用于溶样、萃取、脱附、干燥、分离富集、显色反应、形态分析和热雾化等。

自从 1975 年首次报道用微波炉湿法消解生物样品以来，关于微波溶样的研究发展很快，现在不仅有了有关微波制样的专著，微波制样的商品仪器已上市多年，这一技术已较成熟，且已被广泛应用，有的还被选为标准方法。样品分析特别是固体样品分析最耗时、最费力的工作往往是样品的消解，而微波消解样品最突出的优点正是速度快、耗时少，其主要原因是微波加热与常规加热有不同的机理。已建立的微波溶样方法所涉及的样品包括地质、生物、药物、食品、环保、合成材料等，所用的消解方法有常压酸溶法、高压酸溶法、连续流动酸溶法及碱熔融和高温灰化法。目前最常用的是高压酸溶法，但常压方法似乎更值得重视。

摘自张寒琦、金钦汉著《微波化学》

第二节　试样的分解

学习要点　了解定量化学分析中常用的试样分解方法；掌握溶解法、熔融法、半熔法和干法灰化法的作用原理、操作方法以及适用范围，并学以致用。

在定量化学分析中一般要将试样分解，制成溶液（干法分析除外）后再分析，因此试样的分解是重要的步骤之一，它不仅直接关系到待测组分转变为适合的测定形态，也关系到以后的分离和测定。如果分解方法选择不当，就会增加不必要的分离步骤，给测定造成困难和增大误差，有时甚至使测定无法进行。

对试样进行分解的过程中，待测组分不应挥发损失，也不能引入被测组分和干扰物质。分解要完全，处理后的溶液中不得残留原试样的细屑或粉末。

实际工作中，应根据试样的性质与测定方法的不同选择合适的分解方法。常用的分解方法主要有溶解法和熔融法。

一、溶解法

溶解法是采用适当的溶剂将试样溶解后制成溶液，这种方法比较简单、快速。常用的溶剂有水、酸、碱等。对于不溶于水的试样，则采用酸或碱作溶剂的酸溶法或碱溶法进行溶解，以制备分析试液。

1. 水溶法

用水溶解试样最简单、快速，适用于一切可溶性盐和其他可溶性物料。常见的可溶性盐类有硝酸盐、醋酸盐、铵盐、绝大多数的碱金属化合物、大部分的氯化物及硫酸盐。当用水不能溶解或不能完全溶解时，再用酸或碱溶解。

2. 酸溶法

酸溶法是利用酸的酸性、氧化还原性及形成配合物的性质使试样溶解制成溶液。钢铁、合金、部分金属氧化物、硫化物、碳酸盐矿物、磷酸盐矿物等常采用此法溶解。

常用作分解试样的酸有盐酸、硝酸、硫酸、磷酸、高氯酸、氢氟酸等以及它们的混合酸。

盐酸具有还原性及配位能力，是分解试样的重要强酸之一。它可以溶解金属活动顺序表中氢以前的金属或合金，也可分解一些碳酸盐及以碱金属、碱土金属为主要成分的矿石。

硝酸具有氧化性，所以硝酸溶解样品兼有酸化和氧化作用，溶解能力强而且快。除某些贵金属及表面易钝化的铝、铬外，绝大部分金属能被硝酸溶解。

热浓硫酸具有强氧化性和脱水能力，可使有机物分解，也常用于分解多种合金及矿石。利用硫酸的高沸点（338℃），可以借蒸发至冒白烟来除去低沸点的酸（如 HCl、HNO_3、HF）。利用浓硫酸强的脱水能力，可以吸收有机物中的水分而析出碳，以破坏有机物。碳在高温下氧化为二氧化碳气体而逸出。

磷酸在高温下形成焦磷酸，具有很强的配位能力，常用于分解难溶的合金钢和矿石。

高氯酸在加热情况下（特别是接近沸点 203℃时）是一种强氧化剂和脱水剂，分解能力很强，常用于分解含铬的合金和矿石。浓、热的高氯酸遇有机物，由于剧烈的氧化作用而易发生爆炸。当试样中含有机物时，应先用浓硝酸氧化有机物和还原剂后，再加入高氯酸。

氢氟酸是较弱的酸，但具有较强的配位能力。氢氟酸常与硫酸或硝酸混合使用，在铂或聚四氟乙烯器皿中分解硅酸盐。

混合酸具有比单一酸更强的溶解能力，如单一酸不能溶的硫化汞可以溶解于王水中。王水是1体积硝酸和3体积盐酸的混合酸，它不仅能溶解硫化汞，而且还能溶解金、铂等金属。常用的混合酸有 H_2SO_4-H_3PO_4、H_2SO_4-HF、H_2SO_4-$HClO_4$ 以及 HCl-HNO_3-$HClO_4$ 等。

加压溶解法（或称为闭管法）对于那些特别难分解的试样效果很好。它是把试样和溶剂置于适合的容器中，再将容器装在保护套中，在密闭情况下进行分解，由于内部高温、高压，溶剂没有挥发损失，对于难溶物质的分解可取得良好效果。例如用 HF-$HClO_4$ 的混合酸在加压条件下可分解刚玉（Al_2O_3）、钛铁矿（$FeTiO_3$）、铬铁矿（$FeCrO_4$）、钽铌铁矿［$FeMn(Nb,Ta)_2O_6$］等难溶物质。目前所使用的加压溶解装置类似一种微型的高压锅，是双层附有旋盖的罐状容器，内层用铂或聚四氟乙烯制成，外层用不锈钢制成，溶解时将盖子旋紧后加热。

3. 碱溶法

少数试样可采用碱溶法分解。碱溶法的溶剂主要为氢氧化钠和氢氧化钾。碱溶法常用于溶解两性金属，如铝、锌及其合金以及它们的氧化物和氢氧化物等。

4. 有机溶剂溶解法

测定大多数有机化合物时需用有机溶剂溶解，有时有些无机化合物也需溶解在有机溶剂中再测定，或利用它们在有机溶剂中溶解度的不同进行分离。

二、熔融法

熔融法是将试样与固体熔剂混匀后，置于特定材料制成的坩埚中，在高温条件下熔融，分解试样，再用水或酸浸取融块，使其转入溶液中。熔融法根据所用熔剂的化学性质不同可分为酸熔法和碱熔法两种。

1. 酸熔法

常用酸性熔剂有焦硫酸钾（$K_2S_2O_7$）和硫酸氢钾（$KHSO_4$）。在高温时分解产生的 SO_3 能与碱性氧化物作用。例如，灼烧过的 Fe_2O_3 不溶于酸，但能溶于 $K_2S_2O_7$，即

$$Fe_2O_3+3K_2S_2O_7 \xrightarrow{\triangle} Fe_2(SO_4)_3+3K_2SO_4$$

焦硫酸钾常用于分解铁、铝、钛、锆、钽、铌的氧化类矿，以及中性或碱性耐火材料。

2. 碱熔法

碱熔法是用碱性熔剂熔融分解酸性试样。常用的碱性熔剂有 Na_2CO_3

（熔点 850℃）、K_2CO_3（熔点 891℃）、NaOH（熔点 318℃）、Na_2O_2（熔点 460℃）以及它们的混合物等。例如，碳酸钠或碳酸钾常用来分解硅酸盐，如钠长石（$Al_2O_3 \cdot 2SiO_2$）的分解反应是：

$$Al_2O_3 \cdot 2SiO_2 + 3Na_2CO_3 \longrightarrow 2NaAlO_2 + 2Na_2SiO_3 + 3CO_2 \uparrow$$

Na_2O_2 用来分解铬铁矿，反应是：

$$2(FeO \cdot Cr_2O_3) + 7Na_2O_2 \xrightarrow{\triangle} 2NaFeO_2 + 4Na_2CrO_4 + 2Na_2O$$

熔融块用水浸取时，得到 CrO_4^{2-} 溶液和 $Fe(OH)_3$ 沉淀，分离后可分别测定铬与铁。

注意： 熔融法中应正确选用坩埚材料，以保证所用坩埚不受损坏。选择坩埚材质的原则是：一方面要使坩埚在熔融时不受损失或少受损失，另一方面还要保证分析的准确度。

三、半熔法

半熔法又称为烧结法，是使试样与固体试剂在低于熔点的温度下进行反应。因为温度较低，加热时间需要较长，但不易侵蚀坩埚，可以在瓷坩埚中进行。

例如，以 Na_2CO_3-ZnO 作熔剂，用半熔法分解煤或矿石以测定硫。这里 Na_2CO_3 起熔剂的作用，ZnO 起疏松和通气的作用，使空气中的氧将硫化物氧化为硫酸盐。用水浸取反应产物时，硫酸根离子形成钠盐进入溶液中，SiO_3^{2-} 大部分析出为 $ZnSiO_3$ 沉淀。又如，测定硅酸盐中的 K^+、Na^+ 时不能用含有 K^+、Na^+ 的熔剂，此时可用 $CaCO_3$-NH_4Cl 法分解硅酸盐。

四、干法灰化法

干法灰化法是在一定温度和气氛下加热，使待测物质分解、灰化，留下的残渣再用适当的溶剂溶解。这种方法不用熔剂，空白值低，很适合微量元素分析。

根据灰化条件的不同，干法灰化有两种。一种是在充满 O_2 的密闭瓶内用电火花引燃有机试样，瓶内可用适当的吸收剂吸收其燃烧产物，然后用适当方法测定。这种方法叫氧瓶燃烧法，此法广泛用于有机物中卤素、硫、磷、硼等元素的测定。另一种是将试样置于蒸发皿中或坩埚内，在空气中于一定温度范围（500～550℃）内加热分解、灰化，所得残渣用适当溶剂溶解后进行测定。这种方法叫定温灰化法，此法常用于测定有机物和生物试样中的无机元素，如锑、铬、铁、钠、锶、锌等。

思考题 10-2

1. 分解试样应注意哪些问题？

2. 用酸溶法分解试样时，常用的溶剂有哪些？

3. 用熔融法分解试样时，常用的熔剂有哪些？

4. 欲测定下列项目：(1) 玻璃中 SiO_2 的含量；(2) 玻璃中 K^+、Na^+、Ca^{2+}、Mg^{2+}、Fe^{3+} 等的含量。玻璃试样分别应用什么方法溶解？

5. 下列物质分别应怎样溶解？

(1) $Fe(OH)_3$；(2) $Al(OH)_3$；(3) $PbSO_4$。

6. 简述下列各溶剂对分解试样的作用。

HCl，HNO_3，H_2SO_4，NaOH，Na_2CO_3

7. 下列操作不适当，为什么？请改正。

(1) 测定钢铁中的磷时，用 H_2SO_4 溶样；

(2) 以过氧化钠作为熔剂时，采用瓷坩埚。

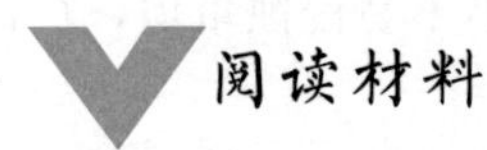

湿法灰化法

对于痕量元素的测定，用湿法灰化法分解有机试样较好，但所用试剂纯度要高。

硫酸可用作湿法灰化剂，但硫酸氧化能力不够强烈，分解需要较长时间。加入 K_2SO_4 以提高硫酸的沸点，可加速分解。硝酸是较强的氧化剂，但由于硝酸的挥发性，在试样完全氧化分解前往往已挥发逸去，因此一般采用 H_2SO_4-HNO_3 混合酸。对于不同试样，可以采用不同配比；两种酸可以同时加，也可以先加入 H_2SO_4，待试样焦化后再加入硝酸。分解作用可在锥形瓶中进行。有人建议加入数滴辛醇，以防止产生泡沫。加热直至试样完全氧化，溶液变清，并蒸发至干，以除去亚硝基硫酸。此时所得残渣溶于水，除非有不溶性氧化物和不溶性硫酸盐存在。应用此种灰化法，氯、砷、硼、锗、汞、锑、硒、锡要挥发逸出，磷也可能挥发逸去。

对难于氧化的有机试样，用过氯酸-硝酸或过氯酸-硝酸-硫酸混合酸小心处理，可使分解作用快速进行。这两种混合酸曾用来分解天然产物、蛋白质、纤维素、聚合物，也曾用来分解燃料油，使其中的硫和磷成硫酸和磷酸而被测定。经研究，用这样的灰化法，除汞以外，其余各元素不会挥发损失。如果装上回流装置，可防止汞的挥发损失，而且也可防止硝酸的挥发，以减少爆炸的可能性。但如操作不当，也可能发生爆炸。因此，用过氯酸氧化有机试样，必须由有经验的操作者来做。

对于含有汞、砷、锑、铋、金、银或锗的金属有机物，用 H_2SO_4-H_2O_2 处理可得满意的结果，但卤素要挥发损失。由于 H_2SO_4-H_2O_2 是强烈的氧化剂，对于未知性能的试样不要随便应用。

用铬酸和硫酸混合物分解有机试样，分解产物可用来测定卤素。

用浓硫酸加 K_2SO_4，再加入氧化汞作催化剂，加热分解有机试样，使试样中的氮还原为$(NH_4)_2SO_4$，以测定总含氮量，这是大家都熟悉的凯氏法。但这种方法的反应过程尚不清楚，所用催化剂除氧化汞以外尚可用铜或硒化合物。但含有硝酸盐、亚硝酸盐、偶氮、硝基、亚硝基、氰基的化合物等需要特殊处理，以回收其总含氮量。

对于石油产品中硫含量的测定可用“灯法”，即在试样中插入“灯芯”，置于密封系统中，通入空气，点火燃烧，使试样中的硫氧化成 SO_2，吸收后加以测定。

第三节 测定方法的选择

学习要点 了解选择测定方法的重要性；掌握选择测定方法的一般原则，并在实际测定中学会确定试样的测定方法。

应用被测组分的化学性质、物理性质、物理化学性质，可以建立起多种多样的定量化学分析方法，因此一个组分往往有数种测定方法。

一、选择测定方法的重要性

定量化学分析要完成实际生产和科研中的具体分析任务，获得符合要求的测定结果，选择合适的测定方法至关重要。随着工农业生产和科学技术的发展，对定量化学分析提出了更高的要求，同时也提供了更多更先进的测定方法。在实际工作中，遇到的分析问题是各种各样的。从分析对象来说，可能是无机试样或有机试样；从所要求分析的组分来说，可以是单项分析或全分析；从所测定组分的含量来说，可能属于常量组分、微量组分或痕量组分等。要完成各种各样不同的分析任务，需要选择各种不同的测定方法。

二、选择测定方法的原则

1. 根据测定目的要求

由于分析工作涉及面很广，分析的对象种类繁多，因此，首先应明确测定的目的及要求。其中主要包括需要测定的组分、准确度及完成测定的时间等。一般对标准物和成品分析的准确度要求较高；微量成分分析对灵敏度要求较高；而中间控制分析则要求快速简便等。例如，测定标准钢样中硫的含量时一般采用准确度较高的称量法，而炼钢炉前控制硫含量的分析则采用1～2min即可完成的燃烧容量法。

2. 根据待测组分的含量范围

适用于测定常量组分的方法不适用于测定微量组分或低浓度物质；反之，测定微量组分的方法也不适用于常量组分的测定。所以在选择分析方法时应考虑待测组分的含量范围。常量组分多采用滴定分析法和重量分析法，它们的相对误差为千分之几。滴定分析法操作简便、快速；重量法虽很准确，但操作费时。当两者均可选用时，一般采用滴定法，但滴定法的灵敏度有限，对低含量（小于1%）组分的测定误差太大，有时甚至测不出来。因此，对于微量组分的测定，应选用灵敏度较高的仪器分析，如分光光度法、原子吸收光谱法、色谱分析法等，这些方法的相对误差一般是百分之几。但用这些方法测定常量组分时，其准确度就不可能达到滴定法和重量法那样高。例如，用光谱分析法测定纯硅中的硼时，其结果为2×10^{-8}，若此法的相对误差为50%，则其真实含量为1×10^{-8}～3×10^{-8}。虽然该法的准确度较差，但对微量的硼，只要能确定其含量的数量级（10^{-8}）就能满足要求了。因此，应根据具体情况选择合适的分析方法。

3. 根据待测组分的性质

一般来说，分析方法的选择都是基于被测组分的性质，了解被测组分的性质可帮助人们选择测定方法。例如，试样具有酸碱性时，可以首先考虑中和法；试样具有还原性或氧化性时，可以首先考虑氧化还原法；大部分金属离子可与EDTA形成稳定的配合物，因此常用配位滴定法测定金属离子；而对碱金属，特别是钠离子等，由于它们的配合物一般很不稳定，大部分盐类的溶解度又较大，而且不具有氧化还原性质，但能发射或吸收一定波长的特征谱线，因此火焰光度法及原子吸收光谱法是较好的测定方法。又如溴能迅速加成于不饱和有机物的双键，因此可用溴酸盐法测定有机物的不饱和度。

4. 根据共存组分的影响

选择分析方法时，必须考虑共存组分对测定的影响。例如，测定铜矿中的铜时，若用HNO_3分解试样，选用碘量法测定，其中所含Fe^{3+}、Sb(Ⅴ)、As(Ⅴ)及过量HNO_3都能氧化I^-而干扰测定；若选用配位滴定法，由于Fe^{3+}、Al^{3+}、Zn^{2+}、Pb^{2+}等都能与EDTA配合，也会干扰测定；若用原子吸收光谱法，则一般元素如 Fe、Zn、Pb、Al、Co、Ni、Ca、Mg 等均不干扰。

5. 根据实验室条件

选择测定方法时，还要考虑实验室是否具备所需条件。例如，现有仪器的精密度和灵敏度，所需试剂和水的纯度以及实验室的温度、湿度与防尘等实际情况。有些方法虽能在短时间内分析成批试样，很适合于例行分析，但需要的仪器一般实验室不一定具备，也只能选用其他方法。

总之，一个理想的分析方法应该是灵敏度高、检出限低、准确度高、操作简便的方法。但在实际工作中，一种测定方法很难同时满足这些条件，即不存在适用于任何试样、任何组分的测定方法，因此，要选择一个适宜的分析方法，就要综合考虑以上各个因素。

三、确定测定方法

1. 确定测定方法的原则

（1）方法的准确度高　测定常量组分时，要求测定具有较高的准确度，可使用重量分析法或滴定分析法。这些方法大多具有准确度和精密度较高、操作简便快速等特点，在大多数场合下滴定分析优于重量分析。

例如，测定试样中的铁时，可先将试样溶解，将铁转化为 Fe^{3+}，则可在 Al、Ti 和其他重金属存在下直接以 $KMnO_4$ 法或用 $K_2Cr_2O_7$ 法滴定，这样比较简单省时。如选用重量法，则必须将其他元素分离，然后测定铁，既复杂又费时。

（2）方法的灵敏度高　测定微量组分时，要求选择灵敏度高一些的方法，如分光光度法、电化学分析法、色谱分析法等。这些方法都具有灵敏度高的特性，其准确度虽不如滴定分析法，但已满足微量组分分析的要求。

（3）方法的选择性好　分析物料中被测物以外的其他成分最好对测定没有干扰，即使有干扰也必须易于分离或掩蔽去除。

（4）方法适应于分析的具体要求　分析物料种类繁多，分析要求各不相同。如分析高纯物质中的杂质，方法的灵敏度至关重要；而原子量测定、仲裁分析、成品分析等，准确度是首要问题；生产过程中的中间控制分析，要求方法简便、快速。

（5）方法与现有实验设备和技术条件相适应　在选择准确度和灵敏度都很高、选择性也好的方法时，必须考虑到现有仪器设备和试剂纯度等是否能与之适应，如果所在的实验室不具备这些条件和技术水平，方法再好也是无用的。

2. 确定测定方法

（1）查阅文献　查阅文献是最经济的手段。分析化学文献数量庞大，其中最实用的文献是“标准分析方法”。因为“标准分析方法”对精密度、准确度及干扰等问题都有明确的说明，是常规实验室易于实施的方法。在一般文献中选择分析方法时，则要依据选择分析方法的原则确定。摘录一种分析方法就应用，往往是不可取的。此时，还要注意具体情况（如试样组分、待分析物的物理化学性质与状态、使用的仪器性能等）与文献报道的是否一致。当方法较为适宜被分析物质时，才能选定。

（2）进行验证性实验　初步确定分析方法后，应将其详尽描述写出，以便进行验证性实验。验证性实验的目的是证实该方法是否适用于欲测物质的分析定量，并通过实验获得分析方法的精密度和准确度。在验证性实验中，重复测定是必要的，因为个别特定条件的实验结果不能代表一般，必须重复测定才能估量实验误差，才能对测定数据做统一的判断。但重复测定的次数应在满足实验目的的前提下尽量少。例如，要分析煤中某成分含量时，一种方法是取样点比较少，但每个点取的试样都要进行多次重复测定；另一种方法是取样点尽可能多一些，但每个点取的试样只进行较少次数的重复测定。当总的测定次数相同时，后一种安排实验的方式比前一种更为合理。这是因为，对煤来说，取样的代表性是一个关键性问题，增加重复测定次数虽然提高了测定的精密度，但对提高测定结果的准确度、减少试样不均匀性引起的误差是无效的。

注意： *重复测定不能发现测定方法的系统误差，只有改变实验条件才能发现系统误差。*

（3）优化实验条件，完善测定方法　实验条件一般包括浓度、酸度、温度等。通过条件试验选定最佳的实验条件，这是提高分析结果精密度和准确度的重要手段，也是完善实验方法的重要环节。要客观地评价一个分析方法的优劣，通常有 3 项指标，即检出限、精密度、准确度。评价测定方法的准确度又可采用 3 种方法：一是采用已知的标准样品检查分析方法是否存在系统误差；二是用已知的标准测定方法的测定结果对照检查所拟定的分析方法是否存在系统误差；三是采用测定回收率的方法检查系统误差。若用上述方法检查出所拟定分析方法存在系统误差，说明采用该方法测定不准确，系统误差值越大，方法的准确度越低；若通过上述方法检查对照没发现所拟定的方法存在系统误差，则说明该方法准确，且所拟定方法的测定结果与标准结果越接近，方法的准确度越高。除此之外，还要考虑到测定方法的分析速度、应用范围、复杂程度、成本、操作安全及创新性与污染等因素。这样才能对测定方法做出比较全面的综合评价，从而完善分析方法。

（4）确定测定方法 根据上述所做的工作即可确定一项分析任务的测定方法。一个完整的测定方法由以下内容组成：适用范围、引用标准、术语、符号、代号、方法提要或原理、试剂和材料、仪器设备、样品、测定步骤、分析结果表示、精密度以及其他附加说明等。

思考题 10-3

1. 简述选择测定方法的重要性。
2. 如何选择测定方法？
3. 测定铜矿中的铜含量时，如何选择测定方法？

阅读材料

21 世纪分析化学发展趋势

21 世纪分析化学发展的方向是往高灵敏度、高选择性，快速、自动、简便、经济，分析仪器自动化、数字化和计算机化，并向智能化、信息化纵深发展。化学传感器发展小型化、仿生化，诸如生物芯片、化学和物理芯片以及嗅觉和味觉（电子鼻和电子舌），鲜度和食品检测传感器等以及环境保护和监控等是 21 世纪分析化学重点发展的研究领域。

各类分析方法的联用是分析化学发展的另一热点，特别是分离与检测方法的联用，例如气相、液相或超临界液相色谱和光谱技术相结合等，这是现代分析化学发展的趋势。

然而，应用先进仪器进行的仍然是离线分析检测，其所报结果绝大多数是静态的非直接的现场数据，不能瞬时直接准确地反映生产实际和生命环境的情景实况，以致控制生产、生态和生物过程也不能及时。现在迫切要求在生命、环境和生产的动态过程中能瞬时反映实情，随时采取措施以提高效率，降低成本，改善产品质量，保障环境安全，改善人口与健康，提高素质，减少疾病，延长寿命。因此，运用先进的科学技术发展新的分析原理并研究建立有效而实用的原位、在体、实时、在线和高灵敏度、高选择性的新型动态分析检测与无损探测方法及多元多参数的检测监视方法，是 21 世纪分析化学发展的主流。

摘自汪尔康主编《21 世纪分析化学》

附录

附录一　弱酸在水中的离解常数（25℃，$I=0$）

	酸	化学式	K_a	pK_a
无机酸	砷酸	H_3AsO_4	K_{a1} 6.5×10^{-3} K_{a2} 1.15×10^{-7} K_{a3} 3.2×10^{-12}	2.19 6.94 11.50
	亚砷酸	H_3AsO_3	K_{a1} 6.0×10^{-10}	9.22
	硼酸	H_3BO_3	K_{a1} 5.8×10^{-10}	9.24
	碳酸	$H_2CO_3(CO_2+H_2O)$	K_{a1} 4.2×10^{-7} K_{a2} 5.6×10^{-11}	6.38 10.25
	铬酸	H_2CrO_4	K_{a2} 3.2×10^{-7}	6.50
	氢氰酸	HCN	4.9×10^{-10}	9.31
	氢氟酸	HF	6.8×10^{-4}	3.17
	氢硫酸	H_2S	K_{a1} 8.9×10^{-8} K_{a2} 1.2×10^{-13}	7.05 12.92
	磷酸	H_3PO_4	K_{a1} 6.9×10^{-3} K_{a2} 6.2×10^{-8} K_{a3} 4.8×10^{-13}	2.16 7.21 12.32
	硅酸	H_2SiO_3	K_{a1} 1.7×10^{-10} K_{a2} 1.6×10^{-12}	9.77 11.80
	硫酸	H_2SO_4	K_{a2} 1.2×10^{-2}	1.92
	亚硫酸	$H_2SO_3(SO_2+H_2O)$	K_{a1} 1.29×10^{-2} K_{a2} 6.3×10^{-8}	1.89 7.20
有机酸	甲酸	HCOOH	1.7×10^{-4}	3.77
	乙酸	CH_3COOH	1.75×10^{-5}	4.76
	丙酸	C_2H_5COOH	1.35×10^{-5}	4.87
	氯乙酸	$ClCH_2COOH$	1.38×10^{-3}	2.86
	二氯乙酸	$Cl_2CHCOOH$	5.5×10^{-2}	1.26
	氨基乙酸	$NH_3^+CH_2COOH$	K_{a1} 4.5×10^{-3} K_{a2} 1.7×10^{-10}	2.35 9.78
	苯甲酸	C_6H_5COOH	6.2×10^{-5}	4.21
	草酸	$H_2C_2O_4$	K_{a1} 5.6×10^{-2} K_{a2} 5.1×10^{-5}	1.25 4.29

续表

	酸	化学式	K_a	pK_a
有机酸	α-酒石酸	HO—CH—COOH HO—CH—COOH	K_{a1} 9.1×10^{-4} K_{a2} 4.3×10^{-5}	3.04 4.37
	琥珀酸	CH_2—COOH CH_2—COOH	K_{a1} 6.2×10^{-5} K_{a2} 2.3×10^{-6}	4.21 5.64
	邻苯二甲酸	—COOH —COOH	K_{a1} 1.12×10^{-3} K_{a2} 3.91×10^{-6}	2.95 5.41
	柠檬酸	CH_2—COOH HO—C—COOH CH_2—COOH	K_{a1} 7.4×10^{-4} K_{a2} 1.7×10^{-5} K_{a3} 4.0×10^{-7}	3.13 4.76 6.40
	苯酚	C_6H_5OH	1.12×10^{-10}	9.95
	乙酰丙酮	$CH_3COCH_2COCH_3$	1×10^{-9}	9.0
	乙二胺四乙酸	CH_2COOH CH_2—N CH_2COOH CH_2COOH CH_2—N CH_2COOH	K_{a1} 0.13 K_{a2} 3×10^{-2} K_{a3} 1×10^{-2} K_{a4} 2.1×10^{-3} K_{a5} 5.4×10^{-7} K_{a6} 5.5×10^{-11}	0.9 1.6 2.0 2.67 6.16 10.26
	8-羟基喹啉	N OH	K_{a1} 8×10^{-6} K_{a2} 1×10^{-9}	5.1 9.0
	苹果酸	HO—CH—COOH CH_2—COOH	K_{a1} 4.0×10^{-4} K_{a2} 8.9×10^{-6}	3.4 5.0
	水杨酸	OH —COOH	K_{a1} 1.05×10^{-3} K_{a2} 8×10^{-14}	2.98 13.1
	磺基水杨酸	OH —COOH SO_3^-	K_{a1} 3×10^{-3} K_{a2} 3×10^{-12}	2.6 11.6
	顺丁烯二酸	CH—COOH ‖ CH—COOH	K_{a1} 1.2×10^{-2} K_{a2} 6.0×10^{-7}	1.92 6.22

附录二　弱碱在水中的离解常数（25℃，$I=0$）

碱	化学式	K_a	pK_a
氨	NH_3	1.8×10^{-5}	4.75
联氨	H_2NNH_2	K_{b1}　9.8×10^{-7} K_{b2}　1.32×10^{-15}	6.01 14.88
羟胺	NH_2OH	9.1×10^{-9}	8.04
甲胺	CH_3NH_2	4.2×10^{-4}	3.38
乙胺	$C_2H_5NH_2$	4.3×10^{-4}	3.37
苯胺	$C_6H_5NH_2$	4.2×10^{-10}	9.38
乙二胺	$H_2NCH_2CH_2NH_2$	K_{b1}　8.5×10^{-5} K_{b2}　7.1×10^{-8}	4.07 7.15
三乙醇胺	$N(CH_2CH_2OH)_3$	5.8×10^{-7}	6.24
六亚甲基四胺	$(CH_2)_6N_4$	1.35×10^{-9}	8.87
吡啶	C_5H_5N	1.8×10^{-9}	8.74
邻二氮菲		6.9×10^{-10}	9.16

附录三　金属配合物的稳定常数

金属离子	离子强度	n	$\lg\beta_n$
氨配合物			
Ag^+	0.1	1,2	3.40,7.40
Cd^{2+}	0.1	1,2,3,4,5,6	2.60,4.65,6.04,6.92,6.6,4.9
Co^{2+}	0.1	1,2,3,4,5,6	2.05,3.62,4.61,5.31,5.43,4.75
Cu^{2+}	2	1,2,3,4	4.13,7.61,10.48,12.59
Ni^{2+}	0.1	1,2,3,4,5,6	2.75,4.95,6.64,7.79,8.50,8.49
Zn^{2+}	0.1	1,2,3,4	2.27,4.61,7.01,9.06
羟基配合物			
Ag^+	0	1,2,3	2.3,3.6,4.8
Al^{3+}	2	4	33.3
Bi^{3+}	3	1	12.4
Cd^{2+}	3	1,2,3,4	4.3,7.7,10.3,12.0
Cu^{2+}	0	1	6.0

续表

金属离子	离子强度	n	$\lg\beta_n$
Fe^{2+}	1	1	4.5
Fe^{3+}	3	1,2	11.0,21.7
Mg^{2+}	0	1	2.6
Ni^{2+}	0.1	1	4.6
Pb^{2+}	0.3	1,2,3	6.2,10.3,13.3
Zn^{2+}	0	1,2,3,4	4.4,—,14.4,15.5
Zr^{4+}	4	1,2,3,4	13.8,27.2,40.2,53
氟配合物			
Al^{3+}	0.53	1,2,3,4,5,6	6.1,11.15,15.0,17.7,19.4,19.7
Fe^{3+}	0.5	1,2,3	5.2,9.2,11.9
Th^{4+}	0.5	1,2,3	7.7,13.5,18.0
TiO^{2+}	3	1,2,3,4	5.4,9.8,13.7,17.4
Sn^{4+}①		6	25
Zr^{4+}	2	1,2,3	8.8,16.1,21.9
氯配合物			
Ag^{+}	0.2	1,2,3,4	2.9,4.7,5.0,5.9
Hg^{2+}	0.5	1,2,3,4	6.7,13.2,14.1,15.1
碘配合物			
Cd^{2+}①		1,2,3,4	2.4,3.4,5.0,6.15
Hg^{2+}	0.5	1,2,3,4	12.9,23.8,27.6,29.8
氰配合物			
Ag^{+}	0～0.3	1,2,3,4	—,21.1,21.8,20.7
Cd^{2+}	3	1,2,3,4	5.5,10.6,15.3,18.9
Cu^{+}	0	1,2,3,4	—,24.0,28.6,30.3
Fe^{2+}	0	6	35.4
Fe^{3+}	0	6	43.6
Hg^{2+}	0.1	1,2,3,4	18.0,34.7,38.5,41.5
Ni^{2+}	0.1	4	31.3
Zn^{2+}	0.1	4	16.7
硫氰酸配合物			
Fe^{3+}①		1,2,3,4,5	2.3,4.2,5.6,6.4,6.4
Hg^{2+}	1	1,2,3,4	—,16.1,19.0,20.9
硫代硫酸配合物			
Ag^{+}	0	1,2	8.82,13.5
Hg^{2+}	0	1,2	29.86,32.26

续表

金属离子	离子强度	n	$\lg\beta_n$
柠檬酸配合物			
Al^{3+}	0.5	1	20.0
Cu^{2+}	0.5	1	18
Fe^{3+}	0.5	1	25
Ni^{2+}	0.5	1	14.3
Pb^{2+}	0.5	1	12.3
Zn^{2+}	0.5	1	11.4
磺基水杨酸配合物			
Al^{3+}	0.1	1,2,3	12.9,22.9,29.0
Fe^{3+}	3	1,2,3	14.4,25.2,32.2
乙酰丙酮配合物			
Al^{3+}	0.1	1,2,3	8.1,15.7,21.2
Cu^{2+}	0.1	1,2	7.8,14.3
Fe^{3+}	0.1	1,2,3	9.3,17.9,25.1
邻二氮菲配合物			
Ag^{+}	0.1	1,2	5.02,12.07
Cd^{2+}	0.1	1,2,3	6.4,11.6,15.8
Co^{2+}	0.1	1,2,3	7.0,13.7,20.1
Cu^{2+}	0.1	1,2,3	9.1,15.8,21.0
Fe^{2+}	0.1	1,2,3	5.9,11.1,21.3
Hg^{2+}	0.1	1,2,3	—,19.65,23.35
Ni^{2+}	0.1	1,2,3	8.8,17.1,24.8
Zn^{2+}	0.1	1,2,3	6.4,12.15,17.0
乙二胺配合物			
Ag^{+}	0.1	1,2	4.7,7.7
Cd^{2+}	0.1	1,2	5.47,10.02
Cu^{2+}	0.1	1,2	10.55,19.60
Co^{2+}	0.1	1,2,3	5.89,10.72,13.82
Hg^{2+}	0.1	2	23.42
Ni^{2+}	0.1	1,2,3	7.66,14.06,18.59
Zn^{2+}	0.1	1,2,3	5.71,10.37,12.08

① 离子强度不定。

附录四　金属离子与氨羧配位剂配合物稳定常数的对数

金属离子	EDTA		EGTA			HEDTA	
	$\lg K_{MHL}$	$\lg K_{ML}$	$\lg K_{MOHL}$	$\lg K_{MHL}$	$\lg K_{ML}$	$\lg K_{ML}$	$\lg K_{MOHL}$
Ag^{+}	6.0	7.3					
Al^{3+}	2.5	16.1	8.1				
Ba^{2+}	4.6	7.8		5.4	8.4	6.2	
Bi^{3+}		27.9					
Ca^{2+}	3.1	10.7		3.8	11.0	8.0	
Ce^{3+}		16.0					
Cd^{2+}	2.9	16.5		3.5	15.6	13.0	
Co^{2+}	3.1	16.3			12.3	14.4	
Co^{3+}	1.3	36					
Cr^{3+}	2.3	23	6.6				
Cu^{2+}	3.0	18.8	2.5	4.4	17	17.4	
Fe^{2+}	2.8	14.3				12.2	5.0
Fe^{3+}	1.4	25.1	6.5			19.8	10.1
Hg^{2+}	3.1	21.8	4.9	3.0	23.2	20.1	
La^{3+}		15.4			15.6	13.2	
Mg^{2+}	3.9	8.7			5.2	5.2	
Mn^{2+}	3.1	14.0		5.0	11.5	10.7	
Ni^{2+}	3.2	18.6		6.0	12.0	17.0	
Pb^{2+}	2.8	18.0		5.3	13.0	15.5	
Sn^{2+}		22.1					
Sr^{2+}	3.9	8.6		5.4	8.5	6.8	
Th^{4+}		23.2					8.6
Ti^{3+}		21.3					
TiO^{2+}		17.3					
Zn^{2+}	3.0	16.5		5.2	12.8	14.5	

注：EDTA 为乙二胺四乙酸；EGTA 为乙二醇双(2-氨基乙醚) 四乙酸；HEDTA 为 2-羟乙基乙二胺三乙酸。

附录五 标准电极电位（25℃）

电极反应	$\varphi^{\ominus}$/V
$F_2+2e \longrightarrow 2F^-$	+2.87
$O_3+2H^++2e \longrightarrow O_2+H_2O$	+2.07
$S_2O_8^{2-}+2e \longrightarrow 2SO_4^{2-}$	+2.0
$H_2O_2+2H^++2e \longrightarrow 2H_2O$	+1.77
$Ce^{4+}+e \longrightarrow Ce^{3+}$	+1.61
$2BrO_3^-+12H^++10e \longrightarrow Br_2+6H_2O$	+1.5
$MnO_4^-+8H^++5e \longrightarrow Mn^{2+}+4H_2O$	+1.51
PbO_2(固)$+4H^++2e \longrightarrow Pb^{2+}+2H_2O$	+1.46
$BrO_3^-+6H^++6e \longrightarrow Br^-+3H_2O$	+1.44
$Cl_2+2e \longrightarrow 2Cl^-$	+1.358
$Cr_2O_7^{2-}+14H^++6e \longrightarrow 2Cr^{3+}+7H_2O$	+1.33
MnO_2(固)$+4H^++2e \longrightarrow Mn^{2+}+2H_2O$	+1.23
$O_2+4H^++4e \longrightarrow 2H_2O$	+1.229
$2IO_3^-+12H^++10e \longrightarrow I_2+6H_2O$	+1.19
$Br_2+2e \longrightarrow 2Br^-$	+1.08
$HNO_2+H^++e \longrightarrow NO+H_2O$	+0.98
$VO_2^++2H^++e \longrightarrow VO^{2+}+H_2O$	+0.999
$NO_3^-+3H^++2e \longrightarrow HNO_2+H_2O$	+0.94
$Hg^{2+}+2e \longrightarrow 2Hg$	+0.845
$Ag^++e \longrightarrow Ag$	+0.7994
$Hg_2^{2+}+2e \longrightarrow 2Hg$	+0.792
$Fe^{3+}+e \longrightarrow Fe^{2+}$	+0.771
$2H^++O_2+2e \longrightarrow H_2O_2$	+0.69
$2HgCl_2+2e \longrightarrow Hg_2Cl_2+2Cl^-$	+0.63
$MnO_4^-+2H_2O+3e \longrightarrow MnO_2+4OH^-$	+0.588
$MnO_4^-+e \longrightarrow MnO_4^{2-}$	+0.57

续表

电极反应	$\varphi^{\ominus}$/V
$H_3AsO_4+2H^++2e \longrightarrow HAsO_2+2H_2O$	+0.56
$I_3^-+2e \longrightarrow 3I^-$	+0.54
I_2(固)$+2e \longrightarrow 2I^-$	+0.535
$Cu^++e \longrightarrow Cu$	+0.52
$[Fe(CN)_6]^{3-}+e \longrightarrow [Fe(CN)_6]^{4-}$	+0.355
$Cu^{2+}+2e \longrightarrow Cu$	+0.34
$Hg_2Cl_2+2e \longrightarrow 2Hg+2Cl^-$	+0.268
$SO_4^{2-}+4H^++2e \longrightarrow H_2SO_3+H_2O$	+0.17
$Cu^{2+}+e \longrightarrow Cu^+$	+0.17
$Sn^{4+}+2e \longrightarrow Sn^{2+}$	+0.15
$S+2H^++2e \longrightarrow H_2S$	+0.14
$S_4O_6^{2-}+2e \longrightarrow 2S_2O_3^{2-}$	+0.09
$2H^++2e \longrightarrow H_2$	0
$Pb^{2+}+2e \longrightarrow Pb$	−0.126
$Sn^{2+}+2e \longrightarrow Sn$	−0.14
$Ni^{2+}+2e \longrightarrow Ni$	−0.25
$PbSO_4+2e \longrightarrow Pb+SO_4^{2-}$	−0.356
$Cd^{2+}+2e \longrightarrow Cd$	−0.403
$Fe^{2+}+2e \longrightarrow Fe$	−0.44
$S+2e \longrightarrow S^{2-}$	−0.48
$2CO_2+2H^++2e \longrightarrow H_2C_2O_4$	−0.49
$Zn^{2+}+2e \longrightarrow Zn$	−0.7628
$SO_4^{2-}+H_2O+2e \longrightarrow SO_3^{2-}+2OH^-$	−0.93
$Al^{3+}+3e \longrightarrow Al$	−1.66
$Mg^{2+}+2e \longrightarrow Mg$	−2.37
$Na^++e \longrightarrow Na$	−2.713
$Ca^{2+}+2e \longrightarrow Ca$	−2.87
$K^++e \longrightarrow K$	−2.925

附录六　部分氧化还原电对的条件电极电位（25℃）

电极反应	$\varphi^{\ominus\prime}$/V	介质
$Ag^{2+}+e \longrightarrow Ag^+$	2.00	4mol/L $HClO_4$
	1.93	3mol/L HNO_3
Ce(Ⅳ)+e⟶Ce(Ⅲ)	1.74	1mol/L $HClO_4$
	1.45	0.5mol/L H_2SO_4
	1.28	1mol/L HCl
	1.60	1mol/L HNO_3
$Co^{3+}+e \longrightarrow Co^{2+}$	1.95	4mol/L $HClO_4$
	1.86	1mol/L HNO_3
$Cr_2O_7^{2-}+14H^++6e \longrightarrow 2Cr^{3+}+7H_2O$	1.03	1mol/L $HClO_4$
	1.15	4mol/L H_2SO_4
	1.00	1mol/L HCl
$Fe^{3+}+e \longrightarrow Fe^{2+}$	0.75	1mol/L $HClO_4$
	0.70	1mol/L HCl
	0.68	1mol/L H_2SO_4
	0.51	1mol/L HCl+0.25 mol/L H_3PO_4
$[Fe(CN)_6]^{3-}+e \longrightarrow [Fe(CN)_6]^{4-}$	0.56	0.1mol/L HCl
	0.72	1mol/L $HClO_4$
$I_3^-+2e \longrightarrow 3I^-$	0.545	0.5mol/L H_2SO_4
Sn(Ⅳ)+2e⟶Sn(Ⅱ)	0.14	1mol/L HCl
Sb(Ⅴ)+2e⟶Sb(Ⅲ)	0.75	3.5mol/L HCl
$SbO_3^-+H_2O+2e \longrightarrow SbO_2^-+2OH^-$	−0.43	3mol/L KOH
Ti(Ⅳ)+e⟶Ti(Ⅲ)	−0.01	0.2mol/L H_2SO_4
	0.15	5mol/L H_2SO_4
	0.10	3mol/L HCl
V(Ⅴ)+e⟶V(Ⅳ)	0.94	1mol/L H_3PO_4
U(Ⅵ)+2e⟶U(Ⅳ)	0.35	1mol/L HCl

附录七 难溶化合物的活度积（$K_{sp}^{\ominus}$）和溶度积（K_{sp}，25℃）

化合物	$I=0$		$I=0.1$	
	$K_{sp}^{\ominus}$	$pK_{sp}^{\ominus}$	K_{sp}	pK_{sp}
AgAc	2×10^{-3}	2.7	8×10^{-3}	2.1
AgCl	1.77×10^{-10}	9.75	3.2×10^{-10}	9.50
AgBr	4.95×10^{-13}	12.31	8.7×10^{-13}	12.06
AgI	8.3×10^{-17}	16.08	1.48×10^{-16}	15.83
Ag_2CrO_4	1.12×10^{-12}	11.95	5×10^{-12}	11.3
AgSCN	1.07×10^{-12}	11.97	2×10^{-12}	11.7
Ag_2S	6×10^{-50}	49.2	6×10^{-49}	48.2
Ag_2SO_4	1.58×10^{-5}	4.80	8×10^{-5}	4.1
$Ag_2C_2O_4$	1×10^{-11}	11.0	4×10^{-11}	10.4
Ag_3AsO_4	1.12×10^{-20}	19.95	1.3×10^{-19}	18.9
Ag_3PO_4	1.45×10^{-16}	15.84	2×10^{-15}	14.7
AgOH	1.9×10^{-8}	7.71	3×10^{-8}	7.5
$Al(OH)_3$（无定形）	4.6×10^{-33}	32.34	3×10^{-32}	31.5
$BaCrO_4$	1.17×10^{-10}	9.93	8×10^{-10}	9.1
$BaCO_3$	4.9×10^{-9}	8.31	3×10^{-8}	7.5
$BaSO_4$	1.07×10^{-10}	9.97	6×10^{-10}	9.2
BaC_2O_4	1.6×10^{-7}	6.79	1×10^{-6}	6.0
BaF_2	1.05×10^{-6}	5.98	5×10^{-6}	5.3
$Bi(OH)_2Cl$	1.8×10^{-31}	30.75		
$Ca(OH)_2$	5.5×10^{-6}	5.26	1.3×10^{-5}	4.9
$CaCO_3$	3.8×10^{-9}	8.42	3×10^{-8}	7.5
CaC_2O_4	2.3×10^{-9}	8.64	1.6×10^{-8}	7.8
CaF_2	3.4×10^{-11}	10.47	1.6×10^{-10}	9.8
$Ca_3(PO_4)_2$	1×10^{-26}	26.0	1×10^{-23}	23
$CaSO_4$	2.4×10^{-5}	4.62	1.6×10^{-4}	3.8
$CdCO_3$	3×10^{-14}	13.5	1.6×10^{-13}	12.8
CdC_2O_4	1.51×10^{-8}	7.82	1×10^{-7}	7.0

续表

化合物	$I=0$		$I=0.1$	
	$K_{sp}^{\ominus}$	$pK_{sp}^{\ominus}$	K_{sp}	pK_{sp}
$Cd(OH)_2$(新析出)	3×10^{-14}	13.5	6×10^{-14}	13.2
CdS	8×10^{-27}	26.1	5×10^{-26}	25.3
$Ce(OH)_3$	6×10^{-21}	20.2	3×10^{-20}	19.5
$CePO_4$	2×10^{-24}	23.7		
$Co(OH)_2$(新析出)	1.6×10^{-15}	14.8	4×10^{-15}	14.4
CoS(α 型)	4×10^{-21}	20.4	3×10^{-20}	19.5
CoS(β 型)	2×10^{-25}	24.7	1.3×10^{-24}	23.9
$Cr(OH)_3$	1×10^{-31}	31.0	5×10^{-31}	30.3
CuI	1.10×10^{-12}	11.96	2×10^{-12}	11.7
CuSCN			2×10^{-13}	12.7
CuS	6×10^{-36}	35.2	4×10^{-35}	34.4
$Cu(OH)_2$	2.6×10^{-19}	18.59	6×10^{-19}	18.2
$Fe(OH)_2$	8×10^{-16}	15.1	2×10^{-15}	14.7
$FeCO_3$	3.2×10^{-11}	10.50	2×10^{-10}	9.7
FeS	6×10^{-18}	17.2	4×10^{-17}	16.4
$Fe(OH)_3$	3×10^{-39}	38.5	1.3×10^{-38}	37.9
Hg_2Cl_2	1.32×10^{-18}	17.88	6×10^{-18}	17.2
HgS(黑)	1.6×10^{-52}	51.8	1×10^{-51}	51
HgS(红)	4×10^{-53}	52.4		
$Hg(OH)_2$	4×10^{-26}	25.4	1×10^{-25}	25.0
$KHC_4H_4O_6$	3×10^{-4}	3.5		
K_2PtCl_6	1.10×10^{-5}	4.96		
$La(OH)_3$(新析出)	1.6×10^{-19}	18.8	8×10^{-19}	18.1
$LaPO_4$			4×10^{-23}	22.4①
$MgCO_3$	1×10^{-5}	5.0	6×10^{-5}	4.2
MgC_2O_4	8.5×10^{-5}	4.07	5×10^{-4}	3.3
$Mg(OH)_2$	1.8×10^{-11}	10.74	4×10^{-11}	10.4
$MgNH_4PO_4$	3×10^{-13}	12.6		
$MnCO_3$	5×10^{-10}	9.30	3×10^{-9}	8.5

续表

化合物	$I=0$		$I=0.1$	
	$K_{sp}^{\ominus}$	$pK_{sp}^{\ominus}$	K_{sp}	pK_{sp}
$Mn(OH)_2$	1.9×10^{-13}	12.72	5×10^{-13}	12.3
MnS(无定形)	3×10^{-10}	9.5	6×10^{-9}	8.8
MnS(晶形)	3×10^{-13}	12.5		
$Ni(OH)_2$(新析出)	2×10^{-15}	14.7	5×10^{-15}	14.3
NiS(α 型)	3×10^{-19}	18.5		
NiS (β 型)	1×10^{-24}	24.0		
NiS(γ 型)	2×10^{-26}	25.7		
$PbCO_3$	8×10^{-14}	13.1	5×10^{-13}	12.3
$PbCl_2$	1.6×10^{-5}	4.79	8×10^{-5}	4.1
$PbCrO_4$	1.8×10^{-14}	13.75	1.3×10^{-13}	12.9
PbI_2	6.5×10^{-9}	8.19	3×10^{-8}	7.5
$Pb(OH)_2$	8.1×10^{-17}	16.09	2×10^{-16}	15.7
PbS	3×10^{-27}	26.6	1.6×10^{-26}	25.8
$PbSO_4$	1.7×10^{-8}	7.78	1×10^{-7}	7.0
$SrCO_3$	9.3×10^{-10}	9.03	6×10^{-9}	8.2
SrC_2O_4	5.6×10^{-8}	7.25	3×10^{-7}	6.5
$SrCrO_4$	2.2×10^{-5}	4.65		
SrF_2	2.5×10^{-9}	8.61	1×10^{-8}	8.0
$SrSO_4$	3×10^{-7}	6.5	1.6×10^{-6}	5.8
$Sn(OH)_2$	8×10^{-29}	28.1	2×10^{-28}	27.7
SnS	1×10^{-25}	25.0		
$Th(C_2O_4)_2$	1×10^{-22}	22		
$Th(OH)_4$	1.3×10^{-45}	44.9	1×10^{-44}	44.0
$TiO(OH)_2$	1×10^{-29}	29	3×10^{-29}	28.5
$ZnCO_3$	1.7×10^{-11}	10.78	1×10^{-10}	10.0
$Zn(OH)_2$(新析出)	2.1×10^{-16}	15.68	5×10^{-16}	15.3
ZnS(α 型)	1.6×10^{-24}	23.8		
ZnS(β 型)	5×10^{-25}	24.3		
$ZrO(OH)_2$	6×10^{-49}	48.2	1×10^{-47}	47.0

① $I=0.5$。

附录八 元素的原子量（A_r）

元素		A_r	元素		A_r
符号	名称		符号	名称	
Ag	银	107.868	Na	钠	22.98977
Al	铝	26.98154	Nb	铌	92.9064
As	砷	74.9216	Nd	钕	144.24
Au	金	196.9665	Ni	镍	58.69
B	硼	10.81	O	氧	15.9994
Ba	钡	137.33	Os	锇	190.2
Be	铍	9.01218	P	磷	30.97376
Bi	铋	208.9804	Pb	铅	207.2
Br	溴	79.904	Pd	钯	106.42
C	碳	12.011	Pr	镨	140.9077
Ca	钙	40.8	Pt	铂	195.08
Cd	镉	112.41	Ra	镭	226.0254
Ce	铈	140.12	Rb	铷	85.4678
Cl	氯	35.453	Re	铼	186.207
Co	钴	58.9332	Rh	铑	102.9055
Cr	铬	51.996	Ru	钌	101.07
Cs	铯	132.9054	S	硫	32.06
Cu	铜	63.546	Sb	锑	121.75
F	氟	18.998403	Sc	钪	44.9559
Fe	铁	55.847	Se	硒	78.96
Ca	镓	69.72	Si	硅	28.0855
Ge	锗	72.59	Sn	锡	118.69
H	氢	1.0079	Sr	锶	87.62
He	氦	4.00260	Ta	钽	180.9479
Hf	铪	178.49	Te	碲	127.60
Hg	汞	200.59	Th	钍	232.0381
I	碘	126.9045	Ti	钛	47.88
In	铟	114.82	Tl	铊	204.383
K	钾	39.0983	U	铀	238.0289
La	镧	138.9055	V	钒	50.9415
Li	锂	6.941	W	钨	183.85
Mg	镁	24.305	Y	钇	88.9059
Mn	锰	54.9380	Zn	锌	65.38
Mo	钼	95.94	Zr	锆	91.22
N	氮	14.0067			

附录九 化合物的摩尔质量（M）

化学式	M/(g/mol)	化学式	M/(g/mol)
Ag_3AsO_3	446.52	$CaCl_2$	110.99
Ag_3AsO_4	462.52	CaF_2	78.08
AgBr	187.77	CaO	56.08
AgSCN	165.95	$CaSO_4$	136.14
AgCl	143.32	$CaSO_4 \cdot 2H_2O$	172.17
Ag_2CrO_4	331.73	$CdCO_3$	172.42
AgI	234.77	$Cd(NO_3)_2 \cdot 4H_2O$	308.48
$AgNO_3$	169.87	CdO	128.41
$Al(C_9H_6ON)_3$(8-羟基喹啉铝)	459.44	$CdSO_4$	208.47
$AlK(SO_4)_2 \cdot 12H_2O$	474.38	$CoCl_2 \cdot 6H_2O$	237.93
Al_2O_3	101.96	CuSCN	121.62
As_2O_3	197.84	$CuHg(SCN)_4$	496.45
As_2O_5	229.84	CuI	190.45
		$Cu(NO_3)_2 \cdot 3H_2O$	241.60
$BaCO_3$	197.34	CuO	79.55
$BaCl_2$	208.24	$CuSO_4 \cdot 5H_2O$	249.68
$BaCl_2 \cdot 2H_2O$	244.27		
$BaCrO_4$	253.32	$FeCl_2 \cdot 4H_2O$	198.81
$BaSO_4$	233.39	$FeCl_3 \cdot 6H_2O$	270.30
BaS	169.39	$Fe(NO_3)_3 \cdot 9H_2O$	404.00
$Bi(NO_3)_3 \cdot 5H_2O$	485.07	FeO	71.85
Bi_2O_3	465.96	Fe_2O_3	159.69
BiOCl	260.43	Fe_3O_4	231.54
		$FeSO_4 \cdot 7H_2O$	278.01
CH_2O(甲醛)	30.03		
$C_{14}H_{14}N_3O_3SNa$(甲基橙)	327.33	HCOOH	46.03
$C_6H_5NO_3$(硝基酚)	139.11	CH_3COOH	60.05
$C_4H_8N_2O_2$(丁二酮肟)	116.12	H_2CO_3	62.03
$(CH_2)_6N_4$(六亚甲基四胺)	140.19	$H_2C_2O_4$(草酸)	90.04
$C_7H_6O_6S$(磺基水杨酸)	218.18	$H_2C_2O_4 \cdot 2H_2O$	126.07
$C_{12}H_8N_2$(邻二氮菲)	180.21	$H_2C_4H_4O_4$(琥珀酸,丁二酸)	118.090
$C_{12}H_8N_2 \cdot H_2O$	198.21	$H_2C_4H_4O_6$(酒石酸)	150.088
$C_2H_5NO_2$(氨基乙酸,甘氨酸)	75.07	$H_3C_6H_5O_7 \cdot H_2O$(柠檬酸)	210.14
$C_6H_{12}N_2O_4S_2$(L-胱氨酸)	240.30	HCl	36.46
$CaCO_3$	100.09	HNO_2	47.01
$CaC_2O_4 \cdot H_2O$	146.11	HNO_3	63.01

续表

化学式	M/(g/mol)	化学式	M/(g/mol)
H_2O_2	34.01	$Mg(C_9H_6ON)_2$(8-羟基喹啉镁)	312.61
H_3PO_4	98.00	$MgNH_4PO_4 \cdot 6H_2O$	245.41
H_2S	34.08	MgO	40.30
H_2SO_3	82.07	$Mg_2P_2O_7$	222.55
H_2SO_4	98.07	$MgSO_4 \cdot 7H_2O$	246.47
$HClO_4$	100.46	$MnCO_3$	114.95
$HgCl_2$	271.50	MnO_2	86.94
Hg_2Cl_2	472.09	$MnSO_4$	151.00
HgO	216.59		
HgS	232.65	$NH_2OH \cdot HCl$(盐酸羟胺)	69.49
$HgSO_4$	296.65	NH_3	17.03
		NH_4	18.04
$KAl(SO_4)_2 \cdot 12H_2O$	474.38	$NH_4C_2H_3O_2$(醋酸铵)	77.08
KBr	119.00	NH_4SCN	76.12
$KBrO_3$	167.00	$(NH_4)_2C_2O_4 \cdot H_2O$	142.11
KCN	65.116	NH_4Cl	53.49
$KSCN$	97.18	NH_4F	37.04
K_2CO_3	138.21	$NH_4Fe(SO_4)_2 \cdot 12H_2O$	482.18
KCl	74.55	$(NH_4)_2Fe(SO_4)_2 \cdot 6H_2O$	392.13
$KClO_3$	122.55	NH_4HF_2	57.04
$KClO_4$	138.55	$(NH_4)_2Hg(SCN)_4$	468.98
K_2CrO_4	194.19	NH_4NO_3	80.04
$K_2Cr_2O_7$	294.18	NH_4OH	35.05
$K_3Fe(CN)_6$	329.25	$(NH_4)_3PO_4 \cdot 12MoO_3$	1876.34
$K_4Fe(CN)_6$	368.35	$(NH_4)_2S_2O_8$	228.19
$KHC_4H_4O_6$(酒石酸氢钾)	188.18		
$KHC_8H_4O_4$(苯二甲酸氢钾)	204.22	$Na_2B_4O_7$	201.22
$K_3C_6H_5O_7$(柠檬酸钾)	306.40	$Na_2B_4O_7 \cdot 10H_2O$	381.37
KI	166.00	Na_2BiO_3	279.97
KIO_3	214.00	$NaC_2H_3O_2$(醋酸钠)	82.03
$KMnO_4$	158.03	$Na_3C_6H_5O_7$(柠檬酸钠)	258.07
KNO_2	85.10	Na_2CO_3	105.99
KNO_3	101.10	$Na_2CO_3 \cdot 10H_2O$	286.14
KOH	56.11	$Na_2C_2O_4$	134.00
K_2PtCl_6	485.99	$NaCl$	58.44
$KHSO_4$	136.16	$NaClO_4$	122.44
K_2SO_4	174.25	NaF	41.99
$K_2S_2O_7$	254.31	$NaHCO_3$	84.01

续表

化学式	M/(g/mol)	化学式	M/(g/mol)
$Na_2H_2C_{10}H_{12}O_8N_2$(EDTA 二钠盐)	336.21	SO_2	64.06
$Na_2H_2C_{10}H_{12}O_8N_2 \cdot 2H_2O$	372.24	SO_3	80.06
$NaH_2PO_4 \cdot 2H_2O$	156.01	SO_4	96.06
$Na_2HPO_4 \cdot 2H_2O$	177.99	SiF_4	104.08
$NaHSO_4$	120.06	SiO_2	60.08
NaOH	39.997	$SnCl_2 \cdot 2H_2O$	225.63
Na_2SO_4	142.04	$SnCl_4$	260.50
$Na_2S_2O_3 \cdot 5H_2O$	248.17	SnO	134.69
$NaZn(UO_2)_3(C_2H_3O_2)_9 \cdot 6H_2O$	1537.94	SnO_2	150.69
$NiSO_4 \cdot 7H_2O$	280.85	$SrCO_3$	147.63
$Ni(C_4H_7N_2O_2)_2$(丁二酮肟镍)	288.91	$Sr(NO_3)_2$	211.63
		$SrSO_4$	183.68
PbO	223.2		
PbO_2	239.2	$TiCl_3$	154.24
$Pb(C_2H_3O_2)_2 \cdot 3H_2O$	379.3	TiO_2	79.88
$PbCrO_4$	323.2		
$PbCl_2$	278.1	$ZnHg(SCN)_4$	498.28
$Pb(NO_3)_2$	331.2	$ZnNH_4PO_4$	178.39
PbS	239.3	ZnS	97.44
$PbSO_4$	303.3	$ZnSO_4$	161.44

自我测试题答案

第一章　定量化学分析实验室基础知识

自我测试题一

判断题

1.√　2.√　3.√　4.×　5.×　6.√　7.√　8.×　9.√　10.√
11.√　12.√　13.×　14.√　15.×　16.√　17.√　18.×　19.×　20.√
21.×　22.√　23.√　24.√　25.×　26.√　27.×　28.√　29.×　30.√
31.√　32.×　33.×　34.×　35.×　36.×

选择题

1.C　2.C　3.B　4.C　5.D　6.D　7.D　8.C　9.C　10.C
11.D　12.A　13.B　14.C　15.B　16.C　17.A　18.B　19.B　20.B
21.A　22.B　23.A　24.A　25.C　26.D　27.A　28.A　29.D　30.C
31.B　32.D　33.C　34.D　35.A　36.A　37.B　38.A

第二章　定量分析概论

自我测试题二

1. 3.7，3.7，3.6，3.6，3.6，$pK_a=3.66$

2.(1) 45.46，(2) −0.041，(3) 15.0

3.(1) 34.28%；34.27%；0.065%；0.19%；0.083%；0.03%

(2) −0.05%；−0.15%

4.置信度 $P=90\%$，$\mu=(50.18\pm1.15)\%$

置信度 $P=95\%$，$\mu=(50.18\pm1.46)\%$

置信度 $P=99\%$，$\mu=(50.18\pm2.28)\%$

5.极差=0.0022，已知 $r=0.0018$，临界极差为 $C_rR_{95}(5)=f(5)\times r/2.83=0.0025$

因为极差小于临界极差，所以测量结果为 $\overline{x}=1\cdot0166\mu g/mL$

6.$\overline{x}=25.00\mu g/mL$，　$u_A=s=0.066\mu g/mL$，$u_B=0.032\mu g/mL$

$u_c=(u_A^2+u_B^2)^{1/2}=0.073(\mu g/mL)$，置信度为95%时，选 $k=2$

则扩展不确定度为　$U=k\cdot u_c=0.15(\mu g/mL)$

测定结果为 $(25.00\pm0.15)\mu g/mL$

7.$\mu=0.20\%$，$\overline{x}=0.18\%$，$s=0.009\%$。$t_{计}=4.97$；由 $\alpha=0.05$，$f=5-1=4$，查

表得，$t_{0.05,4}=2.78$；因为 $t_{计}>t_{0.05,4}$，故产品中杂质含量降低了

8. $\mu=1277℃$，$\overline{x}=1259℃$，$s=11.9℃$，$t_{计}=3.38$；由 $\alpha=0.05$，$f=5-1=4$，查表得，$t_{0.05,4}=2.78$；因为 $t_{计}>t_{0.05,4}$，故有显著性差异，自装仪器与标准比较有系统误差

9. $\mu=4.55\%$，$\overline{x}=4.35\%$，$s=0.055\%$。$t_{计}=8.91$；由 $\alpha=0.05$，$f=6-1=5$，查表得，$t_{0.05,5}=2.57$；因为 $t_{计}>t_{0.05,5}$，有显著性差异，该分析系统不正常

10. $\mu=10.77\%$，$\overline{x}=10.79\%$，$s=0.041\%$。$t_{计}=1.46$；由 $\alpha=0.05$，$f=9-1=8$，查表得，$t_{0.05,8}=2.31$；因为 $t_{计}<t_{0.05,8}$，该新方法不引起系统误差

11. 本题属于双边检验，未知物测定 3 次，$s_{大}=0.076$，标准物测定 8 次，$s_{小}=0.044$，$F_{计}=s_{大}^2/s_{小}^2=2.98$；$f_1=2$，$f_2=7$，查表得 $F_{表}=4.74$，因为 $F_{计}<F_{表}$，所以不存在显著性差异，这一未知物是正辛烷

12. $F_{计}=s_{大}^2/s_{小}^2=8.16$，$f_1=8$，$f_2=10$，查表得 $F_{表}=3.07$，因为 $F_{计}>F_{表}$，所以甲乙的精密度之间存在显著性差异

13. (1) $Q_{计}=\dfrac{4.84-4.71}{4.99-4.71}=0.46$，置信度 $P=99\%$时，查表得，$Q_{表}=0.597$，又因为 $Q_{计}<Q_{表}$，所以 4.71 应该保留，无异常值需要舍弃。

(2) $\overline{x}=4.87$，$s=0.071$，$T_{计}=(4.87-4.71)/0.071=2.25$，查表得 $T_{0.05,10}=2.176$，$T_{计}>T_{0.05,10}$，所以 4.71 应该舍弃。

第三章　滴定分析

自我测试题三

判断题

1. √　2. √　3. √　4. ×　5. √　6. ×　7. √　8. √　9. √　10. ×

选择题

1. A　2. C　3. A　4. B　5. B　6. A　7. A　8. A　9. B　10. C　11. B　12. C　13. C

综合题

1. 根据公式 $\rho Vw=cVM$，代入数据得，应取市售盐酸 4.2mL

2. $n(Mg^{2+})=0.0483mol$，$c(Mg^{2+})=0.0483mol/L$；

稀释后，物质的量浓度 $c(Mg^{2+})=0.000483mol/L$；质量浓度 $\rho(Mg^{2+})=11.7mg/L$

3. 9.0mL

4. 0.08655mol/L

5. (1) $T_{[Ba(OH)_2/HCl]}=0.02240g/mL$，$T_{[Ca(OH)_2/HCl]}=0.009687g/mL$

(2) $T_{(H_2SO_4/NaOH)}=0.005060g/mL$，$T_{(CH_3COOH/NaOH)}=0.006197g/mL$

6. 0.1577mol/L

7. 0.1202mol/L

8. 0.2018mol/L

9. 0.09800mol/L

10. 本题是返滴定法，试样中 $CaCO_3$ 的质量分数为 84.58%

11. 本题是返滴定法，试样中 Al_2O_3 的质量分数为 12.20%

12. 10.37%

第四章 酸碱滴定法

自我测试题四

判断题

1. × 2. × 3. × 4. × 5. √ 6. × 7. √ 8. × 9. √ 10. √
11. √ 12. √ 13. ×

选择题

1. C 2. C 3. A 4. A 5. D 6. C 7. C 8. B 9. A 10. D
11. C 12. B 13. B 14. A 15. C 16. A 17. A 18. A 19. C 20. B

综合题

1. (1) 1.30；(2) 6.28；(3) 1.15；(4) 7.02

2. (1) 4.76；(2) 9.43

3. 4.74.29g

4. 设：应加入 x mL1.0mol·L^{-1} NaOH

$$pH=pK_a+\lg\frac{c_b}{c_a}$$

pH=3.00 时，$3.0=3.74+\lg\dfrac{1.0x}{200\times0.20-1.0x}$ 解得，$x=6.1$mL

同理可得，当 pH=4.00 时，$x=25.7$mL

5. 反应式：$(CH_2)_6N_4+HCl=\!=\!=(CH_2)_6N_4HCl$

由于六次甲基四胺的量比盐酸的量多，所以他们会发生反应，且六次甲基四胺过量，形成缓冲溶液。溶液中

$c[(CH_2)_6N_4H^+]=12\times4/100=0.48$mol/L

$c(CH_2)_6N_4)=20/(140\times0.1)-0.48=0.95$mol/L

$$[OH^-]=K_b\cdot\frac{c[(CH_2)_6N_4]}{c[(CH_2)_6N_4H^+]}=1.4\times10^{-9}\times\frac{0.95}{0.48}=2.77\times10^{-9}\text{mol/L}$$

pOH=8.56，pH=5.44；此溶液是缓冲溶液。

6. (1) $c(HCOOH)=0.08020$mol/L

(2) pH=8.3

(3) 选酚酞

7. 93.44%；10.59%

8. 82.37%

9. 2.929%

10. $V_1=20.10\text{mL}$，$V_2=47.70-20.10=27.60$ (mL)；$V_1<V_2$，所以混合碱的组分是 Na_2CO_3 和 $NaHCO_3$；$w(Na_2CO_3)=73.04\%$，$w(NaHCO_3)=21.60\%$

11. 6.05mL

12. 105.0%

13. SiO_2 含量为 24.79%

14. 0.1500mol/L

15. 0.14%

16. 测量结果 $C_6H_5K_3O_7$ 含量为 98.81%，小于国家标准规定含量 99.0%，因此视为不合格品。

第五章 配位滴定法

自我测试题五

判断题

1. × 2. √ 3. × 4. × 5. √ 6. × 7. √ 8. √ 9. × 10. √
11. × 12. √ 13. × 14. × 15. √ 16. √

选择题

1. C 2. B 3. A 4. D 5. B 6. B 7. B 8. D 9. B 10. C
11. C

综合题

1. $\lg K'_{MY}=\lg K_{MY}-\lg\alpha'_{Y(H)}$　$\lg K'_{MY}=16.50-6.45=10.05>8$ 能用 EDTA 标定，$K'_{ZnY}=10^{10.05}$

2. $\lg K'_{MY}=\lg K_{MY}-\lg\alpha'_{Y(H)}$　$\lg K'_{MY}=18.69-4.65=4.04<8$，此时不能用 EDTA 标定 Mg^{2+}，查表得允许的最小 pH 为 9.8

3. 滴定时，允许的最低酸度为阳离子不产生水解时的 pH

(1) $[OH^-]=\sqrt{\dfrac{5.5\times10^{-4}}{0.01}}=2.34\times10^{-2}\text{mol/L}$，pH=12.37

(2) $[OH^-]=\sqrt[3]{\dfrac{4.6\times10^{-26}}{0.01}}=7.72\times10^{-11}\text{mol/L}$，pH=3.89

(3) $[OH^-]=\sqrt{\dfrac{2.6\times10^{-19}}{0.01}}=1.61\times10^{-9}\text{mol/L}$，pH=5.21

(4) $[OH^-]=\sqrt{\dfrac{4\times10^{-26}}{0.01}}=2.0\times10^{-12}\text{mol/L}$，pH=2.3

4.(1) $\alpha[Zn(NH_3)_4^{2+}]=1+\beta_1[F^-]+\beta_2[F^-]^2+\beta_3[F^-]^3+\beta_4[F^-]^4$

$\alpha[Zn(NH_3)_4^{2+}]=1+10^{2.27}\times0.1+10^{4.61}\times0.1^2+10^{7.01}\times0.1^3+10^{9.06}\times0.1^4$

$=10^{5.10}$

$\lg\alpha[Zn(NH_3)_4^{2+}]=5.10$

(2) 查表得 $\lg K_{ZnY}=16.5$；pH=10 时，$\lg\alpha_{Y(H)}=0.45$；$\lg\alpha_{Zn(OH)}=2.4$

$$\alpha_{Zn}=\alpha[Zn(OH)]+\alpha[Zn(NH_3)_4^{2+}]-1=10^{5.10}$$

$$\lg K'_{ZnY}=\lg K_{ZnY}-\lg\alpha_{Zn(NH_3)_4^{2+}}-\lg\alpha_{Y(H)}$$

$$\lg K'_{ZnY}=16.5-5.10-0.45=10.95$$

5.(1) $\Delta\lg K=27.9-18.0=9.9>5$，因此可以用控制酸度分步滴定。

(2) 由于 $c(Bi^{3+})=0.01mol/L$，滴定 Bi^{3+} 的最高酸度应满足 $\lg\alpha_{Y(H)}\leqslant\lg K_{MY}-8$

$\lg\alpha_{Y(H)}\leqslant27.9-8=19.9$　查表得 pH≥0.8

所以 pH=0.8 为滴定 Bi^{3+} 的最高酸度

滴定 Bi^{3+} 的最低酸度应先考虑滴定 Bi^{3+} 时 Pb^{2+} 不干扰，即

$$\lg c(Pb^{2+})K'_{PbY}\leqslant1$$

由于 Pb^{2+} 浓度为 0.01mol/L，所以 $\lg K'_{PbY}\leqslant3$　即 $\lg\alpha_{Y(H)}\geqslant\lg K_{NY}-3$

所以　　$\lg\alpha_{Y(H)}\geqslant18.0-3=14.7$　查表得 pH≤1.8

因此，准确滴定 Bi^{3+} 而 Pb^{2+} 不干扰的酸度范围是：pH0.8～1.8

(3) 滴定 Bi^{3+} 离子后，$\lg K'_{PbY}=\lg K_{PbY}-\lg\alpha_{Y(H)}=18.0-10.8=16.2$

$\lg c(Pb)K'_{PbY}=14.2\geqslant6$，则可继续准确滴定 Pb^{2+} 离子。

$$\lg\alpha_{Y(H)}\leqslant18.0-8=10.0$$

查表得　　pH≥3.3

所以滴定 Pb^{2+} 的最高酸度 pH=3.3

最低酸度考虑 Pb^{2+} 的水解　$[OH]\leqslant\sqrt{\dfrac{K_{sp}[Pb(OH)_2]}{[Pb^{2+}]}}$

即　　$[OH]=\sqrt{\dfrac{10^{-15.7}}{2\times10^{-2}}}=10^{-7}$

$$pH\leqslant7.0$$

因此，准确滴定 Pb^{2+} 的酸度范围是：pH 为 3.3～7.0

6.查表得 $\lg K_{FeY}=25.1$，$\lg K_{AlY}=16.1$，$\lg K_{MgY}=8.7$

$$\Delta\lg K_1=\lg K_{FeY}-\lg K_{AlY}=25.1-16.1=9>5$$

$$\Delta\lg K_2=\lg K_{AlY}-\lg K_{MgY}=16.1-8.7=7.4>5$$

因此能用同样浓度的 EDTA 控制酸度准确滴定。

(1) 滴定 Fe^{3+} 的最高酸度为　$\lg\alpha_{Y(H)}\leqslant\lg K_{MY}-8$

$$\lg\alpha_{Y(H)}\leqslant25.1-8=17.1,\quad pH\geqslant1.3$$

滴定 Fe^{3+} 的最低酸度应先考虑滴定 Fe^{3+} 时 Al^{3+} 不干扰，即

$$\lg c(Al^{3+})K'_{AlY}\leqslant 1;$$

即

$$\lg\alpha_{Y(H)}\geqslant \lg K_{AlY}-3$$

$$\lg\alpha_{Y(H)}\geqslant 16.1-3=13.10,\quad pH\leqslant 2.2;$$

因此，准确滴定 Fe^{3+} 而 Al^{3+} 不干扰的酸度范围是：pH1.3～2.2

（2）滴定 Al^{3} 时的最高酸度为 $\lg\alpha_{Y(H)}\leqslant \lg K_{MY}-8$

$$\lg\alpha_{Y(H)}\leqslant 16.1-8=8.1$$

$$pH\geqslant 4.2$$

滴定 Al^{3+} 的最低酸度应先考虑滴定 Al^{3+} 时 Mg^{2+} 不干扰，即 $\lg c_{Mg^{2+}}K'_{MgY}\leqslant 1$

则

$$\lg\alpha_{Y(H)}\geqslant \lg K_{MgY}-3$$

$$\lg\alpha_{Y(H)}\geqslant =8.7-3=4.7$$

$$pH\leqslant 6.0;$$

因此，准确滴定 Al^{3+} 而 Mg^{2+} 不干扰的酸度范围是：pH4.7～6.0

（3）滴定 Mg^{2+} 时的最高酸度为 $\lg\alpha_{Y(H)}\leqslant \lg K_{MY}-8$

$$\lg\alpha_{Y(H)}\leqslant 8.7-8=1.1\quad pH\geqslant 9.1$$

最低酸度考虑 Mg^{2+} 的水解 $[OH]\leqslant\sqrt{\dfrac{K_{sp}[Mg(OH)_2]}{[Mg^{2+}]}}=\sqrt{\dfrac{4\times10^{-11}}{2\times10^{-2}}}=10^{-4.3}$

即

$$pH\leqslant 14-4.3=9.7$$

因此，准确滴定 Mg^{2+} 的酸度范围是：pH 为 9.1～9.7

7.（1）由 $c(EDTA)V(EDTA)=n(Zn)=\dfrac{m(Zn)}{M(Zn)}$

$$m(Zn)=M(Zn)c(EDTA)V(EDTA)$$

按消耗 EDTA 标准滴定溶液为 25mL－35mL 计

纯 Zn 粒的称量范围为：0.033～0.046g

（2）同理 纯 $CaCO_3$ 的称量范围为：0.05～0.07g

（3）同理 纯 Mg 粉的称量范围为：0.012～0.017g

8. $c(EDTA)V(EDTA)=\dfrac{m(Zn)}{M(Zn)}\times\dfrac{25}{250}$

$$c(EDTA)=1000\times\frac{0.5942}{65.38}\times\frac{25}{500}/24.05$$

因此 EDTA 溶液的准确浓度为 1.889×10^{-2} mol/L。

9. $w(CaCO_3)=\dfrac{0.02000\times19.86\times100.0\times10^{-3}}{0.2000\times\dfrac{25.00}{100.0}}\times100\%=79.44\%$

10.（1）$c(Ca^{2+})+c(Mg^{2+})=\dfrac{0.02000\times15.00}{50.00}=6.000$ mmol/L

（2）$\rho(Ca)=\dfrac{0.02000\times10.00\times40.8\times1000}{50.00}=163.2$ mg/L

$$\rho(\mathrm{Mg})=\frac{0.02000\times(15.00-10.00)\times24.30\times1000}{50.00}=48.61\mathrm{mg/L}$$

11. $$w(\mathrm{Al_2O_3})=\frac{(0.05000\times25.00-0.05000\times15.02)\times\frac{1}{2}\times102.0\times10^{-3}}{0.3986\times\frac{25.00}{250.0}}\times100\%$$

$$=63.85\%$$

12. $$w(\mathrm{Ni})=\frac{(0.05000\times30.00-0.02500\times14.56)\times58.69\times10^{-3}}{0.500\times\frac{50.00}{250.0}}\times100\%$$

$$=66.67\%$$

13. 在本题中钙与氟形成化合物为 CaF_2，所以

$$w(\mathrm{F})=\frac{(0.1000\times50.00-0.05000\times20.00)\times2\times19.00\times10^{-3}}{0.5000}\times100\%=30.40\%$$

14. 本题是置换滴定，最后通过消耗 $Zn(Ac)_2$ 的量来计算 Sn 的含量

$$w(\mathrm{Sn})=\frac{0.01000\times22.30\times118.7\times10^{-3}}{0.2000}\times100\%=13.23\%$$

15. Mg^{2+} 的物质的量＝P 的物质的量

$$w(\mathrm{P})=\frac{0.01000\times20.00\times30.97\times10^{-3}}{0.1000}\times100\%=6.19\%$$

$$w(\mathrm{P_2O_5})=\frac{0.01000\times20.00\times\frac{141.96}{2}\times10^{-3}}{0.1000}\times100\%=14.20\%$$

16. $$w(\mathrm{SO_4^{2-}})=\frac{(0.05000\times25.00-0.02000\times17.15)\times96.05\times10^{-3}}{3.000\times\frac{25.00}{250.0}}\times100\%$$

$$=29.04\%$$

17. 根据反应过程可知道，用 KCN 掩蔽 Zn^{2+} 后消耗的 46.40mL 的 EDTA 是由 Pb^{2+} 和 Mg^{2+} 共同消耗的，Pb^{2+} 消耗的 EDTA 量与消耗 Mg^{2+} 标准溶液的量相等，Zn^{2+} 消耗的 EDTA 是 44.10mL

$$w(\mathrm{Pb})=\frac{0.01000\times22.60\times207.2\times10^{-3}}{0.4800\times\frac{25.00}{100.0}}\times100\%=38.99\%$$

$$w(\mathrm{Zn})=\frac{0.02000\times44.10\times65.38\times10^{-3}}{0.4800\times\frac{25.00}{100.0}}\times100\%=48.05\%$$

$$w(\mathrm{Mg})=\frac{(0.02000\times46.40-0.01000\times22.60)\times24.305\times10^{-3}}{0.4800\times\frac{25.00}{100.0}}\times100\%=14.22\%$$

18. pH＝1 时测定的是铋，因为此时只满足能测定铋允许的最高酸度条件，调

pH=5 时滴定的是铅和镉的总量，再加入邻二氮菲，此时 CdY^{2+} 中的 Y^{4-} 被置换出来，所以消耗的 $Pb(NO_3)_2$ 的量即为镉的量

$$w(\mathrm{Bi})=\frac{0.02479\times25.67\times209.0\times10^{-3}}{2.420\times\frac{50.00}{250.0}}\times100\%=27.45\%$$

$$w(\mathrm{Pb})=\frac{0.02479\times(24.76-6.76)\times207.2\times10^{-3}}{2.420\times\frac{50.00}{250.0}}\times100\%=19.10\%$$

$$w(\mathrm{Cd})=\frac{0.02479\times6.76\times112.4\times10^{-3}}{2.420\times\frac{50.00}{250.0}}\times100\%=38.92\%$$

第六章　氧化还原滴定法

自我测试题六

判断题

1. √　2. ×　3. √　4. √　5. ×　6. √　7. √　8. √　9. ×　10. √
11. √　12. ×

选择题

1. C　2. C　3. A　4. A　5. B　6. A　7. B　8. C　9. D　10. A
11. B　12. D　13. D　14. A　15. A　16. D　17. C　18. C　19. A　20. B
21. D　22. C　23. C　24. B　25. B　26. C

综合题

1. (1) $\frac{1}{4}As_2O_3$　(2) $\frac{1}{2}Fe_2O_3$　(3) $\frac{1}{2}MnO_2$　(4) CuO　(5) $\frac{1}{6}Cr_2O_3$

2. (1) $\frac{1}{2}SnCl_2$　(2) $Na_2S_2O_3$　(3) $\frac{1}{2}HNO_2$　(4) $\frac{1}{2}H_2SO_3$

3. (1) $\varphi=\varphi^{\ominus}+\frac{0.059}{6}\times\lg\frac{0.020\times(10^{-1})^{14}}{(10^{-6})^{2}}=1.29\mathrm{V}$

(2) $\varphi=\varphi^{\ominus}+\frac{0.059}{6}\lg\frac{0.023\times1.0}{0.015^{2}}=1.34\mathrm{V}$

4. (1) $E=\varphi^{\ominus}_{Fe^{3+}/Fe^{2+}}-\varphi^{\ominus}_{Cu^{2+}/Cu^{+}}=0.771-0.17>0$　向正反应方向进行

(2) $E=\varphi^{\ominus}_{Br/Br^{-}}-\varphi^{\ominus}_{Fe^{3+}/Fe^{2+}}=1.08-0.771>0$　向正反应方向进行

(3) $E=\varphi^{\ominus}_{Fe^{3+}/Fe^{2+}}-\varphi^{\ominus}_{Cd^{2+}/Cd}=0.771-(-0.403)>0$　向正反应方向进行

(4) $E=\varphi^{\ominus}_{MnO_4^{-}/Mn^{2+}}-\varphi^{\ominus}_{O_2/H_2O_2}=1.23-0.69>0$　向正反应方向进行

(5) $E=\varphi^{\ominus}_{AsO_4^{3+}/AsO_3^{3+}}-\varphi^{\ominus}_{Ce^{4+}/Ce^{3+}}=0.56-1.61<0$　向逆反应方向进行

5. $c\left(\frac{1}{6}K_2Cr_2O_7\right)=\frac{0.00525}{55.85}\times1000=0.09400\text{mol/L}$

6. $m(K_2Cr_2O_7)=0.5000\times500\times10^{-3}\times\frac{1}{6}\times294.2=12.26\ (\text{g})$

7. $m(Na_2S_2O_3\cdot5H_2O)=0.2\times248=49.6\ (\text{g})$

8. $w(Fe)=\frac{0.1000\times15.03\times10^{-3}\times55.85}{0.1500}\times100\%=55.96\%$

$w(FeO)=\frac{0.1000\times15.03\times10^{-3}\times71.85}{0.1500}\times100\%=71.99\%$

$w(Fe_2O_3)=\frac{0.1000\times15.03\times10^{-3}\times159.7\times\frac{1}{2}}{0.1500}\times100\%=80.01\%$

9. $w(H_2O_2)=\frac{0.1000\times17.38\times10^{-3}\times\frac{1}{2}\times34.01\times10}{1.0028}\times100\%=29.47\%$

10. $w(CeCl_4)=\frac{0.0500\times6.32\times10^{-3}\times281.9}{1.000}\times\frac{100}{25}\times100\%=35.63\%$

11. $w(Sb)=\frac{0.1000\times22.20\times10^{-3}\times121.75\times\frac{1}{2}}{0.5000}\times100\%=27.03\%$

12. $w(MnO_2)=\frac{(0.2000\times50.00\times10^{-3}-0.1152\times10.55\times10^{-3})\times\frac{1}{2}\times86.94}{0.4000}\times100\%$

$=95.47\%$

13. $w(CH_3OH)=\frac{(0.1000\times25.00\times10^{-3}-0.1000\times10.00\times10^{-3})\times\frac{1}{6}\times32.04}{0.1000}\times100\%$

$=74.76\%$

14. $w(FeCl_3\cdot6H_2O)=\frac{0.1000\times18.17\times10^{-3}\times270.5}{0.5000}\times100\%=98.30\%$

因此本产品符合三级标准。

15. $w(CuO)=\frac{0.1050\times35.16\times10^{-3}\times79.55}{0.4217}\times100\%=69.64\%$

16. $C_6H_5OH\approx3Br_2\approx3I_2\approx6S_2O_3^{2-}$

$w(C_6H_5OH)=\frac{\frac{1}{6}\times0.1008\times(40.20-15.05)\times10^{-3}\times94.11}{0.5005\times\frac{25.00}{250.0}}\times100\%=79.45\%$

第七章 沉淀滴定法

自我测试题七

判断题

1. × 2. √ 3. × 4. √ 5. × 6. ×

选择题

1. B 2. B 3. D 4. B 5. B 6. B 7. A 8. A

综合题

1. $c(\mathrm{NaCl})=\dfrac{0.1023\times 27.00\times 10^{-3}}{20.00\times 10^{-3}}=0.1381\mathrm{mol/L}$

2. I^-先沉淀

$$\frac{c(\mathrm{Cl^-})}{c(\mathrm{I^-})}=\frac{K_{sp}(\mathrm{AgCl})/c(\mathrm{Ag^+})}{K_{sp}(\mathrm{AgI})/c(\mathrm{Ag^+})}=\frac{K_{sp}(\mathrm{AgCl})}{K_{sp}(\mathrm{AgI})}=\frac{1.77\times 10^{-10}}{8.3\times 10^{-17}}=2.13\times 10^{6}$$

3. $w(\mathrm{Ag})=\dfrac{0.1000\times 23.80\times 10^{-3}\times 107.9}{0.3000}\times 100\%=85.60\%$

4. $w(\mathrm{Cl})=\dfrac{(0.1120\times 30.00\times 10^{-3}-0.1158\times 6.50\times 10^{-3})\times 35.45}{0.2266}\times 100\%$

$=40.79\%$

5. 设含有 KCl Xg，含 KBr Yg

$$\begin{cases}X+Y=0.3000\\ \dfrac{X}{74.55}+\dfrac{Y}{119.0}=0.1002\times 30.85\times 10^{-3}\end{cases}$$

$X=0.1135\mathrm{g}\quad Y=0.1864\mathrm{g}$

$w(\mathrm{KCl})=\dfrac{0.1135}{0.3000}\times 100\%=37.87\%$

$w(\mathrm{KBr})=\dfrac{0.1864}{0.3000}\times 100\%=62.13\%$

6. $w(\mathrm{KI})=\dfrac{0.0500\times 20.00\times 10^{-3}\times 166.0}{1.6520}\times 100\%=10.05\%$

7. $w(\mathrm{As})=\dfrac{0.1100\times 25.00\times 10^{-3}\times \dfrac{1}{3}\times 74.92}{1.000}\times 100\%=6.87\%$

第八章 重量分析法

自我测试题八

判断题

1.√ 2.× 3.× 4.√ 5.× 6√ 7.√ 8.× 9.√ 10.√
11.√ 12.√

选择题

1.B 2.A 3.B 4.B 5.B 6.B 7.B 8.B 9.D 10.C
11.C 12.C 13.A 14.D 15.A 16.B 17.A 18.A 19.B

综合题

1. $Ag_2CrO_4 \longrightarrow 2Ag^+ + CrO_4^{2-}$

设 Ag_2CrO_4 在 0.0010mol/L $AgNO_3$ 溶液中的溶解度为 s，

则 $$[Ag^+]=2s+0.001, [CrO_4^{2-}]=s$$

则 $$[Ag^+]^2[CrO_4^{2-}]=K_{spAg_2CrO_4}$$

$$(2s+0.001)^2\times s=1.1\times10^{-12}$$

$$s=1.1\times10^{-6}\text{mol/L}$$

因此 Ag_2CrO_4 在 0.0010mol/L $AgNO_3$ 溶液中的溶解度为 1.1×10^{-6}mol/L

2. 设 AgI 的溶解度为 s

$$[Ag^+]=[I^-]=1.40\mu g/500\text{mL}=\frac{1.40\times1000\times10^{-3}}{234.77\times500}=1.19\times10^{-5}\text{mol/L}$$

$$K_{spAgI}=[Ag^+][I^-]=(1.19\times10^{-5})^2=1.42\times10^{-10}$$

因此 K_{spAgI} 为 1.42×10^{-10}。

3. $[Ag^+]^2[CrO_4^{2-}]=(4\times10^{-5})^2\times4\times10^{-5}=6.4\times10^{-14}<K_{spAg_2CrO_4}$

因此混合时无 Ag_2CrO_4 沉淀析出。

4.
$$BaCl_2\cdot H_2O \longrightarrow BaSO_4$$

$$226.3 \qquad 233.4$$

$$m_{BaCl_2\cdot H_2O}\times90\%\text{g} \qquad 0.5\text{g}$$

$$m_{Ba}=0.5\times226.3/(233.4\times90\%)=0.5387\ (\text{g})$$

因此应称试样 0.5387g。

5. 已知：Ag 和 Cl 的相对原子质量分别为 107.87 和 35.453。

设 Na 的相对原子质量为 M

$$NaCl \longrightarrow AgCl$$

$$M+35.453 \qquad 107.87+35.453$$

$$0.6531\text{g} \qquad 1.6029\text{g}$$

$$(M+35.453)\times1.6029=0.6531\times(107.87+35.453)$$

$$M=\frac{0.6531\times(107.87+35.453)}{1.6029}-35.453=22.944$$

因此 Na 的相对原子质量为 22.944。

6.（1）已知：$M(AgCl)=143.32g/mol$；$M(AgI)=234.77g/mol$

$$m(AgI)=m(AgCl)\ \frac{M(AgI)}{M(AgCl)}$$

$$m(AgI)=0.2991\times\frac{234.77}{143.32}=0.4900\ (g)$$

因此若沉淀为 AgI，可得此沉淀 0.4900g

（2）
$$w(Ag)=\frac{m(Ag)}{m(s)}\times100=\frac{m(AgCl)\frac{M(Ag)}{M(AgCl)}}{m(s)}\times100\%$$

$$w(Ag)=\frac{0.2991\times107.87/143.32}{0.2500}\times100\%=90.05\%$$

因此试样中银的质量分数为 90.05%

7.已知：$M(AgCl)=143.32g/mol$；$M(NaCl)=58.44g/mol$；$M(Na_2O)=61.98g/mol$；$M(K_2O)=94.20g/mol$；$M(KCl)=74.55g/mol$

$$\frac{m(NaCl)}{M(NaCl)}+\frac{m(KCl)}{M(KCl)}=\frac{m(AgCl)}{M(AgCl)}$$

$$\frac{m(NaCl)}{58.44}+\frac{0.1803-m(NaCl)}{74.55}=\frac{0.3904}{143.3}$$

$$m(NaCl)=0.08256g$$

$$m(KCl)=0.1803-0.08256=0.09774\ (g)$$

$$w(Na_2O)=\frac{m(Na_2O)}{m(s)}\times100\%=\frac{m(NaCl)\frac{M(Na_2O)}{2M(NaCl)}}{m(s)}\times100\%$$

$$=\frac{0.08256\times\frac{61.98}{2\times58.44}}{0.5000}\times100\%$$

$$w(Na_2O)=8.756\%$$

$$w(K_2O)=\frac{m(K_2O)}{m(s)}\times100\%=\frac{m(KCl)\frac{M(K_2O)}{2M(KCl)}}{m(s)}\times100\%$$

$$=\frac{0.09774\times\frac{94.20}{2\times74.55}}{0.5000}\times100\%$$

$$w(K_2O)=12.35\%$$

因此试样中 Na_2O 和 K_2O 的质量分数分别为 8.756%和 12.35%。

8.灼烧后质量减少量即为 $m(SiF_4)$

$$m(SiF_4)=0.2835-0.0015=0.2820g$$

$$m(SiO_2)=m(SiF_4)\cdot\frac{M(SiO_2)}{M(SiF_4)}=\frac{0.2820\times60.08}{104.08}=0.1628g$$

$$w(SiO_2)=\frac{m(SiO_2)}{m(s)}\times100\%=\frac{0.1628}{0.5000}\times100\%=32.56\%$$

$$相对偏差\ d=\frac{0.0015}{0.1628}\times100\%=0.92\%$$

因此试样中 SiO_2 的质量分数为 32.56%；若不用 $HF\text{-}H_2SO_4$ 处理，分析结果相对偏差为 0.92%。

9. 已知：$M(Ni)=58.69g/mol$；$M(NiC_8H_{14}O_4N_4)=288.91g/mol$

$$w(Ni)=\frac{m(Ni)}{m(s)}\times100\%=\frac{m(NiC_8H_{14}O_4N_4)\frac{M(Ni)}{M(NiC_8H_{14}O_4N_4)}}{m(s)}\times100\%$$

$$w(Ni)=\frac{0.2671\times58.69/288.91}{0.4289}\times100\%=12.65\%$$

因此合金钢中镍的质量分数 12.65%。

10. 已知：$M(Fe)=55.85g/mol$；$M(Fe_3O_4)=231.5g/mol$；$M(Fe_2O_3)=159.7g/mol$

(1)

$$w(Fe)=\frac{m(Fe)}{m(s)}\times100=\frac{m(Fe_2O_3)\frac{2M(Fe)}{M(Fe_2O_3)}}{m(s)}\times100\%$$

$$w(Fe)=\frac{0.4980\times2\times55.85/159.7}{0.5000}\times100\%=69.66\%$$

因此该磁铁矿试样中 Fe 的质量分数为 69.66%

(2)

$$w(Fe_3O_4)=\frac{m(Fe_3O_4)}{m(s)}\times100=\frac{m(Fe_2O_3)\frac{2M(Fe_3O_4)}{3M(Fe_2O_3)}}{m(s)}\times100\%$$

$$w(Fe_3O_4)=\frac{0.4980\times2\times231.5/3\times159.7}{0.5000}\times100\%=96.25\%$$

因此该磁铁矿试样中 Fe_3O_4 的质量分数为 96.25

第九章　定量化学分析中常用的分离和富集方法

自我测试题九

判断题

1. √　2. ×　3. √　4. √　5. ×

选择题

1. B　2. C　3. C　4. B　5. B　6. D　7. D　8. C　9. D

综合题

1. $Fe(OH)_2$的 $pK_{sp}=15.1$；$Cu(OH)_2$ 的 $pK_{sp}=19.66$；$Al(OH)_3$ 的 $pK_{sp}=32.34$；

$Mn(OH)_2$ 的 $pK_{sp}=12.72$。金属离子浓度均为 0.01mol/L

(1) $Fe(OH)_2$ 开始沉淀时：

$$[Fe^{2+}][OH^-]^2 \geqslant 10^{-15.1}$$

即 $$[OH^-] \geqslant \sqrt{\frac{10^{-15.1}}{0.01}}\,mol/L = 2.8\times10^{-7}\,mol/L$$

所以 $Fe(OH)_2$ 开始沉淀时 pH≥7.4。

当沉淀作用进行到溶液中残留的 $[Fe^{2+}]=10^{-6}$ mol/L 时，即已沉淀的 Fe^{3+} 以达 99.99%时，沉淀作用可以认为已进行完全，这时溶液的 pH 为：

$$[OH^-] \geqslant \sqrt{\frac{10^{-15.1}}{0.01\times10^{-4}}}\,mol/L = 2.8\times10^{-5}\,mol/L$$

所以 $Fe(OH)_2$ 沉淀完全时 pH≥9.4。

(2) $Cu(OH)_2$ 开始沉淀时：

$$[Cu^{2+}][OH^-]^2 \geqslant 10^{-19.66}$$

即 $$[OH^-] \geqslant \sqrt{\frac{10^{-19.66}}{0.01}}\,mol/L = 1.0\times10^{-9}\,mol/L$$

所以 $Cu(OH)_2$ 开始沉淀时 pH≥5.2。

当 $Cu(OH)_2$ 沉淀完全时：$[OH^-] \geqslant \sqrt{\frac{10^{-19.66}}{10^{-6}}}\,mol/L = 1.5\times10^{-7}\,mol/L$

所以 $Cu(OH)_2$ 沉淀完全时 pH≥7.2。

(3) $Al(OH)_3$ 开始沉淀时：

$$[Al^{3+}][OH^-]^3 \geqslant 10^{-32.9}$$

即 $$[OH^-] \geqslant \sqrt[3]{\frac{10^{-32.9}}{0.01}}\,mol/L = 2.0\times10^{-10}\,mol/L$$

所以 $Al(OH)_3$ 开始沉淀时 pH≥3.7。

当 $Al(OH)_3$ 沉淀完全时

$$[OH^-] \geqslant \sqrt[3]{\frac{10^{-32.9}}{10^{-6}}}\,mol/L = 1.0\times10^{-9}\,mol/L$$

所以 $Al(OH)_3$ 沉淀完全时 pH≥5.03。

(4) 当 $Mn(OH)_2$ 开始沉淀时：

$$[Mn^{2+}][OH^-]^2 \geqslant 10^{-12.72}$$

即 $$[OH^-] \geqslant \sqrt{\frac{10^{-12.72}}{0.01}}\,mol/L = 4.36\times10^{-6}\,mol/L$$

所以 $Mn(OH)_2$ 开始沉淀时 pH≥8.64。

当 $Mn(OH)_2$ 沉淀完全时：

$$[OH^-] \geqslant \sqrt{\frac{10^{-12.72}}{10^{-6}}}\,mol/L = 4.37\times10^{-4}\,mol/L$$

所以 $Mn(OH)_2$ 沉淀完全时 pH≥10.64。

2. 25℃时，Br_2 在 CCl_4 和水中的 $K_D=2.90$。

(1) 水溶液中的溴用等体积的 CCl_4 萃取时

$$E=\frac{D}{D+1}=\frac{K_D}{K_D+1}$$

$$E=\frac{2.90}{2.90+1}=74.4\%$$

(2) 水溶液中的溴用 1/2 体积的 CCl_4 萃取一次时

$$E=K_D/[K_D+(V_{水}/V_{有})]$$

$$E=2.90/[2.90+2]=59.2\%$$

因此用等体积的 CCl_4 和 1/2 体积的 CCl_4 萃取一次时，萃取效率分别为 74.4% 和 59.2%

3. 100mL 水溶液中含有溶质 B 0.120g，在给定温度下，B 在 CCl_4 与水中的 $K_D=85$。用 25mL CCl_4 萃取一次后，设还有 m_1 克的 B 遗留在水相中，则

$$m_1=m_0\left(\frac{V_{水}}{DV_{有}+V_{水}}\right)$$

$$m_1=0.120\times\frac{100}{85\times25+100}=0.00539\ (g)$$

因此还有 0.00539 克的 B 遗留在水相中。

4. 设萃取次数为 n

则
$$E=\left[1-\left(\frac{V_{水}}{DV_{有}+V_{水}}\right)^n\right]$$

$$99.8\%=\left[1-\left(\frac{50}{19.1\times5+50}\right)^n\right]$$

$$n=4$$

因此要求萃取率达 99.8%，需萃取 4 次。

5. (1) 已知 $D=K_D=420$

$$m_1=m_0\left(\frac{V_{水}}{DV_{有}+V_{水}}\right)=0.018\times\frac{100}{420\times100+100}=0.000043\ (g)$$

(2)
$$m_2=m_0\left(\frac{100}{420\times50+100}\right)^2=4.04\times10^{-7}g=0.00040\ (mg)$$

因此，以 100mL CS_2 萃取之，将有 0.000043gI_2 留在水溶液中；如果改用两份 50mL 的 CS_2 萃取，留于水中的 I_2 将是 0.00040mg。

6. 答：(1) 用 9mol/L HCl 加入试液，使 Fe^{3+} 以络阴离子 $FeCl_4^-$ 型体存在，然后将试液通过强碱性阴离子交换树脂，于是阴离子 $FeCl_4^-$ 被交换到树脂相中（可用 0.5mol/LHC 洗出 Fe），而 Al^{3+} 和 Mg^{2+} 仍以阳离子型体存在因而留在水溶液中随试液流出；再通过阳离子交换树脂，用稀 HCl 使 Ca^{2+}、Al^{3+} 依次被洗脱。

(2) 将试液通过 H 型阳离子交换树脂，后用稀 HCl 使 Ca^{2+}、Ni^{2+}、Cu^{2+} 依次洗脱。

7. 设纸长为 l cm

则
$$2.0 = l \times (R_{f,B} - R_{f,A}) = l \times (0.63 - 0.45)$$
$$l = \frac{2.0}{0.63 - 0.45} = 11\ (\text{cm})$$

因此色谱用纸的长度应为 11cm。

8.
$$R_f = \frac{原点中心至溶质最高浓度中心的距离}{原点中心至溶剂前沿间的距离}$$

分离后 A、B 两斑点中心之间最大距离
$$\Delta l = l_A - l_B = 20 \times (R_{f,B} - R_{f,A}) = 20 \times (0.6 - 0.4) = 4.0\ (\text{cm})$$
因此分离后 A、B 两斑点中心之间最大距离为 4cm。

参考文献

[1] 彭崇慧等编. 定量化学分析简明教程. 北京: 北京大学出版社, 1997.
[2] 武汉大学主编. 分析化学. 第4版. 北京: 高等教育出版社, 1997.
[3] 姜洪文等主编. 化验室组织与管理. 第3版. 北京: 化学工业出版社, 2014.
[4] 于世林, 苗凤琴编. 分析化学. 第3版. 北京: 化学工业出版社, 2010.
[5] 蒋子刚, 顾雪梅编著. 分析检验的质量保证和计量认证. 上海: 华东理工大学出版社, 1998.
[6] 姜洪文主编. 分析化学. 第3版. 北京: 化学工业出版社, 2009.
[7] 武汉大学化学系分析化学教研室编. 分析化学例题与习题. 北京: 高等教育出版社, 1997.
[8] 邓勃主编. 分析化学辞典. 北京: 化学工业出版社, 2003.
[9] GB/T 601—2016《化学试剂标准滴定溶液的制备》.
[10] 王令今, 王桂花编. 分析化学计算基础. 第2版. 北京: 化学工业出版社, 2002.
[11] 华东理工大学分析教研组, 成都科学技术大学分析教研组编. 分析化学. 第4版. 北京: 高等教育出版社, 1995.
[12] GB/T 4091—2001《常规控制图》.
[13] 刘天煦主编. 化验员基础知识问答. 第2版. 北京: 化学工业出版社, 2010.
[14] 刘志广主编. 分析化学学习指导. 大连: 大连理工大学出版社, 2002.
[15] 周心如等主编. 化验员读本. 第5版. 北京: 化学工业出版社, 2016.
[16] 张正奇主编. 分析化学. 北京: 科学出版社, 2001.
[17] 彭崇慧等编著. 配位滴定原理. 北京: 北京大学出版社, 1997.
[18] 陶增宁等编著. 定量分析. 上海: 复旦大学出版社, 1985.
[19] 薛华等编著. 分析化学. 第2版. 北京: 清华大学出版社, 1997.
[20] 张锡瑜等编著. 化学分析原理. 北京: 化学工业出版社, 1991.
[21] 李楚芝, 王桂芝编. 分析化学实验. 第3版. 北京: 化学工业出版社, 2012.
[22] 邵令娴编. 分离及复杂物质分析. 第2版. 北京: 高等教育出版社, 1994.
[23] 姜洪文主编. 分析化学. 第2版. 北京: 化学工业出版社, 2005.
[24] 李龙泉等编. 定量化学分析. 合肥: 中国科技大学出版社, 1997.

[25] 李俊义，张渔夫，徐书绅等编. 分析化学学习指导. 北京：高等教育出版社，1991.
[26] 刘约权，李贵深主编. 实验化学. 北京：高等教育出版社，1999.
[27] 杭州大学化学系分析化学教研室. 分析化学手册. 第 2 版. 北京：化学工业出版社，2009.
[28] 邹学贤主编. 分析化学. 北京：人民卫生出版社，2006.
[29] 全国化工标准物质委员会编. 分析测试质量保证. 沈阳：辽宁大学出版社，2004.
[30] 武汉大学主编. 分析化学. 第 4 版. 北京：高等教育出版社，2000.
[31] 苗凤琴，于世林编. 分析化学实验. 第 3 版. 北京：化学工业出版社，2010.
[32] 高职高专化学教材编写组编. 分析化学实验. 北京：高等教育出版社，2002.
[33] 周其镇，方国女，樊行雪编. 大学基础化学实验（Ⅰ）. 北京：化学工业出版社，2000.
[34] 刘世纯主编. 实用分析化验工读本. 北京：化学工业出版社，2003.
[35] 邢文卫，陈艾霞编. 分析化学实验. 第 2 版. 北京：化学工业出版社，2007.
[36] 周玉敏主编. 分析化学. 北京：化学工业出版社，2001.
[37] 李广超主编. 工业分析. 北京：化学工业出版社，2007.
[38] 吉分平主编. 工业分析. 第 2 版. 北京：化学工业出版社，2008.
[39] 湖南大学组织编写. 化学分析. 北京：中国纺织出版社，2008.